MATLAB과 함께 하는
공학 확률 및 통계의 기초

박전수 지음

Σ 시그마프레스

MATLAB과 함께하는 **공학 확률 및 통계의 기초**

발행일 | 2023년 11월 20일 1쇄 발행

저　자 | 박전수
발행인 | 강학경
발행처 | ㈜시그마프레스
디자인 | 이종연, 우주연, 김은경
편　집 | 김은실, 윤원진
마케팅 | 문정현, 송치헌, 김성옥, 최성복

등록번호 | 제10-2642호
주소 | 서울특별시 영등포구 양평로 22길 21 선유도코오롱디지털타워 A401~402호
전자우편 | sigma@spress.co.kr
홈페이지 | http://www.sigmapress.co.kr
전화 | (02)323-4845, (02)2062-5184~8
팩스 | (02)323-4197

ISBN | 979-11-6226-460-7

＊책값은 뒤표지에 있습니다.

머리말

확률과 통계는 대학의 전 분야에서 배워야 할 과목이 아닌가 싶다. 통계학적 사고를 길러 주위의 온갖 데이터를 읽고 이해하여 현명한 판단을 이끌 수 있어야 하는 것은 당연하고 학문의 내용도 데이터의 통계적 처리를 빼놓고는 완성할 수 없기 때문이다. 문제는 쉽게 다가설 수 없다는 것이다. 왜? 확률과 통계가 적용 분야에 따라 어려울 수도 있겠지만 교재의 서술이 어려워 그럴 수 있다는 생각을 많이 했다. 우리말로 써진 글을 읽어서 무슨 말인지 와닿지 않으면 내용의 질이 우수하더라도 교재로선 좋다고 할 수 없다. 번역한 글이라도 주체가 뚜렷하고 문장의 상태나 움직임이 잘 호응해야 독자가 책의 내용과 같은 그림을 그릴 수 있는데 문장 구조가 원문인 영어나 일어의 서술 방식을 그대로 따르고 상태나 움직임을 명사형으로 끊어 표현하는 경우가 많아 읽기도 어렵고 이해도 어려웠을 것이다. 직접 쓴 글이라도 그런 말법에 익숙한 탓인지 대개 그런 식으로 적어 놓은 책을 많이 보았다.

이 책은 공학 확률과 통계의 기초에 관한 것이다. 깊이 파지는 않았지만 공학도로서 꼭 알아야 할 내용만큼은 포함하려고 노력하였다. 표현 방식도 말하듯이 적어서 읽기는 편할 것이다. 확률은 확률로만 존재할 때보다 통계와 연결될 때 그 가치가 크다고 본다. 그래서 확률에 나타나는 복잡한 식이나 증명은 되도록 빼려고 했고 수식이 나올 땐 통계와 관련 있을 때뿐이다. 확률보다 확률 변수나 이의 기댓값에 지면을 많이 배당한 것도 바로 이 때문이다. 특히, 확률 변수의 함수에 대한 기댓값은 여러 학문 분야 말고도 개인의 생활에서 바른 결정을 하기 위해 꼭 필요하다고 여겨 시간을 많이 들였다. 추론 통계에선 용어마다 개념을 중심으로 풀고 뜻과 해석에 집중하려고 했으며 현실에서 적용해 보기 위해 각 장의 마지막은 'MATLAB과 함께'라는 절을 삽입하여 독자들이 이해의 폭을 넓히면서 직접 확인할 수 있도록 했다.

확률과 통계는 남의 말이나 글로 짐작하는 것보다 이해를 바탕으로 자신이 직접 확인하고 입증하는 것이 바람직하다. 의사 결정과 직결되므로 이론으로 끝나지 않아야 하기 때문이다. 이 책은 각 장의 본문을 이끌면서 새로운 용어나 개념이 나오면 반드시 문제를 몇 개씩 넣어 문제 풀이와 함께 그 뜻과 해석을 붙이려고 했고 장의 마지막은 MATLAB을 통해 문제의 수준을 높여서 좀 더 깊게 이해하고, 또 도전하는 재미를 붙이도록 구성하였다. 모수 추정에서 확률 문제와 가능도 문제를 구분하여 다룬 것이나 가설 검정에서 분산과 관련한 부분을 따로 빼내어 새로운 장으로 다룬 것도 특징이라면 특징이라 할 수 있다. 통계의 꽃은 분산이 아닌가 늘 생각해 왔는데 이의 중요성을 강조하려고 카이제곱 및 F 분포를 새 장으로 구성하여 관련 용어나 개념을 한 곳에서 다루었다고 이해해 주면 좋겠다.

이 책의 마지막 장은 몬테카를로 시뮬레이션이다. 확률과 통계 교재에 이 분야를 독립된 장으로 구성한 책은 보지 못했을 것이지만 몬테카를로 시뮬레이션의 본 뜻을 모르기 때문이 아닐까 싶다. 이는 시뮬레이션으로 끝나는 작업이 아니다. 어떤 분야이든 불확실성에 대한 해석을 최선 및 최악의 경우로 나누어 해왔던 것을 거의 무한가지 경우로 나누어 분석하는 일이므로 비전공자 측면에서 보면 통계학적 행위의 실제이고 표본이다. 특히, 공학자에게 몬테카를로 시뮬레이션은 자기 전공의 학문 내용을 풍성하게 할 뿐만 아니라 학문이 지향하는 미래 추세도 선점할 수 있어 자부심과 흥미를 얻는 기회가 될 것이므로 일거양득이 아닐 수 없다. 공학 관련 문제와 함께 서술한 것도 그런 까닭 때문이다.

확률과 통계는 이제 전문가의 영역을 벗어났다고 본다. 복잡한 확률 이론이나 통계학적 추론이야 그렇다 치더라도 데이터 집단을 간단히 정리하고 요약한다든지, 확률 변수의 분포가 뜻하는 바를 이해한다든지, 그리고 모수를 추정하고 누군가의 진술을 검정한다든지 하는 일은 모두에게 필요한 지식이 되었다. 살아가면서 어리석은 의사 결정을 하지 않기 위해서라도 더욱 그렇다. 삶 속에서 통계학적 사고를 하루라도 잊고선 지식인이 되기 어렵다는 말이다. 이 책이 그런 요구를 모두 충족시켜 주진 못하겠지만 그런 생각으로 시작했고 그런 마음이 들도록 적었다. 부족한 것이 많을 것이다. 지적할 곳도 더러 있을 것이다. 하지만 확률과 통계의 기초 지식만큼은 충실히 채우고 다듬어 생활 속에서 관련 지식이 자연스럽게 발현될 수 있도록 노력하였다. 부족한 것은 글쓴이의 지식 그릇이 작음을 탓하고 지적할 곳이 있다면 언제든 지적해 주길 부탁한다. 밤낮을 가리지 않고 답변하며 배우겠다고 약속한다. 아무쪼록 이 책이 독자가 지식인이 되는 데 조금이라도 보탬이 되었으면 한다.

(jspsites@pusan.ac.kr)

CONTENTS

CONTENTS

01
통계와 데이터

01 통계와 데이터

1.1 서론

통계(statistic)는 숫자다. 주위의 현상을 정리하고 요약하여 드러내는 숫자다. 신문이나 방송을 비롯하여 인터넷, 유튜브, 나아가 책이나 전문 서적에 이르기까지 드러난 숫자는 모두가 통계다. 숫자는 데이터 집단의 속성이다. 한쪽으로 쏠렸는지 여러 쪽으로 퍼졌는지, 관심 있는 것은 얼마나 차지하는지, 추세를 거스르는 것은 무엇이고 얼마나 되는지, 혹은 줄을 세우면 몇 번째는 무엇이고 그 이하나 이상은 얼마나 되는지 따위가 다 숫자다. 똑똑한 의사 결정은 모두 숫자에서 나온다. 감이란 것도 있지만 알고 보면 이것도 마음 속의 숫자를 견주는 과정을 거친다. 요행이나 재수도 확률이라는 숫자가 지배한다. 물론 오늘 같은 불확실 시대에 요행이나 재수가 있다 한들 그것은 하늘의 뜻이고 사람이 부릴 수 있는 것은 아니니 그것은 그것대로 내버려 둘 수밖에 없다. 그리고 보면 세상의 희로애락은 숫자로 생기기도 하고 숫자로 막을 수도 있겠다 싶다.

통계학(statistics)은 통계, 즉 데이터 집단의 숫자를 정리하고 요약하여 필요한 의사 결정을 수행하는 과학의 한 분야이다. 데이터 집단은 두 그룹으로 나뉜다. 하나는 관심 있는 것을 모두 아우르는 전체 집합이고, 또 하나는 이 집합의 부분 집합이다. 전체 집합에서 얻은 숫자는 정확하나 알기가 어렵고 부분 집합에서 구한 숫자는 부정확하나 알기가 쉽다. 통계학은 부분 집합의 숫자를 기술하여 전체 집합의 숫자를 확률의 도움을 받아 추론하고 이를 밑바탕으로 합리적인 의사 결정을 할 수 있도록 도와주는 학문이다. 통계학과 확률이 반드시 묶일 수밖에 없는 까닭이다. 전체 집합에서 부분 집합을 선택하거나 뽑는 것도 통계학이 하는 일이다.

데이터 집단에서 전체 집합을 **모집단**(population)이라 하고 부분 집합을 **표본**(sample)이라 한다. 모집단을 기술하는 특성값을 **모수**(parameter)라 하고 표본을 기술하는 특성값을 **통계량**(statistic)이라 한다. 통계학의 첫 번째 목적은 데이터 집단의 특성

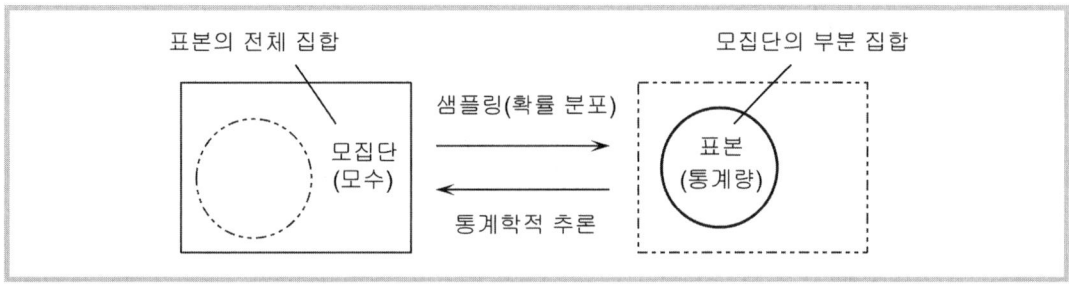

그림 1.1 모집단과 모수, 표본, 통계량, 그리고 통계학의 관계

값, 즉 모수든 통계량이든 체계적으로 정리하여 요약하는 작업이다.[1] 전체 집합은 오직 1개 존재하기 때문에 모수는 비록 알지는 못하더라도 일정한 값이고 부분 집합은 여러 개 존재하므로 표본마다 통계량은 다 다르다. 따라서 취급하는 데이터 집단이 모집단인지 표본인지, 혹은 획득한 숫자가 모수인지 통계량인지 구분하는 것이 우선이다. 표본에서 획득한 숫자는 정확한 정보가 아니기 때문에 모수를 추정하는 작업이 꼭 필요하다. 추정하지 않더라도 통계량이면 통계량마다 다를 수 있다는 것을 인식하고 나름대로 대응하는 방식을 갖추고 있어야 한다. 모수를 추정하려면 데이터 집합의 분포를 확률 분포의 기법으로 해석해야 가능한 대목인데 이것이 통계학의 두 번째 목적이다.[2] 그림 1.1은 이와 같은 모집단과 모수, 표본과 통계량, 그리고 통계학의 관계를 보여 준다.

통계는 전문가의 영역을 벗어난 지 오래다. 복잡한 통계학적 추론이야 그렇다 치더라도 데이터 집단을 정리하고 요약한다든지, 확률 및 확률 분포가 뜻하는 바를 이해한다든지, 그리고 통계량으로 모수를 간단히 추정하고 모수에 대한 누군가의 진술을 검정한다든지 하는 따위는 모두에게 필요한 지식이 되었다. 자신의 현명한 의사 결정을 위해서라도 더욱 그렇다. 삶 속에서 **통계학적 사고**(statistical thinking)를 늘 생각하지 않으면 지식인이 되기 어렵다는 말이다. 공학은 한때 응용과학의 꽃이었다. 산업화와 결합하여 응용 분야가 무궁무진했기 때문이었다. 수많은 연구자가 생기고 수많은 응용 분야에 적용되다 보니 지금은 연구할 학문 내용도 적용할 응용 분야도 찾기 어려워 서서히 자연과학으로 변경될 위기에 놓였다. 전산이라는 말을 공학의 각 과목에 붙여 응용과학의 지위를 유지하려고 노력한 적도 있지만 이것도 할 만큼은 다한 것 같더니 몇 년 전부터 통계라는 말을 사용하기 시작했다. 통계 열역학, 통계 유체역학, 통계 고체역학 따위는 불확실한 데이터

---

[1] 이를 기술 통계학(descriptive statistics)이라 한다.
[2] 이를 추론 통계학(inferential statistics)이라 한다.

를 통계학적으로 접근한다는 측면에서 미래가 밝다고 본다. 이젠 일반인이든 전문가이든 통계학적 사고의 일상화가 피할 수 없는 현실이 된 것을 반영하는 현상이 아닐까 싶다.

이 장에선 제2장의 확률을 위한 데이터 집단의 분포에 초점을 둔다. 데이터 분포를 파악하는 것은 앞에서 언급한 기술 통계학의 목표이기도 하다. 모집단에서 표본을 수집하고 수집된 데이터를 분류하는 작업도 해보기로 한다. 그림 1.1에 나타내었듯이 통계학엔 모집단에서 표본을 추출하는 이른바 샘플링 과정도 포함되므로 다음 장으로 넘어가기 전에 이에 대한 것도 간략히 살펴볼 것이다. 이 책의 목적이 확률 및 통계의 기초인 것을 고려하여 샘플링 기법에 대해선 소개만 할 뿐 깊이 다루진 않는다. 기술 통계학을 다룰 땐 데이터 집단을 값에 따라, 그리고 위치에 따라 정리하고 요약하는 내용을 서로 구분하여 설명한다. 특히, 데이터 집단을 기술하는 마무리 단계에선 데이터 분포를 규정하는 몇몇 정보와 데이터를 표준 데이터로 변환하는 일도 할 것이므로 이 책의 모든 장을 위해서라도 꼼꼼히 살펴보았으면 좋겠다.

1.2 통계 데이터의 분류 및 수집

통계 데이터는[3] 통계를 위한 데이터 집단이다. 모집단은 관심 있는 것을 모두 담고 있는 통계 데이터이고 표본은 그 중에서 한 부분을 임의로 뽑은 통계 데이터이다. 통계 데이터의 데이터 요소를 정성적인 혹은 정량적인 축 위에 흩트려 놓으면 특정한 형태를[4] 보이는데 데이터의 성질이나 특성값에 따라 달라진다. 통계 데이터의 특성값은 모집단인 경우엔 모수라 했고 표본인 경우는 통계량이라 했다. 통계학의 시작은 모수와 통계량을 구분하는 것이라고 앞에서 말했는데 모수는 모르는 값이지만 고정되어 있고 통계량은 알 수 있는 값이지만 표본마다 변하는 값이기 때문이다.

통계 데이터는 데이터 요소의 성질 중에서 형식에 따라 질적 데이터와 양적 데이터로 구분된다. **질적 데이터**(qualitative data)는 어떤 대상의 속성이나 라벨과 같이 숫자가 아닌 데이터나 숫자이지만 대상을 구별하기 위해 쓰이는 데이터이고 **양적 데이터** (quantitative data)는 셈을 하거나 측정을 하여 얻은 데이터로 모두 값을 나타내는 숫자

---

[3] 이 책에선 앞으로 데이터 집단의 통계를 강조한다는 측면에서 통계 데이터로 일컫기로 한다. 데이터는 데이터로만 존재하지 않는다. 관심 있는 데이터는 목적이 무엇이든 반드시 통계 기법, 즉 합이나 평균을 구하는 일 따위의 대상이 되기 때문이다.
[4] 데이터를 흩트려 놓을 때 보이는 특정한 형태를 데이터 분포(distribution)라 하는데 이는 1.4절에서 다룬다.

이다. 통계 데이터를 **측정 수준**(level of measurement)에[5] 따라 구별하면 명목 데이터, 순위 데이터, 구간 데이터, 그리고 비율 데이터로 나뉜다. 여기서 측정 수준이라는 뜻은 각 데이터에 적용할 수 있는 연산자의 수준, 즉 산술 및 관계 연산자에서 수준의 차이는 순서대로 =와 ≠, >와 <, +와 −, 그리고 ×와 /이다.

명목 데이터(nominal data)는 말 그대로 라벨, 이름, 혹은 성질 따위로 대상을 구별하는 데이터이다. 명목 데이터는 적용할 수 있는 연산자가 오직 같다(=)나 같지 않다(≠) 뿐이어서 측정 수준 측면에서 제일 낮은 데이터이고 항상 질적 데이터로 구실한다. 순위 데이터(ordinal data)는 앞의 명목 데이터의 특징을 그대로 가지면서 동시에 순위도 매길 수 있는 데이터로 질적이나 양적 데이터 모두로 기능할 수 있다. 순위 데이터는 연산자 크다(>)와 작다(<)는 적용할 수 있지만 뺄셈이나 덧셈은 적용할 수 없다. 다른 말로 하면, 뺄셈이나 덧셈을 적용한다 해도 아무런 뜻도 없는 결과를 얻을 뿐이다. 통계학에선 명목 및 순위 데이터에 질적 데이터까지 합하여 **범주(형) 데이터**(categorical data)로 통합하여 부르기도 한다.

구간 데이터(interval data)는 앞의 두 데이터 형의 특징을 그대로 가지면서 동시에 뺄셈을 통해 중요한 정보를 얻을 수 있는 데이터로 대부분 양적 데이터로 구실을 한다. 그리고 구간 데이터의 특징은 **절대 영점**(inherent zero)의 개념은 적용되지 않는다는 것이다. 즉, 숫자 0이라는 것이 아무것도 없다는 뜻이 아니라 상대적인 뜻만 갖는다. 섭씨나 화씨 온도의 스케일에서 0이라는 것은 따뜻함이 하나도 없다는 뜻이 아니고 물이 어는 점을 그렇게 표시하기로 약속했을 뿐이다. 시간을 좌표 축으로 나타날 때 표시하는 원점도 마찬가지인데 이는 은행의 잔고가 0인 것이 돈이 하나도 없다는 뜻을 갖는 것과 다르다. 비율 데이터(ratio data)는 앞의 세 데이터 형의 특징을 그대로 가지면서 동시에 곱셈과 나눗셈이 가능한 데이터이다. 즉, 한 데이터 요소를 다른 데이터 요소의 곱으로 표시할 수 있는 데이터이면서 절대 영점도 중요한 데이터가 된다. 통계학에선 구간 및 비율 데이터에 양적 데이터까지 합하여 **수치(형) 데이터**(numerical data)로 통합하여 부르기도 한다. 그림 1.2는 통계 데이터를 데이터 형과 측정 수준에 따라 분류할 때 무엇이 기준이 되는지 보여 주고 있다.

통계 데이터를 측정 수준에 따라 분류할 때 그림 1.2와 같이 순서나 절대 영점을 기준으

---

[5] 측정 수준이란 말이 참 어렵다. 말은 알아듣겠지만 해당 영역에서 무얼 뜻하는지 모호한 말이다. 외국에서 먼저 정의된 말이기에 어쩔 수 없다 하겠지만 우리말로 번역된 이상 우리말을 쓰는 사람은 알아들을 수 있도록 해야 하는 것이 옳을 것이다.

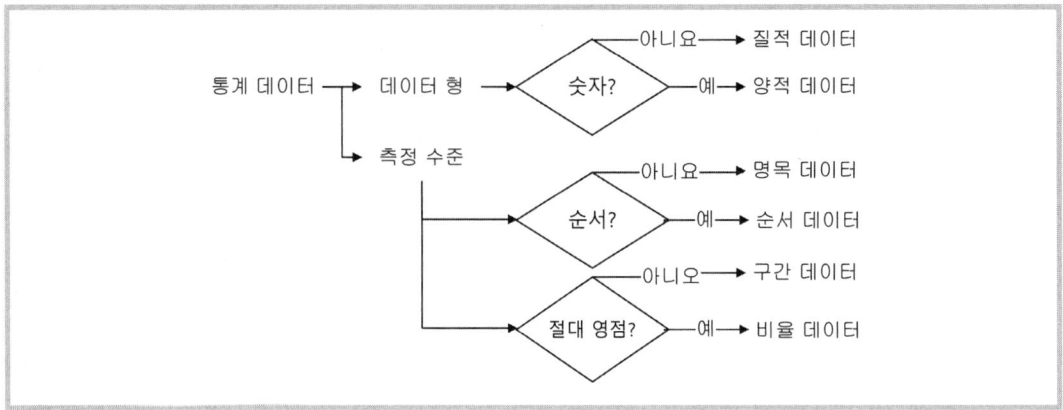

그림 1.2 통계 데이터의 분류

로 삼을 수도 있지만 실무적인 측면에서 보면 부족한 점이 없진 않다. 앞에서 측정 수준은 사용할 수 있는 연산자의 수준, 즉 산술 및 관계 연산자에서 어떤 연산자까지 해당 통계 데이터에 적용할 수 있는지 알려 준다고 했다. 순서나 절대 영점을 연산자와 연결지어 생각하면 연산자를 통해 얻을 수 있는 통계 데이터의 특성값까지 판단할 수 있기 때문에 아주 유용하다. 이를 테면, 명목 데이터는 "같다"와 "같지 않다" 연산만 가능하므로 같은 것끼리 그룹으로 조직할[6] 순 있지만 데이터의 가운데 값은 무엇이고 범위는 어디까지인지 알 수도 없을 뿐더러 안다 해도 별다른 뜻을 갖지 못한다고 평가하는 식이다. 같은 방식으로, 구간 데이터는 관계 연산자 모두를 포함하여 "덧셈"과 "뺄셈"의 연산도 가능하므로 산술 평균을 계산할 순 있지만 곱셈이나 나눗셈의 연산이 필요한 기하 및 조화 평균은 계산할 수 없고 계산한다 할지라도 아무 뜻도 갖지 못하는 것이다. 이런 까닭으로 공학 데이터 중 온도와 같은 물리량을 절대 온도로 바꾸거나 시간을 시간의 길이, 즉 주기로 생각하여 질량이나 길이 따위와 같이 비율 데이터로 취급할 수 있도록 한다.

예제 1.1a 전국에서 주유소 200개를 뽑아 경유의 일주일 평균 가격을 조사했더니 2021년 8월 당시 1리터에 1,784원이었다. 모집단과 표본을 말해 보자.

풀이 모집단은 2021년 8월 당시의 전국에 있는 모든 주유소의 가격이고 표본은 당시에 가격 조사를 위해 전국에서 뽑힌 주유소 200개의 가격 데이터이다. 즉, 모집단을 사각형으로, 그리고 표본을 타원으로 나타내어 그림을 그리면 다음과 같다.

---

[6] 명목 데이터는 그룹으로 조직되면 그룹의 수를 셀 수 있기 때문에 최빈수(mode)라는 특성값은 계산이 가능하다.

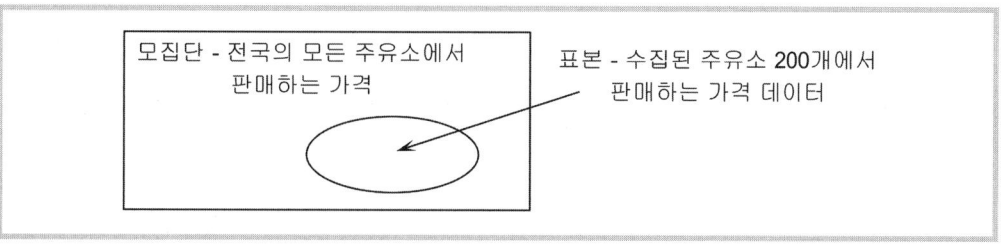

예제 1.1b 다음 경우에 대해 모수와 통계량을 구분해 보자.
　가. 최근 15만 명의 고용주를 조사했더니 기계공학 전공자의 초봉은 평균 186만 원이었다.
　나. 한 대학의 신입생을 조사했더니 학력고사 수학 점수가 (100점 만점에) 평균 72점이었다.
　다. 전국의 전통시장에서 임의로 100개의 생선 가게를 뽑아 조사했더니 34%가 생선을 적정 온도에서
　　　보관하고 있지 않았다.

[풀이] 15만 명의 고용주에 대한 범위가 지정되지 않았으므로 고용주는 전국 혹은 세계의 고용주가 된다.
즉, 15만 명의 고용주 집합은 부분 집합으로 186만 원은 통계량이다. 한 대학의 신입생은 해당
대학의 전체 집합이니 72점은 모수이다. 임의로 뽑은 100개의 가게는 전국 가게의 부분 집합이다.
따라서 34%는 통계량이다.

예제 1.1c 다음의 조사 결과에 대해 기술 통계학 및 추론 통계학 측면에서 말해 보자.
　"최근 750 부부를 조사했더니 31%가 자녀가 대학을 졸업할 때까지 재정적 지원을 한다고 했다.
　대학에 들어갈 때까지 지원한다는 부부는 6%에 불과했다."

[풀이] 기술 통계학 측면에서 보면 "31%가 대학 졸업을 할 때까지 지원하고 6%는 대학 입학할 때까지
지원한다."이다. 조사한 그대로 정리 요약하는 것이 기술 통계학이다. 한편, 추론 통계학 측면에서
보면 "자녀가 대학 입학할 때까지 재정적으로 지원하는 부부보다 대학 졸업할 때까지 지원하는
부부가 더 많다."가 되겠다. 추론 통계학은 기술 통계학의 정보를 모집단까지 확대하여 해석하고
분석해야 한다.

예제 1.1d 다음 통계 데이터의 예를 먼저 생각해 본 후 각각 분류해 보자.
　가. 2022년 포춘이 발표한 기업 순이익의 최종 순위
　나. 전화번호부에 수록된 전화번호
　다. 뉴욕 양키즈의 월드 시리즈 우승 연도
　라. 운동 중인 선수의 10분마다 측정한 체온(℃)
　마. 한국 프로야구의 팀별 홈런 수

풀이 최종 순위는 말 그대로 1, 2, 3, …… 따위와 같이 순위가 매겨져 있다. 하지만 4등과 1등의 차인 3은 아무런 수학적인 뜻을 갖지 못하므로 순위 데이터이다. 전화번호는 숫자로 착각할 수 있지만 수학적인 숫자를 나타내는 것이 아니다. 어떠한 수학적 연산도 이루어질 수 없다. 구분을 위한 라벨일 뿐이므로 명목 데이터이다. 우승 연도의 데이터 표시는 보통

1923, 1927, 1928, 1932, 1936, 1937, 1938, 1939,
1941, 1943, 1947, 1949, 1950, 1951, 1952, ……

와 같다. 연도를 순서대로 나열할 수 있고, 또 두 데이터의 차도 1952-1923 = 29(년)와 같이 첫 우승 후 15번째 우승을 하는 데 걸리는 연도 따위로 해석이 가능하다. 하지만 한 데이터를 다른 데이터의 곱수로 표현한다고 해도 해석할 만한 뜻이 없기 때문에 구간 데이터이다. 운동 선수의 체온은 구간 데이터이다. 체온(℃)은 절대 영점이 없기도 하지만 데이터의 비가 별다른 뜻이 없기 때문이다. 홈런 수는 순서, 두 데이터의 차, 그리고 두 데이터의 비도 유용한 정보가 되기 때문에 비율 데이터이다.

통계 데이터를 왜 모집단과 표본 둘로 구분하는지, 아니면 그럴 수밖에 없는지 생각해 보기로 한다. 모집단의 특성값인 모수는 알지 못하지만 하나로 고정된 변하지 않는 값이다. 그래서 모수를 알려고 하면 모집단 전체를 조사하는 수밖에 없다. 즉, **전수 조사**(census)를 해야 한다는 말이다. 모집단은 관심 있는 것 모두를 포함하는 전체 집합이다. 대통령의 국정 지지도를 조사하려면 해당 국가의 국민 모두를, 한 대학이 소속 구성원에 대한 의식 조사를 수행하려면 해당 대학 구성원 모두를, 어떤 기계의 불량품 비율을 조사하려면 해당 기계가 생산하는 제품 모두를, 혹은 주사위 조차 제대로 만들어졌는지 조사하려면 주사위 실험을 주사위가 닳을 때까지 계속하여 이른바 전체 집합을 모을 수 있어야 한다. 하지만 불가능하다. 가능한 경우도 있겠지만 시간과 돈, 수고는 어쩔 수 없는데 이것이 **표본 조사**(sample survey)가 필요한 까닭이 되겠다.

표본 조사를 통해 미지의 모수를 추론하기 위해선 가장 먼저 표본이 모집단을 대표할 수 있는 표본(representative sample)이어야 한다. **샘플링**(sampling)은 모집단에서 표본을 수집하는 행위를 말하는데 샘플링 기법이 가장 초점을 맞추는 부분이 바로 여기이다. 샘플링 기법은 이 책에서 다루는 내용의 범위를 벗어나서 여기선 다루진 않겠지만 핵심은 **무작위**(randomness)이다. 모집단의 개별 데이터가 뽑힐 기회를 똑같이 가지도록 하는 것이 중요한데 추출할 때 일부러 꾸미거나 다른 뜻을 더하지도 빼지도 않게, 또 모집단의 어떤 요소이든지 우연히 뽑히도록 한다. 무작위 표본은 대개 모집단을 대표할 수 있는

표본이 된다.

표본이 모집단을 대표할 수 없는 표본이 되는 몇 가지 예가 있다. 우선, **편의**(conveni-ence) **표본**이다. 모집단에서 빨리 표본을 수집할 목적으로 가장 쉽고 편하게 수집할 수 있는 것을 선택할 때 나타나는 표본이다. 다음, 전문가의 의견을 바탕으로 수집한 표본은 어떤 측면에서 보면 편향(bias)이 개입될 여지가 있는데 이런 표본을 **판단**(judgment) **표본**이라 한다. 이 밖에도 신문이나 잡지사, 혹은 인터넷 사이트에서 구독자를 대상으로 실시하는 비공식 여론조사(pseudo poll)가 있다. **할당 표본**(quota sample)은 한때 무작위 표본의 한 모델로 많은 인기를 얻은 적이 있다. 모집단을 몇 개의 그룹으로 나누어 각 그룹에서 비율대로 할당된 만큼의 요소를 무작위로 뽑아 얻는 표본이다. 성별, 나이별, 직업별 따위의 사회경제적인 그룹은 계층(stratum), 그리고 지역별, 주택 유형별, 거주지별 따위의 지리적인 그룹은 클러스터(cluster)라 이름을 붙여 부르기도 했다. 하지만 1948년 미국 대통령 선거에서 평소 여론 조사에서 높은 차이로 앞서던 후보가 선출되지 못하는 이변이 발생하면서 신뢰받지 못하는 표본으로 여겨졌다. 각 그룹의 할당된 수만 채우면 되므로 전화 상담사는 자기 판단에 (혹은 호불호에) 따라 유권자를 선택적으로 채울 수 있기 때문이다.

표본은 항상 **샘플링 오차**(sampling error)를 포함한다. 표본이 모집단을 대표할 수 있다 하더라도 표본은 표본일 뿐 절대 모집단이 될 수 없다. 그래서 표본의 통계량과[7] 모집단의 모수 사이에는 반드시 차이가 있기 마련이다. 무작위 샘플링 기법과 상관없이, 또 데이터의 기록을 잘못하거나 계산을 잘못하는 따위와 같은 **비샘플링 오차**(non-sampling error)와 상관없이 샘플링 오차는 항상 발생한다. 추론 통계학이 이와 같은 샘플링 오차를 반영하는 방법을 제시한다 하더라도 표본을 대하는 태도는 늘 오차와 함께 한다는 것을 잊어서는 안 된다. 우연히 일어나는 것은 아무런 인과관계가 없다. 왜 생기는지 따질 필요도 없이 받아들여야 한다. 물론 당연한 것이 있으면 당연하지 않아 그 원인이 궁금하고 늘 조심해서 살펴야 할 것도 있다. 통계학적 (혹은 확률론적) 사고에서 보면 우연히 일어나는 사건과 그렇지 않은 사건은 전체의 95%와 5%의 비율이다. 샘플링 오차가 당연한 것이라면 샘플링 오차가 원인이 되어 혹시 일어날 수 있는 다른 결과와 현상들은 더 조심하고 늘 유의하면서 살펴져야 하지 않을까 싶다.

---

7 통계량은 표본의 특성값을 지칭하는 말이다. 표본의 평균이나 분산과 같은 말을 대표한다. 표본 데이터에서 해당 통계량을 계산하여 얻은 값은 통계값 혹은 관측값(observation)이 된다.

예제 1.2a 다음은 샘플링과 관련한 진술을 적었다. 필요한 기법이나 잘못된 점이 있다면 근거를 대며 설명해 보자.

가. 통계학 수업에 등록한 학생 72명을 대상으로 어떤 조사를 위해 8명을 뽑는다.

나. 생물학 전공자가 줄기 세포에 대한 일반인의 선호도 조사를 하면서 생물학과 학생을 대상으로 수행하였다.

다. 학생들의 의식 조사를 수행하면서 학년별로 그룹을 지어 수행하였다.

라. 방송 정책의 여론을 수집할 목적으로 방송학과 교수를 상대로 조사하였다.

풀이 샘플링의 기본은 무작위이다. 우선, 72명에서 무작위로 8명을 뽑으려면 짝으로 만든 번호표를 72명의 학생에게 나누어 주고 다른 짝의 번호표를 주머니에 담아 흔든 후에 하나씩 뽑아 선택할 수 있고, 또 아래의 난수표를 활용할 수도 있다. 즉, 전체 학생 수가 두 자리이니 표에 표시한 것과 같이 두 자리씩 끊어서 숫자를 읽는다. 이때 72가 넘는 수가 나오면 그냥 건너뛰고 다음 번호를 찾는다.

| 92630 | 78240 | 19267 | 95457 | 53497 | 23894 | 37708 | 79862 | 76471 | 66418 |
| 79445 | 78735 | 71549 | 44843 | 26104 | 67318 | 00701 | 34986 | 66751 | 99723 |

다음, 줄기 세포에 대한 일반인의 선호도 조사를 하면서 전공자 학생을 대상으로 수행하면 의견이 왜곡된다. 관련 사람을 상대로 편하게 수집한 표본이면 편의 표본일 것이고 줄기 세포에 대한 사전 지식을 가진 집단으로 보면 판단 표본이 되어 편향이 발생할 수 있다. 한편, 학년별로 할당하여 표본을 구축했으니 할당 표본, 혹은 학년을 사회경제적인 그룹으로 보면 계층(stratum) 표본이다. 끝으로, 전문가를 상대로 여론 수집의 목적이면 권장하지만 일반 여론 조사를 전문가를 상대로 하면 판단 표본이 되어 모집단을 대표할 수 없다.

예제 1.2b 다음 통계 데이터는 6명을 가족으로 둔 가정의 각 나이이다. 이 중 4명을 임의로 뽑아 표본으로 했을 때 모집단의 모수와 표본의 통계량 차, 즉 샘플링 오차를 평가해 보자.

$$55 \quad 53 \quad 28 \quad 25 \quad 21 \quad 15$$

풀이 데이터 집단의 특성값 중 하나인 (산술) 평균은 모든 데이터의 합을 데이터 개수로 나눈 것이다. 따라서 모집단의 평균 μ와 표본의 평균 $\bar{x}$를 계산하여 샘플링 오차 $\mu - \bar{x}$를 살펴본다. 우선, μ는

$$\mu = \frac{55+53+28+25+21+15}{6} \approx 32.83$$

이다. 다음, 무작위로 4개를 뽑아 표본을 구성한다. 나이를 적은 종이를 봉투에 넣고 흔든 후 4장을 뽑은 결과가 53, 28, 21, 그리고 15였다고 하면 표본의 평균은

$$\bar{x} = \frac{53+28+21+15}{4} = 29.25$$

이다. 따라서 샘플링 오차는 $\mu - \bar{x} = 3.58$과 같다. 본문에서 언급했듯이 샘플링 오차는 늘 있기 마련이다.

1.3 통계 데이터의 표 및 그래프를 이용한 정리

앞에서 간단하지만 표본에 대한 설명을 했다. 통계 데이터의 사용자는 보통 표본을 이용하여 모집단의 모수를 해석한다. 물론 모집단을 직접 다루는 경우도 더러 있지만 흔한 경우는 아니다. 어쨌든 모집단이든 표본이든 모두 데이터 집단, 즉 통계 데이터이기 때문에 한 단계 앞선 추론 통계로 나아가지 않더라도 먼저 데이터를 정리하고 요약하는 작업은 필수이다. 여러 데이터를 대표하는 값부터 대푯값에서 퍼져 있는 정보, 추세나 범위를 벗어나는 값, 나아가 데이터의 분포 형태까지 정리하고 요약하여 밝혀야 할 것이 많다. 표나 그래프로 일목요연하게 나타내는 것도 기술 통계학의 중요한 부분이니 쉽게 생각할 분야가 아니다.

통계 데이터는 데이터 형식에 따라 질적 및 양적 데이터로, 그리고 측정 수준에 따라 명목, 순위, 구간, 그리고 비율 데이터로 나누어진다고 앞 절에서 설명했다. 하지만 통계 데이터 측면에서 보면 질적 데이터와 명목 및 순위 데이터는 데이터의 구분이 주된 목적이므로 범주(형) 데이터(categorical data)로 묶고 양적 데이터와 구간 및 비율 데이터는 실제 데이터의 값을 나타내므로 수치(형) 데이터(numerical data)로 묶는다고 했기 때문에 앞으론 그렇게 부르기로 한다. 범주 데이터든 수치 데이터든 기술 통계를 본격으로 하기 전에 거쳐야 하는 과정이 있다. 도수분포표나 히스토그램을 그려 표 1.1과 1.2와 같은 가공되지 않은 데이터, 즉 처음으로 얻거나 표본으로 수집한 데이터를 정리하여 누구라도 데이터의 개략적인 분포를 알 수 있도록 하는 것이다. 표 1.1은 인터넷 쇼핑 이용자의 불만 사항을 조사한 것으로 범주 데이터이고 표 1.2는 시중에서 파는 고급 블루투스 스피커의 가격을 조사한 것으로 숫자 데이터이다. 데이터인 것은 알겠지만 어디에 집중되었는지 어떤 범위로 퍼져 있는지 따위를 도저히 종잡을 수가 없는데 이런 데이터

표 1.1 인터넷 쇼핑 이용자 30명의 불만 사항 목록

배송 지연, 상품 파손, 기타, 결제 오류, 배송 지연, 기타, 배달 사고, 상품 파손, 상품 파손, 배송 지연, 기타, 배달 사고, 배송 지연, 결제 오류, 기타, 배송 지연, 배송 지연, 상품 파손, 배달 사고, 결제 오류, 기타, 기타, 배달 사고, 상품 파손, 상품 파손, 기타, 배달 사고, 배송 지연, 배송 지연, 상품 파손

표 1.2 시중에서 파는 고급 블루투스 스피커 30개의 가격 목록 (천원)

128	100	180	150	200	90	340	105	85	270	200	65	230	150	150
120	130	80	230	200	110	126	170	132	140	112	90	340	170	190

를 아직 가공하기 전이라는 뜻으로 **원시 데이터**(raw data)라 한다.

표 1.1과 같은 범주 데이터는 범주마다 몇 번씩 나타나는지 알기 쉽게 정리하는 것이 제일 먼저 해야 할 일이다. 이를 테면, 온라인 회원들의 재활용 분리수거 활동을 조사한다고 할 때 몇 가지 응답안을 만들어 각 응답의 횟수를 옆에 적어서 표 1.3과 같이 만들면 누구나 보기 쉽고 알기 쉽다. 표 1.1의 데이터 모습과 표 1.3의 데이터 모습을 서로 견주어 보라. 2,350개의 데이터가 표 1.1의 원시 데이터로 주어졌다면 어떻겠는가? 물론 표 1.3의 모습을 띠기까진 수고를 들여야 하지만 그 가치는 말로 다할 수 없다.

표 1.3은 2개의 열로 구성되어 있다. 표 1.1로 수집되었을 땐 1개의 열이었는데 2개가 된 셈이다.[8] 데이터의 정리는 이렇다. 데이터를 정리하면서 새로운 정보가 얻어지면 새로운 변수를 추가하여 열로 계속 이어가는 것이다. 표 1.3은 원시 데이터의 각 범주를 셈하여 얻은 숫자를 새로운 정보로 보고 새로운 열을 하나 만들어 정리해 놓은 것이다. 이때 각 범주가 반복으로 나타나는 횟수를 도수(frequency)라고 하고 도수가 나타난 표를 도수분포(frequency distribution) 혹은 도수분포표라 한다. 그래서 표 1.3은 2개의 변수를 포함하는데 하나는 원시 데이터인 범주 데이터이고 또 하나는 도수를 담은 숫자 데이터이다.

도수분포표는 표 1.3과 같이 첫 번째 열은 대부분 범주 데이터가 자리잡는다. 원시 데이터의 범주를[9] 빠짐없이, 그리고 중복되지 않게 선택하는 것이 중요하고 반드시 **서로 배타적**이어야 한다. 즉, 표 1.3의 두 번째 열을 차지하는 2,350명의 각각은 첫 번째 열의 범주 중에서 반드시 하나에, 그리고 오직 하나에만 포함되어야 한다는 말이다. 도수분포의

표 1.3 재활용 분리수거 활동에 대한 온라인 조사 결과

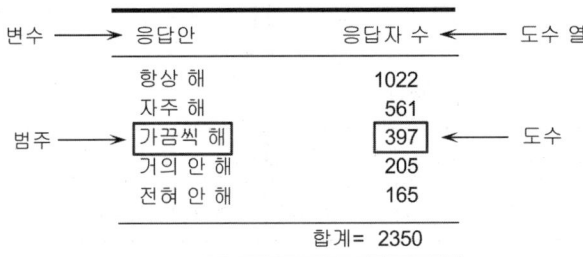

변수 ──▶ 응답안	응답자 수 ◀── 도수 열
항상 해	1022
자주 해	561
범주 ──▶ 가끔씩 해	397 ◀── 도수
거의 안 해	205
전혀 안 해	165
	합계= 2350

---

[8] 자료탐색 분야에서 열(column)은 변수를, 그리고 행(row)은 각 변수마다 실시한 여러 관찰을 나타낸다. 여기서 변수(variable)는 값, 즉 실험의 결과를 관찰한 값을 담는 그릇으로 이해하면 좋다.

[9] 수치 데이터인 경우는 수치의 구간을 잡아 범주의 구실을 하도록 한다.

핵심이 되는 말인데 범주 데이터가 아니고 수치 데이터인 경우는 특히 더 그렇다. 범주 데이터의 도수분포표는 범주를 있는 그대로 빠짐없어, 그리고 중복되지 않게 적으면 그만이지만 수치인 경우는 수치 데이터의 모든 데이터가 빠짐없이, 그리고 중복되지 않게 포함될 구간을 세심하게 정하지 않으면 올바른 도수분포표가 되지 않기 때문이다.

범주 데이터이든 수치 데이터이든 원시 데이터는 도수분포표를 작성하는 것이 우선이다. 표 1.1의 범주 데이터에 대한 도수분포표 작성을 먼저 해보기로 하자. 우선, 범주 데이터의 각 범주를 빠짐없이 표의 첫 번째 열에 적는다. 둘째, 데이터를 하나씩 세면서 각 범주의 옆에 그 횟수를 득표(tally mark)로[10] 표시한다. 물론 이 과정은 선택 사항이지만 셈이 정확하다는 믿음과 이어지는 도수의 값에 오류가 없다는 징표로 간주할 수 있으므로 비록 변수는 아니더라도 첨가한들 나쁠 것은 없다. 셋째, 도수분포표에서 가장 중요한 변수(정보)인 도수를 새로운 열을 첨가하여 적는다. 주의할 것은 도수 열의 마지막 행에 반드시 도수의 합을 표시해야 한다. 새로운 변수가 이어질 때 사용할 수 있는 정보이기 때문이다. 끝으로, 도수 말고도 또 다른 것이 필요하면 새로운 열을 이어서 계속 붙여 가도록 한다. 표 1.4는 상대 도수(relative frequency)도 포함하고 있는데 이 역시 누적 도수(cumulative frequency)와 함께 도수분포표를 통해 얻을 수 있는 중요한 정보이다.

표 1.4의 두 번째 변수인 상대 도수는 해당 범주가[11] 전체에서 차지하는 몫이다. 비율이고 2장에서 다룰 확률의 기초이므로 너무나 중요한 정보가 아닐 수 없다. 퍼센트(%)로 바꾸기 위해 100을 곱하면 백분율(percentage)이 되기도 한다. 그림 1.3은 표 1.4의 수치 정보를 그래프로 그려 좀 더 쉽게 데이터의 구성 성분을 파악할 수 있도록 한 막대

표 1.4 표 1.1의 원시 데이터를 정리하여 만든 도수분포표

불만 사항	득표	도수(f)	상대 도수
배송 지연	ꝾꝽꝽ Ᵹ꛰Ᵹ	8	8/30 = 0.267
상품 파손	ꝾꝽꝽ ꝽꝽ	7	7/30 = 0.233
배달 사고	ꝾꝽꝽ	5	5/30 = 0.167
결제 오류	ꝽꝽꝽ	3	3/30 = 0.100
기타	ꝾꝽꝽ ꝽꝽ	7	7/30 = 0.233
	합계 = 30		합계 = 1.000

---

[10] 셈을 할 때 기록으로 남기기 위한 장치로 한국을 비롯하여 아시아 권에서는 正를 사용하지만 미국이나 유럽에선 ꝾꝽꝽ, 그리고 남미 등에선 ⊠와 같은 기호를 쓴다.

[11] 수치 데이터에선 계급(class)이라 한다.

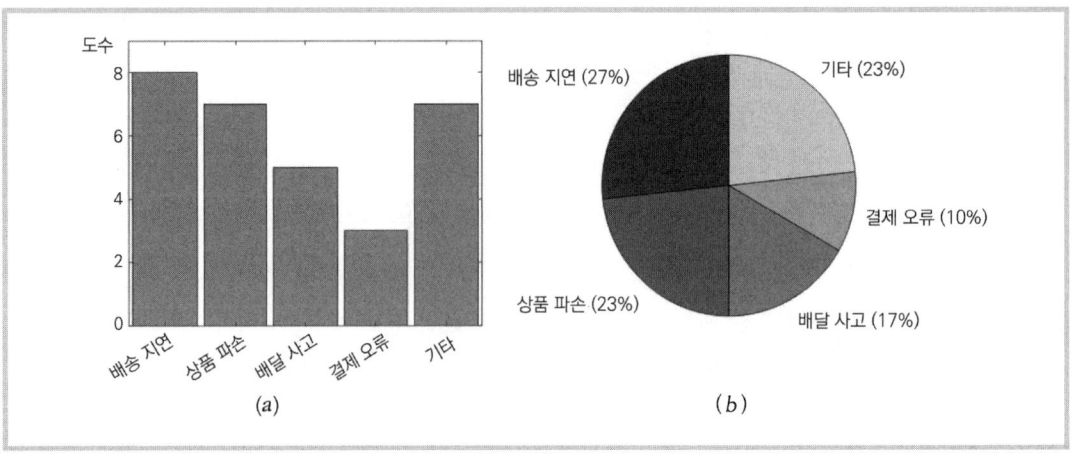

그림 1.3 표 1.1의 원시 데이터에 대한 막대 그래프와 원 그래프

그래프와 원(pie) 그래프이다. 범주 데이터에서 가장 많은 부분을 차지하는 범주를 모드(mode)라[12] 한다. 모드는 범주 데이터의 가장 중요한 특성값 중의 하나로 이 경우, 즉 온라인 쇼핑을 할 때 소비자의 불만 사항인 경우는 배송 지연이 가장 두드러진 특징이 되겠다.

이제 표 1.2와 같이 원시 데이터로 수치 데이터인 경우에 대해 정리해 보도록 한다. 수치 데이터는 수치를 빠짐없고 중복되지 않게 구분할 범주가 없기 때문에 수치 데이터를 참고하여 직접 만들어야 한다. 모든 수치 데이터 각각이 빠짐없이, 그리고 겹치지 않게 포함될 이른바 계급(class)을 구성한다. 계급은 하한(lower limit)에서 상한(upper limit)까지 구간으로 이루어지는데 구간의 넓이, 즉 계급 폭(class width)이나 구간의 중간값이 다른 정보를 얻기 위해 사용될 수 있는 하나의 변수가 되기도 한다. 계급의 폭은 수치 데이터의 범위(range)를[13] 계급의 수로 나누어 계산할 수 있는데 문제는 계급의 수가 지정되지 않았다는 것이다. 계급의 수는 탐색적 자료 분석의[14] 중요한 연구 주제이기도 해 쉽게 결정될 수 없지만 통계 데이터에 포함된 관찰의 수에 따라 보통 5~20 정도에서

---

[12] 수치 데이터의 모드인 경우는 흔히 **최빈수**(값)라고 번역한다. 도수에서 가장 높은 값을 가지는 수 혹은 수의 범위를 말한다. 범주 데이터인 경우는 수가 아니므로 모드(mode)라고 그대로 번역하여 사용한다. 모드는 가장 흔하고 자주 일어나, 그래서 여러 가지 중에서 가장 두드러진 상태나 동작을 뜻한다.

[13] 범위는 통계 데이터가 가지는 특성값 중의 하나로 최댓값에서 최솟값을 뺀 값이다.

[14] 탐색적 자료 분석(EDA : exploratory data analysis)은 미국의 통계학자 J. W. Tukey가 통계가 추론에 치우치면 데이터 본연의 뜻을 찾는 데 어려움이 있다고 보고 주어진 자료만 충실히 파악해도 데이터 분포가 가진 세밀한 정보를 파악할 수 있다고 주장하면서 제시하였다. EDA는 데이터 과학의 토대가 된다.

정한다.[15] 표 1.2의 원시 데이터에 대해 여기선 계급의 수를 7로 가정하고 도수분포표를 작성한다. 우선, 계급의 폭을 정한다. 즉,

$$계급의\ 폭 = \frac{범위}{계급의\ 수} = \frac{340-65}{7} \approx 39.29 \rightarrow 40$$

이고, 이때 범위는 원시 데이터의 최댓값(340)과 최솟값(65)의 차이다. 다음, 계급의 폭 40을 이용하여 7개 계급의 하한을 정한다. 첫 번째 계급의 하한은 최솟값 65로 정하면 원시 데이터의 모든 요소를 포함할 수 있으므로 합리적이지만 이 값보다 적어도 상관없다. 따라서 도수분포표의 계급 하한은 65, 65+40, 105+40, 145+40, 185+40, 225+40, 그리고 265+40=305이다. 다음, 각 계급의 상한을 정한다. 첫 계급의 상한은 두 번째 계급의 하한에서 1을 빼 결정한다. 첫 번째 계급의 상한과 두 번째 계급의 하한이 서로 겹치지 않게 하여 7개의 계급이 서로 배타적이 되어야 하기 때문이다. 따라서 첫 번째 계급의 상한은 104가 되고 104부터 40을 보태어 이어진 계급의 상한을 104, 144, 184, 224, 264, 304, 그리고 344로 정한다. 끝으로, 모든 계급을 확정했으므로 득표를 비롯하여 도수, 상대 도수 따위로 열을 첨가해 가면서 도수분포표를 완성한다. 물론 계급의 폭이나 중간값 따위도 필요하다면 포함할 수 있는데 표 1.5와 같다.

　표 1.5는 계급의 중간값과 누적 도수도 새로운 변수로 포함되어 있다. 중간값은 도수분포표에서 각 계급의 대푯값(평균)을, 그리고 누적 도수는 최솟값 및 최댓값 사이의 특정 영역에 속하는 데이터의 양을 가늠할 수 있게 해주고 누적 도수를 도수의 합으로 나눈 **누적 상대 도수**(cumulative relative frequency)가 도수분포표에 포함되면 그 비율까지

표 1.5 표 1.2의 원시 데이터를 정리하여 만든 도수분포표

가격	득표	중간값	도수(f)	상대 도수	누적 도수
65-104	NN I	84.5	6	6/30 = 0.200	6
105-144	NN IIII	124.5	9	9/30 = 0.300	15
145-184	NN I	164.5	6	6/30 = 0.200	21
185-224	IIII	204.5	4	4/30 = 0.133	25
225-264	II	244.5	2	2/30 = 0.067	27
265-304	I	284.5	1	1/30 = 0.033	28
305-344	II	324.5	2	2/30 = 0.067	30
			합계= 30	합계= 1.000	

계급 폭 { 65-104, 105-144 　계급 하한 　계급 상한 　Σf

---

[15] 계급의 수 K와 관련한 EDA의 내용을 참고하면 $K=1+\log_2 N$나 $1.87(N-1)^{0.4}+1$, $\sqrt{N}$, $1+\ln N$ 따위가 있다. 여기서 N은 통계 데이터의 관찰 수, 즉 데이터 개수이다.

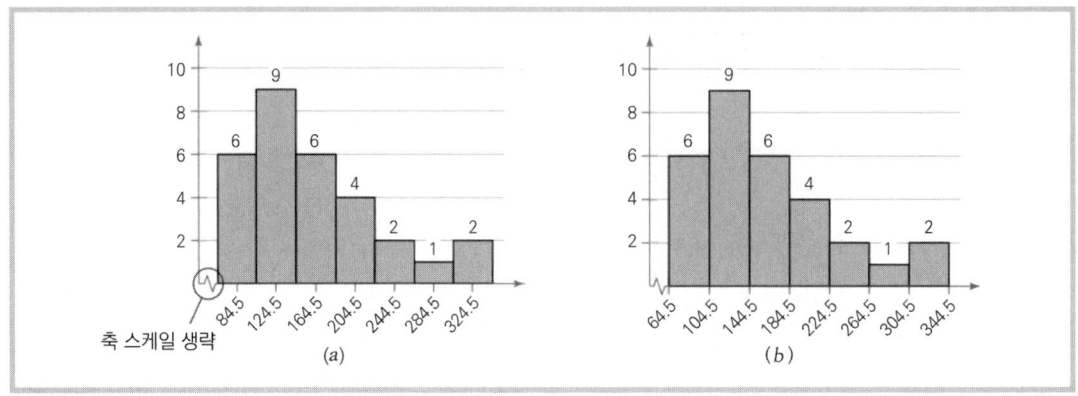

그림 1.4 표 1.5에 대한 히스토그램 – 계급의 중간값과 구간을 좌표값으로

확인할 수 있는 귀중한 정보가 되는데 이와 관련한 내용은 이어지는 소절에서 자세히 다루기로 한다. 그림 1.4는 표 1.5에 대한 **히스토그램**(histogram)이다. 히스토그램은 그림 1.3(a)의 막대 그래프와 다르다. 범주 데이터인 경우는 이웃한 범주 사이엔 다른 범주가 들어 갈 수 없기 때문에 막대 사이에 공간이 있더라도 별 문제가 없다. 하지만 수치 데이터인 경우는 막대와 막대 사이에 공간이 있으면 그 공간에 데이터가 속할 수 있기 때문에 큰 문제가 된다. 이것이 막대 그래프와 히스토그램의 차이다.

히스토그램을 그릴 땐 두 가지 스케일로 그릴 수 있다. 그림 1.4(a)와 같이 중간값을 x축에 두는 방법과 (b)와 같이 계급의 구간을 x축으로 하는 방법이다. 하지만 이 경우처럼 데이터가 정수인 경우는 후자와 같이 그릴 땐 약간의 주의가 필요하다. 왜냐하면 히스토그램의 이웃한 두 막대를 구분 짓는 경계, 즉 첫 번째와 두 번째 계급의 경계인 104와 105엔 공백이 있기 때문에 계급의 하한에서 0.5를 빼고, 또 계급의 상한에서 0.5를 보태어 공백을 없애는 작업이 추가되어야 한다.

그림 1.5는 그림 1.4의 히스토그램에서 각 막대의 가운데 점을 잡아 선 그래프로 그린 그림인데 (a)를 **도수 다각형**(frequency polygon)이라 하고 (b)는 누적 도수 그래프로 **오지브**(ogive)라 부르기도 한다. 특히, (a)인 경우는 히스토그램의 양 끝으로 임의의 값을 x축의 하한과 상한에 더하고 빼서 도수가 0이 되는 점을 추가하는 것이 중요하다. 그래프 곡선과 x축이 만나야 폐다각형이 되기 때문이다. 그림 1.4나 1.5에서 확인할 수 있는 것은 이렇다. 시중에서 파는 고급 블루투스 스피커의 가격은 모드, 즉 최대 도수를 가지는 가격은 124.5(천원)이고 구간으로 치면 104.5(천원)에서 144.5(천원)이다. 수치 데이터는 모드 말고도 모든 스피커 값의 평균(mean)이나 가격을 정렬해 놓고 가운데 있는 값인

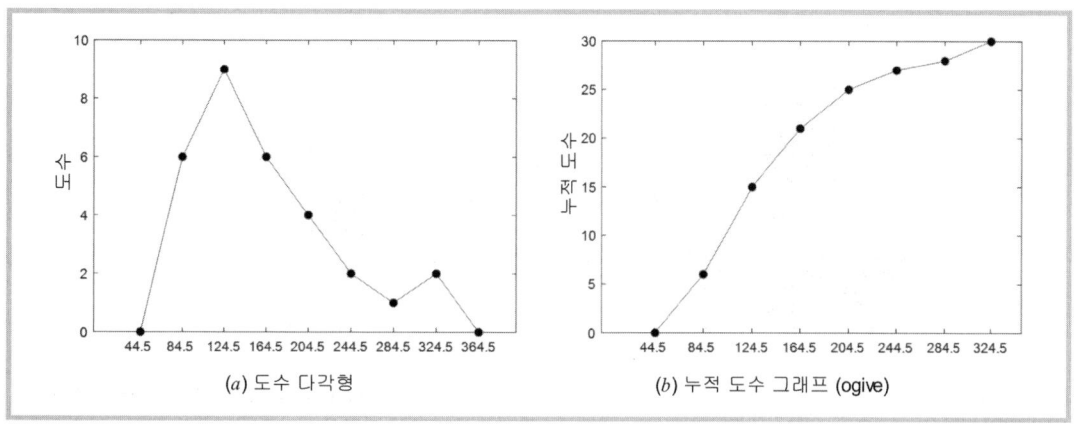

그림 1.5 표 1.5에 대한 도수 다각형과 누적 도수 그래프

중앙값(median)까지 계산할 수 있는데 이는 다음 소절의 주제가 되겠다. 가격 분포가 최고를 중심으로 왼쪽보다 오른쪽으로 길게 늘어져 있고, 가격의 2/3 정도는 184.5(천원) 아래에 있으며, 또 가격이 싼 쪽이 비싼 쪽보다 가격 변동이 급하다는 것도 확인할 수 있다.

그림 1.4와 1.5의 히스토그램이나 도수 다각형은 데이터 분포를 이해하는 첫 번째 단계이지만 데이터 요소 각각의 값이 무언지 정확하게 알 수 없는 것이 단점이다. 어느 계급에 속하는지 나타나도 개별적인 값의 정보는 잃어버린다. 그래서 탐색적 자료 분석 (EDA)에선 계급이 아니라 숫자를 그대로 사용하여 가로로 히스토그램을 그리는데 **줄기-잎**(stem-and-leaf) **그래프**이다.[16] 줄기-잎 그래프는 말 그대로 숫자를 줄기와 잎 두 부분 으로 나누어 해당 줄기에 잎을 (중복이더라도) 있는 그대로 나타내는데 그림 1.6은 임의의 수치 데이터에 대한 줄기-잎 그래프이다.

그림 1.6에서 확인할 수 있듯이 범주나 계급으로 구실하는 줄기는 포함되는 데이터를 숫자 그대로 나타나기 때문에 값의 정확한 정보를 잃지 않는다. 데이터 수가 많아지거나 데이터의 분포가 분명히 드러나지 않을 땐 줄기를 합치거나 나눌 수도 있다. 즉, 줄기 부분엔 9-12처럼 나타내 9와 10, 11을 합칠 수 있다. 물론 이럴 땐 9에서 11까지 잎 부분을 나타낼 때 특정한 기호를 (예를 들어, * 따위를) 써서 구분한다. 또 (예를 들어,

---

[16] 줄기-잎 그래프는 EDA를 처음 제안하고 발전시킨 J. W. Tukey가 소개하였다. 이를 테면, 숫자의 자리를 나누어 일의 자리는 잎으로, 그리고 그 이상의 자리는 줄기로 구분하여 가로나 세로로 배치하여 데이터의 분포를 짐작한다. 예를 들어, 세 자리 수인 152는 앞의 15는 줄기로, 그리고 맨 끝의 첫 자리 수 2는 잎으로 구분하여 15 | 2와 같이 수직선을 사이에 두고 데이터를 나열해 가는 방법이 되겠다.

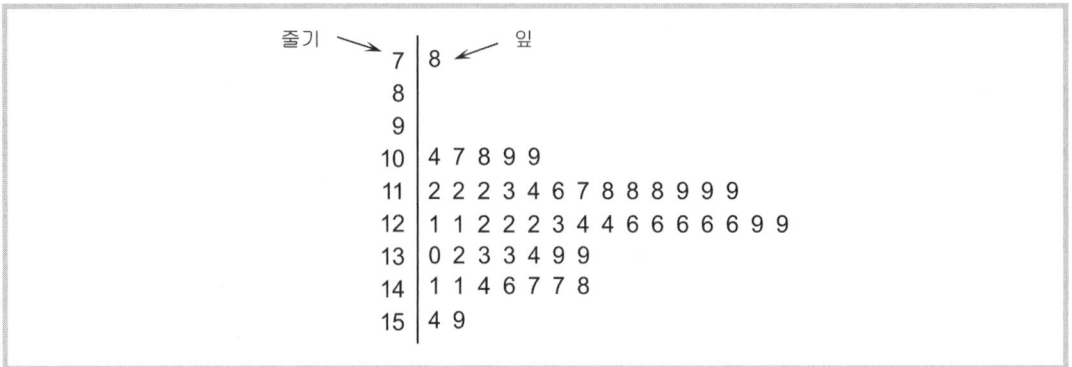

```
줄기 ──→  7 │ 8  ←── 잎
          8 │
          9 │
         10 │ 4 7 8 9 9
         11 │ 2 2 2 3 4 6 7 8 8 8 9 9 9
         12 │ 1 1 2 2 2 3 4 4 6 6 6 6 6 9 9
         13 │ 0 2 3 3 4 9 9
         14 │ 1 1 4 6 7 7 8
         15 │ 4 9
```

그림 1.6 임의의 수치 데이터에 대한 줄기-잎 그래프

줄기 10을) 나눌 땐 10을 줄기 쪽에 두 번을 적어 앞의 줄기엔 0부터 4까지, 그리고 뒤의 줄기엔 5에서 9까지 잎으로 두면 된다.

지금까지 범주 및 수치 데이터에 대하여 표나 그래프로 정리하는 방법을 알아보았다. 도수분포표와 히스토그램을 비롯하여 원 그래프, 줄기-잎 그래프를 살폈는데 EDA에선 관련 기법들이 훨씬 더 많은데 관심 있는 독자들은 EDA 자료를 참고하길 바란다. 어쨌든 통계 데이터를 가장 먼저 정리하는 목적만큼은 꼭 잊지 말았으면 좋겠다. 원시 데이터에선 알 수 없었던 데이터의 분포 형태를 알 수 있는 것은 그 가치가 아주 크다. 다음 소절에서 데이터의 값이나 위치로 데이터의 특성값을 (정량적인) 숫자로 파악하는 것도 중요하지만 데이터의 분포는 수집된 데이터 자체의 특성이므로 분포의 형상에서 어떤 점을 발견할 수 있는지 먼저 이해하는 것이 우선이어야 하는 것은 당연하다. 최고는 어디에 있고, 최고를 중심으로 대칭인지 그렇지 않은지, 최고는 아니지만 데이터가 집중된 다른 곳은 없는지, 혹은 추세나 범위를 벗어난 데이터는 없는지 따위가 모두 통계 데이터의 중요한 (정성적인) 특성이다.

예제 1.3a 최근 한 도매업체 재고의 일부분이 사라진 것을 파악하고 원인을 조사하였는데 (단위는 억원) 장부 오류가 4.2, 종사자 절도 15.1, 들치기 12.3, 판매자 사기 1.7, 그리고 원인 불명이 1.10이었다. 원인별로 쉽게 파악할 수 있도록 자료를 정리해 보자.

풀이 재고 손실에 대한 원인과 해당 피해액 두 데이터가 결정되어 있기 때문에 범주나 계급을 나눌 필요가 없이 쉽게 표나 그림을 그릴 수 있다. 특히, 그림을 그릴 땐 원인이 가장 큰 것부터 순서대로 나열하면 훨씬 이해하기 쉬울 것인데 **파레토**(Pareto) 차트가 이런 목적을 위해 그려진다. 파레토 차트는 누적

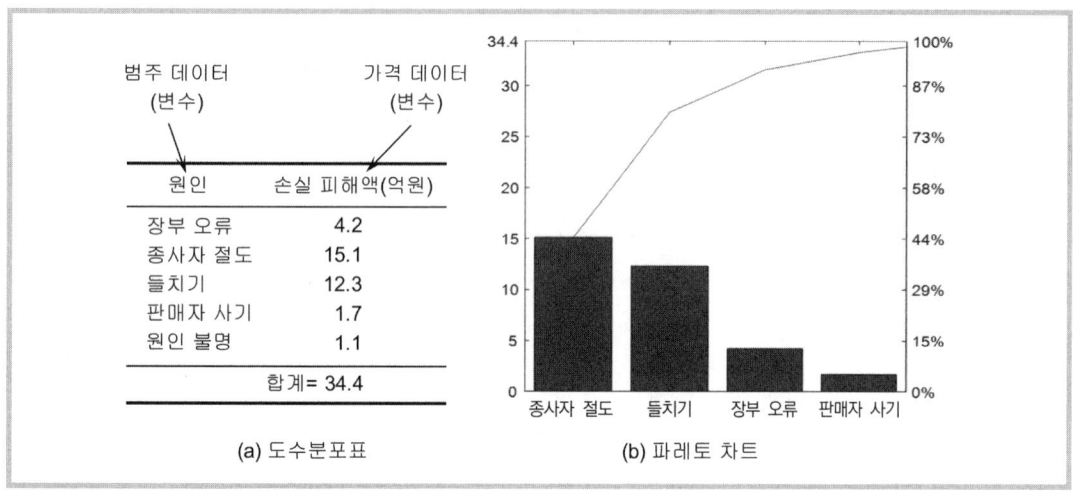

(a) 도수분포표   (b) 파레토 차트

그림 1.7 예제 1.3a에 대한 도수분포표 및 파레토 차트

도수의 그래프를 함께 나타내 각 원인의 누적 비중도 쉽게 파악할 수 있다. 그림 1.7은 이 경우의 도수분포표와 파레토 차트이다.

예제 1.3b 다음 통계 데이터는 한 대학의 교직원 중에서 스마트 폰 사용자의 요금제 할인 및 통신 카드 사용 할인 등 모든 할인을 뺀 실제 월 사용료를 천원 단위로 조사한 것이다.

39.3	48.7	29.7	44.9	37.4	51.5	40.2	47.0	66.0	37.2
40.4	35.7	59.3	46.2	41.4	44.9	54.8	51.6	44.9	42.2
62.1	32.9	43.4	37.3	52.5	62.9	51.3	54.7	50.4	41.4
42.4	46.4	44.4	35.4	38.4	49.5	48.4	70.0	51.4	48.9
35.2	40.8	48.4	55.9	39.8	53.0	38.4	51.3	42.9	42.4

도수분포표를 비롯하여 관련 도구를 써서 원시 데이터의 분포를 알기 쉽고 빠르게 이해할 수 있도록 해보자.

[풀이] 예제의 수치 데이터가 본문의 그것과 다른 점은 정수가 아니고 실수 데이터이다. 비록 천원 단위로 나타냈지만 실수는 연속된 수이다. 정수와 달리 수의 구분이 어려워 구간의 양쪽 모두에 등호를 붙일 수 없다는 말이다. 그래서 계급을 서로 배타적으로 만들기 위해 상한에 ≤이 아니라 <을 써서 구축한다. 우선, 데이터의 범위를 구한다. 즉, 최솟값은 29.7이고 최댓값은 70이므로 70 - 29.7 = 40.3이다. 다음, 계급의 폭을 결정해야 하는데 여기선 계급의 수를 5로 놓고 계급을 정한다. 즉,

$$\text{계급의 폭} = \frac{\text{데이터의 범위}}{\text{계급의 수}} = \frac{70-29.7}{5} = 8.09 \rightarrow 9$$

이다. 여기서 8이 아닌 9를 사용하는 것은 8로 하여 5개의 계급을 정하면 원시 데이터에서 계급에 속하지 않는 수가 나오기 때문이다. 표 1.6은 첫 번째 계급의 하한을 데이터가 실수인 것을 고려하여 보수적으로 27을 사용한 도수분포표이다.

표 1.6 예제 1.3b에 대한 도수분포표

스마트 폰 실 납부금	도수	상대 도수	누적 도수	누적 상대 도수
27에서 36보다 작은	5	0.1	5	0.1
36에서 45보다 작은	21	0.42	26	0.52
45에서 54보다 작은	16	0.32	42	0.84
54에서 63보다 작은	6	0.12	48	0.96
63에서 72보다 작은	2	0.04	50	1.0
합계= 50		합계= 1.0		

상대 도수의 합

도수의 합

표 1.6에 누적 상대 도수를 포함하였다. 상대 도수가 도수가 전체에서 차지하는 비율이라면 누적 상대 도수는 상대 도수가 전체에서 차지하는 비율이다. 2장에서 언급할 확률의 학습에 기초가 되는 것이니 빨리 친숙해졌으면 좋겠다. 그림 1.8은 표 1.6에 대한 히스토그램과 도수 다각형인데 히스토그램인 경우는 계급의 구간을, 그리고 도수 다각형인 경우는 구간의 중앙을 x축의 좌표로 하여 그렸다. 스마트 폰의 실 납부금이 36(천원)에서 45(천원) 사이가 제일 많으며 이를 중심으로 왼쪽보다 오른쪽으로 더 길게 분포하는 것도 알 수 있다.

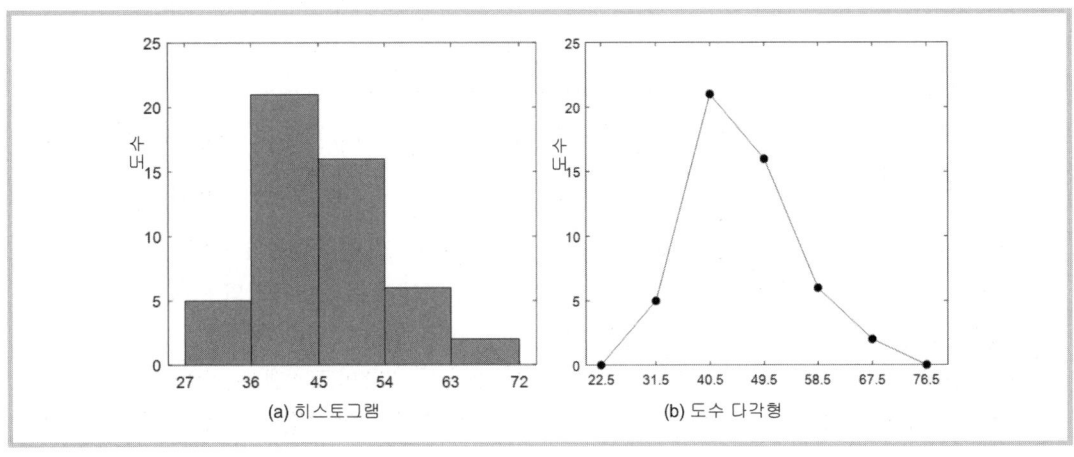

(a) 히스토그램

(b) 도수 다각형

그림 1.8 표 1.6의 히스토그램과 도수 다각형

통계 데이터의 값에 따른 요약

앞 소절에서 통계 데이터의 표 및 그래프로 정리하는 과정을 익혔다. 분포의 범위와 도수가 제일 큰 모드를 비롯하여 대칭인지 그렇지 않은지, 어디가 가파르고 완만한지, 갑자기 추세를 벗어나는 곳은 있는지 따위를 정성적인 측면에서 파악할 수 있었다. 여러 번 말했지만 통계 데이터는 분포의 형상에서 되도록 많은 정보를 얻을 수 있어야 한다. EDA 관련 용어나 개념에 많이 익숙해져 어떤 데이터 분포라도 적절한 진술을 할 수 있느냐 그렇지 못하느냐 하는 것이 EDA뿐만 아니라 통계 지식의 척도가 아닐까 싶다.

이 소절에선 수치 데이터의 분포와 관련한 특성값들을 데이터의 값을 이용하여 계산해 보기로 한다. 통계 데이터는 기본적으로 집단으로 구성되기 때문에 데이터는 값 말고도 집단 속에서 줄을 세웠을 때 놓이는 위치도 중요한 속성이다. 따라서 통계 데이터의 특성 값은 값과 위치에 따라 구분하여 해석할 필요가 있다. 데이터 분포를 도형이라 볼 때 마치 무게 중심과 기하학적 중심(도심)이 다르듯이 값과 위치의 중심도 다를 수밖에 없다. 이는 데이터 분포에서 아주 중요한 성질로 값의 중심, 즉 평균과 위치의 중심, 즉 중앙값의 대소 관계가 대칭인지 비대칭인지, 나아가 왼쪽으로 길게 늘어졌는지 오른쪽으로 그런지 결정하기 때문이다. 그리고 통계 데이터가 모집단인지 표본인지에 따라 특성값의 계산에 차이가 있는 것도 유의해야 할 사항이다. 큰 차이가 아니더라도 기술 통계를 넘어 추론 통계로 가기 위해선 이런 차이 못지않게 개념의 이해가 더욱 중요한데 이는 4장 이후부터 자세히 설명할 것이다. 그 외 다른 것도 구별해야 할 것이 많지만 소절과 장을 이어가면서 필요할 때마다 계속 진행하기로 한다.

먼저 통계 데이터의 값에 따른 요약 지표로 데이터의 **중심 경향**(central tendency)에[17] 대해 살펴본다. 중심 경향은 데이터의 요소가 가장 많이 집중되는 곳으로 통계 데이터 분야에선 모드나 평균, 중앙값 따위의 말로 좀 더 구체화된다. **모드**(mode)는 앞에서 설명 했듯이 데이터 분포에서 가장 높이 치솟은 부분이다. 가장 높지 않더라도 주위와 견주어 높이 치솟은 부분도 역시 모드이다. 통계 데이터가 공학 실험의 결과로 얻은 것이면 모드 는 여러 상태나 동작 중에서 가장 많이 나오는, 그래서 대표적인 상태나 동작이라고 말할 수 있다. **평균**(mean)은 데이터 분포를 구성하는 모든 값들을 보태어 데이터 개수로 나눈

---

[17] 통계 데이터가 자연 현상에서 수집되거나 키나 몸무게, 생산 현장, 연구 및 사회 실험과 같이 인위적으로 결과를 꾸미지 않은 데이터인 경우는 데이터 분포가 대개 어느 한 곳으로 (혹은 보통 분포의 중심으로) 집중되어 나타나는데 이를 데이터의 중심 경향이라 한다.

값으로 데이터 값의 산술적인 중심이다. 공학적으로 따지면 데이터 분포의 곳곳에 퍼져 있는 여러 질량들의 질량 중심과 견줄 수 있다. **중앙값**(median)은 데이터를 정렬했을 때 가운데 있는 값으로 여기서 다룰 데이터 값과 직접적인 관계를 맺지 않지만 데이터 분포와 연결 지으면 모드와 평균과 깊은 관계를 갖는다. 중앙값은 공학적인 면에서 평균과 달리 데이터 분포의 도심에 해당한다고 볼 수 있으므로 평균과 서로 구별되는 것이 마땅하다.

통계 데이터의 평균은 모집단이든 표본이든 데이터의 모든 값을 더하여 데이터 개수로 나누는 것이다. 즉, 모집단의 평균 μ와 표본의 평균 $\bar{x}$는 각각

$$\mu = \frac{\sum x}{N} \text{와} \qquad \bar{x} = \frac{\sum x}{n} \tag{1.1}$$

와 같다. 여기서 x는 통계 데이터의 요소이고 N은 모집단 개수, 그리고 n은 표본의 개수이다. 무척 계산이 간단하지만 통계 데이터에 포함된 수많은 값을 한 개로 대표하여 말할 때 일컬어지는 값이 바로 평균이다.

하지만 평균이 통계 데이터의 중심이고 대표할 수 있는 값, 혹은 중심 경향을 보이는 한 개의 값이 되기 위해선 늘 그럴 것이라는 믿음이 있어야 하는데 그렇지 못하는 경우가 더러 있어 문제다. 이를 테면, 통계 데이터의 요소 중에서 추세나 경향을 많이 벗어나는 요소인 이상수(outliers)가 있을 때 이상수가 포함될 때와 포함되지 않을 때의 평균에 큰 차이가 있다. 통계 데이터의 모드, 즉 최빈수는 도수가 가장 높은 수만 최빈수의 평가에 참여하지만[18] 평균은 모든 값이 참여하여 계산되기 때문에 이상수에 아주 큰 영향을 받을 수밖에 없다. 그래서 평균을 통계 데이터의 중심으로 사용할 요량이면 통계 데이터의 분석에 앞서 전처리(preprocessing) 과정을 거치는 것이 보통인데 **절사 평균**(trimmed mean)을 사용하거나 분포의 표준 편차 k배 이상인 데이터를 미리 제거하는 일이 되겠다. 절사 평균은 말 그대로 데이터의 한쪽이나 양쪽의 몇 개 데이터나 얼마의 비율로 먼저 잘라내고 구한 평균이고 데이터 분포를 부드럽게 할 목적으로 표준 편차를 이용하는 경우는 경험적으로 k를 2에서 4 사이의 값으로 한다.

가중 평균(weighted mean)은 데이터 요소의 중요도를 고려하여 구한 평균이다. 이때 중요한 것은 중요도를 고려할 때 절대 중요도와 상대 중요도를 구분해야 한다는 것이다.

---

[18] 통계 데이터의 중앙값도 위치의 가운데 값을 취하므로 분포의 양 끝에 있는 이상수의 영향을 별로 받지 않는다. 그래서 통계 데이터의 모드와 중앙값은 이상수에 민감하지 않은 통계량인 반면에 평균은 아주 민감한 통계량이다.

절대 중요도(absolute weight)는 도수분포표의 도수와 같이 중요한 정도를 수로 직접 표현한 것이고 **상대 중요도**(relative weight)는 상대 도수와 같이 중요도 전체에 대한 비율로 표현한 것이다. 이를 테면, x와 y, z 3개의 데이터를 1배와 2배, 3배의 절대 중요도를 고려하여 평균을 구한다면 $((1)x+(2)y+(3)z)/(1+2+3)$이지만 같은 경우를 상대 중요도를 써서 구하면 $(1/6)x+(2/6)y+(3/6)z$이 된다. 평균으론 같은 값을 얻지만 개념이 다르고, 그래서 적용 분야를 이해하는 방법이 다르다는 것을 알아야 한다. 가중 평균은 통계 데이터 측면에서 보면 도수분포표에서 그룹 데이터의 평균을 구하는 것과 같은데 표 1.7은 리터당 가격이 1,870원인 경유를 18리터, 1,710원에서 26리터, 1,760원에서 24리터, 그리고 1,920에서 12리터를 주유한 내용을 도수분포표로 나타낸 것이다.

표 1.7의 마지막 두 열은 각각 절대 중요도와 상대 중요도의 방식으로 구한 경유의 리터당 평균 가격이다. 도수분포표에서 도수인 주유량과 상대 도수인 주유 비율을 각각 이용한 것이니 이해하는 데는 어렵지 않을 것이다. 즉, 표본의 가중 평균 $\bar{x}$는

$$\bar{x}=\frac{\sum xw}{\sum w}=\sum\left(x\frac{w}{\sum w}\right)=\sum xr \tag{1.2}$$

와 같다. 여기서 w는 도수분포표의 도수, 즉 절대 중요도이고 r은 상대 도수, 즉 상대 중요도이다. 만약 도수분포표의 계급이 구간인 경우엔 구간의 중앙값을 x로 사용한다.

지금까지 가중 평균이나 도수분포표로 나타나는 그룹 데이터의 평균을 포함하여 일반적인 평균을 설명하면서 모드(최빈수)와 중앙값도 짧게 다루었다. 모드는 범주 데이터에서, 그리고 중앙값은 범주형 순위 데이터에서 분포의 특성값으로 제격이었다. 물론 수치 데이터에도 그 본래의 뜻대로 사용할 수 있지만 범주 데이터에선 숫자로 계산되는 평균을

표 1.7 경유 가격과 주유량, 리터당 평균 가격

경유 가격 x	주유량(리터) w	주유 비율 r	$xw/\sum w$	xr
1,870	18	0.225	420.75	420.75
1,710	26	0.325	555.75	555.75
1,760	24	0.300	528.00	528.00
1,920	12	0.150	288.00	288.00
합계= 80	합계= 1		합계= 1,792.5	합계= 1,792.5

리터당 평균 가격

쓸 수 없으므로 모드나 중앙값이 분포의 중요한 특징으로 자리잡는다. 평균과 모드, 중앙값이 분포의 형상에 어떤 영향을 주는지 살필 시점이다. 1.6절에서 분포의 특성을 다룰 때 설명해도 되겠지만 평균과 관련한 특성값의 중요성을 강조한다는 측면에서 여기서 다루기로 한다.

분포가 중심을 기준으로 좌우 대칭이면 그림 1.9(a)와 같이 평균과 모드, 중앙값이 모두 분포의 중심에 놓인다. 만약 이 세 특성값이 서로 다르면 대칭이 비대칭으로 분포가 흐트러지는데 아주 중요한 성질이 아닐 수 없다. 숫자 정보인 평균이 왼쪽이나 오른쪽으로 이동하면 해당 방향으로 이상수가 존재하여 평균이 그 방향으로 치우치기 때문인데 그림 1.9(b)와 (c)가 이를 보여 주고 있다. 그림 1.9(b)의 경우는 오른쪽보다 왼쪽으로 더 길게 늘어진 분포로 **왼쪽으로 치우친 분포**(left-skewed distribution)인데[19] 평균-중앙값-모드 순으로 자리를 잡는다. 왼쪽의 이상수 때문에 영향을 많이 받는 평균이 가장 많이 이동하였고 중앙값도 약간 영향을 받았다. 그림 1.9(c)는 이와 반대로 이상수가 오른쪽에

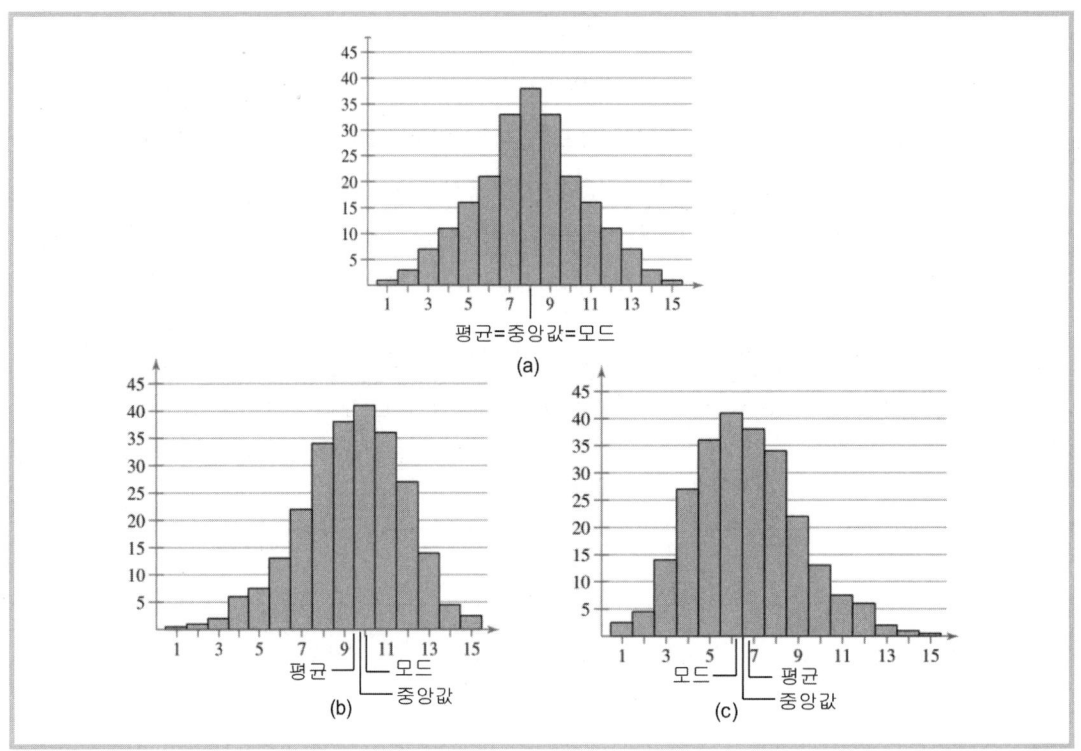

그림 1.9 분포에서 평균과 중앙값, 모드의 관계

---

[19] 음의 방향으로 치우친 분포(negatively-skewed distribution)라고도 한다.

있는 경우로 **오른쪽으로 치우친 분포**(right- skewed distribution)가[20] 되겠다. 모드의 위치는 변하지 않지만 평균과 중앙값이 이상수 때문에 각각 많이 영향을 받고 적게 영향을 받아 오른쪽으로 움직인 모습이다. 여기서 크게 다룰 내용은 아니지만 그림 1.9(b)와 (c)와 같이 분포의 비대칭 정도를 정량적으로 판단할 수도 있다. 표본에 대한 통계 데이터의 **비대칭도**(skewness)를[21] 계산하여 음수이면 (b)의 기본 형태를 유지하면서 값의 크기에 따라 변형된 모습을, 그리고 양수이면 (c)를 기본 형태로 가지면서 약간씩 변형된 분포인 것을 뜻한다.

예제 1.4a 부부 20쌍을 무작위로 뽑아 결혼 기간을 물어 다음의 데이터를 얻었다.

12 27 8 15 9 18 13 35 23 19 33 41 59 3 26 5 34 27 5

대략의 분포 형상을 그리고 평균과 중앙값, 그리고 모드를 조사해 보자. 또한 데이터의 10%를 절사한 후의 평균도 구해 보자.

풀이 데이터의 평균과 중앙값, 값 모드는 각각 23.15, 21, 그리고 5이다. 여기서 중앙값은 정렬시켰을 때 가운데 있는 값인데 이 데이터처럼 짝수인 경우는 가운데 2개의 (산술) 평균이다. 즉, (23+19)/2 = 21이다. 그리고 분포에 대한 도수 다각형을 대략 그리면 다음 그림과 같다.

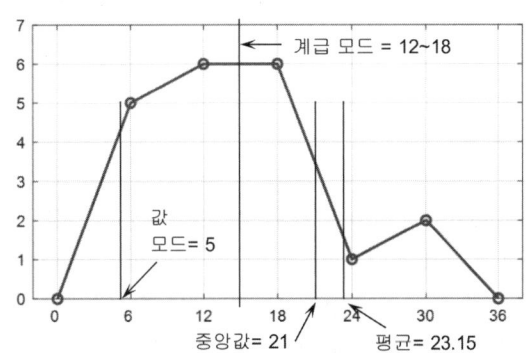

그림에서 모드, 즉 최빈수인 경우는 데이터의 값으로 치면 5(년)이지만 도수 다각형에서 계급으로 치면 12년과 18년 사이가 된다. 사실 모드는 범주 데이터의 서로 배타적인 범주에서 가장 많이 반복되는 것이지만 수치 데이터에선 분포의 형상에서 가장 도수가 높은 곳이 된다. 그림은 계급을

---

[20] 양의 방향으로 치우친 분포(positively-skewed distribution)라고도 한다.

[21] 왜도(歪度)라고 번역하여 쓰는 곳도 있는데 왠지 느낌이 안 좋다. 비대칭도는 표본 데이터의 3차 모멘트를 표준 편차의 세제곱으로 나눈 값이다. 여기서 n차 모멘트는 편차를 n승하여 평균을 구한 것으로 $MEAN((x-\bar{x})^n)$와 같다.

5개로 하였기에 각 계급의 구간이 12년이다. 만약 구간을 1년으로 하여 도수 다각형을 그리면 5(년)이 모드가 되겠지만 그럴 땐 데이터 분포의 형상이 제 목적을 달성하지 못한다.

데이터 분포에서 평균이 가장 오른쪽에 위치한 것은 분포의 오른쪽에 불쑥 튀어 오른 부분의 영향이 아닐까 싶다. 오른쪽에서 완만하게 줄어들다 추세를 어긋나는 수 때문에 중앙값은 별로 영향을 받지 않았지만 평균은 크게 영향을 받았다. 따라서 이 분포는 오른쪽으로 치우친 분포이다. 주어진 데이터에서 큰 쪽 부분의 5%와 작은 쪽 부분의 5%을 절사한 후 평균을 구하면 $\overline{x}_{trimmed} = 22.78$로 왼쪽으로 약간 이동한다.

예제 1.4b 다음의 통계 데이터에 대한 평균과 중앙값, 그리고 모드를 구해 보자. 이와 같은 요약 지표를 찾을 수 없거나 분포의 중심을 표현하지 못하면 왜 그런지도 생각해 보자.

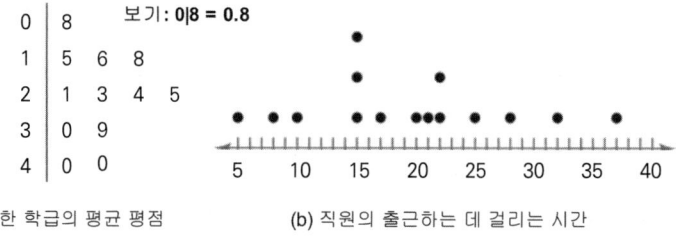

(a) 한 학급의 평균 평점   (b) 직원의 출근하는 데 걸리는 시간

풀이 그림의 (a)는 줄기-잎 그래프로 보기 0|8 = 0.8에 나와 있듯이 일의 자리와 소수점 자리가 줄기와 잎으로 구분되어 있다. 표본의 개수는 12, 평균은 2.49, 중앙값은 2.35, 그리고 값의 모드는 4이다. 앞의 예제와 마찬가지로 수치 데이터인 경우는 값 모드보다 계급 모드가 더 중요한데 이 경우는 성적의 평점이 2점대가 계급 모드가 된다. 그래서 모드-중앙값-평균의 순으로 분포되어 있으므로 오른쪽으로 치우친 분포가 되겠다. 참고로, 이 경우의 분포 비대칭도는 앞에서 언급한 공식을 써서 구하면 0.24이다.

그림의 (b)는 통계 데이터의 중심 경향을 알아 보는 데 딱 알맞은 그래프로 **점 도표**(dot plot)라 한다. 직원이 출근하는 데 걸리는 시간 데이터는 범위가 5분에서 37분 사이이며 15분에서 22분 사이가 전체 데이터의 약 2/3를 포함한다. 요약 지표로 표본의 개수는 15이고, 평균은 19.47, 중앙값은 20, 그리고 값 모드는 15이다. 값 모드가 계급의 모드인 15에서 22 사이, 혹은 구간을 좀 더 줄이면 15에서 17 사이의 계급과 일치하므로 모드가 최빈수의 자리를 차지해도 될 것 같다. 모드를 중심으로 오른쪽에 평균이 있기 때문에 양의 방향으로 치우친 분포가 아닐까 싶지만 중앙값이 평균보다 (아주 작은 값이지만) 오른쪽에 있어 분포의 형태를 쉽게 단정할 순 없다.

예제 1.4c 통계 수업에서 한 학생이 받은 시험별 점수이다. 모든 시험은 100점 만점으로 숙제는 85점, 퀴즈는 80점, 프로젝트 과제는 100점, 발표는 90점, 그리고 기말 시험은 93점이다. 반영 비율을 순서대로 5%, 35%, 20%, 15%, 그리고 25%로 할 때 이 학생의 평균 점수를 구해 보자.

풀이 각 시험별 점수에 대한 도수분포표를 작성하면 다음과 같다. 반영 비율을 제시했으므로 시험별 점수에 반영 비율을 곱한 후 모두 더한 것이 평균이 된다.

시험	점수 x	반영 비율 w	xw
숙제	85	0.05	4.25
퀴즈	80	0.35	28.00
프로젝트 과제	100	0.20	20.00
발표	90	0.15	13.50
기말 시험	93	0.25	23.25
		합계 = 1.00	합계 = 89

시험 전체의
평균 점수

도수분포표는 그릴 때 수고가 들긴 하지만 통계 데이터를 정리하는 데 필수이다. 히스토그램 등 그래프 대부분은 컴퓨터의 도움을 받을 수 있지만 도수분포표는 손으로 그려야 하며 그만큼의 가치가 있다. 새로운 정보를 또 다른 열에 추가하면서 작업하는 데 익숙해지면 질수록 자신감도 더욱 자랄 것으로 믿는다.

예제 1.4d 두 (혹은 그 이상의) 통계 데이터의 표본 개수와 평균이 각각 n_1과 n_2, 그리고 $\overline{x}_1$과 $\overline{x}_2$일 때 두 통계 데이터의 합에 대한 평균, 즉 **결합 평균**(combined mean)은

$$\overline{x}_{combined} = \frac{n_1\overline{x}_1 + n_2\overline{x}_2}{n_1 + n_2}$$

이다. 다음의 두 통계 데이터를 이용하여 결합 평균의 공식이 성립하는지 확인해 보자.

통계 데이터 1 :	6	9	7	14	4	5	6	8	4	11
통계 데이터 2 :	10	6	8	6	5	7	6	6	3	11

풀이 통계 데이터 1의 요약 지표는 $n_1 = 10$과 $\overline{x}_1 = 7.4$이고 통계 데이터 2는 $n_2 = 10$과 $\overline{x}_2 = 6.8$이다. 그리고 결합 데이터, 즉 두 통계 데이터를 합한 20개의 새로운 통계 데이터의 평균은 7.1이다. 이제 위 공식을 써서 이 값이 나오는지 확인한다. 즉,

$$\overline{x}_{combined} = \frac{10(7.4) + 10(6.8)}{10 + 10} = 7.1$$

로 앞에서 구한 값인 7.1과 같다.

통계 데이터의 분포 특성 중에서 중요한 것 하나를 마쳤다. 이 소절을 끝마치기 전에 나머지 하나를 완성해야 하는데 바로 평균에 이어서 분포의 퍼짐 정보에 해당하는 특성값

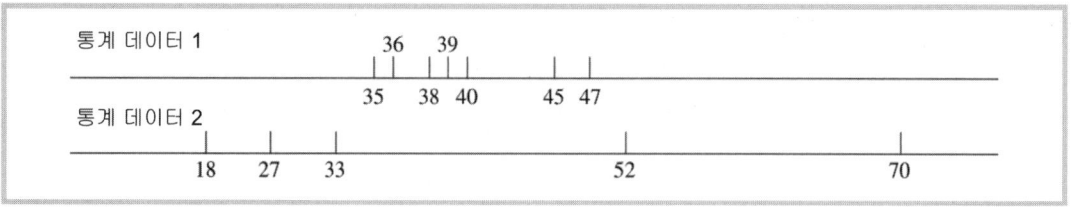

그림 1.10 두 통계 데이터의 비교

이다. 통계 데이터의 분포는 우선 분포의 중심인 평균을 찾는 것이 먼저이다. 물론 분포를 대표할 수 있는 값이 평균일 필요는 없다. 모드나 중앙값을 비롯하여 자신이 개발한 어떤 것도 상관없지만 계산이 간편하고 누구나 그렇게 생각하는 것이 평균이기 때문에 보통 평균으로 받아들인다. 통계 데이터의 분포는 평균만으론 부족하다. 평균이라는 대푯값을 중심으로 나머지 데이터 요소들은 얼마만큼 퍼져 있는지 밝혀야 분포의 특징을 완전히 규정할 수 있기 때문이다. 그림 1.10의 두 통계 데이터를 보자.

그림 1.10의 두 통계 데이터의 평균은 40으로 똑같다. 하지만 두 데이터 집단의 중심 경향이나 퍼짐 정도를 보라. 통계 데이터 1은 평균 40을 중심으로 거의 집중되어 있지만 통계 데이터 2는 18부터 70까지 아주 넓게 퍼져 있다. 이것이 평균만 따졌을 때 분포의 특징을 전혀 예측할 수 없는 까닭이고 데이터 변동(variation)의[22] 중요성을 깨우쳐야 하는 까닭이기도 하다.

데이터 변동의 가장 간단한 지표는 **범위**(range)이다. 범위는 최댓값과 최솟값의 차로 그림 1.10의 통계 데이터 1은 47-35 = 12이고 통계 데이터 2는 70-18 = 52이다. 범위가 넓을수록 변동은 크다. 그리고 범위는 평균과 마찬가지로 이상수에 영향을 크게 받을 뿐만 아니라 오직 두 수, 즉 최댓값 및 최솟값만 사용하고 나머지 모든 데이터 요소는 무시하기 때문에 만족스러운 변동 지표가 되기 어렵다.

데이터 변동 지표로 가장 흔히 사용되는 것은 **분산**(variance)과 **표준 편차**(standard deviation)인데 모집단의 분산 σ^2과 표본의 분산 s^2은 각각

$$\sigma^2 = \frac{\sum (x - \mu)^2}{N} \text{와} \quad s^2 = \frac{\sum (x - \overline{x})^2}{n-1} \tag{1.3}$$

이다.[23] 여기서 N은 모집단의 개수, n은 표본의 개수, 그리고 $(x - \mu)$나 $(x - \overline{x})$는

---

[22] 데이터 변동은 흩뜨림(dispersion)이나 퍼짐(spread)과 동의어이다.

[23] 표본의 분산을 계산할 땐 모집단과 달리 표본의 개수 n이 아니라 $n-1$로 나누는 것에 주의해야 한다. 이는 추론 통계학에서

각 데이터 요소에서 해당 평균을 뺀 값으로 **편차**(deviation)라 한다. 데이터 변동의 가장 좋은 지표는 편차를 합하여 중심에서 퍼진 정도를 정량화하면 좋은데 편차의 합은 항상 0이기 때문에 이를 제곱하여 분산으로 계산하였고, 따라서 제곱으로 계산한 분산을 다시 원래의 차원으로 돌리기 위해 제곱근을 써서 표준 편차를 만들어 쓴다. 즉,

$$\sigma = \sqrt{\sigma^2} = \sqrt{\frac{\sum (x-\mu)^2}{N}} \text{ 와 } s = \sqrt{s^2} = \sqrt{\frac{\sum (x-\overline{x})^2}{n-1}} \qquad (1.4)$$

와 같다. 표준 편차는 통계 데이터의 각 요소가 평균을 중심으로 얼만큼 가까이 모여 있는지 알려 주는 지표로 다음의 특징을 갖는다.

하나, 통계 데이터가 평균을 중심으로 변동하는 지표로 데이터의 차원과 같은 차원을 갖는다.

둘, 항상 0보다 크거나 같고 0일 땐 통계 데이터의 모든 요소가 같은 값을 갖는다.

셋, 통계 데이터의 요소들이 평균에서 멀어질수록 표준 편차는 커진다.

그림 1.11은 위의 특징을 개념으로 보여 주는 그림이다. 한편, 표준 편차의 계산을 좀 더 편하게 하기 위해 합 기호의 성질을 이용하여 분산의 계산을 다음과 같이 **단축 공식**(short-cut formula)을 사용하기도 한다.

$$\sigma^2 = \frac{\sum x^2 - \left(\frac{(\sum x)^2}{N}\right)}{N} \text{ 와 } s^2 = \frac{\sum x^2 - \left(\frac{(\sum x)^2}{n}\right)}{n-1}$$

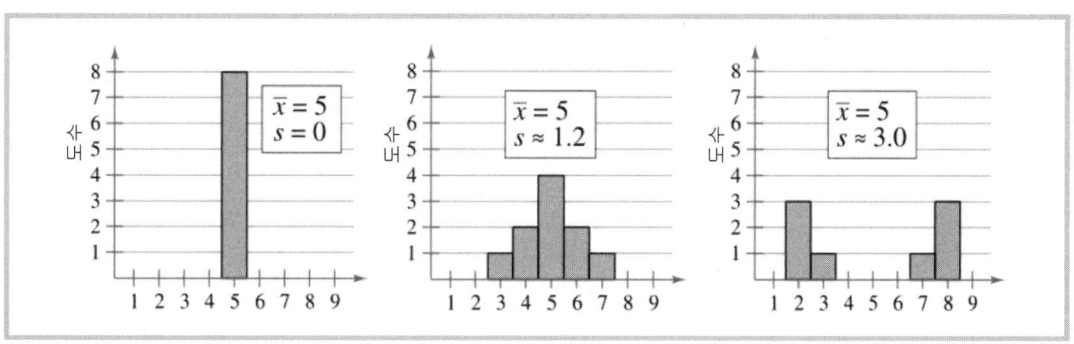

그림 1.11 통계 데이터에서 표준 편차가 가지는 효과

표본의 통계량이 모집단의 해당 모수에 대한 불편 통계량(unbiased statistic)이 되기 위한 필요조건이기 때문이다. 자유도(degree of freedom) 개념을 적용하여 분산의 계산식에 통계 데이터를 한번 써서 계산한 평균이 1개 들어 있기 때문에 표본의 개수에서 1을 뺀 값을 사용한다고 해석할 수도 있다.

표 1.8 아파트 같은 동에 사는 주민들의 자녀 수

1	3	1	1	1	1	2	2	1	0	1	1	0	0	0	1	5	0	3	6	3	0	3	1	1
1	1	6	0	1	3	6	6	1	2	2	3	0	1	1	4	1	1	2	2	0	3	0	2	4

위 식은 편차, 즉 데이터 요소에서 평균을 뺀 값의 제곱이 아니라 통계 데이터 각 요소의 제곱과 통계 데이터의 합의 제곱을 통해 계산하므로 식의 모습은 복잡하게 보일진 몰라도 계산 과정이 단순하여 식 (1.3)보다 더 흔히 사용된다.

도수분포표로 나타나는 그룹 데이터의 분산은 (혹은 표준 편차는) 도수분포표에서 관련 변수를 열로 계속 이어가면서 계산할 수 있다. 예를 들어, 아파트 같은 동에 사는 가구의 자녀 수를 조사한 표가 표 1.8과 같을 때 도수분포표를 작성하여 표준 편차를 구하면 이렇다. 우선, 0부터 6까지 자녀 수를 서로 구별되는 계급 x로 하고 각 계급에 속하는 데이터의 개수를 세어 도수 열 f를 만든다. 여기서 f는 도수분포표에서 그룹 데이터의 평균을 구할 때 쓰는 절대 중요도가 된다. 다음, 식 (1.3)에 포함된 편차를 계산하기 위해 전체 데이터의 평균을 구한다. 즉, xf 열을 만들어 이의 합을 도수의 합으로 나누어 $\bar{x} \approx 1.8$ 로 계산한다. 끝으로, 편차, 편차의 제곱, 그리고 편차의 제곱에 도수를 곱한 열을 이어서 만들어 간 다음 그림 1.12처럼 계산한다.

물론 표 1.8의 통계 데이터를 컴퓨터의 도움을 받아 계산하는 것과 견주면 복잡할 뿐만 아니라 많은 수고를 들여야 한다. 하지만 기술 통계학의 목적이 데이터를 정리하고 요약하여 깔끔하게 제시하는 것도 포함되므로 그 가치는 있다고 봐야 한다. 더구나, 도수 분포표에서도 다음과 같은 단축 공식을 이용하면 분포의 열(변수) 개수도 줄어들어 좀

x	f		xf	$x-\bar{x}$	$(x-\bar{x})^2$	$(x-\bar{x})^2 f$	
0	10		0	-1.82	3.3124	33.1240	
1	19		19	-0.82	0.6724	12.7756	
2	7	$\bar{x} = \sum xf/n$	14	0.18	0.0324	0.2268	$s = \sqrt{\dfrac{\sum(x-\bar{x})^2 f}{n-1}}$
3	7		21	1.18	1.3924	9.7468	
4	2	$= 91/50 \approx 1.8$	8	2.18	4.7524	9.5048	$= \sqrt{\dfrac{145.38}{49}} \approx 1.7$
5	1		5	3.18	10.1124	10.1124	
6	4		24	4.18	17.4724	69.8896	
합계= 50			합계= 91			합계= 145.38	

그림 1.12 도수분포표에서 평균과 표준 편차 구하기

더 수고를 줄일 수 있는데 이는 이어지는 예제를 통해 살펴볼 것이다.

$$\sigma^2 = \frac{\sum m^2 f - \left(\frac{(\sum mf)^2}{N}\right)}{N} \text{와} \quad s^2 = \frac{\sum m^2 f - \left(\frac{(\sum mf)^2}{n}\right)}{n-1}$$

여기서 m은 계급의 중앙값이다. 물론 그림 1.12와 같이 계급이 구간이 아니라 1개의 값으로 되어 있을 땐 x와 같다.

통계 데이터의 변동과 관련하여 표준 편차와 달리 여러 데이터 집단을 서로 견줄 수 있는 지표가 있다. 표준 편차는 차원을 가지는 지표다. 여러 데이터 집단이 같은 차원을 가지지 않으면 서로 견줄 수 없다. 견준다 하더라도 두 집단의 평균이 다르면 이마저 어렵다. **변동 계수**(coefficient of variation)는 여러 데이터 집단이 차원이 다르고 평균이 달라도 서로 견줄 수 있는 지표로 모집단과 표본에 대해 각각 다음과 같이 정의된다.

$$CV = \frac{\sigma}{\mu} \times 100\% \text{와} \quad CV = \frac{s}{x} \times 100\% \tag{1.5}$$

즉, 변동 계수는 무차원으로 데이터 집단의 평균에 대한 상대적인 변동을 나타낸다. 예를 들어, CV가 15.5%라는 것은 데이터 집단의 평균을 100이라고 할 때 표준 편차, 즉 데이터의 변동이 15.5라는 뜻이다.

예제 1.5a 한 회사가 직원 25명에 대하여 아침 출근할 때 걸리는 시간을 조사하였는데 결과는 이렇다. 0에서 10분 사이는 4명, 10에서 20분 사이는 9명, 20에서 30분 사이는 6명, 30에서 40분 사이는 4명, 그리고 40에서 50분 사이는 2명이다. 분산과 표준 편차를 구해 보자.

풀이 도수분포표에 대한 분산과 표준 편차를 본문에서 구한 바 있지만 여기선 단축 공식을 이용해 구해 보도록 한다. 계급이 구간으로 정의되었기에 구간의 중앙값을 사용하는 것이 핵심이다. 중앙값(m)을 포함시킨 도수분포표는 다음과 같다.

출근 때 걸리는 시간(분)	f	m	mf	m^2f
0에서 10분 사이	4	5	20	100
10에서 20분 사이	9	15	135	2025
20에서 30분 사이	6	25	150	3750
30에서 40분 사이	4	35	140	4900
40에서 50분 사이	2	45	90	4050
	$N=$ 25		합계= 535	14,825 =합계

MATLAB과 함께하는 공학 확률 및 통계의 기초

따라서 도수분포표의 정보를 이용해 분산과 표준 편차를 구하면 각각

$$\sigma^2 = \frac{\sum m^2 f - \left(\frac{(\sum mf)^2}{N}\right)}{N} = \frac{14825 - \left(\frac{535^2}{25}\right)}{25} = 135.04$$와 $\sigma = \sqrt{135.04} \approx 12.621$

이다.

예제 1.5b 한 대학 농구팀의 키(cm)와 몸무게(kg)에 대한 조사표가 다음과 같다. 두 통계 데이터의 통계량을 서로 비교해 보자.

키	183	188	173	193	188	175	183	201	178	175	196	185
몸무게	82	76	102	91	86	87	89	73	79	78	84	95

풀이 모집단의 평균과 분산을 단축 공식을 써서 구하면 이렇다. 우선, 평균을 구하면 $\mu_{키} = 184.83$과 $\mu_{몸무게} = 85.17$이다. 다음, 각 데이터 집단의 제곱의 합은 $x^2_{키} = 410820$과 $x^2_{몸무게} = 87806$이다. 따라서 분산은 단축 공식에서 평균을 포함시켜 적용하면 각각

$$\sigma^2_{키} = \frac{\sum x^2_{키} - N\mu^2_{키}}{N} = \frac{410820 - 12(184.83)^2}{12} = 72.8711$$

$$\sigma^2_{몸무게} = \frac{\sum x^2_{몸무게} - N\mu^2_{몸무게}}{N} = \frac{87806 - 12(85.17)^2}{12} = 63.2378$$

과 같으므로 표준 편차는 각각 $\sigma_{키} \approx 8.54$와 $\sigma_{몸무게} \approx 7.95$이다. 끝으로, 평균과 차원이 다른 두 통계 데이터의 비교를 위해 변동 계수를 구하면 각각

$$CV_{키} = \frac{\sigma_{키}}{\mu_{키}} \times 100 = \frac{8.54}{184.83} \times 100 = 4.62\%$$

$$CV_{몸무게} = \frac{\sigma_{몸무게}}{\mu_{몸무게}} \times 100 = \frac{7.95}{85.17} \times 100 = 9.33\%$$

이다. 각 데이터 집단의 평균을 기준으로 몸무게가 키보다 2배 이상 변동이 심한 것을 알 수 있다.

예제 1.5c 한 동네의 주민을 상대로 차량 소유 대수를 물어 다음과 같이 히스토그램으로 요약하였다. 표본의 평균과 표준 편차를 대략 추정해 보자.

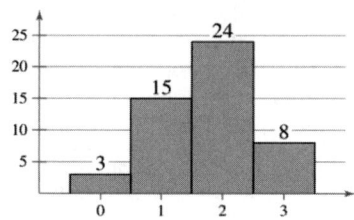

정오표

위치	원문	수정문
p32. 예제1.5b. 풀이의 둘째 줄	합은 $x^2_{\text{키}} = \ldots$와 $x^2_{\text{몸무게}} = \ldots$	합은 $\sum x^2_{\text{키}} = \ldots$와 $\sum x^2_{\text{몸무게}} = \ldots$
p41. 예제1.7a. 예제의 첫째 줄	표준 편차가 2.9이다.	표준 편차가 2.9인 종모양 분포를 따른다.
p60. 식(2.1)의 괄호의 글자	결과가 모두 나올 기회가 같은	결과가 나올 기회가 모두 같은
p73. 위에서 여섯째 줄 맨앞	셈하지만	셈하지만
p83. 위에서 두번째 식	$P(E \mid F) =$	$P(F \mid E) =$
p99. 3.2절 여섯째 줄	샘플 공간을	샘플 공간이
p104. 그림3.6의 바로 위의 줄	뽑는 순열의 개수만큼	뽑는 조합의 개수만큼
p106. 예제3.5b의 첫 수식 아래	불량품이 1개 이상 있어	불량품이 2개 이상 있어
p121. 첫째 줄 바로 앞	예제 3.14b에서	예제 3.14a에서
p127. 위에서 다섯째 줄	어느 곳으로	어떤 곳에
p133. 위에서 두번째 줄	X의 $f(x)$	X의 $f_X(x)$
p143. 두번째 식 바로 아래 줄	예제 3.18a에서	예제 3.18a의 바로 위에서
p143. 위에서 여섯째 줄	기댓값에선 합 공식이 합의 기댓값은	기댓값에서 합 공식은 합의 기댓값이
p150. 첫번째 줄	임의로 추출한	임의로 추출할
p150. 가운데 프로그램의 설명문	%최소한 6번 이상 성공할	%최소한 6번 초과하여 성공할
p352. 가운데 부분	$\chi^2_c \approx 7.378$	$\chi^2_c \approx 5.992$
p359. 맨 아래쪽	(분자,분모) = (22, 26)	(분자,분모) = (26, 22)
p360. 맨 위쪽	$F_c \approx 2.24$	$F_c \approx 2.31$
p382. 가운데 부분	$Y = g(X) X_1 = -X_2$	$Y = g(X) = X_1 - X_2$

[풀이] 제시된 히스토그램을 보면 차량 소유 대수 2대가 모드이며 표본의 크기 50명 중에서 중앙값인 25번째도 역시 2대가 되는 것을 확인할 수 있다. 그러나 분포가 왼쪽으로 치우친 분포이므로 평균은 2대보다 약간 적을 것으로 예상된다. 분산은 편차의 제곱 합이므로 2대를 중심으로 보면 대략 $8(1)^2+15(-1)^2+3(-2)^2$이 50대에 걸쳐 퍼져 있다고 볼 수 있으므로 $35/49 \approx 0.714$정도가 되지 않을까 싶다. 정확한 수치로 구하고자 한다면 위의 히스토그램을 도수분포표로 만들어 수행할 수 있는데 다음과 같다.

$$\bar{x} = \sum {}^{xf}/_n = 87/50 = 1.74$$

x	f	xf	x^2f
0	3	0	0
1	15	15	15
2	24	48	96
3	8	24	72
	$n= 50$	$\sum = 87$	$\sum = 183$

$$\sum {}^{x^2f} - (\sum xf)^2/_n$$
$$= 183 - 87^2/50 = 31.62$$
$$\sigma^2 = 31.62/49 = 0.6453$$
$$\sigma = \sqrt{0.6453} \approx 0.8$$

앞의 개략적인 분석에서 예상한 대로 평균은 2대보다 약간 작고 분산은 약간 차이가 있지만 그렇게 크지 않다.

1.5 통계 데이터의 위치에 따른 요약

통계 데이터는 데이터의 값뿐만 아니라 위치도 중요한 특성의 한 지표이다. 데이터를 크기 순으로 정렬했을 때 어느 자리에 있느냐 하는 것이 분포의 특성을 파헤치는 데 꼭 필요한 정보이기 때문이다. 이른바 **분위수**(fractiles)는 말 그대로 전체 데이터의 몇 퍼센트가 분포의 어디에 있는지 알 수 있게 해 주므로 확률의 기초를 튼튼히 하는 데도 큰 도움이 된다. 한 국가의 복지 지출을 데이터의 값을 기준으로 잡으면 어떤 일이 벌어질까? 자본주의는 돈이 돈을 버는 세상이다. 돈 많은 사람이 돈을 더 많이 벌게 되면 가계의 수입 분포 곡선에서 오른쪽으로 이상수가 많이 발생하여 수입금으로 계산한 평균이 오른쪽으로 치우쳐 한 국가의 중산층이 될 기회는 그만큼 어려워질 수밖에 없다. 입학이나 입사할 때도 마찬가지다. 점수의 평균도 중요한 정보이지만 분포 곡선의 오른쪽 끝에서 미리 정한 정원까지 인원을 충원하려면 몇 점수에서 경계를 지어야 하는지 알 필요가 있다.

분위수는 보통 **사분위수**(quartiles), 십분위수(deciles), 그리고 **백분위수**(percentiles) 따위가 있지만 통계학적으로 흔히 사용하는 것은 사분위수와 백분위수이다. 사분위수는 말 그대로 통계 데이터를 정렬한 후 4등분하여 각 경계에 Q_1, Q_2 및 Q_3라고 이름 붙여서 사용하는 수이다. 분포에 속한 데이터 수의 비율을 25% 단위로 지시하기 때문에 Q_1과

표 1.9 중산층의 연 4인 가구 소득 (백만원)

75	69	84	112	82	74	104	81	90	94	64	144	79	98	80

Q_3의 선을 그어 분포의 정규성(normality)을 평가하거나 상자-수염 그림을 그려 이상수를 판단할 때 아주 유용한 도구로 사용되기도 한다. 표 1.9의 데이터를 생각해 보자.

표 1.9는 중산층 4인 가구의 연 소득이다. 먼저, 표본 데이터를 오름차순으로 정렬한다. 다음, 데이터 개수의 반을 분할하는 가운데 요소 Q_2를 찾는다. 표 1.9와 같이 데이터 개수가 홀수가 아니고 짝수이면 가운데 두 요소의 (산술) 평균으로 구한다. 끝으로, Q_2를 중심으로 반반씩 나뉜 부분을 다시 반으로 분할하는 요소 Q_1과 Q_2를 찾는다. 데이터 개수가 짝수이면 가운데 두 요소의 산술 평균으로 역시 구한다. 그림 1.13은 이와 같이 구한 사분수이다.

그림 1.13에서 제1사분위수 $Q_1 = 75$는 중산층 4인 가구의 연 소득(백만원)을 나타내는 표본 데이터의 약 1/4은 75을 포함하여 그 아래에, 약 1/2은 82를 포함하여 그 아래에, 그리고 약 3/4은 98를 포함하여 그 아래에 있다는 것을 말해 준다. 물론 약 1/4는 98 이상이다. 이때 **사분위수 범위**(interquartile range)는 IQR = $Q_3 - Q_1$로 위치에 따른 데이터의 중심 경향 Q_2를 중심으로 양쪽 약 50%의 데이터가 퍼져 있는 정보를 제공한다.

IQR은 위치에 따른 데이터의 변동으로 **상자-수염 그림**(box-and-whisker plot)과 함께 이상수를 확인하는 데 특히 유용하다. IQR로 확인하는 이상수는 데이터의 50%를 담고 있는 Q_1과 Q_3 사이에서 양쪽으로 IQR의 1.5배를[24] 벗어나는 수로 보는데 상자-수

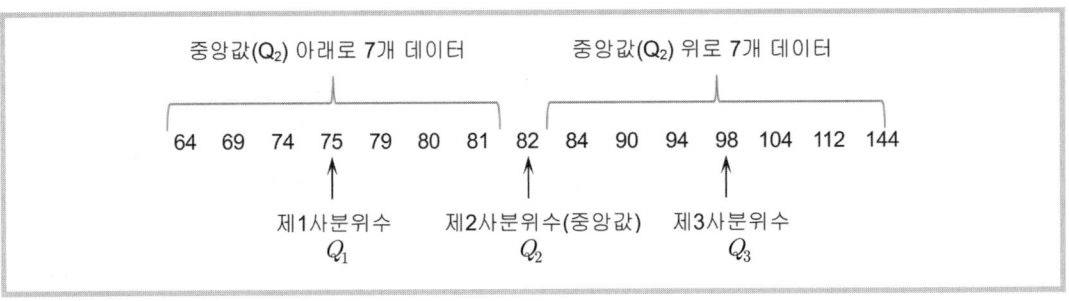

그림 1.13 표 1.9의 통계 데이터에 대한 사분수

---

[24] 데이터 분포의 특성에 따라 다르지만 보통 IQR의 1.5배로 정한다. 분포 특성의 밀집도가 떨어지는 경우는 2~3배로 정하는 경우도 있다.

염 그림에서 수염으로 나타나는 부분이다. 상자-수염 그림은 말 그대로 상자와 수염을 그려 데이터 분포의 집중도와 퍼짐 정도를 살피는 그림이다. 우선, Q_1과 Q_2, 그리고 Q_3를 이용해 Q_1과 Q_3까지 상자를 그린 후 Q_2의 위치에 선을 그어 상자 안의 50% 데이터에 대한 데이터 중심이 어디에 있는지 표시한다. Q_2의 선이 상자의 중앙에 그어지면 데이터 분포가 대개 대칭이지만 Q_1 쪽으로 치우치면 그 방향으로 분포의 길이가 짧고 급하게 이루어지고 반대 방향인 Q_3 쪽으론 데이터 분포가 완만하고 길다는 뜻이다. 다음, 상자의 하단인 Q_1에서 $Q_1 - (1.5)\text{IQR}$까지, 그리고 상자의 상단인 Q_3에서 $Q_3 + (1.5)\text{IQR}$까지 수염을[25] 그린다. 이때 데이터의 가장 작은 수나 가장 큰 수가 수염보다 안쪽이면 그 수까지만 그린다. 끝으로, 데이터 집단에서 상자나 수염을 벗어나는 데이터가 있으면 × 따위로 표시하고 이상수로 판단한다. 그림 1.14는 표 1.9의 통계 데이터를 상자-수염 그림을 그리는 방법과 함께 나타낸 것이다.

그림 1.14의 해석은 이렇다. 데이터의 반이 상자의 범위, 즉 75에서 98 사이에 분포한다. 데이터 아래쪽 25%는 왼쪽 수염의 구간, 즉 75에서 64까지 퍼져 있으며 위쪽 25%는 오른쪽 수염의 구간, 즉 98에서 112까지 흩어져 있다. 상자에서 Q_2의 위치가 왼쪽으로 치우쳐 있기에 오른쪽 25%보다 왼쪽 25%가 더 급하고 짧게 분포하며 오른쪽 수염이

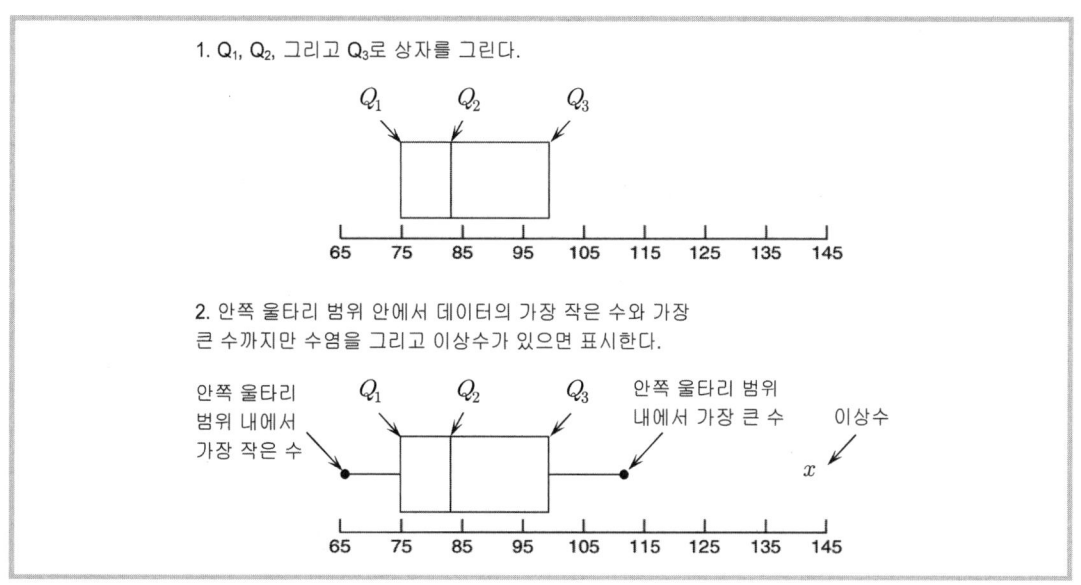

그림 1.14 표 1.9에 대한 상자-수염 그림 그리기 순서

---

[25] 상자-수염 그림에선 이를 안쪽 울타리(inner fence)라고도 한다.

긴 것은 오른쪽으로 길게 늘어진 분포인데 대개 이 방향에 이상수가 존재한다. 그리고 실제로 안쪽 울타리를 벗어난 144는 이상수가 틀림없다.

분위수 중 **백분위수**(percentiles)는 통계학뿐만 아니라 교육 현장이나 건강 관련 영역, 또는 우연히 일어난 사건의 판단 따위에서 자주 응용되므로 기술 통계학으로 한정하지 말고 알아 두어야 할 분야이다. 특히, 추론 통계에서 확률의 **역누적 함수**(inverse-cumulative function)와 깊은 관계를 갖기 때문에 한 번 더 살피는 것도 괜찮을 것이다. 백분위수는 통계 데이터를 정렬한 후 100등분하는 수 P_1, P_2, ..., P_{99}로 P_k는 전체 데이터의 약 k%보다 크고 약 $(100-k)$%보다 작은 수가 된다. 그래서 k번째 백분위수 P_k는

$$P_k = \frac{(k \times n)}{100} \text{번째 값 (통계 데이터의 정렬 후)}$$

와 같다. 여기서 n은 표본의 개수이고, 이때 $(k \times n)/100$이 정수가 아니면 반올림한 정수로 선택한다. 만약 통계 데이터의 특정 요소 x가 몇 백분위인지 알고자 한다면

$$x \text{의 백분위수} = \frac{x \text{보다 작은 데이터의 개수}}{\text{통계 데이터의 전체 개수}} \times 100 \rightarrow \text{반올림 정수}$$

처럼 계산할 수 있다. 그림 1.15는 통계 데이터의 백분위수가 어떻게 사용될 수 있는지 한 예를 보여 주고 있다.

그림 1.15는 평균이 60이고 표준 편차가 10 정도인 성적 데이터에 대한 누적 도수 분포, 즉 오지브(ogive)이다. 누적 도수 분포 곡선을 정상적으로 이용하는 것은 어떤 점수

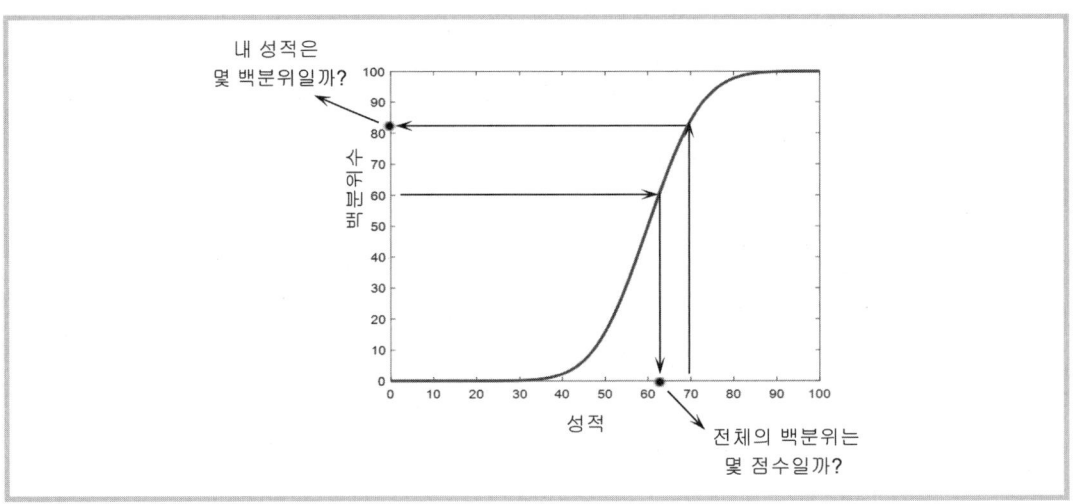

그림 1.15 백분위수를 사용하는 한 예

가 몇 백분위 혹은 퍼센트인지 알고자 할 때이지만 거꾸로 몇 백분위수는 몇 점수에 해당하는지 알고자 할 때도 쓴다는 말이다. 역누적 함수를 수학식이 아닌 그래프로 확인하는 셈이고, 이는 앞으로 확률 분포를 다룰 때 핵심 사항이기도 하다.

예제 1.6a 다음 데이터는 수업 듣는 학생 15명한테 얻은 데이터로 집에서 학교까지 등교하는 데 걸리는 시간(분)이다.

29 14 39 17 7 47 63 37 42 18 24 55 21 32

사분위수를 구하고 등교 시간 47분은 사분위수와 관계하여 어떻게 설명할 수 있고, 또 사분위수 범위와 함께 상자-수염 그림도 그려 보자.

풀이 우선, 표본 데이터를 정렬시켜 다음과 같이 사분위수를 각각 구한다. 이때 제2사분위수, 즉 중앙값은 데이터 개수가 짝수이므로 중앙의 두 수를 산술 평균한다.

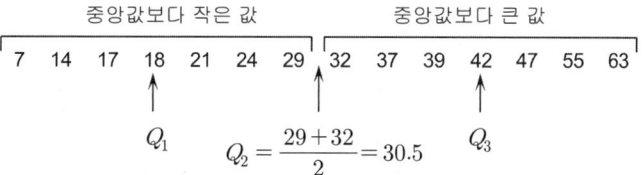

다음, 데이터 값 47분은 위 그림에서 보듯이 Q_3의 오른쪽에 위치한다. 따라서 47분은 표본 데이터 중 상위 25%에 속한다고 말할 수 있다. 끝으로, 상자-수염 그림을 그리는데 여기선 컴퓨터의 도움을 받아 그린 후 IQR과 안쪽 울타리에 해당하는 $Q_1 - (1.5)\text{IQR}$과 $Q_3 + (1.5)\text{IQR}$을 첨가하여 다음과 같이 그렸다.

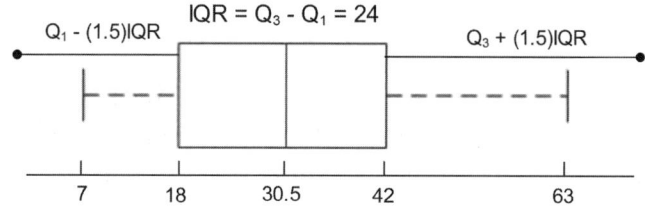

데이터의 최솟값 및 최댓값이 안쪽 울타리 안에 위치하므로 이상수는 없는 것으로 판단된다. 그리고 데이터의 평균, 즉 제2사분위수의 위치가 상자의 가운데에 자리하므로 가운데를 차지하는 50%의 데이터는 거의 대칭으로 분포하는 듯하다.

예제 1.6b 예제 1.6a의 데이터를 이용하여 제70번째 백분위수를 구하고, 또 데이터 값 47은 몇 백분위수인지 알아보고 각각이 무얼 뜻하는지 생각해 보자.

풀이 예제 1.6a에 나타낸 정렬된 데이터를 참고하여 답을 찾아보도록 한다. 우선, 제70번째 백분위수 P_{70}는 다음과 같은 과정을 거쳐 구한다. 즉,

$$P_{70} = \frac{70 \times 14}{100} = 9.8 \to 10$$

이므로 오름차순으로 정렬된 데이터의 10번째 값인 39이다. 다른 말로 하면, 14명의 학생 중에서 70%는 학교로 등교하는 데 걸리는 시간이 39분이거나 그 이하이다. 다음, 데이터 값 47의 백분위수는

$$47의 백분위수 = \frac{11}{14} \times 100 = 78.57 \to 79\%$$

이다. 즉, 14명의 학생 중에서 79%는 등교 시간이 47분보다 적은 시간이 걸린다.

예제 1.6c 다음 통계 데이터는 국내에 소재하는 기업 CEO 30명의 나이이다.

| 43 | 57 | 65 | 47 | 57 | 41 | 56 | 53 | 61 | 54 | 56 | 50 | 66 | 56 | 50 |
| 61 | 47 | 40 | 50 | 43 | 54 | 41 | 48 | 45 | 28 | 35 | 38 | 43 | 42 | 44 |

가. 40살과 56살에 해당하는 백분위수를 찾아보자.
나. 제75번째와 제25번째 백분위수에 해당하는 나이를 찾아보자.

풀이 우선, 나이 데이터를 오름차순으로 정렬하면 다음과 같다.

1번째 요소 → 28 35 38 40 41 41 42 43 43 43 44 45 47 47 48 ← 15번째 요소
16번째 요소 → 50 50 50 53 54 54 56 56 56 57 57 61 61 65 66 ← 30번째 요소

다음, 각 나이에 대한 백분위수를 찾는다. 즉, 40살에 대한 백분위수는 $(3/30) \times 100 = 10$이다. 40살이 제10번째 백분위수라는 것은 CEO 데이터의 10%가 40살 이하라는 뜻이다. 56살에 대한 백분위수도 같은 방법으로 구할 수 있다. 끝으로, 75번째 백분위수 P_{75}를 찾으면 이렇다.

$$P_{75} = \frac{75 \times 30}{100} = 22.5 \to 23$$

이므로 23번째 데이터 값, 즉 56살이다. 따라서 상위 75%의 나이는 56살보다 많은 57, 57, 61, 61, 65, 그리고 66살이 된다.

1.6 통계 데이터의 분포 특성

지금까지 통계 데이터의 값 및 위치에 따른 특성을 표나 그래프로 그리거나 값으로 찾아 정리 및 요약하는 여러 방법을 배웠다. 특히, 통계 데이터의 분포 형태와 관련하여 평균을 소개하면서 모드(최빈수)와 중앙값과 견주어 대칭인지 그렇지 않은지, 그렇지 않다면 오른 쪽 혹은 왼쪽으로 치우쳤는지 설명하였고, 또 표준 편차를 소개하면서 분포의 중심에 집중 되는 정도와 얼마만큼 퍼져 있는지 따위도 따져 보았다. 그리고 통계 데이터가 자연 현상에 서 수집되거나 키나 몸무게, 생산 현장, 연구 및 사회 실험과 같이 인위적으로 결과를 꾸미지 않은 데이터인 경우는 대개 가운데가 우뚝 솟은 대칭형 분포, 즉 정규 분포의 형상을 띤다고 했다. 그림 1.16은 통계 데이터의 분포에서 가장 흔하고 자주 다루게 되는 형상을 보여 준다.

그림 1.16은 그림 1.9의 히스토그램을 분포 곡선으로 그린 것이다. 대칭인 정규 분포를 비롯하여 정규 분포의 가운데 정점이 왼쪽이나 오른쪽으로 당겨진 모습이 되겠다. 이 절에선 분포 형상에 따라 통계 데이터의 몇 퍼센트가 어디에 속하는지 따져 보고 여러 데이터 집단을 서로 견주기 위해 표준 점수로 변환하는 방법을 소개하기로 한다.

그림 1.16의 (a)는 대칭 분포의 일반적인 형상으로 자연 현상의 대부분의 경우나 인위적 인 조작이 포함되지 않는 데이터 집단에서 흔히 볼 수 있는 형상이다. 사람의 키나 몸무게 의 분포부터 가공하는 나사의 지름을 측정한 분포, 어떤 사건의 결과를 셈한 데이터의

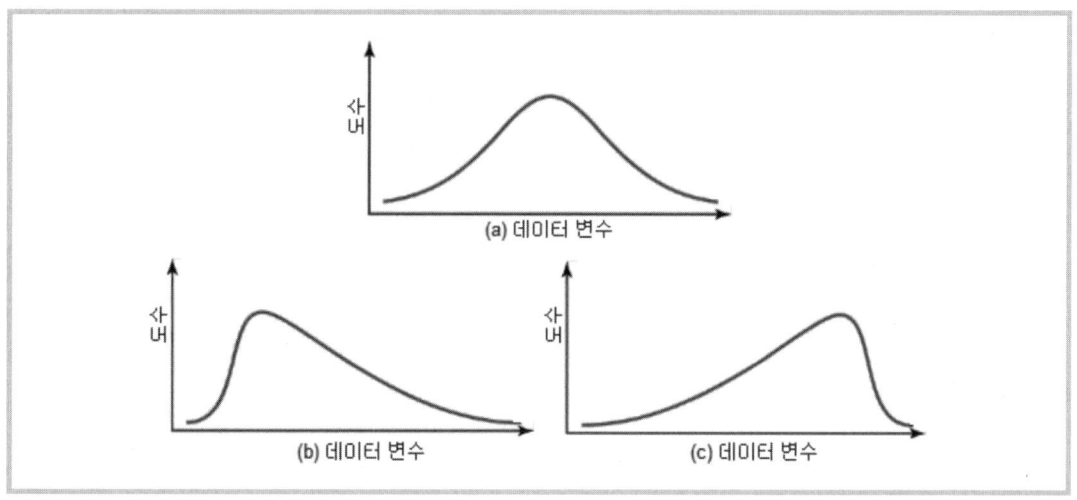

그림 1.16 통계 데이터의 기본적인 분포 형태

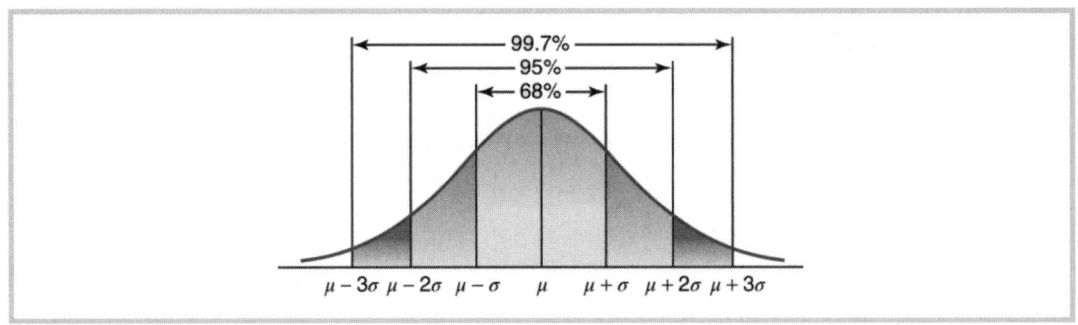

그림 1.17 종모양 대칭 분포에서 데이터 비율에 대한 경험 법칙

분포 따위에서 늘 이런 종모양의 대칭인[26] 분포 형상을 볼 수 있다. **종모양의 대칭 분포**는 아주 익숙하고 자주 사용하는 분포라 데이터의 분포 비율이 경험적으로 알려져 있는데 이를 **경험 법칙**(empirical rule)이라[27] 한다. 그림 1.17은 종모양 대칭 분포에서 경험 법칙을 보여 준다. 그림 1.17은 모집단의 종모양 대칭인 데이터 분포이지만 표본의 경우도 종모양 대칭이면 모평균 μ가 표본 평균 $\bar{x}$로, 그리고 σ가 s로 바뀌는 것 말고는 똑같다.

확률의 측면에서 우연히 일어나는 사건의 기준을 5%로 보는 근거는 그림 1.17에서 나왔다. 전체 데이터의 95%가 중심에서 $\pm 2\sigma$안에 존재하고 나머지 5%는 그 밖에 존재하는데 조작의 실수나 이상수, 혹은 우연이라도 일어나기 어려운 사건이 일어났을 때에 해당한다. 5% 중에서도 $\pm 2\sigma$에서 $\pm 3\sigma$ 사이의 4.7%는 정상적인 (확률) 실험의 결과로 나오기 어렵다는 뜻으로 **비정상적인 데이터**(unusual data)라 하고 $\pm 3\sigma$ 이상의 0.3%는 정말로 나오기 어렵다는 뜻으로 **아주 비정상적인 데이터**(very unusual data)라 하는데 그림 1.18과 같다.

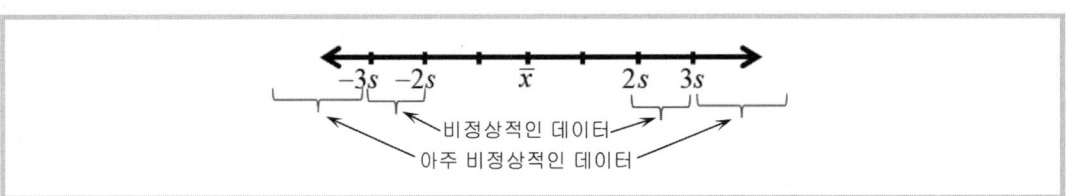

그림 1.18 비정상적 및 아주 비정상적 데이터의 구분

---

[26] 이런 분포를 정규 분포(normal distribution)라 한다. 독일의 수학자 C. F. Gauss가 처음 제시하였다 하여 가우스 분포라고도 하는데 자세한 내용은 확률 및 표본 분포에서 다루기로 한다.

[27] 중심에서 표준 편차의 곱수에 따라 퍼져 있는 비율이 68%, 95%, 그리고 99.7%라고 하여 68-95-99.7 법칙이라고도 한다.

예제 **1.7a** 표본 통계 데이터의 평균은 64.2이고 표준 편차가 2.9이다. 데이터의 값이 58.4에서 64.2까지 데이터는 전체 데이터의 몇 %인지 조사해 보자.

풀이 그림 1.17은 종모양 분포에서 표준 편차가 변동의 지표로서 얼마나 귀중한 정보인지 알려 준다. 0보다 큰 표준 편차가 크면 클수록 데이터가 분포의 중심에서 더 멀리 퍼져 나간다는 것을 정량적으로 보여 주기 때문이다. 표본의 정보가 $\bar{x}=64.2$이고 $s=2.9$이므로 58.4는 $\bar{x}$에서 $2s$을 뺀 값이므로 $\bar{x}-2s$에서 $\bar{x}$까지 데이터 비율은 전체 데이터의 약 47.5%가 되는데 아래의 그림과 같다.

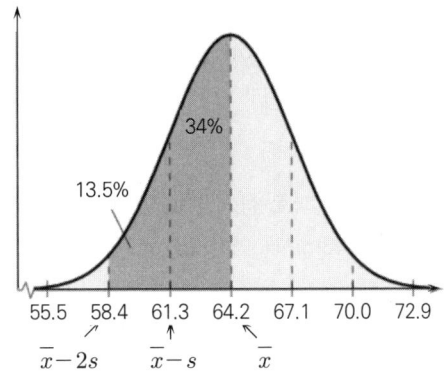

위 그림에서 확인할 수 있듯이 중심에서 대칭으로 $\pm s$의 구간에 대한 비율과 함께 $+s$나 $-s$와 같이 한쪽의 구간에 대해 34%, 13.5%, 그리고 2.35%도 알아 두면 참 편하다.

예제 **1.7b** 한 대기업에서 직원들이 출근할 때 걸리는 시간(분)을 조사했더니 평균이 34분이고 표준 편차가 8분인 정규 분포와 비슷한 형상을 띄었다. 1) 10에서 58분 사이, 2) 26에서 42분 사이, 그리고 3) 18에서 50분 사이의 직원 수를 짐작해 보자.

풀이 정규 분포는 종모양 대칭인 분포를 뜻한다. 우선, 10은 모평균 $\mu=34$에서 모표준 편차 $\sigma=8$의 3배만큼 왼쪽에 있고 58은 σ의 3배만큼 오른쪽에 있다. 따라서 왼쪽으로 49.85%, 그리고 오른쪽으로도 49.85%를 포함하므로 전체 직원의 99.7%가 이 범위에 속한다고 볼 수 있다. 다음, 26은 왼쪽으로 1배이고 42분은 오른쪽으로 1배이므로 전체 직원의 68%가 출근 시간이 26에서 42분 사이로 예상된다. 끝으로, 18은 왼쪽으로 2배이고 50분은 오른쪽으로 2배이므로 전체 직원의 95%가 이 범위의 출근 시간으로 판단된다.

경험 법칙은 반드시 종모양의 대칭인 분포에서만 적용된다. 그림 1.16의 (b)와 (c)와 같이 대칭이 아닌 분포에선 해당되지 않는다. 평균과 표준 편차로 분포의 임의 구간이 전체 데이터에서 차지하는 비율을 알 수 있다는 것은 대단한 일이다. 종모양의 대칭인 정규 분포가 아니더라도 하한 경계를 알 수 있는 방법이 있다. 바로 **체비셰프의 정리** (Chebyshev's theorem)가 되겠다. 체비셰프의 정리는 분포의 형상과 관계없이 데이터의 포함 비율에 대한 하한을 결정해 주는데 다음과 같다.

$$\text{평균에서 } \pm k \text{ 표준 편차 안에 포함되는 데이터 비율의 하한} = 1 - \frac{1}{k^2}$$

즉, 평균을 중심으로 표준 편차의 1.5배, 즉 $\mu \pm (1.5)\sigma$ 구간 안에 포함되는 비율은 $1-1/k^2$로 약 56% 이상이고 $k=2$나 $k=2.5$, 혹은 $k=3$인 경우도 마찬가지로 하한을 짐작해볼 수 있다. 위 식을 쓸 땐 $k>1$와 같은 조건이 흠이긴 하지만 분포의 어떠한 형상에도 쓸 수 있다는 것이 큰 장점이다.

예제 1.8a 혈압이 높은 여성 4,000명을 상대로 심장 수축 시 혈압을 측정하였더니 평균이 187mmHg이고 표준 편차가 22mmHg이었다. 143mmHg에서 231mmHg 사이의 여성은 몇 명 정도 될지 생각해 보자.

풀이 혈압의 분포가 종모양 대칭인지 알지 못한다. 따라서 체비셰프의 정리를 활용한다. 혈압 분포의 평균과 143mmHg 사이의 차는 44mmHg이고 231mmHg와 차이도 역시 44mmHg이다. 평균의 아래와 위로 다음과 같이 표준 편차의 2배씩 떨어져 있는 분포의 구간이므로 이 구간에 포함될 여성의 비율은 최소한 75%가 될 것이다.

즉, 최소한 $4,000 \times 0.75 = 3,000$명의 고혈압 여성이 143mmHg와 231mmHg 사이에 분포하는 것으로 판단된다.

예제 1.8b 애완 동물을 기르는 가구 수를 조사하기 위해 표본 40가구를 수집했다. 평균은 2마리이고 표준 편차는 1마리였다. 0에서 4마리의 애완 동물을 기르는 가수 수는 최소한 어느 정도가 될지 판단해 보자.

풀이 애완 동물을 기르는 가구 수의 분포를 알지 못한다. 따라서 체비셰프의 정리를 이용한다. 0에서 4마리 사이는 평균에서 ± 2 표준 편차의 구간이므로 전체 가구 수의 최소한 75%가 0에서 4마리의 애완 동물을 기르는 것으로 볼 수 있다. 즉, 적어도 $40 \times 0.75 = 30$가구는 애완 동물을 기르는 것으로 보인다.

통계 데이터의 분포 형상의 특성에서 마지막으로 할 내용은 표준화를 통해 여러 데이터 집단을 서로 견줄 수 있도록 한다. **표준화**(standardization)는 분포의 값에 대한 특성을 위치에 대한 특성으로 바꾸는 작업이다. 평균이나 표준 편차가 다른 여러 분포를 견주기 위해선 반드시 필요하다. 앞에서 설명한 변동 계수도 평균과 표준 편차의 차원을 무차원으로 만들어 상대적인 비교를 할 수 있지만 표준화는 서로 견주는 일뿐만 아니라 하나의 분포를 평균과 표준 편차가 다른 또 다른 분포로 바꿀 수도 있어 그 활용 범위가 아주 넓다.

평균이 μ이고 표준 편차가 σ인 통계 데이터 x를 위치의 측정 지표로 바꾼 새로운 데이터 집단 z를 **표준 점수**(standard score), 혹은 **z 점수**라고 하는데 다음의 관계를 갖는다. 즉,

$$z = \frac{\text{데이터 값 - 평균}}{\text{표준 편차}} = \frac{x - \mu}{\sigma} \tag{1.6}$$

와 같다. 식 (1.6)은 통계 데이터의 값에서 평균을 빼 통계 데이터의 평균을 0으로 만든 후 다시 표준 편차로 나눔으로써 통계 데이터의 표준 편차를 1로 만드는 공식이다. 분포가 정규 분포로 근사할 수 있다고 할 때 통계 데이터의 표준 점수 z는 데이터 x가 0인 평균에서 표준 편차의 몇 배 위치에 놓이는지 알려 준다. 앞에서 본 경험 법칙을 참조하면 $z = -2$에서 $z = 2$ 사이는 정상적인 데이터(usual data)로 전체의 95%에 해당한다. 비정상적인 데이터인 $z = -3$에서 $z = -2$와 $z = 2$에서 $z = 3$ 사이는 4.7%, 그리고 아주 비정상적인 데이터인 $z = -3$ 이하와 $z = 3$ 이상은 0.3%가 된다.

표준 점수를 사용하여 두 통계 데이터 집단을 견주는 일은 이렇다. 남자의 키 평균은 176.3cm이고 표준 편차는 7.6cm인 반면에 여자의 키 평균은 163.5cm이고 표준 편차는 6.6cm일 때 남자와 여자의 통계 데이터인 $x_{\text{남자}} = x_{\text{여자}} = 183.5$의 각 표준 점수는

$$z_{\text{남자}} = \frac{x_{\text{남자}} - \text{평균}}{\text{표준 편차}} = \frac{183.5 - 176.3}{7.6} \approx 0.95 \text{와} \quad z_{\text{여자}} = \frac{x_{\text{여자}} - \text{평균}}{\text{표준 편차}} = \frac{183.5 - 163.5}{6.6} \approx 3.03$$

이 된다. 따라서 키가 183.5cm인 남자는 표준 점수가 1보다 작으므로 남자 데이터의 분포 곡선에선 아주 정상적인 키가 된다. 하지만 여자 데이터의 분포 곡선에선 표준 점수가 3을 넘어서기 때문에 비정상적인, 아주 비정상적인 키가 되는 것을 확인할 수 있다.

표준 점수를 이용하여 평균과 표준 편차가 다른 통계 데이터로 바꾸어 견주는 일은 이렇다. 그림 1.19의 통계 데이터 1을 식 (1.6)을 이용하여 표준 점수로 바꾼 후 새로운 평균과 표준 편차를 갖는 통계 데이터 2로 바꾸기 위해 다음의 식을 이용한다.

$$x = \text{평균} + \text{표준 점수} \times \text{표준 편차} = \mu + z\sigma \tag{1.7}$$

식 (1.7)은 식 (1.6)에서 통계 데이터 x를 표준 점수 z의 함수로 바꾼 표현이다. 특히, 식 (1.6)과 (1.7)은 데이터 집단의 모든 요소에서 빼고 나누고, 또 더하고 곱하는 연산을

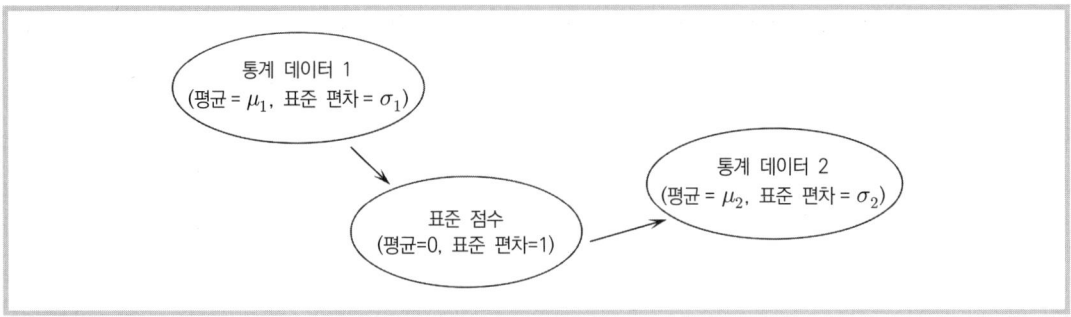

그림 1.19 통계 데이터의 평균과 표준 편차를 바꾸는 과정

수행했기 때문에 두 집단의 분포 형상은 물론이고 구간별로 차지하는 데이터 비율도 전혀 변하지 않는다는 것에 주목할 필요가 있는데 표준 점수가 통계학의 전반에 걸쳐 응용 범위가 넓은 까닭이 된다.

그림 1.19의 과정을 밟는 대표적이면서 주위에서 흔히 오르내리는 것이 전국적인 시험을 평가할 때이다. 난이도가 서로 다른 시험을 견줄 때 표준 점수로 바꾸어 비교한다든가, 아니면 한쪽의 평균과 표준 편차를 다른 쪽의 그것으로 바꾸어 점수를 서로 따져 보는 경우이다. 이를 테면 이렇다. 난이도가 다른 두 시험을 견주려면 두 시험 모두 평균을 50으로, 그리고 표준 편차를 10으로[28] 하여 서로 비교할 수 있다. 즉, 두 시험의 점수 분포 모두 식 (1.6)을 이용하여 표준 점수로 바꾼 다음 식 (1.7)을 써서 다시 평균이 50이고 표준 편차가 10인 점수 분포로 바꾸어 비교한다.

예제 1.9a 다음 히스토그램은 이번 학기 통계학과 생물학 수업의 총 점수이다. A와 B, C 학생의 점수에 대한 표준 점수를 찾아 (있다면) 각 해당 분포에서 비정상적인 점수인지 확인해 보자.

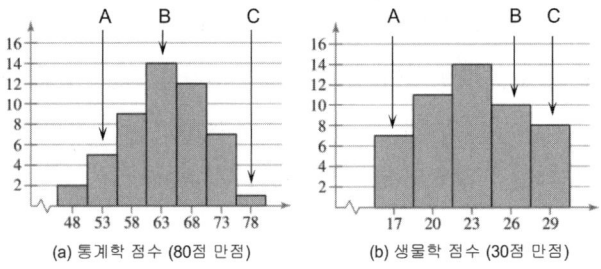

(a) 통계학 점수 (80점 만점) (b) 생물학 점수 (30점 만점)

---

[28] 교육 현장에서 평균이 50이고 표준 편차가 10인 분포로 바꾼 점수를 t 점수라고 한다. 학생의 심리와 지능지수 연구에 큰 업적을 남긴 E. L. Thorndike와 L. M. Terman이 개발하였기에 t 점수라고 한다. t 점수는 때때로 평균이 100이고 표준 편차를 20으로 하기도 한다.

[풀이] 표준 점수는 종모양 대칭인 형상으로 근사할 수 있는 분포의 평균과 표준 편차를 먼저 알아야 한다. 통계학 점수의 분포 형상을 볼 때 평균 μ는 63이고 분산 σ^2은 (대칭으로 근사하여) 편차의 제곱합이 $21 \times 5^2 + 12 \times 10^2 + 3 \times 15^2 = 2,400$이므로 학생수 50으로 나누어 48로 찾을 수 있다. 표준 편차 σ는 약 6.93이고. 물론 개략적인 계산이지만 히스토그램에선 계급의 도수만 알 뿐 개별 점수의 정확한 정보를 모르는 것이 단점이기에 어쩔 수 없다. 따라서 A 학생의 점수 48점의 표준 점수는 $(53-63)/6.93 \approx -1.44$이고 표준 편차의 2배보다 안쪽에 있기에 해당 분포에서 받을 수 있는 정상적인 점수이다. B 학생의 점수 63점과 C 학생의 점수 78점은 같은 방법으로 구하면 각각 0과 2.14인데 표준 점수 2.14는 80점 만점의 점수 분포에서 받기 어려운 비정상적인 점수로 볼 수 있다. 참고로, 앞 소절의 복습 차원에서 통계학 점수의 히스토그램에 대한 평균과 표준 편차를 도수분포표를 그려 계산해 보면 다음과 같다.

m	f	mf	m^2f
48	2	96	4,608
53	5	265	14,045
58	9	522	30,276
63	14	882	55,566
68	12	816	55,488
73	7	511	37,303
78	1	78	6,084
합계	= 50	= 3,170	= 203,370

$$\mu = \frac{\Sigma mf}{N} \approx 63.4$$

$$\sigma = \sqrt{\frac{\Sigma m^2 f - \dfrac{(\Sigma mf)^2}{N}}{N}} \approx 6.92$$

생물학 점수도 같은 방법으로 해보길 바란다. 생물학의 A 학생 점수 17의 표준 점수는 대략 -1.54이고 B와 C 학생의 점수 26과 29인 경우는 각각 0.77과 1.54이다. 따라서 생물학에선 표준 점수가 모두 표준 편차의 2배 안에 위치하므로 해당 분포에서 받을 수 있는 비정상적인 점수는 없다고 해석할 수 있다.

예제 1.9b 올해 전국 학력고사 국어 시험은 난이도가 높아 예전의 평균과 견주어 낮고 표준 편차는 아주 높았다. 평균 μ가 63점이고 표준 편차 σ가 14.5인 올해 시험에서 한 학생이 받은 점수 $x = 72$는 평균이 $\mu_{누적} = 76$이고 표준 편차가 $\sigma_{누적} = 7.2$인 10년간 누적 점수 분포에선 몇 점수에 해당하는지 조사해 보자.

[풀이] 올해 점수 분포에서 점수 $x = 72$의 표준 점수는

$$z = \frac{72-63}{14.5} \approx 0.62$$

이다. 컴퓨터의 도움을 받아 확인해 보면 상위 약 27%에 속하는 점수가 되겠다. 표준 점수 $z = 0.62$를 평균이 $\mu_{누적}$이고 표준 편차가 $\sigma_{누적}$인 분포로 다시 환산하면

$$x_{환산} = \mu_{누적} + z\sigma_{누적} = 76 + (0.62)(7.2) \approx 80.46$$

과 같다. 10년간의 누적 분포로 보면 약 80점에 해당한다. 좋은 점수인진 몰라도 분포의 특성값이 다르면 각 분포의 데이터 값도 달라진다는 것을 보여 준다. 다만, 어느 분포가 되었든 표준 점수, 즉 분포에서 차지하는 위치는 변하지 않는다.

1.7 MATLAB과 함께

본문에서도 언급했듯이 기술 통계학은 자료의 정리부터 이루어진다. 원시 데이터를 도수분포표나 히스토그램으로 나타내 분포의 특성을 미리 짐작해 보는 것이다. MATLAB에서 간단한 **도수분포표**는 tabulate를 사용한다. 범주나 서로 구별되는 숫자의 개수를 셈하여 도수와 퍼센트, 즉 상대 도수를 표 형식으로 함께 보여 주는 함수이다. 즉,

```
A = randi(3, 1, 100) + 2;          % 1부터 3까지 100개를 뽑아 2를 더하기
tabulate(A)
B = ["Yes", "No". "Yes-no", "No-yes"];
B = datasample(B, 20);             % 데이터 B에서 20개를 무작위로 뽑기
tabulate(B)
```

와 같이 숫자나 범주 데이터에 모두 간단하게 쓸 수 있는데 실습 1.1(a)의 경우처럼 숫자 데이터가 없는 부분, 즉 1에서 실제 데이터의 가장 작은 값까진 도수가 0이 된다는 것이 문제이다. 숫자 데이터인 경우에 계급을 정할 수 없는 것도 아쉽다.

숫자 데이터에서 계급을 정하고자 할 땐 discretize를 사용한다. 즉,

```
A = randi(20, 1, 100);
B = discretize(A, [0 5 10 15 20]);   % 구간 0-5, 5-10, 10-15, 그리고 15-20을 정하고
                                     % 데이터 A의 각 구간에 대한 도수를 반환한다.
tabulate(B)
```

와 같다. 하지만 이 경우도 실습 1.2(a)와 같이 구간을 하한과 상한으로 표시하지 않고 구간의 번호가 붙어 있어 도수분포표로 제대로 구실하기엔 여전히 모자란다. 이럴 땐 discretize 함수에 옵션을 추가하여 실습 1.2(b)와 같이 MATLAB의 범주 데이터로 구간을

Value	Count	Percent		Value	Count	Percent
1	0	0.00%		No	5	25.00%
2	0	0.00%		Yes	5	25.00%
3	27	27.00%		No-yes	6	30.00%
4	32	32.00%		Yes-no	4	20.00%
5	41	41.00%				

(a) 숫자 데이터인 경우   (b) 범주 데이터인 경우

실습 1.1 tabulate를 이용한 도수분포표

```
Value    Count    Percent        Value    Count    Percent
  1       18      18.00%          0-5      24      24.00%
  2       27      27.00%          5-10     21      21.00%
  3       25      25.00%          10-15    24      24.00%
  4       30      30.00%          15-20    31      31.00%
```

(a) 구간 번호로 표시   (b) 구간 범위로 표시

실습 1.2 숫자 데이터의 구간(계급)을 사용한 도수분포표

나타낼 수 있는데

```
B = discretize(A, [0 5 10 15 20], 'Categorical', {'0-5' '5-10' '10-15' '15-20'});[29]
tabulate(B)
```

와 같다. 실습 1.2에서 (a)와 (b)의 도수가 다른 것은 randi가 실행될 때마다 값이 다른 데이터를 생성하기 때문이다.

SPSS나 Minitab과 같은 통계 전용 소프트웨어와 견주면 좋게 꾸며진 도수분포표는 아니지만 MATLAB이 공학의 전 분야에서 수치 계산 및 그래픽을 폭넓게 쓸 수 있다는 점을 고려해 보면 크게 불평할 일은 아니다. 대신에 MATLAB은 기본 데이터 형으로 테이블(table) 형을 가지고 있다. table은 데이터 형이 다른 데이터를 한 곳에 모아 처리할 수 있도록 해주는 아주 유용한 데이터 형이다. 따라서 도수분포표를 table로 취급하여 본문의 그림 1.12를 구성해 보면 이렇다.

```
x = (0:6)';                      % 값 (같은 동에 사는 주민의 자녀 수)
f = [10 19 7 7 2 1 4]';          % 도수
freq = table(x, y)               % 데이터 x와 f로 테이블 도수분포표 구성
freq.xf = freq.x.*freq.f;        % 도수분포표에 xf 열을 추가
xbar = sum(freq.xf)/sum(freq.f); % 도수분포표의 평균 계산
freq.xxbar = x-xbar;
freq.xxbar2 = freq.xxbar.^2;
freq.xxbar2f = freq.xxbar2.*freq.f;
freq
```

---

[29] 옵션에서 'Categorical'을 빼도 상관없다. 다만, 이땐 계급의 구간이 MATLAB 세포체(cell)로 표현되기 때문에 임의로 순서를 정하거나 간단하게 참조나 조작하는 따위의 일은 할 수 없다.

x	f	xf	xxbar	xxbar2	xxbar2f
0	10	0	-1.82	3.3124	33.124
1	19	19	-0.82	0.6724	12.776
2	7	14	0.18	0.0324	0.2268
3	7	21	1.18	1.3924	9.7468
4	2	8	2.18	4.7524	9.5048
5	1	5	3.18	10.112	10.112
6	4	24	4.18	17.472	69.89

실습 1.3 그림 1.12를 MATLAB의 table로 구현한 모습

위 프로그램이 좀 복잡할 수 있겠지만 이는 table을 생성하고 난 후부터 모든 작업을 table로만 이루어지는 것을 보이기 위해 점(point) 방식을 써서 table의 각 열을 참조했기 때문이다. 실습 1.3은 위의 결과로 나타난 MATLAB 명령창의 출력을 복사한 것인데 그림 1.12의 것과 똑같은 것을 확인할 수 있다.

히스토그램은 도수분포표를 시각적으로 확인해 주는 그림이다. histogram(y)는 원시 데이터 y에서 범주나 계급을[30] 정하여 해당 범주나 계급에 속하는 데이터의 개수를 자동으로 세어 히스토그램으로 그려 준다. 만약 y에서 값 x와 도수 f를 분리한 경우라면 bar(x, f)로 막대 그래프를 바로 그릴 수도 있다. 확률과 통계학에서 bar보다 histogram을 더 많이 사용하는 까닭은

첫째, 범주 및 숫자 데이터를 구분하지 않고 쓸 수 있다.
둘째, 계급의 수나 구간을 임의로 정할 수 있다.
셋째, 도수의 분포 말고도 상대 도수나 누적 도수 따위도 선택할 수 있다.

와 같고 실제 사용 예는 다음과 같다.

```
y = 10 + 5*randn(1, 100);          % 평균이 10이고 표준 편차가 5인 정규 분포 데이터 100개
yc = discretize(y, [-5 5 15 25], 'categorical', {'small', 'medium', 'large'});
                                   % y를 범주 데이터로
h = tiledlayout(1,2)               % 또는 subplot(1,2)
nexttile, histogram(y), nexttile, histogram(yc)
h.TileSpacing = 'compact'; h.Padding = 'compact';
```

---

[30] 교과서 용어로 계급(class)을 사용하는 데 MATLAB이나 다른 컴퓨터 프로그램에선 보통 빈(bin)이라는 용어를 더 자주 쓴다.

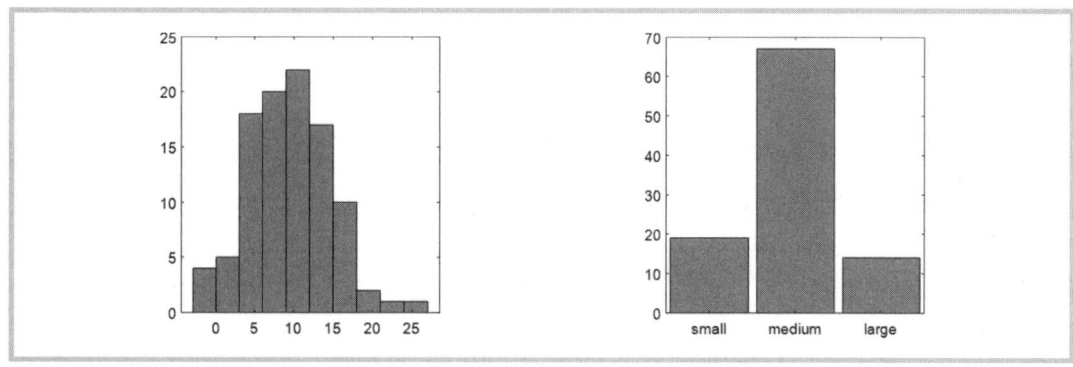

실습 1.4 숫자 및 범주 데이터에 histogram의 사용 예

실습 1.4는 위 프로그램의 결과이다. 그리고 계급의 수나 구간을 지정하고자 한다면

```
histogram(y, 5)                  % 계급의 수 지정
histogram(y, [-5 0 5 10 15 20])   % 계급의 구간 지정
```

와 같이 옵션으로 줄 수 있고, 또 히스토그램에서 도수 말고 다른 정보, 즉 PDF나 CDF 따위를 나타낼 수도 있는데 이렇다.

```
histogram(y, Normalization = 'pdf')                        % 도수를 확률 밀도로
d = -5:0.1:25;
mu = 10; sigma = 5;
pdf = exp(-(d-mu).^2./(2*sigma^2))./(sigma*sqrt(2*pi));    % 정규 분포 곡선
hold on
plot(d, pdf, LineWidth = 1.8)
```

위 프로그램은 히스토그램의 도수를 확률 밀도,[31] 즉 도수를 도수 합과 히스토그램 막대의 폭으로 나눈 값으로 나타내는데 평균이 10이고 표준 편차가 5인 정규 분포 곡선을 그려 실습 1.5와 같이 확인하였다.

  원시 데이터를 도수분포표와 히스토그램으로 나타낼 수 있으면 데이터를 그래프로 정리하는 일은 어느 정도 이루었다고 볼 수 있지만 데이터의 주요 구성 성분을 쉽게 파악하고, 또 여러 데이터를 서로 견주는 작업을 할 땐 몇 가지가 더 필요하다. **파레토**(pareto) **차트**는 데이터의 구성 성분 중에서 비중이 높은 순서대로 막대 그래프를 그려 무엇이

---

[31] 확률 밀도(probability density)는 상대 도수, 즉 확률을 막대의 폭으로 나누어 모든 막대의 넓이 합이 1이 되도록 한 것이다. 그래서 histogram의 옵션에서 Normalization = 'probability'는 상대 도수를 표시하는 것이므로 Normalization = 'pdf'와 다르다.

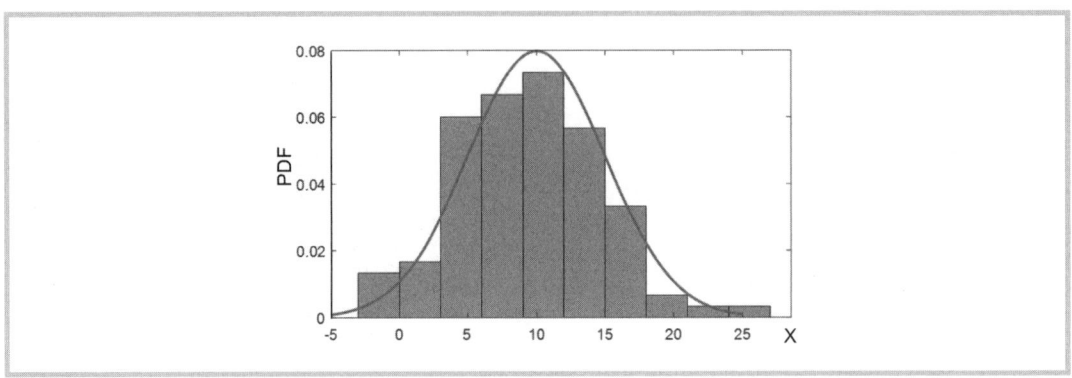

실습 1.5 histogram을 써서 확률 밀도로 표시한 히스토그램

원인이고 어떤 효과가 가장 크고 작은지 쉽게 알아 볼 수 있게 해주고 **상자 그림**(box plot)은 여러 숫자 데이터 집단을 견주거나 이상수의 유무를 판단하고자 할 때 자주 쓰이는데 다음과 같다.

```
labels = [부산 대구 인천 서울 강원 제주];
pop = [410 360 290 890 210 180];
subplot(1,2,1), pareto(pop, labels)        % 파레토 차트
subplot(1,2,2), boxplot(x)                 % 임의 데이터 x에 대한 상자 그림
```

실습 1.6(a)의 파레토 차트엔 y축의 누적 곡선이, 그리고 (b)의 상자 그림엔 진한 십자 표지의 이상수가 함께 표시된 것이 주목할 만하다.

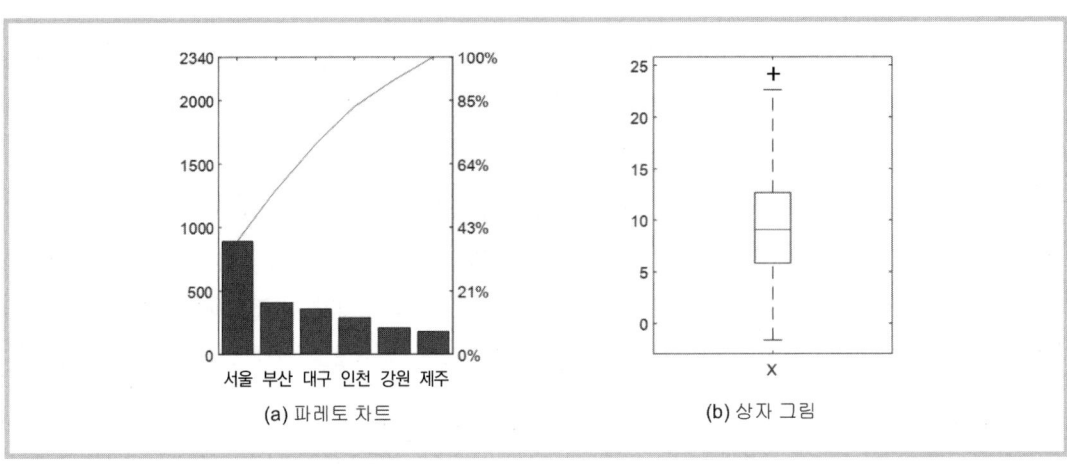

(a) 파레토 차트   (b) 상자 그림

실습 1.6 파레토 차트와 상자 그림

원시 데이터를 그래프로 정리했으면 이젠 데이터의 값이나 위치로 데이터 분포의 특성을 알아볼 차례이다. 데이터 분포의 특성을 따질 땐 데이터 집단이 모집단인지 표본인지 반드시 구별해야 한다. 모집단의 모수와 표본의 통계량은 다르다는 것을 꼭 명심해야 한다는 말이다. 평균과 관련한 MATLAB 함수는 다음과 같다.

```
x = [1 1 2 2 2 2 2 2 2 100];
[mean(x), median(x), mode(x)]        % mean, median, 그리고 mode
ans = [11.6000  2.0000  2.0000]      % ans는 MATLAB이 자동으로 생성하는 변수
```

본문에서도 말했듯이 평균, 즉 (산술) 평균은 모든 데이터의 합을 개수로 나누어 계산하기 때문에 분포의 범위를 아주 벗어나는 이상수가 있으면 크게 영향을 받는다. 하지만 위의 결과에서 확인할 수 있듯이 median과 mode는 거의 영향을 받지 않았다.

```
[geomean(x), harmmean(x), trimmean(x, 11)]      % 기하, 조화 및 절단 평균
ans  =  [2.5747  1.8149  1.8750]
```

기하 평균과 조화 평균, 그리고 절단 평균도 산술 평균과 견주면 별로 영향을 받지 않은 것을 볼 수 있다. 여기서 절단 평균 trimmean(x, n)은 데이터의 양쪽으로 $k = N(n/100)/2$ 만큼의 데이터를 데이터 개수 N에서 각각 절단한 후의 평균인데, 이때 n은 퍼센트 단위이다.

데이터의 평균은 해당 데이터 집단을 대표하는 값이다. 많은 데이터를 하나의 값으로 대표할 때 쓰는 값이라는 말인데 문제는 데이터 집단이 분포를 이룰 때 대표하는 값만으론 분포의 특성을 설명하기에 부족하다는 것이다. 분포의 평균이 같더라도 넓게 퍼진 분포가 있는가 하면 좁고 높게 솟은 분포도 있기 때문이다. 분포의 퍼진 정도를 가늠하는 기준은 여럿 있다. 우선, 데이터 집단의 최댓값과 최솟값의 차이인 범위(range)부터 각 데이터에서 평균을 뺀 데이터의 평균인 편차의 평균과[32] 편차의 절댓값 평균 따위는

```
x = randi([-5 5], 1, 100) + 5*rand(1,100);
range(x)
ans = 14.2463
max(x) - min(x)        % range(x)
ans = 14.2463
moment(x,1)            % 데이터 집단의 1차 모멘트 MEAN($x - \overline{x}$)
ans = 0
```

---

[32] 데이터 집단에 대한 편차의 평균을 1차 모멘트(first moment)라 한다. 참고로 2차 모멘트는 편차의 제곱 평균인데 분산(variance)이라 한다.

```
mad(x)                          % 편차의 절댓값 평균 MEAN( | x − x̄ | )
ans = 2.7751
```

와 같다. 데이터 집단의 범위는 오직 두 값, 즉 최댓값과 최솟값만 사용하기 때문에 이상수의 영향을 크게 받는 것은 당연하고 모든 데이터 값을 반영하지 못하는 단점이 있으므로 퍼진 정보를 대표하기엔 부족하다. 그리고 편차의 평균, 즉 데이터 집단의 1차 모멘트는 계산이 쉬워 데이터 집단의 퍼진 정보로 사용하면 참 좋지만 위에서 확인할 수 있듯이 0이기 때문에 불가능하다. 편차의 절댓값 평균은 0이 아니어서 퍼진 정보로 사용할 수도 있겠지만 절댓값의 조작, 즉 미분이나 적분 따위의 계산이 어렵기 때문에 이 역시 좋은 선택이 아니다. 따라서 데이터 집단의 퍼진 정보는 보통 2차 모멘트, 즉 분산을 사용하여 나타내는데 이 경우엔 반드시 모집단과 표본을 구분해야 한다.

```
var(x)                          % 표본의 분산
xbar = mean(x);
sum((x-xbar).^2)/(length(x)-1)  % 표본의 분산을 정의에 따라 계산
var(x,1)                        % 모집단의 분산
moment(x, 2)                    % 모집단의 2차 모멘트 (모멘트는 데이터의 개수로 정규화)
```

본문에서도 밝혔지만 분산은 데이터 집단에 대한 퍼짐의 아주 중요한 정보인 만큼 자주 계산해야 하는 경우가 많다. 하지만 식 (1.3)의 정의는 평균을 먼저 계산하지 않으면 적용할 수 없고, 또 평균을 계산했다 하더라도 각 데이터에서 평균을 뺀 후에 제곱해야 하는 번거로움이 있다. 이것 말고도 각 데이터에서 평균이든 관측값이든 무엇이든 뺀 후에 제곱하여 더하는 형태는 통계를 진행할수록 너무 흔하게 나타나므로 **제곱합**(sum of square)을 뜻하는 $\boldsymbol{SS}$라는[33] 이름으로 쉽게 계산할 수 있는 방법을 알아 두면 큰 도움이 된다. 따라서 분산의 계산을 위한 SS_{xx}는

$$SS_{xx} = \sum_{i=1}^{n}(x_i - \bar{x})^2 = \sum_{i=1}^{n}x_i^2 - 2\bar{x}\sum_{i=1}^{n}x_i + n\bar{x}^2 = \sum_{i=1}^{n}x_i^2 - n\bar{x}^2 = \sum_{i=1}^{n}x_i^2 - \left(\sum_{i=1}^{n}x_i\right)^2/n$$

와 같고 끝에서 두 번째 항은 원시 데이터와 평균을, 그리고 마지막 항은 평균을 사용하지 않고 원시 데이터만을 써서 구하는 식이 된다. SS_{xx}와 SS_{yy}, SS_{xy}의 계산에 함께 쓸

---

[33] 제곱합 SS는 데이터 집단 x_i에서 이의 평균 $\bar{x}$를 빼서 제곱한 후에 더할 땐 SS_{xx}로, y_i에서 $\bar{y}$를 빼서 제곱한 후에 더할 땐 SS_{yy}, 실제 데이터 y_i에서 관측값 $\hat{y}$을 빼서 제곱한 후에 더할 땐 SSE, 그리고 x_i에서 $\bar{x}$를 빼고 y_i에서 $\bar{y}$를 빼서 서로 곱한 후에 더할 땐 SS_{xy} 따위로 표시한다.

수 있는 함수 ssData를 간단히 작성하면 다음과 같다.

```
function  ss = ssData(x, y)
    arguments
            x  (:, 1)  double
            y  (:, 1)  double  =  x
    end
    if length(x) ~= length(y)
            error("두 입력 데이터의 길이는 같아야")
    end
    ss = sum(x.*y) - sum(x)*sum(y)/length(x);
```

위 함수는 두 데이터 집단이 숫자 데이터이고 길이가 같은 벡터일 때 쓸 수 있는데 다음과
같다.

```
x = 1:10; y = x';        % 데이터 x와 데이터 y (두 데이터는 모두 벡터)
ssData(x), ssData(x, y), ssData(y, x)
ans  =  82.5000         % 위 세 명령은 모두 결과가 같아
ssData(x)/9             % 데이터 집단 x의 제곱합을 (개수-1)로 나누면 분산
ans  =  9.1667
```

분산은 데이터 집단의 변동(variation)이나 퍼짐 정보로 최고의 잣대이지만 단위가
데이터의 제곱이 되어 해석할 때 단위의 불일치로 여러 잘못을 저지를 수 있기 때문에
단위의 일치를 위해 분산의 제곱근을 주로 사용하는데 **표준 편차**(standard deviation)가
된다. 즉,

```
sqrt(var(x));           % 표준 편차의 정의
std(x);                 % 표본의 표준 편차
std(x, 1);              % 모집단의 표준 편차
```

이다.

데이터 집단의 평균과 분산은 (혹은 표준 편차는) 종모양의 대칭 형태인 정규 분포의
기본 파라미터이다. 하지만 정규 분포이더라도 대칭이 흐트러지는 경우가 종종 있는데
분포의 꼬리가 오른쪽이나 왼쪽으로 더 길게 뻗어가고, 또 중앙이 더 뾰족하게 솟아나는
경우가 되겠다. 통계학적으론 **비대칭도**(skewness)와 **첨도**(kurtosis)가 이의 정량적인 값
을 나타낸다. 즉 실습 1.7에서 검은 색의 표준 정규 분포와 견주어 데이터 분포인 히스토그
램이 왼쪽으로 길게 늘어지고 가운데 부분도 높이 솟구친 경우인데

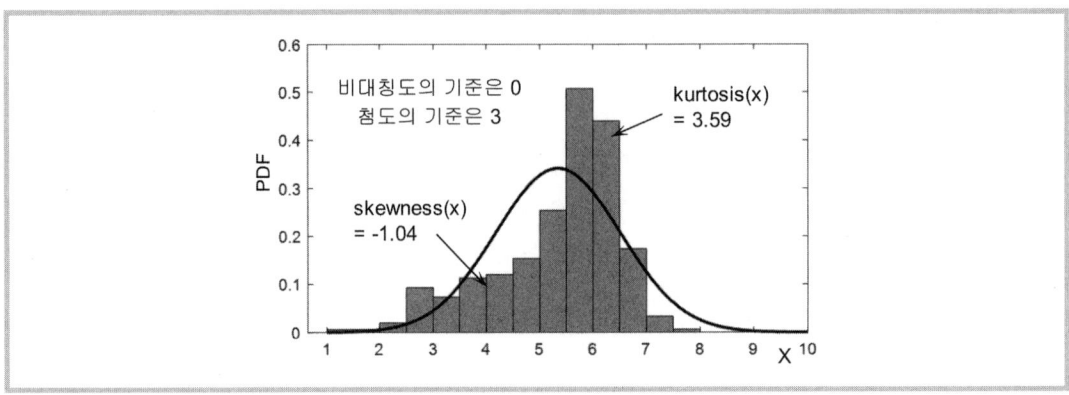

정규 분포의 비대칭도와 첨도

```
x = [normrnd(4,1,1,100) normrnd(6,0.5, 1, 200)]
% 평균이 4와 6이고 표준 편차가 1과 0.5인 두 정규 분포 데이터를 섞음
histogram(x)
xbar = mean(x); s = std(x);
xx = 1:0.05:10; yy = exp(-(xx-xbar).^2./(2*s^2))./(s*sqrt(2*pi));
hold on, plot(xx, yy, LineWidth = 1.8)
skewness(x)
ans = -1.0417
kurtosis(x)
ans = 3.5895
```

와 같다.

데이터 집단의 위치에 따른 평균과 퍼짐 정보의 계산은 지금까지 해온 데이터의 값에 따른 그것과 달리 데이터의 정렬을 통해서 이루어지는데 보통 분위수(fractile)라고 한다. 평균은 정렬된 데이터의 가운데 값으로 **사분위수**(quartile)일 땐 Q_2가, 그리고 **백분위수**(percentile)일 땐 P_{50}이 된다. 즉,

```
load examgrades              % MATLAB에 딸려 나오는 (점수) 데이터 파일
x = grades(:, 2);            % 두 번째 시험의 점수를 x로
median(x), quantile(x,0.5), prctile(x, 50)   % 중간값, Q₂, 그리고 P₅₀은 모두 같아
ans = 75
```

여기서 사분수 함수가 quartile이 아니라 quantile인 것을 조심하고 백분위수도 줄여서 prctile이다. 그리고 각 함수의 인수는 모두 누적 상대 도수(누적 확률)인데 quantile은

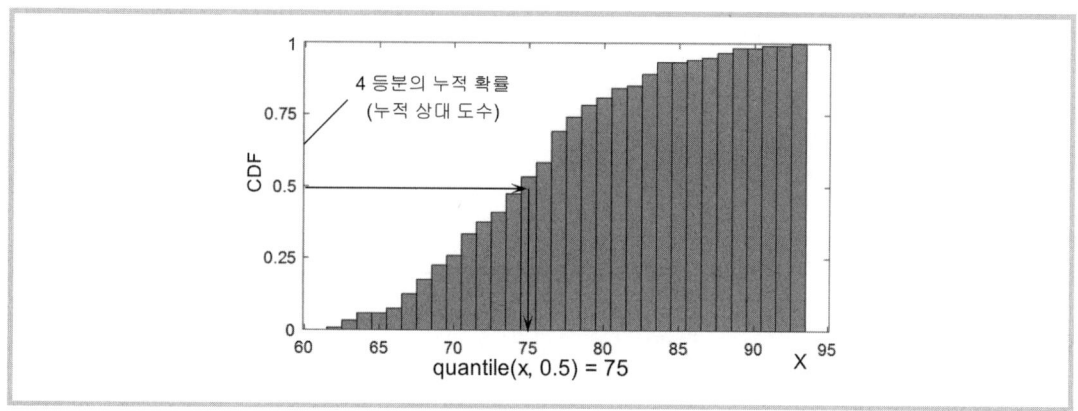

실습 1.8 사분위수의 CDF를 역누적 함수로 이용하여 데이터 값 찾기

확률로, 그리고 prctile은 퍼센트로 입력한다. 실습 1.8은

```
histogram(x, Normalization = 'cdf')
quantile(x, 0.5)
```

을 통해 사분위수가 확률을 통해 데이터 값을 찾아내는 기본 개념, 즉 **역누적 함수**로 사용할 수 있는 것을 보여 주는데 백분위수도 마찬가지다.

데이터 집단의 마지막으로 **표준 점수**(standard score)를 알아본다. 표준 점수, 혹은 z 점수는 말 그대로 데이터 집단의 평균과 표준 편차를 이용하여 표준화(standardization)[34] 작업을 거친 점수를 말한다. 어떤 데이터 집단이든 평균이 0이고 표준 편차가 1인 데이터로 바꾸어 같은 기준과 환경에서 서로 견주도록 해준다. 예를 들어, 대학 졸업 학점(grade point average)과 로스쿨 점수(law school admission test)의 관계를 살펴보는 경우에

```
lsat = [576, 635, 558, 578, 666, 580, 555, 661, 651, 605, 653, 575, 545, 572, 594]
gpa = [3.39, 3.30, 2.81, 3.03, 3.44, 3.07, 3.00, 3.43, 3.36, 3.13, 3.12, 2.74, ...
         2.76, 2.88, 2.96]
subplot(2,1,1), plot([last gpa]), legend('lsat', 'gpa')
zlsat = zscore(last);
zgpa = zscore(gpa);
subplot(2,1,2), plot([zlsat zgpa]), legend('lsat z-score', 'gpa z-score')
```

의 결과로 생산된 실습 1.9의 위와 아래의 그림을 통해 표준 점수의 효과를 확실히 확인할

---

[34] 정규화(normalization)라고도 한다.

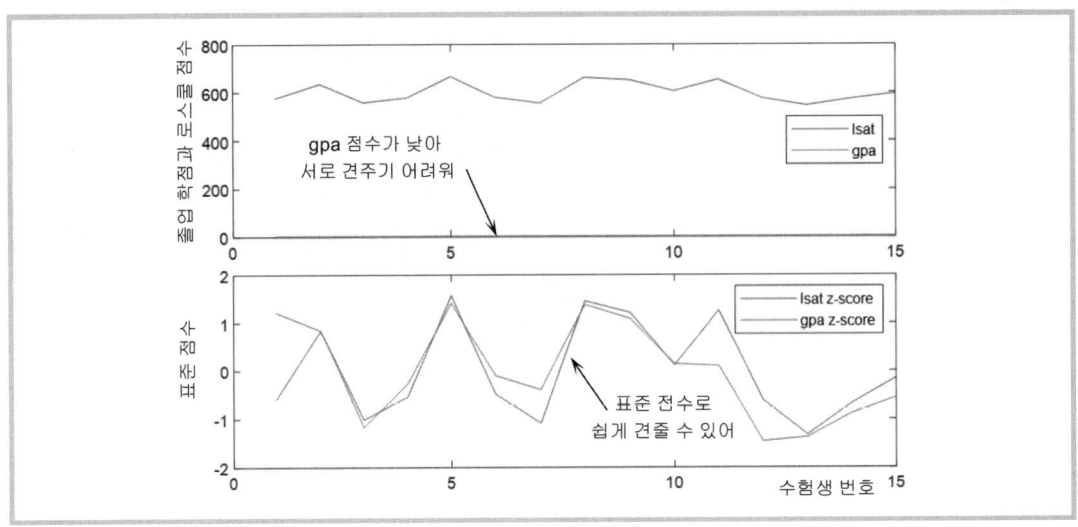

실습 1.9 표준 점수로 스케일이 다른 두 데이터 견주기

수 있다.

　표준 점수도 모집단과 표본의 구분이 필요하다. 표준 점수의 식인 식 (1.6)에 포함된 표준 편차의 계산에 모집단과 표본의 구별이 있기 때문이다. 즉,

```
z1 = zscore(lsat, 1)      % 모집단 표준 점수 - std(lsat, 1) 이용
z0 = zscore(lsat, 0)      % 표본의 표준 점수 zscore(lsat)와 동일 - std(lsat) 이용
```

와 같다.

　표준 점수는 워낙 중요해서 설명할 내용도 많지만 이미 본문에서 기본적인 것은 식 (1.6)과 (1.7), 그리고 그림 1.19를 통해 밝혔기 때문에 복습하는 차원에서 되돌아 가서 다시 살펴보는 것도 좋을 것이다.

02
확률

02 확률

우리를 둘러싼 환경은 늘 불확실하다. 무슨 일이 일어날지 알 수 없을 뿐더러 안다 할지라도 그 결과가 무언지 확신할 수 있는 것이 별로 없다. 어제 산 복권이 몇 등으로 당첨될지, 생산 라인에서 규격에 맞지 않는 불량품은 몇 개나 나올지, 혹은 통계학 수업에서 A를 받을 수 있을지 따위를 포함하여 정부가 시행하는 정책을 국민은 얼마나 호응하는지, 카탈로그에 적힌 자동차 제조업체의 연비 수치는 믿을 수 있는지, 혹은 들쑥날쑥한 실험 데이터의 추세나 경향을 합리적으로 평가할 수 있는지 등도 그저 궁금할 뿐이다. 물론 앞서 언급한 몇 가지 예에서 후자의 경우는 통계라는 도구를 장착하여야 가능한 영역이지만 이 역시 불확실에 대한 이해를 하지 않고선 거의 불가능하다.

확률(probability)은 불확실이나 확신의 정도를 따지는 학문이다. 누군가 "그 사건이 일어날 확률은 p이다"라고 했을 때 p가 0에 가까울수록 불확실의 가능성이 크고 1에 가까울수록 확신의 가능성이 큰 것으로 정의한다. 물론 p가 0이면 절대 일어나지 않고 1이면 반드시 일어나는 것이다. 다시 말하면, 확률이 언급되는 환경이 어떨지라도 기본적인 틀은 그림 2.1처럼 0과 1 사이의 임의의 실수로 나타날 수밖에 없다.

확률의 개념이 필요하고, 또 반드시 언급되어야 하는 환경을 공학도는 보통 실험이라는 용어를 쓴다. **실험**(experiment)은[1] 말 그대로 자료를 모으는 행위나 절차, 혹은 일련의

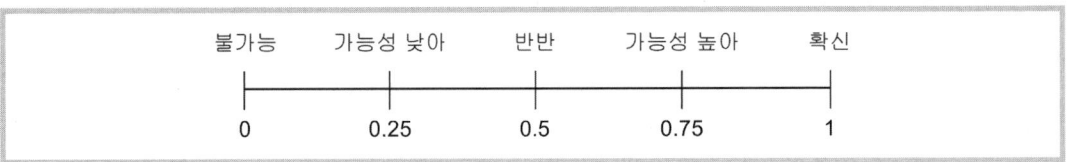

그림 2.1 확률의 범위

---

[1] 통계학적(statistical) 혹은 확률(probabilistic) 실험이라고도 한다. 자료를 기록한다는 측면에서 보면 **관측**(observation)이라는 말도 쓸 수 있는데 이 역시 실험의 한 종류라고 보면 되겠다.

과정을 말하는데 대체로 셈을 하거나 측정을 하여 그 결과를 기록으로 남기는 작업을 포함하고, 이때 실험을 통해 얻을 수 있는 모든 가능한 결과의 집합을 **샘플 공간**(sample space), 그리고 이 중에서 관심 있는 결과의 집합을 **사건**(event)이라고 한다. 즉, 사건은 샘플 공간의 한 부분 집합이다.

[예제 2.1a] 0부터 9까지의 숫자 다섯 자리에서 당첨이 12089와 54736로 정해진 복권에서 샘플 공간과 사건을 알아보자.

[풀이] 복권을 추첨하는 실험은 0부터 9까지 적힌 원판 5개에 각각 화살을 쏘거나 번호가 붙은 구슬 주머니 5개에서 하나씩 뽑아 당첨자를 뽑는다. 따라서 이 실험의 샘플 공간 S와 사건 E는 각각 다음과 같다.

$$S = \{x_1 x_2 x_3 x_4 x_5 \mid x_i \text{는 0에서 9까지 숫자에서 임의로 뽑은 숫자}\}$$
$$E = \{12089, 54736\}$$

[예제 2.1b] 자동차 부품 공장의 생산 라인에서 불량품의 개수를 확인한다. 이 실험에서 샘플 공간과 사건은 무엇인지 생각해 보자.

[풀이] 생산 라인을 타고 흐르는 부품은 양품이나 불량품이고, 이때 관심 있는 것은 불량품의 개수이니 샘플 공간 S와 사건 E는 각각 다음과 같다.

$$S = \{\text{양품, 불량품}\}$$
$$E = \{\text{불량품}\}$$

[예제 2.1c] 가정용 전구의 수명을 시간 단위로 확인하는 실험을 한다. 샘플 공간과 사건을 표시해 보자.

[풀이] 이 경우는 샘플 공간이나 사건을 셈을 하여 나타낼 수 있는 방법이 없다. 계측기를 써서 이른바 측정을 수행하여 실수로 표시해야만 가능하다. 즉,

$$S = \{x \mid 0 \le x < \infty\}$$
$$E = \{x \mid 0 \le x \le 10\}$$

와 같다. 여기서 E는 전구를 10시간 이상 사용할 수 없는 사건으로 가정했다.

확률은 어떤 사건이 일어날 가능성을 그림 2.1과 같이 0과 1 사이의 값으로 말하므로 집합 개념을 써서 샘플 공간의 개수에 대한 사건 개수의 비로 정의할 수 있다. 하지만,

이와 같은 정의를 따를 때 위의 예제 2.1c의 경우는 각 집합의 개수를 셀 수 없어서 확률을 계산할 수 없을 뿐만 아니라 예제 2.1b에선 샘플 공간과 사건의 개수 비가 1/2이므로 얼토당토않은 값이 되고 만다. 생산하는 부품의 반이 불량품일 가능성을 갖는 회사라면 문을 닫아도 벌써 닫았어야 할 것이기 때문이다. 따라서 확률은 실험의 성격에 따라 달리 정의되어야 하는데 예제 2.1a의 실험처럼 샘플 공간을 구성하는 각 결과들이[2] 나올 기회가 똑같다고 생각할 수 있는 경우와 예제 2.1b처럼 그렇지 않은 경우, 또 예제 2.1c처럼 결과를 일일이 셀 수 없는 경우 따위로 나눌 필요가 있다.

사건 E에 대한 확률 $P(E)$의 수학적 정의는 실험의 성격에 따라 각각 다음과 같다.

$$P(E) = \frac{n(E)}{n(S)} \text{(실험의 결과가 모두 나올 기회가 같은 경우)} \qquad (2.1)$$

$$P(E) \approx \frac{f}{n} \text{ (실험을 여러 번 반복해야 하는 경우)} \qquad (2.2)$$

여기서 $n(S)$는 샘플 공간의 요소 수이고 $n(E)$는 사건의 요소 수이다. 또 n은 실험을 반복한 횟수이고[3] f는 사건, 즉 관심 있는 것이 나온 횟수이다. 실험을 반복할 수밖에 없는 경우는 앞의 예제 2.1b처럼 실험의 결과 각각이 나올 기회가 같지 않아 식 (2.1)의 고전적인 이론 확률(classical or theoretical probability)과 같이 모든 가능성에서 사건의 가능성이 차지하는 비율로 계산할 수 없을 때이다. 물론 이땐 식 (2.2)에 표시된 바와 같이 근사값일 수밖에 없지만 n이 증가할수록 이론 확률에 가까워지는 것을 확인할 수 있다. 식 (2.2)를 경험 혹은 통계적 확률(empirical or statistical probability)이라[4] 한다.

예제 2.2 (큰수의 법칙) 주사위를 던져 1이 나오는지 확인하는 실험을 생각해 보자. 이 경우의 샘플 공간 S는
$$S = \{1,2,3,4,5,6\}$$
이고 사건 E는
$$E = \{1\}$$
이므로 식 (2.1)에 따라 $P(E)$는 1/6이다. 하지만, 여러분이 주사위를 실제로 여섯 번 던져 실험해 보면 1이 꼭 한 번 나오지 않는다는 것을 보게 된다. 물론 한 번 나올 수도 있지만 아예 안 나오거나

---

[2] 샘플 공간에 포함되는 결과들을 하나씩 셀 수 있는 경우엔 각 결과들을 요소(element), 멤버(member), 혹은 간단히 점(point)이라고 한다. 일일이 셀 수 없는 경우는 어디에서 어디까지 따위의 구간(interval)이 된다.
[3] 실험을 반복한 횟수를 샘플 크기(sample size)라고도 한다.
[4] 확률을 상대 도수(relative frequency) 개념으로 설명하는 방법인데 오늘날 공학을 포함하여 대부분의 분야에 적용되고 있다.

두 번이나 세 번, 억측이지만 모두가 1이 나오는 경우도 있을 것이다. 표 2.1은 주사위를 던진 횟수 n을 키워갈 때 1이 나온 횟수 f와 이의 상대 횟수 f/n을 MATLAB의 randi[5] 함수를 써서 얻은 것인데 실험이 많아질수록 $1/6 \approx 0.1667$에 가까워지는 것을 확인할 수 있다.

표 2.1에서 알 수 있듯이 n을 증가하면 식 (2.2)로 정의되는 경험 확률이 식 (2.1)의 이론 확률로 수렴하게 되는데 이를 **큰수의 법칙**(law of large numbers)이라 한다. 이 법칙은 모집단에서 무작위로 데이터를 수집한 샘플 집단에 대한 특정 사건의 확률을 쉽게 계산할 수 있다는 측면에서 아주 중요하고, 특히 4장에서 다룰 중심극한정리(central limit theorem)와 함께 샘플 집단의 정보를 이용하여 모집단의 특성을 파악하려는 추론 통계학(inferential statistics)의 숨어 있는 두 기둥이 된다.

샘플 공간 및 사건이 임의의 실수 구간으로 나타나는 경우의 확률은 어떨까? 이 경우는 셀 수 있는 때와 달리 **측정**이라는 실험을 통해 샘플 공간에 대한 확률 함수를 직접 모델링 하는 것이 필요하다. 물론 각 분야나 현상별로 이미 잘 알려진 확률 함수가 개발되어 있지만 실험 데이터의 분포 형상에 맞는 자신의 함수를 생각해야 할 때도 더러 있고, 또 셀 수 있는 경우의 확률 분포를 셀 수 없는 경우로 근사화할 때도 있는데 이는 후자의 경우에 적용할 수 있는 관련 기법들이 더 많고 더 쉽기 때문으로 다음 장의 확률 변수를 다룰 때 자세히 알아보기로 한다.

지금까지 설명한 확률은 정의에 따라 다음의 조건을 반드시 만족하여야 한다. 즉, 임의의 사건 E의 확률은

$$0 \le P(E) \le 1$$

을 만족해야 하고, 이때 0인 경우는 사건 집합의 요소가 하나도 없는 공집합(empty set) $\varnothing$을 뜻하고 1일 땐 사건 집합이 샘플 공간 전체를 차지한다는 말이다. 따라서

$$P(\varnothing) = 0 과 \ P(S) = 1$$

표 2.1 예제 2.2의 주사위 실험의 한 예

n	f	f/n
10	2	2/100 = 0.2
100	17	17/100 = 0.17
1000	176	176/1000 = 0.176
10000	1675	1675/10000 = 0.1675
100000	16683	16683/100000 = 0.16683

---

[5] 이 함수는 randi(max, [n m])와 같이 사용하여 1부터 max 까지 정수를 균등하게 뽑아 $n \times m$ 행렬로 돌려준다. 따라서 n을 바꾸어 가면서 x = randi(6, [n 1])와 같이 실험한 후 sum(x == 1)/n로 결과를 관찰했다.

이다. 다음, 샘플 공간을 n개로 겹치지 않고, 또 빠짐없이[6] 나누어 각각 E_1, E_2, ..., E_n이라고 할 때 다음의 조건도 반드시 만족해야 한다.

$$P(E_1) + P(E_2) + \cdots + P(E_n) = 1$$

위 식들은 모두 확률의 정의로부터 자연스럽게 밝혀지는 **공리**(axiom)이다. 아무 증명 없이 통용할 수 있으며, 특히 마지막 식은 실험 결과가 모두 나올 기회가 같을 때의 확률을 정의한 식 (2.1)을 써서 기회가 서로 다른 경우의 확률을 구할 수 있게 해준다.

예제 2.3 주사위를 던지는 실험에서 4의 약수가 나올 확률을 구하는데 1) 주사위의 눈이 모두 나올 기회가 같은 경우와 2) 짝수가 홀수보다 나올 기회가 2배인 경우에 대해 각각 조사해 보자.

풀이 각 경우의 샘플 공간 및 사건은 다음과 같다.

$$S = \{1,2,3,4,5,6\} \text{와} \ E = \{1,2,4\}$$

따라서 1)의 경우에서 식 (2.1)의 정의를 적용하여 확률을 구하면

$$P(E) = \frac{n(E)}{n(S)} = \frac{3}{6} = \frac{1}{2}$$

이고 확률의 공리를 이용하고자 할 땐 우선, 샘플 공간의 각 요소는 기회(확률)이 모두 1/6로 같으므로 식을 약간 변형하여

$$P(E) = 1 - P(E^c)$$
$$= 1 - P(4\text{의 약수가 아닌 수}) = \frac{1}{2}$$

과 같이 계산할 수 있다. 여기서 E^c는 샘플 공간에서 사건 E를 배제한 사건이다.[7] 물론 사건 E의 각 요소에 대한 확률을 알기 때문에 직접 $P(E) = P(4\text{의 약수}) = 1/6 + 1/6 + 1/6$처럼 구할 수도 있지만 확률의 공리를 확인한다는 측면에서 새로운 과정으로 소개했다. 다음, 2)의 경우는 각 눈이 나올 확률이 다르므로 샘플 공간을 구성하는 모든 요소의[8] 확률을 먼저 구한다. 즉, 홀수가 나올 확률이 w이면 짝수는 $2w$가 되므로 홀수 3개 $3w$와 짝수 3개 $6w$의 합 $2w+6w=1$에서 $w = 1/9$을 얻을 수 있다. 그래서

---

[6] 샘플 공간을 겹치지 않고 중복 없이, 또 빠짐없이 나누면 각 나누어진 집합은 서로 공통되는 부분이 없고, 또 각 나누어진 집합 모두를 합하면 샘플 공간으로 되돌아가게 된다. 이 과정을 확률 용어론 **서로 배타적인 사건**(mutually exclusive events)으로 나눈다고 말한다.

[7] 이를 확률에선 **여사건**(complement event)이라 한다.

[8] 1개의 요소로 이루어진 사건을 단순 사건(simple event)이라 한다. 그리고 샘플 공간의 각 단순 사건들은 모두 서로 배타적인 사건이 된다.

$$P(E) = 1 - P(E^c)$$
$$= 1 - (1/9 + 1/9 + 2/9) = 5/9$$

가 되고, 여기서 뺄셈 항의 괄호 속의 값은 순서대로 3과 5, 그리고 6이 나올 확률이다. 이 경우도 위와 마찬가지로 $P(E) = P(4의 약수) = 1/9 + 2/9 + 2/9$와 같이 계산할 수 있다.

 식 (2.1)과 (2.2)와 같이 수학적으로 정의되지 않는 확률도 있다. 이와 같은 확률을 **주관적 확률**(subjective probability)이라 하는데 과거의 데이터나 전문가의 지식/경험/직관, 새로운 정보 따위로 사건에 대한 확신의 정도를 말로 표현한 것이다. 이를 테면, 예복습을 꾸준히 하지 않은 학생이 "이번 학기에 통계학 수업에서 A를 받을 확률은 0.5이다"라고 언급하든가, 교통사고로 심하게 다친 환자를 보고 의사가 "이 환자의 회복 가능성은 0.85이다"라고 진단하든가, 혹은 수산 학자가 올해의 해수 온도 데이터를 살피면서 "올해는 오징어가 풍년일 확률이 0.92이다"라고 예측하는 것과 같다. 주관적 확률은 개인의 판단에 큰 영향을 받지만 뒷받침하는 데이터나 정보가 탄탄하고, 또 조직이나 사회에서 식견을 인정받고 명망이 높을수록 확률의 정확도도 높아지는 것은 당연하다.

2.2 사건의 합성과 요소 셈하기

지금까지 샘플 공간에서 사건이 차지하는 비율로, 또 실험 횟수를 반복하여 사건의 횟수가 몇 번 나왔는지 따져 확률을 정의하고 관련 예제도 몇 가지 풀어 보았다. 이미 짐작했겠지만 확률의 계산은 어떤 방법을 쓰든지 샘플 공간이나 사건의 요소 수를 셈하는 문제가 핵심이다. 이른바 **경우의 수**(number of cases)를 어떻게, 또 얼마나 쉽게 평가하느냐 하는 일이 집합이든 확률이든 자신 있게 다룰 수 있는 요령이라는 말이다.

 이번 절에서는 **셈**(counting)**하는 문제**를[9] 다루어 보고자 한다. 셀 수 있는 것을 하나하나 가리키면서 셈한다는 것은 어찌 보면 간단하다고 할 수 있으나 셈하는 상황을 몇 가지로 연결지어 해결해야 하거나 셈하는 과정에 순서가 중요하게 고려되어야 하는지 판단해야 하거나, 혹은 관심 사건이 복합되어 나타나든지 하면 그렇게 만만치 않다. 즉, 단순하게 셈하는 것이 아니라 셈하는 전략이 필요한 것이다. 셈하는 문제를 쉬운 곳에서 어려운

---

[9] 샘플 공간이나 사건에 대해 측정(measuring)하는 문제와 관련해선 다음 장의 확률 변수를 통해 살펴보기로 한다.

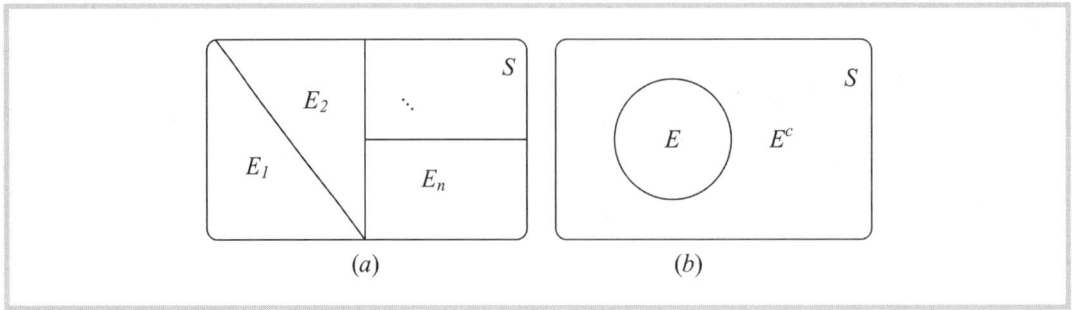

그림 2.2 샘플 공간 S를 서로 배타적으로 나누기

곳까지 연속적으로 다루기 위해 이미 알고 있는 사건에서 새로운 사건을 만드는 방법부터 먼저 살펴보기로 한다.

　샘플 공간을 구성하는 각 개별 요소 하나씩 이루어진 사건을 단순 사건이라 했다. 그리고 이러한 단순 사건들은 항상 서로 배타적이며, 더불어 하나의 샘플 공간을 구성하는 모든 단순 사건들의 합은 다시 원래의 샘플 공간이 된다는 것도 확인했다. 이런 집합의 성질에 식 (2.1)로 정의되는 확률을 접합한 것이 바로 확률의 공리로 이미 앞에서 지적한 바도 있다. 그림 2.2의 (a)는 샘플 공간 S의 요소 하나씩을 사건으로 하는 $E_i(i$=1부터 n)로 구성된 모습이고, (b)는 이 중에서 여러 개가 합성된 임의의 **복합 사건**(composite event) E와 이의 나머지로 구성된 E^c가 샘플 공간을 배타적으로 나눈 모습을 보여준다. 여기서 E^c는 앞에서 언급했듯이 샘플 공간에서 E에 포함되지 않는 모든 요소들로 이루어진 사건으로 E에 대한 **여사건**이다.

　확률의 공리를 나타내는 그림 2.2를 식으로 다시 표현하면

$$1 = P(S) = P(E_1) + P(E_2) + \cdots + P(E_n) \qquad (2.3)$$
$$= P(E) + P(E^c)$$

이다. 식 (2.3)이 중요한 까닭은 이렇다. 이 식은 확률에 관한 덧셈 식일 뿐만 아니라 등식의 양변에 같은 샘플 공간의 개수로 곱하면 셈에 대한 **합의 공식**(additive rules)이 되기 때문이다. 다시 말하면, 복잡한 셈의 문제를 쉽고 계산하기 편한 여러 상황으로 나눌 수 있으면 개별 상황에 대한 셈의 합으로 전체 셈의 결과를 파악할 수 있다. 다만, 복잡한 과정이나 환경을 간단한 문제로 나눌 땐 반드시 나누어진 문제들이 전체 과정이나 환경을 **빠짐없이, 그리고 서로 중복되지 않게 쪼개는**[10] 일이 필요하지만 이는 일반 상식을 지닌 보통의 성인이면 약간의 사고 훈련을 통해 가능하므로 크게 방해되지는 않는다.

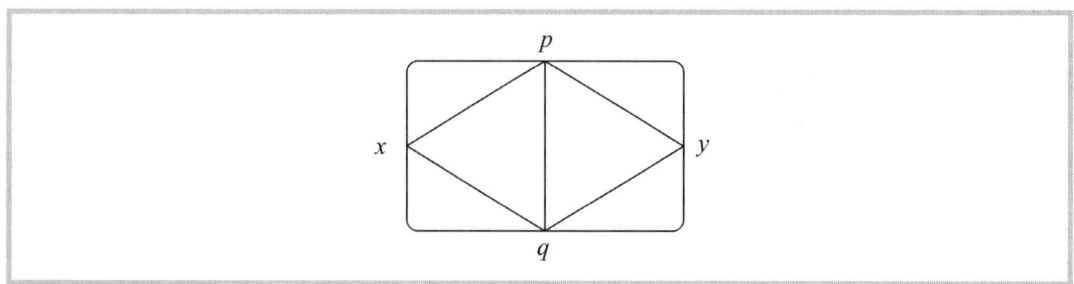

그림 2.3 길 찾기 그림

예제 2.4a 서로 앙숙인 두 사람을 포함하여 10명의 후보가 있다. 세 사람을 뽑아 회장과 총무, 그리고 감사를 시키는 문제에 대해 분류 과정을 거쳐 보자.

풀이 여러 가지 방법이 있을 수 있다. 우선, 식 (2.3)의 첫 번째 등식을 이용하기 위해

$$A \sim 앙숙인\ 두\ 사람을\ 아예\ 뽑지\ 않는\ 경우$$
$$B \sim 앙숙인\ 두\ 사람\ 중에서\ 한\ 사람만\ 뽑는\ 경우$$

와 같이 두고 최종적인 셈의 결과는 $n(A) + n(B)$로 구한다. 다음, 식 (2.3)의 두 번째 등식을 변형하여 적용하면

$$C \sim 앙숙인\ 사람을\ 고려하지\ 않고\ 10명에서\ 3명을\ 뽑는\ 경우$$
$$D \sim 앙숙이\ 두\ 사람을\ 모두\ 포함하도록\ 뽑는\ 경우$$

로 분류한 후에 $n(C) - n(D)$로 찾는다.

예제 2.4b 그림 2.3과 같이 x 지점에서 출발하여 y 지점에 도착하는 길 찾기 문제를 분류해 보자. 물론 각 지점에서 이웃 지점까지 가는 방법은 여러 가지일 수 있지만 분류하는 일에는 따질 필요가 없다.

풀이 배타적이며 빠짐없이 분류하면

$$A \sim x \rightarrow p \rightarrow y$$
$$B \sim x \rightarrow p \rightarrow q \rightarrow y$$
$$C \sim x \rightarrow q \rightarrow p \rightarrow y$$
$$D \sim x \rightarrow q \rightarrow y$$

이고, 따라서 x에서 y로 가는 최종적인 경우의 수는 $n(A) + n(B) + n(C) + n(D)$이 된다.

---

[10] 복잡한 문제를 중복되지 않게 (혹은 집합의 개념을 빌리면 서로 배타적으로), 그리고 빠짐없이 (혹은 단순 사건을 모두 이용하든 관심 사건과 이의 여사건을 이용하든) 쪼개어 처음보다 더 간단한 문제로 나누는 일을 **분류**(classification)라 한다.

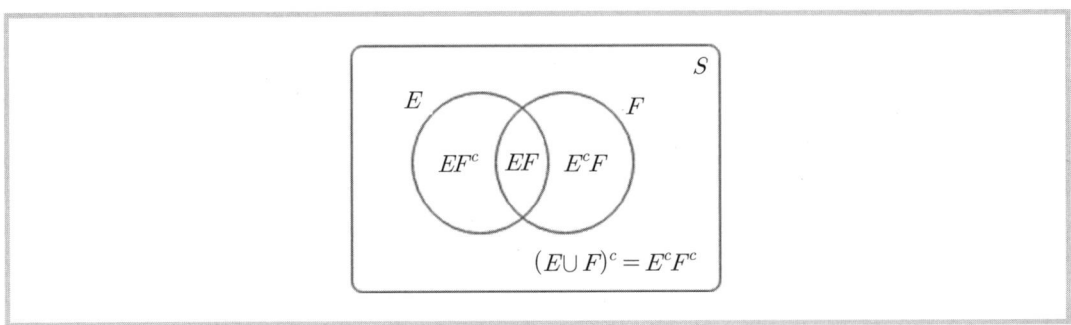

그림 2.4 임의의 두 사건 E와 F로 얻을 수 있는 여러 복합 사건

그림 2.4는 이미 알려진 두 사건 E와 F에 대해 필요한 연산을 써서 만들 수 있는 새로운 사건들을 보여주고 있다[11]. 우선, 두 사건의 공통 요소로 이루어진 사건 EF를[12] **곱사건**(intersection)이라 하고 두 사건이 동시에(and) 일어나는 사건을 말한다. 여기서 동시에는 시간이 같다는 뜻이 아니라 같은 시간이 아니더라도 "이어서" "연속하여" "잇달아" 따위로도 이해해야 한다. 두 사건이 동시에 일어나는 실험을 하는 경우, 실험을 한번 수행하여 두 사건이 동시에 일어난 결과를 살필 수도 있지만 실험 자체를 사건의 개수만큼 나누어 차례대로 실험하면서 평가해도 된다는 뜻이다. 다만 이럴 경우엔 앞에 이루어진 실험은 이미 끝났기 때문에 해당 사건이 일어났다는 것을 잊어서는 안 된다. 따라서 사건 E와 F의 곱사건인 경우의 확률은

사건 EF의 확률 = (사건 E의 확률)(사건 E가 일어난 후의 사건 F의 확률)[13]

과 같이 계산할 수 있고, 이때 맨 오른쪽에 표시된 확률은 사건 E가 이미 일어난 조건에서 파악하는 사건 F의 확률이다. 따라서 사건 E의 발생이 사건 F에 영향을 줄 때는 사건 E를 새로운 샘플 공간으로 하여 평가되어야 한다. 한편, 위 식에 샘플 공간의 수를 양변에 곱하면 각 사건의 수로 표시할 수 있으므로 위 식을 셈 혹은 확률에 대한 **곱의 법칙**(multiplicative rules)이라고 한다.

---

[11] 샘플 공간 S를 사각형으로 표현하고 각 사건을 원으로 나타내 서로의 관계를 알기 쉽도록 그린 그림을 **벤다이어그램**(Venn diagram)이라 한다.

[12] 때에 따라 $E \cap F$와 같이 표시하기도 한다.

[13] 사건 E가 일어난 후 사건 F가 일어날 확률을 조건부 확률(conditional probability)이라 하고 $P(E \mid F)$와 같이 표시하는데 이는 교재 편집의 목적으로 뒤에서 자세히 설명해야 하므로 여기선 혼란을 주지 않기 위해 그냥 말로 풀어서 표시하였다.

예제 2.5a 52장의 카드 뭉치에서 2장의 카드를 뽑는 실험을 한다. 첫 번째 카드를 카드 뭉치로 복원하지 않을 때 2장 모두 Ace가 될 확률을 구해 보자.

풀이 사건 E를 (첫 번째) 카드가 Ace라고 하고 사건 F를 (두 번째) 카드가 Ace라 하면 사건 EF는 Ace 2장이 동시에 나오는 사건이 된다. 따라서

$$P(EF) = \left(\frac{4}{52}\right)\left(\frac{3}{51}\right)$$

와 같이 원래 실험을 실험 1과 실험 2로 나누어 따로따로 이어서 시행하여 그 결과로 나온 확률을 서로 곱한다. 이 식에서 3/51은 사건 E가 실행되어 Ace 카드 한 장이 카드 뭉치에서 이미 빠져 나간 상황을 반영하고 있다. 카드 한 장을 뽑아 Ace가 되는 사건 F만 따져 보면 사건 E와 같이 4/52가 되지만 두 사건이 복합된 곱사건인 경우엔 사건 E의 결과가 사건 F에 영향을 주게 되는데 이럴 때를 두 사건은 서로 종속되었다고 말한다.[14] 한편, 이 문제는 실험을 나누지 않고 한꺼번에 실행하여 답을 찾을 수도 있는데 이땐 뒤에서 살펴볼 순열(permutation)이나 조합(combination)과 같이 직접 셈을 하는 방식을 써서 구해야 한다.

예제 2.5b 2개의 주사위를 던지는 실험을 한다. 두 눈의 합이 3이 될 확률을 찾아보자.

풀이 우선, 사건 EF를 두 주사위 눈의 합이 3이라고 하면

$$EF = \{(1,2), (2,1)\}$$

이므로 주사위 2개를 동시에 던질 때의 샘플 공간 = $\{(i,j)|\ i$ = 1부터 6, j = 1부터 6$\}$에 대한 개수의 비는 2/36 = 1/18이다. 다음, 주사위를 하나씩 연속으로 던지는 경우를 생각해 보자. 이땐 첫 번째 주사위는 반드시 1 아니면 2가 나와야 하고, 또 두 눈이 함께 나올 수 없으므로 1이 나오는 경우와 2가 나오는 경우로 분류하여 풀 수 있다. 즉, A는 첫 번째 주사위가 1이고 두 번째 주사위가 2인 사건이고 B는 첫 번째 주사위가 2이고 두 번째 주사위가 1인 사건이라 두면

$$P(A) = \left(\frac{1}{6}\right)\left(\frac{1}{6}\right) = P(B)$$

이므로 $P(EF) = P(A) + P(B)$와 같이 각 경우의 확률에 대한 합으로 구할 수 있다. 이 문제는 간단하고 쉬운 문제이지만 확률이나 셈에 있어서 반드시 기억해야 할 철칙 같은 것을 일러준다. 즉, 실험을 직렬로 여러 개 나누어 이으면 앞 실험의 결과와 곱하고, 그리고 병렬로 배타적으로 빠짐없이 구분하여 분류하면 각 실험의 결과들을 더한다는 것이다.

---

[14] 첫 번째 카드를 확인하고 다시 카드 뭉치로 복원하면 두 사건은 서로 영향을 주지 않는데 이땐 두 사건이 서로 독립되었다고 말한다.

예제 2.5c 그림 2.3의 길 찾기 문제에서 $x{\rightarrow}p$는 4가지, $x{\rightarrow}q$는 3가지, $p{\rightarrow}y$는 2가지, $p{\leftrightarrow}q$는 3가지, 그리고 $q{\rightarrow}y$는 4가지의 길이 있을 때 $x{\rightarrow}y$로 가는 길은 몇 가지인지 셈해 보자.

풀이 이미 예제 2.4b에서 밝혔듯이 x에서 y로 가는 길을 A, B, C, 그리고 D와 같이 중첩되지 않고, 또 빠짐없이 분류하여 합하는 전략을 쓰는 것이 좋다. 그리고 각 경우는 경유지를 거쳐 최종 목적지까지 계속 이어져 가야 하므로 곱하는 것이다. 따라서

$$n(x{\rightarrow}y) = n(A) + n(B) + n(C) + n(D)$$
$$= (4)(2) + (4)(3)(4) + (3)(3)(2) + (3)(4)$$

와 같다.

예제 2.5d 자동차 한 대를 사려고 한다. 제조업체가 두 군데 — 현대와 기아가 있고, 사이즈가 두 종류 — 소형과 중형으로 나뉘고, 또 색깔도 세 종류 — 흰색, 회색, 그리고 검은색이 있다. 선택할 수 있는 차의 종류는 몇 가지인지 알아보자.

풀이 확률의 계산은 셈의 문제로부터 출발한다고 했다. 샘플 공간을 구성하는 요소의 수를 알면 확률은 관심 있는 사건의 요소 수가 차지하는 비율이기 때문이다. 자동차를 선택하는 실험을 제조업체를 고르는 실험에서 시작하여 사이즈를, 그리고 색깔을 정하는 실험까지 연속으로 이어지도록 하면 앞에서 설명한 셈에 대한 곱의 법칙을 그대로 적용할 수 있다. 그림 2.5는 이와 같은 곱의 법칙을 알기 쉽게 보여 주는 **수형도**(tree diagram)이다. 수형도를 통해서 확인할 수 있듯이 자동차를 고르는 방법의 수는 12가지인데 이는 곱의 법칙을 적용한 (2)(2)(3) = 12와 같다.

다음, 그림 2.4에 보인 또 다른 연산은 두 사건의 각 요소를 모두 합친 **합사건**(union)으로 $E \cup F$로 표시하고 두 사건 중 어느 한(or) 사건이나 두 사건 모두 일어나는 경우를 말한다. 이 연산은 식 (2.3)을 서로 배타적이 아닌 임의의 두 사건에 대한 합의 공식으로 일반화한 것인데 그림 2.4을 참조하면

$$P(E \cup F) = P(E) + P(F) - P(EF) \tag{2.4}$$

와 같고, 여기서 두 사건 E와 F가 서로 배타적일 때, 즉 $P(EF) = 0$이면 식 (2.3)에서 $F = E^c$인 경우와 같으므로 해석이 완전히 같다.

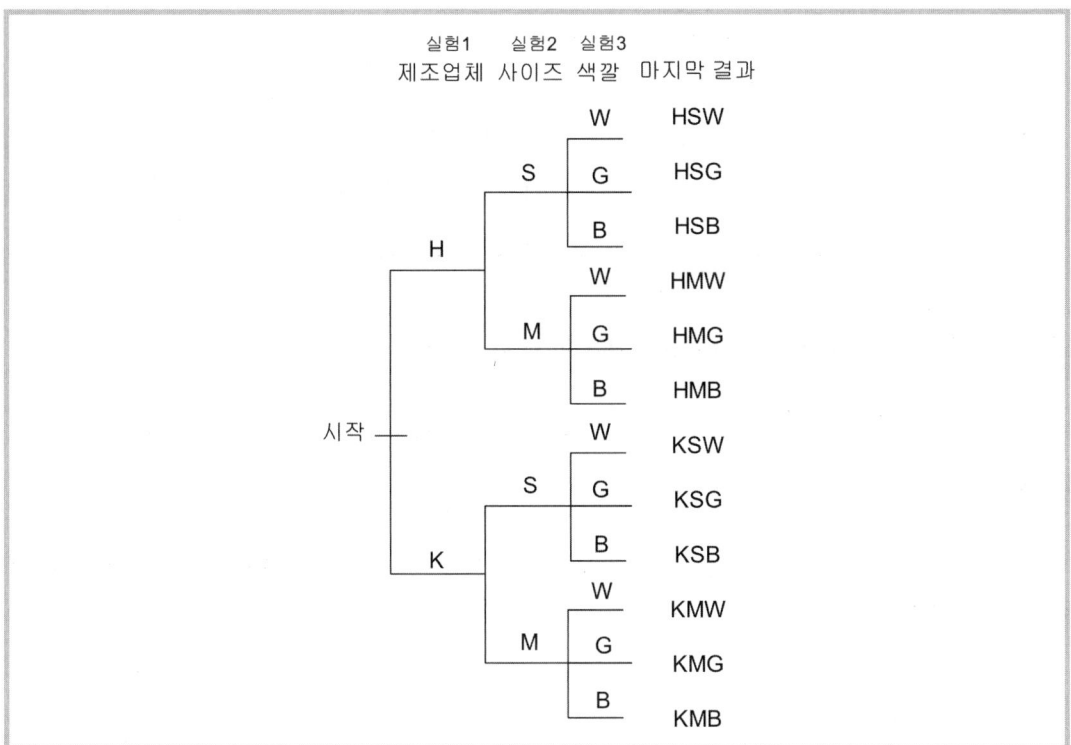

실험1   실험2   실험3
제조업체 사이즈 색깔   마지막 결과

그림 2.5 곱의 법칙을 보여 주는 수형도

예제 2.6a 식 (2.4)를 증명해 보자.

풀이 사건 $E \cup F$는 사건 E와 사건 F 중에서 어느 한 사건이 일어나는 복합 사건이므로 집합으로 따지면 두 사건의 요소를 모두 합하면 된다. 하지만 그림 2.4에서 $E \cup F$는 EF^c와 EF, 그리고 $E^c F$의 합인데 $E = EF^c + EF$와 $F = E^c F + EF$를 합하면 EF가 두 번 보태지는 셈이므로 이를 한 번 빼 주어야 한다. 그리고 확률은 각 사건 집합을 샘플 공간으로 나누면 되므로 식 (2.4)를 얻을 수 있다.

예제 2.6b 집합과 관련한 모든 수식 증명은 대체로 벤다이어그램을 이용하는 것이 편하다. 그림 2.4엔 샘플 공간 S와 기존의 두 사건 E와 F를 사용해 집합과 관련한 세 연산, 즉 합과 곱, 그리고 차가[15] 각 결과별로 표시되어 있다. 여러분 스스로 직접 실습하면서 확인해 보면 좋겠다. 특히, 그림 2.4에서 그림 2.6(a)의 IV 부분과 같은 곳에 표시된 $(E \cup F)^c = E^c F^c$는 드모르간(De Morgan)의 법칙 중

---

[15] 여집합 E^c를 연산의 한 형태인 뺄셈을 써서 $S - E$와 같이 나타낼 수 있으므로 합과 곱과 견주어 차(difference)로 부르기도 한다. 여기서 S는 샘플 공간 혹은 뺄셈의 첫 번째 피연산 집합이다.

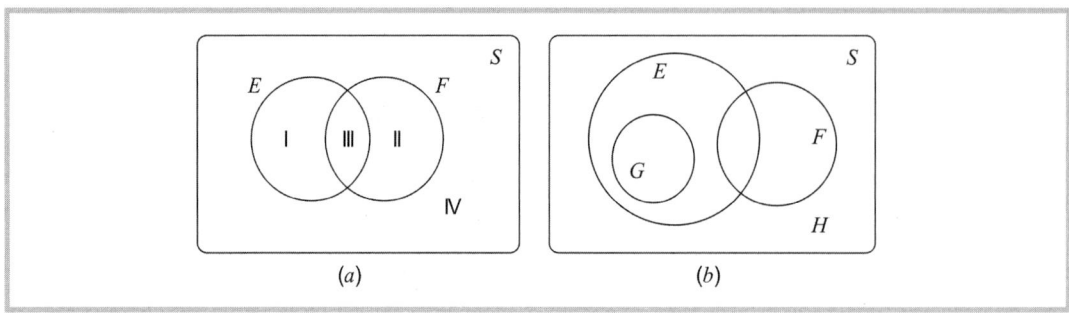

샘플 공간과 여러 사건들로 이루어진 벤다이어그램의 몇몇 예

하나인데 여사건으로 합 및 곱 사건의 관계가 맺어진다는 것을 보여 주는 식이다. 드모르간의 나머지 법칙인

$$(EF)^c = E^c \cup F^c$$

을 그림 2.6(a)의 벤다이어그램을 이용하여 등식의 왼쪽과 오른쪽이 같음을 보이고, 아울러 다음의 분배법칙도 성립하는 것을 직접 해 보길 바란다.

$$(E \cup F)G = EG \cup FG$$
$$(EF) \cup G = (E \cup G)(F \cup G)$$

예제 2.6c 그림 2.6(b)는 샘플 공간 S를 포함하여 임의의 사건 E, F, 그리고 G와 이들 사건들에 포함되지 않는 사건 H를 보여 주고 있다. 만약 52장의 카드 뭉치에 대해 복원 추출하는 경우

> E ~ 검은 카드가 나오는 사건
> F ~ 잭, 퀸, 또는 킹 카드가 나오는 사건
> G ~ 에이스가 나오는 사건
> H ~ 사건 E, F, 그리고 G가 나오지 않는 사건

일 때 각 사건과 EF의 확률을 구해 보자. 또, 사건 A가 먼저 일어난 다음 사건 B가 일어날 확률을 $P(B \mid A)$라고 나타낼 때 $P(G \mid E)$와 $P(G \mid F)$를 각각 평가해 보고 배타성과 독립성에 대해 간략히 말해 보자.

풀이 우선, 각 사건의 개수를 셈하면 $n(E)$는 26장의 검은 카드, $n(F)$는 각 4장씩 모두 12장의 검거나 빨간 카드, $n(G)$는 에이스 2장의 검은 카드, $n(EF)$는 각 2장씩 모두 6장의 검은 카드, 그리고 $n(H)$는 20장의 에이스부터 10까지 빨간 카드이므로 1장을 뽑을 때의 확률은 $n(S) = 52$로 나누어 구한다. 다음, 사건 G와 사건 E의 관계를 주목하면 $G \subset E$ (혹은 $EG = G$와 $E \cup G) = E$)로 절대 배타적인 사건이 아니다. 그리고 복원 추출로 2장을 뽑을 때 E가 먼저 일어난 후의 사건 G의 확률은 새로운 샘플 공간을 적용하여 $P(G \mid E) = n(G)/n(E) = 2/26 = 1/13$로 계산되고, 이는 사건 G의 확률 $P(G) = n(G)/n(S) = 2/52 = 1/26$과 다르다는 것을 확인할 수 있다. 즉, $P(G) \neq P(G \mid E)$이므

로 사건 *E*가 먼저 일어나면 일어나지 않을 때와 달리 사건 *G*에 영향을 미치게 되어 두 사건은 서로 독립적이지 않다. 다른 한편으로 생각하여 서로 독립적인 사건은 서로 배타적인 사건이 될 수 없다고 판단할 수 있겠다.

사건 *G*와 *F*의 관계를 살펴보면 이렇다. 두 사건은 그림 2.6(b)에서 확인할 수 있듯이 서로 배타적인 사건이다. 즉, $FG = \varnothing$ 이다. 그리고 실제로 확률을 구하면 $P(G)$는 1/26인데 반해 $P(G \mid F)$는 0이다. 따라서 서로 배타적인 사건은 항상 종속적이라고 말할 수 있다. 물론 거꾸로 두 사건이 종속적이라고 해서 배타적이라고 말할 수는 없다. 보통 두 사건이 배타적이 아닐 때도 위의 *G*와 *E* 사건처럼 종속적인 경우가 흔히 나타나기 때문이다.

지금까지 확률과 함께 셈을 위한 합 및 곱의 법칙을 설명해 왔다. 수형도를 그려 그림으로 이해하는 기회도 얻었다. 샘플 공간이나 사건의 요소를 하나씩 세어야 하는 일이 때론 지루하고 힘들 수도 있지만 셈의 기본인 것은 분명하다. 특히, 합 및 곱의 법칙을 겸비하면 계산에 앞서 주어진 실험이나 실험 환경을 나누어 잇고, 또 동시에 일어나지 않는 것을 빠짐없이 분류함으로써 이해의 폭을 넓힐 수 있었다. 따라서 지금부터는 복잡한 문제를 합과 곱의 법칙에 맞게 체계적인 전략을 세워 좀 더 간단한 문제로 바꾼 뒤 실제로 셈을 하는 일에서도 효과를 높이기 위해 순열과 조합이라는 도구를 사용하기로 한다. 실험을 직렬로 여러 개 나누어 이어서 앞 실험의 결과와 곱하고, 그리고 병렬로 중복 없도록 빠짐없이 분류하여 각 실험의 결과들을 더한다는 것을 절대 잊어서는 안 될 것이다.

순열(permutation)과 조합(combination)은 같으면서도 다른 듯하다. 여러 개 중에서 몇 개를 뽑아서 셈을 조직적으로 하는 것은 같지만 뽑는 순서(order)가 중요한지 그렇지 않은지 하는 것이 두 도구를 구분 짓는 차이이기 때문이다. 감투나 자리를 뽑는 환경이면 순서가 기본으로 개입되므로 순열의 문제가 되지만 카드 게임을 할 땐 무엇을 손에 쥐었는 가 하는 것이 중요하므로 당연히 조합의 문제가 된다. 그렇다고 따로따로 생각할 것은 아니다. 왜냐하면 순열과 조합은 개념으로나 수학으로나 서로 분명한 관계를 갖기 때문에 어떤 경우든 서로 교차하여 적용할 수 있기 때문이다.[16]

우선, **순열**을 살펴보자. 서로 다른 *n*개에서 *r*개를 뽑아서 열을 짓는 방법의 수를 순열이라 하기 때문에 그림 2.7과 같이 *r*개의 자리를 먼저 생각한다. 그리고 *n*개에서 *r*개를 뽑는 실험을 1개씩 뽑는 실험 *r*개로 나누어 잇는다. 동시에 일어나는 실험에서 '동시에'는 같은 시간에 일어나는 일을 포함하여 '연속하여' '이어서'와 같은 뜻을 내포한다고 앞에서

---

[16] 순열론이 아니라 조합론(combinatorics)이라는 학문에서 순열을 포함하여 셈과 관련한 이론을 정리한 것으로 보아 순열보다 조합이 더 중요하지 않나 싶다.

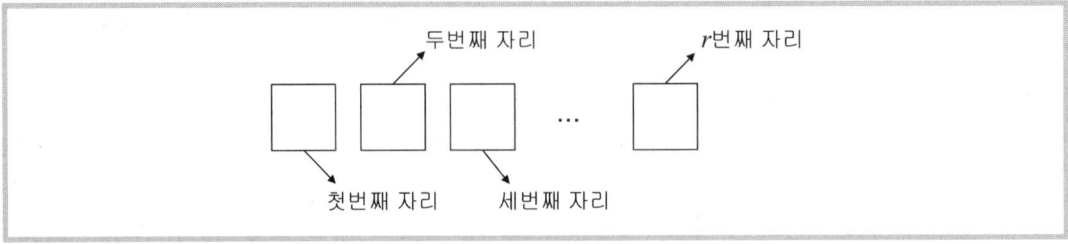

그림 2.7 순열의 위한 자리 표시자

설명한 바 있고 실험이 이어지는 과정엔 항상 곱의 법칙이 적용된다는 것을 잊어서는 안 된다. 그러면 n개에서 첫 번째 자리에 올 수 있는 경우의 수는 n, 두 번째 자리엔 첫 번째 자리에 1개가 빠져 나갔으니 남은 $n-1$개가 올 수 있기 때문에 이의 경우의 수는 $n-1$, 세 번째는 같은 방식으로 $n-2$, 그리고 r번째 자리엔 $n-r+1$이 경우의 수가 된다. 이런 실험이 완전히 끝날 때까지 이어진 각 실험의 결과에 곱의 법칙을 적용하면

$$_nP_r = \overbrace{n(n-1)(n-2)\cdots(n-r+1)}^{r개} \tag{2.5}$$

처럼 계산할 수 있고 이를 서로 다른 n개에서 r개를 뽑아 줄 세우는 경우의 수, 즉 순열이라 한다.[17]

예제 2.7a 남학생 7명과 여학생 5명을 시험을 쳐서 순위를 매기고자 한다. 같은 점수를 받은 학생이 없다고 할 때 1) 몇 가지 순위를 만들 수 있는지 2) 남녀를 따로 구분하여 순위를 정하면 몇 가지 만들 수 있는지 확인해 보자.

풀이 성적 순서대로 순위를 매기는 일이니 순서가 중요하다. 따라서 나올 수 있는 순위의 개수는 12! = 479,001,600이다. 남녀를 구분하여 순위를 정하는 경우엔 남학생의 순위를 정한 후에 여학생의 순위를 정하면서 실험을 끝내면 되므로 곱의 법칙을 적용하여 (7!)(5!) = 604,800로 계산할 수 있다.

예제 2.7b 책 11권, 즉 수학 4, 화학 3, 역사 2, 그리고 언어 2권을 책장에 정렬하고자 한다. 같은 책은 함께 붙여 놓는다고 할 때 몇 가지 방식으로 정렬할 수 있는지 생각해 보자.

풀이 책 종류의 순서를 수학-화학-역사-언어로 각각의 책을 정렬한 후에 책 종류 4 종류를 정렬하는 방법을 고려함으로써 실험을 마무리한다. 즉, (수학책)(화학책)(역사책)(언어책)(책종류) = (4!)(3!)(2!)(2!)(4!) = 13,824이다.

---

[17] 우리가 잘 아는 팩토리얼(factorial), 즉 $n!$은 서로 다른 n개에서 n개를 뽑아 일렬로 줄 세우는 방법의 수이다.

다음, 조합은 순열과 견주어 알아볼 내용이 좀 있다. 실생활에 적용되는 분야가 여럿 있기도 하지만 확률의 문제에선 순열을 조합으로 풀 수도 있기 때문이다. 앞에서 **조합**은 순서와 관계없이 뽑기만 (혹은 선택하기만) 할 때의 경우의 수라고 했다. 서로 다른 3개 A, B, 그리고 C를 줄 세운다고 생각해 보자. 조합의 관점에선 순서를 고려하지 않기 때문에 ABC, ACB, BAC, BCA, CAB, 그리고 CBA는 다 같은 것이기 때문에 1개로 셈하지만 줄 세우는 순열의 관점에선 모두 다르기 때문에 6개로 셈을 하는 것이 차이다. 즉, 서로 다른 3개를 순열 측면에서 보면 3! = 6이지만 조합에선 3개를 줄 세우는 방식을 취소하여 (나눗셈을 하여) 1개로 셈해야 하기 때문에 3!/3! = 1의 과정을 밟아야 한다. 따라서 서로 다른 n개에서 r개를 뽑는 조합의 수는

$$\binom{n}{r} = \frac{{}_nP_r}{r!} = \frac{n(n-1)(n-2)\cdots(n-r+1)}{r(r-1)(r-2)\cdots(2)(1)} = \frac{n!}{(n-r)!r!} \tag{2.6}$$

와 같다.[18] 이때 $n \geq r$이고, 또 $0! = 1$로 정의되므로 $\binom{n}{0} = \binom{n}{n} = 1$이다.

[예제 2.8a] 학생 10명에서 3명을 뽑아 위원회를 구성하고자 할 때 몇 가지 방식을 생각할 수 있는지 조사해 보자.

[풀이] 학생 10명에서 순서를 고려하지 않고 3명을 뽑는 문제이니 조합을 이용하면

$$\binom{10}{3} = \frac{10 \times 9 \times 8}{3 \times 2 \times 1} = 120$$

이 된다.

[예제 2.8b] 남자 7명과 여자 5명 중에서 남자 3명과 여자 2명을 뽑아 위원회를 만들고 싶다. 몇 가지 방식이 있는지, 또 남자 2명이 앙금이 있어 같은 위원회에 함께 참여하기를 거부할 땐 몇 가지 방식을 생각할 수 있는지 조사해 보자.

[풀이] 아무런 조건이 달리지 않은 경우엔 실험을 남자 뽑는 일과 여자 뽑는 일로 나누어 실험을 마무리한다. 즉, (남자)(여자) $= \binom{7}{3}\binom{5}{2} = \left(\frac{7 \times 6 \times 5}{3 \times 2 \times 1}\right)\left(\frac{5 \times 4}{2 \times 1}\right) = 350$이다. 다음, 남자 2명이 앙금이 있어 함께 활동하기를 거부하는 경우엔 남자를 선택하는 실험을 이렇게 나눈다. 즉, 앙금 있는 남자 중에서 1명과

---

[18] 순열 ${}_nP_r$와 호응하여 조합의 기호도 ${}_nC_r$로 표시하기도 한다. 하지만, 조합론에서 식을 유도하고 증명하는 과정에 n이나 r을 긴 표현식으로 나타내는 경우가 많아 팔호를 써서 $\binom{n}{r}$로 표시하는 것이 더 일반적이다.

앙금 없는 보통 사람 중에서 2명을, 그리고 그냥 보통 사람 중에서 3명 모두를 뽑는 실험으로 나누어 두 경우에 합의 법칙을 적용한다. 따라서 {(앙금 1명)(보통 2명) + (앙금 0명)(보통 3명)}(여자) = $\left\{\binom{2}{1}\binom{5}{2}+\binom{2}{0}\binom{5}{3}\right\}\binom{5}{2}=300$으로 계산할 수 있다. 물론 이 경우에 남자를 뽑는 전체 수에서 앙금 있는 남자 2명을 모두 뽑는 수를 빼서 계산할 수도 있는데 여러분 스스로 직접 해 보길 바란다.

순열과 조합이 끈끈하게 연결되는 예가 있다. 이른바 같은 것이 있는 순열인데 영어 단어 $TETTER$을 생각해 보자. 문자 6개를 정렬하고자 하는데 T는 3개, 그리고 E는 2개가 같아서 서로 구별되지 않는다는 것이 문제다. 그래서 문자 6개를 일렬로 나열하는 방법의 개수인 6!=720 안에는 T는 T끼리, 그리고 E는 E끼리 자리를 바꾸어도 구별이 되지 않아 셈할 때 잘못을 저지르기 쉽다. 이해를 돕기 위해 같은 문제에 첨자를 붙여서 나열하면

$$\begin{array}{ll} T_1E_1T_2T_3E_2R & T_1E_2T_2T_3E_1R \\ T_1E_1T_3T_2E_2R & T_1E_2T_3T_2E_1R \\ T_2E_1T_3T_1E_2R & T_2E_2T_3T_1E_1R \\ T_2E_1T_1T_3E_2R & T_2E_2T_1T_3E_1R \\ T_3E_1T_1T_2E_2R & T_3E_2T_1T_2E_1R \\ T_3E_1T_2T_1E_2R & T_3E_2T_2T_1E_1R \end{array}$$

와 같아 12개의 문자열은 12개가 아니라 1개가 되는 것이다. 즉, 6개의 문자 중에서 3개가 같고, 또 2개가 같은 문자이면 전체 순열의 개수에서 3개와 2개로 각각 줄을 세우는 방법을 취소하기 위해 (3!)(2!)로 나누어야 한다. 따라서 이를 일반적인 표현을 빌려 말하면 이렇다. n개 중에서 r_1개가 같은 종류이고, 또 r_2, …, r_k개가 각각 또 다른 같은 종류일 때의 순열은

$$\binom{n}{r_1,\,r_2,\,\cdots,\,r_k}=\frac{n!}{r_1!\,r_2!\,\cdots\,r_k!} \tag{2.7}$$

와 같고, 여기서 $r_1+r_2+\cdots+r_k=n$이다.

예제 2.9a ┃ 바둑 경기에서 한국 선수 3명, 중국 선수 2명, 일본 선수 2명, 그리고 대만 선수 1명이 출전했다. 토너먼트 방식을 따르되 국적별로 경기를 치르는 것으로 할 때 대진표를 몇 가지 만들 수 있는지 살펴보자.

풀이 ┃ 국적과 상관없이 경기를 치르면 8명을 순서대로 나열하여 이웃한 선수끼리 붙으면 된다. 하지만 국적별로 경기를 해야 하는 문제이므로 같은 것이 있는 순열이다. 즉,

$$\frac{8!}{3!\,2!\,2!\,1!} = 1,680$$

이 대진표의 가능한 개수이다.

예제 2.9b 식 (2.6)을 식 (2.7)과 견주어 무엇을 알 수 있는지 살펴보자.

풀이 식 (2.6)은 서로 다른 n개에서 r개를 뽑는 조합의 수로 팩토리얼 형태로 나타내면 $n!$을 $(n-r)!$와 $r!$로 나눈 것이다. 그런데 이를 식 (2.7)과 견주면

$$\binom{n}{r} = \frac{n!}{(n-r)!\,r!} = \binom{n}{r,\,n-r}$$

이 된다. 다시 말하면, 서로 다른 n개에서 r개를 뽑는 조합은 n개를 (순서를 고려하지 않기 때문에) 같은 종류로 취급되는 r개와 또 다른 같은 종류로 취급되는 $n-r$개로 보는 순열과 같다. 여기서 얻을 수 있는 중요한 사실 하나. 순서를 고려하지 않고 뽑거나 선택하는 행위에선 뽑히는 r개나 뽑히지 않고 남아 있는 $n-r$개나 구실이 똑같다는 것이다. 즉, n개에서 r개를 뽑는 것은 n개에서 $n-r$개를 뽑는 행위와 같아서

$$\binom{n}{r} = \binom{n}{n-r}$$

이고, 이를 바탕으로 식 (2.7)은 서로 다른 n개를 그림 2.8과 같이 k개의 그룹으로 나누는 행위로 이해할 수 있다. 여기서 각 그룹의 개수 r_1, r_2, $\cdots$, r_k를 모두 합하면 n이다.

예제 2.9c **(파스칼의 삼각형)** 정수 n을 0부터 증가시켜 가면서 식 $(x+y)^n$을 전개할 때 각 항에 나타나는 계수의 조합을 **이항 계수**(binomial coefficients)라 한다. 이항 계수와 관련하여 왜 조합이 필요한지 살펴보도록 하자.

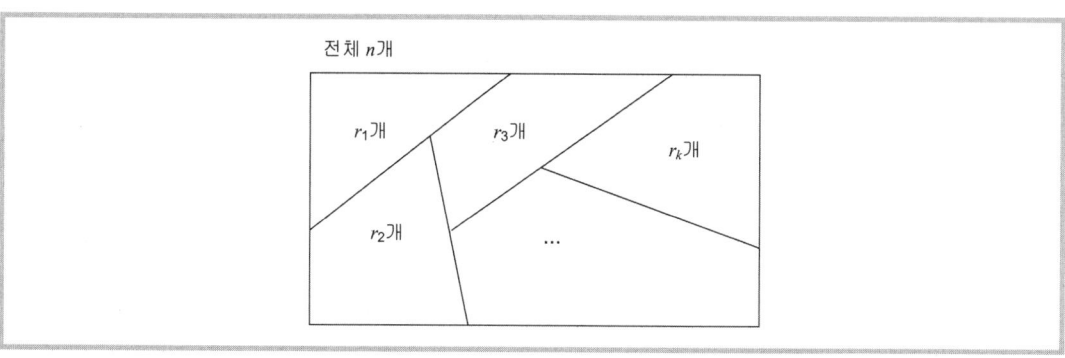

그림 2.8 서로 다른 n개를 k개의 그룹으로 나누기

[풀이] n의 값을 몇 개 사용하여 전개를 해 보면 $n=0$이면 1이고, $n=1$이면 계수는 (1, 1), $n=2$이면 $x^2+2xy+y^2$이니 계수는 (1, 2, 1), 그리고 $n=3$이면 (1, 3, 3, 1)인데 이를 그림 2.9의 (b)와 같이 삼각형 모양으로 배치해 본다. (b)의 숫자를 주의 깊게 살펴보면 $n=1$의 줄에 있는 두 수를 각 꼭짓점으로 하고 바로 아래 $n=2$의 줄에 있는 숫자 2를 다른 꼭짓점으로 하는 삼각형에 큰 비밀이 숨어 있는 것을 발견할 수 있다. 즉, 위쪽 두 꼭짓점의 수를 더하면 아래쪽 꼭짓점의 수와 같다. 나머지 줄의 경우도 마찬가지다. 따라서 (b)의 숫자 배열을 (a)와 같이 조합 기호로 배열해 놓으면 조합의 중요한 관계식을 이끌 수 있는데

$$\binom{n}{r}=\binom{n-1}{r-1}+\binom{n-1}{r}$$

와 같고, 이때 $n=1$부터 역 삼각형을 만들 수 있으므로 $1 \le r \le n$이 된다. 사실 이 관계식은 앞에서 설명한 합의 법칙과 일맥상통하다. n개 중에서 특별한 1개가 있다고 하자. 그러면 이 중에서 r개를 뽑는 방법은 분류의 방법을 써서 특별한 1개를 반드시 뽑는 실험 1과 반드시 뽑지 않는 실험 2로 나누어 생각할 수 있다. 그리고 실험 1은 특별한 1개에서 1개를 뽑는 실험에 이어서 특별한 1개를 뺀 나머지 $n-1$개에서 $r-1$개를 뽑는 실험을 하여 서로 곱으로 연결한다. 물론 위 식의 등식 첫 번째 항에 붙는 $\binom{1}{1}$는 1이기 때문에 붙일 필요는 없다.

한편, 그림 2.9의 계수 삼각형을 전개식의 각 항에 붙여 나타내면

$$(x+y)^n = \sum_{k=0}^{n}\binom{n}{k}x^k y^{n-k}$$

와 같고, 또 처음의 식을 2개가 아닌 r개의 항으로 확장하여 나타내면 다음과 같은 **다항 계수**(multinomial coefficients)를 얻게 된다.

$$(x_1+x_2+\cdots+x_r)^n = \sum_{\substack{(n_1,n_2,\cdots,n_r)\\ n_1+n_2+\cdots+n_r=r}} \binom{n}{n_1,n_2,\cdots,n_r}x_1^{n_1}x_2^{n_2}\cdots x_r^{n_r}$$

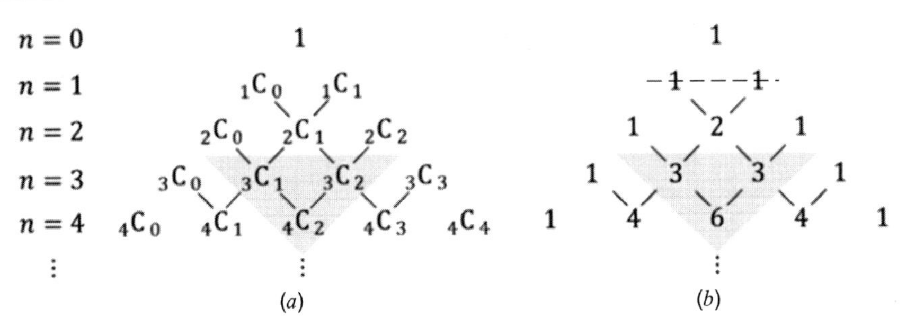

그림 2.9 $(x+y)^n$을 전개하여 계수를 Pascal의 삼각형으로 배치한 모습

2.3 조건부 확률

조건부 확률(conditional probability)은 확률 이론에서 가장 중요한 개념 중의 하나다. 우리가 살아가면서 의사 결정을 해야 할 때 대개 "~이면 ~은 어떨까" 하는 고민에 빠지는데 대부분의 경우에 조건부 확률을 떠올려 봐야 한다. 임의의 실험에서 결과에 대한 정보가 불완전할 때도 조건을 달게 되면 문제가 쉽게 풀릴 수 있고, 특히 새로운 정보가 추가되어 기존의 해를 갱신해야 하거나 실험의 결과에 대한 정보가 턱없이 부족하다 하더라도 조건부 확률이 적용되면 확률의 계산을 훨씬 쉽게 해 준다. 사건 F가 일어난 후에 사건 E가 일어날 확률을 조건부 확률이라 하고 $P(E \mid F)$와 같이 표시한다. 이때 사건 F는 이미 일어나서 이의 결과가 완전히 결정되었다는 것을 잊어서는 안 된다.

동전 2개를 던지는 실험을 생각해 보자. 이때 샘플 공간 S를 구성하는 4개의 요소 (h, h), (h, t), (t, h), 그리고 (t, t)는 나올 기회가 똑같기 때문에 이 중 한 요소가 나올 확률은 1/4이다. 여기서 h는 동전의 앞면이고 t는 뒷면이다. 만약 사건 E는 2개 모두 앞면이 나오는 사건이고 F는 적어도 하나가 앞면인 사건일 때 $P(E \mid F)$의 계산은 이렇다. F가 이미 일어났으므로 (h, t), (t, h), 그리고 (h, h)의 3개 중에서 E가 일어날 수밖에 없으므로 기존의 샘플 공간 S가 F로 줄어듦과 함께[19] 두 사건의 곱사건인 EF의 (h, h)가 확률을 결정한다. 따라서 확률의 정의인 샘플 공간과 사건의 요소 수 비율에 따라

$$P(E \mid F) = \frac{n\{(h,h)\}}{n\{(h,t),(t,h),(h,h)\}} = \frac{1}{3}$$

과 같고, 이를 다시 원래의 샘플 공간의 개수 $n(S) = 4$로 분자와 분모를 각각 나누어 각 사건의 확률로 표시하면

$$P(E \mid F) = \frac{P(EF)}{P(F)} \tag{2.8}$$

을 얻는다.

예제 2.10a 52장의 카드 뭉치에서 카드를 꺼내 네 사람에게 무작위로 13장씩 나누어 주었다. 이때 두 사람한테 다이아몬드가 합해서 8장 배분된 것을 안다. 나머지 두 사람 중에서 한 사람한테 다이아몬드가 3장 포함될 확률을 계산해 보자.

---

[19] G를 모두 뒷면이 나오는 사건이라고 하면 $P(G \mid F)$는 항상 0이다. 이는 사건 F가 이미 일어났기에 샘플 공간이 S에서 F로 바뀌어 (t, t)는 절대로 나올 수 없기 때문이다.

풀이 이 문제는 확률과 관련한 약간의 정보라도 있는 경우엔 그만큼 확률 계산을 쉽게 할 수 있다는 것을 보여 준다. 이를 테면, 아무 정보도 없이 골고루 배분된 13장의 카드에서 다이아몬드 3장을 가질 확률을 찾으면 전체 카드 52장과 다이아몬드 13장을 이용해야 한다. 즉,

$$\frac{\binom{13}{3}\binom{39}{10}}{\binom{52}{13}} \approx 0.286$$

이다. 하지만 이미 26장의 카드에서 다이아몬드가 8장 있다는 정보를 아는 경우에는 나머지 카드 26장과 다이아몬드 5장에서 다이아몬드 3장이 나올 확률은

$$\frac{\binom{5}{3}\binom{21}{10}}{\binom{26}{13}} \approx 0.339$$

와 같이 셈의 수위나 숫자의 크기가 줄어들고 작아지는 것을 알 수 있다.

예제 2.10b 성인 200명에게 커피 마실 때 설탕을 넣는지 물었다. 155명이 그렇다고 말했고, 여기엔 남자 88명 중에서 55명도 포함되어 있다. 임의로 뽑은 사람이 여자이면서 커피에 설탕을 넣고 마실 확률을 알아 보자.

풀이 사건 M, W, S, 그리고 N을 각각 남자, 여자, 설탕을 넣은 커피, 그리고 설탕을 넣지 않은 커피라고 할 때 $P(WS)$을 구하는 문제다. 따라서 식 (2.8)을 변형하여

$$P(WS) = P(W)P(S \mid W)$$
$$= \frac{112}{200} \times \frac{100}{112} = \frac{1}{2}$$

과 같이 구할 수 있다. 사실, 이 문제는 표 2.2와 같이 **이원분류표**(two-way classification table)로 제시되는 것이 보통인데 이 경우처럼 말로 진술되더라도 표를 직접 만들면 문제 풀기가 훨씬 쉬워진 다. 숫자 위에 회색 사각형으로 표시된 부분이 문제에서 주어진 정보이다.

표 2.2 예제 2.10b에 대한 이원분류표

	설탕 넣은 커피(S)	설탕 넣지 않은 커피(N)	합계
남자(M)	55	33	88
여자(W)	100	12	112
합계	155	45	200

$P(M) = \frac{88}{200} = 0.44$

$P(W) = \frac{112}{200} = 0.56$

$P(S) = \frac{155}{200} = 0.775$ $P(N) = \frac{45}{200} = 0.225$

표 2.2에서 열 및 행의 합계와 함께 옆과 아래에 각각의 확률을 계산하여 두었는데 이원분류표를 통해 얻을 수 있는 각 단순 사건의 확률로 표의 주변에 나타난다고 하여 **주변 확률**(marginal probability)이라고 한다. 그리고 각 사건이 만나는 곳의 확률은 두 사건이 동시에 일어나는 복합 사건으로 이를 샘플 공간의 개수로 나누면 해당 사건의 **결합 확률**(joint probability)이 된다. 이를 테면, 사건 W와 사건 S가 만나는 100을 200으로 나눈 값이 $P(WS)$가 되는데 이는 위에서 조건부 확률을 사용하여 구한 것과 같다는 것을 알 수 있다. 앞에서 조건부 확률은 어떤 사건의 샘플 공간을 줄여서 재평가하는 것이라고 했다. 따라서 표 2.2처럼 주어진 정보를 표로 만들면 $P(S \mid W)$을 다음과 같이 바로 계산할 수 있어 한층 알기 쉽다.

	설탕 넣은 커피 (S)	설탕 넣지 않은 커피(N)	합계
여자(W)	100	12	112

설탕 커피를 마시는 여자 ↑   여자의 수 ↑

위 표는 표 2.2에서 한 부분을 발췌한 것이다.

예제 2.10c 비행기는 철도와 달리 기상 조건에 크게 영향을 받는다. 만약 비행기가 예정된 시간표 대로 출발할 확률은 $P(D) = 0.86$이고 예정된 시간에 도착할 확률은 $P(A) = 0.83$, 그리고 정시 출발과 정시 도착을 동시에 이룰 확률을 $P(DA) = 0.79$라 할 때 1) 정시에 출발한 비행기가 정시에 도착할 확률과 2) 정시에 도착한 비행기가 정시에 출발했을 확률, 그리고 3) 정시에 도착하지 않은 비행기가 정시에 출발했을 확률을 각각 생각해 보자.

풀이 우선, 정시에 출발한 비행기가 정시에 도착할 확률 $P(A \mid D)$은 식 (2.8)을 이용하여

$$P(A \mid D) = \frac{P(DA)}{P(D)} = \frac{0.79}{0.86} \approx 0.92$$

와 같고, 또 정시에 도착한 비행기가 정시에 출발했을 확률 $P(D \mid A)$은

$$P(D \mid A) = \frac{P(DA)}{P(A)} = \frac{0.79}{0.83} \approx 0.95$$

와 같다. 다음, 앞에서 살펴본 조건부 확률은 이미 $P(A)$와 $P(D)$를 알고 있는 상태에서 다른 정보가 추가됨으로써 어떻게 바뀌는지 재평가하는 경우로 볼 수 있다. 조건부 확률을 쓰면 복잡한 확률 문제를 좀 더 쉽게 다가갈 수 있게 할 뿐만 아니라 이처럼 또 다른 조건을 추가하여 기존의 해석을 다시 재평가할 때 큰 이점을 발휘한다고 했다. 그래서 좀 더 이해의 폭을 넓히기 위해 정시에 출발하지 않은 비행기가 정시에 도착할 확률을 구하면서 다시 한번 더 조사해 보자. 즉, $P(A \mid D^c)$는

$$P(A \mid D^c) = \frac{P(AD^c)}{P(D^c)} = \frac{P(A) - P(DA)}{1 - P(D)} = \frac{0.04}{0.14} \approx 0.29$$

가 되는데 많은 경우가 그렇지만 중요한 정보를 추가하면 할수록 확률 환경이 꽤 변하는 것을 볼 수 있다.

식 (2.8)을 두 사건의 결합 확률을 중심으로 다시 적으면 조건부 확률이 포함되는 다음과 같은 식으로 나타낼 수 있다.

$$P(EF) = P(E)P(F \mid E) \tag{2.9}$$

식 (2.9)의 조건부 확률을 다시 이해하기 위해 주사위 2개를 던져 두 눈의 합이 8이 되는 경우를 생각해 보자. 2개의 주사위를 던지는 실험을 각 주사위 1개를 던지는 두 번의 실험으로 나누면 곱의 법칙에 따라 샘플 공간의 수는 (6)(6) = 36이고, 이때 각 요소의 개수가 나올 기회가 같다고 보면 요소 하나하나가 나올 확률은 1/36이 된다. 따라서 사건 E를 두 주사위 눈의 합이 8이라고 하면 $E = \{(2,6),(3,5),(4,4),(5,3),(6,2)\}$이므로 $P(E) = 5/36$가 된다. 만약 확률 조건에 F, 즉 첫 번째 주사위의 눈이 3이 나오는 사건을 추가하면 어떨까? 이렇게 추가된 새로운 정보가 $P(E)$를 바꿀 수 있는지 궁금한 것은 당연하다. 추가된 정보를 고려한 사건 E, 즉 $P(E \mid F)$는 $F = \{(3,1),(3,2),(3,3),(3,4),(3,5),(3,6)\}$이고 $EF = \{(3,5)\}$이므로 $P(E \mid F)$는 1/6로 계산되어 처음과 달라진 것을 확인할 수 있다. 새로운 사건이 원래의 사건에 영향을 주어, 혹은 종속되어서 $P(E) \neq P(E \mid F)$인 것이 자연스럽다.

하지만 위의 경우에서 사건 E를 주사위 눈의 합이 7이라고 해 보자. 그러면 $P(E) = 1/6$이 되는데 이는 추가된 정보가 원래 사건에 영향을 미치지 않기 때문으로 파악하고

$$P(E) = P(E \mid F)$$

와 같은 관계식을 얻을 수 있고, 이와 같이 한 사건이 다른 사건에 전혀 영향을 미치지 않을 때를 두 사건은 **서로 독립**이라고 말한다. 따라서 두 사건이 독립일 때의 곱의 법칙, 즉 결합 확률은 다음과 같다.

$$P(EF) = P(E)P(F) \tag{2.10}$$

예제 2.11a 두 사건이 독립일 때 $P(E) = P(E \mid F)$는 $P(F) = P(F \mid E)$도 함께 뜻한다는 것을 간단한 수치 예를 통해 조사해 보자.

[풀이] 52장의 카드 뭉치에서 2장을 복원 추출로 뽑는 경우를 생각해 보자. 이때 사건 E는 첫 번째 카드는 에이스, 그리고 사건 F는 두 번째 카드는 스페이드라고 두면 $P(E)$는 $4/52 = 1/13$이고 $P(E \mid F)$는 $1/13$이므로 두 사건은 서로 독립이다. 한편, 두 사건에서 조건을 다는 관계를 바꾸면 이렇다. 그냥 스페이드를 뽑는 사건과 에이스를 뽑은 조건을 단 다음에 스페이드를 뽑는 사건을 서로 견주면 된다. 즉,

$$P(F) = \frac{13}{52} = \frac{1}{4} \text{과 } P(F \mid E) = \frac{1}{4}$$

이므로 사건이 일어나는 순서가 달라지면 확률값은 다르지만 주변 및 조건부 확률은 어느 경우든 서로 같아지는 것을 볼 수 있다.

[예제 2.11b] 사건 E가 사건 F와 독립이라고 할 때 F^c와도 독립이 되는지 알아보자.

[풀이] 두 사건이 관계를 가질 때 이 중 한 사건은 (예를 들어, 사건 E는) 그림 2.4에 보인 바와 같이 반드시 배타적인 두 사건 EF와 EF^c의 합과 같아서

$$\begin{aligned} P(E) &= P(EF) + P(EF^c) \\ &= P(E)P(F) + P(EF^c) \leftarrow E\text{와 } F\text{는 서로 독립} \end{aligned}$$

로 표시할 수 있는데 이를 등식의 우변에 있는 마지막 항을 앞으로 빼내면

$$\begin{aligned} P(EF^c) &= P(E) - P(E)P(F) \\ &= P(E)(1 - P(F)) \\ &= P(E)P(F^c) \end{aligned}$$

이므로 사건 E와 F^c도 역시 서로 독립인 것을 증명할 수 있다.

[예제 2.11c] 4개의 스위치를 그림 2.10과 같이 성능이 좋은 것은 직렬로, 그리고 성능이 좀 떨어지는 것은 함께 병렬로 연결하였다. 각 스위치의 동작은 서로 독립적이고, 또 각 스위치의 동작 확률은 그림에 표시된 것과 같을 때 1) 전체 스위치 시스템이 제대로 작동할 확률과 2) 전체 시스템이 작동하는 조건에서 스위치 C가 작동하지 않을 확률을 조사해 보자.

[풀이] 직렬 연결은 두 스위치가 모두 작동해야 하고 병렬인 경우는 둘 중 어느 하나만 작동해도 전류가 흐른다. 즉, 전체 시스템이 작동할 논리는 $A \cap B \cap (C \cup D)$이므로 이의 확률은 스위치가 각각 독립인 조건을 써서

$$P(A \cap B \cap (C \cup D)) = P(A)P(B)P(C \cup D)$$

와 같고, 여기에 여사건과 드모르간 법칙, 그리고 서로 독립이라는 사실을 또 반영하면

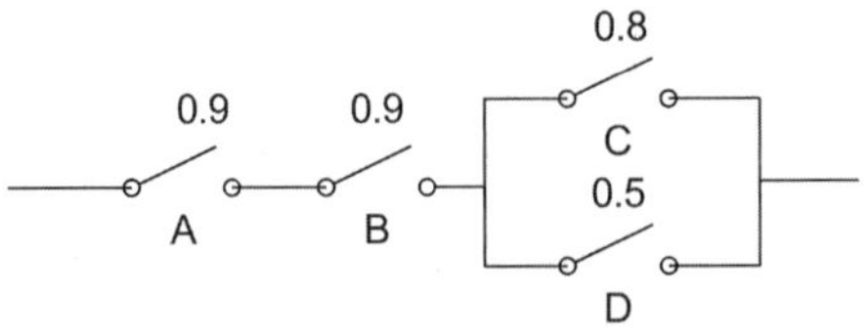

그림 2.10 병렬과 직렬로 연결된 스위치 시스템

$$P(A)P(B)P(C \cup D) = P(A)P(B)(1 - P(C^c)P(D^c))$$
$$= (0.9)(0.9)(1 - (1-0.8)(1-0.5))$$
$$= 0.729$$

이다. 다음, 전체 시스템이 작동한다는 조건에서 C만 작동하지 않을 논리는 $A \cap B \cap C^c \cap D$이다. 따라서 이 문제의 두 번째는 $P(ABC^cD)/P(AB(C \cup D))$을 구하는 것이 되고, 이는

$$P = \frac{P(ABC^cD)}{P(AB(C \cup D))} = \frac{(0.9)(0.9)(1-0.8)(0.5)}{0.729} \approx 0.111$$

와 같다.

예제 2.11d 52장의 카드 뭉치에서 네 명에게 카드를 13씩 나눌 때 에이스가 네 명에게 꼭 1장씩 들어가는 확률을 구해 보자. 이때 두 사건에 대해 정의된 곱의 법칙인 식 (2.9)를 여러 사건에도 적용할 수 있는 법칙으로 일반화할 수 있는지 생각해 본다.

풀이 에이스가 1장씩 배분되는 카드 문제를 풀기 위해 각 사건을 다음과 같이 정의한다.

$E \sim$ 임의의 에이스 한 장을 포함한 13장
$F \sim$ 3장의 에이스에서 임의의 에이스 한 장을 포함한 13장
$G \sim$ 2장의 에이스에서 임의의 에이스 한 장을 포함한 13장
$H \sim$ 1장의 에이스에서 에이스 한 장을 포함한 13장

따라서 제시된 문제와 정의된 사건을 쓰면 $P(EFGH)$이 문제의 해가 된다. 즉, 하나의 실험을 사건 E를 확인하는 실험 1과 E가 일어난 조건에서 F를 확인하는 실험 2, E와 F가 일어난 조건에서 G를 확인하는 실험 3, 그리고 E와 F, G가 일어난 조건에서 H를 확인하는 실험 4로 나누어 각 결과를 곱하도록 전략을 세운다. 그림 2.5의 수형도(tree diagram)를 통해 이어지는 실험의 결과는 반드시 곱할 수밖에 없다는 것을 그림으로 이해한 바 있다. 그래서 문제의 답은

$$P(EFGH) = P(E)P(F \mid E)P(G \mid EF)P(H \mid EFG)$$

이고 이것이 확률의 곱의 법칙에 대한 일반적인 표현이다. 물론 사건의 수가 n개라 하더라도 같은

방식으로 확장할 수 있다. 그럼 등식의 우변을 하나씩 계산해 보자. 우선, $P(E)$는 첫 번째 실험으로 전체 카드 52장에서 임의의 에이스를 포함하여 13장을 뽑는 확률이므로

$$P(E) = \frac{\binom{4}{1}\binom{48}{12}}{\binom{52}{13}} \approx 0.4388$$

이다. 다음, $P(F \mid E)$는 E가 일어난 후에 에이스 카드 3장을 포함하여 나머지 39장의 카드에서 에이스 한 장과 12장의 카드를 뽑는 확률, 그리고 나머지 2개의 조건부 확률도 같은 식으로 해석할 수 있으므로 각각

$$P(E \mid F) = \frac{\binom{3}{1}\binom{36}{12}}{\binom{39}{13}}, \ P(G \mid EF) = \frac{\binom{2}{1}\binom{24}{12}}{\binom{26}{13}}. \ \text{그리고} \ P(H \mid EFG) = \frac{\binom{1}{1}\binom{12}{12}}{\binom{13}{13}}$$

와 같고, 따라서 모두 곱하면

$$P(EFGH) = 0.1055$$

을 얻을 수 있다. 참고로, 위의 여러 사건이 얽힌 결합 확률의 증명은 등식의 오른쪽부터 조건부 확률의 공식을 거꾸로 적용하여

$$P(E)P(F \mid E)P(G \mid EF)P(H \mid EFG) = P(E)\frac{P(EF)}{P(E)}\frac{P(EFG)}{P(EF)}\frac{P(EFGH)}{P(EFG)} = P(EFGH)$$

와 같이 확인할 수 있다.

2.4 베이즈 공식

베이즈 공식(Bayes' formula)은 조건부 확률의 개념을 적극 활용하여 한 사건이 발생하는 확률을 주변 정보를 추가해 가면서 계속 갱신할 때 쓸 수 있는 유용한 도구이다. 기존의 확률이 샘플 공간이라는 전체 집합을 놓고 사건이 차지하는 비율로 접근하는 방식이라면 베이즈 공식의 도움으로 기존의 알고 있는 확률에서 여러 주변 상황이나 경험을 반영하면서 계속 확장해 가는 방식이 큰 매력이다. 하지만 베이즈 공식이 베이시안(Bayesian) 통계의 기초가 되는 지식이므로 깊이 파면 팔수록 양과 질에서 쉽게 다룰 수 있는 분야가 아니다. 관심 있는 독자는 전통적인 확률 및 통계의 지식 위에 이를 전문으로 다룬 교재로 학습하기 바라며 여기선 베이즈 공식의 소개와 간단한 적용 예를 통해 확률에 대한 전통적인 접근 방식과 다른 경험적이고 귀납적인 접근 방법이 색다른 맛이 있다는 것을 보여 준다.

임의의 한 사건은 서로 배타적인 사건들의 합으로 나타낼 수 있다고 그림 2.4를 통해 설명한 바 있다. 만약 두 사건 E와 F가 동일한 샘플 공간 S 안에서 관계를 짓고 있을 때 이 중 한 사건은

$$E = EF + EF^c$$

와 같이 해당 사건의 요소는 반드시 E와 F에 함께 속하거나 E에는 속하지만 F에는 속하지 않아야 한다. 따라서 등식의 오른쪽에 있는 두 사건은 완전히 배타적인 사건이므로 합의 공식에 따라

$$\begin{aligned}
P(E) &= P(EF) + P(EF^c) \\
&= P(E \mid F)P(F) + P(E \mid F^c)P(F^c) \\
&= P(E \mid F)P(F) + P(E \mid F^c)[1 - P(F)]
\end{aligned} \tag{2.11}$$

이 된다. 즉, 사건 E는 두 조건부 확률 $P(E \mid F)$와 $P(E \mid F^c)$의 **가중 평균**(weighted average)으로 표시할 수 있다. 여기서 주목할 것은 이렇다. 임의의 확률을 구할 땐 이와 관련한 다른 사건을 (예를 들어, F) 조건으로 달되 일어나는 조건과 일어나지 않는 조건으로 하여 구한 후 그 조건을 가중 평균의 계수, 즉 $P(F)$와 $P(F^c)$로 사용한다는 것이다. $P(F) + P(F^c) = 1$이므로 조건에 따라 재평가된 확률이 어느 조건에 더 큰 영향을 받고 있는지 확실하게 반영하는 셈인데 이렇게 계산된 확률을 **전 확률**(total probability)이라고 한다.

한편, 베이즈 공식은 현재의 정보나 지식으로 알게 된 확률을 새로 추가되는 정보나 지식으로 재평가하거나 임의의 사건 발생이 어떤 원인에서 비롯되었는지 판단할 때 쓰는 도구로 다음과 같이 조건부 확률로 기술되는데 이를 보통 **사후 확률**(posterior probability)이라 한다.

$$\begin{aligned}
P(F \mid E) &= \frac{P(EF)}{P(E)} \\
&= \frac{P(E \mid F)P(F)}{P(E)}
\end{aligned} \tag{2.12}$$

여기서 $P(F)$는 현재의 지식이나 정보로 계산하거나 앞으로 일어날 사건을 예측하는 확률로 보통 **사전 확률**(priori probability)이라 하고 $P(E)$는 식 (2.11)로 나타난 전 확률, 그리고 $P(E \mid F)$는 사전 확률 때문에 나타나는 결과의 신뢰를 정량화한 것으로 보통 가능성(likelihood) 확률이라 한다.

예제 2.12 보험 회사들은 흔히 보험 가입자를 사고 위험군과 사고 비위험군으로 나누어 관리한다. 한 회사의 자료에 따르면 사고 위험군에 속한 가입자가 1년짜리 보험을 가입한 후 보험 기간 내에 사고를 일으킬 확률은 0.4, 그리고 사고 비위험군의 보험 가입자는 0.2이었다. 현재 이 회사의 보험 가입자 30%가 사고 위험군에 속할 때 새로 등록한 보험 가입자가 보험 기간 내에 사고를 일으킬 확률을 알아보자.

풀이 식 (2.11)을 적용하기 위해 우선, 새로 가입한 보험 가입자가 사고 위험군에 속하는지 그렇지 않은지 조건을 달아 예측해 본다. 다시 말하면, 사건 E를 가입자가 사고 위험군으로 1년 내에 사고를 내는 사건으로, 그리고 사건 F를 가입자가 현재 사고 위험군인 사건으로 두고 $P(E \mid F)$와 $P(E \mid F^c)$을 평가하여 사고 위험군일 때와 아닐 때에 어떤 결과가 나오는지 따져 가입자의 성향을 파악한다. 다음, 이 결과들을 해당 조건의 확률로 가중하여 평균을 구하면

$$\begin{aligned} P(E) &= P(E \mid F)P(F) + P(E \mid F^c)P(F^c) \\ &= (0.4)(0.3) + (0.2)(1 - 0.3) \\ &= 0.26 \end{aligned}$$

과 같다.

참고로, 식 (2.12)의 베이즈 공식을 적용하기 위해 이런 문제를 생각해 보자. 새로 가입한 보험 가입자가 보험 기간 동안에 사고를 일으켰다면 이 사람이 사고 위험군일 확률은 얼마인지 말이다. 보험 회사의 보험 가입자 중에서 30%가 사고 위험군이므로 새 가입자도 사고 위험군일 확률은 $P(F) = 0.3$이다. 따라서 새 가입자가 사고를 일으켰으므로 이 정보를 사용해 $P(F)$를 재평가하면

$$\begin{aligned} P(F \mid E) &= \frac{P(E \mid F)P(F)}{P(E)} \\ &= \frac{(0.4)(0.3)}{0.26} = 0.46 \end{aligned}$$

과 같은데, 여기서 $P(E)$는 보험 가입자가 사고 위험군인지 아닌지 상관없이 사고를 일으킬 확률로 앞에서 구한 것을 사용했다. 즉, 이것이 베이즈의 전 확률이 뜻하는 바다.

예제 2.12에서 베이즈 공식을 전 확률을 구하는 문제와 새로운 정보를 추가하여 사후 확률을 구하는 문제로 분리하여 살펴보았다. 물론 이렇게 분리하여 따로 적용되는 경우도 있지만 한편에선 한데 뭉친 것을 베이즈 공식이라 하기도 하고, 또 그렇게 적용해야만 하는 경우가 더러 있다. 두 식을 합쳐서 표현한 베이즈 공식은 다음과 같다.

$$\begin{aligned} P(F \mid E) &= \frac{P(EF)}{P(E)} \\ &= \frac{P(E \mid F)P(F)}{P(E \mid F)P(F) + P(E \mid F^c)P(F^c)} \end{aligned} \qquad (2.13)$$

식 (2.13)은 두 사건 E와 F에서 F가 E를 서로 배타적인 두 부분으로 나누어 전 확률을

구하는 모습을 띤다. n 부분으로 나뉘는 일반적인 식은 당연히 훨씬 복잡할 수밖에 없는데 이것이 베이즈 공식이 어렵게 다가오는 한 까닭이지만 식에 포함된 각 확률의 뜻을 명확하게 이해하지 못하는 것이 더 큰 본질이다. 아무쪼록 간단한 예이긴 하지만 예제 2.12 및 다음의 예제 2.13을 통해 각 확률이 뜻하는 바를 스스로 터득해 나갔으면 좋겠다.

예제 2.13   실험실에서 하는 혈액 검사는 병이 있는 경우에 병을 판정하는 비율이 98%이지만 건강한 경우에도 병이 있다고 검출하는 비율이 2%가 된다. 만약 한 집단의 1%가 실제로 병을 가지고 있을 때 혈액 검사에서 양성으로 판정된 사람이 정말로 병을 가지고 있을 확률을 생각해 보자.

풀이   현재 정보에서 환경이 변할 때마다 재평가하고 싶은 것을 B로 표현하고 이를 피검사자가 병이 있는 사건으로 정의하자. 이때 사건 A를 혈액 검사에서 양성으로 판정하는 사건이라 두면 알고 싶은 확률은 $P(B \mid A)$이 된다. 따라서

$$P(B \mid A) = \frac{P(A \mid B)P(B)}{P(A \mid B)P(B) + P(A \mid B^c)P(B^c)}$$
$$= \frac{(0.98)(0.01)}{(0.98)(0.01) + (0.02)(0.99)}$$
$$= 0.3311$$

과 같다. 참 놀라운 결과다. 이 수치는 혈액 검사에서 양성으로 판명된 피검사자 중에서 오직 33%만이 실제로 병이 있다는 것을 말한다. 물론 문제를 위한 문제라 긍정오류(false positive)를 2%라고 가정했는데 오늘날의 기술 수준에선 그렇지 않다고 본다.

그림 2.11은 샘플 공간 S를 배타적으로 세 부분 A_1, A_2, 그리고 A_3로 중복되지 않고, 또 빠짐없이 나눈 모습인데 이들은 보통 재평가하고자 하는 사건이거나 현재 일어난 사건의 원인으로 규정되는 사건으로 보면 된다. 그러면 B는 A_i가 서로 배타적이기 때문에

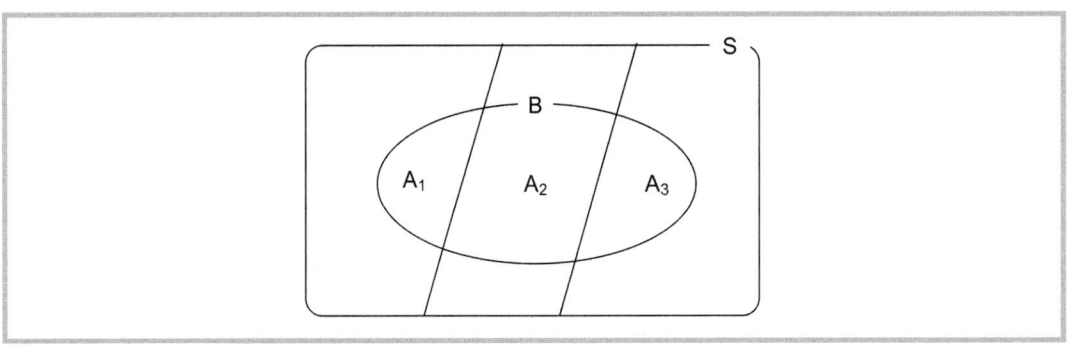

그림 2.11   베이즈 공식을 위한 샘플 공간 나누기

합의 공식을 써서

$$B = BA_1 + BA_2 + BA_3$$
$$= \sum_{i=1}^{3} BA_i$$

와 같고, 이는 다시 결합 확률의 정의에 따라

$$P(B) = P(A_1)P(B \mid A_1) + P(A_2)P(B \mid A_2) + P(A_3)P(B \mid A_3)$$
$$= \sum_{i=1}^{3} P(A_i)P(B \mid A_i)$$

이 된다. 여기서 $P(A_1) + P(A_2) + P(A_3) = 1$이기 때문에 $P(B)$는 각 배타적인 사건들로 조건을 달아 구한 $P(B \mid A_i)$을 가중하여 평균을 낸 전 확률이다. 식 (2.11)인 경우엔 여사건 확률로 나타났지만 일반적인 경우엔 그렇지 않다는 것을 주목하기 바란다. 이는 샘플 공간, 즉 모든 가능성을 나누어 일반화했기 때문이고 이런 모습을 보여 주기 위해 이 장을 마치기 전에 간략히 언급을 했다. 따라서 위 식을 식 (2.13)의 베이즈 공식의 분모에 삽입하면

$$P(A_k \mid B) = \frac{P(A_k)P(B \mid A_k)}{\sum_{i=1}^{3} P(A_i)P(B \mid A_i)} \quad k = 1,2,3$$

와 같이 일반적인 베이즈 공식을 유도할 수 있다.

예제 2.14 조립 라인에서 3대의 기계 A, B, 그리고 C가 전체 생산량의 30%, 50%, 그리고 20%를 각각 담당한다. 과거의 데이터를 보면 기계의 불량품 생산은 각각 3%, 2%, 그리고 3%이었다. 완제품 중에서 임의로 한 개를 선택했을 때 1) 불량품일 확률과 2) 그 불량품이 기계 A에서 생산되었을 확률을 생각해 보자.

풀이 우선, 문제 풀이를 위해 사건을 정의한다. 임의로 뽑힌 제품이 불량품일 확률과 그 불량품을 생산한 기계를 알아야 하기 때문에

$$D \sim \text{제품이 불량품일 사건}$$
$$M_1 \sim \text{제품이 기계 A에서 생산된 사건}$$
$$M_2 \sim \text{제품이 기계 B에서 생산된 사건}$$
$$M_3 \sim \text{제품이 기계 C에서 생산된 사건}$$

으로 둔다. 그러면 불량품일 확률 $P(D)$는 각 기계에서 생산된 불량품의 가중 평균으로

$$P(D) = P(M_1)P(D \mid M_1) + P(M_2)P(D \mid M_2) + P(M_3)P(D \mid M_3)$$

와 같다. 여기서

$$P(M_1)P(D \mid M_1) = (0.3)(0.03) = 0.009$$
$$P(M_2)P(D \mid M_2) = (0.5)(0.02) = 0.01$$
$$P(M_3)P(D \mid M_3) = (0.2)(0.03) = 0.006$$

이므로 $P(D) = 0.025$이다. 즉, 1,000개 중 25개가 불량품일 것으로 추정할 수 있다. 다음, 만약 불량품이 뽑혔다면 이 불량품을 기계 A에서 생산했을 확률은 베이즈 공식을 이용하여

$$P(M_1 \mid D) = \frac{P(M_1)P(D \mid M_1)}{P(D)} = \frac{0.009}{0.025} = 0.36$$

과 같이 계산할 수 있다.

2.5 MATLAB과 함께

확률에서 제일 중요한 것은 개념의 이해이다. 전체에서 차지하는 몫, 즉 1장의 도수분포표 측면에서 보면 상대 도수가 되겠는데 개념의 이해는 적용까지 아우르는 말이므로 확률을 늘 옆에 두고 불확실한 환경에서 의사 결정을 할 때마다 익숙하게 사용할 수 있어야 한다. 특히, 확률의 곱 및 합의 법칙은 독립과 배타적 사건을 구별하고 크고 복잡한 실험을 작고 간단한 실험으로 쪼개는 전략까지 자유자재로 운용할 수 있다면 여러 모로 쓸모가 있다. 게다가 확률의 계산에 사용되는 식 (2.1)과 (2.2)가 확률 실험의 조건이나 환경에 따라 실무적으로 선택되는 것이지만 이론적이든 경험적이든 확률은 결국 같아진다는 사실까지 이해할 수 있으면 더 좋다.

큰수의 법칙(law of large numbers)은 확률의 정의를 변하지 않게 지켜주는 든든한 버팀목이다. 식 (2.1)이든 (2.2)이든 결국 같다는 것을 실증하는 법칙으로 확률의 공리와 더불어 불변의 법칙인데 본문에선 표 2.1과 같이 주사위 실험으로 검토했지만 여기선 동전 던지기 실험을 통해 다시 한번 더 확인해 보기로 한다. 즉,

```
trial = 400;
P = zeros(1, trial);              % 예비 할당
HEAD = 0;                          % 앞면 0으로 초기화
yline(0.5, LineWidth = 1.5)
```

```
            axis([0 trial 0 1])
            hold on
            for N = 1:trial
                    if randi([0 1]) == 1              % 0과 1 중에서 1이 나오면 앞면
                            HEAD = HEAD + 1;
                            P(N) = HEAD/N;
                    else
                            P(N) = HEAD/N;
                    end
                    plot(N, P(N), 'b.')
                    drawnow
        end
        hold off
```

와 같이 MATLAB 스크립트 파일로 큰수의 법칙을 확인해 볼 수 있는데 이의 결과는 실습 2.1과 같다.

확률은 관심 사건이 샘플 공간에서 차지하는 비율이다. 셈을 하여 개수를 헤아리든 장비를 써서 측정을 하든 실험의 결과로 셈이나 측정이 가능한 모든 집합에서 관심 있는 부분 집합의 비율을 찾는 작업이다. 본문의 그림 2.4는 이와 같은 집합들의 관계를 보여주는 벤다이어그램의 전형적인 모습인데 MATLAB에서 구현은 이렇다.

```
S = 1:10;                          % 전체 집합
E = 0:2:10;                         % 사건 E는 짝수
```

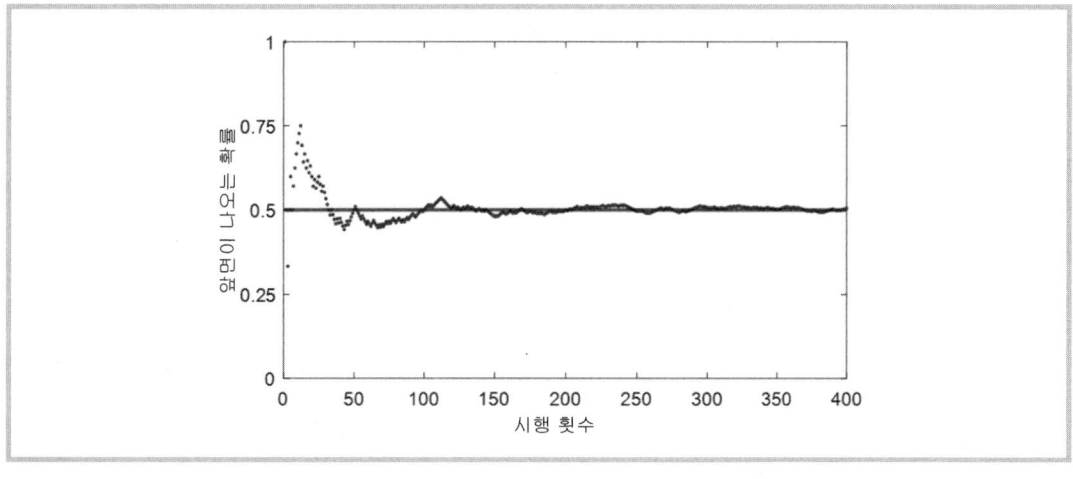

실습 2.1 동전 던지기 실험에서 시행 횟수와 앞면이 나오는 확률

```
F = [1 4 9];                          % 사건 F는 제곱수
Ec = setdiff(S, E); Fc = setdiff(S, F);    % 사건 E와 F의 여사건
EplusF = union(E, F);                 % 사건 E와 F의 합사건
EF = intersect(E, F)                  % 사건 E와 F의 곱사건
  EF = 4
EFc = intersect(E, Fc)                % 사건 E와 Fc의 곱사건
  EFc = 2  6  8  10
EcF = intersect(Ec, F)                % 사건 Ec와 F의 곱사건
  EcF = 1  9
```

위 프로그램의 결과를 그림 2.4의 모습으로 나타내면 실습 2.2와 같다. 실습 2.2에서
S에만 포함된 요소는 그림 2.4의 드모르간(De Morgan)의 법칙으로 설명이 되는데
MATLAB에선 이렇게 확인할 수 있다.

```
setdiff(S, EplusF)          % (E∪F)^c
intersect(Ec, Fc)           % E^c F^c
ans = 3  5  7               % ans는 MATLAB이 자동으로 생성하는 변수
```

셈하는 일은 생각하는 것만큼 쉽지 않다. 컴퓨터가 없으면 막노동에 가깝고 때에 따라
힘에 부쳐 포기하거나 아예 불가능할 수도 있다. 100개 200개가 아니라 10,000개
20,000개 이상을 떠올리면 끔찍할 뿐이다. 더군다나 셈의 합과 곱 법칙을 완전히 이해하
지 못하면 정확한 계산은 꿈도 꿀 수 없다. 실험을 직렬로 계속 이어지도록 나누어지면
곱하고 병렬로 빠짐없고 중복되지 않게 나눌 수 있으면 합한다는 규칙이 몸에 배야 하는데
확실히 와 닿지 않으면 본문을 한번 더 살피는 것도 좋을 것이다.

셈과 관련하여 꼭 필요한 함수는 조합이다. 순열은 조합에서 뽑는 개수의 팩토리얼을
곱하여 계산할 수 있기 때문에 대부분의 컴퓨터 프로그램에선 조합만을 함수로 제시하고

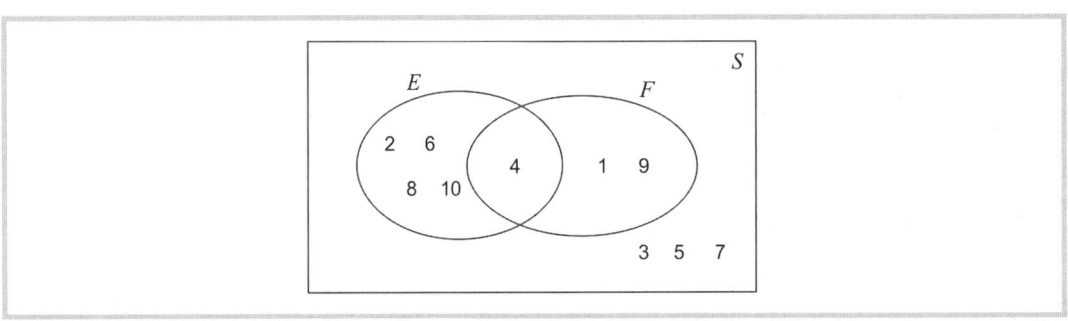

실습 2.2 임의의 두 사건에 대한 여러 복합 사건의 MATLAB 예

있다. 흰 공 6개와 검은 공 5개가 들어 있는 주머니에서 3개를 임의로 꺼낼 때 흰 공 1개와 검은 공 2개가 뽑힐 확률을 생각해 보자. 우선, 조합으로 문제를 풀면

```
nchoosek(6, 1)*nchoosek(5, 2)/nchoosek(11, 3)
ans = 0.3636
```

과 같다. 여기서 샘플 공간은 전체 공 11개에서 3개를 뽑는 경우이고 관심 사건은 공 3개를 뽑는 행위를 흰 공 6개에서 1개를 뽑는 행위와 검은 공 5개에서 2개를 뽑는 행위로 나누어 직렬로 잇는 경우이다. 다음, 이 문제를 순열로 풀면 이렇다. 순열은 순서가 관건이다. 따라서 순서가 정해진 3자리 자릿수를 지정해 놓은 후, 샘플 공간은 (혹은 분모는) 전체 공 11개에서 3개를 뽑아 자릿수에 배치하는 경우이고 관심 사건은 (혹은 분자는) 흰 공 1개와 검은 공 2개를 뽑는 행위를 흰 공이 첫 번째 자리에, 두 번째 자리에, 그리고 세 번째 자리에 오는 경우로 분류할 수 있으므로 각 경우를 합하는 행위가 된다. 즉,

```
narrangek(6,3)*3/narrangek(11,3)[20]          % narrangek(6,3)+narrangek(6,3)
                  +narrangek(6,3)
ans = 0.3636
```

과 같다. 여기서 narrangek은 nchoosek와 견주어 암기 하기 쉽도록 아래와 같이 간단히 작성한 순열 함수이다.

```
function y = narrangek(n, k)
        if n < k || n < 0 , error('n은 0과 k보다 크거나 같아야'), end
        y = ftrl(n)/ftrl(n-k);
        function f = ftrl(n)            % 팩토리얼 (재귀) 함수 - local function
                if n == 0 || n == 1
                        f = 1;
                        return
                end
                f = n*ftrl(n-1);
```

위 프로그램에서 ftrl은 MATLAB의 팩토리얼 함수인 factorial을 대신하여 사용하기 위해 재귀 형식(recursive type)으로 짜서 본 함수의 지역 함수로 포함시킨 함수이다. 만약 재귀 형식이 아닌 일반적인 반복 형식(repetitive type)으로 작성하면

---

[20] 분자 narrangek(6,3)는 원래 흰 공의 개수가 p이고 검은 공의 개수가 q일 때 흰 공과 검은 공을 뽑는 실험이 이어진 경우이므로 narrangek(p,1)*narrangek(q,2)와 같이 곱으로 나타내야 하는데 $p=6$이고 $q=5$이어서 한 줄에 표기하기 위해 뭉쳐서 표기했다.

```
if n == 0 || n == 1
        f = 1; return
end
f = 1;
for N = 2:n
        f =f*N;
end
```

와 같을 것이다. 조합과 관련한 내용 중에서 그림 2.9(b)의 파스칼 삼각형을 행렬로 반환하는 함수가 있는데 다음과 같다.

```
pascal(4)                    % 4×4의 파스칼 삼각형
ans = 1   1   1   1
      1   2   3   4
      1   3   6   10
      1   4   10  20
```

위 결과를 그림 2.9(b)와 견주면 반시계 방향으로 45도 회전한 모습과 같다. 파스칼 삼각형을 행렬로 표시하면 i번째 행을 1부터 j번째 열까지 모두 합한 값이 i+1번째 행의 j번째 요소가 되는 것을 확인할 수 있다.

  본문에서 언급한 내용 중에서 MATLAB으로 할 수 있는 것은 표 2.2와 같은 **이원분류표**도 있다. 이원분류표는 컴퓨터 프로그램에선 대개 두 변수 x와 y의 **교차표**(cross table)라고 명명하기도 한다. 예제 2.10b의 두 데이터, 즉 성별 x엔 남자 88명과 여자 200 − 88 = 112명이 포함되고 설탕 커피의 선호도 y엔 남자 55명과 여자 100명이 좋아하는 것으로 조사된 자료의 교차표는

```
x = [repmat(1, 88, 1); repmat(2, 112, 1)]     % 1은 남자 2는 여자
y = [repmat(3, 55, 1); repmat(4, 33, 1); repmat(3, 100, 1); repmat(4, 12, 1)]
                              % 3은 설탕 커피를 좋아하고 4는 싫어함
tbl = crosstab(x, y)
tbl =     55   33
         100   12
```

와 같이 구성할 수 있다. 그리고 위 표에 각 행과 열의 합까지 포함시킬 요량이면

```
tbl = [tbl sum(tbl, 2) ; sum(tbl) 200]
tbl =   55      33      88
        100     12      112
        155     45      200
```

처럼 하면 된다. 좀 더 조직적인 표로 만들어 주변 확률이나 결합 확률 따위의 계산도 쉽게 할 생각이면

```
tbl = table(tbl(:,1), tbl(:,2), tbl(:,3), VariableNames = {'Sugar', 'No Sugar', 'Row_Sum'}) ;
tbl.Properties.RowNames = {'Men', 'Women', 'Col. Sum'}
tbl =
```

	Sugar	No Sugar	Row_Sum
Men	55	33	88
Women	100	12	112
Col_Sum	155	45	200

로 약간의 작업을 추가한다. 그러면 tbl(row, col)의 형식으로 표를 참조하여 주변 및 결합 확률 따위도 다룰 수 있는데

```
tbl(Men, Sugar)/tbl(3,3)            % 또는 tbl(1,1)/tbl(3,3)
tbl(Men, Row_Sum)/tbl(3,3)          % 또는 tbl(1,3)/tbl(3,3)
tbl(Col_Sum, Sugar)/tbl(3,3)        % 또는 tbl(3,1)/tbl(3,3)
```

따위와 같이 진행할 수 있다. 특히 관련 데이터를 표(table)로 만들어 사용하면 참조할 때 행이나 열의 이름과 함께 번호도 섞어 쓸 수 있기 때문에 아주 편하다.

03

확률 변수와 기댓값

03 확률 변수와 기댓값

3.1 확률 변수란

확률은 실험에서 나올 수 있는 모든 가능한 결과에서 관심 있는 사건이 차지하는 비율이다. 실험 결과가 셀 수 있는 경우이면 수의 비율일 것이고 그렇지 않으면 측정을 통해 얻은 해당 물리량의 비가 될 것이다. **확률 변수**(random variable)는 변수가 갖는 값이 확률로 결정되는 변수이다. 일반적인 변수일 땐 변수에 할당된 값을 언제든지 100% 신뢰할 수 있지만 확률 변수인 경우는 그렇지 않고 항상 오차를 포함한다는 뜻이 되겠다. 사실 불확실한 세계에서 확실히 믿을 만한 것이 별로 없다는 생각을 해 보면 확률 변수야 말로 올바른 변수가 아닐까 싶다. 특히, 공학도는 셈과 측정으로 숫자를 다루면서 생활의 유익한 장치를 만들어야 하는 주체로서 장치의 결함이나 오작동 등이 사용자의 생명과 직결된다는 점에서 확률 변수의 개념을 잡는 것이 무엇보다도 중요할 것이다.

확률 변수는 샘플 공간의 모든 요소를 숫자로 대응시킨 것이다. 이때 확률 변수는 샘플 공간의 모든 요소를 (혹은 실험 결과의 모든 가능성을) 대변해야 하므로 중복되지 않고 빠짐없이 이루어지는 것이 중요하다. 중복된다든지 빠지게 되면 실험의 결과를 제대로 반영하지 못해 확률 변수의 값에 배당되는 각 확률의 합이 1이 되어야 한다는 확률의 기본 공리를 만족시키지 못하기 때문이다. 그림 3.1은 동전 3개를 던지는 실험에서 샘플 공간 S를 확률 변수 X로 대응시킨 모습으로, 이때 임의로 정한 대응 규칙은 "앞면이 나오는 개수"이다.

이미 짐작했겠지만 샘플 공간의 요소가 그림 3.1과 같이 숫자가 아닌 경우에는 실험을 통해 확인하고자 하는 관심 사항을 말로 풀어서 "앞면이 나오는 개수"나 "뒷면이 나오는 개수" 따위로 나름의 규칙을 정하여 확률 변수엔 반드시 숫자가 자리잡도록 해야 한다. 그러면 $X = x$와[1] 같이 확률 변수 X에 배당된 x가 2장에서 다루었던 사건(event)이

---

[1] 확률 변수는 보통 X나 Y 따위와 같이 영어 대문자로 표현하고 여기에 각각 대응하는 영어 소문자 x나 y 따위는 변수가 갖는 값을 뜻한다.

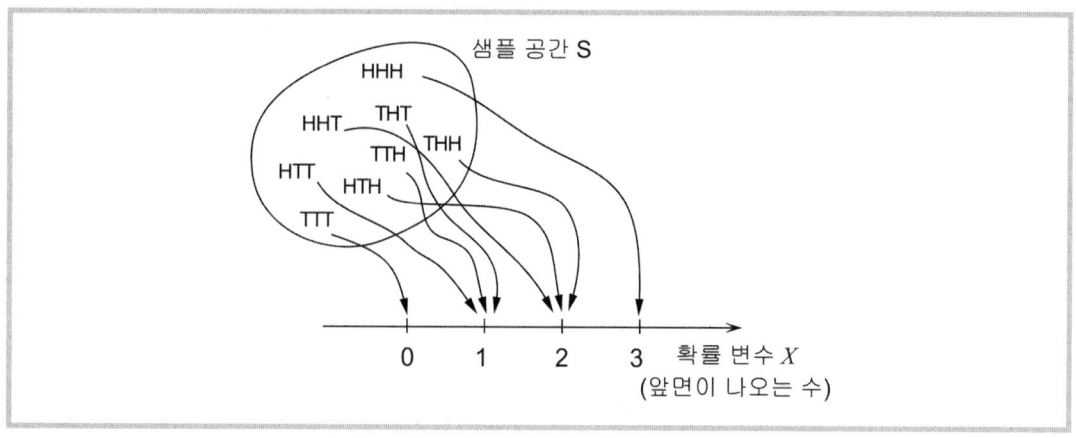

그림 3.1 샘플 공간과 확률 변수의 관계

되는 것이다. 그래서

$$P(X=0) = P\{TTT\} = 1/8$$
$$P(X=1) = P\{HTT, THT, TTH\} = 3/8$$
$$P(X=2) = P\{HHT, HTH, THH\} = 3/8$$
$$P(X=3) = P\{HHH\} = 1/8$$

과 같으므로 확률의 공리 $P(S) = 1$을 만족한다. 즉,

$$P\left(\bigcup_{x=0}^{3}\{X=x\}\right) = \sum_{x=0}^{3}P(X=x) = 1 \tag{3.1}$$

이다.

　그림 3.1에 보인 샘플 공간은 요소를 하나씩 셀 수 있는 경우이다. 샘플 공간의 성질은 기본적으로 실험의 성격에 따라 달라진다. 한 달 동안 가게에서 팔린 아이스크림의 개수라든지 3분기에 거래된 주택의 수라든지, 또는 텔레마케터가 오전 동안 전화한 수라든지 따위는 모두 샘플 공간의 요소를 셀 수 있는 경우인데 이를 대변하는 확률 변수를 **이산 확률 변수**(discrete random variable)라 한다. 샘플 공간의 요소가 유한하거나 무한하다 할지라도 셀 수 있는 경우가 여기에 해당한다. 샘플 공간의 요소를 셀 수 없는 경우도 있다. 실험의 결과를 반드시 도구로 측정해야 하는 경우인데 샘플 공간이 수직선의 임의 구간으로 나타난다. 그리고 이 경우도 샘플 공간은 수로 표시되어야 하기 때문에 샘플 공간 자체가 확률 변수의 정의역으로 **연속 확률 변수**(continuous random variable)가

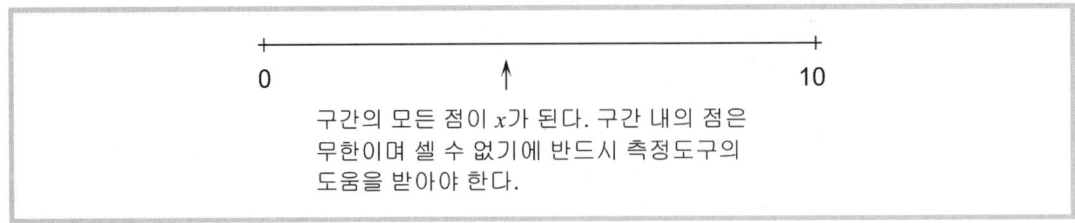

그림 3.2 연속 확률 변수의 한 예

된다. 사과의 무게, 생산된 제품의 길이, 주택의 가격, 또는 텔레마케터가 오전 동안 전화한 시간 따위가 모두 여기에 속한다. 그림 3.2는 최대 길이가 10m인 멀리뛰기 모래장에서 선수가 멀리뛰기를 하는 실험을 나타낸 것이다.

예제 3.1a 주사위 2개를 던지는 실험을 한다. 3이 몇 개 나오는지가 관심 사항이다. 확률 변수를 어떻게 쓸 수 있는지 생각해 보자.

풀이 주사위 2개를 던져서 눈 3이 하나도 나오지 않든가, 주사위 하나나 둘 모두 3이 나오는 경우로 확률 변수를 X라고 하면 $X = \{0,1,2\}$이다. 3이 하나도 나오지 않거나 모두 나오는 경우는 주사위를 하나씩 던지는 실험이 이어지므로 곱의 법칙, 그리고 하나만 나오는 경우는 A 주사위는 나오고 B 주사위는 나오지 않아야 하거나 그 반대인 경우로 실험을 분류할 수 있으니 합의 법칙을 쓴다. 따라서

$$P(X=0) = (5/6)(5/6) = 25/36$$
$$P(X=1) = (1/6)(5/6) + (5/6)(1/6) = 10/36$$
$$P(X=2) = (1/6)(1/6) = 1/36$$

과 같고 확률 변수의 모든 값에 대한 확률의 합이 1인 것을 확인할 수 있다.

예제 3.1b 앞면이 나올 확률이 p인 동전을 앞면이 나올 때까지, 혹은 지정된 횟수 n에 도달할 때까지 던지는 실험을 한다. 확률 변수가 $X = \{1,2,3,\cdots,n\}$일 때 확률 조건을 만족하는지, 즉 각 사건의 확률의 합이 1인지 확인해 보자.

풀이 우선, 사건 $X=1$은 동전을 한 번 던졌을 때 앞면이 나오는 경우로 $P(X=1) = P\{H\} = p$이고 사건 $X=2$는 첫 번째엔 뒷면이고 두 번째가 앞면이므로 $P(X=2) = P\{(T,H)\} = (1-p)p$와 같다. 여기서 $1-p$는 뒷면이 나올 확률이다. 이런 작업을 계속하여 $X=n-1$일 땐

$$P(X=n-1) = P\{(T,\cdots (n-2)개 \cdots, T,H)\} = (1-p)^{n-2}p$$

이고 $X=n$이면 계속 뒷면이 나온 경우와 마지막에 앞면이 나온 경우로 나누어야 하니 합의 법칙을 써서

$$P(X=n) = P\{(T, \cdots (n개) \cdots, T\} + P\{(T, \cdots (n-1)개 \cdots, T, H\}$$
$$= (1-p)^n + (1-p)^{n-1}p$$
$$= (1-p)^{n-1}$$

이 된다. 다음, 이와 같이 구한 확률 변수의 모든 값에 대한 확률의 합이 1이 되는지 살펴야 하는데 이는 등비수열의 합 공식으로 확인할 수 있다. 즉,

$$\sum_{x=1}^{n} P(X=x) = \sum_{x=1}^{n-1} p(1-p)^{x-1} + (1-p)^{n-1}$$
$$= p\left[\frac{1-(1-p)^{n-1}}{1-(1-p)}\right] + (1-p)^{n-1}$$
$$= 1$$

과 같다.

3.2 **이산 및 연속 확률 분포**

이산 확률 변수는 실험의 결과를 셀 수 있을 때, 즉 샘플 공간이 하나하나 구분되는 요소의 집합으로[2] 이루어질 때 나타나는 변수라 했다. 그리고 확률 변수는 변수에 할당된 값이 실험에 대한 각 사건이므로 해당 사건의 확률이 반드시 함께 한다고 했다. 따라서 이산 확률 변수의 값마다 해당 사건에 대한 확률이 배분되는데 이를 **이산 확률 분포**(discrete probability distribution)라 하고, 이때 각 사건에 대한 확률 $P(X=x)$를 확률 변수가 샘플 공간을 수직선에 대응하는 규칙이라는 점을 고려해 $f(x)$와 같이 함수로 기술한다. 즉,

$$f(x) = P(X=x) \tag{3.2}$$

인데 이산 함수인 경우엔 **확률 질량 함수**(probability mass function)라고도 흔히 부른다.

이산 확률 분포는 여러 가지 방법으로 나타난다. 이를 테면, 앞 소절에서 언급한 동전 던지기에서 앞면이 나오는 횟수로 정의된 확률 변수 X는

---

[2] 이런 데이터는 수직선 위에 점으로 표시될 때 이웃하는 두 점 사이에 항상 간격이 생기기 때문에 이산 데이터(discrete data) 혹은 셈이 가능한 데이터(countable data)라고 한다.

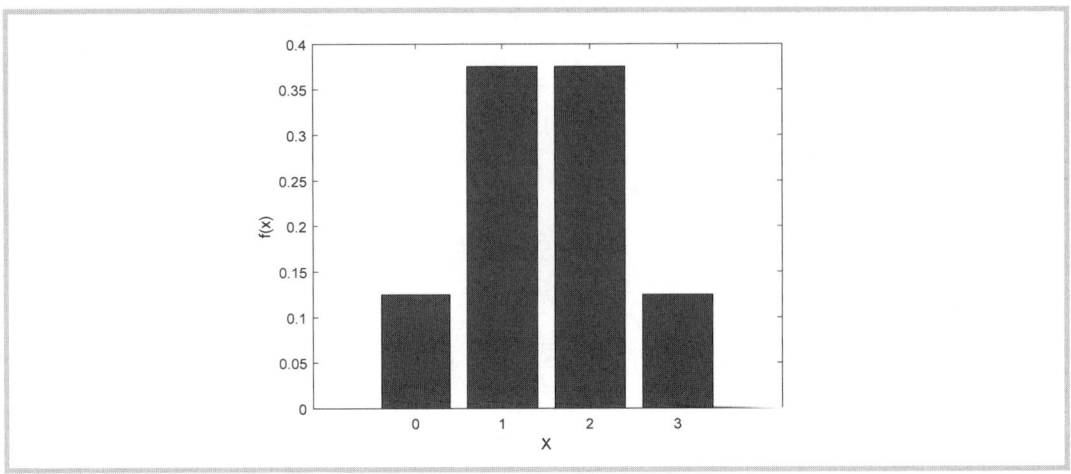

그림 3.3 확률 질량 함수에 대한 막대 그래프

x	0	1	2	3
$P(X=x)$	1/8	3/8	3/8	1/8

와 같이 표로 요약될 수 있고, 또 2장에서 학습한 확률 계산법을 적용해 확률 변수의 값 x를 독립 변수로 하여

$$f(x) = \frac{1}{2^3}\binom{3}{x}$$

와 같이 식으로 나타낼 수도 있다. 물론 가장 알기 쉬운 방법은 그림 3.3과 같이 그래프로 표현하는 것이다.

예제 3.2a 윷놀이 게임에 대하여 확률 변수를 정의하여 각 족보에 대한 확률을 생각해 보자. 여기서 각 윷의 등과 배가 나올 확률은 같다고 가정한다.

풀이 확률 변수 X를 4개의 윷에서 배(앞면)가 나오는 수로 정의한다. 그러면, $X=\{0,1,2,3,4\}$로 x는 각각 모, 도, 개, 걸, 그리고 윷을 뜻한다. 각 윷이 나오는 경우의 수는 등과 배 두 가지이므로

$$f(x) = \frac{1}{16}\binom{4}{x}$$

와 같이 확률 질량 함수를 구할 수 있다. 따라서 $\binom{4}{0}=\binom{4}{4}=1$, $\binom{4}{1}=\binom{4}{3}=4$, 그리고 $\binom{4}{2}=6$을 사용하여 표로 작성하면

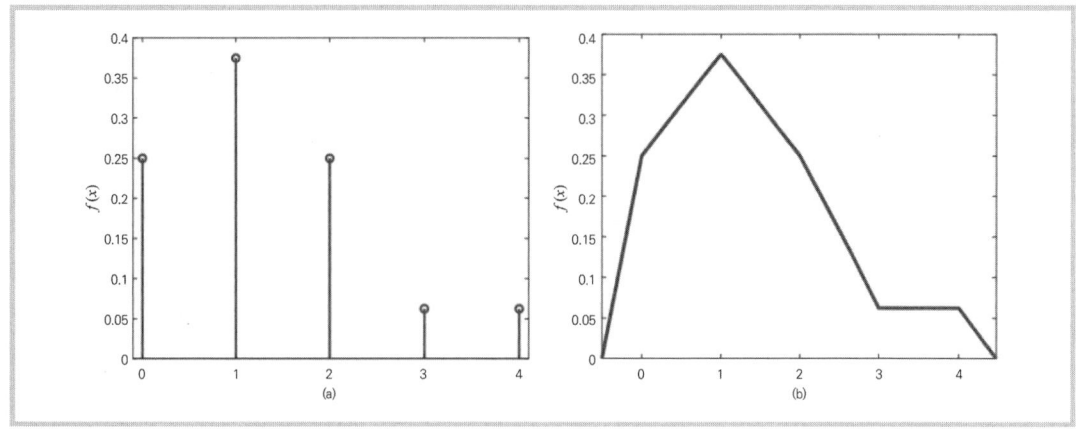

그림 3.4 예제 3.2에 대한 (a) 줄기 그래프와 (b) 다각형 그래프

x	0	1	2	3	4
$f(x)$	1/4	3/8	1/4	1/16	1/16

와 같고, 이때 각 확률의 합이 1이 되어야 하는데 $\sum f(x) = 1$을 확인할 수 있다. 그리고 확률 변수 X를 몇 가지 그림으로 그리면 그림 3.4와 같다. 그림 3.4(b)의 다각형 그래프는 막대 그래프의 각 막대 윗부분의 가운데 점을 연결하여 그린 그림이다.

예제 3.2b 주머니에 파란 공 2개와 빨간 공 2개, 그리고 흰 공 4개가 들어 있다. 주머니에서 공 2개를 꺼내어 파란 공이 나오면 1개에 1단위의 돈을 얻고 빨간 공이 나오면 1개에 1단위의 돈을 잃는 게임을 해 본다. 확률 변수를 써서 한 번이라도 이길 확률을 조사해 보자.

풀이 확률 변수 X를 이기는 횟수로 정의하면 $X = \{0, \pm 1, \pm 2\}$와 같다. 여기서 음수(-)는 잃는 경우이다. 우선, 본전에 해당하는 $P(X=0)$는 흰 공 2개를 뽑든가 파란 공과 빨간 공을 1개씩 뽑을 때이다. 따라서

$$P(X=0) = \frac{\dbinom{4}{2} + \dbinom{2}{1}\dbinom{2}{1}}{\dbinom{8}{2}} = \frac{10}{28}$$

이다. 그리고 파란(혹은 빨간) 공과 흰 공을 각각 1개씩 뽑는 경우는 1단위 이기거나 지는 경우이고 파란 공만 2개 또는 빨간 공만 2개 뽑는 경우는 2단위 이기거나 지는 경우인데 이는 공 2개를 뽑는 게임에서 파란 공과 빨간 공의 개수가 각각 2개씩 같기 때문이다. 즉,

$$1단위\ 잃는\ 경우 : P(X=-1) = \frac{\binom{2}{1}\binom{4}{1}}{\binom{8}{2}} = \frac{8}{28} = P(X=1)\ :1단위\ 얻는\ 경우$$

$$2단위\ 잃는\ 경우 : P(X=-2) = \frac{\binom{2}{2}}{\binom{8}{2}} = \frac{1}{28} = P(X=2)\ :2단위\ 얻는\ 경우$$

와 같다. 다음, 위에서 구한 확률 분포가 확률 조건에 맞는지 확인해야 하는데 모두 더하면 1이 되므로 조건을 만족한다. 끝으로, 게임에서 1번이라도 이길 확률을 찾으면

$$\sum_{x=1}^{2} P(X=x) = \frac{9}{28} \approx 0.32$$

이다. 100번 게임하여 32번 이기는 확률이니 게임을 하면 할수록 본전에서 멀어지는 것을 예상할 수 있다.

확률 $P(X=x)$는 확률표를 참조하든가 확률 질량 함수 $f(x)$에 x를 대입하여 바로 구할 수 있다. 하지만, 더러 $P(X \le x)$와 같이 확률 변수의 실제 관측값이 x보다 작거나 같은 경우의 확률이 얼마인지 꼭 알아야 할 때가 종종 있다. 확률 실험의 결과에서 x보다 작거나 클 확률이 되겠는데[3] 통계학의 기초가 되는 모수 추정이나 가설 검정의 주된 내용으로서 "적어도"나 "최소한", 혹은 "기껏해야"나 "최대한" 따위로 표현되기도 한다. 이를 다루기 위해 다음과 같이 정의한 $F(x)$를 사용하는데 이를 **누적 분포 함수**(cumulative distribution function)라 한다.

$$F(x) = P(X \le x) = \sum_{\xi \le x} f(\xi), \quad -\infty < x < \infty \tag{3.3}$$

하나의 예로, 확률 변수 X의 $f(x)$가 예제 3.2a의 윷놀이 게임처럼 주어졌다고 하면 이의 누적 확률 분포 $F(x)$는

$$F(x) = \begin{cases} 0, & x < 0 \\ 1/4, & 0 \le x < 1 \\ 5/8, & 1 \le x < 2 \\ 7/8, & 2 \le x < 3 \\ 15/16, & 3 \le x < 4 \\ 1, & 4 \le x \end{cases}$$

---

[3] x보다 클 경우는 확률의 기본 공리에 따라 $1-P(X \le x)$로 계산한다.

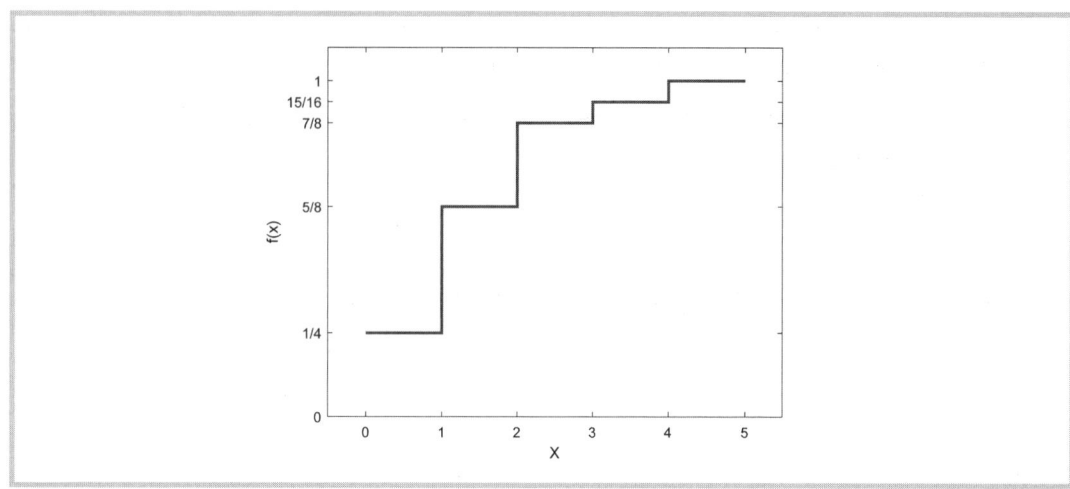

그림 3.5 윷놀이 게임의 누적 분포 함수를 그린 계단 그래프

와 같고 그림 3.5처럼 계단 그래프로 흔히 그려진다.

확률 질량 함수로 누적 분포를 구했지만 실제 사용할 때는 누적 분포에서 확률 질량 함수를 찾는 경우가 더 많다. $F(b)$는 관측값이 b보다 작거나 같은 경우의 확률이므로 $f(b)$는 $F(b)$에서 바로 앞까지의 누적 확률 $F(b-1)$을 뺀 것과 같기 때문이다. 이를 테면, 위의 윷놀이 예에서 $f(3)$은

$$f(3) = F(3) - F(2) = \frac{15}{16} - \frac{7}{8} = \frac{1}{16}$$

과 같이 구한다.

예제 3.3 이산 확률 분포를 나타내는 질량 함수 $f(x)$는 마치 물리 시스템의 수학적 모델링과 같이 실험 환경이 비슷한 곳이면 어디든 반복하여 적용할 수 있다. 기계 공학의 질량-스프링-감쇠 시스템을 모델링한 2차 미분 방정식을 전기 공학의 인덕턴스-커패시턴스-저항 시스템이나 유체 시스템의 유체 인덕턴스-유체 커패시턴스-유체 마찰 시스템 따위에도 똑같이 사용할 수 있듯이 말이다. 예제 3.2의 윷놀이 게임에 대한 $f(x)$는 윷놀이 게임 이외에 어떤 다른 곳에 쓸 수 있는지 생각해 보자.

풀이 윷놀이는 등과 배가 나올 확률이 1/2인 윷을 4개 사용하여 노는 게임이다. 동전을 4개 던지거나 빨강 및 검정 카드가 골고루 섞인 카드 뭉치에서 4장을 뽑는 일 따위가 다 비슷한 실험이다. 국산차와 외제차를 똑같은 비율로 파는 판매원이 앞으로 4대를 더 팔 때 국산차를 최소한 3대 이상을 팔 확률을 따질 때도 같은 원리가 적용된다.

우선, X를 국산차를 판 대수로 놓는다. 차를 한 대 팔 때마다 국산차를 1/2의 확률로 팔기 때문에 "판다" "못 판다"의 두 가지 경우가 있고 이를 4대까지 이어져야 하니 확률의 분포는 곱의 법칙 때문에 $2^4 = 16$이 자리잡는다. 그리고 국산차 x대를 파는 것은 4대 중 x대를 선택하는 문제이므로 차 파는 문제의 확률 분포는

$$f(x) = \frac{1}{16}\binom{4}{x}, \; x = 0,1,2,3,4$$

가 되고, 이는 윷놀이 게임의 경우와 같다. 따라서 국산차를 3대 이상 팔 확률은

$$P(X \geq 3) = 1 - P(X \leq 2)$$

와 같이 누적 분포를 이용해 구할 수 있다.

이산 확률 분포에 대한 설명을 마치기 전에 예제를 통해 생활 주변이나 학문 현장에서 널리 사용되는 분포 두 가지를 간략히 소개한다. 원래는 새로운 장을 열어 어느 정도 자세히 설명하는 것이 맞지만 이 책의 목적이 확률의 기초와 추론 통계학의 이해에 있으므로 몇몇 유용한 분포의 소개와 이의 실생활 응용은 예와 함께 살펴보기로 한다.

[예제 3.4] (이항 분포의 정의) **이항 분포**(binomial distribution)는 앞 장에서 조합을 따질 때 이항 계수의 형태나 파스칼의 삼각형으로 잠시 나온 바 있다. 이항 분포는 실험의 결과가 말 그대로 딱 2개인 경우에 이 중에서 관심 있는 것이 나올 개수에 대한 확률 분포이다. 실험의 결과 2개를 보통 성공(success)과 실패(failure)로 부르는데 성공과 실패라는 말의 뉘앙스와 달리 관심 있는 것을 성공, 그리고 관심 없는 것을 실패라고 하는 것이 이항 분포의 올바른 이해이다.

성공 확률이 p이고 실패 확률이 $q = 1-p$인 실험을 n번 시행한다고 해 보자. 이때 확률 변수 X를 성공의 횟수라고 하면 $X = \{0,1,2,\cdots,n\}$와 같다. 그러면 n번 시행했을 때 x번 성공하고 $n-x$번 실패할 때의 한 가지 순서에 대한 확률은 그림 3.6과 같이 $p^x q^{n-x}$이 된다.

하지만 x번 성공하고 $n-x$번 실패하는 경우는 그림 3.6의 모습 말고도 많다. 즉, 성공이 관심 있는 사건인 경우에 n개에서 x개 뽑는 순열의 개수만큼 있다. 이를 테면, 3번 실험에서 2번 성공하는

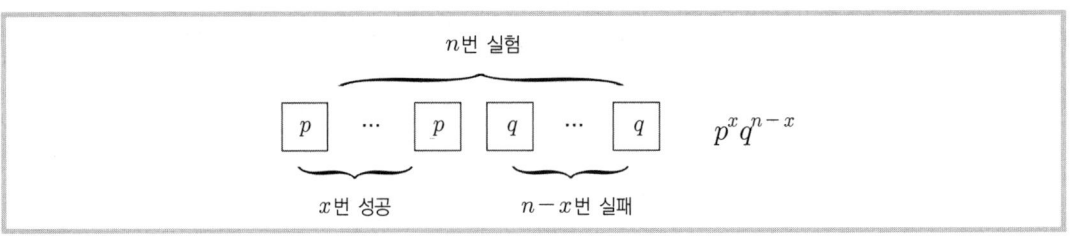

[그림 3.6] n번 실험에서 x번 성공하고 $n-x$번 실패하는 경우의 한 가지 모습

경우는 그림 3.6처럼 순서대로 (s,s,f)와 함께 (s,f,s), (f,s,s)도 해당되므로 $\binom{3}{2} = 3$만큼 나타난다. 따라서 n번 실험에서 x번 성공하는 경우의[4] 확률 질량 함수는

$$f(x) = \binom{n}{x} p^x q^{n-x} \tag{예3.1}$$

이다. 그리고 이항 분포의 누적 함수는

$$F(x) = P(X \leq x) = \sum_{k=0}^{x} \binom{n}{k} p^k q^{n-k} \tag{예3.2}$$

와 같다.

끝으로, 지금까지 설명한 이항 분포를 이끄는 실험을 이항 실험(binomial experiment)이라 하는데 이의 조건은

1. n번의 실험을 할 때 각 실험의 실험 조건은 같다.
2. 성공률 p와 실패율 q는 각 실험마다 일정하다.
3. 각 실험은 서로 독립적이어야 한다. 즉, 한 실험이 다른 실험에 영향을 주지 않아야 한다.

이다.

예제 3.5a 정직한 주사위를 던져 큰 수, 즉 5와 6이 나오면 이기는 게임을 생각해 보자. 10번을 경기하여 본전인 경우와 3번 이상 이길 확률을 찾아보자.

풀이 주사위의 결과는 여섯 가지이다. 그렇지만 5와 6을 관심 있는 수로 묶으면 성공 확률 p는 1/3이고 나머지 수, 즉 관심 없는 수는 4개로 실패 확률 q는 2/3가 된다. 따라서 본전, 즉 5번 이길 확률은 식 (예3.1)을 이용해

$$f(5) = \binom{10}{5} \left(\frac{1}{3}\right)^5 \left(\frac{2}{3}\right)^5 \approx 0.1366$$

과 같이 구할 수 있다. 또, 3번 이상 이길 확률은 3번을 포함해서 그 이상이므로 식 (예3.2)를 써서

$$1 - F(2) \approx 0.7009$$

로 계산할 수 있다. 이 예의 확률 질량 및 누적 분포 함수는 그림 3.7과 같다.

---

[4] 임의의 분포가 정의되기 위해서 반드시 결정되어야 하는 특성값을 파라미터(parameter)라 한다. 따라서 확률 변수 X가 이항 분포를 따를 때 파라미터와 함께 $X \sim B(n,p)$와 같이 나타내기도 한다.

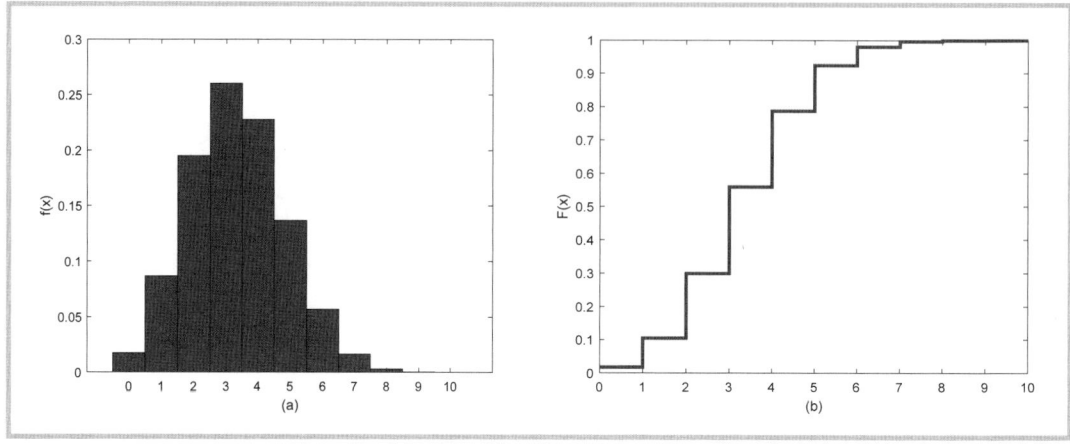

그림 3.7 이항 분포의 확률 질량 함수와 누적 분포 함수

예제 3.5b 회사에서 생산하는 나사가 불량품일 확률은 0.01이다. 나사를 10개 묶음으로 파는 이 회사는 묶음에서 불량품이 1개보다 많으면 제품값을 환불해 주겠다고 광고했다. 회사가 팔린 묶음에서 반품받게 될 확률에 대해 생각해 보자.

풀이 우선, 확률 변수 X를 묶음에 들어 있는 불량 나사의 개수로 정의하면 $n=10$와 $p=0.01$인 이항 분포 변수가 된다. 따라서 한 묶음이 반품될 가능성은 $P(X>1)$로

$$
\begin{aligned}
P(X>1) &= 1 - f(0) - f(1) \\
&= 1 - F(1) \\
&\approx 0.0043
\end{aligned}
$$

과 같다. 이 수치는 나사 한 묶음이 불량품이 1개 이상 있어 반품될 확률이다. 각 묶음이 서로 독립적이라고 하면 회사가 n개 묶음을 팔 때 반품될 묶음의 비율이 0.0043인 셈이다. 10,000 묶음을 팔면 43개 정도 반품될 운명이다. 따라서 또 다른 확률 변수 Y를 반품될 묶음의 개수로 두면 n이 판 묶음의 개수이고 성공 확률이 $p=0.0043$인 이항 분포를 따르게 된다. 만약 10묶음을 팔아서 2개가 반품될 률을 찾으려고 하면

$$
f(2) = \binom{10}{2}(0.0043)^2(0.9957)^8 \approx 0.0008
$$

따위로 시뮬레이션 해볼 수 있다.

예제 3.6 (Poisson 분포의 정의) **Poisson 분포**는 이항 분포에서 실험 횟수 n이 크고 성공률 p가 작은 경우를 위해 프랑스 수학자 푸와송(Poisson)이 제시하였지만 그 자체로 많은 응용 분야를 갖고 있는 분포이다. 특히, 이 분포는 시간이나 장소, 공간 따위의 일정 범위에서 일어나는 사건들을 과거의 통계학적

정보를 이용해 조사할 때 아주 유용하다. 예를 들면, 하루 동안 잘못 걸려온 전화의 수나 특정 공동체에서 100세 이상 사는 사람의 수, 야구 시즌에서 비로 경기가 중단되는 수 따위가 되겠다. 먼저, 이항 분포에서 n이 크고 p가 작아 $\lambda = np$가 크지도 작지도 않는 수가 된다고 하자. 그러면 이항 분포의 확률 질량 함수 $f(x)$는

$$f(x) = \binom{n}{x} p^x q^{n-x} \qquad \text{(예3.3)}$$
$$= \frac{n!}{(n-x)!x!} \left(\frac{\lambda}{n}\right)^x \left(1 - \frac{\lambda}{n}\right)^{n-x} \quad \leftarrow p = \frac{\lambda}{n}$$
$$= \frac{n(n-1)\cdots(n-x+1)}{n^x} \frac{\lambda^x}{x!} \frac{(1-\lambda/n)^n}{(1-\lambda/n)^x} \quad \leftarrow \text{지수법칙}$$
$$\approx e^{-\lambda} \frac{\lambda^x}{x!} \quad \leftarrow e^{-\lambda} = \lim_{n\to\infty}\left(1-\frac{\lambda}{n}\right)^n \text{와 } 1 = \lim_{n\to\infty}\left(1-\frac{\lambda}{n}\right)^x$$

와 같이 정리할 수 있다. 즉, 푸와송 분포 $P(\lambda)$는 2개의 파라미터를 갖는 이항 분포 $B(n,p)$을 1개의 파라미터 $\lambda = np$로 줄여서 근사할 수 있다. 물론 위에서 밝힌 자신만의 적용 분야에 특화된 분포인 것은 당연하다. 푸와송 누적 확률 분포는

$$F(x) = \sum_{k=0}^{x} e^{-\lambda} \frac{\lambda^k}{k!} \qquad \text{(예3.4)}$$

이다.

예제 3.7 통계에 따르면 학교 앞 사거리에서 발생한 (분기) 평균 교통사고는 4건이었다. 올해 4분기에 사거리에서 2건 이하로 교통사고가 일어날 확률을 생각해 보자.

풀이 X를 사거리에서 일어나는 교통사고의 수라고 하면 $X \sim P(\lambda = 4)$이다. 따라서

$$P(X \le 2) = f(0) + f(1) + f(2)$$
$$= e^{-4} + 4e^{-4} + \frac{4^2}{2}e^{-4} \approx 0.2381$$

과 같다. 만약 이 문제를 이항 분포로 근사해 보면 $np = 4$에서 $n = 10$일 때 $p = 0.4$로 두고 시뮬레이션 해 볼 수 있다. 물론 이 경우는 Poisson 분포로 구한 값과 많이 다를 것이다. n은 커야 하고 p는 작아야 하기 때문이다. 아래의 표는 이항 분포로 n을 키워 가면서 구한 확률을 요약한 것이다.

$P(4)$	$B(10,0.4)$	$B(50,0.08)$	$B(100,0.04)$	$B(1000,0.004)$
0.2381	0.1673	0.2260	0.2321	0.2375

예상한 대로 실험 횟수가 크고 성공률이 작아질 때 Poisson 분포로 수렴한다. 그림 3.8은 Poisson 분포의 확률 질량 및 누적 분포를 나타낸 것이다.

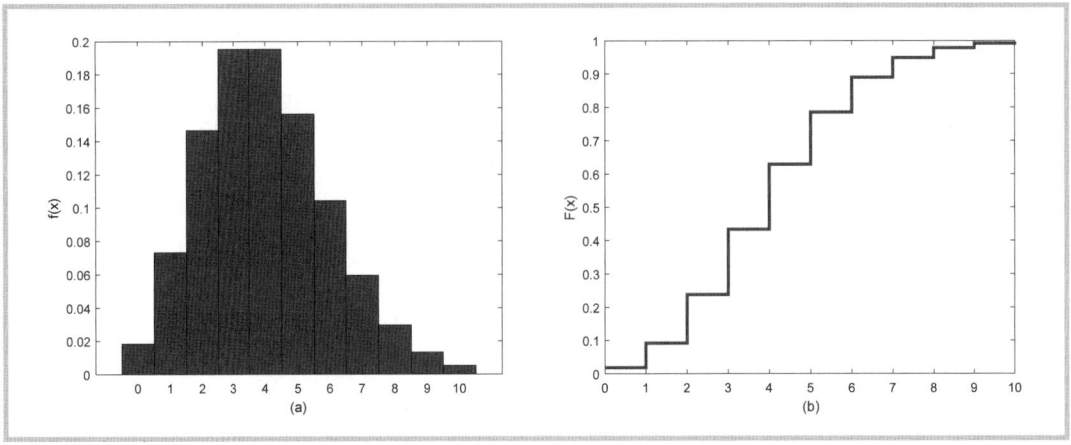

그림 3.8   Poisson 분포의 확률 질량 함수와 누적 분포 함수

연속 확률 변수(continuous probability variable)는 그림 3.2와 같이 샘플 공간이 수직선, 즉 실수의 구간으로 나타나는 변수이다. 이산 확률 변수가 수직선 위의 이웃한 두 수 사이를 구분할 수 있는 반면에 연속 확률 변수는 그럴 수 없어 $P(X=x)$와 같이 한 점에 대한 확률이 0인 것이 특징이다. 예들 들어, 자신의 키를 잰다고 생각해 보자. 173cm 라고 믿는데 실제로 172.99cm인지 173.01cm인지 말할 수 없다. 설사 안다고 하더라도 172.99cm와 173.01cm 사이에 있는 수많은 수 중에 173cm라는 한 수는 확률로 치면 0이기 때문에 나오기가 불가능한 수일 뿐이다. 그래서 연속 확률 변수를 사용할 땐 언제나 $P(a < X \le b)$나 $P(X \ge b)$, 혹은 $P(X < a)$와 같이 범위를 정해야 한다. 물론 이 경우에 등식의 구실, 즉 구간의 끝점을 포함하든지 그렇지 않든지 아무 영향을 주지 않는다. 왜냐하면

$$P(a < X \le b) = P(a < X < b) + P(X=b) = P(a < X < b)$$

이기 때문이다.

연속 확률 변수의 확률 분포 함수(probability distribution function) $f(x)$는 확률의 공리를 만족하면서 이산 분포와 호응하기 위해 다음의 관계식으로 정의된다.

$$\int_{-\infty}^{\infty} f(x)dx = 1 \tag{3.4}$$

$$P(a < X < b) = \int_{a}^{b} f(x)dx \tag{3.5}$$

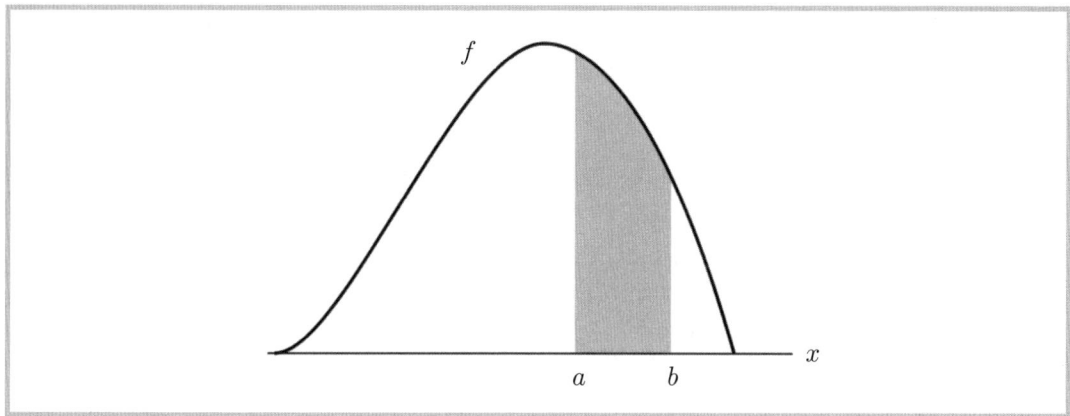

그림 3.9 확률 밀도 함수를 이용해 구한 $P(a < X < b)$

여기서 식 (3.4)는 확률의 공리인데 $f(x)$의 차원이 확률 변수의 차원으로 나누어진 밀도 형식이므로 **확률 밀도 함수**(probability density function)이라고도 한다. 그리고 식 (3.5)는 확률의 정의에 따라 전체 면적이 1인 샘플 공간에서 a에서 b까지 차지하는 관심 사건의 면적으로 그림 3.9의 색칠된 부분과 같다.

예제 3.8a 연속 확률 변수 X가 다음과 같은 확률 밀도 함수를 가질 때 계수 c를 결정하고, 아울러 $P(0 < X < 1)$도 찾아보자.

$$f(x) = \begin{cases} c(4x - 2x^2) & 0 < x < 2 \\ 0 & \text{otherwise} \end{cases}$$

풀이 확률 밀도 함수는 반드시 식 (3.4)를 만족해야 하므로, 즉

$$c \int_0^2 (4x - 2x^2)\,dx = 1$$

로부터 $c = 3/8$과 같이 구할 수 있다. 따라서 이 계수를 이용하여 제시된 확률을 구하면

$$\begin{aligned} P(0 < X < 1) &= \int_0^1 f(x)\,dx \\ &= \frac{3}{8} \int_0^1 (4x - 2x^2)\,dx = \frac{1}{2} \end{aligned}$$

과 같다.

예제 3.8b 컴퓨터가 작동을 멈출 때까지 작업할 수 있는 시간은 연속 확률 변수로 모델링할 수 있으며 다음과 같은 확률 밀도 함수를 갖는다고 가정한다.

$$f(x) = \begin{cases} \lambda e^{-x/100} & x \geq 0 \\ 0 & x < 0 \end{cases}$$

1) 컴퓨터가 작동을 멈추기 전에 50시간에서 150시간 사이로 작동할 확률과 2) 100시간 이상을 사용하지 못할 확률을 구해 보자.

풀이 먼저, $f(x)$가 확률 밀도 함수인지 검증해 보아야 한다. 즉, 식 (3.4)를 만족하는지 따져야 하는데 적분을 수행하면

$$\lambda \int_0^\infty e^{-x/100} dx = -\lambda(100)e^{-x/100} \mid_0^\infty = 100\lambda$$

이므로 $\lambda = 1/100$이 된다. 다음, 식 (3.5)을 써서 $P(50 < X < 150)$을 구하면

$$\int_{50}^{150} \frac{1}{100} e^{-x/100} dx = -e^{-x/100} \mid_{50}^{150} = e^{-1/2} - e^{-3/2} \approx 0.3834$$

와 같고, $P(X < 100)$는 똑같은 적분에 구간만 바꾸어

$$\int_0^{100} \frac{1}{100} e^{-x/100} dx = -e^{-x/100} \mid_0^{100} = 1 - e^{-1} \approx 0.6321$$

과 같이 구할 수 있다.

연속 확률 변수의 누적 함수 $F(x)$는 $P(X < x)$을 뜻하므로

$$F(x) = \int_{-\infty}^x f(\xi)d\xi, \quad -\infty < x < \infty \tag{3.6}$$

와 같다. 따라서 임의의 구간에 대한 확률 $P(a < X < b)$는 누적 함수를 쓰든가 식 (3.5)의 확률 밀도 함수를 쓰든가 하여

$$P(a < X < b) = F(b) - F(a) = \int_a^b f(x)dx$$

와 같이 구할 수 있으므로

$$f(x) = \frac{dF(x)}{dx} \tag{3.7}$$

의 관계를 갖는다. 식 (3.7)은 확률 질량 함수를 직접 찾기가 어려운 환경에서 누적 함수를

통해 간접적으로 구할 수 있는 여건을 제공한다는 측면에서 가치가 있다. **확률 분포 함수는 확률 변수의 생명**이다. 관심 있는 변수의 값이 불확실한 상황에서 공학의 구실을 제대로 하려면 오차의 평가와 더불어 변하는 값의 추정과 추정한 값의 검증 따위를 수행해야 하는데 확률 분포가 없이는 불가능하기 때문이고 이것이 공학도가 통계학적 지식을 지녀야 하는 까닭이기도 하다.

예제 3.9 실험실에서 사용하는 측정 장비는 다음과 같은 확률 밀도 함수를 가지는 오차를 만든다. 누적 함수를 써서 확률 $P(0 < X < 1.5)$을 계산해 보자.

$$f(x) = \begin{cases} \dfrac{x^2}{3} & -1 < x < 2 \\ 0 & \text{otherwise} \end{cases}$$

풀이 확률 함수와 관련해선 무엇을 하든 해당 함수가 확률 밀도 함수의 조건을 만족하는지 조사부터 해야 한다. 따라서

$$\int_{-1}^{2} f(x)\,dx = \int_{-1}^{2} \frac{x^2}{3}\,dx = \frac{x^3}{9}\,\Big|_{-1}^{2} = 1$$

과 같이 수행하여 확인한다. 다음, 누적 함수 $F(x)$를 구한다. 물론 확률 밀도 함수로 제시된 확률을 구할 순 있지만 응용면에서 보면 $F(x)$가 활용 빈도가 높기 때문에 연습삼아 해보는 것도 좋을 것이다. 즉,

$$F(x) = \int_{-\infty}^{x} f(\xi)\,d\xi = \int_{-1}^{x} \frac{\xi^2}{3}\,d\xi = \frac{x^3 + 1}{9}$$

과 같고, 이때 확률 $P(0 < X < 1.5)$은

$$P(0 < X < 1.5) = F(1.5) - F(0) = \frac{35}{72} - \frac{1}{9} = \frac{3}{8}$$

이다.

　　그림 3.10은 예제 3.9에 대한 확률 밀도 및 누적 분포 함수인데 누적 분포에 이 함수를 활용하는 또 다른 방법을 나타내 보였다. 누적 분포 함수는 $P(X \le x)$를 구하는 것이 목적이었다. 하지만, 확률 변수 X의 값이 얼마가 되어야 신뢰성(confidence)이나 유의성(significance) 측면에서 보장 받을 수 있을까 하는 의문이 들지 않을 수 없다. 이를 테면, 그림 3.10(b)처럼 X에 할당될 값이 X가 가질 수 있는 값 중에서 아래로 0.375의 비율로, 혹은 위로 0.625의 비율로 구분하려면 어떤 값이 되어야 하는지 꼭 알아야 할

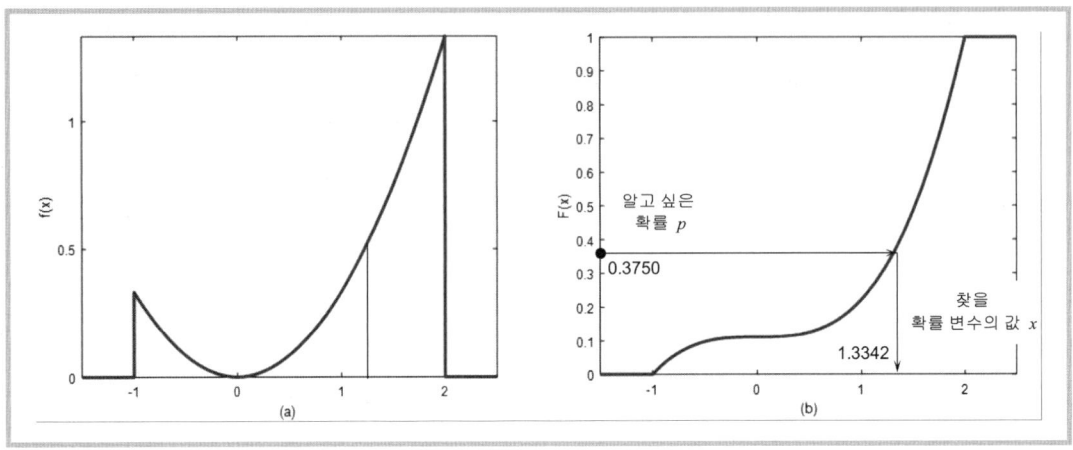

그림 3.10 예제 3.9의 확률 밀도 및 누적 분포 함수

경우가 있다.

　대학 입학생이 자신의 점수가 상위 몇 %인지 알고 싶은 것도 당연하고, 또 상위 10%는 몇 점에서 갈리는지도 알고 싶다. 이와 같이 확률 변수 X가 가질 범위에서 상위 몇 %의 값은 누적 분포 함수의 역함수를 통해 알 수 있는데 이를 **역누적 분포 함수**(inverse cumulative distribution function)라 한다. 물론 이 함수는 구하기가 까다롭거나 아예 불가능한 경우도 있다. 이산 확률 함수를 보면 알 수 있듯이 불연속 함수이거나 식이 복잡하고 연속 확률 함수인 경우도 중요한 분포는 대개 초월함수를 포함하기 때문이다. 그래서 확률 및 통계의 해석에선 누적 함수에 대해 모든 가능한 값에 대한 표를 만들어 놓고 필요할 때마다 표를 거꾸로 참조하는 방식을 택한다. 요즘은 컴퓨터 소프트웨어가 어려운 역함수 알고리즘을 담거나 관련 표를 데이터베이스로 구축할 수 있으니 큰 문제는 아니지만 컴퓨터를 사용할 수 없는 환경에선 여전히 표가 필요하고 이 때문에 모든 확률 및 통계 교재는 부록으로 표를 수록하고 있다.

　연속 확률 분포에 대한 설명을 마치기 전에 이산 확률 분포의 경우처럼 예제를 통해 생활 주변이나 학문 현장에서 널리 사용되는 분포 두 가지를 간략히 소개한다. 원래는 새로운 장을 열어 어느 정도 자세히 설명하는 것이 맞지만 이 책의 목적이 확률의 기초와 추론 통계학의 이해에 있으므로 몇몇 유용한 분포의 소개와 이의 실생활 응용은 이산 분포의 경우와 마찬가지로 예와 함께 살펴보기로 한다.

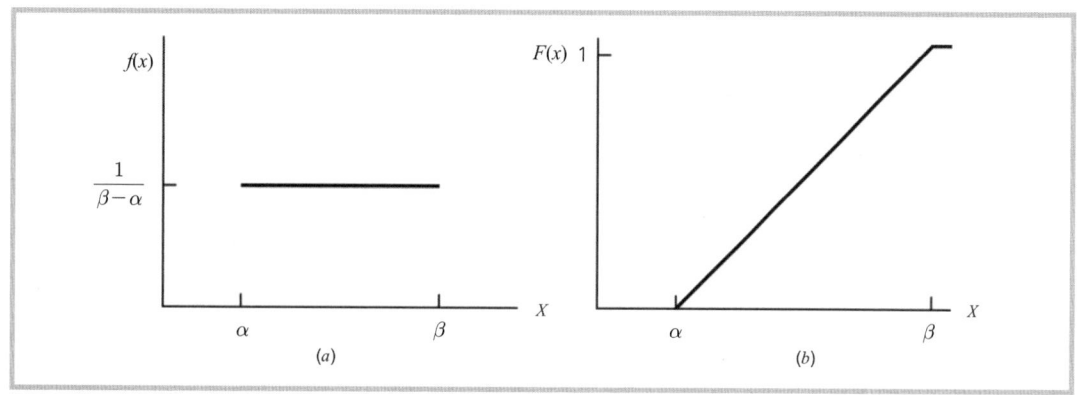

그림 3.11 균등 분포의 확률 밀도 및 누적 분포 그래프

예제 3.10 (균등 분포의 정의) **균등 분포**(uniform distribution)는 연속 분포 중에서 가장 다루기 쉽지만 확률 변수 X의 값을 골고루 추출한다는 점에서 컴퓨터 시뮬레이션 분야 따위에 널리 활용될 수 있는 분포이다. 이 분포는 말 그대로 X의 최소점 α에서 최대점 β까지 확률 분포가 그림 3.11(a)처럼 평평하게 정의되고 이의 누적 분포는 3.11(b)와 같다. 즉,

$$f(x) = \begin{cases} \dfrac{1}{\beta-\alpha} & \alpha \le x \le \beta \\ 0 & \text{otherwise} \end{cases} \qquad \text{(예3.5)}$$

인데 눈으로 확인할 수 있듯이 왼쪽의 수평선 아래쪽 면적은 1이고 오른쪽의 직선 기울기는 $1/(\beta-\alpha)$이다. 따라서 $P(a < X < b)$는

$$P(a < X < b) = \frac{1}{\beta-\alpha} \int_a^b dx$$
$$= F(b) - F(a) = \frac{b-a}{\beta-\alpha}$$

이 된다. 균등 분포의 파라미터는 분포의 양 끝점 α와 β 2개로 X가 균등 분포를 따를 땐 $X \sim U(\alpha, \beta)$와 같이 표시한다.

예제 3.11a 통학 버스가 지정된 정류장을 아침 7시부터 시작하여 15분 간격으로 운행된다. 한 승객이 7시부터 7시 30분 사이 어느 때든 (균등하게) 정류장에 도착할 때 도착부터 1) 채 5분도 기다리지 않을 확률과 2) 10분 이상 기다릴 확률을 생각해 보자.

풀이 먼저, 확률 변수 X를 승객이 7시 이후에 정류장에 도착하는 시간(분)으로 두면 $X \sim U(0, 30)$로 $f(x) = 1/30$이다. 그러면 승객이 최대 5분을 기다리기 위해선 7:10과 7:15 사이, 그리고 7:25과 7:30 사이에 도착해야만 하므로

$$P(10 < X < 15) + P(25 < X < 30) = \int_{10}^{15} \frac{1}{30} dx + \int_{25}^{30} \frac{1}{30} dx = \frac{1}{3}$$

과 같다. 다음, 같은 식으로 생각하여 승객이 10분 이상 기다려야 하는 경우는

$$P(0 < X < 5) + P(15 < X < 20) = \frac{1}{3}$$

이 된다.

예제 3.11b 바다 농장에서 생산된 진주 조개가 품은 진주의 지름은 mm 단위로 $U(0,10)$을 따른다. 1) 상업성이 있도록 최소한 4mm 이상의 진주를 채굴할 확률과 2) 1)의 조건에서 10개의 진주 조개를 생산했을 때 7개 이상이 상업성 있는 진주가 될 확률을 따져 보자.

풀이 채굴된 진주의 지름을 X라고 하면 $X \sim U(0,10)$이므로 $P(X \geq 4)$는

$$P(X \geq 4) = 1 - F(4) = 0.6$$

과 같다. 다음, 확률 변수 Y를 지름이 4mm 이상인 진주의 개수로 두면 $Y \sim B(10, 0.6)$와 같이 이항 분포를 따른다고 생각할 수 있다. 따라서

$$P(Y \geq 7) = \sum_{x=7}^{10} \binom{10}{x} 0.6^x 0.4^{10-x} \approx 0.3823$$

로 계산할 수 있다.

예제 3.12 (정규 분포의 정의) **정규 분포**(normal distribution)는 인위적이지 않은 대부분의 자연 현상의 결과를 모델링할 수 있는 분포로 사람의 키 분포부터 가스 상태의 분자가 사방으로 퍼지는 속도 분포, 혹은 물체의 측정에서 발생하는 오차 분포 따위가 되겠다. 이 분포는[5] 종(bell) 모양의 대칭 형상으로 확률 밀도 함수는

$$f(x) = \frac{1}{\sigma \sqrt{2\pi}} e^{-(x-\mu)^2/2\sigma^2} \qquad -\infty < x < \infty \qquad (예3.6)$$

와 같이 정의되고, 이때 μ는 분포의 평균이고 σ는 표준 편차이다. 이 분포가 확률 밀도 함수가 되려면 X의 전 영역에서 적분하여 1이 되는 것을 보여야 하는데 이렇다. 우선, 지수 부분의 표현을 $z = (x - \mu)/\sigma$ 로 치환하여

$$P(-\infty < X < \infty) = \frac{1}{\sqrt{2\pi}} \int_{-\infty}^{\infty} e^{-z^2/2} dz$$

---

[5] 정규 분포는 1733년 프랑스 수학자 DeMoivre가 이항 분포에서 시행 횟수가 아주 클 때 사용하도록 고안했지만 독일의 수학자 Gauss가 1803년 천체의 위치를 밝히는데 이를 적용하여 이의 합당성과 유용성을 입증하였으므로 **가우스 분포**(Gaussian distribution)라고도 한다.

로 바꾸면 적분 부분이 $\sqrt{2\pi}$ 이 될 때 증명이 된다. 사실 이 적분은 피적분 함수의 부정 적분이 익숙하지 않는 형태라[6] 다루기가 만만찮지만 굳이 해석하자면 적분 부분을 A라 놓고 이의 제곱을 취한 후에, 즉

$$A^2 = \left(\int_{-\infty}^{\infty} e^{-z^2/2} dz \right)^2$$
$$= \int_{-\infty}^{\infty} e^{-x^2/2} dx \int_{-\infty}^{\infty} e^{-y^2/2} dy = \int_{-\infty}^{\infty} \int_{-\infty}^{\infty} e^{-(x^2+y^2)/2} dx dy$$

에 대해 극좌표를 이용하면

$$A^2 = \int_0^{\infty} \int_0^{2\pi} e^{-r^2/2} r d\theta dr$$
$$= 2\pi \int_0^{\infty} r e^{-r^2/2} dr$$
$$= -2\pi e^{-r^2/2} \mid_0^{\infty} = 2\pi$$

와 같이 계산할 수 있으므로 $A = \sqrt{2\pi}$ 이 된다. 다음, 정규 분포의 누적 분포 함수는 식 (예3.6)을 $-\infty$에서 임의의 x까지 적분하여 구하는데 확률표의 생성을 위해 지수 부분을 먼저 치환한다. 즉,

$$F(x) = \frac{1}{\sqrt{2\pi}} \int_{-\infty}^{x} e^{-z^2/2} dz \qquad \text{(예3.7)}$$

로 되고, 이때 $z = (x-\mu)/\sigma$이다. 그리고 정규 분포는 대칭이기 때문에 $P(X < -x)$와 $P(X > x)$이 똑같다. 다시 말하면, $F(-x) = 1 - F(x)$로 $-x$의 좌측 부분 면적과 x의 우측 부분 면적, 즉 1에서 x의 좌측 부분 면적을 뺀 면적이 똑같다. 끝으로, 정규 분포는 평균 μ와 표준 편차 σ를 (혹은 분산 σ^2을) 파라미터로 가지며 $N(\mu, \sigma(\text{혹은 } \sigma^2))$와 같이 나타낸다.

예제 3.13a 확률 변수 X는 평균이 3이고 분산이 9인 정규 분포를 따른다. $P(2 < X < 5)$와 $P(X > 1)$, 그리고 $P(\mid X - 3 \mid > 5)$를 구해 보자.

풀이 정규 분포는 활용 빈도가 높지만 컴퓨터 없이 식 (예3.6)인 PDF로[7] 확률을 계산하려면 그렇게 쉽지는 않다. 식 (예3.7)인 CDF를 이용한다 하더라도 마찬가지인데 그림 3.12에 확률 $P(2 < X < 5)$이 차지하는 영역을 개념적으로 표시해 놓았다. 여러분은 해당 적분을 쉽게 계산할 수 있는가? 모든 분포가 그렇듯이 정규 분포도 표를 만들어 놓았다. 그렇지만 μ와 σ 각각의 값에 대해 다 표를 만들 순 없는 노릇이다. 그래서 μ가 0이고 σ가 1인 정규 분포로 표준화한 분포에 대해 표를 제작해 놓고 임의의 μ와 σ를 항상 0과 1로 변환하여 CDF로, 또 그 역의 과정을 밟아 ICDF로 사용한다.

---

[6] 공학에서 이와 같은 적분은 보통 오차 함수(error function)의 형태로 해를 표현한다.
[7] 확률 밀도 함수는 PDF로, 누적 분포 함수는 CDF로, 그리고 역누적 함수는 ICDF로 간략히 나타내기도 한다.

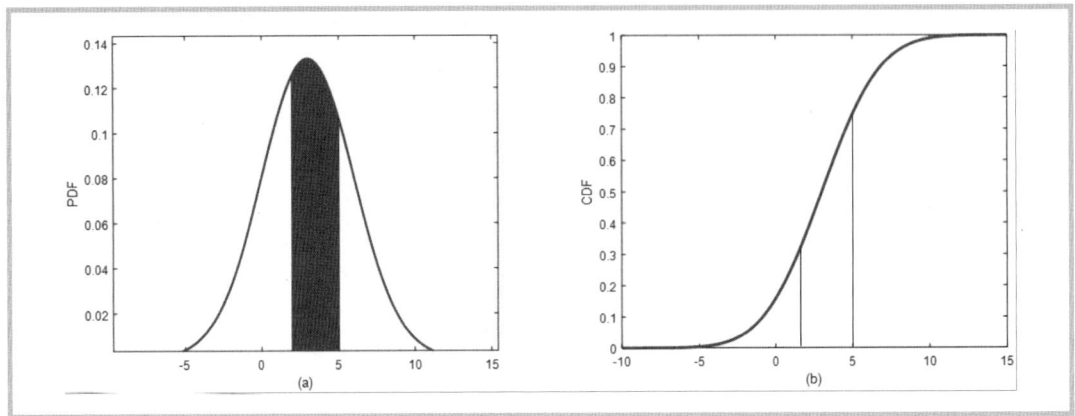

그림 3.12 예제 3.13a의 $P(2 < X < 5)$를 구하는 PDF와 CDF

이렇게 표준화된 정규 분포를 **표준 정규 분포**(standard normal distribution) 혹은 **Z 분포**라 하고 $Z \sim N(0, 1)$을 뜻한다.

Z 분포의 값 z는 1장에서 배운 표준 점수이다. 확률 변수가 $X \sim N(\mu, \sigma)$인 것을 Z로 바꾸는 변환식을 여기서 다시 소개하면 다음과 같다.

$$Z = \frac{X - \mu}{\sigma} \tag{예3.8}$$

즉, 평균이 μ인 X에서 μ를 빼 0으로 만들고 표준 편차가 σ인 것을 1로 만들기 위해 이로 나눈 것이 Z 분포의 값 z이다. 따라서 확률 $P(2 < X < 5)$는

$$\begin{aligned} P(2 < X < 5) &= P\left(\frac{2-3}{3} < \frac{X-\mu}{\sigma} < \frac{5-3}{3}\right) \\ &= P\left(-\frac{1}{3} < Z < \frac{2}{3}\right) \\ &= F\left(\frac{2}{3}\right) - F\left(-\frac{1}{3}\right) \\ &= 0.7475 - 0.3694 \approx 0.3781 \end{aligned}$$

와 같이 표준화 작업을 거친 후에 확률표를 통해 계산할 수 있다.

표 3.1은 이 문제를 풀 때 필요한 표준 정규 분포의 한 부분으로 z의 값은 첫 번째 열과 첫 번째 행에 나누어 표시되어 있고 해당 확률은 서로 교차하는 곳, 즉 회색의 사각형 안에 적혀 있다. 물론 $z_2 = 2/3 = 0.667$과 $z_1 = -1/3 = -0.3333$은 표에 나타나 있지 않다. 하지만 확률표엔 대표적인 값만 나와 있기 때문에 필요한 값은 선형 보간이 필요하다. 이를 테면, z_1이 -0.33에선 확률이 0.3707이고 -0.34에선 0.3669이므로 -0.3333에선 0.3694로 보간하는 식이다.

두 번째 문제인 $P(X > 1)$도 마찬가지다. 확률표가 표준 정규 누적 분포의 확률, 즉 주어진 값 z에서 왼쪽으로 차지하는 면적이므로 $P(X > 1) = 1 - P(X < 1)$와 같이 구하면 된다. 그리고 세

표 3.1 표준 정규 분포의 CDF를 위한 한 부분

z	.09	.08	.07	.06	.05	.04	.03	.02	.01	.00
.					...					
−0.4	.3121	.3156	.3192	.3228	.3264	.3300	.3336	.3372	.3409	.3446
−0.3	.3483	.3520	.3557	.3594	.3632	.3669	.3707	.3745	.3783	.3821
−0.2	.3859	.3897	.3936	.3974	.4013	.4052	.4090	.4129	.4168	.4207
.					...					

z	.00	.01	.02	.03	.04	.05	.06	.07	.08	.09
.					...					
0.5	.6915	.6950	.6985	.7019	.7054	.7088	.7123	.7157	.7190	.7224
0.6	.7257	.7291	.7324	.7357	.7389	.7422	.7454	.7486	.7517	.7549
0.7	.7580	.7611	.7642	.7673	.7704	.7734	.7764	.7794	.7823	.7852
.					...					

번째 문제인 경우는 먼저 절댓값 원리를 적용해 절댓값 표시를 없앤 후에 위의 과정을 밟으면 된다. 즉,

$$P(\ |\ X-3\ |\ < 5) = P(X-3 < -5) + P(X-3 > 5) = P(X < -2) + P(X > 8)$$

처럼 조작한 다음에 표준화를 실시하여

$$P\left(\frac{X-\mu}{\sigma} < \frac{-2-3}{3}\right) + P\left(\frac{X-\mu}{\sigma} > \frac{8-3}{3}\right) = P(Z < -5/3) + P(Z > 5/3)$$
$$= F(-5/3) + 1 - F(5/3)$$
$$= 0.0478 + 1 - 0.9522 \approx 0.0956$$

와 같이 구한다.

예제 3.13b 한국의 S 기업은 이사회를 통해 2023년 신입 사원을 시험 성적이 상위 10%인 지원자만 채용하기로 결정하였다. 시험 성적은 평균이 60이고 표준 편차가 15인 정규 분포를 따른다고 할 때 몇 점을 받아야 채용될 수 있는지 생각해 보자.

풀이 이 문제는 앞의 예제와 달리 표준 분포 곡선에서 오른쪽 영역의 면적이 10%, 즉 0.1이 되는 표준 점수를 구해야 하는 문제이다. 표준 점수를 구한 후에 해당하는 확률, 즉 관련 영역의 면적을 구하는 CDF 문제와 완전 반대인 ICDF 문제가 된다. 따라서 표 3.2의 가운데 부분에서 0.9에[8] 해당하는 표준 점수 z를 먼저 찾아야 한다. 물론 이 경우도 보간이 필요한데 적절한 과정을 거쳐 표 3.2에 나타낸 바와 같이 $z \approx 1.282$로 나왔다.

표준화를 통해 표준 점수 z를 구했으므로 다시 정상화를 거쳐 실제 점수를 구하는 일이 남았다. 즉, $N(0,1)$에서 $N(\mu,\sigma)$로 제자리를 찾아야 하는데 식 (예3.8)을 참조하여

---

[8] 표준 정규 분포표는 CDF에 대한 표이므로 상위 10%, 즉 오른쪽 영역의 면적이 0.1이라는 것은 왼쪽 영역의 면적이 0.9에 해당하므로 표에서 0.9를 찾아야 한다.

표 3.2 표준 정규 분포의 ICDF를 위한 한 부분

z	.00	.01	.02	.03	.04	.05	.06	.07	.08	.09
.					...					
1.1	.8643	.8665	.8686	.8708	.8729	.8749	.8770	.8790	.8810	.8830
1.2	.8849	.8869	.8888	.8907	.8925	.8944	.8962	.8980	.8997	.9015
1.3	.9032	.9049	.9066	.9082	.9099	.9115	.9131	.9147	.9162	.9177
1.4	.9192	.9207	.9222	.9236	.9251	.9265	.9279	.9292	.9306	.9319
.					...					

(0.082 표시가 .08 열 위에 있음)

$$X = \mu + \sigma Z \qquad \text{(예3.9)}$$

로 X = (60)+(15)(1.282) = 79.23와 같이 구할 수 있다. 따라서 입사 시험에서 대략 80점 이상을 얻어야 채용될 수 있을 것이다.

3.3 결합 확률 분포

지금까지 살펴 본 확률 분포는 실험의 결과를 샘플 공간에 기록할 때 하나의 확률 변수만 고려하였다. 이른바 **1차원적 샘플 공간**(1-dimensional sample space)만 따졌는데 현실에선 여러 가지의 확률 변수를 동시에 생각해야 할 때가 많다. 실험실에서 기계 재료를 시험하면서 재료의 강도 S와 경도 H가 관심 대상이 되어 시험 과정마다 두 값 (s, h)를 기록해야 하고, 또 사회 장학금의 수여 기준으로 학교 성적과 봉사 활동을 함께 참조하는 경우 따위인데 모두 **2차원적 샘플 공간**(2-dimensional sample space)이 되겠다. 이와 같이 2개 이상의 확률 변수가 함께 일어나거나 한 변수가 다른 변수에 주는 영향 등을 연구할 때 쓰는 분포를 **결합 확률 분포**(joint probability distribution)라 한다.

2개의 이산 확률 변수 X와 Y가 동시에 일어나는 확률 $P(X=x, Y=y)$와 연속 확률 변수가 임의의 두 구간, 즉 임의의 영역 A에 일어나는 확률 $P[(X, Y) \in A]$는 결합 (확률) 분포 함수 $f(x, y)$를 써서 다음과 같이 정의된다. 즉,

$$f(x,y) = \begin{cases} P(X=x, Y=y) & \text{(이산 변수인 경우)} \\ \iint_A f(x,y)\,dxdy & \text{(연속 변수인 경우)} \end{cases} \qquad (3.8)$$

와 같다. 물론 $f(x,y)$는 확률의 두 공리인 1) $f(x,y)$는 모든 x와 y에 대해 0보다 크고 1보다 작아야 하고 2) 모든 샘플 공간에 대한 확률의 합은 1이어야 한다는 조건을 만족해야

하는데 2)의 경우를 식으로 나타내면

$$\begin{cases} \displaystyle\sum_x \sum_y f(x,y) = 1 & \text{(이산 변수인 경우)} \\ \displaystyle\int_{-\infty}^{\infty}\int_{-\infty}^{\infty} f(x,y)\,dxdy = 1 & \text{(연속 변수인 경우)} \end{cases}$$

이 된다.

예제 3.14a 항아리에 빨간 공 3개와 흰 공 4개, 그리고 파란 공 5개가 들어 있다. 항아리에서 무작위로 3개를 꺼내는 실험을 할 때 결합 분포 함수 $f(x,y)$와 $P[(X,Y)\in A]$을 찾아보자. 여기서 $X=x$는 빨간 공의 개수이고 $Y=y$는 흰 공의 개수, 그리고 $A=\{(x,y)\mid x+y\le 1\}$이다.

풀이 항아리에서 무작위로 공을 뽑기 때문에 각 공이 선택될 기회는 같다. 따라서 전체 12개의 공에서 3개를 뽑을 때 빨간 공 3개에서 x개, 흰 공 4개에서 y개, 그리고 파란 공 5개에서 $3-x-y$개를 선택할 확률을 공식으로 만들면

$$f(x,y) = \frac{\binom{3}{x}\binom{4}{y}\binom{5}{3-x-y}}{\binom{12}{3}}$$

와 같고, 이때 $f(0,2)$은 빨간 공 0개와 흰 공 2개, 그리고 파란 공 1개가 뽑힐 확률이다.

위와 같은 공식이 간편하고 다른 곳에 응용할 때도 편해서 좋지만 전체 확률을 일목요연하게 관찰하기에는 불편하다. 따라서 이산 변수인 경우에는 표 3.3과 같이 표로 정리하는 것이 보기 편하고 결합 분포에서 조건부 확률이나 주변 확률을 파악하기도 좋다. 표 3.3에서 열의 합 줄에 나오는 각각의 확률은 $h(y)$, 그리고 행의 합 줄은 $g(x)$를 뜻하는 주변 확률로 2장에서 이원분류표를 설명하면서 소개한 바 있다. 다음, $P[(X,Y)\in A]$는 이산 확률 변수의 임의 영역이 $A=\{(x,y)\mid x+y\le 1\}$이므로

표 3.3 예제 3.14a의 결합 분포 확률

$f(x,y)$		y 0	1	2	3	Row Totals
x	0	1/22	2/11	3/22	1/55	21/55
	1	3/22	3/11	9/110	0	27/55
	2	3/44	3/55	0	0	27/220
	3	1/220	0	0	0	1/220
Column Totals		14/55	28/55	12/55	1/55	1

$$P[(X,Y)\in A] = \sum\sum_{A} f(x,y)$$
$$= f(0,0) + f(0,1) + f(1,0)$$
$$= \frac{1}{22} + \frac{2}{11} + \frac{3}{22} = \frac{4}{11}$$

와 같이 계산될 수 있다.

예제 3.14b 광물 채굴 회사가 한 지역의 광석 샘플을 채취해 경제적 가치가 있는지 확인하려고 아연과 철의 함유량을 조사한다. X를 아연의 함유량이라 하고 Y를 철의 함유량이라 할 때 $P(0.8 < x < 1.0, 25.0 < y < 30.0)$ 을 구해 보자. 단, 두 변수의 결합 분포 함수는 다음과 같고, 이때 $0.5 < x < 1.5$와 $20.0 < y < 35.0$이다.

$$f(x,y) = \frac{39}{400} - \frac{17(x-1)^2}{50} - \frac{(y-25)^2}{10000}$$

풀이 연속 변수인 경우는 과거의 실험이나 경험에서 분포 함수를 얻는 경우가 많으므로 먼저 분포 함수의 기본 성질을 충족하는지 잘 따져 보아야 한다. 즉, 그림 3.13에서 xy 평면과 곡면 사이의 면적이 1이 되는지 살펴야 하는데

$$\int_{x=0.5}^{1.5} \int_{y=20}^{35} f(x,y)dydx = 1$$

을 직접 수행하여 확인할 수 있다.

다음, 확률 $P(0.8 < x < 1.0, 25.0 < y < 30.0)$을 구하기 위해 각 범위에서 적분하면

$$\int_{x=0.8}^{1.0} \int_{y=25}^{30} f(x,y)dydx \approx 0.0921$$

과 같다.

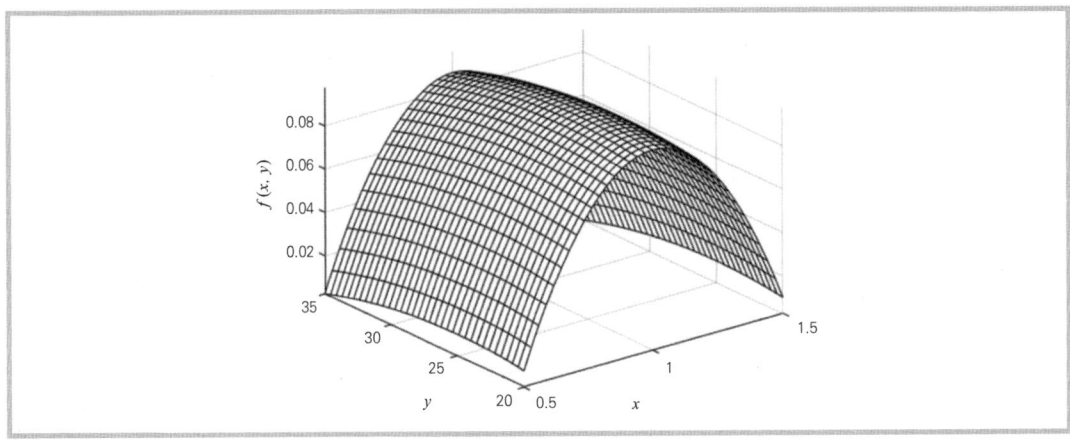

그림 3.13 예제 3.14b의 결합 분포 함수 $f(x,y)$에 대한 그래프

예제 3.14b에서 이원분류표를 제시하며 이산 변수인 경우엔 표가 여러 관련 정보까지 얻을 수 있어 유용하다고 했는데 그 중에서 대표적인 것이 주변 확률 분포와 조건부 확률 분포의 계산이다. 우선, **주변 확률 분포**(marginal probability distribution)는 2장에서 언급했듯이 분류표의 여백에 적을 수 있다고 해서 붙은 이름이다. 표 3.3에서 보듯이 표 오른쪽 편에 있는 확률은 $f(x, y)$에서 x만의 함수 $g(x)$, 즉 주변 분포를 나타낸다. x를 하나의 값으로 고정하고 y를 바꾸어 가면서 구한 확률을 다 보탠 것이 되겠다. 표 아래쪽 편에 있는 확률, 즉 $h(y)$도 같은 방식으로 구할 수 있는데 식으로 요약하면 다음과 같다.

$$g(x) = \begin{cases} \sum_y f(x,y) \\ \int_{-\infty}^{\infty} f(x,y)dy \end{cases} \text{또는 } h(y) = \begin{cases} \sum_x f(x,y) & \text{(이산 변수인 경우)} \\ \int_{-\infty}^{\infty} f(x,y)dx & \text{(연속 변수인 경우)} \end{cases} \tag{3.9}$$

예제 3.15a 주사위를 던지는 실험을 한다. 이때 확률 변수 X는 짝수이면 1이고 그렇지 않으면 0, 그리고 Y는 눈이 소수이면 1이고 그렇지 않으면 0으로 둔다. 두 확률 변수에 대한 결합 분포표를 만든 후에 각각의 주변 확률을 찾아보자. 여기서 소수는 1과 자기 자신만으로 나누어 떨어지는 수로 1보다 큰 양수로 정의한다.

풀이 우선, 주사위 실험의 샘플 공간을 정하기 위해 그림 3.14(a)와 같이 주사위의 눈에 따른 X 및 Y의 값을 조사한다. 따라서 2차원 샘플 공간의 요소는 (0,0)와 (1,1)이 1개이고 (0,1)와 (1,0)은 2개로 구성되었으므로

$$f(0,0) = \frac{1}{6}, \ f(0,1) = \frac{1}{3}, \ f(1,0) = \frac{1}{3}, \ \text{그리고 } f(1,1) = \frac{1}{6}$$

과 같이 $f(x, y)$를 구할 수 있고 이에 대한 이원분류표는 그림 3.14(b)와 같다. 그림 3.14(b)에는

눈	1	2	3	4	5	6
X	0	1	0	1	0	1
Y	0	1	1	0	1	0

(a)

		y 0	y 1	$g(x)$
x	0	$\frac{1}{6}$	$\frac{1}{3}$	$\frac{1}{2}$
	1	$\frac{1}{3}$	$\frac{1}{6}$	$\frac{1}{2}$
$h(y)$		$\frac{1}{2}$	$\frac{1}{2}$	1

(b)

그림 3.14 예제 3.15a에 대한 샘플 공간 및 에 대한 이원분류표

주변 확률 분포도 기입되어 있는데 $g(x)$의 경우만 살펴보면

$$g(0) = f(0,0) + f(0,1) = \frac{1}{6} + \frac{1}{3} = \frac{1}{2}$$

$$g(1) = f(1,0) + f(1,1) = \frac{1}{3} + \frac{1}{6} = \frac{1}{2}$$

과 같고, 이 역시 확률 함수로 모두 합하면 1이 되는 것을 확인할 수 있다.

예제 3.15b 반지름이 R인 원 안의 점을 무작위로 선택한다. 이때 원 안의 모든 점들은 뽑힐 기회가 같다고 가정한다. 그래서 원 안의 각 점들은 균등하게 분포된다고 볼 수 있으므로

$$f(x,y) = \begin{cases} c & (x^2 + y^2 \le R^2 \text{인 경우}) \\ 0 & (x^2 + y^2 > R^2 \text{인 경우}) \end{cases}$$

와 같이 생각한다. 여기서 (X, Y)는 원의 중심 $(0,0)$에서 떨어진 좌표값이다. 1) 상수 c를 결정하고 2) X및 Y의 주변 분포 함수를 찾아보자.

풀이 우선, 결합 분포 함수가 확률의 공리를 만족하는지 확인하면서 계수 c를 구하는 과정은 이렇다.

$$1 = c \iint_{x^2 + y^2 \le R^2} dx dy = c \int_0^{2\pi} \int_0^R r\, dr\, d\theta = c\pi R^2$$

즉, $c = 1/\pi R^2$이다. 다음, 주변 분포 $g(x)$는 식 (3.9)를 써서

$$\begin{aligned} g(x) &= \int_{-\infty}^{\infty} f(x,y)\, dy \\ &= \frac{1}{\pi R^2} \int_{-\sqrt{R^2 - x^2}}^{\sqrt{R^2 - x^2}} dy \\ &= \frac{1}{\pi R^2} \sqrt{R^2 - x^2} \quad (x^2 \le R^2) \end{aligned}$$

와 같이 구할 수 있고, 이때 $x^2 > R^2$인 경우는 $g(x) = 0$이다. $h(y)$도 결합 분포의 대칭 성질 때문에 똑같은 방법으로 구하면 된다.

결합 분포 확률을 다루는 이 장에서 설명할 마지막은 **조건부 확률**의 분포와 관련한 내용이다. 조건부 확률은 2장에서 밝혔듯이 한 사건이 다른 사건에 주는 영향을 확률의 변동으로 말해 주므로 두 사건 사이의 독립성을 확인하는 기준이 된다. 두 사건 A와 B가 동시에 일어나는 사건은 보통 $P(AB) = P(A)P(B \mid A)$와 같이 한 사건이 발생하고 그 사건 때문에 변하게 된 환경 속에서 다음 사건이 일어나는 것으로 해석한다. 그래서 일반적인 경우의 조건부 확률은

$$P(B \mid A) = \frac{P(AB)}{P(A)} \tag{3.10}$$

와 같이 원래의 샘플 공간이 사건 A의 공간으로 축소된 것을 알 수 있다. 사건 A가 사건 B의 발생에 영향을 주는 셈이다. 물론 두 사건 A와 B가 독립의 조건을 만족한다면 $P(B \mid A) = P(B)$이 되어 $P(AB) = P(A)P(B)$와 같이 두 사건을 각각의 개별 사건으로 처리하는 것은 당연하다. 먼저, 식 (3.10)과 같은 일반적인 경우의 조건부 확률을 생각해보자. 확률에서 사건은 확률 변수 측면에서 보면 $X = x$와 같이 확률 변수에 값이 할당되는 것과 같다. 따라서 식 (3.10)은 다음과 같이 표시할 수 있다.

$$P(Y=y \mid X=x) = \frac{P(X=x, Y=y)}{P(X=x)} = \frac{f(x,y)}{g(x)} = f(y \mid x) \tag{3.11}$$

여기서 X와 Y는 각각 사건 A 및 사건 B와 관련한 확률 변수이다.

식 (3.11)의 $f(x, y)/g(x)$는 $X = x$가 이미 실행되어 고정된 상태이므로 항상 y의 함수가 된다. 따라서 이를 확률 변수 Y의 **조건부 (확률) 분포**(conditional probability distribution)이라 하고 $f(y \mid x)$와 같이 나타내는데 반드시 $X = x$가 먼저 일어났다는 조건이 붙어야 한다. 만약 $Y = y$가 이미 실행된 상태라면 다음과 같이 $f(x,y)/h(y)$이 되는데 이를 확률 변수 X의 조건부 확률 분포라 하고 $Y = y$가 이미 발생한 상태이므로 x의 함수 $f(x \mid y)$가 된다. 즉,

$$P(X=x \mid Y=y) = \frac{P(X=x, Y=y)}{P(Y=y)} = \frac{f(x,y)}{h(y)} = f(x \mid y) \tag{3.12}$$

이다. 그리고 임의 구간의 조건부 확률 분포는 식 (3.11)이나 (3.12)를 해당 구간만큼 더하거나 적분을 하면 되는데 $Y = y$의 조건이 성립된 경우를 예로 하면 다음과 같다.

$$P(a < X < b \mid Y=y) = \begin{cases} \displaystyle\sum_{a < x < b} f(x \mid y) & \text{(이산 변수인 경우)} \\ \displaystyle\int_a^b f(x \mid y)dx & \text{(연속 변수인 경우)} \end{cases} \tag{3.13}$$

예제 3.16a 예제 3.14a의 항아리 문제에서 $Y = 1$을 알고 있을 때 X의 조건부 확률 분포를 찾고, 또 $P(X=0 \mid Y=1)$도 구해 보자.

풀이 표 3.3에서 X와 Y의 주변 확률은 오른쪽 끝에 있는 것이 $g(x)$이고 아래쪽 밑에 있는 것이 $h(y)$이다. 따라서 $Y = 1$을 이미 알고 있기 때문에 $h(1)$은

$$h(1) = \sum_{x=0}^{3} f(x \mid 1) = \frac{2}{11} + \frac{3}{11} + \frac{3}{55} + 0 = \frac{28}{55}$$

로 계산할 수 있는데 이는 항아리 문제의 전체 샘플 공간, 즉 표 3.3 전체를 $Y=1$이라는 사건이 먼저 일어남으로써 표의 두 번째 열, 즉 $y=1$인 열로 축소되었음을 보여 준다. 이와 같이 축소된 샘플 공간에 대한 $X=x$의 확률을 함수로 표현한 것이 조건부 확률 분포인데 식 (3.12)를 써서

$$f(x \mid 1) = \frac{f(x,1)}{h(1)} = \frac{55}{28} f(x,1)$$

와 같이 구할 수 있다. 그래서 $f(0,1) = (55/28)(2/11) = 5/14$ 따위로 계산하여 각 개별 사건에 대한 조건부 확률을 확인해 볼 수 있는데 정리하여 요약하면 아래 표와 같다.

x	0	1	2	3
$f(x\mid1)$	5/14	15/28	3/28	0

따라서 $P(X=0 \mid Y=1)$은 위 표를 이용해 $f(0 \mid 1) = 5/14$이다. 즉, 항아리에서 공 3개를 뽑을 때 흰 공이 1개 나온 상태에서 빨간 공이 하나도 선택되지 않을 확률은 5/14가 된다.

예제 3.16b 결합 확률 분포가 다음과 같을 때 주변 분포 $g(x)$와 $h(y)$, 그리고 조건부 확률 분포 $f(x \mid y)$을 구한 후에 $P(1/4 < X < 1/2 \mid Y = 1/3)$을 평가해 보자.

$$f(x,y) = \begin{cases} \dfrac{x(1+3y^2)}{4} & 0 < x < 2와 \ 0 < y < 1 \\ 0 & \text{otherwise} \end{cases}$$

풀이 제시된 결합 분포 함수가 확률의 공리를 만족하는지 확인하는 것이 우선이다. 즉,

$$\int_0^1 \int_0^2 f(x,y) dx dy = 1$$

가 되는지 조사해야 하는데 여기선 MATLAB을 이용해 확인해 보았다.[9] 다음, X와 Y에 대한 주변 분포 함수는 식 (3.9)를 써서 각각

$$g(x) = \int_0^1 \frac{x(1+3y^2)}{4} dy = \left(\frac{xy}{4} + \frac{xy^3}{4} \right) \Big|_{y=0}^{y=1} = \frac{x}{2}$$

$$h(y) = \int_0^2 \frac{x(1+3y^2)}{4} dx = \left(\frac{x^2}{8} + \frac{3x^2y^2}{8} \right) \Big|_{x=0}^{x=2} = \frac{1+3y^2}{2}$$

와 같다. 끝으로, 조건부 확률 분포를 구하는데 식 (3.12)를 이용하여

---

[9] MATLAB으로 확인하는 방법은 이렇다. x와 y를 기호 변수로 먼저 선언하여 $f(x,y)$를 정의한 후에 함수 int를 사용한다. 즉, int(int(f, x, 0, 2), y, 0, 1)와 같다.

$$f(x \mid y) = \frac{f(x,y)}{h(y)} = \frac{x(1+3y^2)/4}{(1+3y^2)/2} = \frac{x}{2}$$

로 나타나므로 조건부 확률 $P(1/4 < X < 1/2 \mid Y = 1/3)$는

$$P\left(\frac{1}{4} < X < \frac{1}{2} \mid Y = \frac{1}{3}\right) = \int_{1/4}^{1/2} \frac{x}{2} dx = \frac{3}{64}$$

이다.

조건부 확률이 중요한 한 까닭은 두 사건 사이의 관계가 서로 영향을 주는지 그렇지 않은지 판단하는 근거가 되기 때문이다. **독립성**(independence)은 두 사건이 동시에 일어나는 일을 각각의 사건이 따로따로 이어져 발생하는 일로 보고 그 결과를 곱의 법칙으로 처리해도 되게 만들어 준다. 그래서 두 사건 A와 B가 독립의 조건을 만족한다면 $P(A \mid B) = P(A)$이 되어 $P(AB) = P(A)P(B)$와 같이 두 사건을 각각의 개별 사건으로 처리한다. 그리고 확률에서 사건은 확률 변수에선 $X = x$나 $Y = y$와 같이 해당 변수에 값이 할당된 상태를 말하므로 확률의 분포 함수에서도 두 사건의 독립성이 성립하는 것을 증명할 수 있다. 즉,

$$g(x) = \int_{-\infty}^{\infty} f(x,y)dy = \int_{-\infty}^{\infty} f(x \mid y)h(y)dy$$

에서 $f(x \mid y)$가 y에 전혀 영향을 받지 않는다면 x만의 함수가 되고, 또 $\int_{-\infty}^{\infty} h(y)dy$는 확률의 공리에 따라 1이 되어야 하므로 $g(x) = f(x \mid y)$이 성립한다. 따라서

$$f(x,y) = g(x)h(y) \tag{3.14}$$

와 같고, 이는 두 확률 변수 X와 Y가 서로 독립일 땐 이 둘의 결합 분포 함수의 이해와 계산을 일반적인 경우와 견주어 훨씬 쉽게 이룰 수 있다는 것을 보여 준다.

예제 3.17a 예제 3.14a의 항아리 문제에서 확률 변수 X(빨간 공이 나오는 개수)와 Y(흰 공이 나오는 개수)의 독립성에 대해 조사해 보자.

풀이 연속 분포의 독립성 식인 식 (3.14)는 주변 분포와 결합 분포가 모두 함수로 표현되므로 주변 분포인 $g(x)$와 $h(y)$의 곱이 결합 분포인 $f(x,y)$와 같은지 따져서 바로 확인할 수 있다. 하지만, 이산 분포인 경우는 샘플 공간의 각 요소마다 확률이 정해지므로 모든 요소에 대해 식 (3.14)가 성립하는지

하나씩 따져 보아야 한다. 물론 모든 요소가 식 (3.14)를 만족하면 독립성이 확보되지만 하나의 요소라도 만족하지 않으면 독립적이지 않다. 즉, 이산 분포인 경우는 연속 분포와 견주어 훨씬 엄격한 조사를 거쳐야 한다는 말이다. 우선, 요소 $(1,0)$에 대해 $f(1,0)$과 $g(1)$, 그리고 $h(0)$을 찾아 $f(1,0) = g(1)h(0)$인지 확인해 보자. 표 3.3에서

$$f(1,0) = \frac{3}{22}$$

$$g(1) = \sum_{y=0}^{3} f(1,y) = \frac{3}{22} + \frac{3}{11} + \frac{9}{110} + 0 = \frac{27}{55}$$

$$h(0) = \sum_{x=0}^{3} f(x,0) = \frac{1}{22} + \frac{3}{22} + \frac{3}{44} + \frac{1}{220} = \frac{14}{55}$$

를 찾을 수 있고 $f(1,0) \neq g(1)h(0)$이므로 다른 요소를 더 계산할 필요 없이 X와 Y는 서로 독립적이지 않고 종속적이라고 판단할 수 있다.

예제 3.17b 가공 식품의 유통 기한(년)은 확률 변수로 다음과 같은 확률 밀도 함수를 갖는다고 생각하자.

$$f(x) = \begin{cases} e^{-x} & x > 0 \\ 0 & \text{otherwise} \end{cases}$$

서로 독립인 두 식품의 확률 변수를 각각 X_1과 X_2라고 할 때 확률 $P(X_1 < 2, X_2 > 1)$을 구해 보자.

풀이 확률 변수 X_1과 X_2는 서로 독립이므로 식 (3.14)에 따라

$$P(X_1 < 2, X_2 > 1) = \int_1^\infty \int_0^2 e^{-x_1} e^{-x_2} dx_1 dx_2$$

$$= -e^{x_1}\big|_{x_1=0}^{2} \times -e^{-x_2}\big|_{x_2=1}^{\infty}$$

$$= (-e^{-2} + 1)e^{-1} = e^{-1} - e^{-3} \approx 0.3181$$

이므로 한 식품의 유통 기한이 2년 이하이고 다른 식품은 1년 이상일 확률은 약 32% 정도로 예상할 수 있다.

3.4 확률 변수의 기댓값과 분산

1장에서 데이터 집단의 분포는 형상이 중요한 특징이고, 이때 평균은 분포의 중심이고 분산은 (혹은 표준 편차는) 각 데이터 요소가 중심에서 퍼진 정도를 알려 주기에 데이터 해석의 기본이 된다고 했다. 마찬가지로, 확률 변수는 각 값에 확률이 배당된 변수이므로

확률이 여러 값에 걸쳐 있는 분포를 아는 것이 무엇보다 중요하다. **기댓값**은 말 그대로 데이터나 분포를 다루는 사람들이 기대하는 값이다. 한두 번의 실험으로 나온 결과를 기댓값으로 생각하지 않는다. 왜냐하면 한두 번인 경우는 요행이 개입될 수 있어 실험을 할 때마다 변할 수 있기 때문이다. 따라서 기댓값은 실험의 횟수를 증가시켜 갈 때 실험의 결과가 어느 곳으로 수렴하는 값으로 보는 것이 맞을 것이다.

확률 변수는 변수의 값마다 확률, 즉 변수의 값이 될 수 있는 기회가 결정되는데 실험의 성격에 따라 확률의 분포 형태가 정해진다. 예를 들어, 동전 2개를 20번 던지는 실험에서 확률 변수 X를 앞면이 나오는 횟수로 하면 X의 값은 0, 1, 그리고 2를 가질 수 있는 변수가 된다. 앞면이 하나도 안 나오는 경우와 1번 나오는 경우, 그리고 2번 다 앞면인 경우가 되겠다. 만약 직접 실험을 수행하여 순서대로 6번, 9번, 그리고 5번 나왔다고 하면 1장에서 학습한 그룹 데이터의 평균을 적용하여

$$\frac{(0)(6)+(1)(9)+(2)(5)}{20}=0.95$$

와 같이 확률 변수 X의 20개 값에 대한 평균을 구할 수 있다. 실험은 20번만 이루어지는 것이 아니다. 실험의 목적이나 여건에 따라 10번도 할 수 있고, 또 100번이나 1000번도 할 수 있는 것이다. 다른 말로 하면, 데이터의 평균은 데이터의 합을 데이터의 개수로 나누어야 하기 때문에 데이터 개수, 즉 실험의 횟수를 반드시 알아야 한다는 말이다. 그래서 실험 횟수와 상관없이 평균으로 기대할 수 있도록 위의 식을 재구성하여

$$(0)\frac{6}{20}+(1)\frac{9}{20}+(2)\frac{5}{20}=0.95$$

와 같이 적는다. 이 표현에서 숫자 6/20, 9/20, 그리고 5/20은 실험 횟수 중에서 X의 값 0과 1, 그리고 2가 나온 상대적인 횟수이다. **상대 도수**(relative frequency)는 전체에서 차지하는 각 부분의 비율, 즉 확률이기 때문에 데이터 개수나 실험의 횟수를 몰라도 평균을 계산할 수 있다. 즉, 위 식에서 0은 실험 횟수와 상관없이 6/20=0.3의 비율로, 1은 9/20=0.45의 비율로, 그리고 2는 5/20=0.25의 비율로 실험의 결과가 된다고 믿을 수 있고, 또 기대할 수 있다고 판단할 수 있다.

확률 변수 X의 기댓값(expectation)은 실험 횟수마다 나오는 X의 값 x에 확률을 곱하여 모두 합한 값이다. 위의 상대 도수 개념을 수학적으로 적용한 방식인데 실험 횟수엔 상관없지만 2장에서 설명한 큰수의 법칙(law of large numbers)에 따라 실험 횟수를 무한정 반복했을 때 각 결과의 평균, 즉 확률 분포의 중심으로 해석하는 것이 보통이다.

확률 변수 X의 기댓값은 다음과 같이 계산하고 기호론 $E(X)$ 혹은 μ를 쓰는데 확률 변수를 꼭 나타낼 필요가 있는 경우엔 μ_X와 같이 첨자를 사용한다.

$$\mu = E(X) = \begin{cases} \sum_x x f(x) & \text{(이산 변수의 경우)} \\ \int_{-\infty}^{\infty} x f(x) dx & \text{(연속 변수의 경우)} \end{cases} \tag{3.15}$$

여기서 한 가지 주목할 것이 있다. 첫째, 데이터 집단의 평균은 1장에선 데이터의 개수를 이용했지만 식 (3.15)는 확률 분포를 이용하여 구했다는 것이 다르다. 이미 앞에서 설명했지만 데이터 개수를 이용하면 개수에 따라 평균이 달라질 수 있지만 확률 분포는 상대 도수 개념의 비율로 계산하기 때문에 개수에 크게 개의치 않는다. 둘째, 식 (3.15)에 포함된 확률은 확률의 공리에 따라 합이 1이므로 각 확률 변수의 값을 가중하는 구실을 한다. 즉, 기댓값은 계산 알고리즘으로 보면 확률 변수의 각 값에 대한 **가중 평균**(weighted average)을 계산하는 셈이다. 이를 테면, $X = \{0, 1\}$의 확률 질량 함수가 $f(0) = f(1) = 1/2$일 땐

$$E(X) = (0)\frac{1}{2} + (1)\frac{1}{2} = \frac{1}{2}$$

과 같이 기댓값은 두 값 0과 1의 보통의 평균이지만 $f(0) = 1/3$이고 $f(1) = 2/3$이면 기댓값은 두 수를 가중하여

$$E(X) = (0)\frac{1}{3} + (1)\frac{2}{3} = \frac{2}{3}$$

와 같이 계산되므로 확률 질량 함수 $f(x)$가 **가중 계수**(weighted coefficient)로 작용하는 것을 알 수 있다.

한편, 확률 변수의 값은 기본적으로 숫자가 되어야 하지만 실험의 본질적 성질 때문에 범주 데이터(categorical data)가 되는 경우도 있다. 이를 테면, "참"과 "거짓"이나 "성공"과 "실패", 혹은 "불량"과 "양호" 따위와 같이 조건이나 상태의 변화만을 나타내는 변수로 앞 장에서 설명한 바 있는 이항 분포의 기초인 Bernoulli 확률 실험이 대표적인 예이다. 물론 이 경우도 숫자로 표시해야 하는데 0과 1 두 개의 수가 사용된다는 것이 특징으로 보통 **임시 변수**(dummy variable)나 **지시자**(indicator)로 이름을 붙인다. 즉,

$$X = \begin{cases} 0 & \text{(임의의 사건 } A\text{가 일어나지 않거나 실패하는 경우)} \\ 1 & \text{(임의의 사건 } A\text{가 일어나거나 성공하는 경우)} \end{cases}$$

와 같고 이 경우의 기댓값은

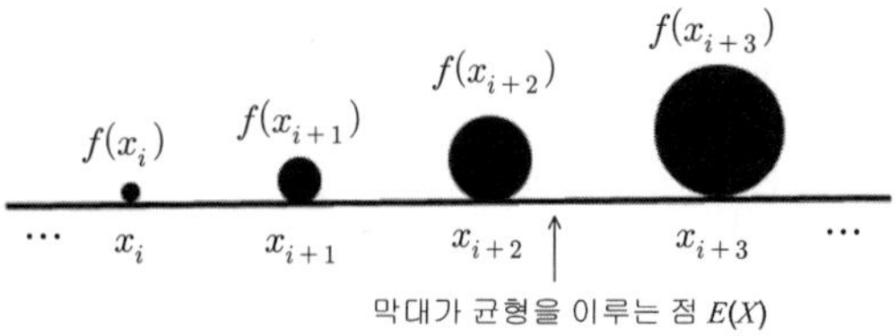

막대가 균형을 이루는 점 $E(X)$

그림 3.15 이산 변수에 대한 기댓값의 물리적 뜻

$$E(X) = (0)P(A^c) + (1)P(A) = P(A)$$

로, 이때 $P(A)$는 사건 A가 일어날 확률이다.

[예제 3.18a] 학생 100명을 임의로 뽑아 승차 정원이 각각 24명, 40명, 그리고 36명인 버스에 나누어 태운다고 생각한다. 확률 변수 X를 버스에 탄 학생의 수로 둘 때 $E(X)$를 계산해 보자.

[풀이] 버스에 탄 학생의 수가 X이므로 $X = \{24, 36, 40\}$이다. 따라서

$$f(24) = \frac{24}{100}, f(36) = \frac{36}{100}, \text{ 그리고 } f(40) = \frac{40}{100}$$

이므로 기댓값은

$$E(X) = 24\frac{24}{100} + 36\frac{36}{100} + 40\frac{40}{100} \approx 34.72$$

와 같다. 여기서 주목할 점 하나. 학생 100명을 3대의 버스에 나누어 태울 때 보통의 평균은 100/3 = 33.33으로 위에서 계산된 기댓값과 다르다는 것이다. 보통의 평균은 모두가 똑같은 비중으로 계산되지만 기댓값은 학생의 수에 대한 버스의 승차 정원이 차지하는 비율로 가중되어 각각의 비중을 달리 적용한다.

그림 3.15는 이산 변수의 확률 분포 함수를 질량 함수라고 하는 배경을 보여 주는 그림이다. 막대의 각 점이 확률 변수 X의 값 x_i이고 이 위치에 전체 질량이 차지하는 비로 나타나는 것이 확률 분포 함수 $f(x_i)$이다. 그래서 $E(X)$는 막대가 균형을 이루는 점, 즉 질량 중심인 것이다.

[예제 3.18b] 스마트 폰의 배터리 수명은 다음과 같은 확률 밀도 함수를 갖는다. 배터리의 기대 수명(시간)을 계산해 보자.

$$f(x) = \begin{cases} \dfrac{20000}{x^3} & x > 100 \\ 0 & \text{otherwise} \end{cases}$$

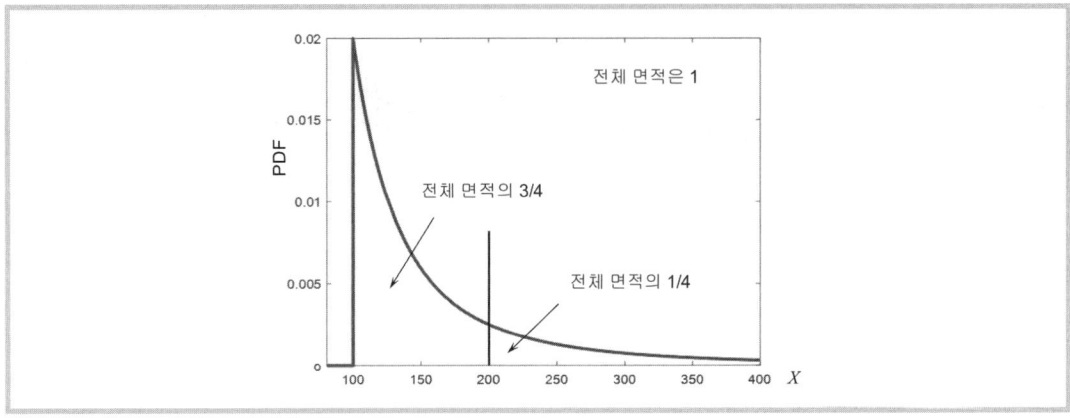

그림 3.16 예제 3.18b의 확률 밀도 함수와 기댓값(X 방향의 도심)

풀이 확률 밀도 함수의 조건은 곡선과 X축 사이의 면적이 항상 1이어야 한다는 것을 절대 잊어서는 안 된다. 확인을 했으면 식 (3.15)을 이용해

$$E(X) = \int_{100}^{\infty} \frac{20000}{x^3} dx = 200$$

와 같이 계산할 수 있고, 이는 이산 변수인 경우에 질량 중심인 것에 대응하여 그림 3.16에 표시된 것과 같이 연속체 면적의 X 방향의 도심(centroid)에 해당한다.

　　확률 변수 X의 분산(variance)은 1장에서 다룬 데이터 집단의 분산이 뜻하는 바와 같이 확률 분포의 퍼짐 정보를 제공하는 중요한 특성이다. 분포가 평균을 중심으로 뾰족한 편인지, 아니면 평평한 편인지 알게 해줄 뿐만 아니라 때때로 변수의 에너지로도 인식되므로 그 가치를 가볍게 볼 수 없다. 확률 변수 X의 분산은 다음과 같이 정의된다.

$$\sigma^2 = Var(X) = E[(X-\mu)^2] = \begin{cases} \sum_x (x-\mu)^2 f(x) & \text{(이산 변수의 경우)} \\ \int_{-\infty}^{\infty} (x-\mu)^2 f(x) dx & \text{(연속 변수의 경우)} \end{cases} \quad (3.16)$$

그리고 X의 표준 편차(standard deviation)는 식 (3.16)의 양의 제곱근으로 $\sigma = \sqrt{\sigma^2}$ 이다. 분산이 계산 목적 때문에 X의 차원을 왜곡한 반면에 표준 편차는 X의 차원을 그대로 반영한 값이기 때문에 실제로 자주 쓰이는 유용한 정보이고, 또 때때로 변수의 오차로 인식되므로 적용 분야도 아주 넓다. 식 (3.16)의 분산은 정의대로 계산할 수도 있지만 $(x-\mu)^2$의 직접 전개와 합 및 적분의 선형 연산자 성질을 이용해 좀 더 편한 방법을 찾을 수 있는데 다음의 예제를 통해 확인해 보기로 한다.

예제 3.19a 확률 변수 X의 분산은 식 (3.16)의 정의대로 계산하지 않고 다음과 같은 계산 알고리즘을 추가할 수도 있는데 확인해 보자.

풀이 이산 변수에서 나타나는 합 기호와 연속 변수에서 나타나는 적분 기호는 모두 선형 연산자이다. 즉, 여러 항으로 구성된 확률 변수의 함수에 대한 합 및 적분 기호의 적용은 각 항에 따로따로 적용할 수 있다는 말이다. 따라서 이산인 경우에 $(x-\mu)^2$을 전개한 후 개별 항에 합 기호를 적용하면

$$
\begin{aligned}
Var(X) &= \sum_x (x^2 - 2\mu x + \mu^2) f(x) \\
&= \sum_x x^2 f(x) - 2\mu \sum_x x f(x) + \mu^2 \sum_x f(x) \\
&= \sum_x x^2 f(x) - \mu^2 \\
&= E(X^2) - \mu^2
\end{aligned}
$$

을 얻을 수 있다. 여기서 확률의 공리와 기댓값의 정의, 즉 $\sum f(x) = 1$과 $E(X) = \sum x f(x) = \mu$을 이용했고, 또 다음 소절에서 다룰 확률 변수의 함수에 대한 기댓값을 큰 무리 없이 도입했다. 연속 변수인 경우도 합 기호가 적분 기호로 바뀌는 것 말고는 아무 차이도 없다. 따라서 확률 변수 X의 분산은 이산 및 연속 변수의 구분 없이

$$
Var(X) = E(X^2) - \mu^2 \tag{예3.10}
$$

와 같이 식 (3.16)보다 좀 더 쉽게 계산할 수 있다.

예제 3.19b 두 회사 A와 B의 어느 부서에 대한 연차 일수를 조사한 표가 다음과 같다. 각각의 평균과 분산을 구해 보자.

x	1	2	3		y	0	1	2	3	4
$f(x)$	0.3	0.4	0.3		$f(y)$	0.2	0.1	0.3	0.3	0.1

풀이 공식을 써서 두 회사의 평균을 구하면 각각

$$
\begin{aligned}
\mu_A &= E(X) = 1(0.3) + 2(0.4) + 3(0.3) = 2.0 \\
\mu_B &= E(Y) = 0(0.2) + 1(0.1) + 2(0.3) + 3(0.3) + 4(0.1) = 2.0
\end{aligned}
$$

와 같이 똑같다. 다음, 두 회사의 분산을 식 (예3.10)을 이용하여 구하는데 $E(X^2)$와 $E(Y^2)$을 먼저 계산해야 한다. 따라서

$$
\begin{aligned}
E(X^2) &= 1^2(0.3) + 2^2(0.4) + 3^2(0.3) = 4.6 \\
E(Y^2) &= 0^2(0.2) + 1^2(0.1) + 2^2(0.3) + 3^2(0.3) + 4^2(0.1) = 5.6
\end{aligned}
$$

이고

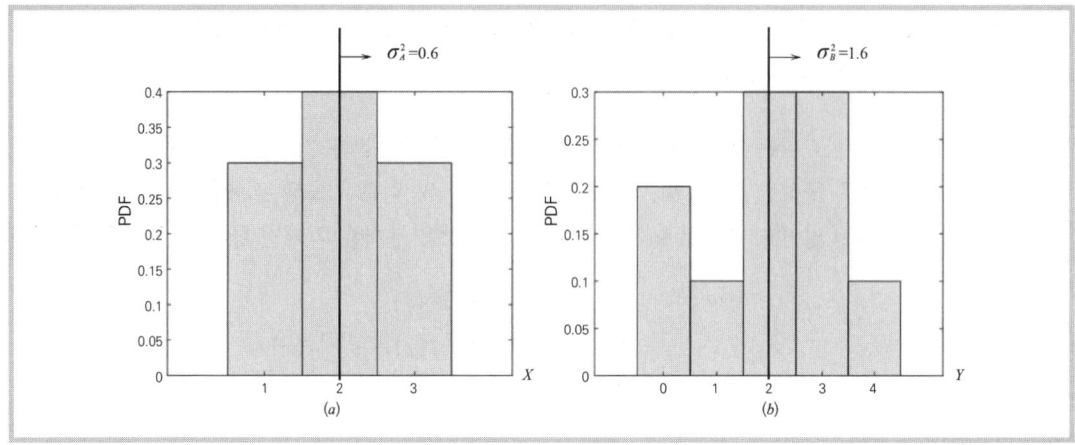

그림 3.17 예제 3.19b의 두 회사에 대한 평균과 분산

$$\sigma_A^2 = E(X^2) - \mu_A^2 = 4.6 - 2.0^2 = 0.6$$
$$\sigma_B^2 = E(Y^2) - \mu_B^2 = 5.6 - 2.0^2 = 1.6$$

이다. 그림 3.17은 두 회사의 평균과 분산을 막대 그래프와 함께 보여 주는데 분산이 큰 (b)가 평균을 중심으로 더 퍼져 보이는 것을 확인할 수 있다.

3.5 확률 변수의 함수에 대한 기댓값

이제부터 **확률 변수의 함수**에 대한 기댓값을 살펴보기로 한다. 공학도가 다루는 변수는 대부분 확률 변수이므로 확률 변수의 함수, 즉 확률 변수끼리 보태고 빼고 곱하고 나누는 산술식부터 지수나 로그 등이 포함된 대수식까지 공학 환경에서 이런 형태의 설계 변수를[10] 만나는 일이 다반사이다. 따라서 확률 변수 X 자체도 중요하지만 확률 변수의 함수 $g(X)$에 대한 해석도 그 못지않다. 여러 확률 변수의 합은 다음 장에서 다룰 표본 분포의 기본이 되는데 이런 문제도 여기에 해당한다.

이미 잘 알려진 확률 변수 X는[11] 문제의 요구 사항이나 구속 조건에 따라 자주 $g(X)$와 같은 함수로 나타나는 경우가 많다. 이때 $g(X)$도 (새로운) 확률 변수가 되기 때문에 이의

---

[10] 공학의 관심 변수는 보통 구속 조건을 가지고 있는데 이를 해결하여 공학의 목적을 달성한다. 그리고 이런 변수는 문제 해결이나 제품 설계의 핵심이 되므로 설계 변수(design variable)라고도 한다.

[11] 확률 함수는 이의 확률 질량 및 밀도 함수가 파악되어야 잘 정의되었다고 말한다.

분포 특성을 파악하는 것이 우선인데 $E[g(X)]$의 계산이[12] 핵심이다. $E[g(X)]$의 계산은 두 가지 방법으로 생각해 볼 수 있다. 첫째, 확률 변수 X의 $f(x)$로부터 $Y = g(X)$의 확률 질량 및 밀도 함수 $f_Y(y)$를 구한 후에 식 (3.15)의 정의에 따라 $E(Y)$을 계산한다. 이를 테면, 확률 변수 X의 질량 함수가 $f_X(0) = 0.2$, $f_X(1) = 0.5$, 그리고 $f_X(2) = 0.3$일 때 $Y = X^2$의 질량 함수는

$$f_Y(0) = P(Y=0) = P(X=0) = 0.2$$
$$f_Y(1) = P(Y=1) = P(X=1) = 0.5$$
$$f_Y(4) = P(Y=4) = P(X=2) = 0.3$$

와 같이 X의 샘플 공간에 있는 모든 $P(X=x)$를 써서 $Y = g(X)$의 관계에 따라 Y의 샘플 공간에 있는 모든 $P(Y=y)$, 즉 $f_Y(y)$을 유도하는 식이다. 그러면 (새로운) 확률 변수 Y의 기댓값은

$$E(X^2) = E(Y) = \sum_y y f_Y(y) = 0(0.2) + 1(0.5) + 4(0.3) = 1.7$$

과 같이 정의에 따라 계산을 하면 된다.

연속 변수인 경우도 비슷한 과정을 거치는데 연속 변수는 확률 밀도 함수를 바로 구하지 않고 누적 분포 함수 $P(Y < y)$, 즉 $F_Y(y)$를 구한 후 이를 미분하여 $f_Y(y)$를 유도하는 것이 차이가 있다. 예를 들어, 공장에 설치된 전자 장비의 고장을 찾아 수리하는 시간 X가 0에서 1시간 사이의 균등 분포를[13] 갖는다고 할 때 수리 경비 $Y = X^3$의 기댓값을 찾는다고 하자. 그러면 임의의 y까지 누적 확률 $P(Y \leq y)$은 $P(X^3 \leq y)$을 거쳐 $P(X \leq y^{1/3})$이 되므로 X의 확률 분포 $f_X(x)$을 적분하여 구한다. 즉,

$$F_Y(y) = P(Y \leq y)$$
$$= P(X^3 \leq y) = P(X \leq y^{1/3}) = \int_0^{y^{1/3}} f_X(x)dx = y^{1/3}$$

이고 이를 다시 미분하여

$$f_Y(y) = \frac{dF_Y(y)}{dy} = \frac{1}{3}y^{-2/3}$$

와 같이 확률 변수 Y에 대한 확률 밀도 함수를 구했으므로 이의 기댓값은

---

[12] 확률 분포의 특성은 평균과 분산이 기본인데 기댓값을 통해 평균을 계산할 수 있으면 분산은 $E[(g(X) - \mu_{g(X)})^2]$이 된다.
[13] $f_X(x)$는 0과 1 사이에선 1이고 그 밖엔 0이다.

$$E(X^3) = E(Y) = \int_{-\infty}^{\infty} y f_Y(y) dy$$
$$= \frac{1}{3} \int_0^1 y^{1/3} dy = \frac{1}{3} \frac{3}{4} y^{4/3} \mid_0^1 = \frac{1}{4}$$

로 계산할 수 있다.

확률 변수의 함수에 대한 기댓값 $E[g(X)]$의 계산을 수행하는 두 번째 방법은 어느 정도 직관적인데 내용은 이렇다. 앞에서 기댓값은 모든 $X = x$의 가중 평균이라고 설명한 바 있다. 물론 가중 계수는 각 값에 대한 확률로 전체에 대한 각 값이 차지하는 비율이었다. $g(X)$는 $X = x$의 값이 하나 정해지면 $g(X) = g(x)$로 역시 하나의 값이 정해지는 함수이다. 따라서 x가 가중 평균의 구성 요소가 되면 $g(x)$ 역시 가중 평균의 구성 요소가 된다고 믿지 않을 근거는 없다. $E(X)$가 x의 가중 평균이면 $E[g(X)]$는 $g(x)$의 가중 평균이라는 말이다. 간단한 예로, 확률 변수 $X = \{-1, 0, 1, 2\}$의 확률 질량 함수가 $f_X(x)$일 때 $g(X) = X^2$의 확률 질량 함수 $f_Y(y)$는 앞의 첫 번째 방법을 써서

$$f_Y(0) = P[g(X) = 0] = P(X = 0) = f(0)$$
$$f_Y(1) = P[g(X) = 1] = P(X = -1) + P(X = 1) = f(-1) + f(1)$$
$$f_Y(4) = P[g(X) = 4] = P(X = 2) = f(2)$$

와 같이 구할 수 있으므로 $E[g(X)]$는 기댓값의 정의에 따라

$$\mu_Y = E[g(X)] = 0f(0) + 1[f(-1) + f(1)] + 4f(2)$$
$$= (-1)^2 f(-1) + 0^2 f(0) + 1^2 f(1) + 2^2 f(2)$$

이 되는데 기댓값, 즉 가중 평균의 구성 요소가 모두 $x^2 f(x)$로 나타났다. $xf(x)$가 $g(X) = X^2$ 때문에 $x^2 f(x)$가 된 것이니 일반 형식인 $g(X)$에 대해서는 $g(x)f(x)$이 되는 것은 이상할 것이 없다. 따라서 확률 변수의 함수 $g(X)$에 대한 기댓값은 수학적으로 다음과 같이 표현할 수 있다.

$$\mu_Y = E[g(X)] = \begin{cases} \sum_x g(x) f(x) & \text{(이산 변수의 경우)} \\ \int_{-\infty}^{\infty} g(x) f(x) dx & \text{(연속 변수의 경우)} \end{cases} \quad (3.17)$$

식 (3.17)을 써서 앞의 본문에서 예로 든 두 경우, 즉 이산 변수에서 $g(X) = X^2$인 경우와 연속 변수에서 $g(X) = X^3$인 경우에 적용하여 모두 같은 결과를 얻을 수 있는 것을 볼 수 있었다.

예제 3.20a 세차장은 세차 차량의 대수 X를 기준으로 세차원한테 $g(X) = 2X+1$의 임금(만 원)을 지불한다. 화창한 날 오후 세차장을 찾는 차량의 대수를 요약한 다음의 표를 참조하여 세차원이 받을 수 있는 임금은 얼마쯤 될 지 생각해 보자.

x	5	6	7	8	9
$f(x)$	1/20	1/8	3/8	1/4	1/5

풀이 확률 변수 $Y = g(X)$의 샘플 공간은 $Y = \{11, 13, 15, 17, 19\}$인데 각각의 요소에 대한 $f_Y(y)$를 찾는 일은 스스로 해보길 바란다. 여기선 식 (3.17)을 바로 적용해 본다. 즉,

$$\mu_{g(X)} = E[g(X)] = 11\frac{1}{20} + 13\frac{1}{8} + 15\frac{3}{8} + 17\frac{1}{4} + 19\frac{1}{5} = 15.85$$

로 오후 한나절의 세차로 약 15만 8천 5백원을 기대할 수 있는 셈이다.

예제 3.20b 확률 변수 X의 $f_X(x)$는 그림 3.18(a)와 같이 0과 1 사이에서 1인 균등 분포일 때 $Y = e^X$의 $f_Y(y)$와 기댓값을 구해 보자.

풀이 이 문제에선 Y의 누적 분포 함수를 구한 후 $f_Y(y)$를 찾는 방법과 식 (3.17)을 직접 적용하는 방법 두 가지를 다 사용해 본다. 그리고 $X \in \{0, 1\}$이므로 확률 변수 Y는 $Y \in \{1, e\}$로 1과 e 사이에 정의되는 분포인 것을 알 수 있다. 먼저, Y의 누적 분포 $F_Y(y)$를 구하면

$$F_Y(y) = P(Y \le y) = P(e^X \le y) = P(X \le \ln y) = \int_0^{\ln y} f_X(x) dx = \ln y$$

이고, 이를 다시 미분하여 $f_Y(y)$를 유도한다. 즉,

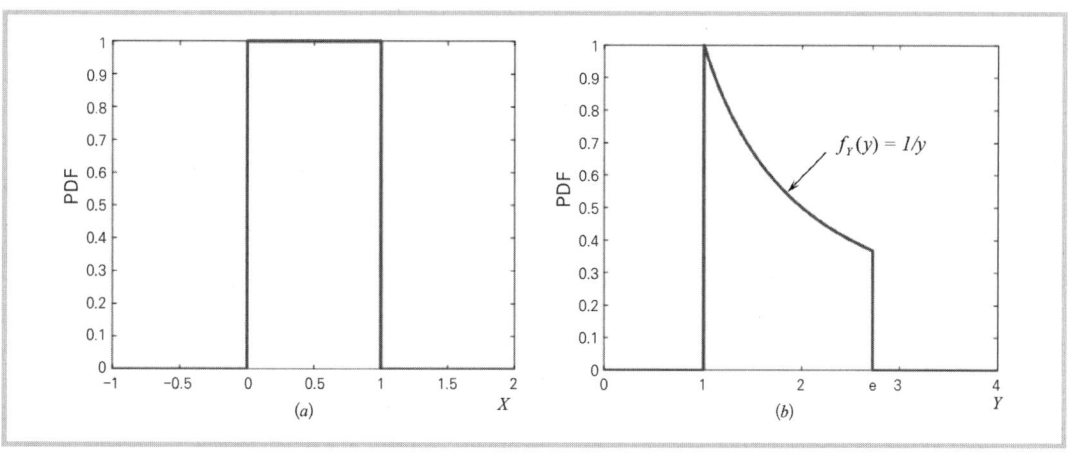

그림 3.18 예제 3.20b의 X와 $Y = e^X$의 PDF

$$f_Y(y) = \frac{dF_Y(y)}{dy} = \frac{1}{y}$$

와 같은데, 이때 $1 \le y \le e$이고 그림 3.18(b)와 같은 모습이다. 따라서 Y의 기댓값을 다음과 같이 구한다.

$$E(Y) = E(e^X) = \int_{-\infty}^{\infty} y f_Y(y) dy$$
$$= \int_1^e dy = e - 1$$

위 계산은 확률 변수의 함수에 대한 기댓값 공식인 식 (3.17)을 직접 적용하여 구할 수도 있다. 즉,

$$E[g(X)] = E(e^X) = \int_0^1 e^x f_X(x) dx$$
$$= e^x \mid_0^1 = e - 1$$

와 같다.

확률 변수 X의 함수 중에서 공학적으로 많이 쓰이는 것은 X와 선형으로 구성된 함수와 여러 확률 변수들의 합의 형태이다. 즉, $g(X) = aX + b$와[14] 같은 모습은 대부분의 학문에서 기본 모델로 사용되고 있고, 또 $g(X_1, X_2, \cdots, X_n) = X_1 + X_2 + \cdots + X_n$와 같은 형태는 4장의 표본 분포의 핵심 내용과 더불어 복잡한 확률 문제를 부분부분 쪼개어 접근할 수 있도록 해준다는 면에서 아주 중요하다. 우선, X의 선형 형태인 경우를 생각해 보자. 그러면 식 (3.17)의 기댓값 계산 공식을 직접 적용하면

$$E[g(X)] = E(aX + b) = aE(X) + b$$
$$Var[g(X)] = E\big[(g(X) - \mu_{g(X)})^2\big] = a^2 Var(X) \tag{3.18}$$

와 같다. 여기서 $\mu_{g(X)} = E[g(X)]$이다.

식 (3.18)은 익히 잘 알려진 식이다. 기댓값 기호 E는 선형 연산자이지만 분산 기호 Var는 그렇지 않다는 것이 바로 이 식 때문이며 왜 선형인가 하는 질문의 답도 이 식이 유일한 답이다. 여기서 하나 짚어야 하는 것은 $g(X) = aX + b$에서 a와 b의 조건에 따른 자신만의 평가이다. 왜냐하면 확률 변수 하나가 임의의 데이터 집단을 대표하므로 항상 데이터 집단과 연계하여 생각하는 것이 중요하기 때문이다. 우선, a만 존재하는 경우, 즉 $b = 0$인 경우는 이렇다. $E(aX)$가 데이터 집단을 먼저 가공한 후의 기댓값이고 $aE(X)$는

---

[14] a와 b는 확률 변수와 전혀 상관없는 상수이다.

데이터 집단의 기댓값을 구한 후 가공한 것이라고 할 때 aX의 기댓값은 데이터의 전처리 후 기댓값이나 기댓값의 후처리나 같지만 분산은 그렇지 않다. 기댓값은 양수 처리든 음수 처리든 그대로 반영하지만 분산은 처리 전후가 다르고 음수로 전처리하더라도 부호 는 전혀 영향을 주지 않는다는 것을 주목해야 한다. 다음, b만 존재할 때, 즉 $a = 0$인 경우인데 쉽지만 예상 밖으로 잊거나 오해하는 경우가 많아 주의가 필요한 곳이다. 합의 기호는 b에 더하는 횟수만큼 곱하지만 기댓값은 합의 기호를 사용하지만 결과는 평균을 계산하는 것이므로 b는 그대로 b가 되고 분산인 경우는 0인 것을 잊어서는 안 된다.

[예제 3.21a] 이번 학기 통계학 수강생의 성적 분포 X는 평균이 68이고 표준 편차가 10인 정규 분포를 따른다. 즉, $X \sim N(68, 10^2)$이다. 통계학적 분석을 위해 $Z \sim N(0, 1)$로 변환하고자 $Z = (X - \mu_X)/\sigma_X$의 관계식을 이용했다. 확률 변수 Z의 평균과 표준 편차가 각각 0과 1인지 확인해 보고 원상 회복을 위해 $Y = \mu_X + \sigma_X Z$ 의 관계식을 써서 평균과 표준 편차가 다시 68 및 10이 각각 되도록 하였다. 확률 변수 Z가 정말 그런 값을 갖는지 알아보자.

[풀이] 문제에서 $\mu_X = 68$이고 $\sigma_X = 10$이다. 따라서 식 (3.18)을 직접 적용하여 Z에 대한 $E(Z)$와 $Var(Z)$를 구하면 각각

$$E(Z) = \frac{1}{\sigma_X} E(X) - \frac{\mu_X}{\sigma_X} = 0$$

$$Var(Z) = \frac{1}{\sigma_X^2} Var(X) = 1$$

와 같다. 여기서 $E(X) = \mu_X$와 $Var(X) = \sigma_X^2$이다. 또, 확률 변수 Y에 대한 $E(Y)$와 $Var(Y)$를 계산하면 각각 다음과 같다.

$$E(Y) = \sigma_X E(Z) + \mu_X = \mu_X$$

$$Var(Y) = \sigma_X^2 Var(Z) = \sigma_X^2$$

여기서 $E(Z) = 0$이고 $Var(Z) = 1$이다. 참고로, $X \sim N(\mu_X, \sigma_X^2)$와 $Z \sim N(0, 1)$에 대한 PDF가 그림 3.19 에 각각 나타나 있다. 수평 밑 수직 축의 스케일만 다를 뿐 모든 것이 똑같은 그래프이다. 그리고 각각 $\mu_X + (1)\sigma_X$에서 $\mu_X + (2)\sigma_X$까지, 그리고 1에서 2까지 색칠되어 있는데 확률, 즉 면적으로 보면 양쪽이 모두 똑같다.

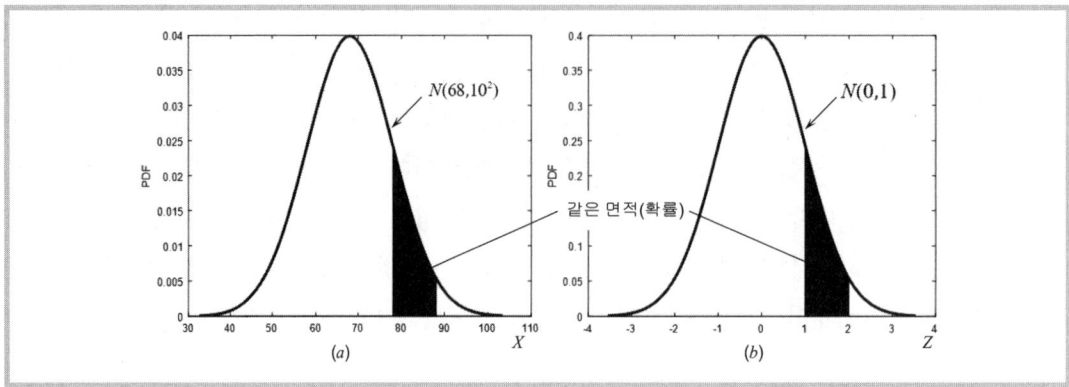

그림 3.19 예제 3.21a의 일반 정규 분포 및 표준 정규 분포의 PDFs

예제 3.21b 예제 3.9에서 실험실의 측정 장비에 대한 오차 PDF를 제시했었다. 분포의 중심과 퍼짐을 계산하여 나타내고, 아울러 $g(X) = 4X+3$의 중심과 퍼짐도 조사해 보자.

풀이 먼저 예제 3.9의 분포를 다시 나타내면 그림 3.20(a)와 같고, 이때 평균과 분산은 기댓값의 정의에 따라

$$E(X) = \int_{-1}^{2} x \frac{x^2}{3} dx = \frac{x^4}{12} \Big|_{-1}^{2} = \frac{5}{4}$$

$$Var(X) = E(X^2) - E(X)^2 = \int_{-1}^{2} x^2 \frac{x^2}{3} dx - \left(\frac{5}{4}\right)^2 = \frac{11}{5} - \left(\frac{5}{4}\right)^2 = \frac{51}{80}$$

과 같다. 다음, $g(X)$의 기댓값과 분산은 식 (3.18)과 식 (예3.10)을 이용하여 간단히 구할 수 있지만

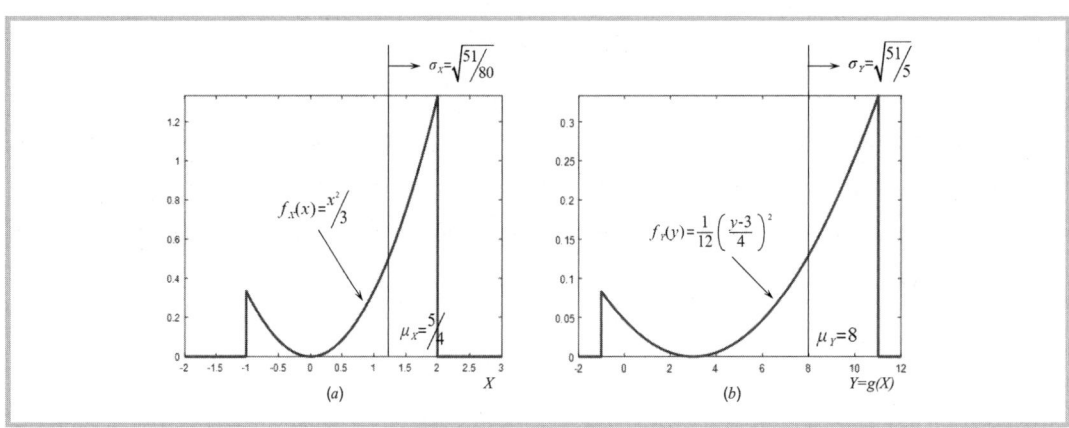

그림 3.20 예제 3.21b의 X와 $g(X)$의 확률 밀도 함수

여기선 $g(X)$의 분포 함수를 먼저 구한 후 앞의 단계를 밟고자 한다. $g(X)$의 누적 분포 함수는

$$F_Y(y) = P[g(X) \leq y] = P(4X+3 \leq y) = P(X \leq \frac{y-3}{4})$$

$$= \int_{-1}^{\frac{y-3}{4}} f_X(x)dx = \left(\frac{x^3}{9}\right)\Big|_{-1}^{\frac{y-3}{4}} = \frac{1}{9}\left(\frac{y-3}{4}\right)^3 - \frac{1}{9}$$

이고 이를 미분하여 $g(X)$의 확률 밀도 함수 $f_Y(y)$를 구하면 다음과 같다.

$$f_Y(y) = \frac{dF_Y(y)}{dy} = \frac{1}{12}\left(\frac{y-3}{4}\right)^2$$

여기서 $-1 \leq y \leq 11$이고 이의 그래프는 그림 3.20(b)와 같다. 따라서 위의 분포 함수를 이용해 $E[g(X)]$와 $Var[g(X)]$을 구하면

$$E(Y) = E[g(X)] = \int_{-1}^{11} yf_Y(y)dy = 8$$

$$Var(Y) = Var[g(X)] = E(Y^2) - \mu_Y^2 = \frac{51}{5}$$

과 같고, 이는 앞에서 구한 $E(X)$와 $Var(X)$를 식 (3.18)에 대입하여 구한 값들과 똑같다.

예제 3.21c 확률 변수 X가 $E(X) = 1$이고 $Var(X) = 5$일 때 $E[(X+2)^2]$와 $Var(3X+4)$를 구해 보자.

풀이 확률 변수의 함수가 $g(X) = aX+b$일 때 기댓값과 분산을 구하는 문제이다. 따라서 식 (3.18)을 이용하여 풀면 각각

$$E[(X+2)^2] = E(X^2+4X+4)$$
$$= E(X^2) + 4E(X) + 4 = Var(X) + E(X)^2 + 4E(X) + 4 = 14$$
$$Var(3X+4) = Var(3X) = 9Var(X) = 45$$

와 같다.

확률 변수의 함수엔 여러 확률 변수들의 합의 형태도 자주 등장하고 활용 범위도 아주 넓다. 이는 표본 분포의 기본 개념을 뒷받침하는 것이며, 또 어렵고 복잡한 확률 문제를 나누어 접근하게 해 공부하는 재미도 덤으로 갖다 준다고 했다. $g(X, Y)$는 두 확률 변수 X와 Y의 함수이고, 또 식 (3.17)에 따라 이와 같은 확률 함수의 기댓값과 분산도 연속 변수인 경우엔[15]

---

[15] 이산 변수인 경우의 기댓값과 분산은 식 (3.19)의 적분 기호를 합 기호로 바꾸면 된다.

$$E[g(X, Y)] = \int_{-\infty}^{\infty} \int_{-\infty}^{\infty} g(x,y) f(x,y) dx dy \qquad (3.19)$$

$$Var[g(X, Y)] = E\big[(g(X, Y) - \mu_{g(X, Y)})^2\big] = \int_{-\infty}^{\infty} \int_{-\infty}^{\infty} (g(x,y) - \mu_{g(X, Y)})^2 f(x,y) dx dy$$

와 같이 구할 수 있다. 여기서 $f(x,y)$는 식 (3.8)에서 설명한 결합 분포 확률이다.

식 (3.19)와 관련해선 여러 할 얘기가 많지만 뒤에서 분산과 함께 따로 다루기로 하고 여기선 $g(X, Y) = X + Y$와 같이 두 확률 변수의 합인 경우의 기댓값 $E[g(X, Y)]$을 생각해 본다. 즉,

$$
\begin{aligned}
E(X + Y) &= \int_{-\infty}^{\infty} \int_{-\infty}^{\infty} (x + y) f(x,y) dx dy \qquad (3.20) \\
&= \int_{-\infty}^{\infty} \int_{-\infty}^{\infty} x f(x,y) dx + \int_{-\infty}^{\infty} \int_{-\infty}^{\infty} y f(x,y) dy \\
&= E(X) + E(Y)
\end{aligned}
$$

이다. 항이 세 개인 경우도 $E[(X + Y) + Z] = E(X + Y) + E(Z)$와 같으므로 앞 항에 식 (3.20)을 다시 적용하면 $E(X) + E(Y) + E(Z)$이 된다. 따라서 n개의 항인 경우의 기댓값에 대한 일반적인 표현식은

$$E(X_1 + X_2 + \cdots + X_n) = E(X_1) + E(X_2) + \cdots + E(X_n) \qquad (3.21)$$

$$E\left(\sum_{i=1}^{n} X_i\right) = \sum_{i=1}^{n} E(X_i)$$

와 같고 이를 흔히 **기댓값의 합 법칙**이라고 한다. 참고로, **기댓값의 곱 법칙**은 이렇다. 확률 변수의 함수가 $g(X, Y) = XY$일 때 보통은 $E(XY) \neq E(X)E(Y)$이지만 확률 변수 X와 Y가 서로 독립이면, 즉 두 확률 변수의 결합 분포가 $f(x,y) = g(x)h(y)$와 같이 두 주변 분포 함수의 곱으로 표시되면

$$
\begin{aligned}
E(XY) &= \int_{-\infty}^{\infty} \int_{-\infty}^{\infty} xy f(x,y) dx dy \qquad (3.22) \\
&= \int_{-\infty}^{\infty} x g(x) dx \int_{-\infty}^{\infty} y h(y) dy \quad \leftarrow X \text{와 } Y \text{는 서로 독립} \\
&= E(X)E(Y)
\end{aligned}
$$

와 같이 각 확률 변수의 기댓값에 대한 곱으로 나타난다. 물론 n개의 확률 변수가 있는 경우에도 마찬가지로 성립한다.

예제 3.22a 의료 기기 회사의 영업사원이 특정한 날에 2개의 약속을 잡았다. 첫 번째 약속(A)은 성공 가능성이 75%이고 수수료는 20(만원), 그리고 두 번째 약속(B)는 40%의 성공 가능성이지만 수수료는 30(만원)이다. 두 약속이 서로 독립일 때 영업사원이 기대할 수 있는 수수료는 얼마가 될지 조사해 보자.

풀이 이 문제의 풀이 방법은 두 가지이다. 하나의 확률 변수로 풀든지, 아니면 각 약속마다 확률 변수를 두어 풀든지 하는 방법이 되겠다. 우선, 두 약속을 이행하여 얻을 수 있는 수수료를 X라 두면 X(만원) $= \{0, 20, 30, 50\}$이다. 따라서 각 요소에 대한 확률 분포를 구하면

$$f(0) = P(A^c B^c) = (1-0.75)(1-0.4) = 0.15$$
$$f(20) = P(AB^c) = 0.75(1-0.4) = 0.45$$
$$f(30) = P(A^c B) = (1-0.75)0.4 = 0.10$$
$$f(50) = P(AB) = 0.75(0.4) = 0.30$$

이므로 $E(X) = (0)(0.15) + (20)(0.45) + (30)(0.10) + (50)(0.30) = 27$이다. 즉, 영업사원은 당일의 영업에서 27만 원의 수수료를 기대할 수 있다. 다음, A 약속에서 얻을 수 있는 수수료를 X_1, 그리고 B 약속에선 X_2라 하면 전체 수수료는 $X = X_1 + X_2$이 된다. 그러면 $E(X)$는

$$E(X) = E(X_1) + E(X_2)$$
$$= (20)(0.75) + (0)(0.25) + (30)(0.4) + (0)(0.6) = 27$$

과 같이 계산할 수 있는데 앞에서 구한 값과 똑같다.

예제 3.22b 파란 공 12개와 노란 공 19개가 들어 있는 항아리에서 10개의 공을 무작위로 뽑는다. 파란 공이 선택된 개수를 확률 변수 X라 둘 때 이의 기댓값을 계산하는 방법을 생각해 보자.

풀이 기댓값을 계산하는 가장 직접적인 방법은 샘플 공간의 각 요소에 대한 확률을 얻어 기댓값의 정의를 적용하는 것이다. 즉, 10개를 뽑는 실험이므로 $X = \{0, 1, 2, \cdots, 10\}$이고 $X = x$에서 확률은 셈의 공식을 써서

$$f(x) = P(X = x) = \frac{\binom{12}{x}\binom{19}{10-x}}{\binom{31}{10}}$$

이 된다. 따라서 $E(X)$는

$$E(X) = \sum_{x=0}^{10} x f(x) = 3.871$$

과 같이 계산할 수 있다. 다음, 기댓값의 합 공식을 쓰는 방법도 있다. 첫째, 파란 공 하나가 뽑혔는지 지시하는 **임시 변수**(dummy variable) X_i를 10개 정의하여 구한다. 다시 말하면,

$$X_i = \begin{cases} 1 & (\text{파란 공이 선택되는 경우}) \\ 0 & (\text{그렇지 않는 경우}) \end{cases}$$

로 두고 $E(X_i)$을 계산한 후에 10개를 보탠다. 따라서 $E(X_i)$는 12/31이므로 전체 기댓값은

$$E(X) = \sum_{i=1}^{10} E(X_i) = 10\left(\frac{12}{31}\right) = \frac{120}{31} \approx 3.871$$

과 같다. 둘째, 파란 공에 번호를 1번부터 붙여 놓는다고 생각하고 임시 변수를

$$Y_i = \begin{cases} 1 & (i\text{번째 파란 공을 선택하는 경우}) \\ 0 & (\text{그렇지 않는 경우}) \end{cases}$$

와 같이 정의한 후에 $E(Y_i)$를 계산하여 12번 보탠다. 따라서 $E(Y_i)$는 $P(Y_i = 1)$, 즉 전체 공 31개에서 번호가 붙은 10개의 파란 공을 뽑을 확률이므로 10/31이고, 그래서

$$E(Y) = \sum_{i=1}^{12} E(Y_i) = 12\left(\frac{10}{31}\right) = \frac{120}{31} \approx 3.871$$

로 전체 기댓값을 계산할 수 있다.

세 방법이 모두 같은 결과를 내었는데 여러분은 어떤 방법을 선호하는가? 결론으로 말해, 확률이나 기댓값 문제는 생각의 문제다. 먼저 어떤 과정을 거칠지 생각하는 단계가 꼭 필요한데 합의 공식이 문제를 조각내 생각하게 하는 최선의 도구이지 않을까 싶다.

지금까지 확률 변수의 함수에 대한 기댓값, 특히 합의 공식을 설명하고 이의 문제를 풀어서 이 공식이 문제 풀이의 방식에 새로운 바람을 불어 넣어 준다는 것을 보였다. 이제부턴 분산에 대해 살펴 볼 것이다. 분산은 분포의 중심에서 얼마만큼 퍼져 있는지 제공해 주는 정보로 확률 변수 하나에 대한 분산은 앞의 식 (3.16)과 식 (예3.10)에서 계산하는 방법을 제시한 바 있다. 사실 분산은 계산식이 따로 정의되는 것이 아니라 $g(X) = (X - \mu)^2$와 같이 **확률 변수의 함수에 대한 기댓값** $E[g(X)]$일 뿐이다. 하지만 확률이든 데이터든 분포는 평균만 알아서는 정의할 수 없고 반드시 분산을 (혹은 표준 편차를) 함께 소개해야 완전히 파악될 수 있기 때문에 $Var(X)$와 같이 새로운 기호를 써서 다루고 있는 것이다. 우선, 기댓값에서 했던 것과 같이 임시 변수에 대한 분산을 알아보자. **임시 변수**(dummy variable)는 확률 변수가 샘플 공간의 요소를 숫자로 대응시켜 표현하지만 샘플 공간의 본질적 특성 때문에 범주 데이터가 되는 경우나, 또 어떤 사건의 발생을 셈할 때 합의 공식을 써서 문제 해결을 쉽게 할 목적일 때 자주 나온다. 우선, 임시 변수의 정의는

$$X = \begin{cases} 1 & \text{(임의의 사건 } A\text{가 일어나거나 성공하는 경우)} \\ 0 & \text{(임의의 사건 } A\text{가 일어나지 않거나 실패하는 경우)} \end{cases}$$

와 같다. 그러면 $Var(X)$는 식 (예3.10)을 써서

$$\begin{aligned} Var(X) &= E(X^2) - E(X)^2 \\ &= E(X) - E(X)^2 \quad \leftarrow 1^2 = 1\text{이고 } 0^2 = 0\text{이므로 } X^2 = X \\ &= E(X)[1 - E(X)] \\ &= P(A)[1 - P(A)] \end{aligned}$$

처럼 유도할 수 있다. 여기서 $E(X)$는 앞의 예제 3.18a에서 소개했듯이 $P(A)$이다.

이제 여러 확률 변수의 함수 $g(X, Y) = X + Y$에 대한 분산의 합 공식을 알아본다. 기댓값에선 합 공식이 합의 기댓값은 기댓값의 합과 같았는데 분산인 경우도 그런지 살펴 보기로 한다. 우선, 식 (예3.10)을 쓰면 다음과 같다.

$$Var(X + Y) = E[(X + Y)^2] - E(X + Y)^2$$

여기서 $E(X + Y)$는 기댓값의 합 공식에 따라 $E(X) + E(Y)$이며 확률 변수 X 및 Y의 평균, 즉 μ_X와 μ_Y이다. 다음, $(X + Y)^2 = X^2 + 2XY + Y^2$이므로 기댓값의 합 공식과 함께 위 식을 다시 적용하면

$$\begin{aligned} Var(X + Y) &= E(X^2) - \mu_X^2 + E(Y^2) - \mu_Y^2 + 2E(XY) - 2\mu_X\mu_Y \\ &= Var(X) + Var(Y) + 2(E(XY) - \mu_X\mu_Y) \end{aligned}$$

와 같은 확률 변수의 합에 대한 일반적인 분산 관계식을 얻을 수 있다. 하지만, 확률 변수 X와 Y가 서로 독립이면 기댓값이 합 공식을 가지듯이 분산의 경우도 합 공식이 성립한다. 즉, 두 확률 변수의 결합 분포 함수가 식 (3.22)와 같이 주변 분포 함수의 곱으로 표현되기 때문에 $E(XY) = E(X)E(Y) = \mu_X\mu_Y$이므로 두 확률 변수의 합에 대한 분산은

$$Var(X + Y) = Var(X) + Var(Y) \tag{3.23}$$

이 된다. 확률 변수가 3개인 경우도 $Var(X + Y + Z)$는 $Var[(X + Y) + Z]$로 생각할 수 있어 앞 항에 식 (3.23)을 적용하면 $Var(X) + Var(Y) + Var(Z)$와 같이 나타낼 수 있다. 따라서 서로 독립인 n개의 확률 변수가 합으로 표현될 땐

$$Var(X_1 + X_2 + \cdots + X_n) = Var(X_1) + Var(X_2) + \cdots + Var(X_n) \tag{3.24}$$

$$Var\left(\sum_{i=1}^{n} X_i\right) = \sum_{i=1}^{n} Var(X_i)$$

와 같이 일반화할 수 있고 이를 **분산의 합 공식**이라 한다.

예제 3.23a 주사위를 10번 던질 때 눈의 합에 대한 분산을 구해 보자.

[풀이] 2장에서 확률을 다룰 때 분류(classification)의 개념을 소개했다. 복잡한 실험을 중복 없이, 그리고 빠짐없이 나누어 각 실험의 결과를 합하여 원 실험을 완성한다는 뜻이다. 기댓값이나 분산의 합 공식도 마찬가지다. 즉, 주사위 10번 던지는 실험은 주사위 1번 던지는 실험을 해석한 후에 모두 더하는 방식이 훨씬 쉽고 편하다. 따라서

$$X = \sum_{i=1}^{10} X_i$$

와 같이 주사위 1번 던지는 경우의 확률 변수 X_i에 대한 기댓값과 분산을 구한 후 눈의 합을 구할 땐 모두 더하는 풀이 과정을 밟는다. 주사위 실험에서 $X_i = \{1,2,3,4,5,6\}$이고 이의 확률 질량 함수는 $f(x_i) = 1/6$이므로 $E(X_i)$와 $Var(X_i)$는 각각

$$E(X_i) = \sum_{i=1}^{6} x_i f(x_i) = \frac{7}{2}$$

$$Var(X_i) = E(X_i^2) - E(X_i)^2 = \sum_{i=1}^{6} x_i^2 f(x_i) - \left(\frac{7}{2}\right)^2 = \frac{91}{6} - \frac{49}{4} = \frac{35}{12}$$

와 같다. 그러므로 주사위 10번 던질 때 눈의 합에 대한 분산은

$$Var(X) = 10\frac{35}{12} = \frac{175}{6}$$

이다. 기댓값도 같은 방법으로 해석할 수 있다. 이를 테면, $E(X_i) = 7/2$이기 때문에 주사위 2개를 던지면 7이, 10개이면 35가, 혹은 100개의 주사위를 던지면 350이 기대될 것이다.

예제 3.23b 동전을 10번 던질 때 앞면이 나오는 횟수에 대한 분산을 구해 보자.

[풀이] 이 문제는 앞의 예제 3.23a와 완전히 같은 문제이다. 하지만 동전 실험은 본질적으로 두 경우의 수만 있기 때문에 임시 변수의 사용이 추천되는 문제이다. 임시 변수를 다음과 같이 정의한다.

$$X_i = \begin{cases} 1 & (i번째 동전이 앞면이 나오는 경우) \\ 0 & (i번째 동전이 뒷면이 나오는 경우) \end{cases}$$

그러면 동전 10개를 던져서 앞면이 나오는 전체 횟수는

$$X = \sum_{i=1}^{10} X_i$$

이 될 것이다. 본문에서 설명했듯이 임시 변수의 분산은 (앞면이 나올 확률)(앞면이 나오지 않을 확률)이므로 1/4이다. 따라서 이 문제의 분산은 $Var(X) = 10(1/4) = 5/2$이다.

이 문제의 기댓값은 $10(1/2)=5$이고 표준 편차는 $\sqrt{5/2}\approx1.6$이므로 동전 10개를 던질 때 5개 정도는 앞면이 나온다고 기대할 수 있지만 앞뒤로 1.6개 정도의 오차가 생길 수 있기 때문에 앞면의 횟수는 대략 3.4개와 6.6개, 혹은 3개에서 7개 사이로 생각하는 것이 좋다.

예제 3.23c 유명한 햄버거 가게는 항상 손님들이 2개의 줄로 나뉘어 기다리고 있다. 줄 1에서 기다리는 시간을 X라 하고 줄 2에서 기다리는 시간을 Y라 할 때 두 확률 변수의 결합 분포는 다음과 같다.

$$f(x,y)=\begin{cases}\dfrac{3}{2}(x^2+y^2) & 0\le x,y\le1\\ 0 & \text{otherwise}\end{cases}$$

1) 두 확률 변수가 서로 독립인지 종속인지 조사해 보고, 2) 두 확률 변수의 합과 곱, 즉 $X+Y$와 XY에 대한 기댓값을 찾아보고, 3) 각 확률 변수에 대한 분산, 즉 $Var(X)$와 $Var(Y)$, 그리고 $Var(X+Y)$을 계산해 보자.

풀이 순수 확률에선 독립성을 조건 및 비조건 확률이 같은지 다른지 따지지만 분포의 경우엔 결합 분포 함수가 두 주변 분포 함수의 곱인지를 따진다. 따라서

$$g(x)=\int_{-\infty}^{\infty}f(x,y)dy=\frac{3}{2}\int_0^1(x^2+y^2)dy=\frac{1}{2}(3x^2+1)$$

$$h(y)=\int_{-\infty}^{\infty}f(x,y)dx=\frac{3}{2}\int_0^1(x^2+y^2)dx=\frac{1}{2}(3y^2+1)$$

와 같이 주변 분포 함수를 각각 구한 후에 독립성을 판단하는데 $f(x,y)\ne g(x)h(y)$이므로 두 확률 변수는 서로 종속이다. 다음, $E(X+Y)=E(X)+E(Y)$이고 X와 Y의 확률 밀도 함수는 같기 때문에

$$E(X+Y)=2E(X)=\int_0^1 x(3x^2+1)dx=\frac{5}{4}$$

이고 $E(XY)$는 정의에 따라

$$E(XY)=\frac{3}{2}\int_0^1\int_0^1 xy(x^2+y^2)dxdy=\frac{3}{8}$$

이다. 그리고 분산 $Var(X)$와 $Var(Y)$ 역시 두 변수의 밀도 함수가 같기 때문에 같다. 즉,

$$Var(X)=E(X^2)-E(X)^2=\frac{1}{2}\int_0^1 x^2(3x^2+1)dx-\left(\frac{5}{8}\right)^2=\frac{73}{960}=Var(Y)$$

와 같다.

끝으로, 두 확률 변수의 함수에 대한 분산은 식 (3.23)을 유도하는 과정에서 보았듯이

$$Var(X+Y)=Var(X)+Var(Y)+2(E(XY)-E(X)E(Y))$$

와 같으므로 앞에서 구한 값들을 대입하여 29/240로 계산할 수 있다. 위 식의 마지막 항은 두 확률 변수에 대한 **공분산**(covariance)으로 $Cov(X,Y) = E(XY) - E(X)E(Y)$와 같은데 바로 이어서 설명하기로 한다.

확률 변수의 함수에 대한 기댓값과 분산의 마지막은 공분산이다. **공분산**(covariance)은 말 그대로 두 확률 변수 X와 Y 사이의 관계를 나타내기 위해 도입된 개념으로 $g(X,Y) = (X-\mu_X)(Y-\mu_Y)$일 때의 기댓값으로 다음과 같이 정의된다.

$$Cov(X,Y) = E[(X-\mu_X)(Y-\mu_Y)] = \sigma_{XY} \tag{3.25}$$
$$= \begin{cases} \sum_x \sum_y (x-\mu_x)(y-\mu_y)f(x,y) & \text{(이산 변수인 경우)} \\ \int_{-\infty}^{\infty}\int_{-\infty}^{\infty}(x-\mu_X)(y-\mu_Y)f(x,y)dxdy & \text{(연속 변수인 경우)} \end{cases}$$
$$= E(XY) - \mu_X\mu_Y$$

여기서 맨 아래의 식은 합이나 적분에서 각 항을 따로 분리하여 확률의 공리를 적용하면 얻을 수 있는 표현인데 앞에서 말했듯이 두 확률 변수가 서로 독립이면 식 (3.23)의 유도에서 보듯이 $E(XY) = \mu_X\mu_Y$이므로 독립일 땐 공분산은 항상 0인 것을 말해 준다.

식 (3.25)에서 $X-\mu_X$나 $Y-\mu_Y$와 같이 변수에서 해당 변수의 평균을 뺀 값을 편차 (deviation)라고 한다. 편차는 분산의 계산에서 이를 제곱하여 항상 양수가 되도록 하여 사용한 것과 달리 음수와 양수 모두 갖는다. 만약 $X=x$가 평균보다 큰 값일 때 $Y=y$도 크면, 즉 두 변수가 함께 같은 방향으로 커질 땐 두 편차의 곱은 양수가 되어 $Cov(X,Y) > 0$이 될 것이다. x가 작을 때 y 역시 작을 때도 두 편차의 곱은 양수이므로 결과는 마찬가지다. 두 확률 변수가 같은 방향으로 커지거나 작아지는 경우는 $Cov(X,Y)$의 값을 통해 짐작할 수 있다는 말이다. 하지만 x가 클 때 y가 평균보다 작거나 x가 평균보다 작을 때 y가 클 땐 이와 달리 $Cov(X,Y) < 0$이 되어 두 확률 변수의 값 변화가 서로 다른 방향으로 일어난다는 것을 예측할 수 있다. 다시 말하면, 공분산은 두 확률 변수의 선형 관계, 즉 비례 관계인지 반비례 관계인지 판단할 수 있는 정보를 제공한다. 비록 선형성의 강도를 말해 주진 못하더라도 한 변수의 변화로 다른 변수가 어느 방향으로 변하는지 알 수 있다는 측면에서 아주 중요하다. 한편, 두 확률 변수가 서로 독립이면 $Cov(X,Y) = 0$이었다. 그래서 서로 독립인 두 확률 변수는 아무 관계가 없거나 있더라도 선형 관계는 아니다.

공분산은 차원을 갖는 양이다. 두 확률 변수의 곱의 차원이라 확률 변수들이 서로 다른 차원을 가질 땐 물리적인 뜻을 짐작하기가 쉽지 않다. 그래서 차원을 무차원으로 바꾸고,

또 공분산을 통해 선형성의 강도까지 판단할 수 있도록 하기 위해 다음과 같은 양을 정의하여 사용하는데 이를 **상관 계수**(correlation coefficient) ρ_{XY}라 한다.

$$\rho_{XY} = \frac{Cov(X, Y)}{\sigma_X \sigma_Y} = \frac{\sigma_{XY}}{\sigma_X \sigma_Y} \qquad (3.26)$$

여기서 σ_X와 σ_Y는 두 확률 변수 X와 Y의 표준 편차로 각각 $\sqrt{Var(X)}$와 $\sqrt{Var(Y)}$을 뜻한다.

식 (3.26)에서 공분산이 $\sigma_{XY} = 0$이면 $\rho_{XY} = 0$로 두 확률 변수는 아무 관계가 없거나 비선형 관계를 나타낸다. 그리고 선형 관계식, 즉 $Y = a + bX$에서 $b > 0$이면 $\rho_{XY} = 1$이고 $b < 0$이면 $\rho_{XY} = -1$로 완전한 선형성을 보여 준다.[16] 따라서 상관 계수는 항상 $-1 \leq \rho_{XY} \leq 1$의 값으로 비례나 반비례의 강약까지 말해 주므로 선형 회귀(linear regression) 관련 분야에서 중요한 구실을 한다.

예제 3.24a 다음 확률표는 결점이 있는 상품의 수 X와 그 상품을 만든 공장의 위치 Y를 요약한 것이다.

Y \ X	0	1	2	3
1	1/8	1/16	3/16	1/8
2	1/16	1/16	1/8	1/4

확률 변수 X와 Y의 주변 분포를 찾고 각 변수의 기댓값, 분산, 그리고 X와 Y의 공분산을 차례대로 구해 보자.

풀이 확률 변수의 주변 분포는 결합 확률표의 주변, 즉 오른쪽과 아래쪽의 주변(margin)에 적는다고 이런 용어가 생겼으므로 $g(x)$는 아래쪽에 나타나는 열의 합으로 $g(0)=1/8+1/16=3/16$와 같이 $g(1)$, $g(2)$, $g(3)$도 찾으면 되고 $h(y)$는 표의 오른쪽에 $h(1) = 1/8+1/16+3/16+1/8 = 8/16$와 같이 $h(2)$도 함께 적으면 된다. 다음, 기댓값은 정의에 따라 구하면

$$\mu_X = E(X) = \sum_{x=0}^{3} xg(x) = 0\left(\frac{3}{16}\right) + 1\left(\frac{2}{16}\right) + 2\left(\frac{5}{16}\right) + 3\left(\frac{3}{8}\right) = \frac{15}{8}$$

$$\mu_Y = E(Y) = \sum_{y=1}^{2} yh(y) = 1\left(\frac{8}{16}\right) + 2\left(\frac{8}{16}\right) = \frac{3}{2}$$

---

[16] 식 (3.25)로부터 $Cov(X, Y) = E(XY) - E(X)E(Y)$이므로 $Cov(a+bX, Y) = bCov(X, Y)$이다. 그리고 $Y = a+bX$일 때 $\sigma_{XY} = Cov(a+bX, X) = b\sigma_X^2$이고 $\sigma_Y^2 = Var(a+bX) = b^2\sigma_X^2$이므로 식 (3.26)은 $\rho_{XY} = b\sigma_X^2/\sqrt{\sigma_X^2 b^2 \sigma_X^2} = b/|b|$와 같다. 즉, ρ_{XY}는 -1과 1 사이의 값이다.

와 같고, 또 분산은 $Var(X) = E(X^2) - \mu_X^2$와 $Var(Y) = E(Y^2) - \mu_Y^2$이므로

$$Var(X) = \sum_{x=0}^{3} x^2 g(x) - \mu_X^2 = 0^2\left(\frac{3}{16}\right) + 1^2\left(\frac{2}{16}\right) + 2^2\left(\frac{5}{16}\right) + 3^2\left(\frac{3}{8}\right) - \left(\frac{15}{8}\right)^2 = \frac{79}{64}$$

$$Var(Y) = \sum_{y=1}^{2} y^2 h(y) - \mu_Y^2 = 1^2\left(\frac{8}{16}\right) + 2^2\left(\frac{8}{16}\right) - \left(\frac{3}{2}\right)^2 = \frac{1}{4}$$

이다. 끝으로, 공분산은 식 (3.25)에 따라 $Cov(X,Y) = E(XY) - \mu_X \mu_Y$로 구할 수 있는데

$$E(XY) = \sum_{x=0}^{3} \sum_{y=1}^{2} xyf(x,y) = (0)(1)\frac{1}{8} + (0)(2)\frac{1}{16} + (1)(1)\frac{1}{16} + (1)(2)\frac{1}{16}$$

$$= + (2)(1)\frac{3}{16} + (2)(2)\frac{1}{8} + (3)(1)\frac{1}{8} + (3)(2)\frac{1}{4} = \frac{47}{16}$$

이므로 $Cov(X,Y) = 1/8$과 같이 계산할 수 있다.

[예제 3.24b] 마라톤 경기에 참여하는 남성 X와 여성 Y의 비율이 다음의 결합 분포 함수를 갖는다고 가정할 때 두 확률 변수의 공분산과 상관 계수를 구해 보자.

$$f(x,y) = \begin{cases} \dfrac{xy}{2} & 0 < y < x < 2 \\ 0 & \text{otherwise} \end{cases}$$

[풀이] 먼저, 각 확률 변수의 주변 분포 함수를 찾는다. 즉,

$$g(x) = \int_0^x \frac{xy}{2} dy = \begin{cases} \dfrac{x^3}{4} & 0 < x < 2 \\ 0 & \text{otherwise} \end{cases}$$

이고

$$h(y) = \int_y^2 \frac{xy}{2} dx = \begin{cases} y\left(1 - \dfrac{y^2}{4}\right) & 0 < y < 2 \\ 0 & \text{otherwise} \end{cases}$$

이다. 이제, 위에서 구한 $g(x)$와 $h(y)$을 이용해 각 확률 변수의 평균을 구한다. 공식을 이용하여

$$\mu_X = E(X) = \int_0^2 x \frac{x^3}{4} dx = \frac{8}{5} \text{와} \quad \mu_Y = E(Y) = \int_0^2 y^2\left(1 - \frac{y^2}{4}\right) dy = \frac{16}{15}$$

과 같이 계산할 수 있고, 아울러 $E(XY)$도 함께 구하면 다음과 같다.

$$E(XY) = \int_0^2 \int_y^2 xy \frac{xy}{2} dx dy = \frac{16}{9}$$

따라서 두 확률 변수의 공분산은

$$\sigma_{XY} = Cov(X,Y) = E(XY) - \mu_X \mu_Y = \frac{16}{9} - \left(\frac{8}{5}\right)\left(\frac{16}{15}\right) = \frac{16}{225}$$

과 같다. 끝으로, 상관 계수는 앞에서 구한 공분산을 각각의 표준 편차로 나누어 얻는다. 따라서 각 변수의 분산을 구해야 하는데 $Var(X) = E(X^2) - \mu_X^2$와 같은 식을 이용한다. 즉,

$$E(X^2) = \int_0^2 x^2 \frac{x^3}{4} dx = \frac{8}{3} \text{와} \quad E(Y^2) = \int_0^2 y^3 \left(1 - \frac{y^2}{4}\right) dy = \frac{4}{3}$$

이므로 $Var(X) = 8/75$와 $Var(Y) = 44/225$이다. 그러므로 상관 계수는

$$\rho_{XY} = \frac{Cov(X, Y)}{\sqrt{Var(X)\,Var(Y)}} = \frac{16/225}{\sqrt{8/75}\,\sqrt{44/225}} = \frac{129}{262} \approx 0.5$$

이다. ρ_{XY}가 0.5 정도는 $X = x$의 변화에 $Y = y$도 같은 방향으로 변하는 경향이 있지만 비례 관계가 강하다고 할 순 없다. 최소 0.7 이상은 되어야 데이터 집단 $(x_i,\ y_i)$에 대한 직선의 관계식이 신뢰를 갖는다고 볼 수 있다.

3.6 MATLAB과 함께

확률 변수의 분포와 관련한 컴퓨터 프로그램이 할 수 있는 일은 모든 확률 및 통계 책에 부록으로 수록된 확률표를 컴퓨터가 대신할 수 있는 방법을 소개하는 것이다. 본문에선 지면 관계로 많은 분포를 설명하지 못했지만 알려진 분포는 손가락을 펴 셀 수 없을 만큼 많이 있다. 각 분포의 확률표가 컴퓨터의 데이터베이스로 구축되어 있으면 사용 방법이 분포의 종류에 관계 없이 일의적으로 활용할 수 있다는 점이 큰 장점이 아닐 수 없다. 한 분포의 사용법만 익혀 두면 다른 모든 분포도 같은 방법으로 쓸 수 있다는 말이다. MATLAB에서 확률 분포를 다루는 방법은 세 가지이다.

첫째, 잘 알려진 모든 분포에 범용으로 쓸 수 있는 함수를 제공하여 어떤 분포든지 분포에서 할 수 있는 모든 일을 할 수 있도록 한다. 즉,

```
random(NAME, parameters, M, N)
pdf(NAME, x, parameters)
cdf(NAME, x, parameters)
icdf(NAME, p, parameters)
```

와 같이 4개의 범용 함수를 제공한다. 여기서 NAME은[17] 사용할 분포의 이름이고 parameters는 해당 분포의 파라미터로 두 개 이상이면 콤마로 구분하여 입력한다. x는

---

[17] MATLAB에 등록된 분포의 데이터베이스는 20개 이상인데 범용 함수 중 임의의 한 개에 대한 도움말을 >> help random와 같이 입력하여 분포의 이름을 얻을 수 있다.

확률 변수의 값이고 p는 확률(백분율), 그리고 M과 N은 분포에서 임의로 추출한 무작위 수의 크기이다. 예를 들어, 예제 3.4의 이항 분포에서 시행 횟수가 $n = 20$이고 성공률이 $p = 0.34$일 때 8번 성공할 확률이나 최소한 6번 성공할 확률을 구한다고 생각해 보자. 식 (예3.1)과 (예3.2)를 이용할 수도 있지만 계산을 손으로 하려면 끔찍하다. 확률 분포와 관련해선 모두가 이렇다. 직접 계산할 수도 있지만 복잡한 대수적 계산을 비롯하여 합이나 적분까지, 특히 분포 함수가 초월 함수를 포함할 땐 도전할 생각조차 나지 않는데 바로 컴퓨터가 필요한 순간이다. 즉,

```
n = 20; p = 0.34;               % 시행 횟수 n과 성공률 p
pdf('Binomial', 8, n, p)        % 8번 성공할 확률
ans = 0.1537
1 - cdf('Binomial', 6, n, p)    % 최소한 6번 이상 성공할 확률
ans = 0.5460
```

와 같고, 이때 NAME은 'binomial'나 'Bino', 'bino'와 같이 대소문자를 구분하지 않고, 또 부분적인 이름도 사용할 수 있다.

둘째, 각 분포마다 독립적으로 사용할 수 있는 전용 함수를 따로 제공한다. 전용 함수의 이름을 NAME+TYPE의 형식으로 만들어 두고 범용 함수보다 입력 형식을 짧고 편하게 사용할 수 있도록 한다. 여기서 NAME은 분포 이름의 앞부분 영문자이고 TYPE은 분포의 종류로 random은 rnd로, pdf와 cdf는 그대로, 그리고 icdf는 inv로 통일되어 있다. 이를 테면, 정규(normal) 분포와 균등(uniform) 분포이면

```
normrnd(parameters, M, N)와 unifrnd(parameters, M, N)   % 분포의 샘플링 함수
normpdf(x, parameters)와 unifpdf(x, parameters)         % 분포의 PDF
normcdf(x, parameters)와 unifcdf(x, parameters)         % 분포의 CDF
norminv(p, parameters)와 unifinv(p, parameters)         % 분포의 ICDF
```

와 같다. 예를 들어, 예제 3.13a의 경우처럼 확률 변수 X가 평균이 3이고 분산이 9인[18] 정규 분포를 따를 때 $P(2 < X < 5)$는

```
normcdf(5, 3, 3) - normcdf(2, 3, 3)    % 누적 분포에서 F(5) - F(2)
ans = 0.3781
```

와 같이 계산할 수 있고 표준 정규 분포 $N(0,1)$를 사용할 요량이면 5와 2의 표준 점수인

---

[18] 정규 분포 $N(\mu, \sigma^2)$는 파라미터가 보통 평균과 분산이지만 MATLAB에선 분산을 표준 편차로 이해하기 때문에 $N(\mu, \sigma)$이다.

$$z_2 = \frac{5-3}{3} = 0.667 \text{와} \quad z_1 = \frac{2-3}{3} = -0.333$$

을 찾은 후에

```
z2 = (5-3)/3; z1 = (2-3)/3;              % 확률 변수 X의 값을 표준 점수로
normcdf(z2) - normcdf(z1)
ans =   0.3781
```

와 같이 작업할 수 있다. 여기서 normcdf(z2)는 normcdf(z2, 0, 1)로 평균이 0이고 표준 편차가 1인 경우엔 파라미터를 생략할 수 있어 더 간편하게 사용할 수 있다. 정규 분포에 대한 그래프를 실습 3.1(a)와 같이 그리고 싶으면

```
x = -6:0.05:12;                          % 평균에서 ±3σ 정도의 데이터
y = normpdf(x, 3, 3);
plot(x, y, 'k', LineWidth = 1.8)
```

처럼, 그리고 (b)와 같이 구하고자 하는 확률 영역을 표시하여 나타내고 싶으면

```
normspec(SPEC, parameters)               % SPEC은 P(a < X < b)일 때 [a b]와 같이
                                         % 왼쪽 끝과 오른쪽 끝이면 -inf와 inf를 사용
```

와 같이 사용할 수 있다.

셋째, 주어진 데이터나 파라미터를 이용해 분포에 대한 객체(object)를[19] 직접 생성하여

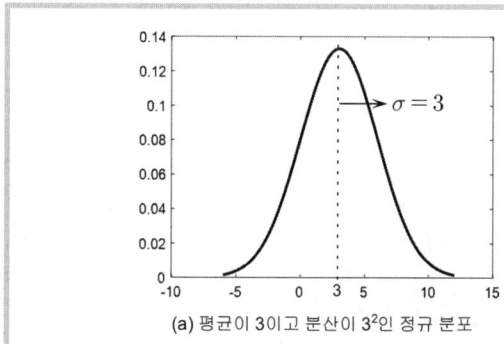

(a) 평균이 3이고 분산이 3^2인 정규 분포

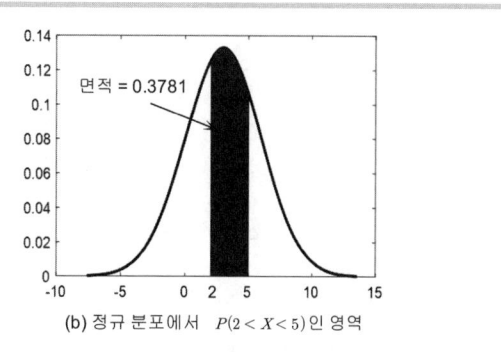

(b) 정규 분포에서 $P(2 < X < 5)$인 영역

실습 3.1 평균이 3이고 분산이 3^2인 정규 분포

---

[19] 객체는 클래스(class)를 지원하는 컴퓨터 프로그램 언어에서 작성한 클래스를 현실 세계로 구현한 것이다. 객체는 데이터 저장 요소, 즉 특성값(property)과 데이터에 작용하는 함수, 즉 멤버 함수(member function)를 함께 포함하고 있는데 각각의 참조는 함수 호출이나 점 형식을 이용한다. 이를 테면, 객체 obj의 멤버 함수가 cdf이면 cdf(obj, ARGS)나 obj.cdf(ARGS)와 같다. 여기서 ARGS는 함수의 인수인데 여러 개이면 콤마로 구분한다.

사용할 수 있도록 한다. 예를 들어, 파라미터가 $\lambda = 4$인 푸와송 분포를 만들어 예제 3.7의 문제를 풀고자 한다면

```
obj = makedist('Poiss', lambda = 4)      % λ = 4인 푸와송 객체 obj 생성
cdf(obj, 2)                              % obj의 CDF 함수
ans  =  0.2381
```

와 같고, 이때 obj는 random, pdf, cdf, 그리고 icdf를 비롯하여 평균 mu와 표준 편차 sigma를 멤버 함수나 특성값으로 가지고 있어[20] 분포와 관련한 대부분의 작업을 할 수 있다. 분포의 파라미터를 모르는 경우이면

```
load examgrades              % MATLAB에 저장된 120×5의 성적 데이터
x = grades(:, 4);            % 4번째 성적
obj = fitdist(x, 'Normal');  % 성적 데이터를 정규 분포로 근사 맞추기
mean(obj)                    % 객체의 평균 확인, 혹은 obj.mu도 가능
ans  =   75.0333
std(obj)                     % 객체의 표준 편차 확인, 혹은 obj.sigma도 가능
ans  =  8.6013
```

와 같이 주어진 데이터를 임의의 분포에 (여기선 정규 분포) 맞출 수도 있다. 이때 예로 사용한 성적 데이터가 정규 분포로 잘 맞추어졌는지 실습 3.2와 같이 확인해 보려면 다음과 같이 작성해 볼 수도 있다.

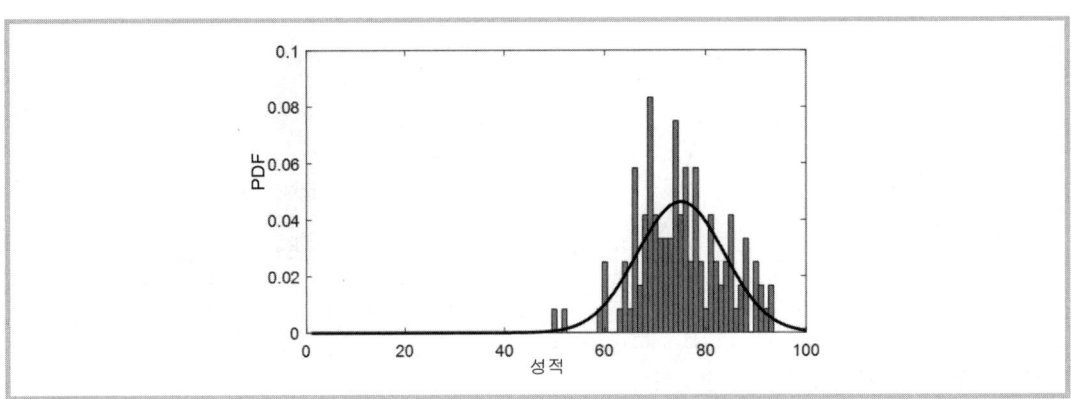

실습 3.2 fitdist 함수를 이용하여 데이터를 임의 분포에 맞추기

---

[20] 객체 obj에 대한 멤버 함수와 특성값은 MATLAB 명령창에 properties(obj)나 methods(obj)를 입력하여 알아 볼 수 있다.

```
xx = 1:0.05:100                         % 성적 변수가 가질 수 있는 값
yy = pdf(obj, xx);                      % 성적 변수에 대한 각각의 확률값
histogram(xx, Normalization = 'pdf')
hold on
plot(xx, yy, 'k', LineWidth = 1.8)
hold off
```

확률 변수의 분포가 직접 식으로 주어진 경우는 합과 곱이나 미분과 적분을 수행해야 하는데 이것 역시 컴퓨터의 도움이 꼭 필요하다. 확률 변수의 함수에 대한 기댓값도 합과 적분이 필요한 것은 마찬가지다. MATLAB은 보통의 컴퓨터 프로그램처럼 수치적인 해를 찾는 것 말고도 대수적인 해까지 얻을 수 있기 때문에 분포나 기댓값과 관련해선 금상첨화가 아닐 수 없다. 예를 들어, 두 확률 변수 X와 Y에 대한 결합 밀도 함수가

$$f(x,y) = \begin{cases} \dfrac{2}{5}(2x+3y) & 0 \le x \le 1, 0 \le y \le 1 \\ 0 & \text{otherwise} \end{cases}$$

와 같이 주어졌을 때 확률의 공리를 만족하는지, 주변 분포 함수 $g(x)$나 $h(y)$는 어떻게 될지, 확률 $P(1/4 < X < 1/2 \mid Y = 1/3)$의 계산은 어떨지 따위를 쉽게 할 수 있다는 것은 큰 장점이다. 즉,

```
syms x y                        % 기호 변수 x와 y를 정의
fxy = 2*(2*x + 3*y)/5           % 기호 변수를 이용해 함수 f(x,y)를 정의
int(int(fxy, y, 0, 1), x, 0, 1) % f(x,y)를 y와 x를 0에서 1까지 적분
ans =   1
gx = int(fxy, y, 0, 1)          % 주변 분포 함수 g(x)
ans =   (4*x)/5 + 3/5
hy = int(fxy, x, 0, 1)          % 주변 분포 함수 h(y)
ans =   (6*y)/5 + 2/5
```

와 같다. 여기서 적분 함수의 사용법은 int(적분함수, 적분변수, 아랫구간, 윗구간)이다. 결합 분포 함수 $f(x,y)$를 이용해 확률을 구하고자 하면 이렇다.

```
fx_y = fxy/hy                          % 조건부 확률 분포 함수 f(x | y)를 정의
simplify(fx_y)                         % 함수 정리
ans =   (2*x + 3*y)/(3*y + 1)
prob = int(subs(fx_y, y, 1/3), x, 1/4, 1/2)  % y에 1/3을 대입한 후 x에 대하여 적분
prob =   7/32                          % P(1/4 < X < 1/2 | Y = 1/3)
```

이산 분포의 기댓값은 MATLAB의 스칼라 곱, 즉 도트 곱으로 해결할 수 있고 확률 변수의 함수에 대한 기댓값도 마찬가지다. 예를 들어, 예제 3.20a의 경우에

```
X = 5:9;                            % 확률 변수 X
Y = [1/20  1/8  3/8  1/4  1/5];     % P(X=x)
EX = x*y'                           % E(X)
EX =  7.4250
gX = 2*x + 1;                       % g(X) = 2X + 1
EgX = gX*y'                         % E[g(X)]
EgX =  15.8500
```

와 같이 계산할 수 있고 예제 3.22b와 같이 확률표가 아니라 함수로 주어지면 기호 변수의 합을 나타내는 symsum을 써서

```
syms x                                               % 기호 변수 x를 정의
f(x) = nchoosek(12, x)*nchoosek(19, 10-x)/nchoosek(31,10);   % 이산 분포 함수
EX = symsum(x*f(x), x, 0, 10)                        % 기호 변수의 합 symsum 이용
EX =  120/31
```

처럼 사용할 수 있다.

이 소절을 마치기 전에 그래프 그리기를 잠깐 살펴보기로 한다. 연속 분포 함수는 보통 구간별로 정의되기 때문에 구간과 구간이 서로 이어지도록 그리는 것이 필요하다. 예를 들어, 확률 밀도 함수가

$$f_X(x) = \begin{cases} \dfrac{x^2}{3} & -1 < x < 2 \\ 0 & \text{otherwise} \end{cases}$$

인 경우에 $-1 < x < 2$ 이외는 0으로 그려져야 $-\infty$에서 ∞까지 전 구간의 적분이 1인 확률 밀도 함수가 올바로 정의되는 것이다. 즉,

```
syms x
f(x) = piecewise(-1 < x & x < 2, x^2/3, 0)    % 구간별 함수를 정의
int(f(x), x, -inf, inf)                        % 전 구간에서 적분
ans =   1
```

와 같다. 여기서 piecewise 함수의 사용법은 piecewise(조건1, 함수1, 조건1, 함수2, ... otherwise)이다. 만약 $Y = g(X) = 4X + 3$일 때 $f_Y(y)$를 구하고자 한다면 예제 3.21b에서 이의 누적 분포 함수가

$$F_Y(y) = \frac{1}{9}\left(\frac{y-3}{4}\right)^3 - \frac{1}{9}$$

이므로 이를 미분하여

```
Fy = ((y-3)/4)^3/9 - 1/9;        % 누적 분포 함수 Fy
fy = diff(Fy, y)                 % Fy를 미분하여 밀도 함수 fy를 유도
fy =   (y/4 - 3/4)^2/12
```

와 같이 구할 수 있다. 그리고 각 확률 밀도 함수의 그래프는 실습 3.3과 같은데 다음과 같이 작업한다.

```
syms y
f(y) = piecewise(-1 < y & y < 11, ((y-3)/4)^2/12, 0);
h = tiledlayout(1,2);
nexttile, fplot(f(x), [-2 3], LineWidth = 1.8)
nexttile, fplot(f(y), [-2 12], LineWidth = 1.8)
h.TileSpacing = 'tight';
```

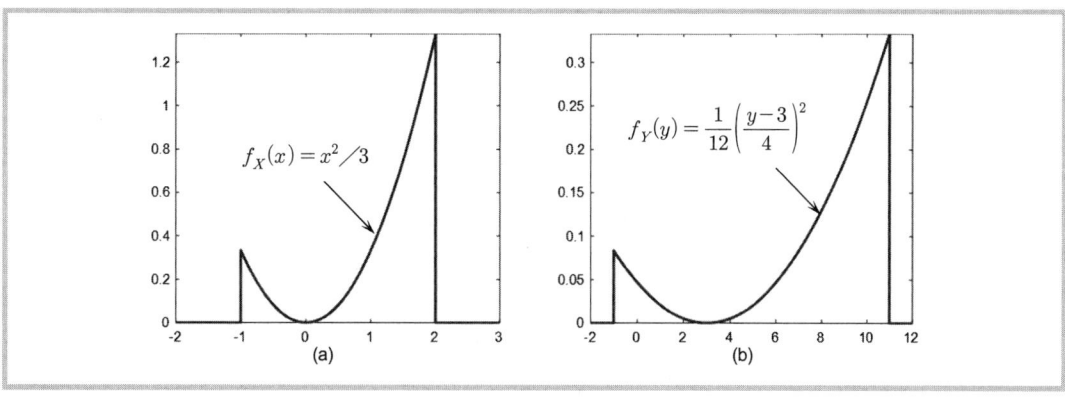

<u>실습 3.3</u> 확률 밀도 함수의 그래프 그리기

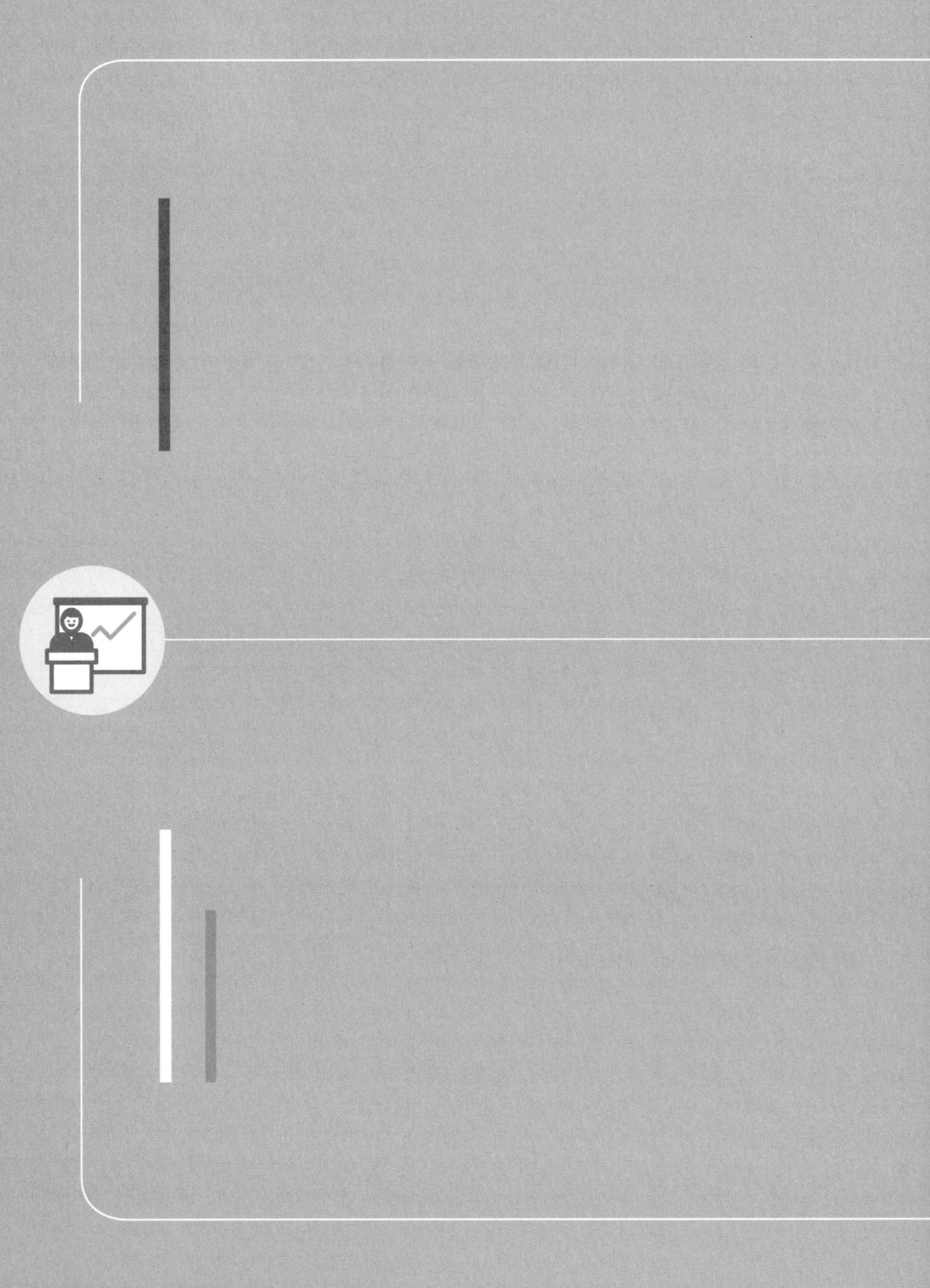

04
표본 분포

04 표본 분포

4.1 표본 분포란

표본 분포(sampling distribution)는 이 책의 두 번째 목적인 추론 통계학의 뿌리가 되는 지식이다. 확률과 통계를 잇는 징검다리인 셈인데 추론 통계학을 탄생시킨 배경이기도 하다. 확률과 통계의 기초를 다루는 이 책에서 깊이 있는 설명은 하지 못하겠지만 표본 분포가 무얼 뜻하고, 또 왜 추론 통계학이 표본 분포의 이해 없이는 안 되는지 짚는 것으로 이 장을 이끌기로 한다.

표본 분포는 1장에서 살펴본 데이터 분포나 3장에서 다룬 확률 분포와 같이 표본, 엄밀히 말하면 표본의 통계량이 어떤 구간에 걸쳐 넓게 펴져 있는 현상을 말한다. 표본 (sample)은 거대한 데이터 집단의 한 부분으로 샘플링 과정을 거쳐 생성되고, 이때 표본 이 추출되는 데이터 집단을 모집단(population)이라 한다. 모집단은 포함되는 데이터 수가 많아 모집단의 특성(parameter)을 직접 해석하기 불가능하고, 또 가능하다 하더라 도 비효율적이라 보통 표본의 특성(statistic)을[1] 통해서 추론하는 것이 일반적이다. 그런 데 표본의 통계량이 모집단의 모수와 다를 수 있는 것도 문제이지만 그림 4.1과 같이 수집한 표본마다 그 값이 다르다는 것이 더 큰 문제이다.

그림 4.1은 평균이 μ이고 표준 편차가 σ인 (혹은 분산은 σ^2인) 모집단에서 추출한 여러 샘플들을 보여 주고 있다.[2] 샘플마다 수집된 데이터가 달라 샘플의 통계량이 다를 수밖에 없는데 그림엔 통계량의 대표적인 것 중의 하나인 평균 $\overline{x_i}$을 첨자를 붙여 표시해 놓았다. 샘플마다 통계량이 다른 이런 문제를 해결하기 위해 추론 통계학(inferential

---

[1] 표본 집단의 특성을 나타내는 여러 값들을 통계량(statistics)이라 하고 모집단인 경우는 모수(parameters)라 부른다. 영문자를 써서 sample일 때는 statistic, 그리고 population이면 parameter로 알아 두면 좋겠다.

[2] 샘플(sample)의 우리 말인 표본을 쓰는 것이 맞지만 샘플이라는 말도 자주 써서 우리 입에 익었기 때문에 샘플도 함께 섞어 쓰기로 한다. 영어론 확실히 구별되지만 우리 말론 표본 통계량(sample statistic)과 표준 통계량(standard statistic)의 사용에 흔히 착오를 일으키는 경우가 많은 것도 한 까닭이다. 마치 컴퓨터(computer)나 시스템(system), 에너지(energy) 따위를 그대로 표기하는 것처럼.

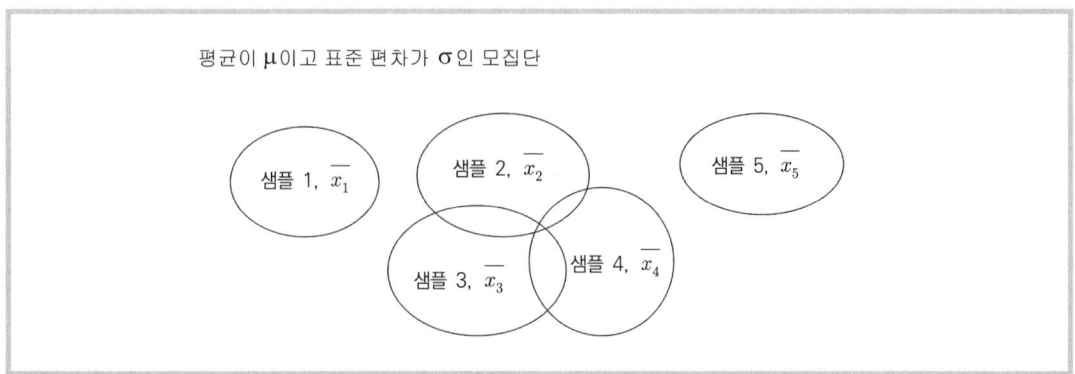

평균이 μ이고 표준 편차가 σ인 모집단

샘플 1, $\overline{x_1}$

샘플 2, $\overline{x_2}$

샘플 5, $\overline{x_5}$

샘플 3, $\overline{x_3}$

샘플 4, $\overline{x_4}$

그림 4.1 모집단과 모집단의 부분 집합인 여러 샘플들

statistics)에선 샘플의 통계량을 확률 변수로 취급한다. 즉, 임의의 분포 F를 공통으로 갖는 서로 독립된 확률 변수를 X_1, X_2, $\cdots$, X_n이라고 할 때 이 변수들이 해당 분포에서 무작위로 채취한 각각의 샘플을 대표한다고 보는 것이다. 이는 모집단에서 무작위 추출 (random sampling)을 통해 여러 샘플을 구성하면 각 샘플, 즉 X_i는 서로 독립이고, 또 모집단의 분포와 동일한 분포를[3] 갖는다는 모집단 분포와 샘플 분포 사이의 일반적인 가정을 위배하지 않아 합당하다. 따라서 샘플마다 다른 통계량을 샘플과 상관없이 일의적으로 다루기 위해 샘플을 대표하는 각 X_i를 요소로 하여 샘플 통계량, 즉 X_i에 대한 평균이나 분산과 같은 통계량의 값을 사용하여 모집단의 모수를 추정한다. 이때 임의의 모집단 분포 F의 형상을 알지만 모수를 몰라 이를 추정할 땐 모수적 추론(parametric inference)이라 하고 형상까지 아예 모를 땐 비모수적 추론(nonparametric inference)이라 한다.

임의의 분포 F의 평균이 μ이고 분산이 σ^2인 (혹은 표준 편차가 σ인)[4] 모집단에서 무작위로 추출한 n개의 샘플을 각각 X_1, X_2, $\cdots$, X_n와 같은 확률 변수로 둘 때 샘플의 평균 $\overline{X}$는 1장의 데이터 집단에서 다루었듯이

$$\overline{X} = \frac{X_1 + X_2 + \cdots + X_n}{n}$$

---

[3] 여러 확률 변수가 서로 독립이고 분포도 동일한 경우를 통계학적 용어로 iid라 한다. 여기서 iid는 independent and identical distribution의 약자이다.

[4] 모집단의 모수 중에서 평균 μ를 모평균(population mean), 분산 σ^2를 모분산, 그리고 비율(proportion) p를 모비율 따위로 이름을 붙여 샘플 집단에 대한 평균 $\overline{x}$, 분산 s^2, 그리고 비율 $\overline{p}$ 따위와 구분한다.

와 같이 정의할 수 있다. 이때 $\overline{X}$의 값 $\overline{x}$은 각 확률 변수 $X_i = x_i$의 값으로 결정되기 때문에 이 역시 확률 변수로 임의의 분포를 갖는다. 따라서 이 분포의 평균, 즉 기댓값 $E(\overline{X})$은 다음과 같다.

$$\mu_{\overline{X}} = E(\overline{X}) = E\left(\frac{X_1 + X_2 + \cdots + X_n}{n}\right) = \frac{1}{n}\left(E(X_1) + E(X_2) + \cdots + E(X_n)\right) = \mu \quad (4.1)$$

그리고 분산은

$$\sigma^2_{\overline{X}} = Var(\overline{X}) = Var\left(\frac{X_1 + X_2 + \cdots + X_n}{n}\right) \quad (4.2)$$
$$= \frac{1}{n^2}\left(Var(X_1) + Var(X_2) + \cdots + Var(X_n)\right) = \frac{\sigma^2}{n}$$

이다. 여기서 같은 모집단에서 추출한 각 샘플은 앞에서 설명했듯이 모집단의 평균과 분산을 공유한다고 하는 모집단과 샘플에 대한 일반적인 가정, 즉 iid **개념**을 반영했다.

식 (4.1)과 (4.2)가 중요한 까닭은 샘플의 통계량 중에서 평균의 분포가 갖는 평균은 모집단의 평균 μ와 같고 이 분포의 분산은 모집단의 분산 σ^2을 샘플의 크기인 n으로 나눈 것과 같다는 사실을 말해 주기 때문이다. 샘플 평균의 분포에서 이 분포의 평균이 μ와 같다는 것은 **불편 샘플링**(unbiased sampling)을[5] 완수했다는 것을 뜻한다. 특히 샘플의 크기가 크면 클수록 이 분포의 분산, 즉 퍼짐이 작아진다는 것은 모집단의 분포와 견주어 샘플 평균의 분포가 $E(\overline{X}) = \mu$를 중심으로 해서 더 뾰족하게 된다는 것을 가르쳐 준다. 표본 분포의 생명과 같은 말이니 절대 잊지 말아야 할 내용이다.

이제, 위에서 정의한 확률 변수의 평균 $\overline{X}$에 이어서 분산 S^2에 (혹은 표준 편차 S에) 대해 살펴보자. 샘플을 대변하는 확률 변수의 표본 분산은

$$S^2 = \frac{\sum_{i=1}^{n}(X_i - \overline{X})^2}{n-1}$$

와 같고 표본의 표준 편차는 $S = \sqrt{S^2}$로 정의된다. 그러면 표본 분산의 기댓값 $E(S^2)$은 계산의 편의를 위해 양변에 $(n-1)$을 곱한 후에 등식의 오른쪽에 있는 표현에 1장의

---

[5] 불편 샘플링은 샘플링을 통해 $E(\overline{X}) = \mu$을 만족하는 표본을 얻었다는 것을 말한다. 보통 무작위 방식을 제대로 지켰을 때 이루어지는데 그렇지 않을 경우엔 편향(bias) b가 발생한다. 그래서 $E(\overline{X}) - \mu = b$이 되는데 자세한 내용은 다음 장의 모수 추정에서 다루기로 한다.

데이터 분산을 계산할 때 소개한 $\sum(x_i - \overline{x})^2 = \sum x_i^2 - n\overline{x}^2$을 먼저 적용한다. 즉,

$$(n-1)E(S^2) = E\left[\sum_{i=1}^{n}X_i^2\right] - nE(\overline{X}^2)$$
$$= nE(X^2) - nE(\overline{X}^2)$$

이다. 여기에 앞 장에서 다룬 임의의 확률 변수 Y에 대한 분산의 계산식 $Var(Y) = E(Y^2) - E(Y)^2$을 이용하여 위의 $E(X^2)$와 $E(\overline{X}^2)$에 대입하면

$$(n-1)E(S^2) = nE(X^2) - nE(\overline{X}^2)$$
$$= n\,Var(X) + nE(X)^2 - n\,Var(\overline{X}) - nE(\overline{X})^2$$
$$= n\sigma^2 + n\mu^2 - n\left(\frac{\sigma^2}{n}\right) - n\mu^2$$
$$= (n-1)\sigma^2$$

이 되고 결국 표본 분산의 기댓값도 샘플 평균의 기댓값처럼

$$E(S^2) = \sigma^2 \tag{4.3}$$

와 같이 모집단의 분산과 같아진다.

식 (4.3)이 제시하는 바는 이렇다. 모집단과 표본 사이의 일반적인 가정인 iid 개념을 적용했을 땐 표본의 분산도 편향이 없이 모집단의 분산과 같아지는데, 이때 표본의 분산에 대한 정의를 식 (4.3)의 유도에서 정의한 대로 반드시 $(n-1)$로 나누어야 한다는 것이다. 표본 평균을 정의할 때와 같이 n으로 나누게 되면 이와 같은 정의 때문에 편향이 발생하게 된다. 다시 말하면, 표본의 분산을 n으로 나누어 정의하면

$$E(S^2) = \frac{n-1}{n}\sigma^2$$

이 되어 편향(bias)이 $b = E(S^2) - \sigma^2 = -\sigma^2/n$와 같이 발생하게 된다. 표본 크기를 키우면 편향은 어느 정도 줄어들겠지만 샘플 크기가 비용과 관련 있기 때문에 바람직하지 않다. 그래서 샘플링 과정이 항상 무작위 추출을 보장하고, 또 표본의 평균이든 분산이든, 혹은 비율이든 정의한 대로만 적용하면 무조건 **불편 통계량**(unbiased statistics)이 된다는 것을 잊어서는 안 된다.

예제 4.1a 모집단의 데이터가 $\{1, 3, 5, 7\}$로 4개 있다고 가정한다. 그러면 모집단의 분포 F는 각 요소가 뽑힐 확률이 모두 1/4로 같은 균등 분포가 된다. 모집단에서 표본 크기가 2인 표본을 무작위 복원 추출할 때 표본의 평균에 대한 평균 및 분산을 구해 보자.

풀이 모집단의 요소가 4개밖에 없으므로 복원 추출을 할 때 16개 표본, 즉 $X_1 \cdots X_{16}$을 생성할 수 있다. 번거롭지만 각 표본을 요약하면 다음의 표 4.1과 같다.

표 4.1 예제 4.1a의 모집단에서 복원으로 추출한 표본과 표본의 평균

샘플	{1,1}	{1,3}	{1,5}	{1,7}	{3,1}	{3,3}	{3,5}	{3,7}
평균	1	2	3	4	2	3	4	5
샘플	{5,1}	{5,3}	{5,5}	{5,7}	{7,1}	{7,3}	{7,5}	{7,7}
평균	3	4	5	6	4	5	6	7

이제, 표본 평균의 기댓값 $E(\overline{X})$를 구한다. 확률 변수 $\overline{X}$는 $\overline{X} = \{1, 2, 3, 4, 5, 6, 7\}$이고 각 요소의 확률은 $P(\overline{X} = \overline{x}) = \{1/16 \ 2/16 \ 3/16 \ 4/16 \ 3/16 \ 2/16 \ 1/16\}$이므로 $\mu_{\overline{X}} = E(\overline{X}) = 4$을 얻고, 또 분산은 $\sigma_{\overline{X}}^2 = Var(\overline{X}) = 5/2$와 같다. 한편, 모집단의 데이터 4개에 대한 모평균은 $\mu = 16/4 = 4$이고 모분산은 $\sigma^2 = 20/4 = 5$인데 본문에서 밝혔듯이 $\mu_{\overline{X}} = \mu$와 $\sigma_{\overline{X}}^2 = \sigma^2/n$을 확인할 수 있다. 여기서 표본의 크기는 $n = 2$이다.

참고로, 표 4.1의 표본 평균의 집단을 데이터 집단으로 보고 1장에서 다룬 데이터의 평균 및 분산의 계산 방법을 따르고자 할 땐 주의가 필요하다. 다시 말하면, 기댓값은 데이터 개수를 포함하지 않고 항상 상대 도수(relative frequency)를 적용하여 계산하기 때문에 표본 분산의 계산식에서 $(n-1)$로 나누는 오류를 범하지 않도록 조심해야 한다. 상대 도수는 전체 데이터 개수에서 차지하는 비율을 말하므로 모집단이든 샘플 집단이든 구분 없이 데이터의 전체 개수 n을 사용한다. 그래서

$$\mu_{\overline{X}} = \frac{1}{n}\sum \overline{X} \text{와} \quad \sigma_{\overline{X}}^2 = \frac{1}{n}\left[\sum \overline{X}^2 - \left(\sum \overline{X}\right)^2/n\right]$$

이고 독자가 결과를 직접 확인해 보기 바란다.

예제 4.1b 주사위 10개를 던지는 실험을 한다. 눈의 합이 30과 40을 포함하여 이 사이에 있을 확률을 계산하고 싶을 때 어떤 방법을 쓸 수 있는지 생각해 보자.

풀이 우선, 앞 장에서 학습한 확률 변수의 개념을 써서 X를 주사위 10개에서 나온 눈의 합으로 둔다. 그러면 $X = \{10, 11, \cdots, 60\}$이므로 X의 각 요소에 대한 확률을 계산해야 한다. 끔찍한 일이다. 총 경우의 수 $6^{10} = 604,666,176$에서 $X = 30$, $X = 31$, $\cdots$, $X = 40$이 몇 번 나오는지 알아야 확률을 계산할 수 있기 때문이다. 제2장에서 언급한 수형도(tree diagram)를 그려 셈할 수도 있지만 너무

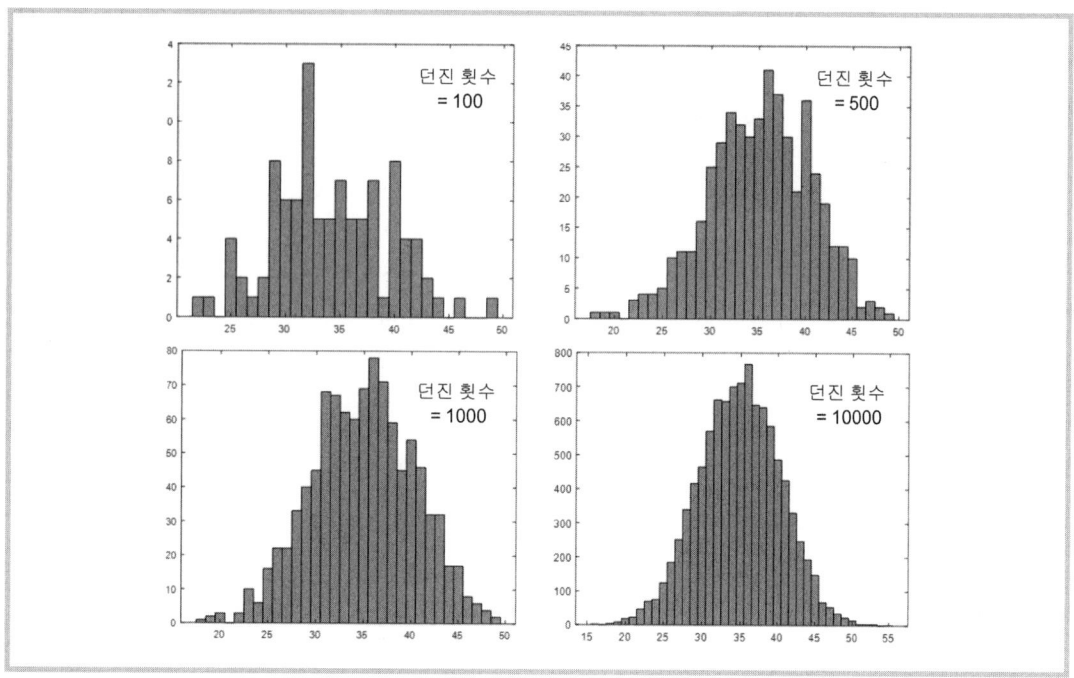

그림 4.2 주사위 10개 던지는 실험에 대한 시뮬레이션 결과

비효율적이다. 그래서 MATLAB으로 간단하게 프로그램을 짜서 횟수를 달리해 가면서 주사위 10개 던지는 실험을 해보니 그림 4.2와 같이 나왔다. 그림에서 확인할 수 있는 것은 주사위 10개를 던지는 실험의 분포는 던지는 횟수가 많을수록 점점 종 모양으로 바뀌며 분포의 중심인 평균은 35로 수렴한다는 정도이다.

다음, 확률 변수의 기댓값과 분산의 합 공식을 살려 X를 다음과 같이 정의한다.

$$X = X_1 + X_2 + \cdots + X_{10}$$

여기서 X_i는 i번째 주사위 1개를 던질 때 나오는 눈이다. 그러면 X의 기댓값은 각 X_i의 기댓값 합이고, 또 각 주사위는 서로 독립인 실험이므로 X의 분산 역시 각 X_i의 분산 합이다. 주사위 1개에 대한 평균은 $E(X_i)=7/2$이고 분산은 $Var(X_i)=35/12$이므로

$$E(X) = \sum_{i=1}^{10} E(X_i) = 10\frac{7}{2} = 35 와 \quad Var(X) = \sum_{i=1}^{10} Var(X_i) = 10\frac{35}{12} = \frac{175}{6}$$

이 된다. 따라서 이 경우는 분포의 형상만 짐작할 수 있으면 문제의 답인 $P(30 \le X \le 40)$을 구할 수 있다. 하지만 지금으로선 분포의 형상을 알 수 있는 방법이 없어 두 가지로 나누어 생각해 보기로 한다. 즉, 그림 4.3과 같이 주사위 실험이 균등 분포인 것을 반영해 X도 균등 분포로, 그리고 앞의 시뮬레이션 결과를 반영해 X는 종 모양의 정규 분포가 된다고 각각 가정하여 답을 찾아보기로 한다.

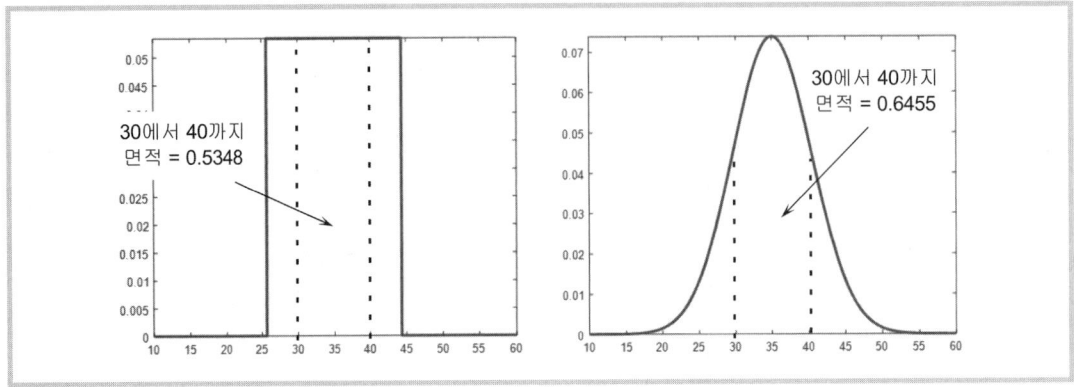

그림 4.3 주사위 10개 던지는 실험의 몇몇 예상 분포

그림 4.3의 왼쪽에 있는 균등 분포는 파라미터가 2개, 즉 분포의 시작점 a와 끝점 b인데 이는 균등 분포의 평균과 분산이 각각 $(a+b)/2$와 $(b-a)^2/12$인 점을 고려해

$$\frac{a+b}{2}=35\text{와} \quad \frac{(b-a)^2}{12}=\frac{175}{6}$$

을 서로 연립하여 풀고, 또 확률의 공리를 만족하기 위해 균등 분포의 높이를 $1/(b-a)$와 같이 정해서 확률을 구했는데 계산 결과는 $a \approx 25.65$와 $b \approx 44.35$이었다. 독자는 어떤 분포가 더 바람직하다고 보는가? 이 문제의 목표는 분포의 형상이 얼마나 중요한지 보여 주는 것이다. 확률 변수의 기댓값과 분산을 알아도 분포의 형상을 짐작할 수 없으면 그저 이론으로 그치고 실전 문제에선 아무 도움이 안 된다. 특히, 이 예제와 같이 여러 확률 분포의 합으로 나타나는 경우는 모집단의 샘플링 과정에서 늘 만나는 일이므로 더욱 중요한데 이를 해결해 주는 것이 바로 **중심극한정리**(central limit theorem)이고 이어지는 다음 소절의 주제가 된다.

4.2 중심극한정리

중심극한정리(central limit theorem)는 2장에서 설명한 **큰수의 법칙**, 즉 실험의 횟수가 클수록 상대 도수로 정의되는 경험 혹은 통계학적 확률이 고전 혹은 이론(수학적) 확률로 수렴한다는 법칙과 더불어 확률학의 두 기둥이다. 이 정리를 한마디로 요약하면 이렇다. 서로 독립이고 같은 분포를 갖는 여러 확률 변수의 합은 정규 분포로 근사할 수 있어[6]

---

[6] 중심극한정리(central limit theorem)는 처음 DeMoivre가 성공률이 $p=1/2$인 이항 분포의 합에 대해 증명했고, 이어서 Laplace가 임의의 p로 확장하였지만 여전히 대부분의 분포에 적용할 수 있을 만큼 증명이 엄격하진 못했다. 이의 완전한

확률 변수의 합에 대한 확률 문제를 쉽게 해결할 수 있을 뿐만 아니라 자연적이면서 인위적으로 가공되지 않는 수많은 모집단의 분포는 대부분 종 모양의 정규 곡선을 갖는다는 귀중한 정보를 제공한다.

이 책에선 중심극한정리에 대한 위의 정의를 두 가지로 나누어 생각한다. 확률 변수의 합도 새로운 확률 변수이므로 이런 확률 변수와 관련한 확률 문제를 다루는 경우의 중심극한정리와 추론 통계학의 기본이 되는 중심극한정리, 즉 앞 절에서 학습한 샘플의 여러 통계량에 대한 분포를 다루는 경우로 구분하여 살펴본다. 우선, iid를 만족하는 여러 확률 분포의 합인 경우는 다음과 같다. 확률 변수 $X_1, \cdots, X_n$이 서로 독립이면서 평균이 μ이고 분산이 σ^2인 분포를 공유한다면 이들의 합

$$X = X_1 + X_2 + \cdots + X_n$$

는 기댓값 및 분산의 합 공식에 따라 평균이 $n\mu$이고 분산이 $n\sigma^2$인 정규 분포로 근사할 수 있어 $X \sim N(n\mu, n\sigma^2)$이 된다. 따라서 정규 분포의 확률 문제를 풀기 위해선 표준 정규 분포로 변환을 해야 하는데 1장에서 다룬 데이터 분포나 2장의 연속 분포에서 밝힌 표준 점수(standard score)를 사용한다. 즉,

$$Z = \frac{X - n\mu}{\sigma\sqrt{n}}$$

을 통해 $Z \sim N(0,1)$이 되도록 한 후에 확률 문제인 $P(X \le x)$을 다음과 같이 푼다.

$$P(X \le x) = P\left(\frac{X - n\mu}{\sigma\sqrt{n}} \le \frac{x - n\mu}{\sigma\sqrt{n}}\right) = P(Z \le z) \tag{4.4}$$

위 식은 모집단의 평균과 분산을 알면 모집단의 분포 형상을 몰라도 대부분의 확률 문제에 적용할 수 있기 때문에 중심극한정리의 가치를 절대 과소평가할 수 없다는 것을 말해준다. 물론 모집단의 평균과 분산을 모른다 해도 추론 통계학의 한 기법인 모수 추정이라는 과정을 거치면 해결할 수 있기에 큰 제약 조건은 아니다.

예제 4.2a **(연속성 보정)** 주사위 10개를 던지는 실험을 한다. 눈의 합이 30과 40을 포함하여 이 사이에 있을 확률을 계산하고 싶을 때 어떤 방법을 쓸 수 있는지 생각해 보자.

증명은 1900년 초에 러시아 수학자 Liapounoff가 이루었는데 증명 과정이 복잡할 뿐만 아니라 어려운 수학이 포함되어 있어 여기선 다루지 않기로 한다. 관심 있는 독자는 관련 서적을 참조하면 좋겠다.

[풀이] 이 문제는 앞의 예제 4.1b를 반복한 것이다. 예제 4.1b에선 확률 변수의 합이 어떤 분포를 띠는지 알지 못했기 때문에 여러 가지 분포로 가정하여 풀어 보았다. 하지만, 여기선 중심극한정리를 학습했기에 이를 적용하면 되는데 모집단인 주사위 실험의 평균과 분산은

$$E(X_i) = \frac{7}{2} \text{과} \quad Var(X_i) = \frac{35}{12}$$

이므로

$$P(30 \leq X \leq 40) = P\left(\frac{30-35}{\sqrt{350/12}} \leq \frac{X-n\mu}{\sigma\sqrt{n}} \leq \frac{40-35}{\sqrt{350/12}}\right) = P(-0.9258 \leq Z \leq 0.9258)$$

와 같고 이를 확률표나 MATLAB 함수를 이용해 풀면

$$P(-0.9258 \leq Z \leq 0.9258) \approx 0.646$$

이 된다. 앞의 예에서 정규 분포로 가정했을 때 얻었던 결과와 같다. 하지만, 여기엔 문제가 있다. 주사위의 샘플 공간은 이산 변수가 대표하고 정규 분포는 연속 변수가 기본 속성이므로 확률 계산에서 차이가 날 수밖에 없다. 그림 4.4에 나타나 있듯이 임의의 c점에 대해 이산 변수는 $P(X=c)$이 계산되지만 연속 변수인 경우는 $P(X=c)=0$과 같이 계산할 수 없기 때문에 이를 보정하는 단계가 꼭 필요하다. 이를 **연속성 보정**(continuity correction)이라 하는데 자세한 내용은 다음 소절에서 다루겠지만 요점은 $P(c-0.5 < X < c+0.5)$와 같이 $P(X=c)$의 값을 찾기 위해 0.5를 빼고 더하여 아주 작은 구간으로 등가하도록 하는 것이다. 그러면

$$P(30 \leq X \leq 40) = P(29.5 \leq X \leq 40.5) \leftarrow \text{이산 변수의 등호가 포함되도록 연속성 보정}$$

$$= P\left(\frac{29.5-35}{\sqrt{350/12}} \leq \frac{X-n\mu}{\sigma\sqrt{n}} \leq \frac{40.5-35}{\sqrt{350/12}}\right) = P(-1.0184 \leq Z \leq 1.0184)$$

와 같이 되고 확률을 계산하면 0.6915로 주사위 10개를 던질 때 눈의 합이 30에서 40 사이에 나올 확률이 연속성 보정을 하지 않은 경우와 견주어 조금 더 올라갔다.

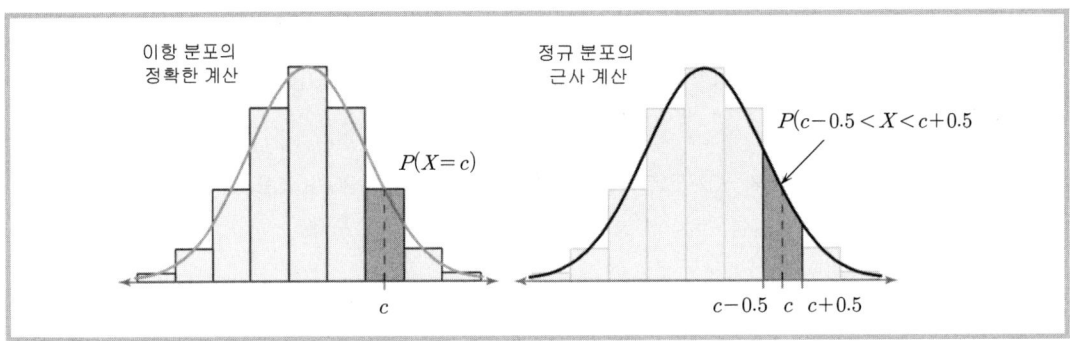

그림 4.4 이산 분포를 연속 분포로 등가하기 위한 연속성 보정의 예

예제 4.2b **(유한 모집단 수정 계수)** 예제 4.1a의 모집단에서 표본을 복원 추출이 아닌 비복원 추출로 생성하는 경우를 생각해 보자.

풀이 일반적으로 모집단의 크기 N이 표본의 크기 n과 견주어 아주 클 때를 **무한 모집단**(infinite population)이라 하는데 대체로

$$\frac{n}{N} \leq 0.05$$

을 기준으로 삼는다. 예제 4.1a처럼 모집단의 크기가 작더라도 복원 추출을 할 때는 한 표본에 소속된 요소가 다른 표본의 요소로 뽑힐 수 있기에 이 역시 무한 모집단으로 본다. 그리고 이와 같은 조건을 만족하지 않는 모집단을 **유한 모집단**(finite population)이라 한다. 표본은 기본적으로 모집단의 분포를 대표할 수 있도록 무작위 방법을 쓰는데 모집단의 크기가 작은데도 비복원 추출을 하게 되면 먼저 빠져 나간 요소가 다른 샘플에 뽑히지 않으므로 샘플이 모집단을 대표한다고 말할 수 없기 때문이다. 따라서 유한 모집단의 경우에도 4.1절에서 학습한 식 (4.1)의 $\mu_{\overline{X}} = \mu$와 식 (4.2)의 $\sigma_{\overline{X}}^2 = \sigma^2/n$이 성립하는지 궁금하다.

먼저, 모집단에서 표본 크기가 2개인 표본을 비복원으로 추출한 12개의 모든 표본을 표 4.2와 같이 요약한다. 다음, 표본 X_i의 평균 $\overline{X}$도 역시 확률 변수로 $\overline{X} = \{2, 3, 4, 5, 6\}$의 각 요소에 대한 상대 도수로 이의 확률 분포를 결정한다. 즉, $f(x) = \{1/6, 1/6, 1/3, 1/6, 1/6\}$와 같다. 따라서 $\overline{X}$의 기댓값과 분산은 각각

$$\mu_{\overline{X}} = E(\overline{X}) = \sum_x x f(x) = 4 \text{와} \quad \sigma_{\overline{X}}^2 = Var(\overline{X}) = E(\overline{X}^2) - \mu_{\overline{X}}^2 = \frac{53}{3} - 4^2 = \frac{5}{3}$$

와 같다. 여기서 $\overline{X}$의 평균은 모집단의 평균과 같지만 분산은 그렇지 않다는 것을 주목해야 한다. 이는 크기가 작은 모집단을 비복원 추출을 통해 표본을 생성했기에 표본 자체가 모집단의 특성을 그대로 반영하지 못하여 iid 조건을 만족하지 못하기 때문이다. 그래서 이 경우는 유한 모집단도 무한 모집단처럼 구실할 수 있도록 해야 하는데 바로 **유한 모집단 수정 계수**(finite population correction factor)를 통해서 이루어진다. 즉, 모집단의 분산 σ^2을 샘플 크기 n으로 나누어 표본 평균의 분산 $\sigma_{\overline{X}}^2$을 유도할 때

표 4.2 예제 4.1a의 모집단에서 비복원으로 추출한 표본과 표본의 평균

샘플	1,3	1,5	1,7	3,1	3,5	3,7
평균	2	3	4	2	4	5
샘플	5,1	5,3	5,7	7,1	7,3	7,5
평균	3	4	6	4	5	6

$$\sigma^2_{\overline{X}} = \frac{5}{3} = \left(\frac{2}{3}\right)\left(\frac{5}{2}\right) = \left(\frac{N-n}{N-1}\right)\frac{\sigma^2}{n}$$

와 같이 유한 모집단 수정 계수 $(N-n)/(N-1)$를 곱한다.

예제 4.2c 균등 분포 $U(0,1)$을 따르는 모집단에서 16개의 표본을 무작위로 추출했을 때 이들의 합이 10을 초과할 확률을 생각해 보자.

풀이 균등 분포의 표본 하나를 확률 변수 X_i로 두면 이의 평균과 분산은 각각 1/2과 1/12이므로 이들의 합인

$$X = X_1 + X_2 + \cdots + X_{16}$$

의 평균과 분산은 각각 8과 16/12가 된다. 따라서 X의 분포는 중심극한정리에 따라 근사 정규 분포가 되므로 $P(X>10)$은

$$P(X>10) = P\left(\frac{X-8}{\sqrt{16/12}} > \frac{10-8}{\sqrt{16/12}}\right) = P(Z>1.721)$$
$$= 1 - P(Z<1.721) = 0.0416$$

와 같다.

예제 4.2d 케이블카의 최대 수용 하중 W(단위는 기본 단위)는 평균이 400이고 표준 편차가 4인 분포를 갖는다. 승객의 무게(단위는 기본 단위)는 평균이 30이고 표준 편차가 0.3인 분포를 따른다고 가정할 때 케이블카의 붕괴 가능성이 0.1을 초과하지 않으려면 몇 명의 승객이 탈 수 있는지 생각해 보자.

풀이 승객이 n명 승차했을 때 케이블카가 붕괴할 확률을 CP라고 하면

$$CP = P(X_1 + X_2 + \cdots + X_n \geq W)$$
$$= P(X_1 + X_2 + \cdots + X_n - W \geq 0)$$

와 같이 둘 수 있다. 여기서 X_i는 i번째 승객의 무게이다. 그러면 X_i의 합인 X는 중심극한정리에 따라 평균이 $3n$이고 분산은 $0.09n$인 정규 분포를 따르고, 또 $X-W$도 정규 분포로 근사할 수 있는데, 이때 평균과 분산은 각각

$$E(X-W) = E(X) - E(W) = 3n - 400$$
$$Var(X-W) = Var(X) + Var(W) = 0.09n + 16$$

이다. 따라서 이 값들을 써서 표준 정규 분포로 변환하여 식 (4.4)의 형태로 만들면 역누적 분포표를 통해 0.1을 초과하는 n값을 찾아볼 수 있을 것이다. 즉,

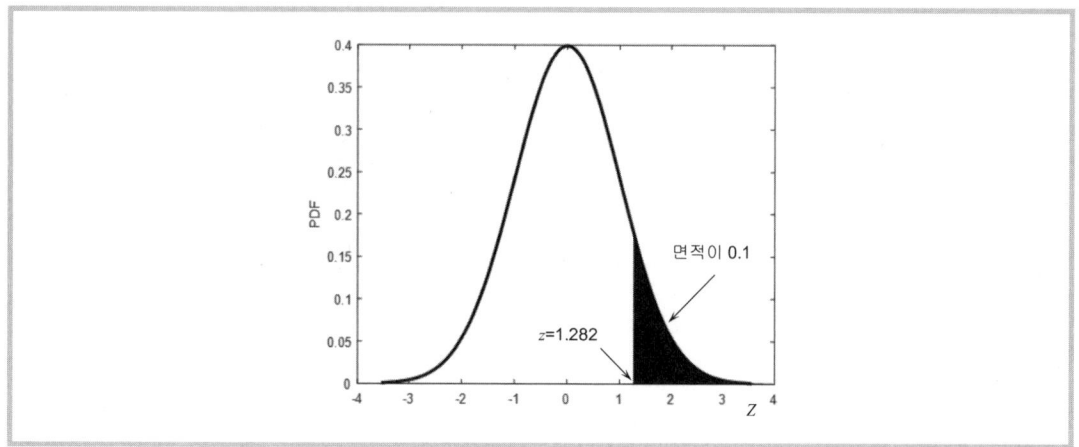

그림 4.5 표준 정규 분포에서 면적(확률)에 대한 값 찾기

$$CP = P\left(\frac{(X-W)-(3n-400)}{\sqrt{0.09n+16}} \geq \frac{-(3n-400)}{\sqrt{0.09n+16}}\right) = P\left(Z \geq \frac{-(3n-400)}{\sqrt{0.09n+16}}\right)$$

에서 그림 4.5와 같이 확률이 0.1이 되는 z의 임계값이 1.282가 되므로

$$\frac{-(3n-400)}{\sqrt{0.09n+16}} \leq 1.282$$

을 만족하는 n을 찾는다. 즉,

$$n \geq 132$$

일 때 케이블카의 붕괴가 일어날 확률이 0.1을 초과하게 된다.

　　중심극한정리를 해석하는 두 번째 방법은 표본의 여러 통계량에 대한 분포를 결정하는 데 응용하는 것이다. 이른바 표본 분포의 핵심인데 앞으로 다룰 추론 통계학의 기본과 동시에 학문을 비롯하여 우리 실생활 대부분의 영역에 써먹을 수 있는 내용이다.

　　우선, 그림 4.6을 살펴보자. 그림 4.6은 중심극한정리의 원래 및 응용 정의를 적용할 때 생성되는 각 분포의 특성을 요약한 것이다. 원래 정의를 적용한 표본의 크기가 n인 표본의 합인 경우는 앞에서도 살펴보았듯이 평균이 $n\mu$이고 분산이 $n\sigma^2$인 정규 분포로 근사할 수 있다는 것을, 그리고 표본의 통계량인 경우는 아직 문제는 풀어 보진 않았지만 표본 평균의 분포가 평균이 μ이고 분산이 σ^2/n인 정규 분포로 역시 등가할 수 있다는 것을 보여 준다. 이때 모집단의 분산을 (혹은 표준 편차를) 모를 땐 표본의 분산을 (혹은 표준

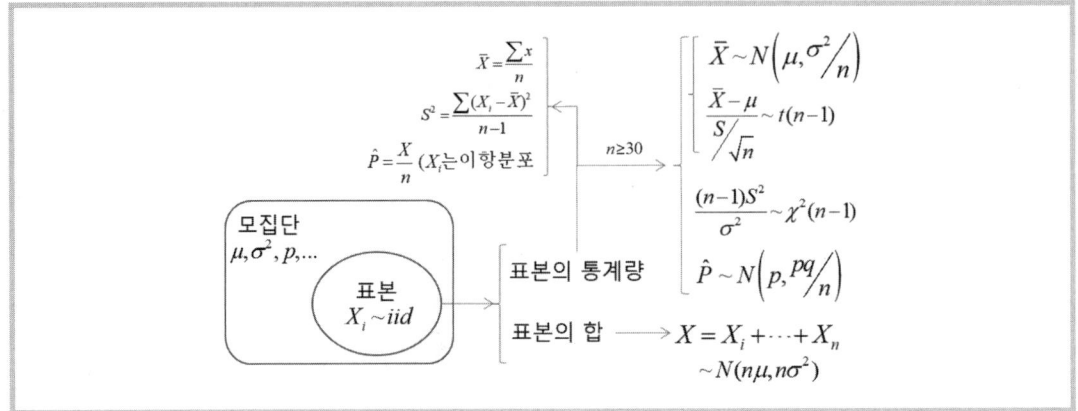

그림 4.6 중심극한정리를 적용한 표본의 합 및 표본의 통계량 분포 요약

편차를) 대신 사용하여 표준 정규 분포와 닮은 분포, 즉

$$t = \frac{\overline{X} - \mu}{S/\sqrt{n}} \ \sim \ t(n-1)$$

로 정의되는 **t 분포**를 사용한다.[7] 여기서 S는 표본에서 계산한 표준 편차 $S = s$이고 괄호 속의 $n-1$은 t 분포의 파라미터인 자유도(degree of freedom)이다. 또, 표본의 통계량 중 하나인 분산 S^2은 다음과 같이 새로운 변수를 정의하여 이 역시 표준 정규 분포와 닮은 **카이제곱**(chi-square) **분포**로 등가하여 활용한다. 즉,

$$\chi^2 = \frac{(n-1)S^2}{\sigma^2} \ \sim \ \chi^2(n-1)$$

이고, 이때 카이제곱 분포의 파라미터인 자유도가 괄호 속에 표현되어 있다. t 분포와 카이제곱 분포는 표준 정규 분포의 형제 분포로 다른 책에서도 많이 소개되어 있으므로 여기선 자세한 설명을 생략하고 앞으로 모수를 추정하거나 가설을 검정할 때 이 분포들이 어떻게 적용되는지 예와 함께 살펴보기로 한다.

그림 4.6에서 설명이 빠진 부분은 표본 통계량의 하나인 비율이다. **비율**(proportion)은 전체에서 관심 있는 것이 차지하는 몫이다. 어떤 기준에 대해 무엇의 양이나 수가 얼마만큼 포함되는지 따지는데 사용하는 값이 되겠다. 따라서 표본의 비율 $\hat{P}$는

---

[7] William S. Gosset이 아일랜드의 한 맥주 회사에 다니면서 t 분포에 관한 논문을 Student라는 가명으로 발표하였다. 흔히 이 가명을 따서 Student-t 분포라고도 한다.

$$\hat{P} = \frac{X}{n} = \frac{X_1 + X_2 + \cdots + X_n}{n}$$

와 같이 정의된다. 언뜻 보면 앞에서 정의한 표본의 평균과 같지만 X_i가 이항 분포, 즉 결과를 딱 2개만 가지는 확률 변수라는 것이 다른데

$$X_i = \begin{cases} 1 & (i번째\ 사건이\ 일어나거나\ 성공하는\ 경우) \\ 0 & (i번째\ 사건이\ 일어나지\ 않거나\ 실패하는\ 경우) \end{cases}$$

와 같고, 이때 $E(X_i) = p$와 $Var(X_i) = p(1-p) = pq$이다. 여기서 p는 모집단에서 사건이 일어나거나 성공할 확률이고 $q = 1 - p$는 일어나지 않거나 실패할 확률이다. 따라서 표본의 비율은 표본의 합에 대한 중심극한정리로 다음과 같은 평균 $\mu_{\hat{P}}$와 분산 $\sigma_{\hat{P}}^2$을 갖는 정규 분포를 따른다. 즉,

$$\mu_{\hat{P}} = E(\hat{P}) = \frac{1}{n} \sum_{i=1}^{n} E(X_i) = p \tag{4.5}$$

$$\sigma_{\hat{P}}^2 = Var(\hat{P}) = \frac{1}{n^2} \sum_{i=1}^{n} Var(X_i) = \frac{pq}{n} \tag{4.6}$$

이다.

한 가지 더. 중심극한정리에서 표본의 크기 n은 대체로 클 때를 말하고 있다. 물론 모집단의 분포가 정규 분포이면 n과 상관없이 표본의 통계량이 정규 분포를 따르지만 그렇지 않을 땐 보통 n이 큰 경우라고 말한다. 하지만 경험으로 보아 $n \geq 30$을 사실로 받아들인다. 표본은 모집단의 분포를 대표할 수 있어야 한다. 그리고 모집단의 크기를 N이라 할 때 무한 모집단이 되는 조건은 앞의 예에서 언급했듯이 n/N이 0.05보다 작아야 한다고 했는데 이는 모집단의 크기가 최소한 $N > 600$인 것을 뜻한다. 모집단의 크기가 $N < 600$일 때 표본의 크기가 $n < 30$이면 표본이 모집단을 대표하기가 어렵고, 또 이럴 경우에는 표본 분포를 사용할 것이 아니라 전수 조사(census)를 하는 것이 더 낫다고 본다. 모집단이 $N < 600$인 경우에는 전수 조사로 드는 필요 경비나 노력의 효과가 조사의 결과가 지닌 정확도의 효과와 견주어 더 가치가 있다고 보기 때문이다. 그림 4.7은 모집단 분포 형태와 표본의 크기 n에 따른 표본 평균의 정규 분포를 보여 주고 있다.

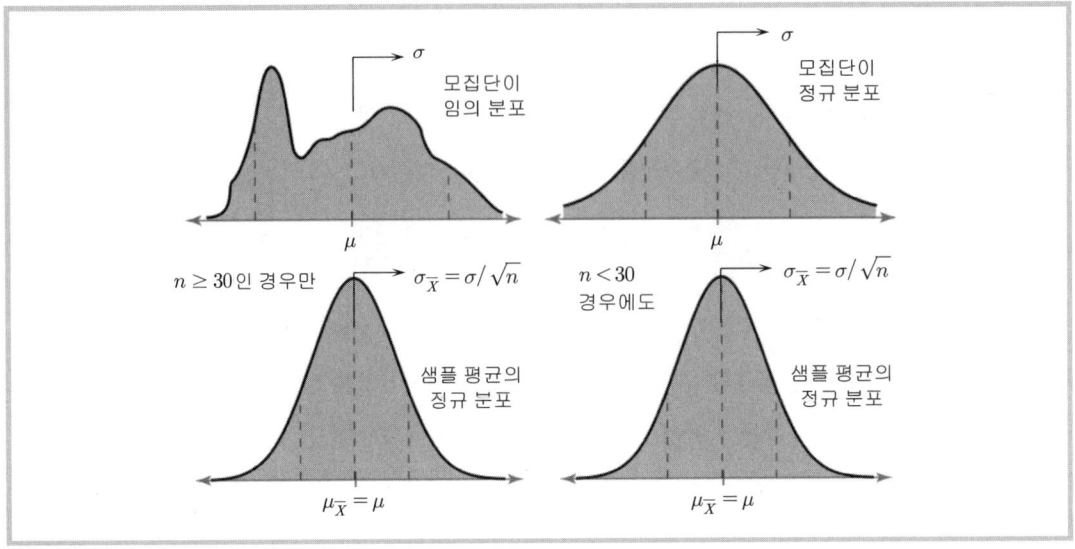

그림 4.7 모집단 분포와 표본 크기 n에 따른 표본 평균의 분포

예제 4.3a 특정한 전자 제품의 수명은 평균이 100시간이고 표준 편차가 20시간인 분포를 갖는다. 이 부품 16개를 검사해 볼 때 1) 평균 수명이 104 시간보다 적을 확률과 2) 98시간과 104시간 사이에 있을 확률을 각각 생각해 보자.

풀이 전자 제품의 수명으로 구성된 모집단(시간)은 평균이 $\mu = 100$이고 표준 편차가 $\sigma = 20$이다. 검사할 전자 제품 하나를 확률 변수 X_i로 두면 16개 표본의 평균인 $\overline{X}$는 식 (4.1)과 (4.2)에 따라 평균이 100이고 표준 편차가 $20/\sqrt{16} = 5$인 정규 분포를 따른다. 따라서 $\overline{X}$를 표준 정규 분포의 확률 변수 Z로 변환한 후 확률표나 프로그램을 써서 구하면 각각

$$P(\overline{X} < 104) = P\left(\frac{\overline{X}-\mu}{\sigma/\sqrt{n}} < \frac{104-100}{20/\sqrt{16}}\right) = P\left(Z < \frac{4}{5}\right) = 0.7881$$

$$P(98 < \overline{X} < 104) = P\left(\frac{98-100}{20/\sqrt{16}} < \frac{\overline{X}-\mu}{\sigma/\sqrt{n}} < \frac{104-100}{20/\sqrt{16}}\right) = P\left(-\frac{2}{5} < Z < \frac{4}{5}\right)$$
$$= 0.4436$$

와 같다.

예제 4.3b 어느 대기업의 모든 종업원 5,000명에 대한 시간당 평균 임금을 조사해 봤더니 평균이 18,000원이고 표준 편차가 2,700원이었다. $\overline{X} = \overline{x}$를 이 회사에서 임의로 추출한 표본의 평균 임금이라고 할 때 이 표본의 크기가 1) 30와 2) 100, 그리고 3) 200인 경우에 $\overline{X}$의 평균과 분산을 구해 보자.

[풀이] 대기업 종업원으로 구성된 모집단에 대한 정보가

$$N = 5000 \text{과 } \mu = 18000, \ \sigma = 2700$$

로 주어졌다. 표본의 크기 n이 모두 30 이상이므로 $\overline{X}$는 $N(\mu, \sigma^2/n)$을 따른다. 즉,

1) $n = 30$인 경우는 $\mu_{\overline{X}} = 18000$과 $\sigma_{\overline{X}} = 2700/\sqrt{30} \approx 493$

2) $n = 100$인 경우는 $\mu_{\overline{X}} = 18000$과 $\sigma_{\overline{X}} = 2700/\sqrt{100} \approx 270$

3) $n = 200$인 경우는 $\mu_{\overline{X}} = 18000$과 $\sigma_{\overline{X}} = 2700/\sqrt{200} \approx 191$

와 같다. 그림 4.8은 이 문제에서 표본의 크기 n에 따른 $\overline{X}$의 정규 분포 곡선을 보여 주고 있다. n이 클수록 더 뾰족해지는 것을 볼 수 있는데 이것이 표준 편차가 하는 일이다.

[예제 4.3c] 학생들의 성적으로 구성된 모집단의 분포가 $N(75, 12^2)$을 따른다. 모집단에서 학생 18명의 표본을 무작위로 추출했을 때 표본 평균이 70과 80이 될 확률을 생각해 보자.

[풀이] 표본 분포에서 제일 먼저 고려할 것은 모집단의 분포 형태와 샘플의 크기이다. 표본 분포가 정규 분포가 되기 위해선 모집단이 정규 분포가 되든가, 혹은 모집단이 정규 분포가 아닐 땐 표본의 크기가 반드시 30 이상이어야 하기 때문이다. 이 문제는 모집단이 정규 분포인 경우이다. 그래서 표본 크기가 $n < 30$이지만 표본 평균 $\overline{X}$의 분포를 여전히 정규 분포로 근사할 수 있기 때문에 $\overline{X}$의 평균은 모집단과 같이 75이고 표준 편차는 $12/\sqrt{18}$이 되는 것이다. 그림 4.9(b)는 표본 평균의 분포에서 $P(70 < \overline{X} < 80)$을 계산한 모습을 보여 준다.

한편, 모집단 역시 정규 분포로 알려져 있기 때문에 똑같은 과정을 거쳐 확률을 계산할 수 있다.

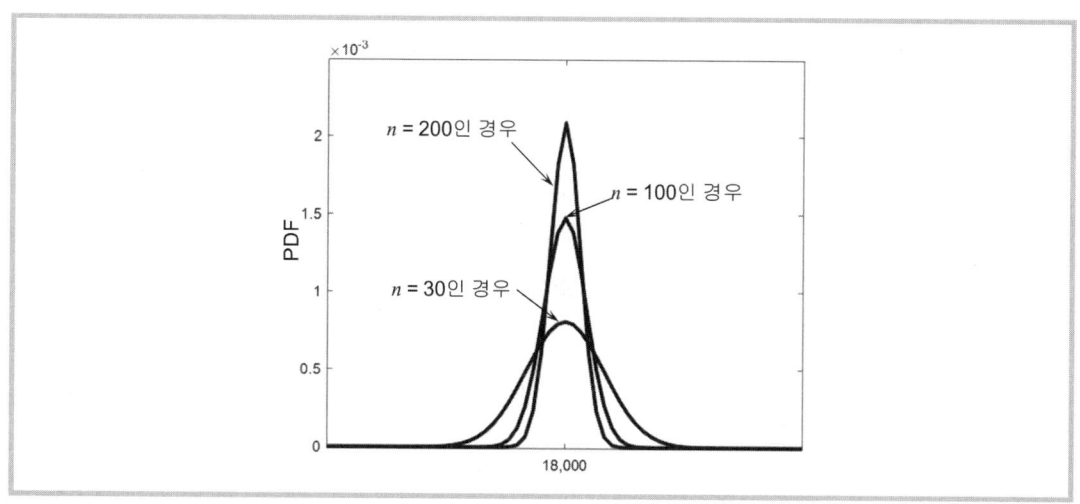

그림 4.8 예제 4.3b에서 n에 따른 표본 평균의 분포 곡선

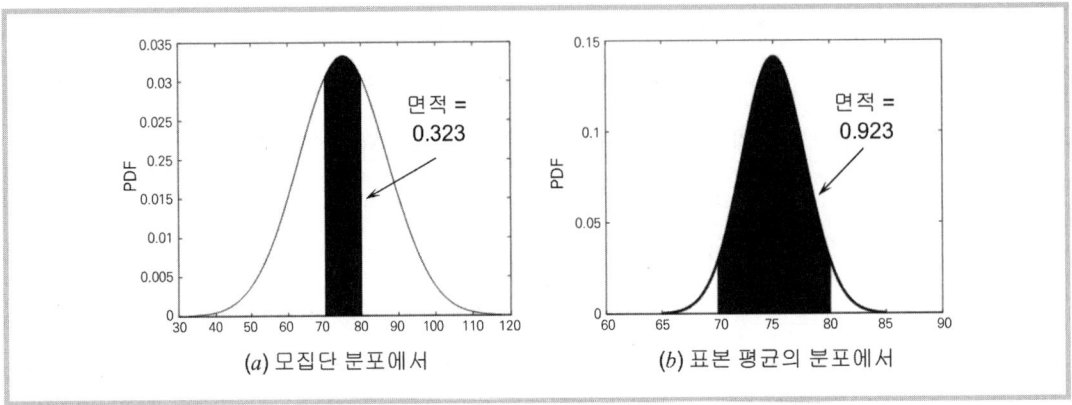

(a) 모집단 분포에서   *(b)* 표본 평균의 분포에서

그림 4.9 예제 4.3c를 모집단 분포와 표본 평균의 분포에서 각각 구한 예

이를 테면, 모집단에서 무작위로 1명 선택했을 때 이 학생의 성적이 70과 80 사이에 있을 확률 따위가 되겠는데 그림 4.9(a)는 $P(70 < X < 80)$을 계산한 모습이다. 서로 구별이 되겠는가? 표본 분포의 표준 편차는 샘플 크기에 반비례하기 때문에 평균을 중심으로 더 뾰쪽하므로 (혹은 중심으로 더 집중되므로) 그 만큼 면적이 넓어지는 것이다. 그림의 각 축 스케일을 견주면 금방 알아 차릴 수 있다고 본다.

예제 4.3d 지방의 어느 대학은 과거의 경험으로 볼 때 합격생의 30% 정도만 실제로 입학 등록을 한다. 이 대학의 올해 신입생 정원은 135명이다. 420명의 예비 합격생을 뽑을 경우에 입학 정원을 모두 채울 확률을 따져 보자.

풀이 신입생 각각의 등록 여부는 독립적이므로 입학생의 수 X를

$$X = X_1 + X_2 + \cdots + X_{420}$$

로 정의할 수 있다. 여기서 X_i는 개별 신입생의 입학 여부에 대한 확률 변수로

$$X_i = \begin{cases} 1 & (i번째 \ 신입생이 \ 등록하는 \ 경우) \\ 0 & (i번째 \ 신입생이 \ 등록하지 \ 않는 \ 경우) \end{cases}$$

와 같다. 즉, X는 시행 횟수 $n = 420$이고 성공률이 $p = 0.3$인 이항 확률 변수가 된다. 그래서 이항 분포의 공식을 이용하면

$$P(X \geq 135) = \sum_{k=135}^{420} \binom{420}{k} p^k (1-p)^{420-k} \approx 0.1824$$

와 같은데 일일이 계산하는 수고를 해야만 한다. 물론 프로그램을 쓰면 가능하지만 그럴 환경이 안 되면 이 경우의 이항 분포표는 없기 때문에 직접 계산할 수밖에 없다. 하지만, 확률 변수 X는

420개 표본의 합이기 때문에 중심극한정리에 따라 정규 분포로 근사할 수 있다. 이때 X의 평균은 $np = 420(0.3)$이고 분산은 $np(1-p) = 420(0.3)(0.7)$이다. 따라서

$$P(X \geq 135) = P(X > 134.5) = P\left(\frac{X-np}{\sqrt{npq}} > \frac{134.5-126}{\sqrt{88.2}}\right) = P(Z > 0.9051)$$
$$= 1 - P(Z < 0.9051) \approx 0.1827$$

와 같은데 이항 분포로 계산했을 때와 거의 같다. 위 식에서 처음의 등식은 예제 4.2a에서 설명한 연속성 보정 단계, 즉 이산 변수에서 연속 변수로 등가할 때 발생하는 오차를 수정하는 단계이다.

위에서 살펴보았듯이 이산 변수인 경우는 확률 질량 함수의 표준화(standardization)가 어려워 몇몇 확률표가 제시된 경우를 제외하고는 직접 계산하는 수고를 덜 수 있는 방법이 없다. 특히, 예제와 같이 이항 분포인 경우는 학문의 영역이나 실생활에서 숱하게 응용되고 있으므로 표준 정규 분포의 확률표를 사용할 수 있다면 계산의 편리성 측면에서 큰 이득이고 바로 이것이 이산 분포를 되도록 연속 분포로 바꾸려고 하는 까닭이 된다.

4.3 분포의 근사와 연속성 보정

앞의 예제 4.3d에서 살폈듯이 실생활에 많이 응용되는 분포이지만 해당 확률 분포표가 없어 일일이 손으로 계산해야 하는 수고를 아낄 수 없는 경우가 자주 있다. 물론 요즘은 대부분 통계 관련 소프트웨어를 사용할 수 있는 환경이기 때문에 확률 분포표가 필요 없다고 할 수 있지만 확률 분포 함수를 이산과 연속으로 구분하여 학습하고, 또 정규 분포에서 평균과 분산의 확실한 구실부터 이의 표준화를 통한 여러 적용 기법들이 많이 개발되어 있기 때문에 이를 관련 분야에 적극 활용할 수 있다는 측면에서도 이와 같은 근사 개념은 알아 둘 충분한 가치가 있다. 더군다나 앞에서 학습한 중심극한정리에 따르면 여러 확률 변수들의 합은 정규 분포로 근사할 수 있고, 또 표본의 평균은 $n \geq 30$을 만족하는 한 대부분의 분포가 정규 분포가 된다고 했으므로 정규 분포를 친구로 두어야 하는 것은 당연하다.

모든 분포는 분포의 형상을 결정짓는 값, 즉 파라미터로 정의된다. 파라미터가 한 개인 분포가 있는가 하면 세 개나 네 개, 혹은 그 이상의 파라미터를 갖는 분포도 있다. 물론 파라미터 수가 적은 것이 확률 함수의 복잡도가 낮고 미적분 따위의 취급도 간편하다. 정규 분포는 파라미터가 2개이니 복잡도가 낮은 것은 아니지만 확률 함수가 잘 정의되어 있고 취급 방법도 어렵긴 하지만 많은 교재에 실려 있으므로 문제가 될 것은 없다. 앞 장의 예제 3.4에서 정의한 이항 분포 $B(n, p)$는 파라미터가 두 개인데 시행 횟수 n이

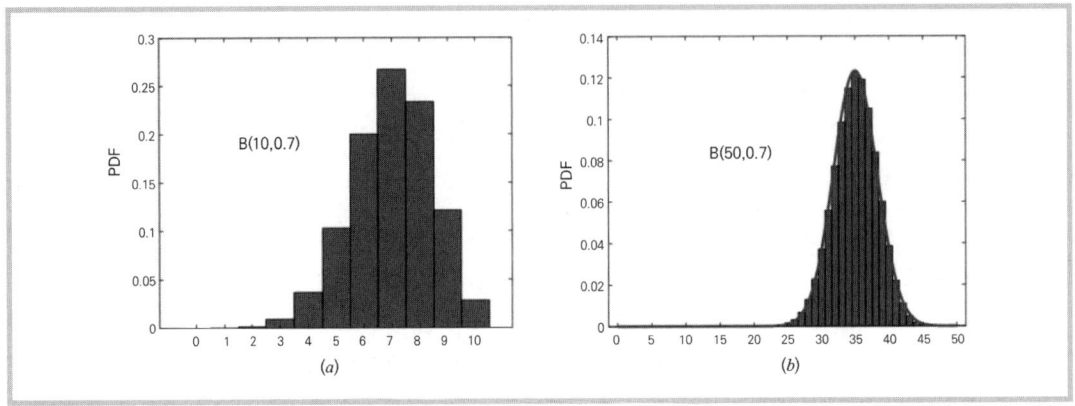

그림 4.10 이항 분포와 이의 정규 분포 근사

아주 크고 성공률 p가 아주 작아 확률 문제에 적용하기 곤란한 경우엔 $\lambda = np$이 보통의 값이 된다는 조건하에서 식 (예3.3)과 같이 푸와송 분포 $P(\lambda)$로 등가할 수 있다는 것을 보였다. 어쨌든 파라미터 수를 줄이려는 노력의 한 예가 아닌가 싶다.

모든 분포는 확률 함수가 정의되어 있기 때문에 기댓값을 구해 이의 평균과 분산을 계산할 수 있다. 그리고 중심극한정리에 따라 모든 분포에서 수집된 $n \geq 30$의 표본 평균은 모집단의 평균을 중심으로 모집단보다 더 평균으로 집중된 정규 분포를 띤다고 배웠다. 이를 테면 이렇다. 그림 4.10은 이항 분포 $B(n, p)$이 성공률 p를 일정하게 두고 시행 횟수 n을 증가시키면 정규 분포로 근사되는 모습이다. 그림의 (a)는 $n = 10$이고 (b)는 $n = 50$인 경우로 왼쪽 부분이 오른쪽보다 더 길게 늘어진 형태에서 이항 분포의 평균 np를 중심으로 완전한 종 모양의 형태인 것을 확인할 수 있다. 이항 분포는 베르누이 확률 변수가 n개 합해진 것이므로 중심극한정리의 원래 정의가 그대로 실현된 모습이라고 볼 수 있다.

그리고 그림 4.11은 파라미터가 λ인 지수 분포(exponential distribution)의[8] 모집단에서 추출한 샘플의 평균에 대한 분포를 보여 준다. 그림의 (a)는 $\lambda = 1$인 모집단의 분포이고 (b)는 이 모집단에서 무작위로 추출한 샘플 100개의 평균에 대한 표본 분포이다. 중심극한정리의 응용 정의가 바르게 적용된 것을 확인할 수 있는 대목이다.

확률 문제는 해당 환경에 맞는 분포 함수를 어떻게 정의하느냐 하는 문제이다. 분포

---

[8] 기하 분포(geometric distribution)가 성공할 때까지 시행한 횟수에 대한 분포인 반면에 지수 분포는 그때까지 기다린 시간 X에 대한 분포로 이의 확률 함수는 $f(x) = \lambda e^{-\lambda x}$이며 평균 $E(X)$는 $1/\lambda$, 그리고 분산 $Var(X)$은 $1/\lambda^2$이다.

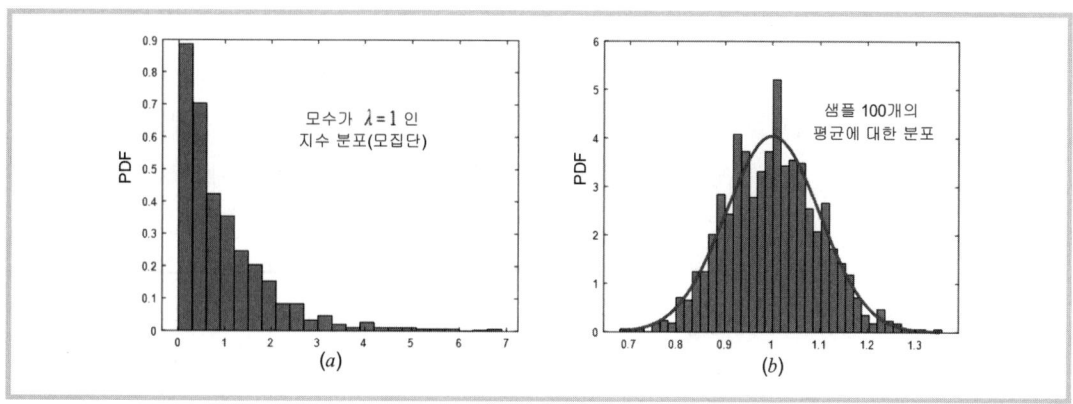

그림 4.11 정규 분포가 아닌 모집단 분포와 샘플 평균의 정규 분포

함수가 해당 환경에 맞게 잘 정의되면 설사 계산 방식이나 절차가 어렵고 복잡하더라도 결국 풀리게 마련이다. 그리고 3장에서 언급했듯이 확률 분포 함수는 마치 물리 시스템의 수학적 모델과 같이 파라미터의 구실이 비슷한 곳엔 한 영역의 모델이 다른 영역의 모델을 대신할 수 있고, 또 모델 자체도 환경에 따라 여러 합당한 가정(assumption)을 써서 얼마든지 수정할 수 있다. 위의 몇 가지 예를 통해 살펴보았듯이 이항 분포가 잘 정의된 분포라 할지라도 n이 큰 반면에 p가 작아 계산이 너무 복잡해져서 과정의 효율은 내버려 두더라도 결과의 신뢰에 의문이 발생하면 확률 환경을 다르게 해석하여 새로운 가정 $\lambda = np$을 써서 분포 함수를 바꾸기도 한다.

중심극한정리는 모집단 분포와 상관없이 모든 표본의 통계량 분포가 정규 분포가 되는 틀을 제공한다. 마치 Newton의 운동 법칙이 모든 물리계의 모델을 찾는 근거가 되듯이. 통계량 분포 중에서 몇몇은 정규 분포의 형제 분포이긴 하지만 이 역시 표준 정규 분포인 Z의 조작이나 새로운 가정을 통해 얻을 수 있다. 뭔가 거창한 것 같지만 여기서 하고 싶은 말의 요지는 이렇다. 확률 문제의 환경에 맞는 분포 함수를 선택하거나 새로 생성하여 사용하더라도 환경이 바뀌고 새로운 정보가 추가되면 분포 함수의 파라미터와 구조를 다시 살펴서 파라미터의 대수적 표현을 바꾸든지 파라미터끼리 합치든지, 나아가 함수의 구조까지도 바꿀 수 있다는 생각을 가져야 한다. 모델은 불변이 아니다. 상황에 따라 늘 변할 수 있는 것이 모델이다. 특히, 분포 함수의 수정을 고려할 땐 정규 분포로 바꿀 수 있는 환경이 무엇인지 꾸준히 따져 보아야 한다. 대칭이고 종 모양의 분포가 되면 오늘날 모든 확률 문제를 수학적으로 해결할 수 있기 때문이다. 마치 (빛의 속도보다 크지 않은) 모든 움직임을 Newton의 운동 법칙으로 모델링할 수 있듯이 말이다.

이 소절에선 이항 분포의 문제를 정규 분포의 문제로 해결하는 방법과 함께 그런 환경이 대두되는 조건을 소개한다. 이항 분포는 이산 변수의 영역인데 정규 분포는 연속 변수가 사용되므로 확률을 계산할 때 이런 문제를 반영해야 한다. 그래서 이산 분포를 연속 분포로 근사하는 경우에 반드시 고려해야 할 보정(correction)도 살펴본다. 표본 분포인 경우는 반드시 $n \geq 30$이라는 조건이 만족해야 한다고 밝혔다. 무한 모집단이 아니어서 표본이 모집단을 대표하는데 의문이 생기면 수정 계수의 도움이 필요한 것도 언급했다. 이항 분포도 마찬가지다. 항상 정규 분포로 근사할 수 있는 것이 아니다. 중심극한정리에 따르면 Bernoulli 분포의 합인 이항 분포는 합의 수가 많으면 많을수록 정규 분포가 된다고 했는데 많다는 것이 어느 정도인지 종잡을 수 없다.

이항 분포는 확률 질량 함수가 $_nC_kp^kq^{n-k}$로 $p = 0.5$일 때 $q = 1 - p = 0.5$이고, 또 $_nC_k = {_nC_{n-k}}$이므로 k번 성공 확률이나 $n - k$번 성공 확률은 같다. 즉, $p = 0.5$이면 이항 분포는 시행 횟수와 상관없이 대칭이고 종 모양인 분포가 된다. 하지만 일반적인 경우는 대부분 $p \neq 0.5$이므로 중심극한정리에서 말하는 근사 정규 분포가 되는 조건인 표본의 개수, 즉 이항 분포의 시행 횟수 n의 기준을 p와 관련 지어 말한다면 어느 정도 설득이 될 것이다. 뚜렷한 근거를 대고 말할 순 없지만 실무적인 경험에 비추어 보면 이항 분포가 근사 정규 분포가 되기 위해선 p와 q 중에서 작은 값과 n의 곱이 5보다 커야 한다. 만약 p와 q를 함께 고려해야 한다면 n을 포함해서 모든 값의 곱이 10보다 큰 것을 기준으로 삼는다. 즉,

$$\begin{cases} np \geq 5 & (p\text{가 }0.5\text{보다 작은 경우}) \\ npq \geq 10 & (p\text{가 }0.5\text{보다 큰 경우}) \end{cases}$$

이다. 따라서 위 조건을 만족한다면 Bernoulli 확률 변수 X_i의 합으로 표시되는 이항 확률 변수 X은 평균이 $E(X) = np$이고 분산이 $Var(X) = npq$인 정규 분포로 근사할 수 있고, 이때 확률의 계산은 다음과 같은 표준 정규 변수 Z를 써서 수행한다. 즉,

$$Z = \frac{X - E(X)}{\sqrt{Var(X)}} \tag{4.7}$$

와 같다. 그리고 모집단의 표본을 통해 표본의 비율, 즉 관심 있는 것이 전체에서 차지하는 몫에 대한 확률을 계산하고자 할 땐 이 역시 표본 통계량의 분포가 되므로 식 (4.5)와 (4.6)을 써서 표준 정규 변수 Z는

$$Z = \frac{\hat{P} - E(\hat{P})}{\sqrt{Var(\hat{P})}} = \frac{\hat{p} - p}{\sqrt{pq/n}} \tag{4.8}$$

이 된다.

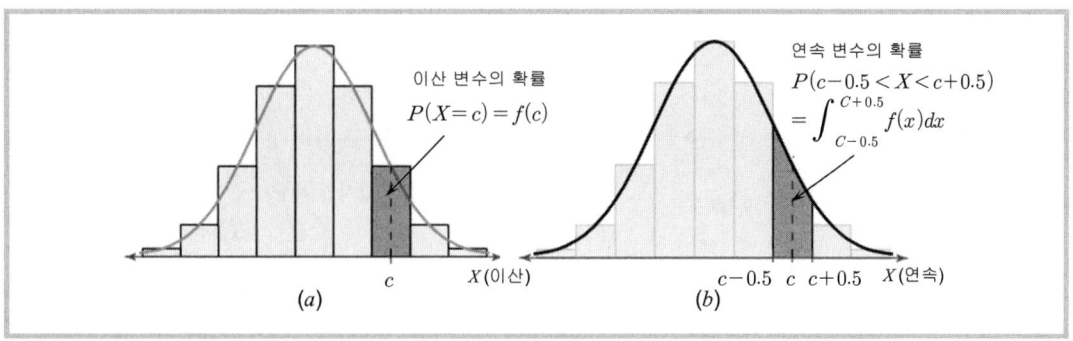

그림 4.12 연속성 보정

한편, 식 (4.7)과 (4.8)은 이항 분포의 문제를 연속 변수인 Z로 문제를 풀 수 있도록 해주는데 이항 분포가 이산 변수이기 때문에 정확한 확률을 얻기 위해선 보정이 필요하다. 다시 말하면, 이산 변수 X가 임의의 값을 가질 때의 확률 $P(X=c)$는 그림 4.12(a)와 같이 해당 부분의 막대 면적과 같지만[9] 이의 연속 등가인 (b)의 검은 색 곡선에선 연속 분포의 특성 때문에 c에서 확률을 계산할 수 없다. 따라서 이산에서 확률 $P(X=c)$는 막대 밑변의 길이 1의 반인 0.5를 빼고 더하여 $P(c-0.5 < X < c+0.5)$와 같은 구간의 확률로 보정하여 계산하는데 이를 **연속성 보정**(continuity correction)이라 한다.

그림 4.12의 연속성 보정에서 이산 변수의 확률 계산에 등식이 포함되어 있느냐 그렇지 않으냐 하는 것이 보정의 핵심이라는 것을 꼭 기억해야 한다. 예를 들어, 그림 4.12처럼 c가 포함되면 이를 포함하기 위해 0.5를 좌우로 빼고 더하듯이 "최대한 c일 확률"과 같이 말로 진술된다 하더라도 c가 등식에 포함되면 $P(X < c+0.5)$와 같이 표현해야 하는데 몇 가지를 간단히 요약하면 표 4.3과 같다.

표 4.3 말로 진술될 때 연속성 보정의 몇 가지 예

확률의 진술	확률의 식 표현
정확하게 c	$P(c-0.5 < X < c+0.5)$
최대한 c	$P(X < c+0.5)$
최소한(적어도) c	$P(X > c-0.5)$
c보다 작은	$P(X < c-0.5)$
c보다 큰	$P(X > c+0.5)$

---

[9] 막대 그래프의 밑변 길이가 1일 때만이 PDF가 된다. 왜냐하면 확률의 공리에 따라 확률, 즉 막대의 높이 합은 1이 되어야 하기 때문이다.

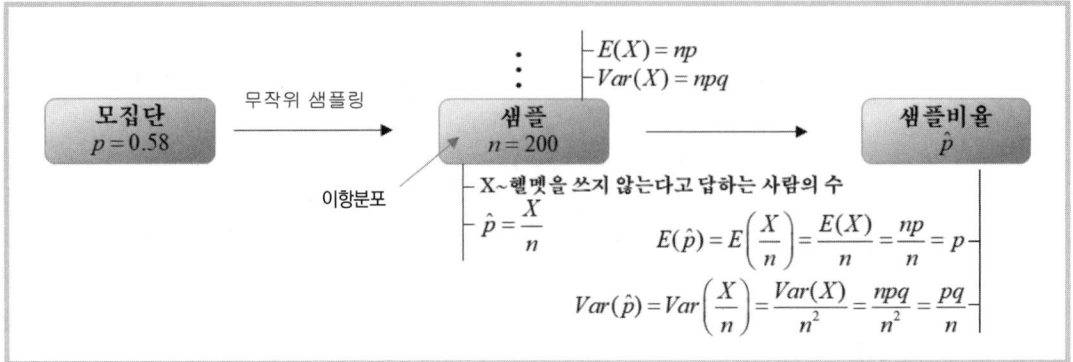

그림 4.13 이항 분포의 표본 합과 표본 통계량의 두 가지 확률 문제

예제 4.4a 일반 성인의 58%가 자전거 탈 때 헬멧을 쓰지 않는다는 조사 보고가 있었다. 시민들 중에서 임의로 성인 200명을 뽑았을 때 적어도 120명이 헬멧을 쓰지 않는다고 대답할 확률에 대해 생각해 보자.

풀이 헬멧을 쓰지 않는다고 대답하는 사람의 수를 확률 변수 X로 두면

$$X = X_1 + X_2 + \cdots + X_{200}$$

이다. 여기서 X_i는 i번째 성인이 헬멧을 쓰는지 나타내는 Bernoulli 변수이다. 먼저, X가 정규 분포로 근사할 수 있는지 따진다. 즉, $n = 200$와 $p = 0.58$이므로 $npq = 200(0.58)(0.042) = 48.72 \geq 10$ 을 확인할 수 있다. 그러므로 $P(X \geq 120)$은 등식을 고려하여 120이 포함되도록

$$P(X \geq 120) = P(X > 119.5)$$

와 같이 보정을 한 후에 다음과 같이 계산한다.

$$P(X \geq 120) = P(X > 119.5) = P\left(\frac{X - E(X)}{\sqrt{Var(X)}} > \frac{119.5 - (200)(0.58)}{\sqrt{(200)(0.58)(0.42)}} \right)$$
$$= P(Z > 0.5014) = 1 - P(Z < 0.5014) \approx 0.308$$

한편, 이 문제에서 이런 것도 생각해 보자. 성인 200명을 임의로 뽑았을 때 헬멧을 쓰지 않는다고 대답할 비율이 0.62에서 0.68 사이에 있을 확률을 알고 싶다고 말이다. 그림 4.13은 이 예제의 두 문제에 대한 차이를 보여 주는 그림이다. 즉, 처음 문제처럼 X를 표본의 합으로 구해야 할 땐 사용해야 할 평균과 분산이 각각 $E(X) = np$와 $Var(X) = npq$이지만 두 번째와 같이 표본 통계량으로 $\hat{P} = X/n$이 될 때는 $E(\hat{P}) = p$와 $Var(\hat{P}) = pq/n$이어야 한다는 것을 보여 준다. 따라서 두 번째 문제는

$$P(0.62 < \hat{P} < 0.68) = P\left(\frac{0.62 - 0.58}{\sqrt{(0.58)(0.42)/200}} < \frac{\hat{p} - p}{\sqrt{pq/n}} < \frac{0.68 - 0.58}{\sqrt{(0.58)(0.42)/200}} \right)$$
$$= P(1.1461 < Z < 2.8653) = 0.1238$$

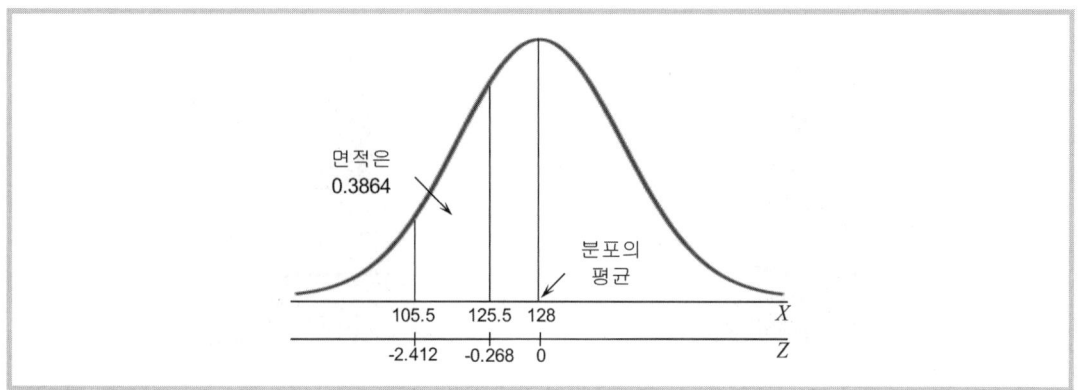

그림 4.14 예제 4.4b의 X 분포와 이의 표준 점수 Z

와 같아서 모집단에서 200명을 무작위로 뽑았을 때 성인이 헬멧을 쓰지 않는다고 대답할 비율이 0.62에서 0.68 사이가 될 가능성은 약 12.4% 정도라고 말할 수 있다.

예제 4.4b 재택 근무에 대한 조사를 실시했다. 재택 근무자의 32%가 재택 근무의 최대 이점으로 출퇴근을 하지 않는 것이라고 말했다. 재택 근무자로 구성된 모집단에서 400명을 뽑을 때 106명에서 125명 사이가 재택 근무의 최대 이점으로 출퇴근을 하지 않는 것으로 답할 확률을 찾아보자.

풀이 먼저, 문제에서 주어진 정보를 요약하면

$$n = 400, \quad p = 0.32, \quad \text{그리고} \quad q = 0.68$$

와 같다. 400명 중에서 106명과 125명 사이가 출퇴근을 최대 이점으로 지목할 확률을 따지는 문제이므로 표본의 합, 즉 $X = X_1 + \cdots + X_{400}$의 분포를 찾아야 한다. 따라서 앞 문제의 그림 4.13을 참고하여 표본 합의 분포는 평균이 $E(X) = np$이고 분산은 $Var(X) = npq$인 정규 분포로 근사할 수 있는데 그림 4.14와 같다. 그림엔 $P(106 \leq X \leq 125)$에 대해 연속성 보정을 먼저 실시한 $P(105.5 < X < 125.5)$의 면적, 즉 확률을 0.3864로 계산한 모습인데 이는 표준 정규 변수 혹은 표준 점수 $Z = (X - E(X))/\sqrt{Var(X)}$로 바꾸어 확률표를 찾아 구했다.

예제 4.4c 이산 확률 변수 X는 $B(100, 0.1)$을 따른다. $P(X \leq 10)$을 1) 이항 분포를 써서, 2) 푸와송 분포를 써서, 그리고 3) 근사 정규 분포를 써서 서로 견주어 보자. 3)인 경우에는 연속성 보정을 하는 경우와 하지 않는 경우가 얼마만큼 차이가 있는지도 살펴보자.

풀이 이 문제는 동일한 확률 환경이라도 조건이 엄격해지면 다른 환경으로 변할 수 있는지, 아니면 근사할 수 있는지를 따져 계산 과정이나 결과의 효과에서 되도록 이점을 얻도록 하는데 도와줄 목적으로

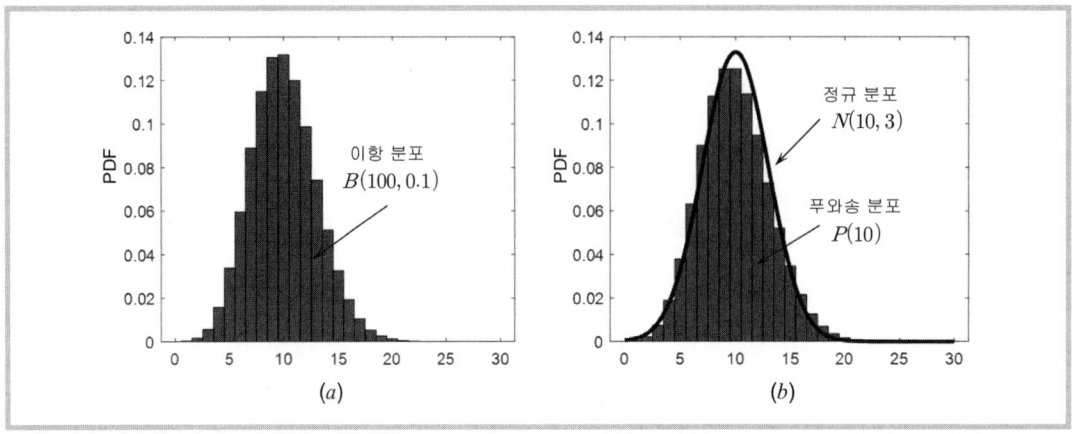

그림 4.15 예제 4.4c의 이항 분포, 푸와송 분포, 그리고 정규 분포 PDFs

제시되었다.

먼저, 확률 환경은 이렇다. 한 사건의 결과가 오직 2개인 실험을 여러 번 한다. 당연히 이항 분포를 생각할 수 있다. 그런데 사건의 성공 가능성이 0.1로 아주 작고 실험 횟수는 100으로 상대적으로 많이 하는 환경이 되었다. 이항 분포를 고집할 수도 있지만 다른 분포를 생각할 수도 있다. 이항 분포는 실험 횟수가 많을수록 계산이 엄청 복잡하기 때문이다. 참고로, 이항 분포 $f_B(x)$, 푸와송 분포 $f_P(x)$, 그리고 정규 분포 $f_N(x)$에 대한 각각의 확률 함수는

$$f_B(x) = \binom{n}{x} p^x q^{n-x}, \quad f_P(x) = e^{-\lambda} \frac{\lambda^x}{x!}, \text{ 그리고 } f_N(x) = \frac{1}{\sigma\sqrt{2\pi}} e^{-(x-\mu)^2/2\sigma^2}$$

와 같다. $f_N(x)$가 가장 복잡한 함수이지만 누적 함수의 정의뿐만 아니라 오차 분석까지 가능하므로 되도록 정규 분포로 근사하는 것이 가장 좋다. $f_B(x)$와 $f_P(x)$는 누적 함수를 합의 기호로 표시할 수밖에 없어 $P(X \le 10)$의 계산은 각 확률 함수를 10번 수행해야 하는 단점이 있다. 여기에 $f_B(x)$는 $n = 100$을 파라미터로 갖기 때문에 계산 단계마다 포함시켜야 하므로 너무 복잡하고 성가시다. $f_P(x)$도 마찬가지이긴 하지만 파라미터가 $\lambda = np$로 하나만 가진다. $f_B(x)$와 견주어 계산의 복잡성을 줄일 수 있고, 또 시행 횟수 동안 사건이 일어나는 평균 횟수를 채용하므로 확률 환경에 공학적인 감각을 보탤 수도 있다. 어쨌든 분포 함수의 변형이나 근사는 늘 생각해 보아야 할 문제인 것은 틀림없다.

그림 4.15는 위의 세 가지 분포가 이 예제의 문제에 모두 적용할 수 있다는 것을 보여 준다. 이때 $P(X \le 10)$을 계산하면 이항 분포인 경우엔 0.5832, 푸와송 분포를 사용했을 땐 0.5830, 그리고 정규 분포에서 연속성 보정을 하면 0.5662이고 그렇지 않으면 0.5였다. 연속성 보정을 하지 않은 경우를 빼면 모두가 비슷하다. 따라서 이 문제에서 얻을 수 있는 결론은 주어진 확률 환경에서 변형이나 등가의 분포를 포함하여 여러 개를 적용할 수 있다면 계산의 편리성과 공학적

감각의 포함 여부, 또 관련 해석으로 확대 가능성 따위로 선택의 기준을 잡을 수 있다는 것이다. 연속 분포로 근사했을 땐 연속성 보정이 반드시 필요하다는 것도 아울러 보여 준다.

4.4 MATLAB과 함께

표본 분포의 핵심은 중심극한정리이다. 확률 변수의 합의 분포이든 표본의 통계량의 분포이든 모집단의 분포가 정규 분포가 아니라 하더라도 확률 변수의 개수 N이 크거나 표본의 크기 n이 $n \geq 30$을 만족하는 한 정규 분포로 근사할 수 있고, 이때 합 분포의 평균은 $N\mu$이고 분산은 $N\sigma^2$, 그리고 표본의 통계량인 평균의 평균은 μ이고 분산은 σ^2/n이다. 여기서 μ와 σ^2은 모집단의 평균과 분산이다. 예를 들어, 확률 변수가 $X_i \sim Exp(\lambda)$와 같이 파라미터가 λ인 지수 분포를[10] 따른다고 할 때 확률 변수의 합인

$$X = X_1 + X_2 + \cdots + X_N$$

는 N이 크다는 조건에서 평균이 $N\mu$이고 분산이 $N\sigma^2$인 정규 분포로 근사할 수 있는데

```
lambda = 1;                            % 모집단 파라미터 λ
n = 100; N = 1000;                     % 표본의 크기 n과 확률 변수의 개수 N
x = exprnd(lambda, n, N);
sumX = sum(x,2);                       % 확률 변수의 합
[muhat, sigmahat] = normfit(sumX)
muhat =      999.7527
sigmahat =    32.7080
```

와 같이, 또 위 식에서 각 표본의 크기가 n인 경우로 볼 때 표본 평균의 평균이 $\mu_X = E(X) = \mu$와 분산이 $\sigma_X^2 = Var(X) = \sigma^2/n$인 것은

```
means = mean(x);                       % 개수가 n인 표본의 평균 1000개
[muhat, sigmahat] = normfit(means)
muhat =      0.9998
sigmahat =    0.1026
```

---

[10] $X \sim Exp(\lambda)$일 때 $\mu = E(X) = 1/\lambda$이고 $\sigma^2 = Var(X) = 1/\lambda^2$이다.

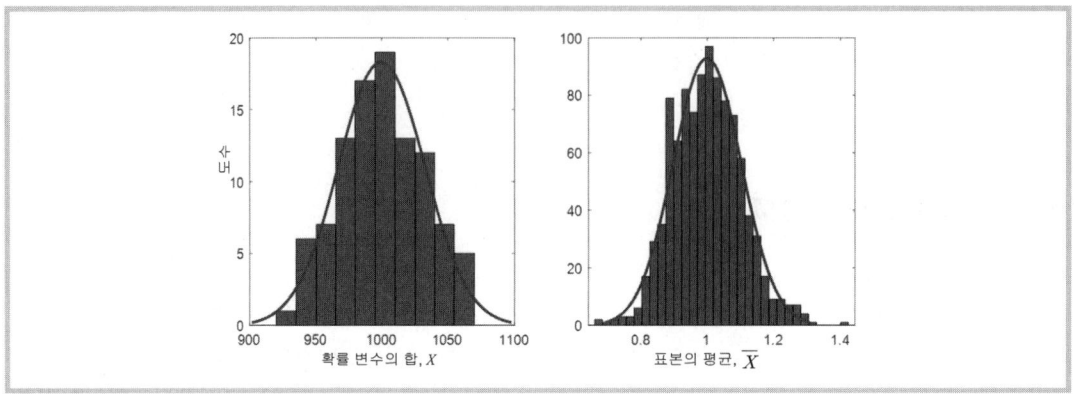

실습 4.1 임의 분포에 대한 확률 변수의 합 및 표본 평균의 분포

로 확인할 수 있다. 그리고 실습 4.1과 같이 위 데이터에 대한 히스토그램과 히스토그램에 맞는 정규 곡선을 그려 볼 요량이면 다음과 같이 작업한다.

```
tiledlayout(1,2)
nexttile, histfit(sumX)
nexttile, histfit(means)
```

주사위 10개를 던지는 실험이 예제 4.1b에 실려 있다. 주사위를 던져 나오는 눈 X는 확률 질량 함수가

$$f(x) = \begin{cases} \dfrac{1}{6} & x = \{1,2,3,4,5,6\} \\ 0 & \text{otherwise} \end{cases}$$

인 균등 분포가 되는데 10개를 동시에 던질 때 나오는 모든 눈의 합인

$$S = \sum_{i=1}^{10} X_i$$

는 중심극한정리에 따라 확률 변수의 합이 따르는 $S \sim N(n\mu, n\sigma^2)$을 이용해 구할 수 있다. 여기서 n은 주사위의 개수이고 μ는 균등 분포의 평균인 7/2, 그리고 σ^2은 분산인 35/12이다. 한편, 주사위 실험은 6개의 사건이 같은 확률로 발생하는 **다항 분포**(multinomial distribution)로 모델링할 수 있고, 이때 평균과 분산은

```
syms x [1 6] matrix          % 기호 변수를 행렬로 정의
p = ones(1,6)/6              %  6개 사건이 일어날 확률
```

```
mu = x*p';                              % μ = ∑xp
mu = subs(mu, x, 1:6); Mu = symmatrix2sym(mu)
mu = 7/2
sigma2 = (x - ones(1,6)*mu).^2*p';      % σ² = ∑(x-μ)²p
sigma2 = subs(sigma2, x, 1:6); sigma2 = symmatrix2sym(sigma2)
sigma2 = 35/12
```

이다. 물론 위의 MATLAB 코드는 스칼라로 작성하여 symsum을 이용해도 되지만 일반적인 경우, 즉 확률 변수의 값 x나 각 값에 대한 확률 p가 다른 경우를 위해 벡터로 계산했다.

다항 분포는 이항 분포를 확장한 분포이다. 다항 분포의 주변 분포 함수는 모두 이항 분포이고 다항 분포를 구성하는 각 사건끼리가 서로 독립이 아닐 뿐이다. 하지만 중심극한 정리는 분포와 관계없이 적용되는 이론이다. 즉, 다항 분포인 주사위 실험을 10개의 주사위 실험으로 구성하면 각 주사위 실험의 합인 $X = X_1 + X_2 + \cdots + X_{10}$은 평균이 $10(7/2)$이고 분산이 $10(35/12)$인 정규 분포로 근사할 수 있기 때문에 10개 주사위의 눈의 합이 30에서 40까지 나올 확률인 $P(30 < X < 40)$는

```
mu = 10*7/2; sigma = sqrt(10*35/12);
normcdf(40, mu, sigma) - normcdf(30, mu, sigma)
ans =     0.6455
```

와 같고 양 끝점이 포함되도록 연속성을 보정한 후에 계산하면

```
normcdf(40.5, mu, sigma) - normcdf(29.5, mu, sigma)
ans =     0.6915
```

이다. 본문에서 언급한 이항 분포의 정규 분포로 근사하는 과정을 적용하면 좋은데 다항 분포는 각 사건이 독립이 아니어서 이항 분포처럼 정규 분포로 근사할 수 있다는 이론을 증명하긴 곤란하다. 그러나 중심극한정리를 확인한다는 측면을 포함하여 이론적인 증명이 어려운 경우엔 컴퓨터 시뮬레이션으로 확인해 볼 수 있다는 것을 보이기 위해서 다음의 방법으로 실행해 본다. 즉,

```
N = 1000;                   % 시행 횟수
D = zeros(1, 10);           % 주사위 10개의 각 눈
S = zeros(1, N);            % 주사위 10개의 각 눈의 합
for i = 1:N
```

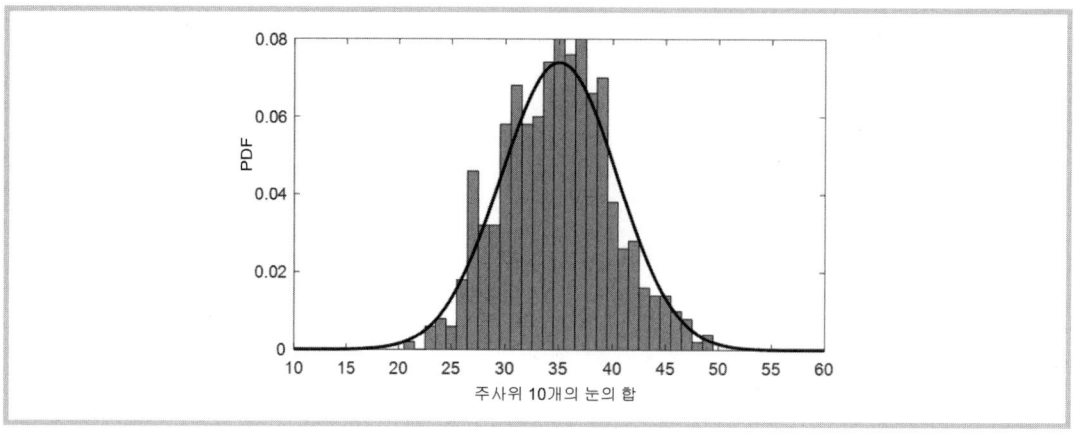

실습 4.2 주사위 10개의 눈의 합에 대한 분포 ($N = 1000$인 경우)

```
for j = 1:10
        D(j) = randi(6);
    end
    S(i) = sum(D);
end
histogram(S, Normalization = 'pdf')
mu = 10*(7/2); sigma = 10*(35/12);
x = 10:0.1:60;                              % 주사위 10개 눈의 합에 대한 최솟값과 최댓값
y = normpdf(x, mu, sqrt(sigma))
hold on
plot(x, y, 'k', LineWidth = 1.8)
hold off
```

이고 이의 결과는 실습 4.2와 같다. 실습 4.2에서 시행 횟수 N을 증가시켜 가면서 해보면 큰수의 법칙에 따라 막대 그래프와 정규 곡선이 거의 일치하는 모습을 보게 될 것이다.

표본의 통계량에 대한 분포는 중심극한정리에 따라 정규 분포를 따른다고 했다. 특히, 표본의 통계량인 평균 $\overline{X}$의 분포는 평균이 $E(\overline{X}) = \mu$이고 분산이 $Var(\overline{X}) = \sigma^2/n$인 정규 분포라고 학습했다. 즉, 표본의 개수가 n일 때 평균은 모집단의 평균 μ와 같지만 분산은 모집단의 분산 σ^2을 n으로 나눈, 혹은 동등하게 모집단의 표준 편차 σ를 $\sqrt{n}$으로 나누어 더 작아졌기 때문에 가운데로 더 뾰족한 분포가 되고 이는 표본의 개수가 많으면 많을수록 더 그렇다. 여기선 실습을 통해 정말 그런지 직접 확인해 보기로 한다. 중심극한 정리는 모집단의 분포 형태와 상관없이 적용할 수 있지만 표본의 분포가 모집단보다 더

가운데로 집중한다는 중심극한의 말 뜻을 분명히 보이기 위해 모집단도 정규 분포로 가정한다. 즉,

```
% 모집단 (정규 분포로 가정)
mu = 200; sigma = 26;
% 표본 1, 2, 그리고 3
n1 = 12; xbar = mu; s1 = sigma/sqrt(n1);
n2 = 24; xbar = mu; s2 = sigma/sqrt(n2);
n3 = 48; xbar = mu; s3 = sigma/sqrt(n3);
% 그래프
x = 120:0.1:280;
y = normpdf(x, xbar, s1); y2 = normpdf(x, xbar, s2); y3 = normpdf(x, xbar, s3);
plot(x, y, 'k')                              % 모집단 그래프
hold on
plot(x, [y1' y2' y3'], 'k', LineWidth = 1.8)  % 표본 그래프
hold off
```

이고 이의 결과는 실습 4.3과 같다. 실습 4.3에서 표본의 개수가 크면 클수록 데이터가 분포의 중심으로 더 집중되는 것을 확인할 수 있다.

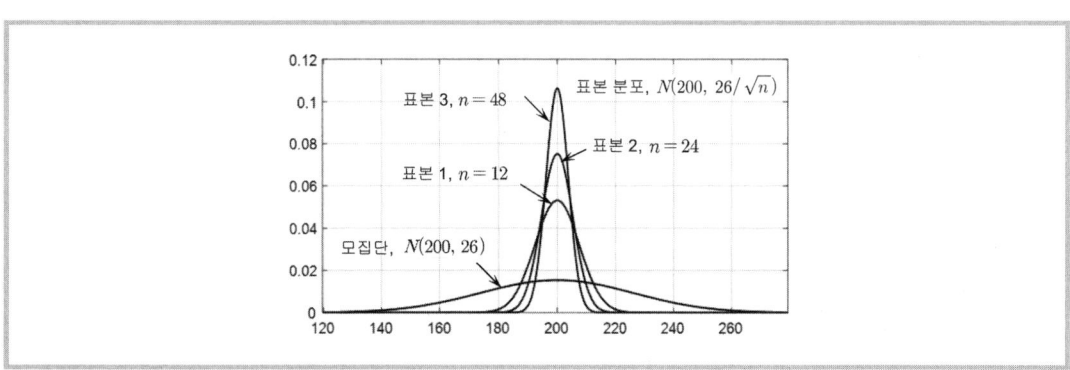

실습 4.3 모집단 분포와 표본 분포

05
모수 추정

05 모수 추정

5.1 모수 추정이란

모수(parameter)는 모집단의 특성을 나타내는 값이다. 모집단은 관심 있는 집단 속에 속하는 모든 구성 요소를 아우르는 말인데 현명한 의사 결정을 위해선 반드시 모집단의 특성에 대한 올바른 정보를 파악하는 것이 가장 우선이다. 그러나 모집단은 대개 규모가 커서 한꺼번에 조사하는 것이 쉽지 않다. 설사 조사한다 하더라도 많은 시간과 높은 비용이 발생하고, 또 모집단의 구성 요소를 일일이 찾아 나서는 일이 현실에 맞지 않아 처음부터 거의 불가능하다고 보는게 맞다. 표본은 모집단에서 추출된 모집단의 한 부분집합이다. 표본의 특성을 **통계량**(statistic)이라 하는데 이는 모수와 달리 쉽게 얻을 수 있다. 따라서 모집단의 모수를 직접 알 수 있는 방법이 없다면 올바른 판단과 현명한 결정, 합당한 검정을 위해선 표본의 통계량을 통해 간접적이라도 찾을 필요가 있다.

모수 추정(parameter estimation)은 표본 통계량으로 모집단의 모수를 추정하는 일련의 과정을 일컫는다. 모수는 비록 알지 못하지만 일정하게 고정된 값이다. 통계량은 알 수 있지만 표본마다 다 다른 값을 갖는다. 그래서 표본 통계량의 분포를 그려 분포의 중심이 모수일 것이라고 추정하든가, 아니면 통계학적으로 신뢰할 수 있는 범위를 잡아 모수가 이와 같은 추정 구간에 포함될 것이라고 추정한다. 이른바 추론 통계학의 한 방법을 설명하는 대목인데 모수의 정확한 값은 아니지만 누구나 신뢰할 수 있도록 통계학적으로 합당한 근거가 뒷받침된 값이다. 이때 모수가 분포의 중심과 같다고 정하는 것을 점 추정(point estimate)이라 하고 구간으로 정하는 것을 구간 추정(interval estimate)이라 한다.[1] 그리고 추정할 대상을 **추정량**(estimator)이라 하는데 모수인 경우는 보통 θ로, 그리고 표본에서 이의 상대가 되는 통계량은 $\hat{\theta}$로 나타낸다. 이를 테면, θ가 모평균 μ이고

---

[1] 추정(estimate)은 원래 뜻대로 한다면 추정값이 되어야 하지만 추정의 방법 중 하나를 말할 땐 그냥 추정이라고 흔히 표현하기 때문에 그렇게 썼다. 참고로, 추정할 대상으로 값을 할당 받을 변수는 추정량(estimator)이라 한다.

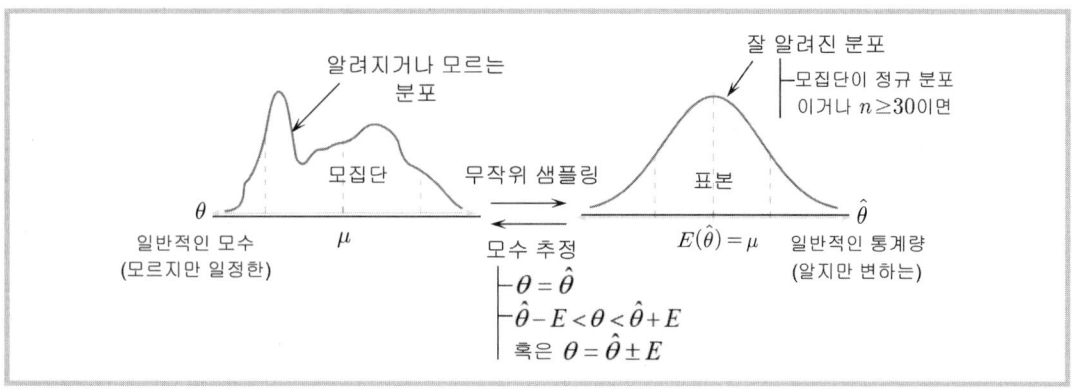

그림 5.1 모수 추정과 관련한 모집단과 표본의 관계와 기본적인 성질

모분산 σ^2, 모비율 p이면 $\hat{\theta}$는 표본 평균 $\bar{x}$이고 표본 분산 s^2, 표본 비율 $\hat{p}$인 셈이다. 그림 5.1은 모집단과 표본 분포 및 모수와 통계량의 기본적인 특징, 모수 추정과 관련하여 둘 사이의 상호 작용, 그리고 각 모수 추정의 형태를 보여 준다.

그림 5.1에 표시된 것처럼 표본 분포는 앞 장에서 학습했듯이 모집단이 정규 분포이거나 그렇지 않을 땐 표본 크기가 $n \geq 30$이어야 정규 분포로 근사할 수 있다. 표본의 통계량은 수집한 표본마다 다 다르고 변하기 때문에 분포를 알지 못하면 어떤 통계학적 분석도 불가능하다는 것을 자연스레 해결해 주는 대목이다. 모집단은 보통 분포 형태는 알 수도, 또 모르기도 하지만 모집단의 특성을 결정하는 모수가 반드시 존재하기 때문에[2] 이와 같은 모르지만 일정한 값인 모수를 찾으려는 것이 이 장의 목적이다. 표본의 통계량으로 모수를 찾으려는 행위를 추론이라고 하는데 그림에서 보듯이 $\theta = \hat{\theta}$처럼 점 추정을 할 수도 있고, 또 $\hat{\theta} - E < \theta < \hat{\theta} + E$와 같이[3] 구간 추정을 할 수도 있다. 여기서 E는 표본의 샘플링 오차를 최대한 고려하여 통계학적으로 계산된 값으로 **오차 한계**(margin of error)라 하는데 구간 추정을 다룰 때 자세히 설명하기로 한다.

모수 추정을 실시하기 전에 꼭 알아야 할 내용이 있다. 특히, 점 추정과 관련하여 오해 아닌 오해를 하는 경우가 많은데 구간 추정에 앞서 몇 가지를 살펴보고자 한다. 점 추정은 앞에서도 말했지만 말 그대로 $\theta = \hat{\theta}$와 같이 하나의 값으로 모수를 추정하고, 이때 $\hat{\theta}$는

---

[2] 모집단의 형태를 모른다 하더라도 모수는 일정한 값으로 존재하기 마련이다. 모르지만 변하지 않는 값인 모수를 찾는 과정을 **모수적 추론**이라 하고 모집단의 분포 형태와 모수의 존재까지 모를 땐 **비모수적 추론**을 수행한다. 하지만 비모수적 추론은 확률 및 통계의 기초적인 수준을 벗어나기 때문에 이 책에선 다루지 않는다.

[3] 괄호를 써서 $\theta = (\hat{\theta} - E, \hat{\theta} + E)$와 같이 표현하기도 한다.

사용하는 표본에서 얻은 값이다. 표본마다 표본 통계량 $\hat{\theta}$이 다르므로 점 추정으로 할당된 모수는 항상 모수의 참값과 다를 수밖에 없다. 그렇다고 점 추정의 중요성을 무시할 수 없다. 점 추정에서 획득한 $\hat{\theta}$는 구간 추정의 기준이 될 뿐만 아니라 $\hat{\theta}$의 계산에서 잘못된 과정을 밟으면 $E(\hat{\theta}) \neq \theta$이 되어[4] 추론 통계학에서 당연히 받아들이는 **불편 통계량** (unbiased statistic)이 되지 못하기 때문이다. 따라서 점 추정을 생각할 땐 표본 통계량이 편향 통계량이 되지 않도록 하는 것과 불편 통계량을 만약 획득하게 되면 불편 통계량의 분포가 되도록 분산이 (혹은 표준 편차가) 적도록 하는 것을 잊지 말아야 한다.

점 추정이 위의 조건을 만족하기 위하여 두 가지 경우를 고려해 볼 수 있다. 하나는 MVUE이다. **최소분산 불편 추정량**(minimum variance unbiased estimator)는 영어 단어가 뜻하듯이 불편향이면서 동시에 분산도 가장 적은 추정을 말한다. 불편 통계량이 여러 개 있을 때나 사용할 수 있는 여유의 정보가 있으면 분산이 적은 것을, 혹은 여유의 정보를 모두 사용하여 분산이[5] 적도록 한 것을 선택하는 것이다. 두 번째는 MLE이다. **최대가능도 추정량**(maximum likelihood estimator)은[6] MVUE와 반대로 표본 분포를 이용하지 않고 샘플 데이터를 직접 써서 가능도 함수를 최대로 하는 값을 추정값으로 선택하는 방식이다. 사실 지금까진 중심극한정리를 중심으로 표본 통계량이 정규 분포인 것을 적극 활용하였다. 하지만 MLE는 실제 데이터 혹은 관측값에 가장 잘 맞는 분포를 찾아 해당 분포의 특성값을 추정하므로 데이터의 분포가 어떤 것이든지 적용할 수 있다는 것이 큰 장점이다. 비록 최댓값을 찾는 과정에 미분이라는 고급 수학을 복잡한 분포 함수에 써야 하는 어려움이 있지만 점 추정의 새로운 접근 방법이라고 생각하면서 관심을 가졌으면 좋겠다. 확률과 통계의 기초 내용을 다루는 이 책에선 깊이 있게 다루진 못하겠지만 위 두 방법에 대한 것을 각 소절을 열어 간단하게나마 살펴보고자 한다.

---

[4] 표본 통계량의 기댓값과 모수의 차이를 편향(bias)이라 하는데 $Bias = E(\hat{\theta}) - \theta$이다. 표본 통계량이 편향이면 정규 분포로 나타나는 표본 분포의 중심축을 옮긴 효과가 있어 추론 통계학에서 잘 발달된 기존의 기법을 적용하면 항상 오류가 발생할 수밖에 없다.

[5] 오차 측면에서 보면 표준 편차가 맞지만 지금까지 이어진 용어의 통일을 위해 분산이라는 표현을 썼다. 사실 기술 통계학에서 데이터의 퍼짐 정보는 표준 편차가 아니고 분산이 맞다. 분산의 개념이 없으면 표준 편차가 존재할 수 없기 때문이다. 표준 편차는 편의를 위해 확률 변수의 물리량과 차원을 맞춘 것뿐이다.

[6] 최대우도(尤度) 추정이라고 번역을 하는 곳도 있는데 말이 너무 어렵다. 비록 한자말이긴 하지만 가능도라고 쓰는 것이 입에도 익어 좋을 것 같다.

5.2 최소분산 불편 점 추정 (MVUE)

모수의 점 추정은 앞에서도 말했듯이 하나의 값으로 추정하는 것이라고 했다. 이때 점 추정이 제 구실을 하기 위해선 해당 추정량(estimator)이 불편향해야 하고, 또 추정량이 여러 개 있을 땐 분산이 적은 것이어야 한다고 했다. 우선, 불편 추정량에 대해 살펴보자. 편향(bias)은 추정량, 즉 추정하고자 하는 모수에 해당하는 표본 통계량의 기댓값이 모수와 같지 않을 때 발생한다. 그림 5.2는 해당 통계량의 기댓값이 추정하고자 하는 임의 분포의 모수와 차이가 나는 것을 보여 주는데 편향이 발생하였다. 편향은 예상하지 못한 것이어서 심각한 오류를 일으킨다. 표본이 어쩔 수 없는 샘플링 오차를 갖는 것은 이미 예상된 상황이기 때문에 통계학적 기법이 잘 들어맞지만 편향은 그렇지 않다.

추정량이 편향을 갖지 않기 위해선 표본 통계량을 앞 장에서 언급된 그대로 정의하는 것이다. 이를 테면, 평균 $\overline{X}$는 모든 표본의 합을 표본 크기 n으로 나누고, 분산 S^2은 편차의 제곱합을 $n-1$로 나누고, 그리고 비율은 이항 확률 변수로 간주한 표본에서 성공의 합을 n으로 나누어 정의함으로써 식 (4.1), 식 (4.3), 그리고 식 (4.5)에서 보듯이 이들의 기댓값이 모두 모수의 해당 값인 것을 확인할 수 있었다. 특히, 분산인 경우에 n이 아니라 $n-1$을 사용해야 하며 n을 썼을 땐 편향이 얼마만큼 발생하는지 따위도 설명했었다. 하지만 표본마다 관측값이 다르기 때문에 이와 같이 표본 통계량을 정의한다 하더라도 실제론 편향이 발생하는지 알지 못한다. 이론적으로 표본의 기댓값이 모수와 같아질 것이라는 희망을 담았고 이를 토대로 추론 통계학을 발전시켜 왔기 때문에 MVUE를 위해 그대로 따를 수밖에 없다. 따라서 MVUE를 위해 이제 남은 것은 여러 표본 통계량

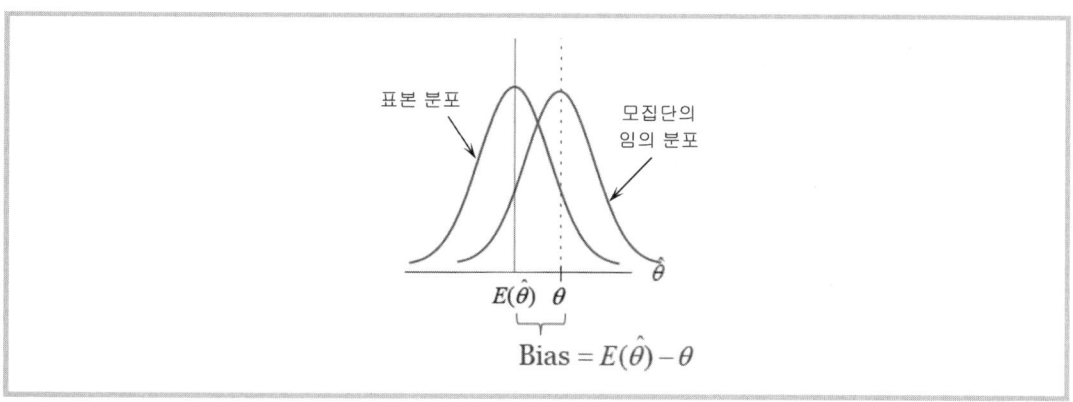

그림 5.2 편향이 있는 추정량

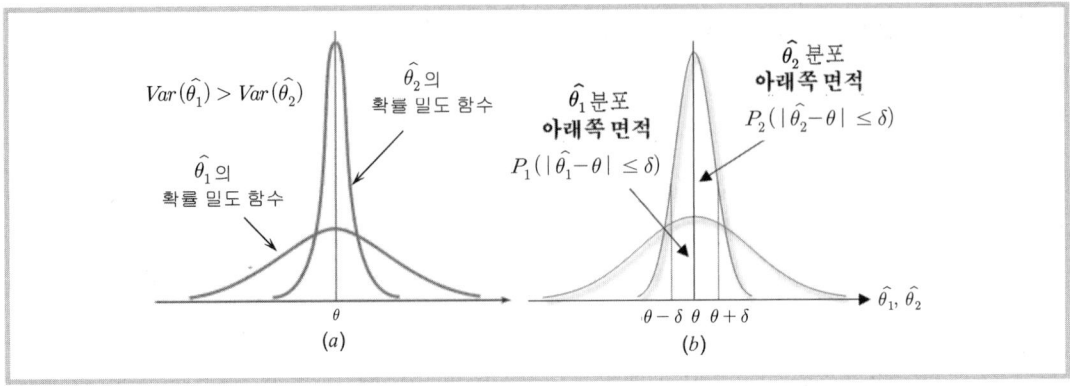

그림 5.3 MVUE는 분산이 더 작은 불편 추정량

의 분포 중에서 분산이 적은 것을 최적의 추정량으로 선택하는 일이다.

그림 5.3의 (a)는 분산은 서로 다르지만 기댓값이 $E(\hat{\theta}_1) = E(\hat{\theta}_2) = \theta$로 같은 불편 통계량 $\hat{\theta}_1$와 $\hat{\theta}_2$에 대한 분포 함수를 보여 준다. 분포의 중심에서 뾰족한 정도로 보아 $Var(\hat{\theta}_1) > Var(\hat{\theta}_2)$인 것을 확인할 수 있다. 그림의 (b)는 $\hat{\theta}_1$과 $\hat{\theta}_2$ 중에서[7] 어떤 통계량이 모수로 기대되는 값 θ 근방에 있을 확률이 더 큰지 보여 준다. 여기서 δ는 임의로 정한 아주 작은 값이다. 그림에서 확인할 수 있듯이 $P_2(|\hat{\theta}_2 - \theta| \le \delta)$로 표시되는 $\hat{\theta}_2$ 곡선의 아래쪽 면적(확률)이 $P_1(|\hat{\theta}_1 - \theta| \le \delta)$보다 더 크기 때문에, 즉 분산이 작은 쪽 $\hat{\theta}_2$가 θ 근방으로 더 집중되어 있기 때문에 $\hat{\theta}_1$보다 더 나은 점 추정이라고 할 수 있다.

표본 평균은 평균이 $E(\overline{X}) = \mu$이고 분산이 $Var(\overline{X}) = \sigma^2/n$인 정규 분포를 따른다고 앞 장에서 설명한 바 있다. 표본 평균의 분산이 모집단 분산보다 작은 것은 물론이고 표본 크기가 크면 클수록 점점 더 작아지는 것이 특징이었다. 표본 크기가 클수록 추정량의 분산이 작아져 결국 모집단의 모수로 수렴하게 되는데 이를 **일치 추정량**(consistent estimator)이라 한다. 결국 표본 평균은 표본 크기를 증가시킴으로써, 즉 가용 자원을 많이 쓰면 쓸수록 일치 추정량의 특징 때문에 자연스레 MVUE가 된다. 그래서 MVUE는 점 추정의 효과를 평가하는 정량적인 기준이 되기도 하는데

---

[7] 원래 추정량은 대문자로, 그리고 이의 추정값은 소문자로 표기하는 것이 보통이다. 하지만 추정량에 햇(^) 표시가 달린 추정량은 대소문자를 구분하지 않고 쓰기도 한다. 앞에서 소개한 비율의 추정량에 $\hat{P}$와 $\hat{p}$을 함께 사용한 것처럼 $\hat{\Theta}$와 $\hat{\theta}$도 마찬가지이다. 하지만 꼭 구분해야 할 경우가 아니라면 대문자보다 소문자를 선호하는 경향이 있다.

$$\text{상대 효율도} = \frac{Var(\text{MVUE})}{Var(\hat{\theta})} \times 100(\%)$$

와 같이 정의하여 임의의 추정량 $\hat{\theta}$이 MVUE와 견주어 어느 정도의 효율을 보이는지 평가할 수 있다.

추정량의 효율은 때때로 오차 개념으로 설명할 수도 있다. 보통 오차는 해당 물리량과 같은 차원인 표준 편차가 제격이지만 오차의 강도를 에너지 측면에서 파악하기 위해 MSE, 즉 **평균제곱오차**(mean square error)를 다음과 같이 정의하여 사용한다.

$$\text{MSE}(\hat{\theta}) = E\big[(\hat{\theta} - \theta)^2\big]$$

다시 말하면, MSE는 관심 있는 모수와 해당 점 추정 사이의 편차를 제곱한 양의 기댓값이다. 그러면 추정량의 분산 $E\big[(\hat{\theta} - E(\hat{\theta}))^2\big]$을 MSE에 포함시키기 위해 위의 원 식에 $E(\hat{\theta})$를 더하고 뺀 후에 정리하면

$$\begin{aligned} MSE(\hat{\theta}) &= E\big[((\hat{\theta} - E(\hat{\theta})) + (E(\hat{\theta}) - \theta))^2\big] \\ &= E\big[(\hat{\theta} - E(\hat{\theta}))^2 + 2(\hat{\theta} - E(\hat{\theta}))(E(\hat{\theta}) - \theta) + (E(\hat{\theta}) - \theta)^2\big] \end{aligned}$$

이고, 이때 $E\big[(\hat{\theta} - E(\hat{\theta}))\big] = E(\hat{\theta}) - E(\hat{\theta}) = 0$이고 $E\big[(\hat{\theta} - E(\hat{\theta}))^2\big] = Var(\hat{\theta})$, 그리고 $E(\hat{\theta}) - \theta = Bias$이므로

$$\text{MSE}(\hat{\theta}) = Var(\hat{\theta}) + Bias^2 \tag{5.1}$$

와 같다. 즉, 점 추정의 평균제곱오차는 점 추정의 분산과 그림 5.2로 정의된 편향의 제곱을 합한 것인데 이어지는 문제를 통해서 좀 더 알아보기로 하자.

예제 5.1a   평균이 μ이고 분산이 σ^2인 임의의 모집단에서 iid를 만족하는 표본 22개를 확보했지만 경비나 시간을 포함하여 어떤 까닭으로 표본 15개만 써서 모집단의 평균에 대한 점 추정을 실시한다. MVUE의 관점에서 생각해 보자.

풀이   우선, 추정량을 $\hat{\theta} = \overline{X}$로 두고 표본 15개를 사용하여

$$\overline{X}_{15} = \frac{X_1 + X_2 + \cdots + X_{15}}{15}$$

로 정의하면 식 (4.1)에 따라 $E(\overline{X}_{15}) = \mu$이므로 불편 추정량이 된다. 하지만 이 추정량이 바람직한지 의문이 드는 것이 사실이다. 왜냐하면 실제로 가용할 수 있는 자원을 다 활용하지 않았기 때문이다. 그래서 표본 22개를 모두 사용하기 위해

$$\overline{X}_{22} = \frac{X_1 + X_2 + \cdots + X_{22}}{22}$$

로 두고 기댓값을 계산해 보니 $E(\overline{X}_{22}) = \mu$로 역시 불편 추정량이 되었다. 두 추정량 모두 점 추정으로 제 구실을 하겠지만 MVUE 측면에서 살펴보기 위해 각 추정량의 분산을 계산해 보기로 한다. 즉, 식 (4.2)에 따라

$$Var(\overline{X}_{15}) = \sigma^2/15 \text{와} Var(\overline{X}_{22}) = \sigma^2/22$$

이므로 $\overline{X}_{22}$가 MVUE가 되는 것을 확인할 수 있다. 예상했듯이 표본의 평균은 일치 추정량이기 때문에 가용 정보를 모두 써서 n이 클수록 분산이 줄어들어 모수에 가깝게 될 확률이 훨씬 커졌다. 경비를, 그리고 시간을 아꼈을 때 MVUE를 기준으로 얼마의 효율이 있는지 검토하기 위해 **상대 효율도**를 구해 평가한다. 즉,

$$\text{상대 효율도} = \frac{\sigma^2/22}{\sigma^2/15} = \frac{15}{22} \approx 0.682 = 68.2\%$$

이므로 추정량 $\overline{X}_{15}$는 MVUE와 견주어 효율이 약 32% 정도 떨어지는데 가용 정보를 맘껏 활용하지 않은 대가이므로 어쩔 수 없는 일이다.

예제 5.1b 임의의 모수를 추정하기 위해 독립된 실험을 수행하여 정규 분포를 따르는 두 개의 추정량을 얻었다. 즉, $X_A \sim N(\mu, 2.97)$와 $X_B \sim N(\mu, 1.62)$이다. 좀 더 효율이 좋은 추정을 하는 방법에 대해 생각해 보자.

풀이 지금까지 살펴 본 것처럼 MVUE가 가장 효율이 좋은 추정이었다. 하지만 주어진 정보를 다 사용한다는 관점에서 보면 다른 방법도 생각해 볼 수 있지 않을까 싶다. 우선, 두 추정량 X_A와 X_B는 모두 불편 추정량이다. 두 추정량 모두 좋은 추정량이 되는 기본적인 조건을 만족하는 셈이다. 하지만 MVUE 관점에서 보면 X_B의 분산이 더 작으므로 X_B가 MVUE가 되고 상대 효율도는 $1.62/2.97 \approx$ 0.55로 X_A가 X_B와 견주어 효율이 55% 정도에 그친다.

힘들여 수행한 실험의 결과도 훌륭한 정보인 것은 틀림없다. 따라서 X_A의 수고와 가치를 살리기 위해 이런 방법을 강구했다. 즉, X_B가 MVUE이지만 X_A를 그냥 묻어 두는 것이 아니라 이를 포함한 새로운 추정을 확률 변수의 합으로 제안한다. 즉,

$$X = aX_A + bX_B$$

로 두면 X 역시 확률 변수이므로 이의 기댓값은

$$E(X) = aE(X_A) + bE(X_B) = a\mu + b\mu = (a+b)\mu$$

와 같다. 따라서 X가 불편 추정량이 되기 위해선 $a+b=1$이어야 하므로 $a=p$와 $b=1-p$로 두고

2개의 변수를 1개로 줄여 새로운 추정에 대입하여

$$X = pX_A + (1-p)X_B$$

이 되면 X의 분산을 최소화하는 방식을 써서 미지수 p를 구한다. 즉,

$$\frac{\partial Var(X)}{\partial p} = \frac{\partial}{\partial p}\left[p^2 Var(X_A) + (1-p)^2 Var(X_B)\right] = p\,Var(X_A) - (1-p)\,Var(X_B) = 0$$

이므로 p는

$$p = \frac{Var(X_B)}{Var(X_A) + Var(X_B)} = \frac{1.62}{2.97 + 1.62} \approx 0.35$$

와 같다. 따라서

$$X = 0.35X_A + 0.65X_B$$

인데 이의 분산은 $Var(X) = 0.35^2(2.97) + 0.65^2(1.62) \approx 1.05$로 MVUE인 X_B보다 더 작아진다. MVUE가 새로 탄생하는 순간으로 상대 효율도가 0.65, 즉 X_B가 새로운 추정량 X와 견주어 효율이 68% 수준으로 떨어지는 것을 확인할 수 있다.

예제 5.1c 확률 변수 X가 이항 분포 $B(10, p)$을 따른다고 가정한다. 이때 점 추정을 다음과 같이 수행할 때 1) 편향과 2) 점 추정의 분산, 그리고 3) 점 추정의 평균제곱오차를 구해 보자.

$$\hat{p} = \frac{X}{11}$$

풀이 식 (4.5)에 따르면 모비율 p의 점 추정은 시행 횟수, 즉 표본의 개수로 나눌 때 불편 추정량이 된다. 따라서 문제와 같이 점 추정을 수행하게 되면

$$E(\hat{p}) = \frac{\sum_{i=1}^{10} E(X_i)}{11} = \frac{10p}{11}$$

이므로 $-p/11$만큼의 편향이 발생하므로 불편 추정량이 되지 못한다. 다음, 문제와 같은 점 추정의 분산은

$$Var(\hat{p}) = \frac{1}{11^2}\sum_{i=1}^{10} Var(X_i) = \frac{10}{11^2}p(1-p)$$

이므로 점 추정의 평균제곱오차는 식 (5.1)에 따라

$$\mathrm{MSE}(\hat{p}) = Var(\hat{p}) + Bias^2 = \frac{10p - 9p^2}{121}$$

와 같다.

예제 5.1d 임의의 모수 θ에 대한 점 추정 $\hat{\theta}$이 다음과 같은 3개의 추정량으로 이루어졌다. 어떤 추정량이 가장 바람직한 지 살펴보자.

$$\hat{\theta}_1 ~ N(1.13\theta, 0.02\theta^2)$$
$$\hat{\theta}_1 ~ N(1.05\theta, 0.07\theta^2)$$
$$\hat{\theta}_1 ~ N(1.24\theta, 0.005\theta^2)$$

풀이 불편 추정량은 편향이 없는 추정량이고 MVUE는 편향이 없으면서도 분산이 최소가 되는 것이라고 했다. 하지만 문제의 추정량은 분산의 차이는 물론 편향까지 있다. 평균제곱오차를 쓸 수 있는 곳이 바로 이 대목인데 편향과 분산을 추정량의 오차 개념에 함께 포함시킬 수 있기 때문이다. 따라서 각 추정량의 편향이 각각 0.13θ, 0.05θ, 그리고 0.24θ이므로 MSE는 각각

$$\mathrm{MSE}(\hat{\theta}_1) = 0.02\theta^2 + (0.13\theta)^2 \approx 0.037\theta^2$$
$$\mathrm{MSE}(\hat{\theta}_2) = 0.07\theta^2 + (0.05\theta)^2 \approx 0.073\theta^2$$
$$\mathrm{MSE}(\hat{\theta}_3) = 0.005\theta^2 + (0.24\theta)^2 \approx 0.063\theta^2$$

이다. 위의 결과로 보면 편향이 작지만 분산이 큰 것이나 편향은 크지만 분산이 작은 추정량은 좋은 추정량이 되지 못한다고 볼 수 있다. 오차 관점에서 보면 불편 추정량이 되지 못할 바엔 양쪽에서 균형을 이루는 것이 가장 좋은 추정량이다.

5.3 최대가능도 점 추정 (MLE)

최대가능도(maximum likelihood) **점 추정**은 확률 변수 X의 여러 x_i가 관측되었을 때 이 데이터에 가장 잘 맞는 분포가 어떤 파라미터 θ를 갖는지 알아내는 방법이다. 기존의 추정이 이미 알려진 (혹은 $n \geq 30$의 조건을 맞는 경우엔 정규 분포로 가정된) 분포를 통해서 분포의 파라미터가 되는 값, 즉 평균이나 분산, 비율과 같은 추정량을 찾아가는 방식과 견주면 일의 진행 과정이 반대가 되는 것을 알 수 있다. 다시 말하면, 기존의 방식은 알고 있는 (혹은 가정된) 분포에서 분포의 확률 함수에 포함되는 파라미터가 이미 결정해 놓은 분포의 중심이나 퍼짐 정보 따위를 써서 표본 데이터의 분포도 그런 특성을 갖는지 사후 확인하면서 추정해 가는 반면에 최대가능도 점 추정은 주어진 데이터 정보에 가장 잘 맞는 분포의 확률 함수를 결정하는 파라미터를 직접 찾아서 분포의 중심이나 퍼짐 정보 따위를 추정해 간다. 이른바 "확률의 문제"와 "**가능도의 문제**"로 확률(probability)과 가능도(likelihood)의 차이가 드러나는 대목인데 그림 5.4에 두 방식의 차이를 나타내는 개념

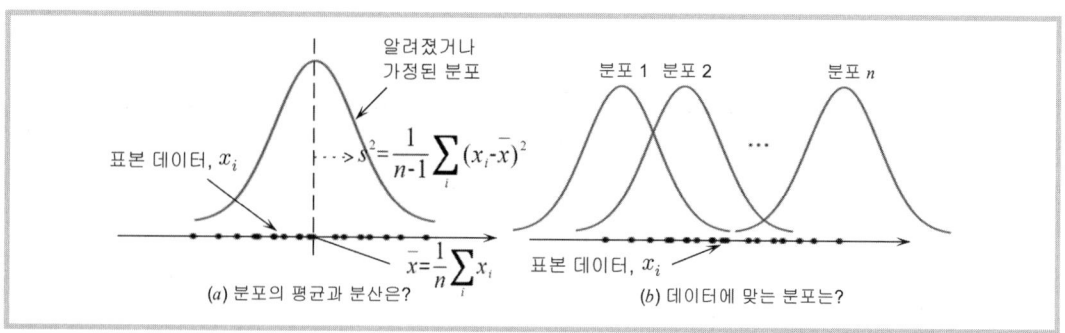

그림 5.4 기존의 점 추정과 최대가능도 점 추정의 개념도

도를 그려 놓았다. 그림 5.4(a)의 $\bar{x}$와 s^2는 알려졌거나 이미 가정된 분포에서 불편 추정량을 위해 정의된 방식대로 계산하는 표현식이고 (b)의 분포 1에서 분포 n까지는 표본 데이터 x_i에 가장 잘 맞는 분포가 어떤 것인지 알아야 할 때 추천할 수 있는 후보 분포가 되겠다.

기존의 점 추정과 최대가능도 점 추정의 차이를 좀 더 살피기 위해 기존의 확률 함수 $f(x)$에 대한 표현을 두 가지로 구분하기로 한다. 즉, 확률의 문제는 알고 있는 분포에서 확률 변수 X가 $X = x$이거나 $x_1 < X < x_2$, $X \le x$, 혹은 $X \ge x$와 같이 x의 한 점이나 임의의 구간이 전체에서 차지하는 비율(확률)을 찾는 것이 핵심이므로

$$P(\text{데이터의 정보} \mid \text{분포의 정보}) = f(x \mid \theta)$$

처럼 나타낸다. 즉, 확률 함수를 $f(x \mid \theta)$와[8] 같이 확률을 결정짓는 분포의 정보까지 포함하도록 한다. 예를 들어, 평균이 $\mu = 80$이고 분산이 $\sigma^2 = 5^2$인 정규 분포를 따르는 학생의 성적 분포에서 92점 이상인 학생의 비율을 표현한다면 $P(X > 92 \mid \mu = 80, \sigma = 5)$와 같이 써서 해당 분포의 정보까지 담아 확률의 문제인 것을 분명히 나타낸다. 하지만 최대가능도 관점에서 보면 이와 반대이니 표현 방식도 달라져야 하는 것은 당연하다. 즉, 최대가능도를 위한 확률 밀도 함수는

$$P(\text{분포의 정보} \mid \text{데이터의 정보}) = f(\theta \mid x)$$

와 같이 표현하여 분포의 파라미터가 구해야 될 변수인 것을 분명히 나타내도록 한다. 물론 이 경우에 x는 실험을 하거나 현장에서 직접 구한 표본 데이터 x_i이다. 만약 파라미터

---

8 앞의 조건부 확률에서 보았듯이 수직막대(|)는 "알려진(given)"으로 읽는다. 다른 책에선 | 대신에 세미콜론을 써서 $f(x;\theta)$와 같이 나타내기도 한다.

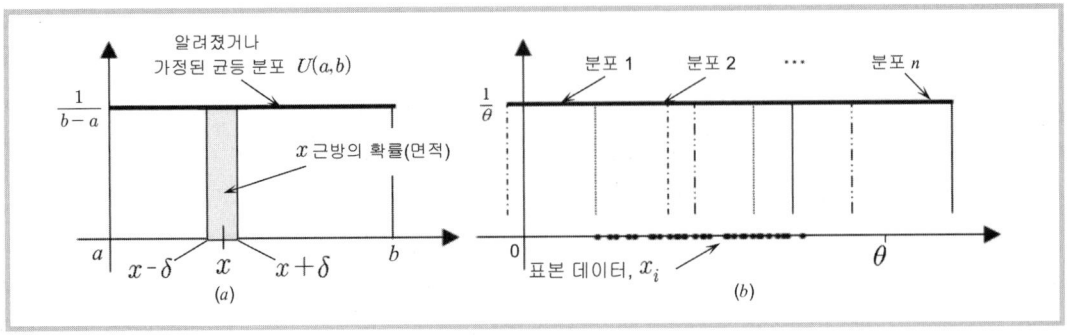

그림 5.5 최대가능도 점 추정을 위한 균등 분포 $U(0, \theta)$

나 데이터가 두 개 이상이면 θ나 $\underline{x}$와 같이 아래쪽에 막대를 넣어 벡터인 것을 표시할 수도[9] 있다. 어떤 경우든 꼭 잊지 말아야 할 것은 이것이다. 수직막대 앞에 있는 것은 구해야 할 변수가 자리하고 뒤의 것은 이미 주어진 (그래서 알고 있는) 정보라는 것이다.

최대가능도 점 추정은 수학의 최적화 문제로 미분을 포함하여 고급 수학이 필요하고, 또 확률 밀도 함수 $f(\theta \mid x)$가 복잡하면 할수록 쉽게 다가서기가 망설여질 수밖에 없다. 그래서 이 장에선 간단한 예를 통해 그 과정을 짚어 보고자 한다. 파라미터가 2개 이상이거나 분포의 형상이 복잡한 경우는 이어지는 몇 가지 예제에서 최대가능도 점 추정을 할 때 주의해야 할 점과 함께 살펴 볼 것이다.

확률 변수 X가 균등 분포 $U(a, b)$를 따를 때 여기서 추출한 표본 데이터 x_i를 통해 균등 분포의 파라미터인 분포의 최저점 a와 최고점 b를 추정해 보자. 다만, 여기선 파라미터를 1개로 하기 위해서 a는 0으로 두고 $U(0, \theta)$을 고려한다. 그림 5.5(b)와 같이 파라미터가 θ로 1개의 파라미터를 갖는 균등 분포가 되겠다.

우선, 그림 5.5(a)는 이른바 "확률 문제"의 하나로 균등 분포로 알려진 $U(a, b)$에서 표본을 수집하게 될 때 x 근방, 즉 $x - \delta$에서 $x + \delta$까지 뽑히게 될 확률이 얼마인지 궁금한 경우이다. 이와 같은 확률 말고도 주어진 분포의 평균이나 분산 따위도 분포의 파라미터 a와 b로 추정할 수 있다. 즉, 표본의 데이터에서 최솟값을 a로, 그리고 최댓값을 b로 두면 이 분포의 평균과 분산에 대한 추정값은

---

[9] 모수나 관측 데이터가 2개 이상인 것을 벡터라는 수학적 용어를 빌려 θ나 $\underline{x}$로 표현하지만 여기선 이론의 전개나 증명을 위하는 자리가 아니므로 첨자를 써서 θ_i나 x_i도 벡터를 뜻하도록 하여 큰 문제가 없는 한 함께 사용할 것이다. 특정한 스칼라를 표현할 땐 첨자 i에 해당하는 번호를 직접 대입하여 나타낸다.

$$\hat{\mu} = \frac{a+b}{2} \text{와} \quad \hat{\sigma}^2 = \frac{(b-a)^2}{12}$$

이 되는 것이다. 분포 혹은 분포의 확률 함수만 알면 확률과 관련된 대부분의 것을 할 수 있다는 말이다. 다음, 이 소절의 주제인 최대가능도 점 추정을 위해 그려 놓은 그림 5.5(b)를 생각해 보자. 분포는 모르지만[10] 해당 분포를 따르는 확률 변수 X에서 여러 가지 표본 데이터 x_i를 통해 분포의 파라미터를 구하는 문제가 되겠다. 표본 데이터는 모집단에서 추출될 때 어떤 데이터가 뽑힐 지 알 수 없기에 이 역시 확률 변수가 된다. 그래서 각각의 데이터를 $X_i = x_i$와[11] 같이 확률 변수로 잡으면 $X = \sum X_i$의 (결합) 확률 분포는 $f(x_1, x_2, \cdots, x_n \mid \theta)$와 같고, 이때 각 확률 변수가 독립이면

$$f_X(x_1, x_2, \cdots, x_n \mid \theta) = f_1(x_1 \mid \theta) f_2(x_2 \mid \theta) \cdots f_n(x_n \mid \theta)$$
$$= \prod_{i=1}^{n} f_i(x_i \mid \theta)$$

와 같이 각 확률 분포 함수의 곱으로 나타낼 수 있다. 여기서 $f_i(x_i \mid \theta) = f(x_i \mid \theta)$는 θ를 파라미터로 하는 균등 분포 $U(0, \theta)$에서 x_i 근방의[12] 확률로

$$f(x_i \mid \theta) = \begin{cases} \frac{1}{\theta}(2\delta) & 0 \leq x_i \leq \theta \\ 0 & \text{otherwise} \end{cases}$$

이다. 따라서 위의 결합 확률 분포 함수는 각각의 분포 함수를 곱하면 되는데 식을 간편하게 작성하기 위해 다음과 같은 단위 함수(unit function)을 정의한다.

$$u(\text{조건}) = \begin{cases} 1 & (\text{조건이 참이면}) \\ 0 & (\text{조건이 거짓이면}) \end{cases}$$

따라서 결합 분포 함수는

$$f(x_i \mid \theta) = \left(\frac{1}{\theta}\right)^n (2\delta)^n u(0 \leq x_i \leq \theta)$$

---

[10] 여기선 파라미터는 모르지만 분포의 형상이 균등 분포라고 가정했다. 분포의 형상도 모른다면 추출한 표본 데이터에 대한 점 도표나 히스토그램 등을 그려서 형상을 가정할 수 있다.

[11] 앞에서도 여러 번 설명했지만 확률과 통계 분야에서 X와 같은 대문자는 변수이고 소문자 x는 변수에 담길 값, 즉 변수가 현실에서 관측되는 실제 값으로 실현(realization)이라고도 한다. 마치 객체 지향 프로그램에서 클래스(class)를 설계하여 집을 지으면 현실에서 실제로 존재하는 집, 즉 객체(object)가 생성되듯이 X는 클래스와, 그리고 x는 객체와 견줄 수 있다고 보면 좋겠다.

[12] 연속 분포의 경우에 한 점에 대한 확률 $P(X=x)$는 0이므로 그림 5.5(a)와 같이 아주 작은 근방 δ을 써서 $P(x-\delta < X < x+\delta)$와 같이 계산한다.

와 같고, 이때 x_i는 벡터 표현으로 $\underline{x}$이다. 위 결합 분포 함수는 주어진 분포 θ에서 각 표본 데이터 x_i의 확률을 계산해 준다. 하지만 우리의 관심은 주어진 데이터 $\underline{x}$에서 분포 파라미터 θ를 찾는 것이다. 그래서 위 식에서 모르는 변수와 아는 값을 서로 자리를 바꾸어 새로운 함수로

$$L(\theta \mid x_i) = \left(\frac{1}{\theta}\right)^n u(\max(x_i) \leq \theta)$$

와 같이 표현하여 **가능도 함수**(likelihood function)라고 이름을 붙인다. 여기서 $(2\delta)^n$은 변수와 상관없이 일정한 값이므로 $L(\theta \mid x_i)$의 목적에 맞지 않아 빼버렸고 단위함수에 포함된 여러 조건들은 하나로 통합하였다. 이를 테면, 두 조건 $0 \leq p \leq \theta$와 $0 \leq q \leq \theta$이 있을 때 조건 변수를 하나로 통합하는 방법 중의 하나는 두 변수의 작은 값이 0보다 크고 큰 값이 θ보다 작도록 하여 통합 조건을 $\min(x_i) \geq 0$와 $\max(x_i) \leq \theta$로 하면 되는데 $\min(x_i) \geq 0$은 $L(\theta \mid x_i)$의 관심 변수인 θ와 상관이 없기 때문에 역시 뺐다. 이렇게 θ와 무관한 것을 모두 제거한 함수를 **핵심 가능도 함수**(kernel likelihood function)이라 한다. 따라서 가능도 함수를 이용한 모수 추정은 $L(\theta \mid x_i)$을 최적화하는 문제로 수렴하는데 최적 추정값 $\hat{\theta}$는

$$\hat{\theta} = \underset{\theta}{\arg\max} L(\theta \mid x_i)$$

을 풀어서 찾는다. 즉, 함수의 인수(argument) 중에서 θ의 값을 바꾸어 가면서 $L(\theta \mid x_i)$을 최대로 하는 값이다.

최대가능도 점 추정은 위의 가능도 함수를 미분하여 최댓값 조건을 써서 구할 수 있다. 물론 이런 해석적인 방법은 함수가 복잡할 땐 쉽지 않기 때문에 컴퓨터의 도움을 받는 경우도 있지만 몇몇 변환 기법을 익히게 되면 미분 과정이 그렇게 어렵지만은 않을 것이다. 대표적인 분포인 경우는 여러 책에 소개되어 있으므로 한번쯤 살펴 봤으면 좋겠다. 그림 5.6은 컴퓨터를 써서 균등 분포의 데이터를 무작위로 수집한 후에 θ를 0부터 0.1씩 증가시켜 가면서 $L(\theta \mid x_i)$을 평가한 그래프이다. 그림의 (a)는 데이터 5개를, 그리고 (b)는 데이터 12개를 사용한 결과이다. 물론 많은 데이터를 추출할 수 있지만 특이점을 찾아 강조하고자 하는 목적으로 데이터 개수 n을 적게 했다. 최대가능도 점 추정은 불편 추정량이 안 될 수도 있지만 중요한 특징을 지닌다. 즉, 그림 5.6의 (a)에서 확인할 수 있듯이 n이 적으면 데이터의 최댓값과 견주어 많은 오차를 보이지만 n이 커질수록 (b)와

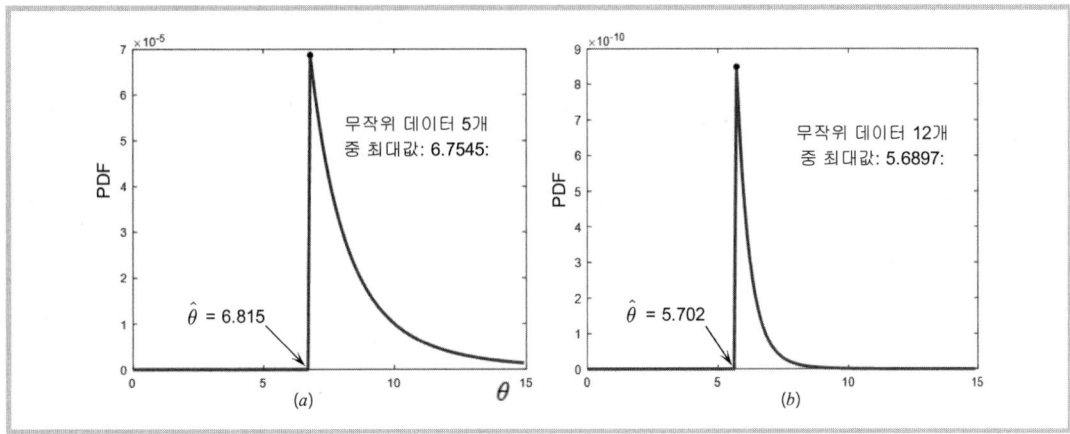

그림 5.6 균등 분포에 대한 최대가능도 점 추정의 결과들

같이 오차도 줄어드는 것을 볼 수 있다. 따라서 최대가능도 점 추정은 불편 추정량이
아닐 수도 있지만 반드시 **일치성**(consistence)을 갖는 추정량이다.

예제 5.2a 성공률이 p인 이항 분포를 따르는 확률 변수 X를 두고 독립적인 실험을 수행한다고 가정할 때 p에
대한 최대가능도 점 추정을 해보자.

풀이 우선, 이항 분포에서 추출한 데이터를 다음과 같이 정의되는 X_i로 두자.

$$X_i = \begin{cases} 1 & (i번째\ 실험이\ 성공이면) \\ 0 & (그렇지\ 않으면) \end{cases}$$

그러면 i번째 실험이 성공할 확률을 확률 함수로 일반화하면

$$f(x_i) = P(X_i = x_i) = p^{x_i}(1-p)^{1-x_i} \quad x_i = 0, 1$$

와 같다. 따라서 서로 독립인 확률 변수 X_i의 결합 확률 분포 함수를 써서 가능도 함수를 구하면

$$\begin{aligned} L(p \mid \underline{x}) &= P(p \mid X_1 = x_1, X_2 = x_2, \cdots, X_n = x_n) \\ &= p^{x_1}(1-p)^{1-x_1} \cdots p^{x_n}(1-p)^{1-x_n} \\ &= p^{\sum_{i=1}^{n} x_i}(1-p)^{n-\sum_{i=1}^{n} x_i} \end{aligned}$$

이 된다. 여기서 x_i는 0과 1 둘 중의 하나이다. 위의 가능도 함수는 변수 p의 곱으로 구성된 합성
함수이기에 미분이 쉽지 않다. 그래서 곱을 합으로 바꾸기 위해 먼저 로그를 취하는데

$$\ln L(p \mid \underline{x}) = \sum_{i=1}^{n} x_i \ln p + \left(n - \sum_{i=1}^{n} x_i\right) \ln(1-p)$$

와 같고 이를 가능도 함수의 변수 p에 대해 미분을 수행하면

$$\frac{d}{dp}\ln L(p \mid \underline{x}) = \frac{\sum_{i=1}^{n} x_i}{p} - \frac{\left(n - \sum_{i=1}^{n} x_i\right)}{1-p}$$

이다. 따라서 극값 조건을 적용하기 위해 위 결과를 0으로 두어 이항 분포의 성공률에 대한 추정량 $\hat{p}$을 구하면

$$\hat{p} = \frac{\sum_{i=1}^{n} x_i}{n}$$

와 같이 기존의 방식으로 구한 추정량과 같다는 것을 알 수 있다.

예제 5.2b 정규 분포를 따르는 확률 변수 n개를 요소로 하는 3개 그룹, 즉 평균이 μ_1인 X_i, 평균이 μ_2인 Y_i, 그리고 평균이 $\mu_1 + \mu_2$인 Z_i를 생각해 보자. 각 확률 변수가 독립이고, 또 같은 분산을 갖는다고 할 때 μ_1과 μ_2에 대한 최대가능도 점 추정을 해 보자.

풀이 먼저, 확률 변수 $X = \{X_1, X_2, \cdots, X_n\}$에 대한 확률 밀도 함수는 다음과 같다.

$$f(x \mid \mu_1, \sigma^2) = \frac{1}{\sigma\sqrt{2\pi}} \exp\left(-\frac{(x-\mu_1)^2}{2\sigma^2}\right)$$

물론 Y_i와 Z_i도 마찬가지이다. 그러면 3개의 확률 변수에 대한 결합 확률 분포 함수를 이용하여 가능도 함수를 작성하면

$$L(\underline{\mu} \mid \underline{x}, \underline{y}, \underline{z}, \sigma^2) = (2\pi\sigma^2)\exp\left[-\frac{\sum\left[(x-\mu_1)^2 + (y-\mu_2)^2 + (z-\mu_1-\mu_2)^2\right]}{2\sigma^2}\right]$$

와 같다. 다음, 위의 가능도 함수를 쉽게 미분하기 위해 로그를 취하면

$$\ln L(\underline{\mu} \mid \underline{x}, \underline{y}, \underline{z}, \sigma^2) = \frac{3n}{2}\ln(2\pi\sigma^2) - \frac{\sum\left[(x-\mu_1)^2 + (y-\mu_2)^2 + (z-\mu_1-\mu_2)^2\right]}{2\sigma^2}$$

이고, 이를 가능도 함수의 변수인 μ_1와 μ_2에 대해 각각 미분하면

$$\frac{\partial}{\partial\mu_1}\ln L = -\frac{\sum_{i=1}^{n}\left[(x_i-\mu_1) + (z_i-\mu_1-\mu_2)\right]}{\sigma^2} \quad \text{와} \quad \frac{\partial}{\partial\mu_2}\ln L = -\frac{\sum_{i=1}^{n}\left[(y_i-\mu_2) + (z_i-\mu_1-\mu_2)\right]}{\sigma^2}$$

이다. 따라서 극값 조건을 적용하기 위해 두 식 모두 0으로 두고 풀면

$$\begin{cases} \sum_{i=1}^{n} x_i + \sum_{i=1}^{n} z_i = 2n\mu_1 + n\mu_2 \\ \sum_{i=1}^{n} y_i + \sum_{i=1}^{n} z_i = n\mu_1 + 2n\mu_2 \end{cases}$$

처럼 연립 방정식으로 나타나고, 이를 풀어 μ_1과 μ_2를 다시 구하면

$$\mu_1 = \frac{\sum_{i=1}^{n} x_i - \sum_{i=1}^{n} y_i + \sum_{i=1}^{n} z_i}{3n}$$

$$\mu_2 = \frac{-\sum_{i=1}^{n} x_i + 2\sum_{i=1}^{n} y_i + \sum_{i=1}^{n} z_i}{3n}$$

와 같은 최대가능도 점 추정을 얻을 수 있다.

예제 5.2c 아래의 확률 밀도 함수로 정의되는 분포로부터 $X = \{12.3, 11.2, 13.7, 12.1, 13.5, 11.4\}$을 얻었다. 파라미터 θ에 대해 최대가능도 점 추정을 적용해 보자.

$$f(x \mid \theta) = \begin{cases} \dfrac{\theta}{x^{\theta+1}} & x > 1 \\ 0 & \text{otherwise} \end{cases}$$

풀이 먼저, $X_i(i=1$부터 $6)$의 결합 확률 분포를 써서 가능도 함수를 정한다. 즉,

$$L(\theta \mid \underline{x}) = \frac{\theta}{x_1^{\theta+1}} \frac{\theta}{x_2^{\theta+1}} \cdots \frac{\theta}{x_6^{\theta+1}} = \frac{\theta^n}{\left(\prod_{i=1}^{6} x_i\right)^{\theta+1}} \qquad \underline{x} > 1$$

이다. 이제 이 함수를 최대로 하는 θ를 찾아야 하는데 해석적으로 극값의 조건을 써서 구하는 것이 필요하지만 컴퓨터의 도움을 받아 해볼 수도 있다. 그림 5.7은 위의 가능도 함수를 그래프로 그려 최고점을 찾은 모습이다. 최고점에서 최대가능도 점 추정의 추정값 $\hat{\theta}$는 0.3985였다. 해석적인 답을 찾기 전에 이렇게 그래프를 그려 대강의 해를 예측해 보는 것도 큰 도움이 된다. 끝으로, 가능도 함수 $L(\theta \mid \underline{x})$의 미분을 위해 먼저 로그를 취하면

$$\ln L(\theta \mid \underline{x}) = n\ln\theta - (\theta+1)\sum_{i=1}^{6} \ln x_i$$

이므로

$$\frac{d}{d\theta}\ln L(\theta \mid \underline{x}) = \frac{n}{\theta} - \sum_{i=1}^{6} \ln x_i$$

이다. 따라서 최대가능성 점 추정의 추정값은

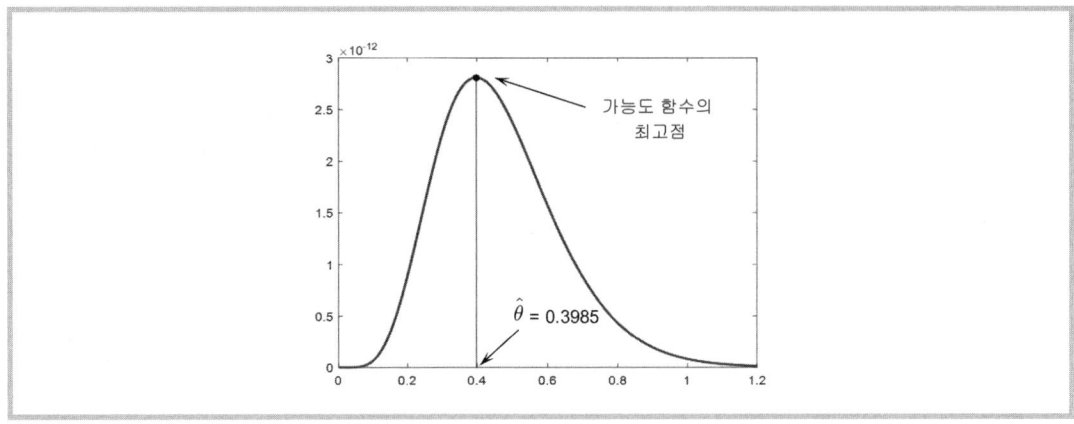

예제 5.2c의 가능도 함수에 대한

$$\hat{\theta} = \frac{n}{\displaystyle\sum_{i=1}^{6} \ln x_i}$$

이다. 주어진 데이터를 위 식에 넣어 그림 5.7의 결과와 견주어 보길 바란다.

5.4　모수의 구간 추정

1장부터 지금까지 데이터를 기술하고 확률을 따지면서 이의 분포를 활용하는 방법을 익혔다. 앞 소절에선 모수의 점 추정을 통해서 추론 통계학의 문턱도 밟았다. 지금부턴 이제껏 배운 것을 토대로 추론 통계학의 핵심을 시작하는데 불확실한 현실의 현상들을 확실하진 않지만 신뢰를 발판으로 추론과 관련한 통계학적 진술을 하려고 한다. 점 추정은 말 그대로 확률 변수의 값 범위 안에 있는 한 점을 지적하는 것이어서 평균이나 분산, 비율과 같은 모수를 정확하게 맞추긴 참 어렵다. 더군다나 표본 통계량은 비록 불편 추정량이라 하더라도 표본마다 추정값이 다 달라 **샘플링 오차**(sampling error)가[13] 반드시 발생하기 때문에 한 점으로 지적하기는 거의 불가능하다. 그렇다고 점 추정이 쓸모가 없다는 것이 아니다. 이 소절의 주제인 구간 추정은 어떤 기준을 중심으로 빼고 더하여 구간을 세워야 하는데

---

[13] 샘플링 오차는 표본 통계량과 모수의 차이다. 예를 들어, 평균인 경우에 표본 평균 $\bar{x}$와 모평균 μ의 차인 $\bar{x}-\mu$이다. 샘플링 오차는 **비샘플링 오차**(nonsampling error)가 사람의 실수로 생기는 것과 달리 항상 우연(chance)으로 발생하기 때문에 어찌할 방법이 없다. 샘플링 오차를 **무작위 오차**(random error)라고도 한다.

바로 점 추정이 그런 기준이 된다. 점 추정이 선행되지 않고선 구간 추정을 할 수가 없으니 나름의 구실은 충분히 하는 셈이다.

모수의 구간 추정에서 구간(interval)은 앞서 언급한 샘플링 오차를 최대한 반영하여 정한다. 그런데 샘플링 오차는 우연히, 또는 까닭을 모른 채 일어날 뿐만 아니라 그 크기도 짐작할 수 없기 때문에 제대로 반영하기는 쉽지 않다. 모집단의 데이터가 72, 77, 80, 88, 그리고 93이라고 생각해 보자. 크기가 3인 표본을 무작위로 추출하여 $\bar{x}$ = (77 + 80 + 93)/3 = 83.33을 계산한 후에 모집단의 평균 μ = (72 + 77 + 80 + 88 + 93)/5 = 82와 비교해 봐서 샘플링 오차 $\bar{x}-\mu$ = 1.33가 발생한 것을 안다. 물론 다른 표본을 선택했으면 표본 통계량과 이에 따른 샘플링 오차의 크기도 다를 것이다. 하지만 모집단의 구성 요소는 보통 몰라 μ을 계산할 수 없기 때문에 현실에선 샘플링 오차의 크기를 알 방법이 없다. 바로 통계학적 진술이 필요한 대목인데 이와 같은 원인도 모르는 오차를 다루기 위해선 제시된 구간에 대해 확률을 밑바탕으로 얼마만큼 신뢰하고, 또 얼마만큼 유의해야 하는지 밝히는 것이다.

일반적으로 임의의 사건이 우연히 일어날 확률은 전체에서 5% 정도로[14] 본다. 모든 사건의 5%정도는 왜 일어났는지 원인을 밝힐 수 없다는 말이다. 원인을 모르는 사건인만큼 더 유의해야 하는 것은 당연하다. 다른 말로 하면, 나머지 95% 정도는 당연히 일어나야 할 것이 일어난 것이고 일어나지 않았다면 왜 그런지 그 까닭을 알 수 있기 때문에 크게 유의할 것이 아니라는 뜻이 되겠다. 추론 통계학에선 이런 진술을 **신뢰수준**(level of confidence) 및 **유의수준**(level of significance)이라는 용어를 빌어 설명을 하게 되는데 그림 5.8은 표본 통계량 중에서 대칭인 분포를 통해 그 경계를 보여 준다.

그림 5.8에서 알 수 있는 또 하나는 모든 분포는 통계학적으로 신뢰할 만한 수준과 유의할 만한 수준으로 나뉜다는 것이다. 즉, $c+\alpha = 1$이다. 분포에서 c가 증가하면 α는 감소하고, 또 그 역도 성립한다. 신뢰수준은 주로 모수 추정을 할 때 추정된 결과의 믿을 만한 수준, 혹은 모수의 참값이 신뢰 구간에 포함될 확률 따위로 평가할 수 있고 유의수준은 가설의 검정 과정에 포함될 오차의 유의할 만한 수준, 혹은 검정된 결과가 오차의 측면에서 유의할 만한 확률 따위로 해석할 수 있다. 신뢰 및 유의 수준은 통계학에서 말로 설명하기 가장 어려운 부분 중의 하나이지만 이 소절에서 다룰 모수 추정과 관련한 신뢰수준에 대해선 기회가 닿은 대로 계속 이어갈 것이며 유의수준에 대해선 다음 장의

---

[14] 추론 통계학에선 5%를 기준으로 좀 더 줄여 1%로, 또 조금 더 늘여 10%로 보는 경우도 있다. 모수 추정의 신뢰 구간 정확도와 가설 검정의 엄격함을 조정하기 위해서가 아닐까 싶다.

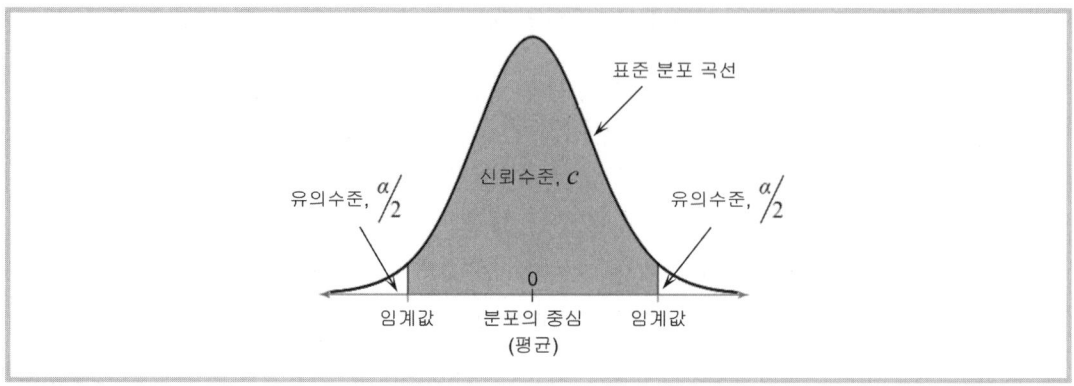

그림 5.8 표본 통계량 분포의 신뢰수준과 유의수준

가설 검정을 설명할 때 다시 한번 더 살펴보기로 한다.

　모수의 구간 추정에서 샘플링 오차의 반영을 위한 통계학적 진술은 신뢰수준을 통해 이루어진다. 신뢰수준 c는 데이터가 놓인 위치나 어떤 사건이 일어날 확률이 신뢰할 만한 값인지 말하는데 해당 분포의 중심에서 양쪽으로 측정하여 정해진다. 그림 5.8에 표시된 임계값(critical value)은 표본 통계량의 값이 해당 분포 아래에서 그럴듯한 (혹은 있을 수 있는) 값인지 그렇지 않은 값인지 경계를 짓는 값이다. 그럴듯한 곳에 모수의 추정값 구간을 두게 되면 그 곳에 모수의 참값이 속할 확률이 신뢰할 만한 수준이 된다는 뜻이다. 한편, 표본 통계량 중 표본 평균의 분포는 중심극한정리에 따라 평균이 $\bar{x}$이고 표준 편차가 $\sigma/\sqrt{n}$인 정규 분포를 띤다고 배웠다. 여기서 표준 편차는 표본에 존재하는 샘플링 오차를 반영한다는 측면에서 **표준 오차**(standard error)로 부르기도 한다. 그러니까 해당 표본의 분포는 늘 $\sigma/\sqrt{n}$만큼의 기본 오차가 있는 셈인데 문제는 표본마다 평균과 표준 편차가 다 달라 모수의 구간 추정을 일관성 있게 할 수 없다는 것이다.

　신뢰수준은 표본마다 다 다른 분포의 표준 오차를 반영하여 모수의 참값이 모수 추정의 구간에 포함될 확률을 정하는 기준이다. 이를 테면, 표본의 평균이 $\bar{x}$이고 표준 오차가 $\sigma/\sqrt{n}$일 때 신뢰수준 c만큼의 구간을 확보하려면 $Z=\dfrac{\bar{X}-\mu}{\sigma}$와 같은 표준 점수로 변환하는 식을 통해 평균이 0이고 표준 오차가 1인 그림 5.8과 같은 표준 분포 곡선에서 임계점 z_c를 찾아 이른바 **오차 한계**(margin of error)를

$$E=z_c\frac{\sigma}{\sqrt{n}} \tag{5.2}$$

와 같이 정의하여 구간의 양쪽으로 반영하는 것이다. 즉, 모수의 평균에 대한 점 추정값

$\bar{x}$에서 식 (5.2)을 보태고 빼서 모수의 평균에 대한 구간 추정을

$$\bar{x} - E < \mu < \bar{x} + E$$

와 같이 정한다. 여기서 오차 한계 E는 모수의 구간 추정을 신뢰수준까지 넓히므로 샘플링 오차나 점 추정 오차 따위의 모든 오차에 대한 허용 범위의 최댓값이 된다.

식 (5.2)는 식에서 확인할 수 있듯이 모집단의 분산 σ^2을 (혹은 표준 편차 σ를) 반드시 알아야만 사용할 수 있다. 사실 모집단의 분포 형태는 간혹 짐작할 수도 있지만 특성을 알기는 쉽지 않다. 그래서 표본의 통계량 정보를 이용해 모집단의 모수를 추정하는 것이다. 과거의 데이터나 현상의 경험으로 안다고 보는 경우도 더러 있지만 이론적인 판단이고 실제는 그렇지 못한다. σ를 알지 못할 땐 그림 5.8의 표본 분포 곡선에서 임계값을 계산할 수 없고, 대신에 4.2절의 중심극한정리에서도 언급했듯이 표본 곡선과 형제인 T 분포 곡선을 이용한다. T 분포는 모집단의 정보를 쓰지 않고 표본의 정보를 바로 사용할 수 있도록 고안된 것으로 실생활에서 많은 응용 분야를 가지고 있다. 그리고 이 분포는 자유도(degree of freedom) df가 파라미터인데 표본 개수에서 1을 뺀 $df = n - 1$이다. 표본 평균 $\overline{X}$에서 T 변수로 변환은 Z 변수로 변환할 때 모집단의 σ가 아닌 표본의 정보 s를 이용하는 것 말고는 바뀐 것이 없다. 즉,

$$T = \frac{\overline{X} - \mu}{s / \sqrt{n}}$$

이고, 이때 이를 이용한 오차 한계의 계산은

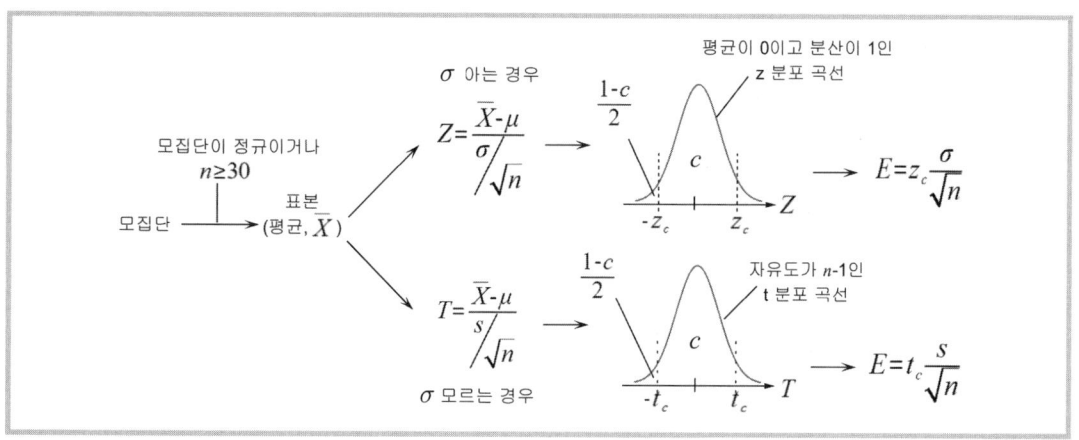

그림 5.9 모평균의 구간 추정에 대한 흐름도

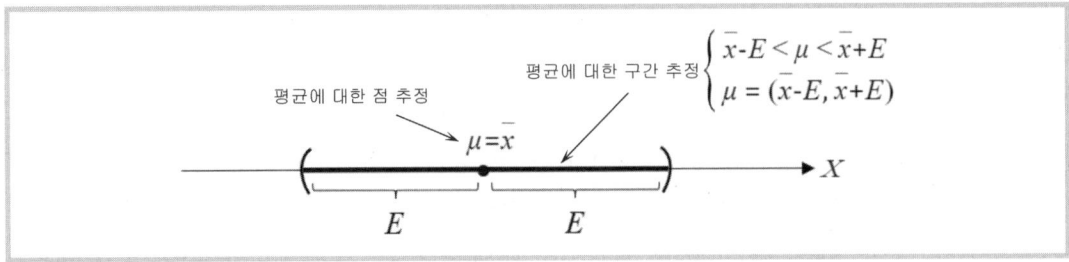

그림 5.10 모평균의 점 추정과 구간 추정 사이의 관계

$$E = t_c \frac{s}{\sqrt{n}} \tag{5.3}$$

와 같다. 여기서 s는 표본의 표준 편차이다.

그림 5.9는 모평균을 추정할 때 σ를 아는 경우와 모르는 경우로 구분하여 진행하는 흐름도이다. 그림 5.8의 임계값을 Z 분포에선 z_c로, 그리고 T 분포에선 t_c로 표기했고, 또 신뢰수준은 그대로 c인 반면에 왼쪽의 유의수준이 $(1-c)/2$로 표기된 것이 특징이다. 다른 곳에선 유의수준의 기호를 써서 $\alpha/2$로 표기하여 사용하는 경우도 있는데 별로 추천할 바는 못된다. 모수 추정인 경우는 모수가 추정된 구간에 속할 믿음, 확신, 만족, 신뢰 따위를 뜻하기 때문에 용어나 기호의 올바른 선택과 적용이 핵심이다.

그림 5.10은 모집단의 표준 편차를 알든 모르든 오차 한계가 모수의 점 추정과 구간 추정을 맺어주는 구실을 보여 준다. 오차 한계는 앞에서 모수 추정과 관련한 모든 오차 범위의 통계학적 최댓값이라고 했다. 특히, 샘플링 오차는 무작위로 일어나는, 혹은 우연히 일어나 왜 일어났는지도 모르는 오차이므로 신뢰수준을 벗어나는 경우도 있을 것이다. 하지만 신뢰수준 c는 추정 작업을 똑같은 방식으로 수없이 많이 반복했을 때 통계학적으로 c만큼의 확률을 가진다는 뜻이므로 구간 추정이 벗어나는 일이 간혹 있다 할지라도 크게 놀랄 일은 아니다. 이를 테면, $c = 0.95$이면 100번 추정에서 5번 정도는 모평균이 추정 구간을 벗어날 수도 있다는 말이다. 이어지는 예제를 통해서 모수의 구간 추정에 대한 이해를 좀 더 높이도록 해보자.

예제 5.3a 올해 확률과 통계학 시험의 표준 편차는 11.3점이다. 시험 친 전체 학생 중에서 81명을 무작위로 추출하여 조사했더니 표본의 평균이 74.6점이었다. 전체 학생의 평균 점수를 90%의 신뢰수준으로 평가해 보자.

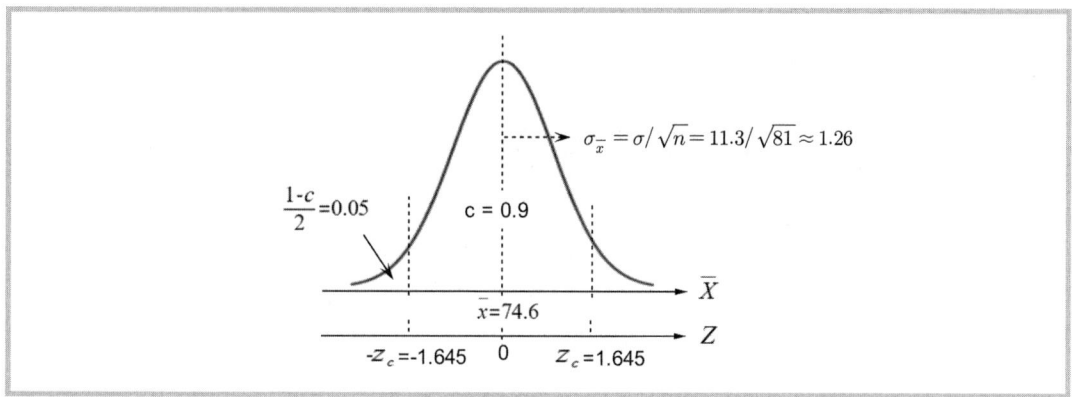

그림 5.11 예제 5.3a의 확률 변수 $\overline{X}$의 분포와 이의 표준화

[풀이] 모집단의 표준 편차가 주어졌다. 그래서 이 문제는 표본의 평균, 즉 모평균의 기댓값에 대한 점 추정값을 중심으로 오차 한계를 더하고 빼서 신뢰 구간을 정하는 문제이다. 우선, 표본 평균에 대한 분포를 그려 보면 그림 5.11과 같다.

　그림 5.11의 표본 평균에 대한 표준 편차는 모집단의 그것이 사용되었다. 그림에는 $\overline{X}$를 Z로 변환한 모습도 함께 나타나 있는데 표준 정규 분포의 왼쪽 면적(확률)이 0.05가 되는 값은 역누적표를 통해 -1.645, 즉 $z_c = 1.645$인 것을 알 수 있다. 양의 값이 되는 z_c를 바로 구하려면 $(1-c)/2$가 아니라 z_c의 왼쪽 면적인 $(1+c)/2$로 하여 똑같은 방법으로 찾으면 된다. 따라서 오차 한계는

$$E = z_c \frac{\sigma}{\sqrt{n}} = 1.645 \frac{11.3}{\sqrt{81}} \approx 2.065$$

이고 구간 추정, 즉 모집단 평균 μ의 신뢰 구간은

$$\mu = (\overline{x} - E, \overline{x} + E) = (72.535, 76.665)$$

와 같다.

예제 5.3b 다음은 아시아의 모 대학 학생들의 IQ 테스트 점수를 무작위로 18개 추출한 것이다.
　　　　　　130, 122, 119, 142, 136, 127, 120, 152, 141
　　　　　　132, 127, 118, 150, 141, 133, 137, 129, 142
　1) 이 대학 전체 학생의 평균 IQ 테스트 점수를 95% 신뢰수준으로 평가하고, 2) 95% 하한 신뢰 구간을 구해 보고, 또 3) 95% 상한 신뢰 구간을 조사해 보자.

[풀이] 먼저, 표본의 통계량부터 구하면 다음과 같다.

$$n = 18, \quad \overline{x} = 133.22 \text{와} \quad s = 10.21$$

표 5.1 t 분포의 확률표

d.f.	Level of confidence, c	0.80	0.90	0.95	0.98	0.99
	One tail, α	0.10	0.05	0.025	0.01	0.005
d.f.	Two tails, α	0.20	0.10	0.05	0.02	0.01
				...		
16		1.337	1.746	2.120	2.583	2.921
17		1.333	1.740	2.110	2.567	2.898
18		1.330	1.734	2.101	2.552	2.878
				...		

이 문제는 모집단의 표준 편차를 모르는 경우이다. 따라서 $c = 0.95$이고 자유도가 $df = n-1 = 18-1 = 17$일 때 t 분포에 대한 확률표인 표 5.1이나 컴퓨터를 써서 구하면 $t_c = 2.11$이다. 따라서 전체 학생들의 IQ 테스트 점수를 95% 신뢰수준으로 추정하면

$$\mu = (\overline{x} - E, \overline{x} + E) = (128.14, 138.30)$$

와 같고, 이때 오차 한계 E는 식 (5.3)에 따라 $E = 5.08$로 계산되었다.

다음, 지금까지 다룬 모수의 구간 추정은 그림 5.8과 같이 신뢰수준을 확률 분포의 가운데 두고 왼쪽과 오른쪽 모두에 유의수준이 자리를 잡았는데 이른바 **양쪽 신뢰 구간**(two-sided confidence interval)을 정한 셈이다. 그러나 95%의 신뢰수준으로 모평균 μ가 "적어도 어떤 값보다 크거나" 혹은 "최대한 어떤 값을 넘지 못하거나" 하는 따위를 알고 싶을 때가 때때로 있다. 이런 구간 추정을 **한쪽 신뢰 구간**이라 하는데, 이때 (임의값, ∞)와 같이 추정 구간의 아래쪽은 닫혀 있고 위쪽이 열려 있는 경우를 **한쪽 상한 신뢰 구간**(one-sided upper confidence interval)이라 하고 반대로 $(-\infty, 임의값)$와 같을 땐 **한쪽 하한 신뢰 구간**(one-sided lower confidence interval)이라고 한다.

그림 5.12는 한쪽 신뢰 구간을 정할 때 나타나는 신뢰수준 c의 영역을 보여 주고 있는데 t 분포가 대칭이기 때문에 두 경우의 t_c는 부호를 빼곤 모두 같다. 한쪽 신뢰 구간을 정하는 방법은 이렇다. 즉, 그림 5.12의 (a)인 경우는 t_c 왼쪽으로 c만큼의 확률을 차지하므로

$$P(T < t_c) = c$$

이 성립해야 한다. 따라서

$$P\left(\frac{\overline{X} - \mu}{s/\sqrt{n}} < t_c\right) = P\left(\overline{X} - t_c \frac{s}{\sqrt{n}} < \mu\right) = c$$

와 같이 전개할 수 있는데 바로 한쪽 상한 신뢰 구간이 된다. 다시 말하면, 다음과 같이 μ의 아래 경계를 나타내 준다.

$$\mu = \left(\overline{x} - t_c \frac{s}{\sqrt{n}}, \infty\right) \tag{예5.1}$$

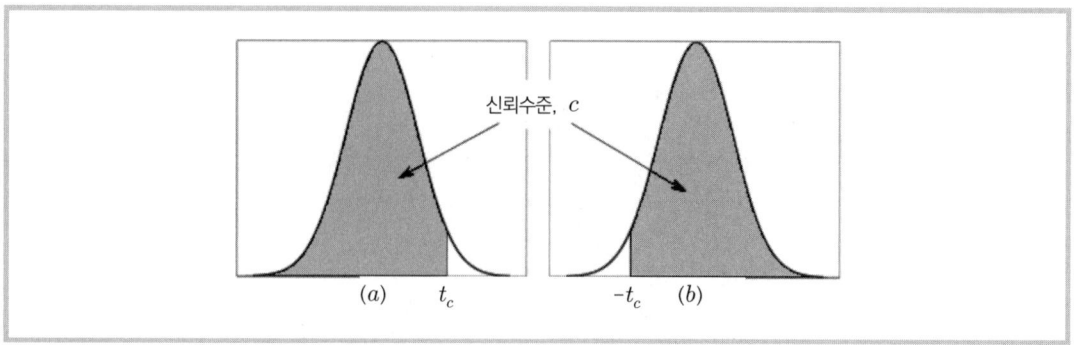

그림 5.12 모수의 구간 추정에서 한쪽 신뢰 구간

그림 5.12의 (b)인 경우는 $-t_c$ 오른쪽으로 c만큼 확률을 차지하므로

$$P(T > -t_c) = c$$

이 성립하고 다시

$$P\left(\frac{\overline{X}-\mu}{s/\sqrt{n}} > -t_c\right) = P\left(\overline{X} + t_c\frac{s}{\sqrt{n}} > \mu\right) = c$$

와 같이 전개할 수 있으므로 모평균 μ의 위쪽 경계를 규정하게 된다. 바로 한쪽 하한 신뢰 구간을 추정한 셈인데 μ의 추정 구간은 다음과 같다.

$$\mu = \left(-\infty, \overline{x} + t_c\frac{s}{\sqrt{n}}\right) \tag{예5.2}$$

위에서 구한 식 (예5.1)과 (예5.2)를 써서 한쪽 신뢰 구간을 정하기 위해 t_c를 먼저 찾는다. 즉, $c=0.95$이므로 한쪽 꼬리가 $\alpha=0.05$로 표시된 부분과 $df=17$인 부분이 만나는 곳을 표 5.1에서 선택하면 $t_c=1.740$이다. 따라서 한쪽 상한 및 하한 신뢰 구간은 각각

$$\mu = (129.03, \infty)$$
$$\mu = (-\infty, 137.41)$$

와 같다.

예제 5.3c 국민카드 소지자 300명을 무작위로 추출하여 조사하였더니 표본의 평균 채무액(만원)이 290이고 표본의 표준 편차는 115이었다. 신뢰수준을 95%로 하여 전체 카드 소지자의 평균 채무액을 추정해 보고, 또 "90%의 신뢰수준에서 볼 때" 카드 소지자의 평균 채무액을 초과하는 값 중 제일 작은 값 v를 찾아보자.

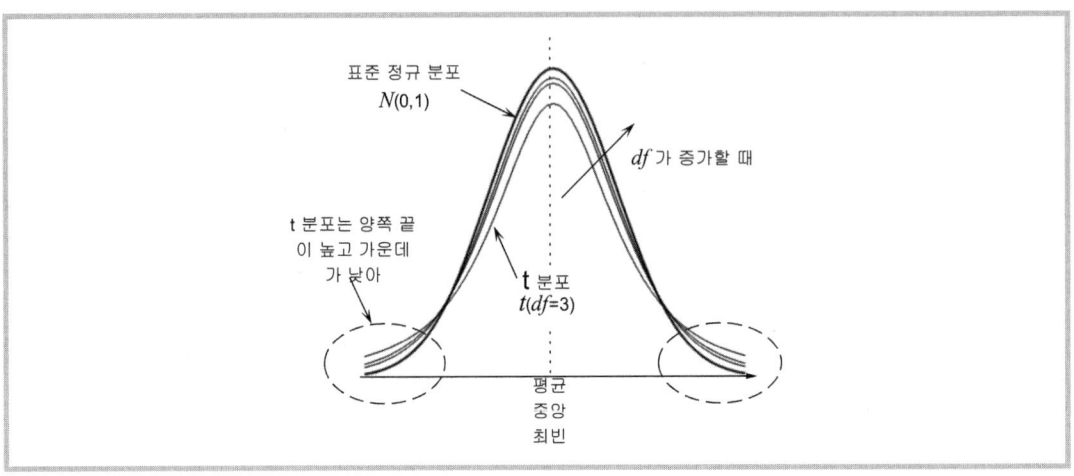

표준 정규 분포
$N(0,1)$

df가 증가할 때

t 분포는 양쪽 끝
이 높고 가운데
가 낮아

t 분포
$t(df=3)$

평균
중앙
최빈

그림 5.13 표준 정규 분포와 t 분포

풀이 모집단(국민카드 소지자 전체)에 대한 정보는 없고 표본에 대한 정보만 주어졌다. 즉, 표본의 크기와 평균 채무액, 표준 편차는 각각

$$n=300과 \ \overline{x}=290, \ s=115$$

인 t 분포를 이용하는 문제이다. 먼저, $c=0.95$일 때 임계값 t_c는 표 5.1과 같은 확률표를 이용하여 찾는다. 하지만 보통의 확률표엔 자유도가 $df=100$ 이상인 경우는 나오지 않는 경우가 많은데 이는 자유도가 증가하면 t 분포가 그림 5.13과 같이 표준 정규 분포와 거의 같아지기 때문이다.

실제로 자유도가 $df=300-1$인 경우에 95% 신뢰수준에서 컴퓨터의 도움을 받아 계산한 t_c는 1.9679인데 표준 정규 분포의 $z_c=1.9600$와 견주면 아주 비슷한 것을 확인할 수 있다. 이 문제에선 $t_c \approx 1.968$을 사용하기로 한다. 따라서 카드 소지자의 평균 채무액은

$$\mu=\left(\overline{x}-t_c\frac{s}{\sqrt{n}}, \overline{x}+t_c\frac{s}{\sqrt{n}}\right)=(276.93, 303.07)$$

와 같다. 다음, 카드 소지자의 평균 채무액을 초과하는 값 중에서 제일 작은 값은 평균의 위쪽 경계, 즉 그림 5.12(b)의 경우와 같이 한쪽 하한 신뢰 구간을 정하는 것과 같다. 따라서 $c=0.9$이므로 $-t_c=-1.2844$을 찾아 계산하면 다음과 같다.

$$\mu=(-\infty, 298.53)$$

즉, 평균 채무액을 초과하는 금액 중에서 제일 작은 값은 298.53만 원이다.

지금까지 살펴본 신뢰 구간의 해석과 관련하여 한 가지 주의할 것이 있다. 모수 μ의 신뢰 구간을 구축하는 기본 생각은 신뢰수준 c에서 비롯되었다. 그리고 c는 이렇게 구축

한 구간이 μ를 포함할 확률로 이해를 했었는데 사실은 그렇지 않다. 왜냐하면 μ는 변하는 값이 아니라 일정한 값이기 때문이다. 알지 못하지만 고정된 상태로 존재하는 μ가 구간에 포함될 확률은 0 아니면 1일 수밖에 없다. 포함되면 1이고 그렇지 않으면 0이란 말이다. 그러니까 c는 확률은 확률이지만 μ가 구간에 포함될 확률이 아니라 구간을 구축하는 작업을 수없이 많이 시행했을 때 μ를 포함하는 구간 수의 시행 횟수에 대한 비율이 c가 되는 것이다. 사소한 것 같지만 해석엔 큰 차이가 있는 내용이다.

신뢰 구간과 추정의 정확도(accuracy)는 서로 어떤 관계가 있는지 살펴보자. 앞에서 확인했듯이 신뢰 구간의 폭은 오차 한계가 좌우한다. 그리고 오차 한계는 임계값과 표본의 크기에, 또 임계값은 신뢰수준에 따라 달라진다. 결국 신뢰 구간의 폭은 신뢰수준 c와 표본 크기 n이 결정하는 셈이다. 신뢰 구간의 폭이 넓어진다는 것은 구간이 모수를 포함할 믿음은 커지지만 추정의 정확도는 떨어질 수밖에 없다. 10을 9와 11 사이의 값으로 추정하는 것과 5와 15 사이의 값으로 추정하는 것은 추정의 결과는 같을지언정 정확도를 포함하여 추정의 질은 큰 차이가 있다. 한편, c는 높을수록 신뢰 구간의 폭을 넓힌다. c가 90%, 95%, 그리고 99%로 높아지면 임계값은 Z 분포를 예로 들면 $z_c = 1.65$부터 1.96, 2.58로 커지기 때문이다. 그리고 n은 커질수록 신뢰 구간의 폭을 좁힌다. 오차 한계의 식인 식 (5.2)과 (5.3)에서 분모에 자리잡기 때문이다. 따라서 제시된 구간이 모수를 포함할 믿음을 손상시키지 않으면서 정확도를 높일 수 있는 방법은 표본의 크기인 n을 키워야 한다. 그러니까 어떤 오차 한계 안으로 추정을 하면서도 신뢰 수준을 낮추지 않는 방법은 n을 조정하여 달성할 수 있는데 식 (5.2)을 수정한 식인

$$n = \left(\frac{z_c \sigma}{E}\right)^2 \tag{5.4}$$

을 이용한다. 이 식에서 모집단의 표준 편차 σ를 모를 땐 표본의 그것을 대신 사용할 수 있는데, 이때는 $n \geq 30$을 만족하는 임의의 표본을 예비로 미리 수집하여 표본의 표준 편차 s를 구하는 작업을 먼저 수행해야 한다. 하지만, 이 경우는 s와 σ의 차이가 적을 때만 유효하다. 만약 차이가 크다면 계산된 n의 값이 관심 구간으로 정한 E를 줄이거나 늘릴 수도 있어 주의가 필요하다.

지금까지 학습한 내용의 예제 문제를 풀어 보기 전에 모집단의 모비율도 z 분포를 이용하여 추정하므로 여기서 함께 알아보기로 한다. 비율(proportion) p는 관심 있는 것이 전체에서 차지하는 몫으로 이항 분포로 규정되지만 4장에서 살폈듯이 $np \geq 5$와

$nq \geq 5$, 혹은 $npq \geq 10$의 조건을 만족하는 한 항상 정규 분포로 근사할 수 있기 때문에 z 분포를 이용하여 앞에서 추정한 μ의 경우와 똑같은 절차를 밟으면 된다. 우선, 표본 통계량인 표본 비율 $\hat{p}$의 분포는 식 (4.5)와 (4.6)에서 알아 봤듯이 평균이 $\mu_{\hat{p}} = p$이고 표준 편차, 즉 표준 오차가 $\sigma_{\hat{p}} = \sqrt{pq/n}$인 정규 분포를 형성하므로 $N(0, 1)$을 따르는 Z 분포로 변환이 가능하다. 이때 모집단의 비율 p와 $q = 1 - p$을 모르기 때문에 표본의 그것을 사용한다. 즉,

$$Z = \frac{\hat{p} - p}{\sqrt{\dfrac{\hat{p}\hat{q}}{n}}}$$

이다. 따라서 모비율의 구간 추정을 위한 오차 한계는 표본 비율의 표준 오차인 Z 분포에서 구한 임계값 z_c를 곱하여

$$E = z_c \sqrt{\frac{\hat{p}\hat{q}}{n}} \tag{5.5}$$

와 같이 구할 수 있고, 이때 모비율에 대한 구간 추정은

$$p = (\hat{p} - E, \hat{p} + E)$$

이 된다.

모비율인 경우에도 모평균을 추정할 때 했던 것처럼 신뢰수준을 낮추지 않으면서도 식 (5.5)의 오차 한계를 바람직한 값으로 유지하기 위해서 표본의 크기 n을 식 (5.4)의 모습으로 결정할 수 있다. 즉,

$$n = \left(\frac{z_c}{E}\right)^2 \hat{p}\hat{q} \tag{5.6}$$

이다. 하지만 식 (5.5)는 표본을 추출하기 전에는 $\hat{p}$와 $\hat{q}$를 몰라 몇 개의 표본을 구축해야 하는지 결정할 수 없다. 정식 표본을 구축하기 전에 예비로 표본을 수집하여 $\hat{p}$와 $\hat{q}$를 미리 알아보는 것도 한 방법이지만 좀 신중한 방법이라면 식 (5.5)에 포함된 모습이 곱의 형태이기에 곱이 최대가 되는 값, 즉 $\hat{p} = 0.5$와 $\hat{q} = 0.5$로 잡는 것도 추천할 만하다.

예제 5.4a 올해 대학 졸업생의 평균 부채를 조사하고자 한다. 몇 년간의 조사로 대학 졸업생 부채의 표준 편차는 275만 원이었다. 99% 신뢰수준일 때 평균 부채에서 22만 원 내외로 구간 추정을 하고자 한다면 표본을 몇 개 수집하여야 하는지 조사해 보자.

풀이 모집단의 표준 편차를 알고 있고, 또 99% 신뢰수준에서 오차 한계를 바탕으로

$$\mu = \bar{x} \pm 22$$

와 같이 모집단 평균을 추정하고자 할 때 표본의 개수를 구하는 문제다. 따라서 식 (5.4)를 이용해 구하되 Z 분포의 임계점 z_c는 확률표나 컴퓨터의 도움을 받아

$$z_c = 2.58$$

이므로

$$n = \frac{(2.58)^2 (275)^2}{22^2} = 1040.06 \approx 1041$$

이다. 즉, 조사 단체가 올해의 졸업생 평균 부채를 조사하려고 하면 최소한 1041개의 표본을 얻어야 표본 평균에서 99% 신뢰 수준을 유지하면서 22만 원의 오차 한계가 사용된 구간 추정을 할 수 있다. 위에서 구한 표본 크기는 최솟값이다.

예제 5.4b 성인 750명을 표본으로 수집하여 물었다. 응답자의 56%는 체중 감량을 원한다고 답했고, 또 21%는 체중 감량을 위해 현재 열심히 운동 중이라고 답했다. 각 경우의 모집단 비율은 어떻게 될지 각각 95%와 90%의 신뢰수준으로 구간 추정을 해 보자.

풀이 우선, 95%의 신뢰수준에 대한 Z 분포의 임계값은 $z_c = 1.96$이다. 그리고 표본에서 체중 감량을 원하는 성인에 대한 정보는

$$n = 750, \quad \hat{p} = 0.56, \quad \text{그리고} \quad \hat{q} = 0.44$$

이다. 따라서 모비율에 대한 구간 추정은

$$\hat{p} - z_c \sqrt{\frac{\hat{p}\hat{q}}{n}} < p < \hat{p} + z_c \sqrt{\frac{\hat{p}\hat{q}}{n}}$$

이므로 95%의 신뢰수준으로 평가할 때 전체 성인에서 체중 감량을 원하는 비율은

$$0.525 < p < 0.596$$

이고, 이때 오차 한계는 0.036, 혹은 3.6%이다. 두 번째 문제도 마찬가지이다. 현재 열심히 운동 중인 유권자 집단의 표본 비율이 $\hat{p} = 0.21$이고 신뢰 수준이 90%로 해당하는 임계값이 $z_c = 1.65$인 것을 빼면 똑같다.   따라서 90%의 신뢰수준으로 평가할 때 전체 성인에서 현재 열심히 운동하고 있는 비율은

$$0.186 < p < 0.235$$

이고, 이때 오차 한계는 0.025, 혹은 2.5%이다.

예제 5.4c 한 전자 회사가 계측기의 부속품을 만드는 새로운 장비를 설치했고 회사는 이 장비가 생산하는 제품 중에 불량품이 얼마나 차지하는지 알고 싶어 한다. 현장 감독관은 이 추정값이 95% 신뢰수준에서 전체 생산품의 2% 이내로 있었으면 하고 바란다. 표본 크기를 얼마로 해야 하는지 1) 표본에 대한 아무런 정보가 없을 때, 또 2) 200개의 부속품을 표본으로 예비 조사를 진행하여 불량품의 비율이 7%인 것을 확인하였을 때에 대해 각각 조사해 보자.

풀이 현장 감독관은 95% 신뢰수준을 채택하였을 때 모비율의 구간 범위가

$$\hat{p} \pm 0.02$$

가 되기를 원한다. 즉, 오차 한계가 $E = 0.02$이다. 하지만 이 경우는 아직 예비 조사를 하지 않아 $\hat{p}$을 모르기 때문에 **아주 신중한 추정**(most conservative estimate), 즉 $\hat{p} = 0.5$와 $\hat{q} = 0.5$로 정하여 하는 수밖에 없다. 그리고 95%의 신뢰수준에 대한 임계값은 $z_c = 1.96$이므로 표본의 크기 n은

$$n = \left(\frac{1.96}{0.02}\right)^2 (0.5)(0.5) = 2401$$

와 같다. 즉, 회사는 표본을 2401개 수집해야만 95% 신뢰수준을 유지하면서 $E = 0.02$를 달성할 수 있다. 다음, 예비 조사를 하여 불량품의 비율을 $\hat{p} = 0.07$로 잠정 확인한 경우엔

$$n = \left(\frac{1.96}{0.02}\right)(0.07)(0.93) = 625.22$$

이 되어 앞과 견주어 표본 개수가 $n = 626$으로 대폭 줄어들었다. 이것이 예비 조사의 강점이긴 하지만 정식 표본에서 $\hat{p}$이 실제로 0.07이나 그 이하가 아닐 때엔 바람직한 오차 한계인 E가 늘어나거나 줄어들어서 원래 목적을 만족시키기가 어렵다. 예비 조사는 허투루 할 것이 아니라 표본의 개수를 줄여 돈과 시간의 낭비를 줄이고자 하는 목적이므로 표본이 모집단을 어느 정도 대표할 수 있도록 해야 한다. 그렇지 못할 바엔 아예 처음처럼 신중한 방법을 택하는 것이 더 좋다.

　　모수의 구간 추정의 마지막은 모집단의 분산(variance)을 (혹은 표준 편차를) 추정하는 일이다. 분산은 단어가 뜻하듯이 변동, 즉 요구되는 조건에서 벗어나는 정도를 말한다. 그래서 제품이나 부품을 생산하는 공장에선 이의 변동이 되도록 적어야 하므로 변동의 양을 제어하는 것이 특히, 중요하다. 봉지에 땅콩을 1kg씩 담는 기계가 항상 그럴 수만은 없다. 많을 수도 적을 수도 있고, 또 주변 환경이 변하거나 오래된 기계인 경우는 부속품이 닳아서 종종 일어나는 일이지만 제품의 신뢰나 공정한 시장을 위해서 분산의 최대 허용값을 절대 벗어나서는 안 된다.

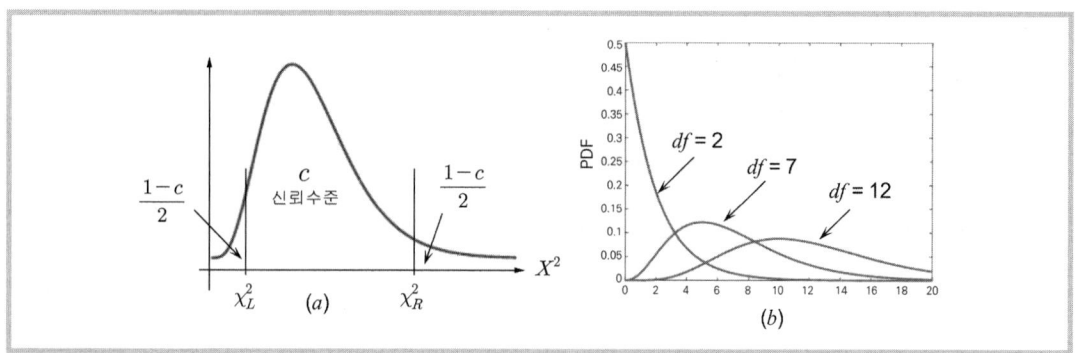

카이제곱 분포

표본의 통계량 중에서 분산은 그림 4.6에 요약되었듯이 **카이제곱**(chi-square) **분포**를 따른다. 카이제곱 분포는 그림 5.14(a)와 같이 비대칭이고 카이제곱 변수는 항상 양의 값을 갖는다. 그림에는 신뢰수준 c가 가운데 자리 잡고 양쪽으로 $1 - c$를 반반씩 분할하는 형태를 보여 주는데 좌측 임계값 χ_L^2와 우측 임계값 χ_R^2이 신뢰수준의 경계를 구분한다. 하지만 카이제곱 변수가 양수이기 때문에 우측 경계값만 사용하는 경우도 많은데 이땐 χ_R^2의 우변 면적(확률)이 $1 - c$가 된다. 그리고 그림 5.14(b)는 카이제곱 분포의 파라미터 인 자유도 $df = n - 1$에 따라 모습이 정규 분포로 점점 가까워지는 것을 보여 준다. 그림 4.6에 요약되어 있는 카이제곱 변수의 정의를 여기서 다시 나타내면 다음과 같다.

$$\chi^2 = \frac{(n-1)s^2}{\sigma^2}$$

여기서 s^2은 표본의 분산으로 모분산 σ^2에 대한 점 추정이다. 이때 σ^2에 대한 구간 추정은 카이제곱 분포의[15] 오른쪽 및 왼쪽 임계값을 써서

$$\frac{(n-1)s^2}{\chi_R^2} < \sigma^2 < \frac{(n-1)s^2}{\chi_L^2}$$

와 같고, 또 모집단의 표준 편차 σ에 대한 구간 추정은

$$\sqrt{\frac{(n-1)s^2}{\chi_R^2}} < \sigma < \sqrt{\frac{(n-1)s^2}{\chi_L^2}}$$

이다.

---

[15] 카이제곱 분포로 모집단의 분산을 구간 추정하는 경우엔 표본을 추출한 모집단이 정규 분포이거나 정규 분포로 가정할 수 있어야 한다.

표 5.2 카이제곱 분포의 확률표

Degrees of freedom	$1-c=\alpha$									
	0.995	0.99	0.975	0.95	0.90	0.10	0.05	0.025	0.01	0.005
					...					
29	13.121	14.257	16.047	17.708	19.768	39.087	42.557	45.722	49.588	52.336
30	13.787	14.954	16.791	18.493	20.599	40.256	43.773	46.979	50.892	53.672
40	20.707	22.164	24.433	26.509	29.051	51.805	55.758	59.342	63.691	66.766
					...					

예제 5.4a 비타민-C 정제 알약의 표본을 30개 선택하여 무게를 측정하여 표준 편차가 1.2mg인 것을 확인했다. 모집단이 정규 분포일 때 99%의 신뢰수준으로 모집단의 분산과 표준 편차를 구간 추정해 보자.

풀이 먼저, 카이제곱 확률표나 컴퓨터의 도움을 받아 $c=0.99$에 대한 좌측 및 우측 임계값을 구한다. 그런데 여기엔 주의가 필요하다. 카이제곱 확률표는 그림 5.14(a)와 같이 신뢰수준 양쪽으로 임계값을 잡든 아니면 아래 그림과 같이 한쪽으로 임계점을 잡든 모두 임계점의 오른쪽을 기준으로 표를 찾아야 한다. 이는 카이제곱 변수가 항상 양수이고, 또 검정과 관련하여 다음의 그림과 같이 오른쪽 확률을 대부분 고려하기 때문이다.

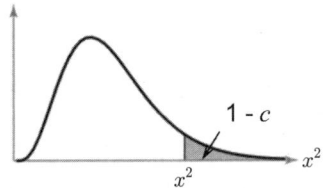

따라서 표 5.2의 확률표를 이용하여 왼쪽 임계값 χ_L^2을 찾으면 $df=n-1=29$와 $c=0.99$에서 χ_L^2을 기준으로 오른쪽 전체 면적이 0.995이므로 13.121이고 오른쪽 임계값 χ_R^2인 경우도 같은 방법을 써서 찾으면 52.336이 된다.

다음, 표본의 통계량과 카이제곱의 임계값들을 알았으므로 본문의 식을 이용하여

$$\sigma^2=\left(\frac{(n-1)s^2}{\chi_R^2}, \frac{(n-1)s^2}{\chi_L^2}\right)=(0.798, 3.183)$$

와 같이 모집단의 분산에 대한 구간 추정을 수행할 수 있고, 또 모집단의 표준 편차는

$$\sigma=\left(\sqrt{\frac{(n-1)s^2}{\chi_R^2}}, \sqrt{\frac{(n-1)s^2}{\chi_L^2}}\right)=(0.893, 1.784)$$

이 구간 추정이 된다.

예제 5.4b 전국적인 유통 체인점에서 판매되고 있는 유명 제품의 디지털카메라 가격(만원)은 다음과 같다.

513 596 603 631 562 675 611 609 588 628

디지털카메라 가격의 가격 분포가 $N(\mu, \sigma^2)$을 따른다고 할 때 모집단의 표준 편차에 대한 불편 추정 및 구간 추정을 각각 수행해 보자.

[풀이] 불편 추정량은 모수의 추정값이 해당 표본 통계량의 기댓값과 같아지는 추정량이다. 분산인 경우엔 표본 통계량을 표본 크기 n이 아니라 $n-1$로 나누어야 불편 추정량이 된다고 배웠다. 따라서 위와 같이 수집된 표본의 분산 및 이의 제곱근인 표준 편차를 계산하면 각각

$$s^2 = 1858.71 \text{와} \ \ s = 43.11$$

와 같이 점 추정할 수 있다. 표준 편차를 구간 추정하기 위해선 카이제곱 분포에서 95% 신뢰수준을 구분 짓는 임계값을 알아야 하는데 $df = n-1 = 9$일 때 확률표나 컴퓨터의 도움을 받아서

$$\chi_L^2 = 2.700 \text{과} \ \ \chi_R^2 = 19.023$$

로 확인할 수 있다. 따라서 모집단의 표준 편차를 95% 신뢰수준으로

$$29.65 < \sigma < 78.71$$

와 같이 구간 추정할 수 있다.

[예제 5.4c] 자유도가 n인 카이제곱 분포는 표준 정규 분포를 따르는 n개의 확률 변수 Z_i의 제곱합이 추종하는 분포이다. 본문에서 살핀 다음의 것이 자유도가 $n-1$인 카이제곱 분포가 되는 것을 확인해 보라.

$$\frac{(n-1)s^2}{\sigma^2} \sim \chi^2(n-1)$$

[풀이] 확률 변수 Z_i를 서로 독립인 n개의 표준 정규 분포를 따른다고 하면

$$X = Z_1^2 + Z_2^2 + \cdots + Z_n^2$$

는 자유도가 n인 카이제곱 분포를 추종한다. 이론 전개를 간결하게 하기 위해 먼저 살펴볼 것이 있다. 즉, n개의 데이터 $x_1, \ x_2, \ \cdots, \ x_n$에 대해 $y_i = x_i - \mu$라고 두면

$$\sum_i (y_i - \bar{y})^2 = \sum_i y_i^2 - n\bar{y}^2$$

를 확인할 수 있다. 1장에서 데이터를 취급할 때 보았듯이 제곱항을 먼저 전개한 후에 합 기호를 적용하면 쉽게 증명된다. 이때 $y_i = x_i - \mu$, 혹은 $\bar{y} = \bar{x} - \mu$이면

$$\sum_i (x_i - \bar{x})^2 = \sum_i \left((x_i - \mu - (\bar{x} - \mu))^2 \right) = \sum_i (x_i - \mu)^2 - n(\bar{x} - \mu)^2$$

와 같아진다. 그러면 $X_1, \ X_2, \ \cdots, \ X_n$이 $N(\mu, \sigma^2)$을 따르는 모집단에서 추출한 표본이라고 할 때 위 식을 그대로 적용하면

$$\sum_i (X_i - \mu)^2 = \sum_i (X_i - \overline{X})^2 + n(\overline{X} - \mu)^2$$

와 같고, 다시 σ^2을 양변에 나누면

$$\sum_i \left(\frac{X_i - \mu}{\sigma}\right)^2 = \frac{\sum_i (X_i - \overline{X})^2}{\sigma^2} + \left(\frac{\overline{X} - \mu}{\sigma/\sqrt{n}}\right)^2$$

이 된다. 위 식의 등식 왼쪽은 표준 점수의 제곱합이므로 자유도가 n인 카이제곱 분포를 띄고, 또 등식의 두 번째 항은 z 변수의 제곱이므로 자유도가 1인 카이제곱 분포를 가진다. 따라서 위 식의 등식 오른쪽 첫 번째 항은 분포의 가감성(additive property) 원리에 따라 자유도가 $n-1$인 카이제곱 분포를 형성하게 되는 것이다. 즉,

$$\frac{(n-1)s^2}{\sigma^2} \sim \chi^2(n-1)$$

이다. 여기서 카이제곱 분포의 자유도는 괄호를 써서 표시했고, 또 표본 분산의 불편 추정량 정의인 $s^2 = \sum (X_i - \overline{X})^2/(n-1)$을 사용했다.

5.5 MATLAB과 함께

모수 추정은 표본의 정보로부터 모집단 분포의 특성값을 추정하는 일련의 과정을 일컫는다.[16] 분포의 특성값은 분포의 확률 밀도 함수(PDF)를 결정하는 값인데 이에 대한 점 추정으로 MVUE와 MLE를, 또 구간 추정으론 확률을 따져 통계학적으로 정하는 방법을 본문에서 소개했다. MVUE를 설명할 땐 불편 추정량이 추정의 핵심이지만 견줄 대상이 여럿인 경우는 분산이나 평균제곱오차(MSE)가 적은 것이 최고라고 강조했고, 또 MLE에선 기존의 확률 문제를 뒤집은 방식으로 접근하면서 가능도 함수에 대한 수학적인 최적화 기법도 선보였다.

모수 추정은 위의 방법 외에도 몇 가지가 더 있다. 주로 회귀 계수의 추정에 적용되는 LSM를 비롯하여 표본의 정보뿐만 아니라 모집단에 대한 (주관적인) 사전 정보도 활용하여 추정하는 베이지안(Bayesian) 방법과 확률 변수의 모멘트를[17] 이용하는 모멘트법(MOM)

---

[16] 모집단의 특성값은 이의 분포 곡선, 즉 정규 분포의 평균과 분산과 같이 확률 밀도 함수를 결정하는 값 말고도 표본에서 필요에 따라 찾은 값, 즉 상관 계수, 변동 계수, 혹은 회귀 계수 따위에 대응하는 모집단의 값도 다 특성값이다. 특히, 회귀 계수의 추정은 보통 최소자승법(LSM)을 적용하는데 이는 7장에서 다루기로 한다.

[17] 확률 변수의 모멘트를 적률이라고 번역하는 곳도 있다.

따위가 있다. LSM은 7장에서 자세히 다루게 될 것이고 베이지안 추정은 전통적인 확률 및 통계와 개념을 달리하므로 여기서 다룰 내용은 아니다. 하지만 모멘트는 공학과도 밀접하게 연결되어 있으므로 여기서 간단히 소개하기로 한다. 모멘트는 어떤 물리량의 회전하는 정도를 정량적으로 나타내는 수학 용어로 통계에선 데이터 집단의 기댓값으로 정의된다. 즉, 데이터 집단 X의 k차 모멘트는[18]

$$\mu_k = E(X^k)$$

와 같고, 이때 모집단 X에 대한 1차 모멘트는 $\mu_1 = E(X) = \mu$로 모평균을, 2차 모멘트는 $\mu_2 = E(X^2) = \sigma^2 + E(X)^2$로 모분산과 관련을 짓고, 또 X가 모집단에서 추출한 n개의 표본 집단 $X_1, \cdots, X_n$이면 1차 및 2차 모멘트는 각각

$$\hat{\mu}_1 = \frac{1}{n}\sum_{i=1}^n X_i \text{와} \quad \hat{\mu}_2 = \frac{1}{n}\sum_{i=1}^n X_i^2$$

이다. 따라서 모수 추정에 대한 MOM은 모집단과 표본의 모멘트가 일치한다는 조건, 즉 $\mu_k = \hat{\mu}_k$을 써서 μ_k에 포함된 모집단의 모수를 추정한다. 이를 테면, 균등 분포 $U(a,b)$를 따르는 어떤 모집단에서 추출한 n개의 표본이 X_i일 때 모수 a와 b의 추정량은 이렇다. 우선, 모수가 2개이므로 모집단의 1차와 2차 모멘트를

```
syms x a b                      % 확률 변수 x와 모수 a와 b를 정의
f = 1/(b-a);                    % 확률 밀도 함수
u1 = int(x*f, x, a, b)          % 1차 모멘트, E(X)
ans =   a/2 + b/2
u2 = int(x*x*f, x, a, b)        % 2차 모멘트, E(X^2) = σ^2 + E(X)^2
ans =   a^2/3 + (a*b)/3 + b^2/3
s2 = u2 - u1^2; s2 = simplify(s2)   % σ^2 = E(X^2) - E(X)^2
s2 =    (b - a)^2/12
```

와 같이 구한다. 즉,

$$\mu_1 = \mu = \frac{a+b}{2} \text{와} \quad \sigma^2 = \frac{(b-a)^2}{12}$$

을 얻는다. 다음, 위 두 식을 이용하여 모수 a와 b를 다음과 같이 푼다.

---

[18] 데이터 집단의 모멘트 중심을 m이라 할 때 $\mu_k = E[(X-m)^k]$로 정의하여 $\mu_1 = 0$이고 $\mu_2 = \sigma^2$이 되는데 여기선 $m = 0$으로 가정했다.

```
syms mu s2
assume(b > a)                              % 균등 분포의 조건인 b > a을 설정
eqn1 = mu == (a + b)/2; eqn2 = (b - a)^2/12;   % 연립 방정식 구성
solve([eqn1 eqn2], [a b])                  % 연립 방정식을 a와 b에 대해 풀이
ans =  struct with fields
    a: mu - 3^(1/2)*s2^(1/2)
    b: mu + 3^(1/2)*s2^(1/2)
```

따라서 위의 결과에서 모집단 정보를 표본의 정보로 대체하여 모수를 추정한다. 즉,

$$\hat{a} = \overline{X} - \sqrt{3S^2} \text{ 와 } \hat{b} = \overline{X} + \sqrt{3S^2}$$

와 같다. 여기서 $\overline{X}$는 표본 집단 X_i의 평균이고 S^2은 표본 분산이다.

본문에서 그림 5.5와 5.6과 같은 균등 분포 $U(0, \theta)$에 대한 MLE 방법을 소개했었다. 위의 MOM 방법으로 모수 θ를 추정하면 모수가 1개이므로 1차 모멘트만 써서 $\mu_1 = E(X) = \theta/2$을 표본의 평균 $\overline{X}$와 같게 놓으면 모수의 추정량은 $\hat{\theta} = 2\overline{X}$이 된다. 본문의 MLE 방법에선 $\hat{\theta} = \arg\max L(\theta \mid \underline{x})$이었는데 이 절에서 서로 견주어 보도록 한다. 여기서 가능도 함수 $L(\theta \mid \underline{x})$는

$$L(\theta \mid \underline{x}) = \left(\frac{1}{\theta}\right)^n u(\max(x_i) \le \theta)$$

이다. 먼저, MLE를 위한 MATLAB 코드는 다음과 같다.

```
N = 200;                          % 반복 횟수
L = zeros(N, 1);                  % 가능도 함수
theta = zeros(N, 1);              % 모수
n = 10;                           % 표본 데이터 크기
samples = unifrnd(0, 8, [n 1]);   % 0에서 8 사이의 균등 분포 데이터 10개
theta(1) = 0.001;
delta = 0.05;
for i = 1:N
    L(i) = (1/theta(i))^n * UNIT(data, theta(i));
    if i == N, break, end
    theta(i+1) = theta(i) + delta;
end
[~, idx] = max(L);
```

횟수	MLE	MOM	MAX Value
1	7.9010	8.3755	7.8380
2	5.7010	5.6775	5.6897
3	7.8010	8.7652	7.7047
4	8.0010	7.8085	7.9039
5	7.4010	7.8958	7.3063

실습 5.1 $U(0, \theta)$에 대한 MLE와 MOM의 모수 추정량 비교

```
plot(theta, L, theta(idx), L(idx), 'o')
fprintf('MLE에서 모수 추정량은 %f\n', theta(idx))
fprintf('MOM에서 모수 추정량은 %f\n', 2*mean(samples))
fprintf('표본 데이터의 최고값은 %f\n', max(samples))
function y = UNIT(data, current_theta)          % 단위 함수
    if max(data) <= current_theta
            y = 1;
    else
            y = 0;
    end
end
```

위 프로그램에서 표본 데이터의 최댓값을 찍는 까닭은 균등 분포의 모수가 최댓값보다 작을 수는 없기 때문에 이를 확인하기 위해서이다. MLE는 표본 데이터의 최댓값이 모수 θ보다 작은 것 중에서 $L(\theta \mid \underline{x})$을 최대로 하는 θ값을 선택하므로 모수 추정이 최댓값보다 작을 수 없지만 MOM은 그렇지 않다.

실습 5.1에서 보듯이 2번째와 4번째 횟수의 MOM 추정량이 데이터의 최댓값보다 작은 것을 확인할 수 있다. $\hat{\theta} = 2\overline{X}$은 표본 데이터의 최댓값에 대한 어떤 조건도 없이 단순히 평균의 2배로 추정하기 때문에 불합리한 추정량이 되는 경우가 종종 발생한다. 불합리한 추정량은 추정의 오차가 많고 적은 것과 상관없이 아무 쓸모가 없는 추정량이다. 모집단의 모수를 위배하는 표본의 데이터가 생성되는 것은 있을 수 없다.

본문에서 이항 분포에 대한 MLE를 지시 변수 X_i를 도입하여 실시하였는데 여기선 확률 질량 함수를 직접 이용해 보기로 한다. 확률 변수 X의 PDF는

$$f(x \mid n, p) = \binom{n}{x} p^x (1-p)^{n-x}$$

로 파라미터 n과 p를 이용하여 $X = x$나 $X < x$ 따위의 확률을 계산하는데 사용할 수 있다. 하지만 가능도 함수 $L(n, p \mid x)$는 이와 반대의 과정을 밟는다. 즉, 모집단에서 추출된 표본 X에 가장 잘 맞는 이항 분포가 되려면 n과 p가 어떤 값이 되어야 하는지 따지는 문제가 된다.[19] 따라서 위의 $f(x \mid n, p)$에서 아는 값(상수)과 모르는 값(변수)의 자리를 바꾸어 가능도 함수 $L(p \mid n, x)$을 구성하면

$$L(p \mid n, x) = \binom{n}{x} p^x (1-p)^{n-x}$$

와 같다. 이제 위 식을 최대로 하는 p값을 찾는다. 위 식의 양변에 로그를 취하면

$$\ln L(p \mid n, x) = \ln \binom{n}{x} + x \ln(p) + (n-x) \ln(1-p)$$

이고 이를 p에 대해 미분하여 0으로 놓아 최대 조건을 적용하면

$$\frac{x}{p} - \frac{n-x}{1-p} = 0$$

이므로 이항 분포의 성공률 p의 MLE 추정량은

$$\hat{p} = \frac{x}{n}$$

이 된다. 여기서 x는 표본 X_i에서 성공, 혹은 관심 있는 수의 개수이다.

표본 데이터 집단에 대한 모수를 MLE 방법으로 찾아주는 MATLAB 함수는 mle와 4장에서 살핀 각 분포마다 제공되는 전용 함수의 이름 끝에 fit가 붙은 함수이다. 함수 mle의 사용은 이렇다.

```
load examgrades                          % MATLAB에 저장된 성적 데이터
x = grades(:, 2);                        % 2번째 성적 데이터
phat = mle(x, Distribution = 'normal')   % 정규 분포의 모수 θ를 MLE 방법으로
phat =   74.9917      6.5147             % θ̂ = (μ̂, σ̂)
xx = 0:.2:100;
```

---

[19] 이항 분포에서 추출한 표본 X_i로부터 이항 분포의 파라미터인 n은 표본의 개수이므로 이미 아는 값이다.

```
yy = exp(-(xx-phat(1)).^2/2/phat(2)^2)/sqrt(2*pi)/phat(2);      % f(x | μ,σ)
subplot(1,2,1)
histogram(x, Normalization = 'pdf')
hold on, plot(xx, yy, 'k', LineWidth = 1.8)
subplot(1,2,2)
histfit(x, 30, 'normal')                                        % 히스토그램과 분포 곡선 맞추기
```

여기서 임의의 데이터 DATA에 대한 최대가능도 점 추정 함수의 사용 방법은 mle(DATA, Distribution = 'dist', Alpha = α)이고 유의수준인 Alpha를 옵션으로 입력하면 출력으로 모수의 신뢰 구간까지 반환해 준다. 실습 5.2(a)는 위 mle의 결과이고 (b)는 정규 분포의 히스토그램에 분포 곡선을 맞추는 histfit(DATA, nBIN, 'dist')의 결과인데, 이때 nBIN은 계급의 개수이고 'dist'는 사용할 분포의 이름이다.

모집단 모수의 구간 추정은 신뢰수준 c를 바탕으로 앞에서 설명한 점 추정을 중심으로 양쪽으로 오차 한계를 더하고 빼서 결정한다고 했다. 오차 한계는 c와 표본 분포의 표준 오차에 대한 함수이므로 표준 오차를 아는 것이 무엇보다 중요하다고 특히, 강조하면서. 컴퓨터 프로그램을 사용한 구간 추정은 점 추정을 수행하는 대부분의 함수가 출력 옵션으로 함께 계산해 주는 것이 보통이다. 만약 그렇지 않다면 다음 장에서 다룰 가설 검정과 함께 수행될 수 있도록 함수가 작성되어 있는데 MATLAB은 두 가지를 다 제공한다. 앞에서 설명한 전용 분포 함수의 이름 끝에 fit가 붙은 함수는 데이터를 해당 분포에 맞추면서 분포의 모수와 모수의 신뢰 구간을 함께 계산해 준다. 이를 테면, 본문의 예제 5.3a의 경우에

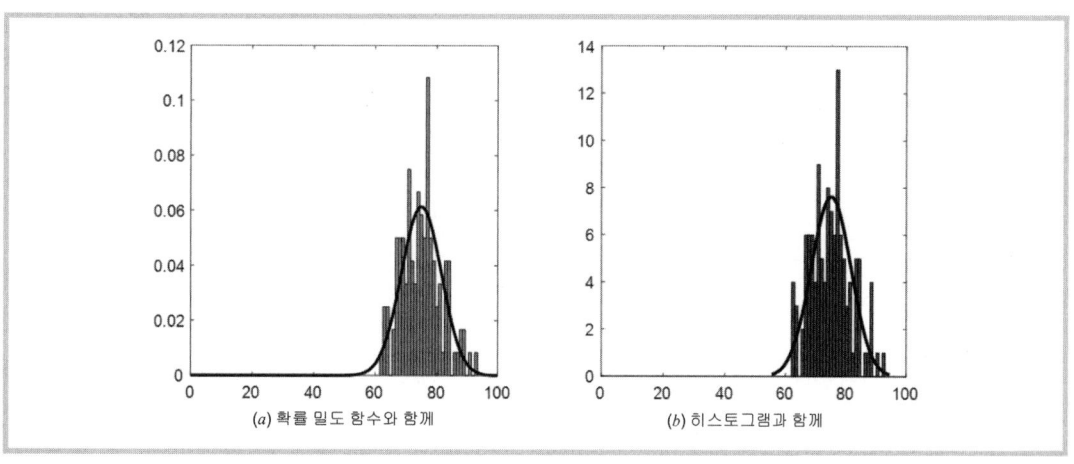

(a) 확률 밀도 함수와 함께   (b) 히스토그램과 함께

실습 5.2 임의의 데이터에 대한 정규 분포 모수를 위한 mle와 histfit의 결과

```
sigma = 11.3;                              % 모집단 표준 편차
mu = 74.6;                                 % 표본의 평균
n = 81;                                    % 표본의 개수
[mu, ~, muCI] = normfit(normrnd(mu, sigma, n, 1))
                                           % DATA = normrnd(mu, sigma, n, 1)
mu =    74.5128                            % 점 추정
muCI = 71.7763                             % 구간 추정 (하한)
        77.2494                            % 구간 추정 (상한)
```

와 같다. 여기서 본문의 추정 구간과 다른 까닭은 81개의 무작위 수를 수집한 후의 데이터 평균이 문제에서 제시한 74.6이 아니라 74.5128로 약간 달라졌기 때문이다. MATLAB의 통계 관련 함수는 통계 데이터 자체가 필요하다. 데이터의 평균이나 표준 편차와 같은 요약 지표가 아니라 모집단에서 수집된 통계 데이터가 대부분 입력이므로 훨씬 실용적이다. 예제 5.3b인 경우는 제시된 통계 데이터를 써서

```
x = [130 122 ........ 142];                % 데이터 입력
[~, ~, CI] = ttest(x)                      % t 검정
CI =   128.1435                            % 평균의 구간 추정 (하한)
       138.3009                            % 평균의 구간 추정 (상한)
```

와 같이 가설 검정과 함께 이루어지는 함수를 사용할 수도 있다. 여기서 ~는 함수의 출력 인수 중에서 반환할 필요가 없는 것을 나타낼 때 쓰는 MATLAB 명령어로 첫 번째 인수 – 가설 검정에서 귀무 가설의 기각/채택 여부와 두 번째 인수 – 가설 검정에서 검정 통계량의 p값을 출력하지 말라는 표시이다. 함수 ttest 말고도 ztest와 vartest도 있는데 이는 다음 장의 가설 검정을 설명하는 자리에서 살펴볼 것이다.

06
가설 검정

06 가설 검정

6.1 가설 검정이란

가설 검정은 앞 장의 **모수 추정**과 함께 추론 통계학의 두 기둥이다. 모수 추정에선 표본 통계량을 통해 모집단의 특성을 추정했다면 가설 검정에선 확신하거나 의심되는 모집단의 특성을 역시 표본 통계량을 통해 검정한다. 표본 통계량은 표본을 조사하여 얻은 정보이기 때문에 모집단을 추정하고 검정하는 작업이 온전한 결과를 낸다고 말하기 어렵다. 그래서 통계학적 지식으로 이를 뒷받침하는데 모수 추정에선 신뢰수준이라는 용어를 도입했고 이 장에서 다룰 가설 검정에선 유의수준이라는 용어를 소개할 것이다. 신뢰수준은 표본 통계량이 해당 분포에서 그럴듯하고 충분히 있을 만한 값이 될 것이라고 바라는 (정성적인) 믿음이나 신뢰를 (정량적인) 확률로 표현한 것이지만 유의수준은 표본 통계량이 해당 분포에선 거의 불가능하고 있을 수 없는 값이 될 확률이다. 표본 통계량이 우연히 일어날 수 없는 영역에 속하는 경우의 추론 통계학은 항상 조심하고, 또 중요성을 가지고 유의 깊게 진행되어야 하는데 앞으로 소절을 이어가면서 유의수준(level of significance)의 뜻과 적용 분야에 대해서 예와 함께 하나씩 살펴볼 것이다.

가설 검정은 누군가의 주장을 조사하여 확인하는 것이다. 모집단에 대한 주장을 표본의 통계량을 써서 바른 지 그른 지 밝히는데 누군가의 주장을 글로, 혹은 수학으로 표시한 통계학적 진술을 **가설**(hypothesis)이라 하고 그런 가설을 채택이나 기각 중 하나를 선택하는 작업을 검정(test)이라 한다. 그리고 **주장**(claim)은 확신, 항의, 반대, 의심, 선언, 찬성 따위의 비방하거나 자랑하는 형태가 되며 저쪽의 주장일 수도 있고 이쪽의 주장일 수도 있다. 저쪽의 주장은 반증하고 이쪽의 주장은 입증하려는 것이 검정이 되겠다. 예를 들어, 동전을 던지는 실험을 한다고 생각해 보자. 동전 100번을 던졌는데 앞면과 뒷면이 반반씩, 혹은 많아도 두 세번의 차이가 나게 일어나면 그럴 수 있다고 볼 수 있지만 앞면이 56번 나오고 뒷면이 44번 나온다든지 앞면이 37번 나오고 뒷면이 63번 나온 경우는 어떻게 볼 것인가? 첫 번째는 의심은 들지만 그럴 수도 있겠다 하고 넘어갈 수 있지만

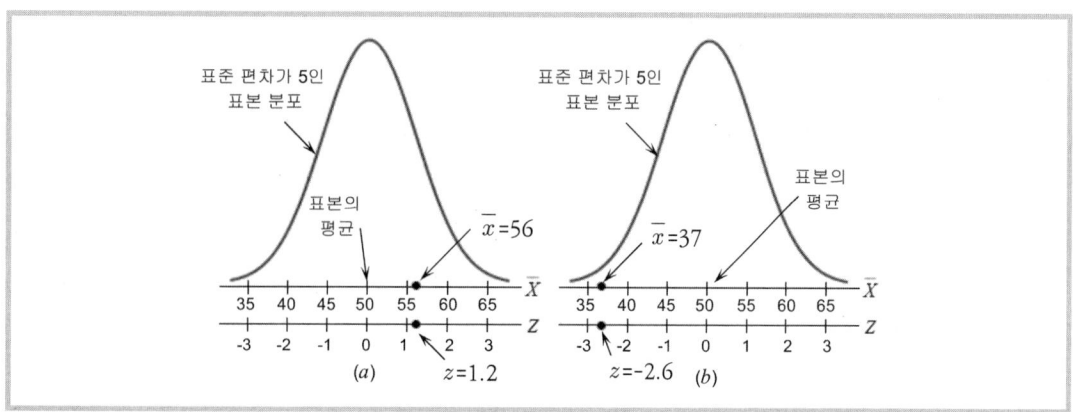

그림 6.1 동전 던지기의 표본 분포에서 통계량과 이의 표준 점수

두 번째는 전혀 아니다. 동전 자체가 공정하게 제작된 것이 아니라고 강하게 주장할 수 있다. 이럴 때 추론 통계학의 가설 검정이 필요한 경우인데 절차를 간략히 언급하면 이렇다.

우선, 해당하는 분포를 그려 본다. 이항 분포인 모집단은 조건을[1] 만족하면 평균이 $\mu = np$이고 표준 편차가 $\sqrt{np(1-p)}$인 정규 분포로 근사할 수 있다. 그림 6.1(a)는 정규 분포에서 첫 번째 경우의 해당 통계량, 즉 동전을 던져서 앞면이 나오는 수와 이의 표준 정규 변수에 대응하는 값, 즉 표준 점수를 보여 주고 그림 6.1(b)는 두 번째의 경우이다. 그림의 분포는 평균이 50이고 표준 편차가 5인 정규 분포이다.

그림 6.1의 (a)는 앞면이 56번 나온 $\overline{x} = 56$인 경우인데 표준 점수론 $z = 1.2$이다. 1장의 데이터 분포에서 확인했듯이 종모양의 대칭형 정규 분포는 경험적으로 보아 평균을 중심으로 $\pm 2\sigma$ 안의 데이터가 전체 데이터의 95%가 된다고 했으니 해당 분포에서 $\overline{x} = 56$은 충분히 나올 수 있는 데이터이다. 비록 앞면이 뒷면보다 좀 많이 나오긴 했지만 동전이 잘못 제작되었다고 말할 형편이 아니다. 하지만 (b)의 경우는 어떤가? 앞면이 100번 중에 37번밖에 나오지 않은 $\overline{x} = 37$에 대한 표준 점수는 $z = -2.6$이다. 데이터 분포의 경험 법칙으로 따질 때 이 점수 왼쪽으로 나올 확률은 채 0.5%도 안 된다. 동전을 100번 던졌을 때 $\overline{x} = 37$은 우연이 아니면 일어날 가능성이 아주 낮은 사건이고, 따라서 동전이 공정하지 않다고 주장할 만한 충분한 근거를 지닌 셈이다.

가설 검정은 이와 같이 표본의 통계량을 써서 모집단에 대한 특성값의 옳고 그름을

---

1 표본의 크기 n과 성공률 p를 써서 $np \geq 5$와 $n(1-p) \geq 5$이거나 $np(1-p) \geq 10$을 만족하면 이항 분포는 정규 분포로 근사될 수 있다.

확인하는 과정이다. 표본 통계량이 해당 분포에서 있을 수 있는 값인지 전혀 예상 밖의 믿기 어려운 값인지 통계학적으로 판단하여 검정을 진행한다. 모수 추정에선 통계학적 판단을 **신뢰수준**을 통해서 이루어졌지만 가설 검정에선 **유의수준**을 통해서 달성된다. 유의 수준은 신뢰수준과 달리 분포의 중심에서 양쪽 끝이나 한쪽 방향으로 설정된 영역으로 표본 통계량의 값이 해당 분포 안에서 우연이 아니면 일어날 수 없다고 통계학적으로 판단하는 곳이다. 물론 표본 통계량의 값이 유의수준 영역에 있는 것이 터무니없는 일이라 고 말할 수 없다. 벼락에 맞을 확률처럼 일어나기 어려운 사건일 뿐이지 전혀 일어나지 않는다는 것은 아니기 때문이다. 따라서 유의수준에는 가설 검정할 때 발생할 수 있는 판단의 오류를 고려할 수 있는 통계학적 진술까지도 포함할 수 있어야 한다. 가설을 비롯 하여 유의수준, 그리고 판단의 오류 따위는 이어지는 소절에서 자세히 다루기로 한다.

6.2 가설 및 유의 수준

가설(hypothesis)은 이 장의 첫머리에서도 언급했듯이 이쪽이나 저쪽의 주장으로 검정할 때 채택이나 기각의 대상이다. 말로 표현되든 수학으로 표현되든 검정의 대상인 만큼 성공 적인 가설 검정을 위해선 검정에 앞서 가장 정확하고 논리에 맞게 설정되어야 한다. 저쪽의 **주장을 반증하고자 하는 가설**과 이쪽의 주장을 **입증하고자 하는 가설**이 분명하게 구별되고 정확하게 표현되어야 가설 검정의 목적을 제대로 달성할 수 있는 것이다.

   가설은 반드시 두 가지 형태가 짝을 이루어 설정되어야 한다. 그리고 이 두 가설은 항상 보완적인 관계이어야 한다. 한 가설, 이를 테면 귀무 가설이 표본 통계량의 값을 포함하면 다른 가설, 이를 테면 대립 가설은 이 값을 절대 포함해서는 안 된다는 말이고, 그 역도 마찬가지이다. **귀무 가설**(null hypothesis)은[2] 가설 검정을 실시할 때 맨 처음 참(true)이라고 가정되는 가설이다. 표본 분포에서 중심, 즉 분포의 평균과 검정의 시작부 터 같다고 보는데 수학적으로 말하면 등식이 포함되는 가설이다. **대립 가설**(alternative hypothesis)은[3] 귀무 가설이 기각일 때 채택되는, 또는 채택될 때 기각되는 가설로 수학적 으론 등식을 포함하지 않는 가설이다. 그래서 가설은 표본 통계량 중에서 평균의 값이

---

[2] 영국의 통계학자 R. Fisher가 처음 소개하면서 H_0로 표기했는데 이를 본떠서 영(零) 가설이라고도 한다. Fisher는 실험 계획법을 완성시켜 기존의 수리 통계학을 추론 통계학으로 발전시킨 대표적인 학자이다.

[3] 영문자 첫 자를 따서 H_A로 나타내지만 귀무 가설 H_0와 호응하기 위해 H_1의 표기를 더 많이 사용한다.

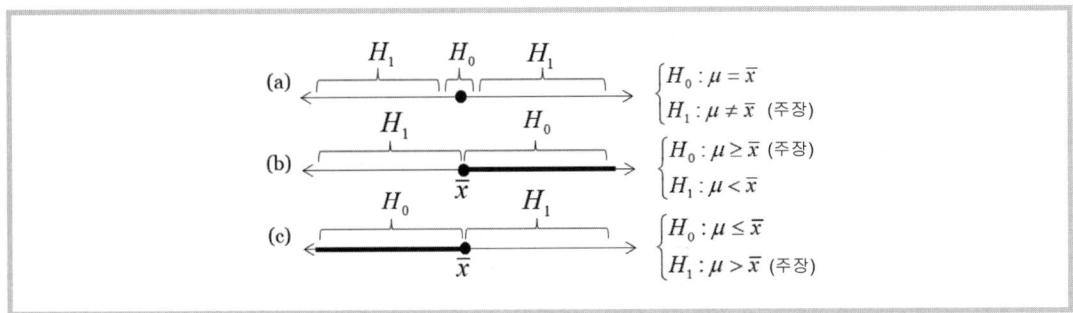

그림 6.2 서로 보완적인 귀무 및 대립 가설

$\overline{X} = \overline{x}$일 때 말이나 글로 모집단의 평균은 "$\overline{x}$보다 크다" "$\overline{x}$보다 작거나 같다" "$\overline{x}$가 아니다"와 같이 표현할 수도 있고, 또 수학적으로 "$\mu > \overline{x}$" "$\mu \le \overline{x}$" "$\mu \ne \overline{x}$"와 같이 나타낼 수도 있다. 물론 이 표현과 보완적인 표현도 또 다른 가설로 함께 설정해야 하는 것은 당연한데 그림 6.2와 같다.

그림 6.2는 두 개의 가설 중에서 이쪽이나 저쪽의 주장(claim)도 포함하고 있다. 어떤 것은 H_0이고, 또 어떤 것은 H_1에 주장이 부착되어 있는데 가설 검정에서 특히, 주의해야 할 부분이다. 앞에서 H_0는 가설 검정을 시작할 때 참으로 가정되는 가설이라고 했다. 다시 말하면, H_0에 포함된 등식이 표본 분포의 중심에 놓이게 되는 것이다. 그래서 표본 통계량의 값이 중심에서 얼마나 떨어져 있는지 판단하여 H_0를 통계학적으로 기각하든가 기각하지 못하든가 하는 결정을 내린다. 따라서 기각이 목적인 가설이 바로 H_0이기 때문에 저쪽의 주장이나 논리를 반증하고 반박하고자 할 땐 주장이 반드시 H_0로 설정되어야 한다. 앞의 예에서 "모집단의 평균이 m보다 작다 (혹은 작거나 같다)" 라는 주장이 저쪽의 주장이면 H_0를 $\mu \le m$와 같이 설정하고 충분한 반증을 찾아 기각하는데 목적을 두어야 한다. 만약 이쪽의 주장이면 H_1을 $\mu < m$로 (그리고 H_0는 $\mu \ge m$로) 두고 여러 입증 자료를 찾아 채택하는 (혹은 지지하는) 것을 목적으로 삼아야 한다. 가설 검정은 항상 H_0를 참이라고 두고 실시하고 참이 아닌 증거를 찾을 때만 H_0가 거짓이 된다. 마치 검찰이 범죄 피의자를 기소하더라도 법원의 판단이 나오기 전까진 무죄의 원칙이 지켜지고 검찰이 범죄와 관련한 많은 증거를 찾을 때만 법원의 유죄 판결이 나오듯이.

예제 6.1a 다음의 진술을 보고 두 가설을 설정한 후 어느 가설이 주장인지 말해 보자.
1. 자동차 정비소의 한 직원은 평균 오일 교환 시간이 15분을 넘지 않는다고 자랑한다.
2. 한 부동산 전문가는 가족과 함께 살기엔 많이 좁다고 생각하는 주택 소유자의 비율이 24%라고 주장한다.
3. 한 전자 제품의 홍보 담당자는 자신의 제품은 사용 수명의 분산이 2.7보다 작거나 같다고 광고한다.

풀이 주장에 담긴 진술인 "평균은 … 넘지 않는다"엔 등식이 포함되지 않는다. 따라서 H_1은 $\mu < 15$이므로 이와 보완 관계인 H_0는 $\mu \geq 15$가 된다. 따라서

$$\begin{cases} H_0 : \mu \geq 15 \\ H_1 : \mu < 15 \ (\text{주장}) \end{cases}$$

이다. 여기서 μ는 오일을 교환하는데 드는 평균 시간이다. 다음, 주장은 비율에 관한 것이고 진술엔 등식이 포함되어 있다. 그래서 H_0는 $p = 0.24$이고 H_1은 $p \neq 0.24$이어야 서로 보완 관계를 이루므로

$$\begin{cases} H_0 : p = 0.24 \ (\text{주장}) \\ H_1 : p \neq 0.24 \end{cases}$$

이다. 여기서 p는 가족과 함께 살기엔 집이 좁다고 생각하는 주택 소유자의 비율이다. 끝으로, 분산에 관한 것이 주장에 담겨 있고 등식이 포함되어 있다. 그러므로 주장은 귀무 가설로 $\sigma^2 \leq 2.7$이고 대립 가설은 $\sigma^2 > 2.7$이 된다. 즉,

$$\begin{cases} H_0 : \sigma^2 \leq 2.7 \ (\text{주장}) \\ H_1 : \sigma^2 > 2.7 \end{cases}$$

이다. 그림 6.2와 같이 그래프로 표현하는 일은 스스로 해 보길 바란다.

예제 6.1b 한 병원의 연구팀이 새로 개발된 외과 수술의 효능을 연구하고 있다. 이 팀은 새 방법으로 수술 받은 환자의 평균 회복 시간은 82시간을 넘지 않는다고 주장한다. 1) 같은 연구팀의 일원으로서, 그리고 2) 경쟁 병원의 연구원으로서 귀무 및 대립 가설을 설정해 보자.

풀이 주장하는 쪽의 일원으로서 지지하거나 뒷받침하는 것은 당연하다. 따라서 주장을 대립 가설 H_1으로 세워야 하므로 $\mu < 82$이어야 하고 이와 보완 관계인 $\mu \geq 82$는 귀무 가설 H_0가 된다. 즉,

$$\begin{cases} H_0 : \mu \geq 82 \\ H_1 : \mu < 82 \ (\text{주장}) \end{cases}$$

이다. 다음, 경쟁 병원의 연구원으로선 주장을 반대하거나 배척하는 가설로 세워야 한다. 따라서 H_0는 $\mu \leq 82$이어야 하고 당연히 이와 보완 관계인 $\mu > 82$는 H_1이 된다. 즉,

$$\begin{cases} H_0 : \mu \leq 82 \ (주장) \\ H_1 : \mu > 82 \end{cases}$$

이다. 그림 6.2와 같이 그래프로 표현하는 일은 스스로 해 보길 바란다.

　　이제 유의수준에 대해 살펴보자. 앞에서 가설 검정은 주장이 H_0이든지 H_1이든지 항상 H_0 속에 들어 있는 등식이 참이라는 가정에서 시작한다고 했다. 그러니까 가설 검정의 결과는 오직 두 가지밖에 없는 것이다. 즉,

　　　　하나, 귀무 가설 H_0를 기각한다.
　　　　둘, 귀무 가설 H_0를 기각하지 못한다.

뿐인 것이다. 동전 던지기 문제를 다시 생각해 보자. 앞면이 37번밖에 나오지 않은 경우에 표본 점수가 -2.6이므로 해당 분포에서 이 값이 나올 확률이 너무 적어 제대로 만들어진 동전에선 이런 결과가 일어나지 않는다고 통계학적 결론을 내렸다. 하지만 이런 것을 생각해 보지 않을 수 없다. 1장에서 살펴 봤듯이 데이터를 수집할 때 간혹 이상수(outlier)가[4] 포함되기도 한다. 데이터를 기록할 때 실수가 날 수도 있고, 또 실험할 때 실험 환경이 갑자기 바뀌어 생길 수도 있다. 검정을 위해 수집한 표본도 마찬가지이다. 수집된 표본이 이상수와 같이 평소와 달리 별나거나 비정상적인 때가 있을 수 있다. 만약 그렇다면 표본의 통계량으로 H_0을 기각하든 기각하지 않든 어떤 결정을 내렸다면 이 결정을 100% 확실하다고 믿을 수는 없을 것이다. 동전은 제대로 만들어졌지만 동전 실험에서 표본이 비정상적으로 수집된 경우도 있을 수 있기 때문이다. 통계학적 관점에서 보면 무엇이든 100% 확실한 것은 거의 불가능하다.

　　유의수준(level of significance)는 말 그대로 우연히 일어난 사건이라도 전혀 일어나지 않을 사건은 아니므로 조심스럽고 신중하게 접근해야 하는 통계학적 수준을 뜻한다. **검정은 언제나 오류가 있기 마련**이다. 그래서 유의수준을 정의하기 위해선 이와 같은 통계학적 오류를 먼저 정의해야 하는데 다음의 표를 참조하기로 한다. 표 6.1에서 확인할 수 있듯이 통계학적 오류는 두 가지가 있다. 첫째는 H_0가 참인데 기각하는 오류와, 둘째는 H_0가 거짓인데 기각하지 못하는 오류이다. 가설 검정은 H_0를 참이라 두고 기각하든지 기각하지 않든지 결정하는 것이므로 유의수준은 바로 **제1형 오류**를 말한다. 실제는 H_0가 참이지만 표본의 비정상적인 수집으로 잘못 판단하는 경우의 최대 허용 확률(maximum

---

4 데이터의 전형적인 분포에서 비정상적으로 분포를 벗어나는 데이터를 일컫는다.

표 6.1 가설 검정의 통계학적 오류

검정 결과 H_0	참인 H_0	거짓인 H_0
H_0를 기각한다	제1형 오류	올바른 결정
H_0를 기각하지 못한다	올바른 결정	제1형 오류

allowable probability)을 유의수준 α로 정의한다. 즉,

$$\alpha = P(H_0 \text{를 기각} \mid H_0 \text{는 참})$$

이다. 참고로, H_0가 거짓이지만 표본의 비정상적인 수집으로 잘못 판단하는 경우의 최대 허용 확률은 β로

$$\beta = P(H_0 \text{를 기각하지 못함} \mid H_0 \text{는 거짓})$$

와 같은데 이는 가설 검정의 검정력(power of the test)과 관련하여 언급되는 부분이라 이 책에선 다루지 않기로 한다.

유의수준 α를 모수 추정에서 채용한 신뢰수준 c와 견주면 이렇다. 먼저, $c + \alpha = 1$이 성립한다. 그림 6.3과 같이 표본 분포의 모든 영역을 c와 α가 나누어 갖는다는 말이다. 물론 가설 검정이 한쪽만 검정하는 경우엔 왼쪽이나 오른쪽만 유의수준이 자리잡는다 하더라도 그 한쪽이 α를 모두 차지하기 때문에 $c + \alpha = 1$의 관계는 절대 변하지 않는다. 그림 6.3에 나타나 있듯이 신뢰수준은 표본 분포의 중앙에 자리잡아서 모수의 구간 추정 이 계속 반복될 때 잡힌 신뢰 구간이 모수를 몇 번이나 포함할 것인지 정하는 확률이고 유의수준은 표본 통계량이 해당 분포에서 흔치 않게 일어나는 값이어서 H_0를 기각하는

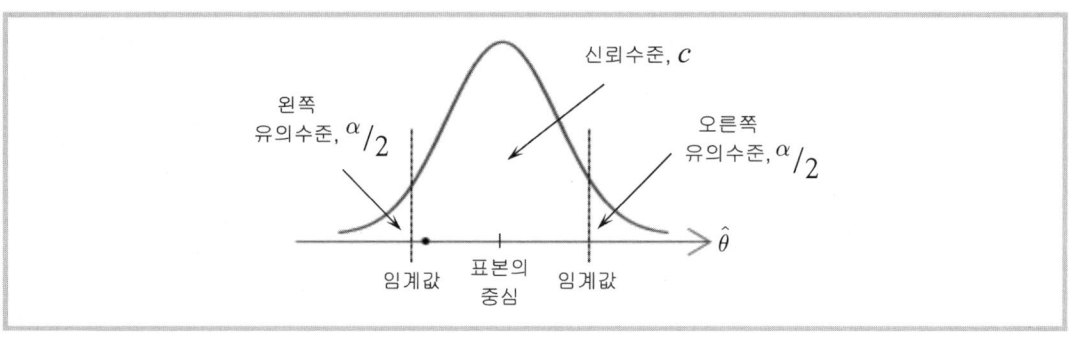

그림 6.3 (양쪽) 유의수준과 신뢰수준

확률인데 수집된 표본도 비정상적이어서 판단을 잘못할 수 있다는 경우를 반영한다. α는 데이터 분포에서 양 끝의 이상수로 판단하는 5%, 즉 0.05를 기준으로 하여 0.01이나 0.1로 지정하는 경우가 대부분이다. 이는 c에서 데이터 분포가 가운데를 중심으로 집중된다는 것을 고려하여 95%, 즉, 0.95를 기준으로 하여 0.99나 0.9로 대부분 지정하는 것과 호응한다.

유의수준을 통계학적 검정에 적용하기 위해선 p-값을 알아야 한다. **p-값**(probability value)은 표본 통계량이 표본 데이터에서 취득한 값을 기준으로 이보다 더 극단으로 치우쳐 나타날 확률이다. 그림 6.3에서 표본 통계량 축에 작은 검은 점을 표본 데이터에서 구한 값이라고 하면 여기서부터 더 극단으로, 즉 여기선 해당 값이 분포에서 왼쪽으로 치우쳐 있기 때문에 더 왼쪽으로 나타날 확률로 분포 곡선으로 보면 검은 점에서 왼쪽 편에 있는 면적이 되겠다. 따라서 통계학적 검정은 이와 같이 구한 p-값을 지정한 α와 견주어 판정을 내린다. 즉, p-값은 표본 데이터가 현재 값보다 더 극단으로 (표본이 비정상적인 경우가 된다 하더라도) 나올 확률이고 α는 검정에서 오류를 허용할 수 있는 최대 확률이므로 p-값이 α보다 크거나 같으면 H_0를 기각하지 못하고 반대가 되면 기각한다. 즉,

하나, p값 $\leq \alpha$이면 H_0를 기각한다.

둘, p값 $> \alpha$이면 H_0를 기각하지 못한다.

와 같다. p-값이 작으면 작을수록 통계학적 오류를 충분히 참아낼 수 있는 수준이 더 높아지므로 H_0를 기각할 만한 증거가 더 많이 확보되는 셈이다.

표본 데이터를 써서 p-값을 구하는 방법은 간단하다. 지금까지 해왔듯이 각 표본 통계량에 맞는 표본 분포를 먼저 그린 후에 이를 표준화하여 확률표나 컴퓨터의 도움을 받으면 된다. 이를 테면, 검정할 모집단의 모수가 모평균 μ이면 이의 표본 통계량은[5] 표본 평균인 $\bar{x}$이고, 또 이의 표준 통계량은[6] σ를 알 땐 z 변수를, 그리고 모를 땐 t 변수를 활용하여 값을 찾는다. 검정할 변수가 모집단의 모비율 p나 분산 σ^2일 때도 같은 방법으로 $\hat{p}$나 s^2을 거쳐 최종적으로 z 변수나 χ^2 변수를 쓰면 된다. 다만 p-값도 그림 6.3의 α의 경우처럼 양쪽 혹은 한쪽으로 서로 구별되어 계산되는데 이는 가설 검정의 형식에 따라 결정된다. 그림 6.4는 가설 검정의 형식과 함께 달라지는 p-값을 보여 주고 있다.

---

[5] 가설 검정에선 표본 통계량(sample statistic)을 **검정 통계량**(test statistic)이라고도 한다.
[6] 가설 검정에선 표준 통계량(standard statistic)을 **표준 검정 통계량**(standardized test statistic)이라고도 한다.

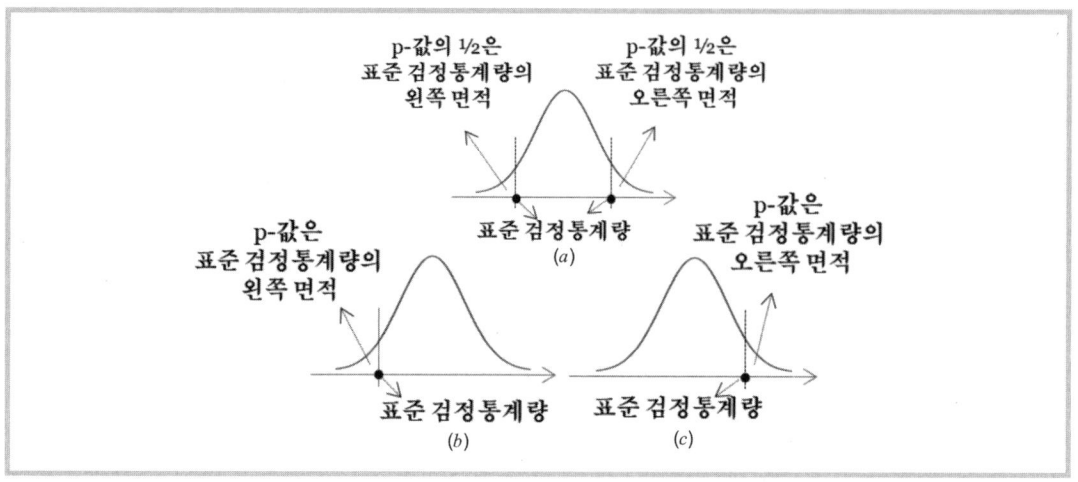

가설 검정의 형식에 따른 p-값

그림 6.4에 나타난 바와 같이 가설 검정은 검정의 본질에 따라 그림 6.4의 (a)와 같은 양쪽(two-tailed)과 (a)와 다른 한쪽(one-tailed) 검정으로 구별되고, 이때 한쪽 검정은 (b)와 같은 **왼쪽**(left-tailed) **검정**과 (c)와 같은 **오른쪽**(right-tailed) **검정**으로 나뉜다. 가설 검정은 H_0의 등식 부분을 참으로 가정하고 실시한다고 했다. 그래서 표본 분포의 가운데에 H_0가 항상 자리잡는데 이를 기각하고자 한다면 표본 통계량의 값은 주로 좌우의 꼬리 쪽에 나타나는 것이 대부분이다. 즉, H_1의 수학적 표현에 "같지 않다($\neq$)"가 들어가 있는 경우가 바로 그림 6.4(a)와 같은 양쪽 검정의 형식이 된다. 양쪽 검정이면 p-값이 양쪽으로 배분되어 있기 때문에 앞에서 설명한 p-값의 정의에 따른 계산은 $p/2$에 해당한다. 다른 형식도 마찬가지이다. H_1에 "작다($<$)"의 기호가 있으면 H_0엔 "크거나 같다($\geq$)" 기호가 있으므로 표본 통계량의 값이 분포의 중심에서 항상 작은 쪽에 나타나야 H_0를 기각할 수 있고, 그래서 왼쪽 검정의 형식이 될 수밖에 없다. 결국 가설 검정의 본질은 H_1에 나타나는 수학 기호가 결정하는 셈이다.

여태껏 α를 지정하고, 또 p-값도 구했으므로 이제 가설 검정을 직접 수행하는 일만 남았다. 하지만 아직 하나 남은 것이 있다. 가설 검정은 항상 H_0을 참으로 보고 진행하며 결론도 반드시 H_0에 대한 것이었다. 주장(claim)이 무엇이든 결론은 H_0를 기각하느냐 그렇지 않느냐 였다. 가설 검정은 비록 가설을 설정하고 H_0에 대한 결론을 내리지만 가설 검정의 수행 목적은 이와 같은 결론을 참고하여 의사 결정을 슬기롭게 하기 위해서이

표 6.2 가설 검정의 결과에 대한 주장의 해석

검정 결론 ＼ 주장	H_0가 주장	H_1이 주장
H_0를 기각한다	"이 주장을 기각할 만한 충분한 증거가 있어"	"이 주장을 지지할 만한 충분한 증거가 있어"
H_0를 기각하지 못한다	"이 주장을 기각할 만한 충분한 증거가 없어"	"이 주장을 지지할 만한 충분한 증거가 없어"

다. 따라서 가설에 대한 결론이 아니라 주장에 대한 결론이 나와야 한다. H_0를 기각하거나 기각하지 못하는 결론이 나올 때 주장과 관련해선 어떤 해석을 해야 하는지 판단하는 일이 꼭 필요한 것이다.

표 6.2는 가설 검정의 H_0에 대한 결과를 주장을 중심으로 평가하는 방식의 한 예를 요약한 것이다. 확률 분포 속에서 이루어지는 사건은 우연히 일어난 것이라 하더라도 아예 일어나지 않는 것이 아니므로 통계학적 측면에서 보면 항상 검정의 오류가 있는 법이다. 그래서 H_0를 기각한다고 하여 H_0가 100% 거짓인 것을 말하지 않는다. H_0가 기각될 때 H_0가 주장이면 주장이 잘못이거나 주장이 거짓이거나 주장을 반대하거나 주장을 기각하거나 하는 따위가 아니라 그럴 만한 충분한 증거가 있을 뿐이다. 반대로 H_0가 주장이 아니라 H_1이 주장이면 주장이 잘못이 아니거나 주장이 참이거나 주장을 찬성하거나 주장을 채택하거나 하는 따위가 아니라 역시 그럴 만한 충분한 증가가 있을 뿐이다. H_0를 기각하지 못하는 경우도 주장에 대한 해석은 비슷한 과정을 거치면서 진행한다.

예제 6.2a 다음 진술을 읽고 주장과 함께 가설을 설정하고, 또 가설 검정의 형식을 확인한 후에 해당하는 p-값도 표시해 보자.
1. 한 보안 전문가는 주택 소유자의 14% 이상이 가정에 경보기를 갖추었다고 주장한다.
2. 한 괘종시계 제작사는 평균 지연 시간이 하루에 0.02초를 초과하지 않는다고 말한다.
3. 한 전문가는 폐암으로 사망한 사람의 84%는 흡연 때문이라고 강조한다.

풀이 경보기를 갖춘 주택 소유자의 비율이 $p \geq 0.14$라고 주장했으므로

$$H_0 : p \geq 0.14 \text{ (주장)} \quad H_1 : p < 0.14$$

이다. 여기서 H_1에 "크지 않다"가 포함되었으므로 왼쪽 가설 검정을 수행해야 하며, 이때 표본 통계량의 값에 대한 p-값은 그림 6.5(a)와 같다. 다음, 괘종 시계의 평균 지연 시간이 하루에 0.02초를 초과하지 않는다고 했으니 $\mu < 0.02$이다. 따라서

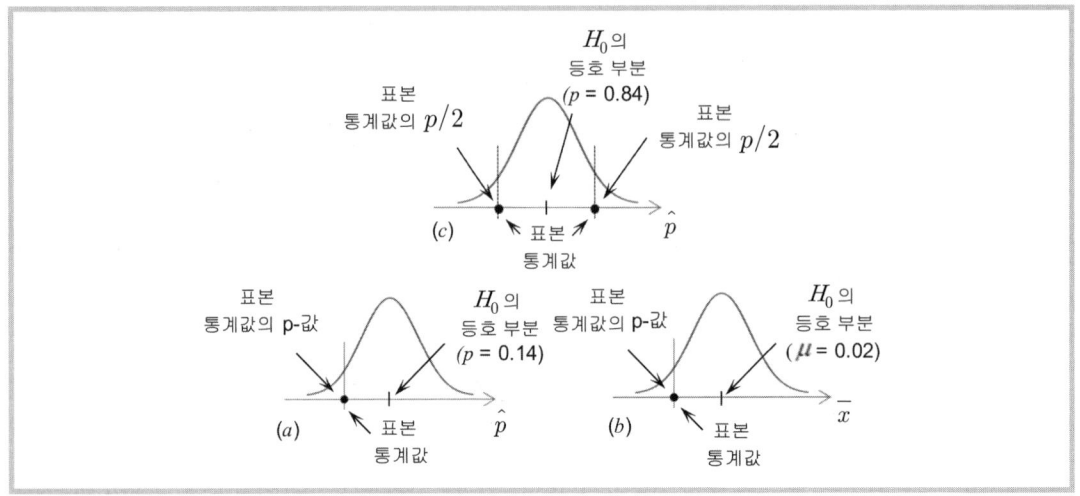

그림 6.5 예제 6.2a의 각 경우에 대한 검정 형식 및 p-값

$$H_0 : \mu \geq 0.02 \quad H_1 : \mu < 0.02 \ (\text{주장})$$

이다. H_1에 속한 관계 연산자로 보아 이 가설 역시 1)과 같이 왼쪽 검정이 되고 p-값은 그림 6.5(b)와 같다. 끝으로, 전문가의 주장은 흡연 때문에 폐암으로 죽는 사람의 비율, 즉 $p = 0.84$이다. 그래서

$$H_0 : p = 0.84 \ (\text{주장}) \quad H_1 : p \neq 0.84$$

와 같고 가설 검정의 형식은 양쪽 검정이 되고, 이때 p-값은 그림 6.5(c)와 같다.

예제 6.2b 다음 그림은 모수에 설정된 귀무 가설 H_0를 그래프로 나타낸 것이다.

$$H_0 : \mu \geq 70$$

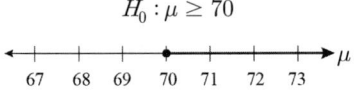

표본 통계량이 보이는 신뢰 구간도 아래에 그래프로 나타내었다. H_0를 기각할 수 있는지 그렇지 못하는지 결정해 보자.

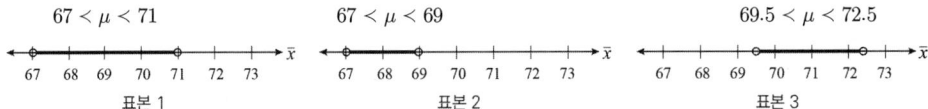

풀이 귀무 가설의 등호 부분을 봐서 모평균은 표본 통계량의 평균에 대한 기댓값, 즉 70 근방인 것을 알 수 있다. 따라서 표본 1에서 추정한 신뢰 구간이 67에서 71 사이로 70을 포함하기 때문에 표본 1의 통계량으론 H_0를 기각하지 못한다. 같은 방법으로, 표본 2는 70을 포함하지 않기 때문에 H_0를

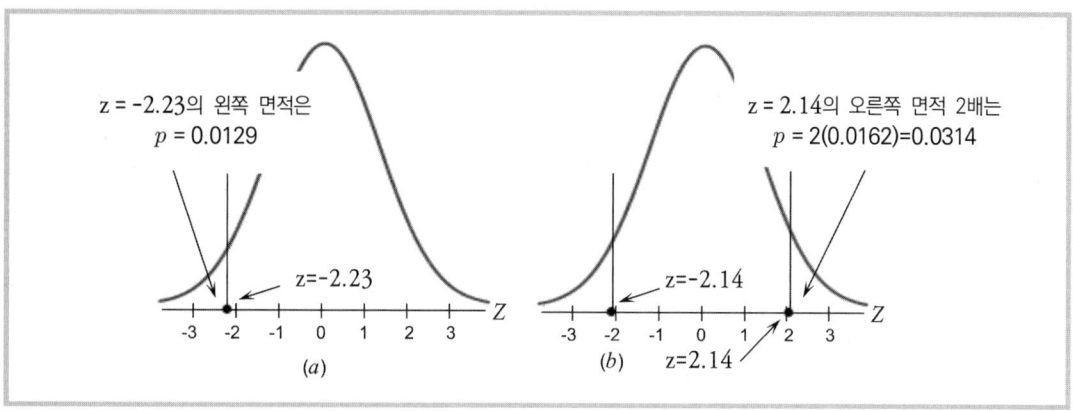

그림 6.6 예제 6.2c의 p-값 찾기

기각하고, 그리고 표본 3은 기각하지 못한다. 한편, 이 문제는 표본의 통계량으로 모평균을 구간 추정하는 경우로 살펴볼 수도 있다. 신뢰수준 c로 구간 추정을 할 때 $c=1$이 아닌 이상 추정한 구간이 H_0의 등호 부분을 포함하지 못하는 경우가 있기 때문이고 바로 표본 2가 이에 해당한다.

예제 6.2c 다음 경우에 대해 괄호 속의 검정 형식으로 임의의 H_0를 기각할 수 있는지 결정해 보자.
   1. $\alpha=0.01$이고 표준 검정 통계량이 $z=-2.23$일 때 (왼쪽 검정)
   2. $\alpha=0.05$이고 표준 검정 통계량이 $z=2.14$일 때 (양쪽 검정)

풀이 우선, 왼쪽 검정이기 때문에 표준 검정 통계량 $z=-2.23$의 p-값은 그림 6.6(a)와 같이

$$p값 = (왼쪽\ 꼬리\ 부분의\ 면적)$$

이므로 확률표나 컴퓨터의 도움을 받아 구하면 0.0129가 된다. 따라서 $p>\alpha$이므로 H_0를 기각하지 못한다. 다음, 양쪽 검정인 경우는 그림 6.6(b)와 같이 양쪽으로 p-값의 반이 차지하므로

$$p값 = 2(오른쪽\ 꼬리\ 부분의\ 면적)$$

와 같아서 p-값은 2(0.0162) = 0.0314이다. 따라서 $p \le \alpha$이므로 H_0를 기각한다.

예제 6.2d 다음과 같은 주장의 진술을 읽고 가설 검정을 실시한다. 가설 검정의 결과가 1) H_0를 기각하고, 그리고 2) H_0를 기각하지 못할 때 주장에 대한 각각의 해석을 붙여 보자.
   1. H_1(주장): 한 부동산 전문가는 가족과 함께 살기엔 많이 좁다고 생각하는 주택 소유자의 비율이 24%라고 강변한다.
   2. H_0(주장): 자동차 정비소의 한 직원은 평균 오일 교환 시간이 15분을 넘지 않는다고 과시한다.

풀이 첫 번째는 대립 가설이 주장이다. 따라서 가설 검정의 결과가 H_0를 기각하는 것이라면 "부동산 전문가의 주장을 지지할 만한 충분한 증거가 있어"의 해석이 한 예가 될 수 있겠고, 또 H_0를 기각하지 못하는 결과이면 "부동산 전문가의 주장을 찬성할 만한 증거가 충분하지 않아"의 해석이 가능하다.

두 번째는 귀무 가설이 주장이다. 그래서 H_0를 기각하는 것이 검정의 결과라면 "정비소 직원의 주장을 믿을 만한 만족스러운 증거를 찾지 못해"이 한 예가 될 것이고, 또 H_0를 기각하지 못하는 결과라면 "정비소 직원의 주장이 옳다는 만족할 만한 증거가 있어"로 해석할 수 있다. "기각" "지지" "충분한" 따위의 단어에 얽매이지 말고 가설 검정의 해석 원리를 이해하여 여러 단어를 함께 섞어 사용하는 것이 좋겠다.

6.3 1-표본의 가설 검정

지금부터 본격으로 가설 검정을 실시해 보자. 지금까지 학습한 유의수준부터 p값의 뜻과 계산 방법, 가설 검정의 형식 따위가 밑바탕이 되는 것은 당연하다. $p \le \alpha$이면 H_0를 기각하고 $p > \alpha$이면 기각하지 못하는 규칙은 어떻게 보면 아주 단순하다. 하지만 모집단의 임의 모수에 대한 진술을 표본 데이터가 지닌 통계량으로 맞나 그르나 판단하는 일인 만큼 학문적으로 보면 큰 업적이 아닐 수 없다. 확률의 세계를 수학적으로 정량화하는 것과 현실에 접목시켜 올바른 행동을 할 수 있게 의사 결정의 영역까지 확대한 것은 그냥 차이로만 볼 수 없다.

누군가의 주장을 검정하여 따지거나 수긍하는 일, 혹은 저쪽의 주장을 반박하고 이쪽의 주장을 옹호하는 일은 일상에서 늘 맞닥뜨린다. 특히, 이런 일이 의사 결정과 관련되어 있다면 비록 가설 검정의 절차가 단순하다 하더라도 그 결과를 해석하는 일은 아주 조심스럽고 신중하게 이루어져야 한다. **α가 사용되는 까닭과 p값이 뜻하는 바**를 비롯하여 H_0를 기각하고 기각하지 못하는 것이 주장의 해석에 미치는 영향까지 제대로 이해하지 않으면 이를 발판으로 행해진 의사 결정이 오히려 큰 위험이 된다. 그래서 가설 검정을 수행하는 방법엔 두 가지를 두고 있다. 물론 그 원리는 같아 크게 도움은 되지 않겠지만 **교차 검정**의 이점도 있을 터이고, 또 각 방법이 강조하는 바가 다르므로 환경에 따라 적절히 응용한다면 해석의 질을 높이는데 약간이라도 보탬이 되지 않을까 싶다. 새로 소개하는 방법은 지금까지 설명해 온 p값을 이용하는 방법에 대한 실전 예를 풀어 완전히 익힌 후에 소개하기로 한다. 하나를 확실히 이해하면 서로 원리가 같아 생각의 방향을 바꾸는 일만으로도 바로 적용할 수 있기 때문이다.

가설 검정은 검정 통계량의 p값을 계산하여 미리 설정된 α와 견주어 진행하는데 앞에서 설명한 검정 규칙을 여기에 다시 나타내면 다음과 같다.

하나, p값 $\leq \alpha$이면 H_0를 기각한다.

둘, p값 $> \alpha$이면 H_0를 기각하지 못한다.

즉, 가설 검정의 판정은 반드시 H_0에 대하여 이루어지고, 또 p값은 모수와 연결되는 표본 데이터의 값이 현 위치에서 더 극단으로 발생할 확률이라는 것을 절대 잊어서는 안 된다. 우선, 모평균에 대한 진술을 검정하고자 하는데 여긴 모집단의 분산을 (혹은 표준 편차 σ를) 아는 경우와 모르는 경우로 나누어 진행한다. 앞 장의 모수 추정에서도 밝혔듯이 표본 분포의 표준 오차가 모집단의 함수로 $\sigma/\sqrt{n}$이기 때문이다. 따라서 σ를 아는 경우는 z 분포를, 그리고 모르는 경우는 σ를 표본의 표준 편차인 s로 대체하면서 동시에 t 분포를 사용한다.

예제 6.3a 자동차 경주에서 타이어나 연료의 교체 시간이 승패를 좌우할 때가 흔히 있다. 한 정비사가 4개의 타이어와 함께 연료를 교체하는 데 평균 13초가 되지 않는다고 한다. 믿기 어려운 말이다. 그래서 31번에 걸쳐 직접 점검해 보니 평균 13.2초인 것을 확인하였다. 5%의 유의수준에서 판단해 볼 때 정비사의 말을 믿어도 괜찮은지 조사해 보자. 단, 모집단의 표준 편차는 0.39초로 가정한다.

풀이 모집단의 표준 편차를 알고 있으므로 z 분포를 이용한다. 다만, 가설 검정의 일반적인 절차를 깨우친다는 측면에서 순서대로 차근차근 검정해 본다. 첫째, H_0와 H_1을 설정하고 주장을 확인한다. 즉, 믿기 어려운 것을 검정하려고 하므로 정비사의 진술을 H_0로 설정하여

$$\begin{cases} H_0 : \mu \leq 13 \ (주장) \\ H_1 : \mu > 13 \end{cases}$$

로 두고 H_0의 기각을 목적으로 삼는다. 둘째, 유의수준을 정하는데 $\alpha = 0.05$로 주어져 있다. 셋째, 표본 데이터에서 얻은 정보로 표준 검정 통계량을 계산하여 검정 형식에 맞게 표본 분포에 표시한다. 즉, 그림 6.7과 같이 검정 통계량부터 표준 검정 통계량, 그리고 p값을 분포에 표시하는 것이 필요하다.

가설 검정의 형식은 H_1이 결정하는데 그림 6.7과 같이 우측 검정이다. 넷째, 셋째 단계의 정보를 이용하여 표준 검정 통계량 $z = 2.86$의 p값을 찾는다. 우측 검정에서 p값은 분포에서 $z = 2,86$의 오른쪽 영역인데 확률표나 컴퓨터의 도움을 받아 0.0021로 계산할 수 있다. 다섯째, 가설 검정의 결론을 내린다. 즉, $p = 0.0021 \leq \alpha = 0.05$이므로 H_0를 기각한다. 가설 검정의 결론은 항상 두 가지 중 하나라는 것을 기억해야 한다. 여섯째, 가설에 표기된 주장과 견주어 가설 검정의 결론을 해석한다. H_0를 기각했으므로 H_0, 즉 정비사가 4개의 타이어와 연료를 교체하는데 채 13초가 걸리지

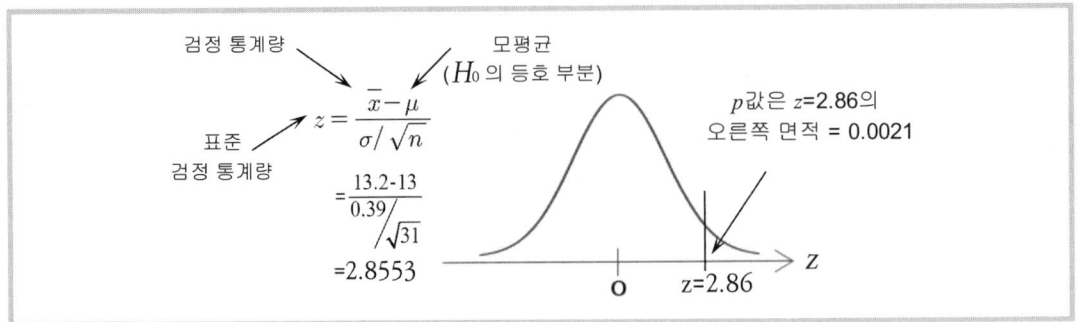

그림 6.7 가설 검정에 필요한 정보를 분포에 표시하기

않는다는 주장은 통계학적인 여러 증거로 믿을 수 없다. 또는 H_0가 기각되었으므로 대립 가설인 H_1, 즉 4개의 타이어와 연료를 함께 교체하는데 걸리는 평균 시간은 13초를 초과한다고 믿을 만한 충분한 증거가 있다. 여러 가지 말로 해석할 수 있기 때문에 많은 훈련이 필요한 대목이다.

예제 6.3b 현장 직원이 작업 과정을 익히는데 평균 90분이 걸린다고 알려져 있다. 회사 관리자는 이번에 설치된 새 기계의 작업 과정을 직원들이 익히는데 몇 분이 걸리는지 알고 싶어서 임의로 20명을 선택하여 조사를 했다. 이번 새 기계에선 평균 85분이 걸리는 것으로 파악되었는데 관리자는 이번 결과가 이전의 결과와 분명한 차이가 있는지 확인하고자 한다. 직원이 새 환경에 익숙해지는 시간이 표준 편차 σ가 7인 정규 분포를 따른다고 할 때 $\alpha = 0.01$에서 직접 검정해 보자.

풀이 먼저, 모집단의 평균 μ와 관련한 표본 데이터와 검정 정보를 요약하면

$$n = 20, \ \overline{x} = 85, \ \sigma = 7, \ \text{그리고} \ \alpha = 0.01$$

와 같다. 직원이 새 환경에 익숙해지는 데 걸리는 시간의 이전 및 이후 평균 시간의 차이가 있는지 조사하므로 통계학적으로 차이가 있으면 H_0를 기각할 수 있도록 가설을 다음과 같이 설정한다. 즉,

$$\begin{cases} H_0 : \mu = 90 \ (\text{직원이 새 기계를 익히는데 걸리는 평균 시간은 90분이다}) \\ H_1 : \mu \neq 90 \ (\text{직원이 새 기계를 익히는데 걸리는 평균 시간은 90분이 아니다}) \end{cases}$$

이다. 가설에 수학식만 적어 놓아 뜻이 분명하게 전달되지 않을 때는 위와 같이 가설 뒤에 문장으로 적어 놓을 수도 있으니 참고하면 좋겠다. 회사 관리자는 기존의 기계로 작업하는데 많은 시간이 걸려 새 기계를 도입했기 때문에 가설의 설정에서 H_0를 $\mu \geq 90$로, 그리고 H_1은 $\mu < 90$ 두고 H_0를 기각할 목적으로 삼아도 될 것이다. 다음, 표본 분포를 선택한다. 표본의 크기가 30보다 작지만 모집단의 분포가 정규 분포이므로, 또 모집단의 표준 편차도 알고 있으므로 검정 통계량 $\overline{x}$는 평균이 μ이고 표본 오차가 $\sigma/\sqrt{n}$인 정규 분포로 근사할 수 있다. 따라서 표준 검정 통계량 z는 표준

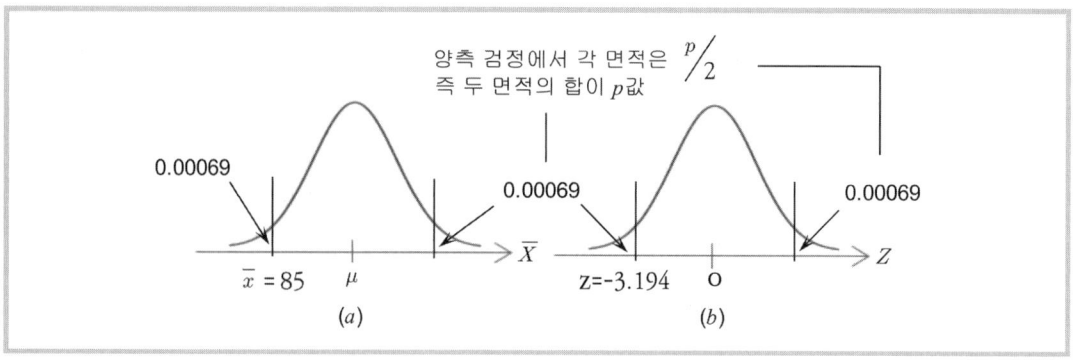

그림 6.8 예제 6.3b의 검정 통계량과 표준 검정 통계량

정규 분포에서

$$z = \frac{\bar{x} - \mu}{\sigma / \sqrt{n}} = \frac{85 - 90}{7 / \sqrt{20}} = -3.1944$$

이 되고 이의 값은 확률표나 컴퓨터의 도움을 받아 그림 6.8에 표시된 것과 같다. 그림 6.8은 H_1에 따라 양측 검정을 보여 주고, 이때 p값은 양쪽 면적의 합이므로 약 0.0014가 된다. 따라서 $p \leq \alpha = 0.01$이므로 H_0는 기각되어야 한다. H_1을 지지할 만한 충분한 증거가 있다는 뜻으로 해석하고, 이는 직원이 새 기계에 익숙해지는 평균 시간이 기존의 90분과 차이가 있어 새 기계의 효과가 통계학적으로 발생한다고 보면 되겠다.

예제 6.3c 중고차 판매상이 2년 사용한 고급 승용차는 깨끗하고 관리가 잘 되었다면 최소한 2000(만원)에 팔린다고 주장한다. 이 주장에 의심이 들어 비슷한 승용차 14개를 조사하였더니 평균 가격이 1920(만원)이고 표준 편차는 119(만원)이었다. 모집단의 분포를 정규 분포로 가정할 수 있을 때 $\alpha = 0.05$에서 중고차 판매상의 주장을 반박해 보자.

풀이 우선, 가설 검정에서 사용할 수 있는 분포를 결정한다. $n \geq 30$을 만족하지 않지만 모집단이 정규 분포로 가정된다고 했으므로 표본은 정규 분포를 따른다. 하지만 모집단의 표준 편차를 모르기 때문에 t 분포를 써야 한다. 다음, 가설을 설정한다. 의심이 드는 주장을 검정하고자 하는 것은 반증하기 위해서이다. 따라서 H_0와 H_1의 가설을 각각

$$\begin{cases} H_0 : \mu \geq 2000 \ (주장) \\ H_1 : \mu < 2000 \end{cases}$$

와 같이 설정한다. 이제 t 분포에서 검정 통계량 $\bar{x} = 1895$의 p값을 찾는다. $\bar{x}$에 대한 표준 검정 통계량 t를 찾아 T 분포에서 값을 구하는 과정은 그림 6.9와 같다.

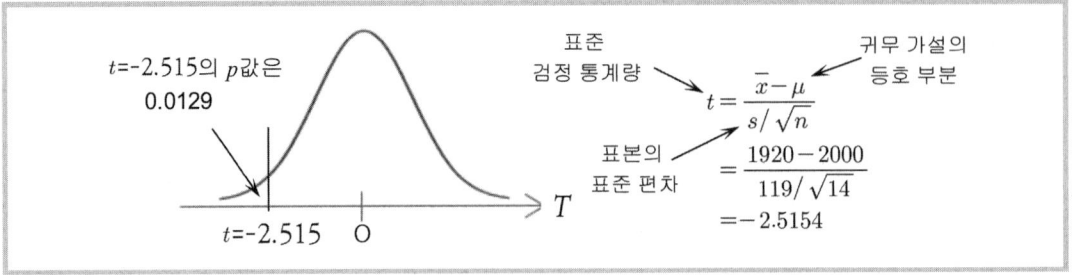

그림 6.9 예제 6.3c의 표준 검정 통계량과 이의 값

그림 6.9에서 T 분포를 적용할 때 사용한 자유도는 $df = n - 1 = 13$이다. 끝으로, 가설 검정의 결론을 내린다. 즉, $p \leq \alpha = 0.05$이므로 H_0를 기각한다. 2년 된 중고 고급차의 평균 가격이 2000(만원)이라는 판매상의 주장을 인정할 수 없다는 충분한 증거가 통계학적으로 마련된 셈이다.

예제 6.3d 폐기물 업체는 인근 민가로 흐르는 강물의 pH 수치가 6.8이라고 강변한다. 확인하기 위해 강물의 표본을 39점 무작위로 수집하여 조사했더니 평균과 표준 편차가 각각 6.7과 0.35이였다. 업체의 주장을 반박할 수 있는지 생각해 보자.

풀이 모집단은 σ를 포함하여 분포에 대한 정보가 알려져 있지 않다. 하지만 $n = 39 \geq 30$이므로 표본은 정규 분포를 따른다고 가정할 수 있다. 우선, 가설을 세우면 이렇다.

$$H_0 : \mu = 6.8 \ (\text{주장}) \ \text{그리고} \ H_1 : \mu \neq 6.8$$

이 문제는 반박이나 옹호하고자 하는 것이 아니다. 업체의 주장을 확인하고 싶을 뿐이므로 등식이 포함된 가설을 H_0로 설정했다. H_1의 식 형식으로 가설 검정이 양쪽 검정인 것을 알고, 또 $\bar{x} = 6.7$, $s = 0.35$, $n = 39$, $\mu = 6.8$, 그리고 $df = n - 1 = 38$의 정보를 이용해 그림 6.10과 같이 컴퓨터 도움을 받아 결과를 나타내었다.

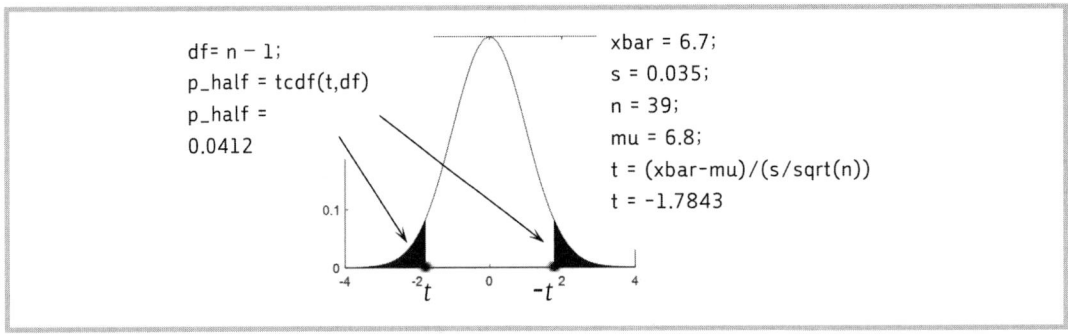

그림 6.10 예제 6.3d의 MATLAB 작업

그림 6.10에서 표준 검정 통계량은 $t = -1.7843$로 계산되었는데 t 분포의 대칭성을 참고하여 양쪽 검정에 대한 $-t = 1.7843$도 표시되어 있다. 그리고 양쪽 검정이기 때문에 p값은 왼쪽과 오른쪽 영역의 면적을 합한 값이므로 $2(0.0412) = 0.0824$인 것에 주의할 필요가 있다. 따라서 가설 검정은 $p > \alpha = 0.05$이므로 H_0를 기각할 수 없다고 결론 내릴 수 있다. 즉, 5% 유의수준으로 판단할 때 폐기물 업체가 주장한 인근 강물의 pH 수치는 0.8이라는 진술을 반박할 만한 충분한 증거를 통계학적으로 발견할 수 없다고 해석할 수 있다.

가설 검정은 지금까지 해온 경우와 같이 p값을 이용하는 방법 말고도 이른바 기각 영역을 이용하는 방법도 있다. **기각 영역**(rejection region)은 제시되거나 염두에 두고 있는 유의수준 α가 표본 분포의 끝단에 대응하는 영역을 말한다. 다시 말하면, 그림 6.11 과 같이 (표준 검정 통계량이 z 분포라고 가정하면) 각 가설 검정의 형식에 맞게 표본 분포의 끝단에 α에 해당하는 값을 찾아 극단적인 방향으로 이어지는 영역을 표시해 놓고 표본 데이터의 통계량 값이 이 영역에 속하면 기각하고 그렇지 않으면 기각하지 못하는 방식이 되겠다. 우측 검정인 그림 6.11의 (a)를 예로 들면, α에 해당하는 임계값 z_c를 찾아 이보다 더 극단적인, 즉 우측 끝까지 기각 영역으로 설정해 놓고 표본 데이터를 조사하여 해당하는 값이 이 영역에 놓이면 기각하고 그렇지 않으면 기각하지 않는다. 이때 z_c를 임계값(critical value)이라고 하는 까닭은 이 값을 중심으로 기각하고 기각하지 못하는 영역으로 나뉘기 때문이다. 그림 6.11의 (c)는 양쪽 검정인데 p값인 경우와 마찬가지로 α가 반반씩 양쪽으로 나뉘어 있는 것에 주의해야 한다.

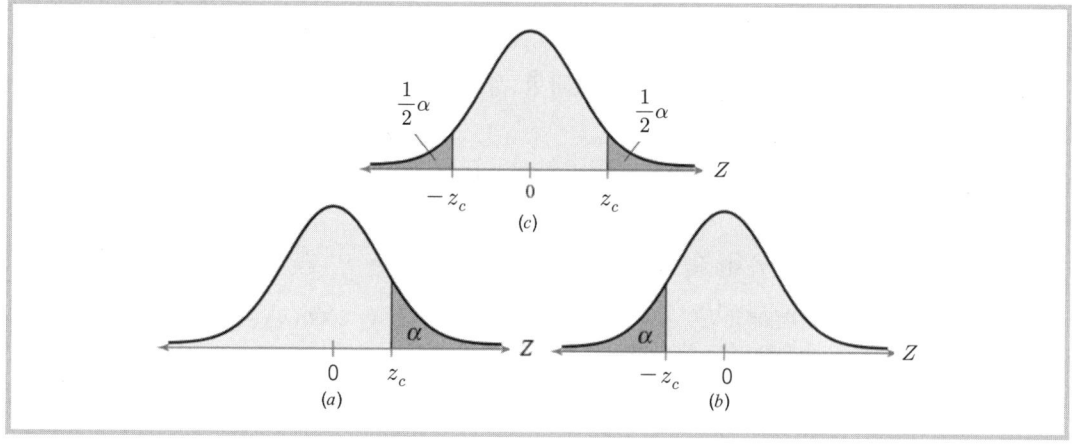

그림 6.11 가설 검정 형식에 따른 기각 영역

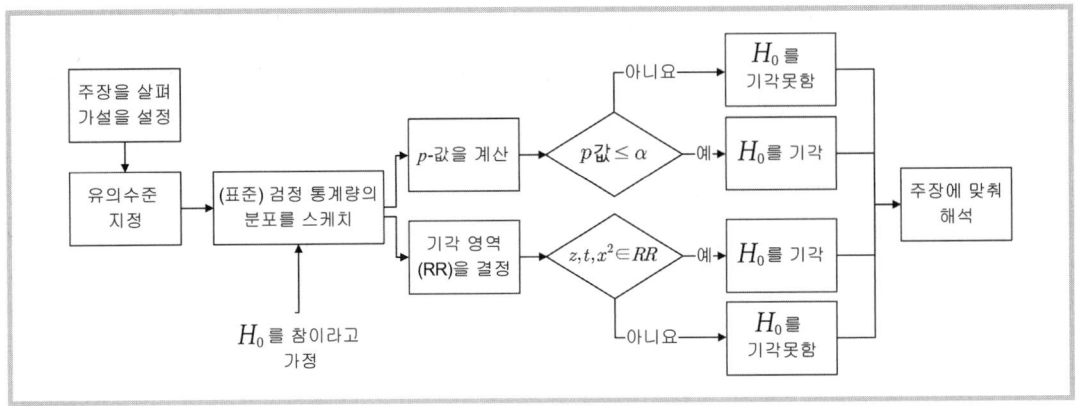

그림 6.12 가설 검정의 일반적인 절차

　　지금까지 가설 검정의 두 방법을 설명했다. p값을 이용하든 기각 영역을 사용하든 결과는 똑같을 수밖에 없다. 검정 통계량의 p값을 찾아 α와 견주는 일이랑 α가 차지하는 영역을 구축해 놓고 검정 통계량이 그 영역에 속하는지 따지는 일이랑 순서만 바뀌었을 뿐 새로운 것은 없다. 하지만 각 과정 속에 사용하는 p값 및 기각 영역의 개념은 통계학의 중요한 요소이기 때문에 확실히 알아 둘 필요가 있다. 둘 다 통계적 오류에 대처하는 방법이지만 p값은 검정 통계량의 값이 해당 분포에서 이상수(outlier)가 될 확률이지만 기각 영역은 H_0의 등호 부분이 해당 분포에서 성립하기 어려운 확률이다. 물론 다른 말로도 설명할 수 있겠지만 두 방법이 지향하는 관점이 다르다는 것을 알 필요가 있다. 가설 검정에서 사용하는 검정 통계량이 같다 하더라도 검정 통계량 자체가 일어나기 어려운 사건인지, 아니면 검정 통계량 때문에 분포의 중심이 일어나기 어려운 사건인지 따져 보는 것도 흥미가 있지 않을까 싶다. 그림 6.12는 지금까지 설명한 두 방법을 **가설 검정의 일반적인 절차**와 함께 간단하게 요약한 것이다.

예제 6.4a 예제 6.3c의 문제를 기각 영역을 써서 다시 풀어 보기로 하자.

풀이 해당 문제의 가설은 다음과 같이 설정되어 있다.

$$\begin{cases} H_0 : \mu \geq 2000 \ (\text{주장 } - \ 2\text{년 된 고급 중고차는 최소한 } 2000(\text{만원})\text{에 팔린다}) \\ H_1 : \mu < 2000 \ (\text{그렇지 않다}) \end{cases}$$

그리고 검정의 유의수준은 $\alpha = 0.05$이고 표본에 대한 정보는

$$n = 14, \ \overline{x} = 1920(\text{만원}), \ \text{그리고 } s = 119(\text{만원})$$

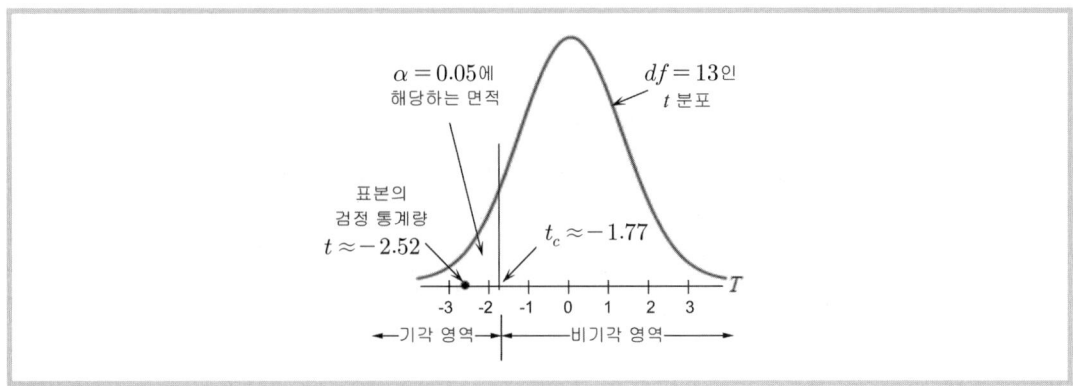

그림 6.13 예제 6.3c의 기각 영역을 이용한 풀이

와 같다. H_1의 형식에 따라 왼쪽 검정이므로 그림 6.11의 (b)와 같이 α에 해당하는 기각 영역을 t 분포에 그림 6.13과 같이 표시하는데 자유도가 $df = 13$인 t 분포의 확률표에서 찾은 임계값은 $t_c \approx -1.77$이다. 그림에서도 확인할 수 있듯이 t_c는 기각 및 비기각 영역을 나누고 있다. 이제 표본의 검정 통계량을 그림 6.13에 나타내어 기각 및 비기각 영역의 어느 쪽에 속하는지 살핀다. 이때 표본의 검정 통계량 계산은

$$t = \frac{\overline{x} - \mu}{s/\sqrt{n}} = \frac{1920 - 2000}{119/\sqrt{14}} = -2.5154 \approx -2.52$$

와 같고, 따라서 t가 기각 영역에 포함되므로 중고차 판매상의 주장은 기각될 만한 충분한 증거를 갖추게 되었고 이는 예제 6.3c와 같다.

예제 6.4b 장거리 전화 서비스를 운영하고 있는 회사의 2017년 자료는 이 회사를 거친 장거리 전화의 평균 통화 시간이 12.44분인 것을 말해 주고 있다. 회사 관리자는 올해의 평균 통화 시간이 이전과 차이가 있는지 확인하고 싶어 장거리 전화 150개의 표본에서 평균 통화 시간이 13.07분인 것을 확인했다. 모집단의 표준 편차가 2.78분일 때 2%의 유의수준에서 현재와 과거의 평균 통화 시간에 차이가 있는지 기각 영역을 써서 검정해 보기로 하자.

풀이 기각 영역을 이용해 검정하는 일도 지금까지 해온 p값을 써서 하는 것과 다르지 않다. 우선, 표본 및 모집단의 정보를 요약하면

$$n = 150, \ \overline{x} = 13.07, \ \text{그리고} \ \sigma = 2.78$$

이다. 이 문제에 대한 가설 검정을 그림 6.12의 일반적인 절차를 참고하여 순서대로 진행하면 이렇다. 첫째, 주장을 살펴 가설을 설정한다. 장거리 전화의 평균 통화 시간이 과거와 차이가 있는지 조사하는 것이 목적이므로

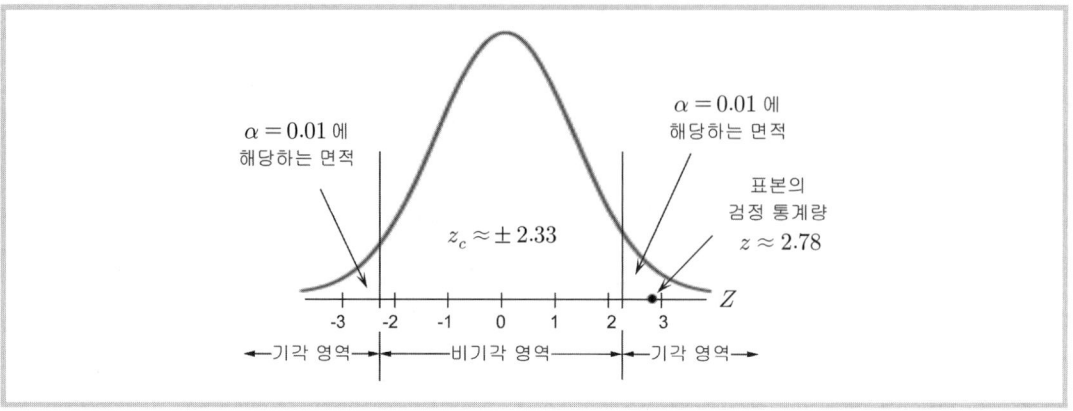

그림 6.14 예제 6.4b의 기각 영역을 이용한 풀이

$$\begin{cases} H_0 : \mu = 12.44 \ (장거리\ 전화의\ 현재\ 통화\ 시간은\ 12.44분이다) \\ H_1 : \mu \neq 12.44 \ (장거리\ 전화의\ 현재\ 통화\ 시간은\ 12.44분이\ 아니다) \end{cases}$$

와 같이 설정한다. H_1을 통해서 양쪽 검정으로 실시해야 하는 것을 알 수 있다. 둘째, 유의수준 2%에 해당하는 기각 영역을 표준 검정 통계량 분포와 함께 나타낸다. 양쪽 검정이기 때문에 유의수준의 반이 그림 6.14와 같이 왼쪽과 오른쪽에 각각 차지하고, 이때 임계값 z_c는 확률표나 컴퓨터의 도움을 받아 계산하면 ± 2.3263이다. 셋째, 표준 검정 통계량의 값을 계산한다. 즉,

$$z = \frac{\overline{x} - \mu}{\sigma / \sqrt{n}} = \frac{13.07 - 12.44}{2.78 / \sqrt{150}} = 2.7755$$

이고, 이 역시 그림 6.14에 표시되어 있다. 넷째, 그림 6.14에서 확인할 수 있듯이 검은 점으로 표시된 표준 검정 통계량의 값이 오른쪽 기각 영역에 들어가 있기 때문에 H_0를 기각한다. 즉, 장거리 전화의 현재 통화 시간이 12.44분이라는 증거를 찾을 수 없다. 다섯째, H_0의 기각이 어떤 뜻을 내포하고 있는지 해석한다. 현재 통화 시간이 12.44분이 아니라는 결과는 검정 통계량의 값 13.07분이 12.44분과 견주어 통계학적으로 큰 차이를 보인다는 말이다. 우연이나 샘플링 오차가 원인으로 일어날 수 있는 사건이 아니고 검정 통계량의 해당 분포에선 나타나기 어려운 사건이라는 뜻이다.

예제 6.4c 지역의 한 저축은행 관리자는 고객에 대한 서비스의 질 향상을 늘 고민해 오고 있었다. 창구 직원이 하루 22명의 고객밖에 응대하지 못하는 것은 오래된 컴퓨터 때문으로 생각하여 이번에 새 컴퓨터를 설치하기로 했다. 새 컴퓨터를 도입한 후 관리자는 효과가 얼마나 개선되었는지 확인하기 위해 표본으로 50일을 잡아 창구 직원이 하루 응대하는 평균 고객 수를 기록했는데 평균 고객 수는 26.5명이고 이의 표준 편차는 3.5명이었다. 오래된 컴퓨터와 견주어 효과가 있는지 1%의 유의수준으로 검정해 보도록 하자.

[풀이] 먼저, 검정과 관련한 모집단과 표본, 유의수준의 정보를 요약하면 다음과 같다.

$$n = 50(일),\ \bar{x} = 26.5(명),\ s = 3.5(명),\ \mu = 22(명),\ 그리고\ \alpha = 0.01$$

그리고 검정의 목적을 따져 귀무 및 대립 가설을 각각 설정하면

$$\begin{cases} H_0 : \mu = 22\ (새\ 컴퓨터의\ 효과가\ 크지\ 않다) \\ H_1 : \mu > 22\ (새\ 컴퓨터의\ 효과가\ 아주\ 크다) \end{cases}$$

와 같다. 여기서 주목할 것 하나. 보통은 H_0가 "같다"이면 H_1은 "같지 않다"이고, 또 H_1이 "크다"이면 H_0는 "작거나 같다"가 되어야 한다. 두 가설은 반드시 보완적이어야 하기 때문이다. 그래서 위의 가설은 서로 보완적이지 않기 때문에 원칙으로 따지면 틀린 표현이다. 하지만 가설의 설정이 검정의 목적에 맞아야 하기 때문에 설사 보완적이지 않다 하더라도 가설론 성립한다. 위 가설은 헌 컴퓨터와 견주어 새 컴퓨터의 효과를 따지는 목적을 두고 설정된 것이다. 헌 컴퓨터의 시간당 평균 고객 수가 22명이면 새 컴퓨터는 22명 이상이 되는 것이 정상이다. 굳이 H_1을 $\mu \neq 22$로 설정하여 양쪽 검정 때문에 유의수준 α를 양쪽으로 반씩 나누어야 할 환경이 아니다. 새 환경, 즉 새로운 컴퓨터를 설치하여 효과를 개선시킬 조치를 취했기 때문에 가능한 일이다. 예제 6.4b와 같이 아무런 행위를 하지 않아 환경 변화가 없는 경우와 다르다. 가설을 설정할 때 간혹 있는 일이기에 여기서 소개하니 독자도 참고하면 좋겠다.

가설을 설정했으므로 검정에서 사용할 분포를 결정한다. 표본의 크기가 $n \geq 30$이므로 정규 분포를 쓸 수 있지만 모집단의 표준 편차를 모르기 때문에 t 분포를 쓰기로 한다. 그림 6.15는 우측 검정에서 $\alpha = 0.01$에 대한 t 분포의 기각 영역을 표시한 그림인데 t 분포의 자유도는 $df = n - 1 = 49$이고 임계값은 $t_c = 2.4049$이다.

끝으로, t 분포에 대한 표준 검정 통계량의 값을 찾아 기각 영역에 속하는지 확인하여 검정을 마무리한다. 표준 검정 통계량을 계산하면

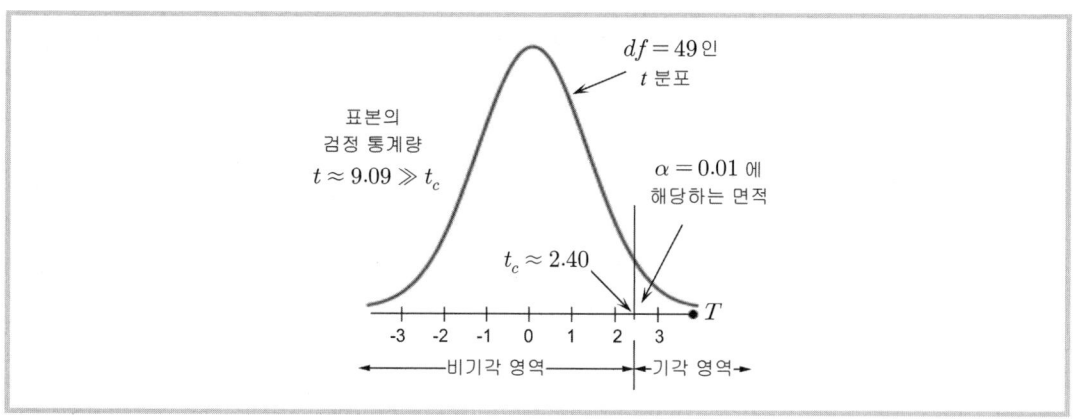

그림 6.15 예제 6.4c의 기각 영역을 이용한 풀이

$$t = \frac{\overline{x} - \mu}{s/\sqrt{n}} = \frac{26.5 - 22}{3.5/\sqrt{50}} = 9.0914 \approx 9.09$$

와 같은데 t_c와 견주어 아주 크다. 그림 6.15엔 가로 축 스케일에 표시할 수 없을 만큼 커서 검은 점을 그림의 축 끝에 놓아 두었다. H_0가 기각될 수밖에 없다. 새 컴퓨터의 도입으로 직원이 하루에 응대하는 고객의 평균 수를 과거와 견줄 수 없을 만큼 향상되었다고 결론 지을 수 있다. 그만큼 효과가 크게 나아진 셈이다.

이제 모집단의 비율에 대해 검정한다. 전체에서 차지하는 몫에 대한 진술을 확인하는 일은 주위에서 흔하게 볼 수 있고, 또 현명한 의사 결정을 위해 꼭 해야 하는 경우도 많다. 비율의 검정은 앞에서 수행한 평균의 검정과 똑같다. 표본의 개수가 크다면[7] 표본 분포는 정규 분포로 근사될 수 있기 때문에 평균에서 한 것처럼 z 분포를 사용할 수 있기 때문이다. 이때 분포의 평균은 모비율 p로 H_0에서 등호로 나타나는 값이고 분산은 pq/n이므로 표준 검정 통계량 z 변수는

$$z = \frac{\hat{p} - p}{\sqrt{\dfrac{pq}{n}}}$$

이 된다.

가설 검정의 대상이 비율이라 하더라도 앞에서 언급한 그림 6.12의 두 가지 방식을 그대로 적용한다. p값으로 접근할 땐 검정 통계량이 갖는 p값의 뜻을 다시 한번 더 새겨 보고, 그리고 기각 영역으로 풀어갈 땐 유의수준 α의 기각 영역이 해당 분포에서 어떤 구실을 하는지 생각해 봐야 할 것이다. 가설 검정의 결론은 항상 H_0에 대해 이루어지지만 주장이 어디에 실렸느냐 하는 것에 따라 해석을 올바로 할 수 있는 훈련도 이번 기회에 다시 해봤으면 좋겠다.

예제 6.5a 한 연구 기관에서 스마트폰을 온라인 검색에 주로 이용하는 스마트폰 사용자는 40%가 채 안 된다고 발표했다. $\alpha = 0.01$에서 이 기관의 주장을 지지하고자 100명의 성인을 뽑아 조사했더니 31%가 스마트폰을 온라인 검색에 주로 이용한다고 응답했다. 지지할 만한 증거를 찾을 수 있는지 검정해 보자.

---

[7] 이항 분포가 정규 분포로 될 조건은 $np \geq 5$와 $nq \geq 5$, 혹은 $npq \geq 10$이다. 여기서 n은 시행 횟수, 즉 표본의 크기이고 p는 관심 사건이 일어날 확률로 보통 성공률이라 하고, 그리고 $q = 1 - p$는 관심 사건이 일어나지 않을 확률로 실패율이라 한다.

[풀이] 기관의 주장을 옹호하는 편에선 H_1을 주장으로 잡는다. 즉,

$$\begin{cases} H_0 : p \geq 0.4 \\ H_1 : p < 0.4 \ (주장) \end{cases}$$

이다. 표본 통계량 $\hat{p} = 0.31$에 대한 표준 검정 통계량은 본문의 식에 따라 $z = -1.8371$이므로 이의 p값은 확률표와 컴퓨터의 도움을 받아 찾거나 계산하면

$$p값 = 0.0331$$

와 같다. 다시 한번 더 말하지만, 유의수준 α는 검정에서 일어날 수 있는 통계학적 오류를 허용할 수 있는 최대 확률이다. H_0를 처음 참이라고 가정한 것을 거짓이라고 판단할 때 일어날 수 있는 오류를 α만큼 허용할 수 있다는 말이다. 그런데 $p > \alpha = 0.01$이니 H_0를 거짓이라고 판단할 수 없다. 즉, H_0를 기각할 수 없다. 따라서 스마트폰 사용자가 온라인 검색에 스마트폰을 주로 사용하는 비율이 40%가 안된다는 기관의 주장은 충분한 증거를 갖고 지지할 만한 상황이 아니다.

기각 영역을 사용하면 어떨까? 기각 영역은 앞에서 설명한 α를 해당 분포의 왼쪽이나 오른쪽 끝, 혹은 양쪽 모두에 면적으로 표시할 때 표준 검정 통계량의 축에 설정되는 구간이다. 이 구간에 표본의 데이터로 구한 z가 속하면 기각하고 그렇지 않으면 기각하지 못하는 방식이다. 이 문제는 H_1가 결정하는 검정의 형식이 좌측 검정이다. 따라서 분포의 왼쪽 끝에 0.01의 면적을 가르는 임계값 z_c는 확률표나 컴퓨터의 도움을 받아 계산하면

$$z_c = -2.3263$$

이므로 기각 영역은 $(-\infty, z_c)$이다. 따라서 $z = -1.8371$은 기각 영역에 속하지 않으므로 H_0를 기각해서는 안 된다. 표본의 $\hat{p} = 0.31$은 주장에 담긴 $p = 0.4$보다 겉으로 봐선 작기 때문에 H_0를 기각하고 H_1을 채택할 듯도 싶은데 그렇지 못한 결과가 나왔다. 왜 그럴까? 검정 오류를 엄격히 제한하려고 설정한 α를 0.05와 같이 늘려도 같은 결과가 나올까? 가설 검정에서 α의 구실을 다시 한번 더 생각하면서 여러분 스스로 시도해 보길 권한다.

[예제 6.5b] 반도체 칩을 생산하는 기계는 정상적으로 작동할 땐 불량품의 생산이 4%를 넘지 않는다. 그래서 회사의 품질 관리 부서의 직원은 생산품을 늘 조사하여 불량품이 4%가 넘을 땐 기계 정비를 지시한다. 생산 라인에서 무작위로 칩 200개를 뽑아 조사를 했더니 12개의 불량품이 나왔다. 이 기계는 정비를 받아야 할까? 2.5%의 유의수준으로 검정을 해보자.

[풀이] 먼저, 표본 및 검정과 관련한 정보를 정리하면 이렇다.

$$n = 200, \ \hat{p} = 12/200 = 0.06, \ p = 0.04, \ 그리고 \ \alpha = 0.025$$

여기서 p는 설정할 가설 H_0의 등호 부분에 해당하는 값, 즉 모비율이다. 그리고 $q = 1 - p = 0.96$이다.

이제 가설을 설정한다. 기계는 늘 정상적으로 작동하는 것이 기대된다. 품질 관리자가 표본을 정기적으로 수집해 검사하는 것은 정비가 필요한지 그렇지 않은지 확인하기 위해서이다. 따라서 귀무 가설 H_0는 기계가 정상적으로 작동하는 상태가 되므로

$$\begin{cases} H_0 : p \leq 0.04 \ (\text{기계가 정상적으로 작동한다}) \\ H_1 : p > 0.04 \ (\text{기계가 정상적으로 작동하지 않는다}) \end{cases}$$

와 같이 설정한다. 사용할 분포는 당연히 z 분포이다. 이항 분포가 정규 분포로 근사되는 조건인 $np = 200(0.04) = 8 \geq 5$와 $nq = 200(0.96) = 192 \geq 5$로 확인할 수도 있다.

표본 데이터의 p값을 구하기 위해 z 변수를 먼저 계산하는데

$$z = \frac{\hat{p} - p}{\sqrt{pq/n}} = \frac{0.06 - 0.04}{\sqrt{0.04(0.96)/200}} = 1.4434$$

와 같고, 아울러 분포에서 z의 오른쪽 면적인 p값은 확률표나 컴퓨터의 도움을 받아

$$p값 = 0.0745$$

이 된다. 따라서 p값 $> \alpha = 0.025$이므로 H_0를 기각할 수 없다. 기계는 여전히 정상적으로 작동 중이라는 뜻이다. 물론 통계학적인 해석이라 오류가 있을 수 있지만 검사를 계속 진행할 때 수집될 표본이 해당 분포에서 우연이라도 일어나기 어려운 사건이 아니라는 전제에서 그렇다는 말이다. 기각 영역을 이용한다면 어떨까? 유의수준 α가 해당 분포의 오른쪽 끝에서 얼마만큼의 면적을 차지하는지 알아야 한다. 이른바 기각 영역을 비기각 영역과 구별하는 z_c를 찾아야 한다는 말인데 확률표나 컴퓨터의 도움을 받으면

$$z_c = 1.970$$

인 것을 알 수 있다. 그러므로 우측 검정의 기각 영역은 (z_c, ∞)이고 앞에서 구한 $z = 1.4434$이 기각 영역에 포함되지 않으므로 H_0를 기각할 수 없다. p값을 이용한 결과와 같이 기계는 정상적으로 작동하므로 아직 어떠한 정비도 필요하지 않다고 판단할 수 있다.

끝으로, **1-표본의 가설 검정**에 대한 마지막 내용으로 모집단의 분산은 (혹은 표준 편차는) 어떤 과정을 거쳐 검정되는지 살펴본다. 세상의 일은 늘 변화가 있기 마련이지만 공학 측면에서 보면 변화, 즉 생산되고 관리되는 제품이나 부품들 사이의 특성값 차이는 절대 바람직하지 않다. 크기나 무게가 항상 일정하게 생산되고 관리되기를 원한다. 하지만 생산 및 조립 기계 등은 사용하면 할수록 닳고 낡아져서 이런 변화가 일어날 수밖에 없다. 문제는 이런 변화를 용인하더라도 어떤 범위 안으로 제한시키는 것이 중요한데 이 범위를 벗어나는지 수시로 검정하여 필요하면 즉시 정비하게 할 수 있느냐 하는 것이다. 모수 추정에 이어서 가설 검정이 왜 필요한지 짐작케 하는 대목이다.

모집단의 분산에 대한 가설 검정은 카이제곱 분포 χ^2를 이용한다. 앞 장의 예제 5.4c에 분산과 관련한 분포가 왜 χ^2 분포가 되는지 설명과 함께 식의 유도도 이루어졌지만 가장 큰 특징은 z 분포나 t 분포와 달리 분포가 비대칭이고 표준 검정 통계량도 항상 양수라는 것이다. 물론 χ^2 분포의 파라미터인 자유도 $df = n - 1$이 점점 증가할수록 대칭이 되므로 정규 분포와 형제가 된다. χ^2 분포의 표준 검정 통계량 값과 분산 사이의 관계식은 다음과 같다.

$$\chi^2 = \frac{(n-1)s^2}{\sigma^2}$$

여기서 s^2은 표본의 분산, σ^2은 H_0의 등호 부분에 해당하는 (혹은 참이라고 가정된) 모집단의 분산, 그리고 $n-1$은 χ^2 분포의 자유도이다.

예제 6.6a 카이제곱 분포를 이용한 가설 검정도 앞의 평균이나 비율과 같이 한쪽 및 양쪽 검정의 형식을 갖는다. 다음의 각각에 대해 기각 영역을 결정하는 임계값을 구해 보자.
1. 오른쪽 검정에서 $\alpha = 0.1$이고 $n = 26$인 경우
2. 왼쪽 검정에서 $\alpha = 0.01$이고 $n = 11$인 경우
3. 양쪽 검정에서 $\alpha = 0.05$이고 $n = 9$인 경우

풀이 오른쪽 검정에서 임계값 χ_c^2은 그림 6.16(a)와 같이 분포의 오른쪽으로 기각 영역을 $\alpha = 0.1$만큼 정의하는 값으로 확률표를 찾거나 컴퓨터의 도움을 받아 계산할 수 있다. 즉,

$$\chi_c^2 = 34.3816$$

와 같다. 왼쪽 검정에선 그림 6.16(b)와 같이 $\alpha = 0.01$만큼 왼쪽으로 기각 영역을 정하는데

$$\chi_c^2 = 2.5582$$

이다. 그리고 양쪽 검정은 말 그대로 분포의 양쪽으로 기각 영역을 정하는데 α를 반으로 나누어 $\alpha/2$씩 각 영역으로 배분한다. 따라서 왼쪽 및 오른쪽의 임계값 χ_L^2와 χ_R^2은 각각

$$\chi_L^2 = 2.1797 \text{과 } \chi_R^2 = 17.5345$$

이 된다.

예제 6.6b 유제품 회사의 한 관계자는 자신들이 생산한 전지유에 포함된 지방의 분산은 0.25를 넘지 않는다고 주장한다. 그럴 리가 없다는 생각에 41개의 표본을 무작위 추출하여 분산을 계산해 보니 0.270이었다.

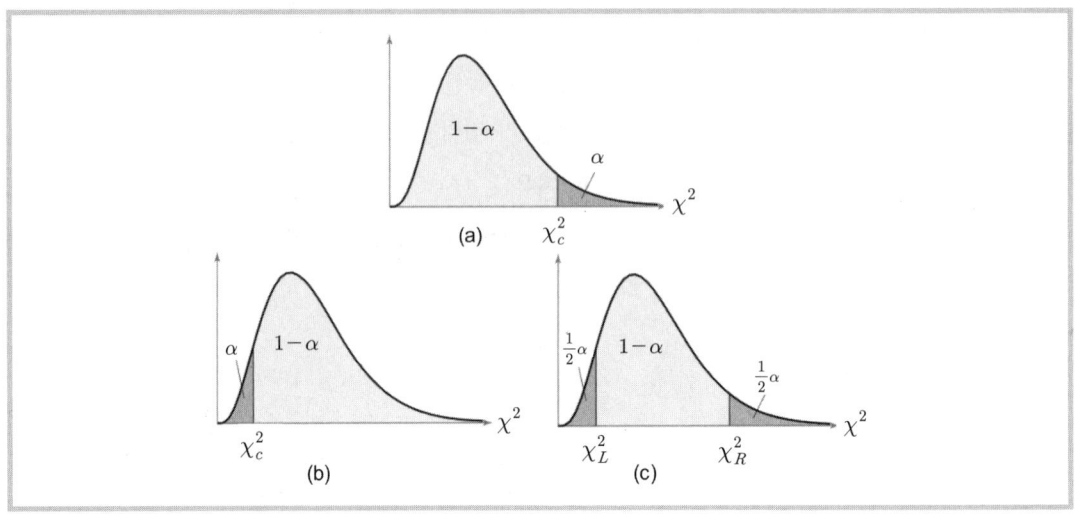

그림 6.16 카이제곱 분포에서 검정의 형식에 따른 기각 영역

$\alpha = 0.05$에서 이 회사의 주장을 반박할 수 있는지 검정해 보자. 여기서 모집단의 분포는 정규 분포로 근사할 수 있다고 생각한다.

[풀이] 우선, 표본이 무작위이고 모집단이 정규 분포이기에 분산과 관련하여 카이제곱 분포를 사용할 수 있다. 다음, 검정의 목적이 주장의 반박이므로 주장을 H_0에 설정한다. 즉,

$$\begin{cases} H_0 : \sigma^2 \le 0.25 \ (\text{모집단의 분산은 0.25를 넘지 않는다}) - \text{주장} \\ H_1 : \sigma^2 > 0.25 \ (\text{모집단의 분산은 0.25를 넘는다}) \end{cases}$$

이다. 이제 그림 6.16(a)와 같은 기각 영역을 정의한 후에 카이제곱 검정 통계량 χ^2이 속하는지 확인하여 가설 검정의 결과를 내린다. 자유도가 $df = n - 1 = 40$이므로 분포의 오른쪽 끝에 $\alpha = 0.05$ 만큼의 면적을 두게 될 기각 영역의 임계값 χ_c^2은

$$\chi_c^2 = 55.7875$$

로 확률표나 컴퓨터의 도움을 받아 찾을 수 있다. 즉, 기각 영역은 (χ_c^2, ∞)이고, 이때 χ^2은

$$\chi^2 = \frac{(n-1)s^2}{\sigma^2} = \frac{(41-1)(0.27)}{0.25} = 43.20$$

이다. 따라서 χ^2이 기각 영역에 포함되지 않으므로 H_0를 기각할 수 없다. 전지유에 들어 있는 지방의 분산이 0.25보다 작다는 회사 관계자의 주장을 5%의 유의수준에서 판단해 볼 때 거짓이라고 단정할 만한 증거를 충분히 확보하지 못한 셈이다.

예제 6.6c 지방 국립 대학교의 전교생이 취득한 평균 학점의 분산은 2018년엔 0.28이었다. 올해 새로 부임한 총장은 학점의 분산이 이전과 견주어 다를 것으로 판단한다. 그래서 학생 20명을 무작위로 선택하여 조사해 보니 표본의 분산이 0.25이었다. 전교 학생의 학점 분포를 정규 분포로 가정할 수 있을 때 5%의 유의수준에서 총장의 믿음을 통계학적으로 뒷받침할 수 있는지 검토해 보자.

풀이 총장은 자신의 부임 기간에 성적 분포가 이전의 그것과 견주어 다를 것이라고 믿고 있다. 따라서 이를 뒷받침할 증거를 찾을 필요가 있기 때문에 H_1을 주장으로 삼는다. 즉,

$$\begin{cases} H_0 : \sigma^2 = 0.28 \\ H_1 : \sigma^2 \neq 0.28 \ (주장) \end{cases}$$

이다. 가설을 위와 같이 설정함으로써 검정의 형식은 양쪽 검정이 되었다. 따라서 유의수준 α의 반을 각 끝의 기각 영역으로 그림 6.6(c)와 같이 잡을 때 각각의 임계값은

$$\chi_L^2 = 8.9065 와 \ \chi_R^2 = 32.8523$$

와 같이 확률표를 찾거나 컴퓨터의 도움을 받아 계산할 수 있다. 이는 기각 영역이 $(0, \chi_L^2)$와 (χ_R^2, ∞)인 것을 뜻하는데 카이제곱 분포의 표준 검정 통계량 χ^2는

$$\chi^2 = \frac{(n-1)s^2}{\sigma^2} = \frac{(20-1)(0.25)}{0.28} = 16.9643$$

이므로 어느 기각 영역에도 속하지 않는다. 즉, χ^2는 비기각 영역에 포함되므로 H_0를 기각할 수 없다. 총장의 주장을 지지할 충분한 증거를 통계학적으로 찾지 못했으므로 아쉽지만 총장의 믿음이나 희망은 아직 이루어지지 못했다고 말할 수 있다.

예제 6.6d 한 회사는 이미지 제고를 위해 회사로 걸려 오는 전화를 내선 번호로 돌려주는 평균 시간의 표준 편차를 1.4(분)으로 제약했다. 이를 확인하고자 무작위로 25개의 표본을 수집하여 계산했더니 표준 편차가 1.1(분)이었다. 이 표본이 우연한 표본, 즉 해당 분포에서 일어나기 어려운 확률로 수집될 가능성이 있다고 보고 $\alpha = 0.1$의 유의수준에서 검정해 보기로 한다. 모집단의 분포가 정규 분포로 가정할 수 있을 때 이 주장을 지지할 만한 충분한 증거를 찾을 수 있을지 확인해 보자.

풀이 지지할 가설을 H_1에 두고 다음과 같이 가설을 설정한다.

$$\begin{cases} H_0 : \sigma \geq 1.4 \ (회선하는 \ 시간의 \ 표준 \ 편차는 \ 1.4분보다 \ 크거나 \ 같다) \\ H_1 : \sigma < 1.4 \ (회선하는 \ 시간의 \ 표준 \ 편차는 \ 1.4분보다 \ 작다) - 주장 \end{cases}$$

그러면 이 검정의 형식은 왼쪽 검정이 되는데 $\alpha = 0.1$과 $df = n - 1 = 24$에 해당하는 기각 영역을 그림 6.16(b)와 같이 정한다. 즉,

$$\chi_c^2 = 15.6587$$

이므로 기각 영역은 $(0, \chi_c^2)$이 된다. 그리고 카이제곱 분포의 표준 검정 통계량 χ^2은

$$\chi^2 = \frac{(n-1)s^2}{\sigma^2} = \frac{(25-1)(1.1)^2}{(1.4)^2} = 14.8163$$

이고, 이는 설정된 기각 영역에 포함되므로 H_0를 기각할 수 있다는 결론에 도달한다. 즉, 회사의 방침대로 외부 전화를 각 내선 번호로 회선하는 시간의 표준 편차가 1.4분보다 작다고 통계학적인 증거를 충분히 대며 말할 수 있다.

6.4 2-표본의 가설 검정

지금까지 살펴본 가설 검정은 하나의 모집단에서 추출한 한 개의 표본을 이용하는 것이었다. 표본의 통계량을 써서 평균이나 비율, 분산과 같은 단일 모집단의 모수에 대한 진술을 통계학적으로 검정하여 해당 주장에 대한 여러 가지 뜻을 부여하였다. 지금부턴 두 모집단에서 추출한 각각의 표본을 조사하여 두 모집단의 모수가 서로 차이가 있는지 판단하는 검정을 해보기로 한다. 남성과 여성 중역의 임금엔 차이가 있는지, 체중 감량 프로그램을 실시하기 전후의 체중엔 변화가 있는지, 혹은 한 제품의 소비자와 다른 제품의 소비자 사이엔 충성도 차이가 있는지 따위를 따져 보는 것이다. 이처럼 두 모집단의 모수에서 차이를 발견했다면 공정하지 못한 사회 일반의 현상이 있는 것으로, 부가되는 노력이나 수고가 효과가 있는 것으로, 혹은 모집단 자체의 본질적인 특성이 다르다는 것으로 각각 이해할 수 있으니 의사 결정에 큰 도움을 얻지 않을 수 없다.

2-표본을 검정할 땐 먼저 판단해야 할 조건이 있다. 2개의 표본이 서로 독립인지 종속인지 따져야 한다. **독립 표본**(independent samples)은 한 표본의 요소가 다른 표본의 요소와 관계가 없는 경우이다. 한 표본을 한 모집단에서 표집할 때 다른 모집단에서 다른 표본의 표집에 전혀 영향을 주지 않는 것이 독립 표본이고 그렇지 않으면 **종속 표본**(dependent samples)이다.[8] 이를 테면, 남성 중역의 모집단과 여성 중역 모집단에서 각각 추출한 두 표본은 표본의 요소가 서로 달라서 짝으로 연결 짓는 것이 불가능하므로 독립 표본이고 체중 감량 프로그램을 실시하기 전과 후의 표본은 표본의 요소가 같은

---

8 서로 종속인 표본을 흔히 **대응 표본**(paired or matched samples)이라고도 한다.

경우이므로 종속 표본이 된다.

서로 독립인 표본의 평균이나 비율을 견주는 일은 앞에서 살펴본 1-표본의 경우와 아주 닮았다. 두 검정의 다른 점은 이렇다. 1-표본에선 해당 모집단의 평균이나 비율이 어떤 값을 기준으로 관계 연산자가 적용된 반면에 2-표본에선 각 모집단의 평균이나 비율의 차가 0을 기준으로 관계 연산자가 적용될 뿐이다. 물론 두 모집단의 평균 μ_1과 μ_2에 대해 $\mu_1 > \mu_2$와 같이 직접 견줄 수도 있지만 같은 표현으로 $\mu_1 - \mu_2 > 0$로, $\mu_1 < \mu_2$는 $\mu_1 - \mu_2 < 0$로, 혹은 $\mu_1 \neq \mu_2$는 $\mu_1 - \mu_2 \neq 0$와 같이 서로의 차로 나타내는 것이 보통이다. 그러니까 $\mu_1 - \mu_2$를 하나의 변수 μ_{1-2}와 같이 두면 기준이 0인 것 말고는 1-표본의 그것과 같을 수밖에 없다. 검정 방법이 p값이나 기각 영역을 이용하는 것도 똑같다. 문제는 모집단의 $\mu_1 - \mu_2$에 대응하는 표본의 검정 통계량인 $\overline{x}_1 - \overline{x}_2$의 분포가 개별 표본의 분포와 어떻게 다른지 따져서 결정하는 일이 남는다.

분산이 알려져 있는 두 모집단에서 추출한 두 표본이 서로 독립일 때 모집단이 정규 분포이거나 그렇지 않다면 각 표본의 크기가 각각 $n \geq 30$이면 두 표본의 평균 $\overline{x}_1$과 $\overline{x}_2$의 차인 $\overline{x}_1 - \overline{x}_2$는 정규 분포로 근사할 수 있고, 이때 $\overline{x}_1 - \overline{x}_2$의 표본 분포에 대한 기댓값(평균) $\mu_{\overline{x}_1 - \overline{x}_2}$은 해당 모집단의 평균 차인 $\mu_1 - \mu_2$이고 분산 $\sigma^2_{\overline{x}_1 - \overline{x}_2}$은[9] 해당 모집단의 각 분산의 합인 $\sigma^2_{\overline{x}_1} + \sigma^2_{\overline{x}_2}$이다. 그리고 정규 분포, 즉 z 분포의 표준 검정 통계량은

$$z = \frac{(\text{표본에서 관찰된 평균의 차}) - (H_0\text{에서 참으로 가정된 평균의 차})}{\text{표준 오차}}$$
$$= \frac{(\overline{x}_1 - \overline{x}_2) - (\mu_1 - \mu_2)}{\sigma_{\overline{x}_1 - \overline{x}_2}}$$

와 같다.

예제 6.7a 국세청이 발표하는 분기별 자료에 따르면 경남과 강원의 가계가 쓴 신용카드의 평균 부채액은 별 차이를 보이지 않았다. 소비자 단체의 한 임원이 의문이 들어 표본을 무작위로 수집해 아래와 같은 조사 결과를 내놓았다. 두 표본은 독립이고 경남 지역의 모집단은 $\sigma_1 = 105$만 원, 그리고 강원 지역은 $\sigma_2 = 135$만 원의 표준 편차를 가진다고 가정할 때 $\alpha = 0.05$에서 소비자 단체의 의문을 뒷받침할 수 있는지 검정해 보기로 하자.

---

[9] 두 표본의 평균 차 $\overline{x}_1 - \overline{x}_2$에 대한 표본 분포의 표준 편차, 즉 표준 오차 $\sigma_{\overline{x}_1 - \overline{x}_2}$는 $\sqrt{\sigma^2_{\overline{x}_1} + \sigma^2_{\overline{x}_2}} = \sqrt{\sigma_1^2/n_1 + \sigma_2^2/n_2}$이다.

경남	강원
$\overline{x_1}$ = 478만 원	$\overline{x_2}$ = 486만 원
n_1 = 250명	n_2 = 250명

풀이 우선, 모집단의 표준 편차를 알고, 또 무작위 표본에 각 표본이 $n_1 \geq 30$와 $n_2 \geq 30$이기 때문에 z 분포를 써서 검정할 수 있다. 그리고 소비자 단체의 의문, 즉 두 지역의 신용카드 부채액은 서로 차이가 있다는 것을 지지할 목적으로 검정을 하기 때문에 H_1을 주장으로 삼는다. 즉, 두 가설은 각각

$$\begin{cases} H_0 : \mu_1 - \mu_2 = 0 \\ H_1 : \mu_1 - \mu_2 \neq 0 \ (주장) \end{cases}$$

와 같고, 따라서 검정 형식은 양쪽 검정이 된다. 다음, 검정 통계량 $\overline{x_1} - \overline{x_2}$에 대한 p값을 구하든지 기각 영역을 정의해야 하는데 먼저 기각 영역을 사용하기로 한다. 양쪽 검정이기 때문에 $\alpha = 0.05$의 반을 양쪽 끝의 면적으로 지정하여 임계값 z_c를 구하면 그림 6.17과 같고, 이때 표준 검정 통계량 z의 값은

$$z = \frac{(\overline{x_1} - \overline{x_2}) - (\mu_1 - \mu_2)}{\sqrt{\sigma_1^2/n_1 + \sigma_2^2/n_2}} = \frac{(478 - 486) - 0}{\sqrt{105^2/250 + 135^2/250}} = -0.7396$$

이다.

따라서 그림 6.17에 표시되어 있듯이 z는 기각 영역에 속하지 않으므로 H_0를 기각할 수 없다. 즉, 소비자 단체의 주장과 달리 두 지역의 신용카드 부채액 사이의 차이가 있다는 통계학적 증거를 찾을 수 없다.

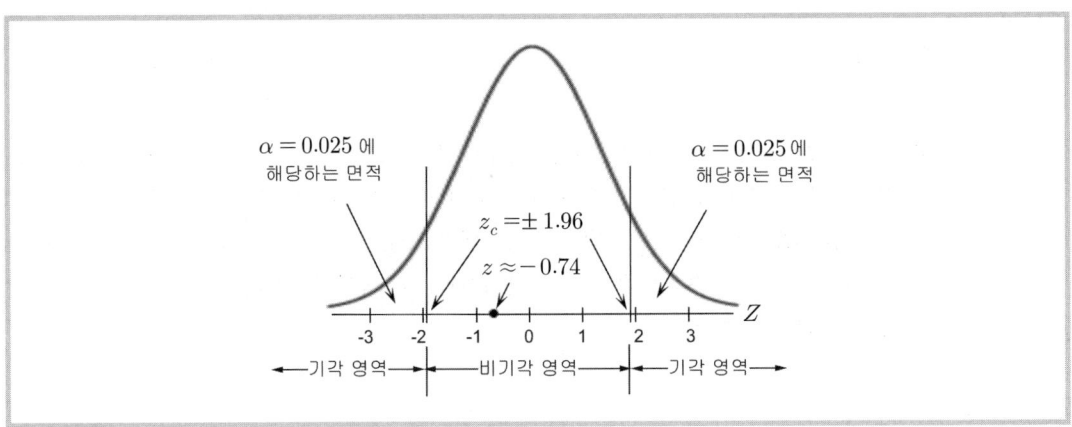

그림 6.17 예제 6.7a의 두 모집단 사이의 평균의 차를 기각 영역으로 비교

p값을 이용하여 검정하려면 $z=-0.74$에서 더 극단적인 쪽으로, 즉 그림 6.17에 표시된 z에서 왼쪽 끝까지의 면적(확률)을 먼저 구한 후 이를 α와 견주어 판정한다. 이때 주의할 것은 양쪽 검정이기 때문에 p값의 반이 한쪽으로 배당되므로 α와 견줄 때 한쪽 면적의 2배를 해주어야 한다. 그래서 $z=-0.74$에 대한 한쪽 값이 0.2296이므로 전체 값은 2(0.2296)=0.4593이다. p값이 유의수준 $\alpha=0.05$보다 훨씬 크므로 H_0를 기각하지 못하는 것은 당연하고 이는 앞의 기각 영역을 이용했을 때와 같다.

예제 6.7b 한 여행사는 휴가철에 강릉에서 사용하는 숙박비 평균은 경주의 그것과 견주어 훨씬 작다고 주장하면서 이를 뒷받침하기 위해 무작위로 자료를 모아 다음의 표와 같은 결과를 내놓았다. 강릉 지역의 모집단 표준 편차는 $\sigma_1=19$만 원이고 경주는 $\sigma_2=23$만 원, 또 두 모집단은 정규 분포라고 가정할 때 $\alpha=0.01$에서 이 주장을 지지할 수 있는지 검정해 보자.

강릉	경주
$\overline{x_1}$ = 228만 원	$\overline{x_2}$ = 239만 원
n_1 = 25명	n_2 = 20명

풀이 두 지역의 모집단 평균을 각각 μ_1과 μ_2라고 놓고 여행사의 주장인 $\mu_1<\mu_2$을 H_1이라 두고 가설을 설정한다. 즉,

$$\begin{cases} H_0: \mu_1-\mu_2 \geq 0 \ (\text{모집단 1의 평균이 모집단 2의 평균보다 크거나 같다}) \\ H_1: \mu_1-\mu_2 < 0 \ (\text{모집단 1의 평균이 모집단 2의 평균보다 작다}) - \text{주장} \end{cases}$$

와 같다. 이제 기각 영역을 찾아 표준 검정 통계량 z가 이 영역에 포함되는지 따져 검정을 판단한다. H_1의 형식에 따라 이 검정은 좌측 검정이기 때문에 $\alpha=0.01$에 해당하는 기각 영역은 분포의 왼쪽에 위치한다. 즉, 기각 및 비기각 영역을 구분 짓는 임계값은 확률표나 컴퓨터의 도움을 받으면 $z_c=-2.3263$이므로 기각 영역은 $(-\infty, z_c)$이고, 또 z는

$$z=\frac{(\overline{x_1}-\overline{x_2})-(\mu_1-\mu_2)}{\sqrt{\sigma_1^2/n_1+\sigma_2^2/n_2}}=\frac{(228-239)-0}{\sqrt{19^2/25+23^2/20}}=-1.7202$$

이므로 기각 영역에 포함되지 않는다. 따라서 H_0를 기각할 수 없다. p값을 이용하는 경우도 마찬가지이다. 위에서 구한 검정 통계량 z의 p값은 해당 분포에서 z부터 왼쪽 끝까지의 면적이므로 p값은 0.0427인데 이 값은 $\alpha=0.01$보다 크기 때문에 H_0는 기각될 수 없다. 즉, 여행사의 주장인 휴가철 강릉 지역의 숙박비 평균은 경주 지역의 그것과 견주어 작다는 진술은 충분한 통계학적 증거로 입증될 수 없다.

두 모집단에서 추출한 두 표본이 서로 독립이지만 모집단의 분산을 모를 땐 1-표본의 경우처럼 t 분포를 사용한다. 물론 이 경우도 모집단의 분포를 정규 분포로 가정할 수 있거나 그렇지 않다면 중심극한정리에 따라 각 표본의 크기가 각각 $n \geq 30$을 만족해야 한다. 모집단의 분산을 모르는 경우엔 두 가지로 나누어 생각한다. 즉, 두 모집단의 분산이 서로 같은 경우와 같지 않은 경우가 되겠다. 우선, 두 모집단의 분산이 하나로 같을 때는 이렇다. 두 표본의 분산을 (혹은 표준 편차를) 이용해 두 모집단의 단일 분산을 (혹은 단일 표준 편차를) 먼저 추정해야 하는데 이를 두 표본의 **결합 추정값**(pooled estimate of sample standard deviation) $\hat{\sigma}$라 (혹은 $\hat{\sigma}^2$라) 하고

$$\hat{\sigma} = \sqrt{\frac{(n_1-1)s_1^2+(n_2-1)s_2^2}{n_1+n_2-2}} \quad \text{혹은} \quad \hat{\sigma}^2 = \frac{(n_1-1)s_1^2+(n_2-1)s_2^2}{n_1+n_2-2}$$

와 같이 계산한다. 여기서 n_1과 n_2는 각각 두 표본의 크기이고 s_1^2와 s_2^2는 각각 두 표본의 분산, n_1-1와 n_2-1은 각각 두 표본의 자유도, 그리고 n_1+n_2-2는 두 표본을 하나로 결합했을 때의 자유도이다. 그러면 검정 통계량 $\bar{x}_1-\bar{x}_2$의 분포가 갖는 표준 오차 $\sigma_{\bar{x}_1-\bar{x}_2}$의 추정값은

$$s_{\bar{x}_1-\bar{x}_2} = \hat{\sigma}\sqrt{\frac{1}{n_1}+\frac{1}{n_2}}$$

으로 계산할 수 있어 t 분포의 표준 검정 통계량은 두 표본의 결합 자유도 $df = n_1+n_2-2$에서

$$t = \frac{(\text{표본에서 관찰된 평균의 차})-(H_0\text{에서 참으로 가정된 평균의 차})}{\text{표준 오차}}$$
$$= \frac{(\bar{x}_1-\bar{x}_2)-(\mu_1-\mu_2)}{s_{\bar{x}_1-\bar{x}_2}}$$

와 같다. 한편, 두 모집단의 분산을 모르면서 서로 같지도 않을 때 t 분포의 표준 오차는 두 표본의 정보를 각각 써서 추정하는데

$$s_{\bar{x}_1-\bar{x}_2} = \sqrt{\frac{s_1^2}{n_1}+\frac{s_2^2}{n_2}}$$

이고, 이때 자유도는[10]

---

[10] 본문의 식과 같은 복잡한 자유도 계산을 피하기 위해 n_1-1와 n_2-1 중에서 작은 것을 쓰기도 한다.

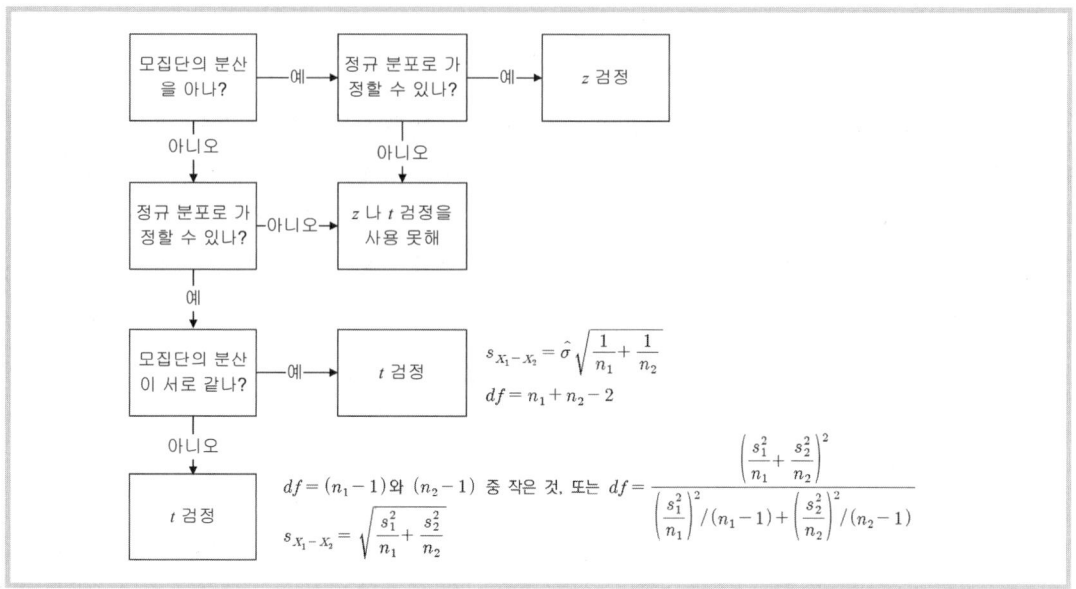

그림 6.18 서로 독립인 2-표본의 평균에 대한 가설 검정 요약

$$df = \dfrac{\left(\dfrac{s_1^2}{n_1} + \dfrac{s_2^2}{n_2}\right)^2}{\left(\dfrac{s_1^2}{n_1}\right)^2 /(n_1 - 1) + \left(\dfrac{s_2^2}{n_2}\right)^2 /(n_2 - 1)}$$

인데 계산된 값이 정수가 아니면 반내림(round-down) 하여 사용한다. 그림 6.18은 서로 독립인 2-표본의 평균에 대한 가설 검정의 단계를 요약한 것이다.

예제 6.8a   두 명의 선생님에게 수업을 받은 학생들의 수학 시험 누적 점수에서 무작위로 표본을 뽑아 요약한 결과는 다음과 같다. 두 모집단은 정규 분포로 가정할 수 있고, 또 모집단의 분산이 서로 다를 때 $\alpha = 0.1$에서 두 표본의 평균 점수엔 뚜렷한 차이가 나는지 검정해 보기로 하자.

선생님 1	선생님 2
$\overline{x_1} = 473$	$\overline{x_2} = 459$
$s_1 = 39.7$	$s_2 = 24.5$
$n_1 = 8$	$n_2 = 18$

풀이   모집단의 분산을 모르고, 또 무작위로 추출한 두 표본이 서로 독립이므로 t 검정을 실시한다. 우선, 검정의 목적이 두 집단 사이의 평균 점수에 차이가 있는지 확인하는 것이므로 H_1에 주장을 담는다. 즉,

$$\begin{cases} H_0 : \mu_1 - \mu_2 = 0 \\ H_1 : \mu_1 - \mu_2 \neq 0 \ (주장) \end{cases}$$

로 설정한다. 양쪽 검정인 것을 확인할 수 있으므로 α의 반을 분포의 양쪽 끝에 그림 6.19와 같이 기각 영역을 잡는다. 이때 기각 및 비기각 영역을 나누는 임계값 t_c는 자유도를 두 표본의 크기 중 작은 것에서 1을 뺀 값으로 두고 확률표를 참조하거나 컴퓨터의 도움을 받으면 $t_c = -1.8946$인 것을 알 수 있다. 즉, 기각 영역은 $(-\infty, t_c)$와 $(-t_c, \infty)$이다. 따라서 표준 검정 통계량 t를 본문에서 언급한 대로

$$t = \frac{(\bar{x}_1 - \bar{x}_2) - (\mu_1 - \mu_2)}{\sqrt{\dfrac{s_1^2}{n_1} + \dfrac{s_2^2}{n_2}}} = \frac{(473 - 459) - 0}{\sqrt{\dfrac{39.7^2}{8} + \dfrac{24.5^2}{18}}} = 0.9224$$

와 같이 계산하면 그림 6.19에 검은 점으로 표시한 것처럼 비기각 영역에 속하게 되므로 H_0를 기각할 수 없다고 결론 내릴 수 있다. H_0를 기각할 수 없으므로 H_1을 지지할 만한 통계학적 증거를 찾을 수 없는 셈이다. 다시 말하면, 두 선생님의 교육 기법이 달라 배우는 학생들의 성적이 다를 것으로 보았지만 검정 결과는 그렇게 말하지 않는다. 두 집단의 평균 점수가 겉으론 다르게 보이지만 통계학적인 관점에서 보면 차이가 없는 것으로 해석할 수 있다.

자유도와 관련하여 한마디. 예제에서 사용한 t 분포의 자유도는 표본의 개수에서 1을 뺀 값 중 작은 것으로 택했다. 하지만 본문에는 표본의 각 분산과 크기를 써서 아주 복잡하게 계산하는 식을 소개했는데 사실 크게 고려할 일은 아니라고 본다. 예제에서 사용한 자유도는 $df1 = 7$이고 본문에 실린 방법으로 계산한 자유도는 $df2 = 9 > df1$의 관계를 대체로 갖는다. t 분포는 5장에서 언급했듯이 표준 정규 분포 $N(0,1)$와 닮았다. 자유도가 낮을 때는 중심이 좀 낮고 양 끝이 약간 두텁지만 자유도가 증가할수록 거의 $N(0,1)$의 모습을 띤다. 그래서 두 자유도를 쓸 수 있는 환경에서 자유도가

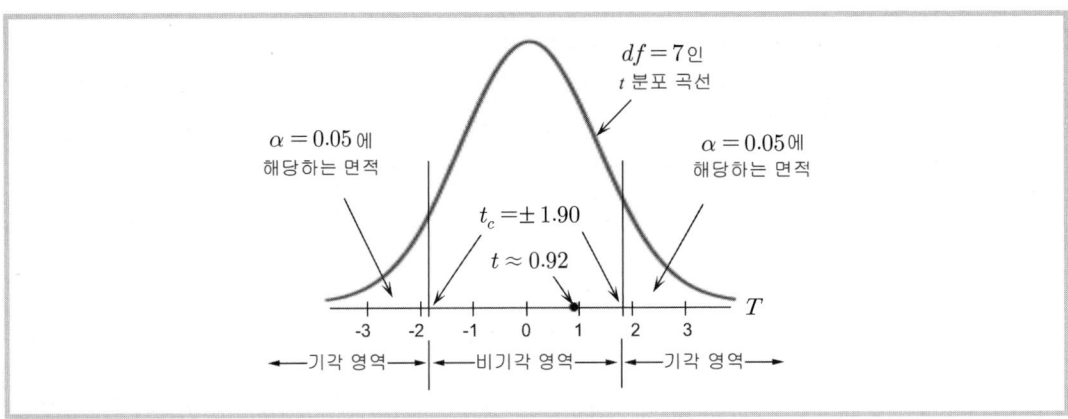

그림 6.19 예제 6.8a의 2-표본 t 검정의 기각 영역 사용 예

낮을 때는 더 낮은 값을 쓰고 높을 때는 $N(0,1)$을 이용하는 것이 이른바 신중하고 보수적인 방법이 된다. 모수를 추정하든 검정하든 자유도가 낮은 쪽이 신뢰수준의 폭이 커지고 유의수준을 반영하는 기각 영역의 기준이 더 극단적인 쪽으로 이동하기 때문에 통계학적 추정이나 검정의 오류 가능성을 억제하는 효과가 있는 것이다.

예제 6.8b 한 제품에서 다이어트 음료 14병의 표본을 얻어 조사했더니 평균적으로 23칼로리이고 표준 편차는 3칼로리였다. 다른 제품에서 수집한 표본 16병에선 평균으로 25칼로리와 4칼로리의 표준 편차를 보였다. 다이어트 음료의 분포는 정규 분포를 따르고 두 제품의 모집단 분산은 서로 다르다고 가정할 때 1%의 유의수준에서 두 제품의 칼로리 양이 통계학적으로 다른지 검정해 보자.

풀이 먼저, 각 표본의 정보를 요약하면 다음과 같다.

$$제품\ 1:\ n_1 = 14,\ \overline{x}_1 = 23,\ 그리고\ s_1 = 3$$
$$제품\ 2:\ n_2 = 16,\ \overline{x}_2 = 25,\ 그리고\ s_2 = 4$$

다음, 두 제품의 칼로리 양이 서로 차이가 있는지 검정하기 때문에 H_1에 주장을 싣는다. 즉,

$$\begin{cases} H_0 : \mu_1 - \mu_2 = 0 \ (평균\ 칼로리\ 양은\ 다르지\ 않다) \\ H_1 : \mu_1 - \mu_2 \neq 0 \ (평균\ 칼로리\ 양은\ 다르다) - 주장 \end{cases}$$

와 같다. 표본의 크기는 $n < 30$로 작지만 모집단이 정규 분포로 근사할 수 있고, 또 모집단의 분산을 모르고 $\sigma_1^2 \neq \sigma_2^2$이기 때문에 t 분포를 이용한다. H_1에 따라 양쪽 검정이기 때문에 α의 반을 분포의 양쪽 끝에 두고 기각 영역으로 잡는다. 이때 t 분포의 자유도는 앞의 예제와 같이 $df = n_1 - 1 = 13$를 사용할 수도 있지만 여기선 본문의 공식을 이용하여

$$df = \frac{\left(\dfrac{s_1^2}{n_1} + \dfrac{s_2^2}{n_2}\right)^2}{\left(\dfrac{s_1^2}{n_1}\right)^2 / (n_1 - 1) + \left(\dfrac{s_2^2}{n_2}\right)^2 / (n_2 - 1)} = \frac{\left(\dfrac{3^2}{14} + \dfrac{4^2}{16}\right)^2}{\left(\dfrac{3^2}{14}\right)^2 / (14 - 1) + \left(\dfrac{4^2}{16}\right)^2 / (16 - 1)}$$
$$= 27.4102 \approx 27$$

을 쓰기로 한다. 따라서 기각 영역을 구분 짓는 임계값 t_c는 확률표 및 컴퓨터의 도움을 받아 $t_c = -2.7707$이므로 $(-\infty, t_c)$와 $(-t_c, \infty)$이 기각 영역이 된다. 끝으로, $\overline{x}_1 - \overline{x}_2$에 대한 표준 검정 통계량 t를 찾아 기각 영역에 속하는지 그렇지 않은지 확인하는 일이 남았다. t는

$$t = \frac{(\overline{x}_1 - \overline{x}_2) - (\mu_1 - \mu_2)}{\sqrt{\dfrac{s_1^2}{n_1} + \dfrac{s_2^2}{n_2}}} = \frac{(23 - 25) - 0}{\sqrt{\dfrac{3^2}{14} + \dfrac{4^2}{16}}} = -1.5604$$

와 같이 계산할 수 있으므로 기각 영역에 포함되지 않는다. 따라서 H_0를 기각할 수 없다. 두 제품의 평균 칼로리 양이 다르다는 주장을 지지할 만한 충분한 증거를 통계학적으로 찾을 수 없다는 뜻이다.

p값을 이용하는 방법에서 확률표를 참조하는 경우를 생각해 보자. 물론 컴퓨터의 도움을 받으면 위에서 구한 t의 p값을 $2(0.0652) = 0.1303$로 금방 찾을 수 있다. 여기서 2를 곱한 것은 양쪽 검정에선 $p/2$에 해당하기 때문이다. 하지만 아래의 확률표를 통해 값을 찾는 경우엔 정확한 값을 구하기 어렵다.

	Level of confidence, c	0.80	0.90	0.95	0.98	0.99
	One tail, α	0.10	0.05	0.025	0.01	0.005
d.f.	Two tails, α	0.20	0.10	0.05	0.02	0.01
	...					
26		1.315	1.706	2.056	2.479	2.779
27		1.314	1.703	2.052	2.473	2.771
28		1.313	1.701	2.048	2.467	2.763
	...					

즉, 확률표엔 자유도 $df = 27$에서 $t = -1.5604$에 해당하는 곳이 없다. 물론 t 분포는 대칭이기 때문에 음수나 양수나 양쪽으로 더 극단적인 방향의 면적은 같다. 하지만 표에선 1.560은 없고 이를 포함하는 1.314와 1.703의 경계를 찾을 수 있을 뿐이다. 따라서 이 값에 대한 p값은 구간으로 찾을 수밖에 없는데 표에서 박스 친 부분이 되겠다. 즉, 양쪽 검정이기 때문에 (또는 한쪽 검정인 경우의 2배이기 때문에) $0.1 < p$값 < 0.2이다. p값이 범위로 나타나기 때문에 $\alpha \geq 0.2$일 때 H_0를 기각할 수 있고 $\alpha < 0.1$일 땐 H_0를 기각할 수 없는 식으로 범위의 하한 및 상한을 상황에 맞게 잘 골라 써야 한다.

예제 6.8c A 지역의 어린이 40명을 표본으로 뽑아 한 주일 동안 TV 시청하는 시간을 조사해 보니 28.5시간이고 표준 편차는 4시간이었다. B 지역의 어린이 35명을 조사해 보니 23.2시간이고 5시간의 표준 편차를 보였다. 두 지역의 모집단, 즉 어린이가 TV를 시청하는 시간의 분포는 분산은 모르지만 서로 같다고 가정할 때 2.5%의 유의수준에서 A 지역 어린이가 B 지역의 어린이보다 TV 시청 시간이 더 길다고 말할 수 있는지 검정해 보자.

풀이 두 지역의 어린이가 TV를 시청하는 시간의 평균을 각각 $\bar{x}_1$와 $\bar{x}_2$라 두고 표본의 정보를 먼저 요약하면 다음과 같다.

A 지역: $n_1 = 40$. $\bar{x}_1 = 28.5$, 그리고 $s_1 = 4$
B 지역: $n_2 = 35$. $\bar{x}_2 = 23.2$, 그리고 $s_2 = 5$

그리고 가설의 설정은 이렇다. 두 지역의 어린이가 TV를 시청하는 시간이 다를 뿐만 아니라 A 지역의 어린이가 B 지역 어린이보다 더 많은 시간을 시청한다는 것을 확인하는 검정이므로 검정의

목적을 H_1에 둔다. 즉,

$$\begin{cases} H_0 : \mu_1 - \mu_2 \leq 0 \\ H_1 : \mu_1 - \mu_2 > 0 \ (주장) \end{cases}$$

이다. 여기서 H_0는 $\mu_1 - \mu_2 = 0$로 해도 두 가설의 보수 관계에 영향을 안 준다. 왜냐하면 표본의 현재 정보로 보아 μ_1이 μ_2보다 작지는 않을 것이기 때문이다. 이제 기각 영역을 결정한다. H_1의 형식이 우측 검정을 뜻하므로 $\alpha = 0.025$만큼의 면적이 분포의 우측 끝에 자리 잡도록 임계값 t_c를 구하는데, 이때 자유도는 $df = n_1 + n_2 - 2 = 73$이다. 즉, $t_c = 1.993$이고 기각 영역은 그림 6.20에 표시된 것과 같다. 끝으로, 표준 검정 통계량 t의 값을 구하여 검정 결과를 판정한다. t 값은 본문에서 언급한 대로 두 표본의 결합 추정값 $\hat{\sigma}$를 이용하는데

$$\hat{\sigma} = \sqrt{\frac{(n_1-1)s_1^2 + (n_2-1)s_2^2}{n_1 + n_2 - 2}} = \sqrt{\frac{(40-1)4^2 + (35-1)5^2}{40+35-2}} = 4.4935$$

이고, 또 t 분포의 표준 오차는

$$s_{\overline{x}_1 - \overline{x}_2} = \hat{\sigma} \sqrt{\frac{1}{n_1} + \frac{1}{n_2}} = 4.4935 \sqrt{\frac{1}{40} + \frac{1}{35}} = 1.040$$

이므로 검정 통계량 t는

$$t = \frac{(\overline{x}_1 - \overline{x}_2) - (\mu_1 - \mu_2)}{s_{\overline{x}_1 - \overline{x}_2}} = \frac{(28.5 - 23.2) - 0}{1.040} = 5.0962$$

이다. 따라서 t가 기각 영역에 속하므로 H_0를 기각한다. A 지역 어린이들이 B 지역 어린이들보다 TV 시청 시간이 더 길다는 주장은 통계학적 증거를 통해 충분히 입증될 수 있다는 것을 말해 준다.

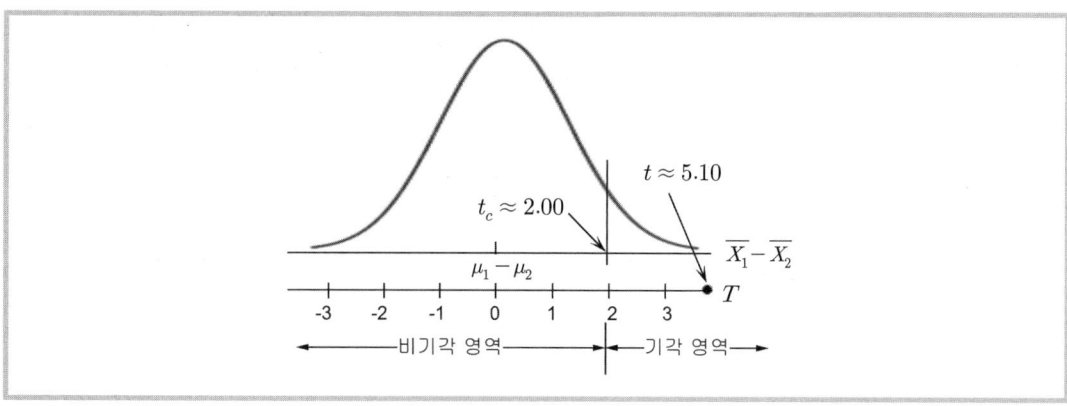

그림 6.20 예제 6.8c의 2-표본 t 검정의 기각 영역 사용 예

서로 독립인 2-표본의 평균에 대한 차이를 검정하는 작업을 지금껏 해왔다. 두 모집단의 분산을 아는 경우와 그렇지 않은 경우로 나누어 z 및 t 검정으로 따졌고 분산을 모르는 경우엔 $\hat{\sigma} = \sigma_1^2 = \sigma_2^2$와 같이 분산이 서로 같은 경우와 $\sigma_1^2 \neq \sigma_2^2$와 같이 서로 다른 경우로 다시 구분하여 검정을 실시하였다. 특히, 분산이 같은 경우엔 $\hat{\sigma}$라는 결합 추정값을 사용하는데 두 표본의 정보를 써서 계산하였고, 또 서로 다른 경우엔 앞과 견주어 분포의 표준 오차는 계산이 단순하였지만 자유도 식은 복잡하여 근사적으로 구축하여 사용하기도 했다. 이제, **서로 종속인 2-표본**을 생각해 보기로 한다. 체중 감량 프로그램을 이수하기 전과 후의 효과를 검토하는 일이나 어느 농학자가 비료의 효과를 확인하기 위해 농토에 비료를 뿌린 곳과 그렇지 않은 곳으로 나누어 작물을 심는 일 따위가 종속 표본을 수집할 수 있는 좋은 예가 된다.

서로 종속인 2-표본, 즉 **대응 표본**(paired samples)은 한 표본의 데이터 요소가 다른 표본의 그것과 연결을 가지거나 영향을 주는 경우의 표본이다. 어떤 동작이나 상태의 변화가 어떤 효과를 보이는지 알아보기 위해 전과 후의 데이터를 2-표본으로 각각 수집하는 경우가 되겠다. 종속인 표본은 표본의 데이터 요소가 서로 짝을 이루고 있어 표본의 개수는 똑같다. 즉, $n = n_1 = n_2$이고 동시에 한 표본의 데이터 요소에서 다른 표본의 데이터 요소를 뺀 것, 즉 2-표본의 대응하는 관측값의 차 d가 2-표본의 검정 통계량인 $\bar{x}_1 - \bar{x}_2$를 대신하기 위해 $\bar{d} = (\sum d)/n$로 사용된다. 다시 말하면, 2-표본의 데이터가 서로 종속이면 두 표본의 차를 나타내는 통계량 $\bar{x}_1 - \bar{x}_2$은 각 데이터의 차가 나타내는 통계량 $\bar{d}$와 다를 바가 없다는 말이다. 그래서 서로 종속인 2-표본의 검정은 1-표본의 그것과 같다.

서로 종속인 2-표본의 $\bar{d}$에 대한 분포는 1-표본의 경우와 같이 모집단이 정규 분포로 가정할 수 있거나 $n \geq 30$일 때 모집단의 분산을 아는 경우엔 평균과 표준 편차(오차)가 각각

$$\mu_{\bar{d}} = \mu_d \text{와} \quad \sigma_{\bar{d}} = \frac{\sigma_d}{\sqrt{n}}$$

인 정규 분포를 따르고 분산을 모르는 경우엔 표본 오차가 표본의 정보를 써서 추정한

$$s_{\bar{d}} = \frac{s_d}{\sqrt{n}}$$

와 자유도가 $df = n - 1$인 t 분포를 따른다. 여기서 s_d는 2-표본의 데이터 요소의 차인 d의 표준 편차로

$$s_d = \sqrt{\frac{\sum_i (d_i - \bar{d})^2}{n-1}} \quad \text{혹은} \quad s_d = \sqrt{\frac{\sum_i d_i^2 - \left(\sum_i d_i\right)^2 / n}{n-1}}$$

이다. 그리고 이와 같은 t 분포의 표준 검정 통계량은

$$t = \frac{\bar{d} - \mu_d}{s_{\bar{d}}}$$

이고, 이때 μ_d는 H_0에서 참이라고 가정되는 값으로 2-표본 데이터의 각 평균의 차인 $\mu_1 - \mu_2$이 된다.

예제 6.9a 한 회사의 임원은 "성공하는 세일즈맨이 되는 법"이라는 프로그램이 정말 효과가 있는지 궁금해하면서 직원을 보내 확인해 보기로 했다. 아래 표는 1주일의 프로그램을 수강하기 전과 후의 직원들의 판매 실적이다.

직원	1	2	3	4	5	6
수강 전	12	18	25	9	14	16
수강 후	18	24	24	14	19	20

두 대응 표본의 모집단이 정규 분포를 따른다고 가정할 때 1%의 유의수준에서 해당 프로그램의 효과가 있는지 검정해 보자.

풀이 서로 종속이면서, 그리고 짝으로 구성된 2-표본이다. 따라서 2-표본 평균의 차인 $\bar{x}_1 - \bar{x}_2$의 대소 관계는 두 표본 데이터의 차인 d의 평균 $\bar{d}$로 대신할 수 있다. 먼저, 새로운 표본 d에 대한 정보를 모으면 다음과 같다.

$$d = (\text{수강전 판매 실적}) - (\text{수강후 판매 실적})\text{과 } n = 6,\ \bar{d} = -4.17,$$

$$s_d = \sqrt{\frac{\sum d^2 - \left(\sum d\right)^2 / n}{n-1}} = \sqrt{\frac{139 - (-25)^2 / 6}{6-1}} \approx 2.64$$

다음, 검정 통계량 $\bar{d}$의 표본 분포인 t 분포의 표준 오차 $s_{\bar{d}}$는

$$s_{\bar{d}} = \frac{s_d}{\sqrt{n}} = \frac{2.64}{\sqrt{6}} \approx 1.08$$

이다. 이제, 대응 표본에 대한 데이터 차의 평균인 $\bar{d}$의 모집단 평균인 μ_d에 대한 가설을[11] 설정한다. 외부 프로그램을 통해 효과가 나기를 기대하기 때문에 $\mu_d = \mu_1 - \mu_2 < 0$을 H_1으로 둔다. 즉,

$$\begin{cases} H_0 : \mu_d = 0 \ (\text{외부 프로그램의 효과는 없다}) \\ H_1 : \mu_d < 0 \ (\text{외부 프로그램의 효과는 있다}) - \text{주장} \end{cases}$$

와 같다. 끝으로, α에 해당하는 면적을 분포의 왼쪽 끝에 기각 영역으로 구분한 후 표준 검정 통계량 t가 여기에 포함되는지 확인하여 검정의 결과를 판단한다. 즉, $\alpha = 0.01$에 대한 기각 영역의 임계값 t_c는 자유도 $df = 5$에서 t 분포의 확률표를 이용하면 $t_c \approx -3.36$이므로 기각 영역은 $(-\infty, t_c)$이다. 그리고

$$t = \frac{\bar{d} - \mu_d}{s_{\bar{d}}} = \frac{-4.17 - 0}{1.08} \approx -3.86$$

이므로 t 분포의 표준 검정 통계량은 기각 영역에 속하게 된다. H_0를 기각하는 것은 H_1, 즉 외부 프로그램의 효과가 있다는 증거를 통계학적으로 확인할 수 있다는 뜻이다.

예제 6.9b 한 병원의 약품 연구자는 신약이 체온을 낮추는 효과를 알고 싶어서 피험자를 모아 신약의 처방 전과 후에 온도를 측정하여 다음의 표와 같은 결과를 얻었다.

피험자	1	2	3	4	5	6	7
처방 전	38.8	36.9	36.7	37.4	37.2	37.9	36.6
처방 후	37.3	36.9	36.8	37.2	37.0	37.6	36.6

체온의 분포를 정규 분포로 가정할 수 있을 때 5%의 유의수준에서 신약이 체온을 떨어뜨린다고 결론을 지을 수 있는지 검정해 보자.

풀이 서로 종속인 표본이 정규 분포로 가정할 수 있기 때문에 검정에 t 분포를 사용할 수 있다. 우선, 두 표본의 차로 새로운 표본을 생성하여 관련 정보를 모으면 다음과 같다.

$$d = (\text{처방전 체온}) - (\text{처방후 체온})\text{와 } n = 7, \ \bar{d} = 0.3,$$

$$s_d = \sqrt{\frac{\sum d^2 - \left(\sum d\right)^2 / n}{n-1}} = \sqrt{\frac{2.43 - (2.1)^2/7}{7-1}} \approx 0.55$$

다음, 가설을 설정한다. 신약의 효능을 알고자 하는 것이 검정의 목적이다. 신약은 체온을 떨어뜨리도록 개발되었지만 신체는 신비스러워 환경에 따라 오를 수도 있기에 신약이 체온의 변화를 일으키는지 따지는 것이 안전할 것이다. 그래서 신약이 체온의 변화를 가져온다는 가설을 H_1에 두고 검정을

---

[11] 대응 표본의 데이터 차에 대한 평균의 모집단 평균 μ_d 대신에 원래의 2-표본에 대한 평균의 차인 $\bar{x}_1 - \bar{x}_2$에 대한 모집단 평균인 $\mu_1 - \mu_2$를 사용할 수도 있다. 즉, $\mu_d = \mu_1 - \mu_2$이다.

실시한다. 즉,

$$\begin{cases} H_0 : \mu_d = 0 \ (\text{체온의 변화가 없다}) \\ H_1 : \mu_d \neq 0 \ (\text{체온의 변화가 있다}) - \text{주장} \end{cases}$$

이다. 이제, 기각 영역을 정의한다. H_1에 따라 양쪽 검정이기 때문에 α의 반이 분포의 양쪽 끝에 자리하도록 한다. 즉, $df = 6$에서 확률표나 컴퓨터의 도움을 받으면 $t_c = \pm 2.4469$이므로 기각 영역은 $(-\infty, -2.4469)$와 $(2.4469, \infty)$이 된다. 끝으로, t 분포의 표준 오차 $s_{\bar{d}}$를 구한 후 $\bar{d}$에 대한 표준 검정 통계량 t를 구해 판정한다. $s_{\bar{d}}$는

$$s_{\bar{d}} = \frac{s_d}{\sqrt{n}} = \frac{0.55}{\sqrt{7}} = 0.2079$$

와 같이 계산할 수 있으므로

$$t = \frac{\bar{d} - \mu_d}{s_{\bar{d}}} = \frac{0.3 - 0}{0.2079} \approx 1.4430$$

이다. 따라서 t는 위에서 정의한 기각 영역 어디에도 포함되지 않으므로 H_0를 기각할 수 없다. 즉, 신약이 체온을 변화시킨다는 H_1의 가설은 통계학적인 증거가 충분하지 않아 받아들일 수 없는 셈이다.

    2-표본의 가설 검정에 대한 마지막은 모집단의 비율에 대한 것이다. 각 표본의 비율인 $\hat{p}_1$와 $\hat{p}_2$로 모집단의 비율인 p_1와 p_2로 세워진 가설을 검정하여 서로 차이가 있는지 그렇지 않은지 조사한다. 1-표본의 경우와 마찬가지로 2-표본의 경우에도 z 검정이 사용되는데 1) 서로 독립인 표본이며 2) 이항 분포가 정규 분포로 근사할 수 있는 조건인 $n_1 p_1 \geq 5$와 $n_1 q_1 \geq 5$, $n_2 p_2 \geq 5$, 그리고 $n_2 q_2 \geq 5$이 만족되어야 한다. 그러면 모집단의 비율 차인 $p_1 - p_2$의 표본 추정량 $\hat{p}_1 - \hat{p}_2$의 표본 분포는 평균과 표준 편차(오차)가 각각

$$\mu_{\hat{p}_1 - \hat{p}_2} = p_1 - p_2 \text{와} \quad \sigma_{\hat{p}_1 - \hat{p}_2} = \sqrt{\frac{p_1 q_1}{n_1} + \frac{p_2 q_2}{n_2}}$$

인 정규 분포를 따르게 된다. 여기서 $q_1 = 1 - p_1$와 $q_2 = 1 - p_2$이다.

    가설 검정은 항상 H_0의 등호 부분을 참으로 가정하여 진행한다. 즉, $p_1 - p_2$이 검정의 시작에선 만족하는 것으로 본다. 따라서 $\hat{p}_1 - \hat{p}_2$의 표본 분포에서 위의 식과 같은 표준 오차를 계산하려면 p_1과 p_2를 결합하여 서로 공통인 값 $\bar{p} = p_1 = p_2$을 추정할 필요가 있는데

$$\bar{p} = \frac{x_1 + x_2}{n_1 + n_2}$$

와 같이 계산한다. 여기서 $x_1 = n_1 p_1$은 전체 n_1개에서 관심 있는 것의 개수이고 $x_2 = n_2 p_2$은 전체 n_2에서 관심 있는 것의 개수이다. 따라서 $\hat{p}_1 - \hat{p}_2$의 표준 오차는

$$\sigma_{\hat{p}_1 - \hat{p}_2} = \sqrt{\bar{p}\,\bar{q}\left(\frac{1}{n_1} + \frac{1}{n_2}\right)}$$

이 되고, 이때 $\hat{p}_1 - \hat{p}_2$의 표준 검정 통계량 z는

$$z = \frac{(\hat{p}_1 - \hat{p}_2) - (p_1 - p_2)}{\sigma_{\hat{p}_1 - \hat{p}_2}}$$

와 같다.

예제 6.10a 한 제품에 충성하는 소비자의 충성도를 파악하기 위해 다음의 실험을 하였다. A 치약 사용자 500명을 표집하여 조사해 보니 이 중 100명이 다른 제품으로 절대로 바꾸지 않겠다고 했고, 또 B 치약 사용자 400명에선 68명이 다른 제품으로 옮기지 않겠다고 했다. 1%의 유의수준에서 A 치약 사용자의 충성도가 B 치약 사용자의 충성도보다 높다고 할 수 있는지 검정해 보기로 하자.

풀이 우선, 각 표본에 대한 정보를 요약하면 이렇다.

A 치약 : $n_1 = 500$, $x_1 = 100$, 그리고 $\hat{p}_1 = 100/500 = 0.2$
B 치약 : $n_2 = 400$, $x_2 = 68$, 그리고 $\hat{p}_2 = 68/400 = 0.17$

다음, 가설을 설정한다. 가설의 목적이 A 사용자가 B 사용자보다 충성도가 높은지 확인하는 것이므로 H_1에 목적을 둔다. 즉,

$$\begin{cases} H_0 : p_1 - p_2 \leq 0 \ (A\,\text{사용자가}\,B\,\text{사용자보다 충성도가 높지 않거나 같다}) \\ H_1 : p_1 - p_2 > 0 \ (A\,\text{사용자가}\,B\,\text{사용자보다 충성도가 높다}) - \text{주장} \end{cases}$$

이다. 이제, 기각 및 비기각 영역을 구분하여 $\hat{p}_1 - \hat{p}_2$의 표준 검정 통계량이 어디에 속하는지 따져 가설 검정의 결론을 내린다. H_1의 형식이 우측 검정을 말해 주므로 $\alpha = 0.01$에 해당하는 면적을 표본 분포의 우측 끝에 설정한다. 즉, 확률표나 컴퓨터의 도움을 받으면 $z_c \approx 2.33$을 확인할 수 있고 그림 6.21과 같다.

그림 6.21에는 $\hat{p}_1 - \hat{p}_2$의 표준 검정 통계량의 값도 표시되어 있는데 구하는 방식은 이렇다. 먼저, 모비율의 결합 추정값 $\bar{p}$를

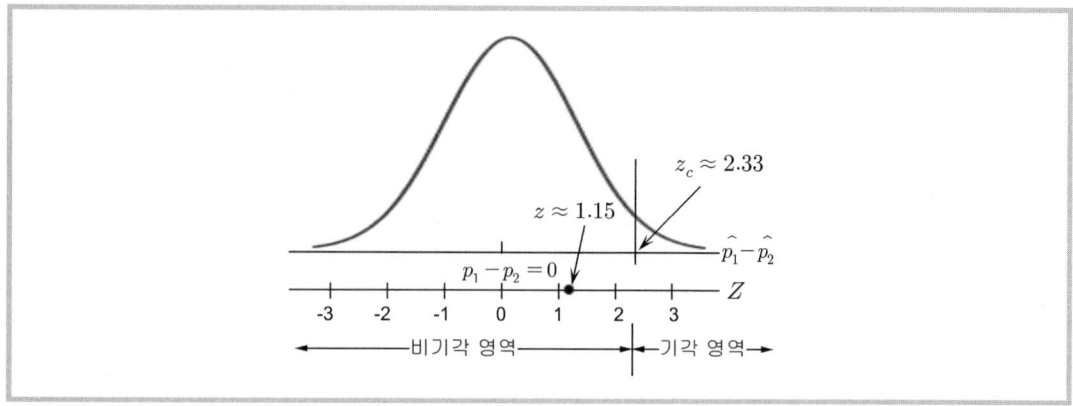

그림 6.21 예제 6.10a의 2-표본 비율에 대한 z 검정의 기각 영역 사용 예

$$\bar{p}=\frac{x_1+x_2}{n_1+n_2}=\frac{100+68}{500+400}=0.1867$$

와 같이 구하고, 이때 $\bar{q}=0.8133$이다. 다음, $\hat{p}_1-\hat{p}_2$의 표본 분포에 대한 표준 오차를

$$\sigma_{\hat{p}_1-\hat{p}_2}=\sqrt{\bar{p}\bar{q}\left(\frac{1}{n_1}+\frac{1}{n_2}\right)}=\sqrt{(0.1867)(0.8133)\left(\frac{1}{500}+\frac{1}{400}\right)}=0.0262$$

로 계산한 후 표준 검정 통계량 z를 다음과 같이 구한다.

$$z=\frac{(\hat{p}_1-\hat{p}_2)-(p_1-p_2)}{\sigma_{\hat{p}_1-\hat{p}_2}}=\frac{(0.2-0.17)-0}{0.0262}=1.1450$$

따라서 z가 비기각 영역에 포함되므로 H_0는 기각될 수 없다. 즉, A 치약 사용자가 B 치약 사용자보다 충성도가 높다는 가설 H_1은 통계학적으로 받아들일 수 없는 주장이다. $\hat{p}_1=0.2$이 $\hat{p}_2=0.17$보다 높기는 하나 H_1을 믿을 만한 증거는 되지 못하는 셈이다.

예제 6.10b 승용차를 타는 사람과 소형 트럭을 타는 사람에서 무작위로 각각 150명과 200명을 모아 조사를 했더니 승용차의 86%와 소형 트럭의 74%가 안전 벨트를 매는 것으로 나타났다. $\alpha=0.1$에서 두 경우의 안전 벨트 매는 비율이 똑같다는 주장을 반박할 수 있는지 검정해 보자.

풀이 우선, 이항 분포가 정규 분포로 근사할 수 있는지 모집단의 비율에 대한 결합 추정값을 구하여 확인해 본다. 즉,

$$\bar{p}=\frac{x_1+x_2}{n_1+n_2}=\frac{150(0.86)+200(0.74)}{150+200}=0.7914$$

이고 $\bar{q} = 0.2086$이다. 그리고 $n_1\bar{p}$와 $n_1\bar{q}$, $n_2\bar{p}$, 그리고 $n_2\bar{q}$이 모두 5보다 크기 때문에 2-표본의 비율에 대한 가설 검정에 z 분포를 사용할 수 있다. 이제, 가설을 세워 주장이 맞는지 확인해 보자. 승용차와 소형 트럭 사용자의 안전 벨트 착용 비율이 같다는 주장을 반박하는 검정이므로 H_0에 주장을 담는다. 즉,

$$\begin{cases} H_0 : p_1 - p_2 = 0 \text{ (주장)} \\ H_1 : p_1 - p_2 \neq 0 \end{cases}$$

와 같다.

기각 영역의 설정은 이렇다. H_1의 형태가 양쪽 검정을 지시하므로 $\alpha = 0.1$의 반이 분포의 양 끝에 각각 위치하도록 하여 기각 및 비기각 영역을 구분 짓는 임계값 z_c를 결정한다. 즉, $z_c = \pm 1.6449$ 이므로 기각 영역은 $(-\infty, -1.6449)$와 $(1.6449, \infty)$이 된다. 끝으로, $\hat{p}_1 - \hat{p}_2$의 표준 검정 통계량 z를 구하여 검정을 판단한다. 즉,

$$z = \frac{(\hat{p}_1 - \hat{p}_2) - (p_1 - p_2)}{\sqrt{\bar{p}\bar{q}\left(\dfrac{1}{n_1} + \dfrac{1}{n_2}\right)}} = \frac{(0.86 - 0.74) - 0}{\sqrt{(0.7914)(0.2086)\left(\dfrac{1}{150} + \dfrac{1}{200}\right)}} = 2.7343$$

로 기각 영역에 포함되어 H_0를 기각할 수 있다. 다시 말하면, 승용차와 소형 트럭의 사용자가 안전 벨트를 착용하는 비율이 같다는 주장을 0.1의 유의수준에서 충분히 반박할 만한 증거를 확보한 셈이다.

6.5 MATLAB과 함께

가설 검정은 5장의 모수 추정과 함께 추론 통계학의 두 기둥이다. 표본의 정보, 즉 불확실한 정보로 확실하지만 알지 못하는 모집단의 정보를 추론하고 검정하는 일은 사뭇 흥분된 작업일 수밖에 없다. 비록 결과를 100% 장담할 수 없다 할지라도 신뢰할 만한 수준에서 그 만큼 신뢰할 수 있고, 또 유의할 만한 수준에서 그 만큼 신중하고 조심스럽게 오류를 상정할 수 있어 통계학적 만족과 긴장이 함께 하는 분야가 되겠다. 특히, 가설 검정은 설정된 두 가설 중의 하나에 반드시 주장이 실려 있기 때문에 가설에 대한 검정의 결과를 주장의 관점에서 해석해야 하므로 통계학적 재미는 한층 더 있다.

가설 검정은 국가의 사법 시스템과 많이 닮았다. 피고 H_0는 유죄 판결이 나기 전까진 언제나 무죄로 추정되어야 하므로 가설 검정은 H_0를 항상 참으로 가정하여 시작한다.

즉, 가설을 수학적으로 설정할 때 등호가 포함된 가설이 언제나 H_0가 되어야 한다는 말이다. 그리고 유죄를 입증하는 책임은 오롯이 원고측의 몫으로 얼마만큼의 증거를 표본에서 확보했느냐 하는 것에 따라 오직 두 가지 판결만 있을 뿐이다. 즉, 증거가 충분하면 H_0를 기각하고 그렇지 않으면 H_0를 기각하지 못한다. 그래서 반대하여 기각하고 싶은 것이 H_0이어야 하고 찬성하여 지지하고 싶은 것은 H_1이 된다. H_0의 가설을 검정하되 H_0이든 H_1이든 반드시 주장이 담긴 가설이 해석되고 평가되어야 한다.

모수 추정도 그렇지만 가설 검정은 컴퓨터의 도움을 받아 진행 절차에 맞추어 단계를 하나씩 밟아 가는 것이 좋다. 주장의 성격을 따져 가설을 세우는 일부터 검정 통계량을 표준화하여 p값을 찾는 일이나 유의수준 α에 해당하는 기각 영역을 정하는 일까지 손으로 표본 분포를 함께 그려 가면서 진행하는 것이 좋다. 확률표를 사용할 수도 있지만 실용적이지 못하다. 이런 과정을 처음부터 끝까지 일체로 진행하는 함수의 이용도 추천할 바가 못된다. 대부분의 컴퓨터 소프트웨어가 지원하는 각 확률 분포에 대한 PDF와 CDF, ICDF를 직접 이용하면서 단계별로 결과를 내가면서 진행하기를 적극 권장한다. 재미와 함께 이해의 폭도 훨씬 넓어지리라 확신한다. 확률 분포와 관련한 MATLAB 함수는 2종류가 있는데 요약하면 다음과 같다. 우선, 모든 분포에 똑같이 쓸 수 있는 범용 함수(generic function)는

```
random(NAME, parameters, m, n)      % 해당 분포에서 무작위 수 생성 함수
pdf(NAME, x, parameters)            % 확률 밀도 함수
cdf(NAME, x, parameters)            % 확률 누적 함수
icdf(NAME, p, parameters)           % 확률 역누적 함수
```

와 같다. 여기서 NAME은 사용할 분포의 이름으로 'norm'이나 'Normal'와 같이 앞의 몇 자나 온전한 이름을 따옴표로[12] 나타낸 것이고 parameters는 평균이나 분산과 같은 분포의 파라미터로 여러 개이면 콤마로 구분하여 입력한다. 또, x는 확률 변수의 값, p는 x의 누적 확률, 그리고 m과 n은 배열의 크기로 뭉쳐서 [m n]으로도 적을 수 있다. 예제 6.3a를 예로 하여 범용 함수의 사용은 이렇다.

```
mu = 13; sigma = 0.39;                      % 모집단의 평균과 표준 편차
x = random('Normal', mu, sigma, 500, 1);    % 모집단
x = sort(x);
```

---

[12] 작은 따옴표나 큰 따옴표 모두 가능하다.

```
y = pdf('Normal', x, mu, sigma);              % 모집단의 분포 함수
n = 31;                                        % 표본의 개수
sy = pdf('Normal', x, mu, sigma/sqrt(n));      % 표본의 분포 함수
plot(x, y, 'k', LineWidth = 1.8)
hold on
plot(x, sy, 'k', LineWidth = 1.8);
```

위 프로그램의 결과는 실습 6.1(a)와 같다. 모집단과 견주어 표본의 분포가 더 뾰족하게 중심으로 집중된 것을 확인할 수 있다. 실습 6.1(b)는 표본의 검정 통계량과 이의 p값을 표시한 것인데 이렇다.

```
xbar = 13.2;                                   % 검정 통계량
ssigma = sigma/sqrt(n);                        % 표본 분포의 표준 오차
pValue = 1 - cdf('Normal', xbar, mu, ssigma)   % 검정 통계량의 p값
pValue =         0.0022
```

본문에선 검정 통계량을 표준 검정 통계량, 즉 표준 점수로 바꾸어 계산한다고 설명했지만 이는 확률표를 이용하려고 했기 때문인데 프로그램을 사용할 때는 필요 없는 작업이다. 기각 영역을 결정하여 검정할 요량이면

```
alpha = 0.05;                                  % 유의수준
zc = icdf('Normal', 1-alpha, mu, ssigma)       % 기각 및 비기각 영역의 임계값
zc =             13.1152
```

와 같이 작업하여 우측 검정의 기각 영역을 $(13.1152, \infty)$로 잡는다.

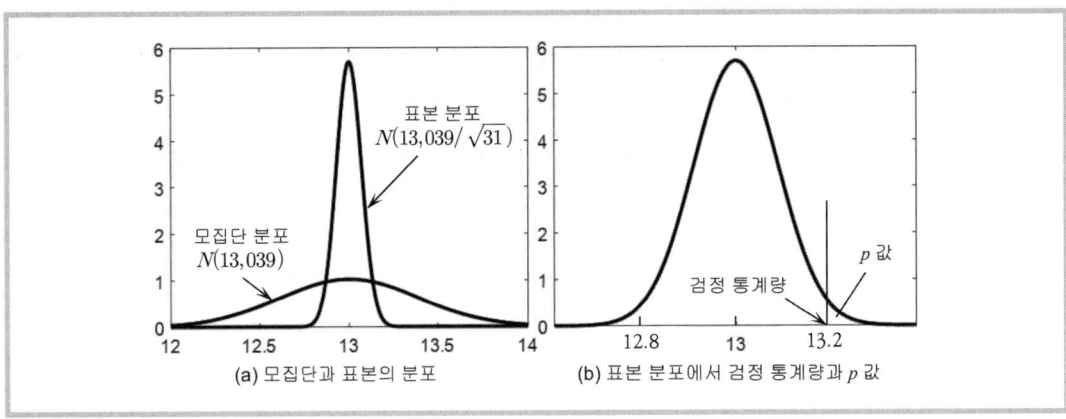

실습 6.1 모집단과 표본의 분포, 그리고 검정 통계량과 이의 p값

다음, 각 분포에 특화된 전용 함수(specialized function)는 분포 이름의 끝에 rnd, pdf, cdf, 그리고 inv가 붙어 무작위 수 생성 함수, 밀도 함수, 누적 함수, 그리고 역누적 함수인 것을 나타낸다. 이를 테면, 정규 분포의 경우이면 normrnd, normpdf, normcdf, 그리고 norminv와 같고[13] 사용 방법은

```
normrnd(parameters, m, n)
normpdf(x, parameters)
normcdf(x, parameters)
norminv(p, parameters)
```

와 같은데 범용 함수와 견주면 분포 이름을 입력할 필요가 없어 사용이 간편하고, 또 범용 함수도 결국 전용 함수를 호출하여 계산해 준다는 측면에서 속도도 훨씬 빠르기 때문에 전용 함수의 사용을 적극 추천한다. 예제 6.3c를 예로 하여 전용 함수를 쓰면 이렇다.

```
mu = 2000; sigma = 120;              % 표준 편차를 120(만원)으로 가정
x = normrnd(mu, sigma, 500, 1);      % 모집단 분포
x = sort(x);
zx = (x - mu)/sigma;                 % 모집단 분포의 표준화
zy = normpdf(zx, 0, 1);
plot(zx, zy, 'k', LineWidth = 1.5)
n = 14; df = n - 1;                  % 표본의 개수와 t 분포의 자유도
ty = tpdf(zx, df)                    % 자유도가 13인 표본 t 분포
hold on
plot(zx, ty, 'b', LineWidth = 1.5)
```

실습 6.2(a)는 위 프로그램의 결과이다. t 분포가 표준 정규 분포와 견주어 중앙이 낮고 양쪽 꼬리 부분이 두터운 것을 알 수 있다. 실습 6.2(b)는 표본의 t 분포에서 검정 통계량과 이의 p값을 보여 주는데 작업은 이렇다.

```
xbar = 1920; s = 119;               % 표본의 평균과 표준 편차
t = (xbar - mu)/(s/sqrt(n))         % 표본의 t 분포 검정 통계량
t =    -2.5154
pValue = tcdf(t, df)                % 검정 통계량의 p값
pValue =   0.0129
```

---

[13] 범용 함수보다 전용 함수를 사용할 경우가 더 많기 때문에 정규 분포 말고도 기초 통계에서 자주 사용하는 분포인 $B(n,p)$, $t(n-1)$, $\chi^2(n-1)$, 그리고 $F(df_{\nu m}, df_{den})$ 분포의 이름은 bino−, t−, chi2−, 그리고 f−이다. 여기서 괄호 속은 각 분포의 파라미터이고 − 표시는 rnd와 pdf, cdf, inv 중의 하나를 뜻한다.

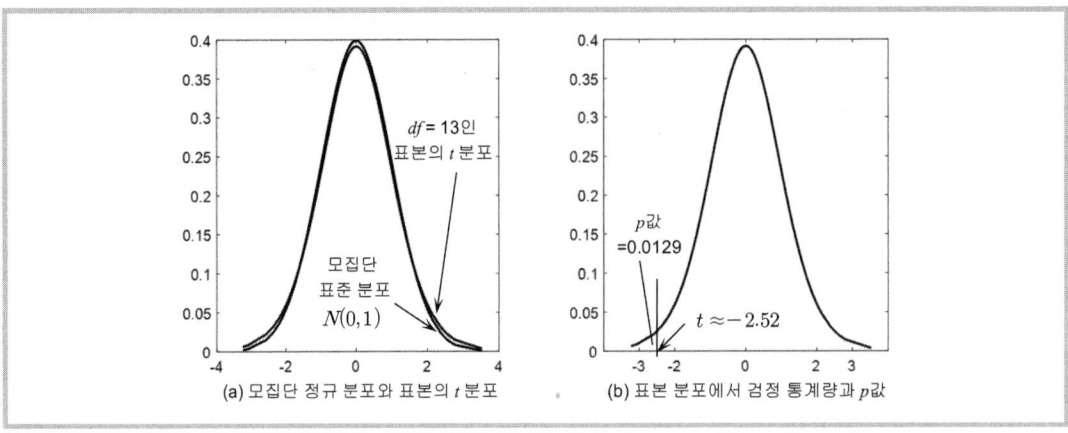

실습 6.2 모집단과 표본의 분포, 그리고 검정 통계량과 이의 p값

```
tc = tinv(0.05, df)              % α = 0.05에 해당하는 기각 영역의 임계값
tc =      -1.7709
```

기각 및 비기각 영역을 구분 짓는 임계값까지 찾았으므로 기각 영역은 $(-\infty, -1.7709)$인 것을 알 수 있다.

MATLAB은 가설 검정의 전 과정을 일괄 처리해 주는 함수도 함께 제공한다. 평균의 검정에서 모집단의 분산을 알 때 사용하는 ztest부터 모를 땐 ttest, 그리고 분산과 표준 편차를 검정하는 vartest 등 1-표본과 2-표본에 대한 많은 함수를 갖추고 있다. 이런 함수들은 표본의 원시 데이터를 직접 처리하므로 보통의 교재에 나온 요약 지표로 연습하는 것과 견주면 훨씬 실용적이다. 예를 들어, 한 지역의 전문 매장을 운영하는 사장은 과거 매출 자료를 조사하면서 방문하는 고객이 사용하는 지출액이 95(천원)인 것을 알고 포인트 제도 등 활발한 캠페인을 벌이기로 하였다. 6개월 시행 후 고객 14명에 대한 표본을 다음과 같이 얻어서 캠페인 전과 후의 매출액 변화가 있는지 검정하기로 한다고 해보자.

109.15 94.83 107.02 116.15 101.53 109.29 110.79

136.01 100.91 97.94 104.30 83.54 67.59 120.44

이 경우는 $n < 30$이므로 지출액 모집단의 분포를 정규 분포로 가정할 수 있다면 t 검정을 시행해 볼 수 있다. 즉,

```
x = 109.15 ...... 120.44;                    % 원시 데이터
```

```
[H, P] = ttest(x, 95, Alpha = 0.05, Tail = 'right')     % 유의수준 0.05에서 우측 검정
H =      1                                               % H₀(μ ≤ 95)를 기각
P =      0.0264                                          % 검정 통계량의 p값
```

위와 같은 식에서 $H_0(\mu \le 95)$를 기각, 검정 통계량의 p값으로 표시된다.

와 같다. 여기서 검정의 일괄 함수 사용법은 ttest(X, Y/M, PARA, VAL, ...)인데, 이때 두 번째 인수가 Y이면 (X, Y) 형태의 서로 종속인 대응 표본(paired samples)에 대한 검정이고 M이면 H_0의 등호 부분이 $\mu = M$인 것을 뜻한다. 이와 같이 데이터만 입력하면 기본 값으로 유의수준은 5%이고 검정 형식은 양쪽 검정인데 이를 수정하려면 옵션으로 유의수준은 Alpha = 0.99와 같이, 그리고 검정 형식은 Tail로 값을[14] 바꾸어 준다. 출력으로 H는 가설 검정의 결과이다. 위 프로그램의 결과와 같이 1이면 H_1, 즉 H_0를 기각하고 0이면 H_0를 기각하지 못한다는 뜻이다. P는 검정 통계량의 p값으로 유의수준 α와 견주어 H의 값을 뒷받침한다. 출력도 옵션으로 추가하여 [H, P, CI, tSTAT]와 같이 적으면 모집단 평균의 신뢰 구간 CI와 검정 통계량이나 자유도, 모집단의 추정된 표준 편차 따위가 담긴 tSTAT도 얻을 수 있다.

　　2-표본도 1-표본의 경우와 견주어 다를 바가 없다. 2-표본이 서로 독립이든 종족이든 본문에서 설명한 방법을 순서대로 따라 가면서 하나씩 진행하는 것이 이해의 폭을 넓히는 데 도움이 된다. 2-표본이 각각 원시 데이터로 제시된 경우도 각각의 평균과 표준 편차를 구하여 본문의 방법을 그대로 적용하면 된다. 하지만 여기선 MATLAB 일괄 함수를 사용하는 방법을 간략히 소개한다는 측면에서 원시 데이터로 주어진 경우의 검정을 해보기로 한다. 먼저, 아래의 데이터는 모집단 정규 분포에서 수집된 서로 독립인 2-표본이다.

표본1: 47.7 46.9 51.9 34.1 65.8 61.5 50.2 40.8 53.1 46.1 47.9 45.7 49.0
표본2: 50.0 47.4 32.7 48.8 54.0 46.3 42.5 40.8 39.0 68.2 48.5 41.8

다음, 유의수준 1%에서 μ_1이 μ_2보다 작은지 검정해 본다. 즉, H_0는 $\mu_1 - \mu_2 \le 0$이고 H_1는 $\mu_1 - \mu_2 > 0$인 경우의 가절 검정이 되겠는데 작업 과정은 이렇다.

```
x = [47.7 46.9 ........ 49.0];                  % 원시 데이터 x
y = [50.0 47.4 ........ 41.8];                  % 원시 데이터 y
[H, P, ~, tSTAT] = ttest2(x, y, Alpha = 0.01, Tail = 'right', Vartype = 'equal')
H =    0                                        % H₀를 기각하지 못한다
```

---

[14] 옵션 Tail의 값은 Tail = 'both'(기본값), Tail = 'left'(왼쪽 검정), 그리고 Tail = 'right'(오른쪽 검정)이다.

```
P =    0.2237                      % 검정 통계량의 p값
tSTAT =  struct with fields:
      tstat:  0.7729               % 검정 통계량
      df:    23                    % 자유도
      sd:    8.4607                % 모집단의 결합(pooled) 표준 편차 추정값
```

위 검정의 결과는 $H = 0$이다. 즉, H_0를 기각할 만한 충분한 증거가 없다는 뜻으로 μ_1이 μ_2보다 작다는 것이 통계학적으로 입증되는 셈이다. 검정 통계량 $t = 0.7729$의 p값 0.2237이 $\alpha = 0.01$보다 크므로 H_0를 기각하지 못한다는 것을 확인할 수 있다. 자유도 $df = 23$에서 α에 대한 기각 영역은

```
alpha = 0.01; df = 23;            % 유의수준과 자유도
tc = tinv(1-alpha, df)            % 기각 영역의 임계값
tc =    2.4999
```

을 통해 $(2.4999, \infty)$이므로 $t = 0.7729$가 비기각 영역에 속하는 것으로도 H_0를 기각하지 못한다는 것을 알 수 있다. 위 프로그램에서 Vartype은 모집단의 분산을 모르는 경우에서 2-표본의 분산이 같은 경우와 다른 경우를 지정하는 옵션이다. 다를 경우엔 Vartype = 'unequal'와 같이 입력한다.

07

상관과 선형 회귀

07 상관과 선형 회귀

지금까지 살펴본 통계 데이터는 주로 한 집단의 데이터였다. 제3장에서 두 데이터 집단의 결합 분포를 소개하고, 또 6장에서 두 데이터 집단이 같은 집단인지 검정하는 일은 해봤지만 두 데이터 집단이 서로 짝을 이루어 관계를 가지는 경우는 다루지 않았다. 원인과 결과의 관계이든 그 반대이든, 아무런 관계가 없든, 혹은 우연의 관계이든 두 (혹은 그 이상의) 통계 데이터 집단이 어쨌든 서로 관계를 지어 나타나는 경우는 흔하기 때문에 관계를 따지고 분석하는 일도 소홀히 다룰 수 없다. 특히, 공학의 실험 데이터는 원인, 즉 입력과 결과, 즉 출력의 관계가 분명하여 둘 사이의 함수 관계를 찾는 일이 무엇보다 중요하다. 함수를 통해 실험에 참여하지 않은 데이터를 새로 추정할 수 있고, 또 함수가 복잡할 땐 관심 영역의 데이터를 뽑아 새로운 함수 관계로 단순하게 만드는 것이 공학의 여러 분야에서 큰 구실을 하기 때문이다.[1]

상관(correlation)은 두 데이터 집단이 짝을 이룰 때 함수 관계로 연결할 수 있을지 판단하는 지표이고 회귀(regression)는 그 함수 관계가 어떤지 찾는 과정을 일컫는다. 회귀를 위해선 먼저 상관 지표부터 살펴야 한다는 말이다. 물론 상관 지표를 찾기 전에 두 통계 데이터 집단 (x_i, y_i)에[2] 대한 그래프를 그려 서로 상관성이 있는지 개략적으로 확인하는 것도 빼놓을 수 없다. 상관성의 강도를 나타내는 지표를 상관 계수라 하는데 -1에서 1 사이의 값을 갖는다. 선형 회귀를 통해 구한 회귀선은 두 데이터 집단의 각 평균을 지나는 직선으로[3] 상관 계수의 절댓값이 1에 가까울수록 통계학적으로 믿을 만하

---

[1] 공학에선 회귀(regression)라는 말보다 곡선 맞추기(curve fitting)라는 말을 더 선호한다. 통계학의 한 분야를 수학의 선형 대수학, 즉 벡터와 행렬의 개념과 결합하여 공학의 새로운 분야로 확대한 셈이다.

[2] 3장의 결합 분포를 설명할 땐 두 통계 데이터 집단을 확률 변수로 보고 X와 Y로 표시하였는데 여기선 데이터 집단의 각 데이터를 강조한다는 측면에서 첨자를 써 (x_i, y_i)와 같이 괄호로 나타내기로 한다. 데이터 개수를 밝히기 위해 첨자의 범위를 $(i=1$에서 $n)$와 같은 방식 따위로 표현해야 하나 꼭 필요한 경우가 아니면 생략한다.

[3] 회귀(回歸)라는 말은 (x_i, y_i)의 두 데이터 집단을 연결하는 선이 두 데이터의 각 평균, 즉 $(\bar{x}, \bar{y})$를 지난다는 뜻이다.

고, 또 유용하다. 상관 계수가 0에 가깝다는 것은 상관성이 없다는 뜻이지만 주의할 것이 있다. 상관 계수는 선형 상관성을 말해 주는 지표이므로 상관성이 없다고 해서 x_i와 y_i의 함수 관계가 없다는 것은 아니고 $y_i = b_0 + b_1 x_i$와 같은 직선의 관계가 없다는 것뿐이다.

이 장에선 두 통계 데이터 집단인 (x_i, y_i)에 대해 상관을 따지고 선형 회귀를 실시한다. 표본의 상관과 선형 회귀가 모집단의 그것과 견줄 만한지 그렇지 않은지, 만약 견줄 만하다면 그 신뢰 구간과 유의성(significance)도 통계학적으로 간략하게나마 따져 볼 것이다. 선형 회귀에서 직선의 회귀선을 신뢰하기 어려우면 $y_i = b_0 + b_1 x_i + b_2 x_i^2 + \cdots$와 같이 정수 $n \geq 2$인 x_i^n을 붙여 다항 회귀를 실시하여 데이터 집단을 어느 정도 추종할 수 있도록 한다. 특히, 선형 회귀의 공학 응용인 **곡선 맞추기**(curve fitting)에 초점을 맞추면 x_i^n을 비선형 함수인 지수나 로그, 삼각 함수 따위로 대체할 수 있으므로 그 활용 범위가 아주 넓다고 하겠다. 벡터와 행렬의 식으로 나타낼 수 있기에 컴퓨터의 도움을 받기도 쉽고 일반화도 가능하다.

7.2   상관

두 통계 데이터 집단 (x_i, y_i)는 공학의 실험 데이터를 비롯하여 두 확률 변수 사이의 인과 관계를 따지고자 할 때 항상 나타나는 데이터 집단이다. 작용하는 힘과 재료의 길이 변화나 노동자의 훈련 시간과 사고 사이의 관계, 경제 성장과 이산화탄소 발생량 따위와 같이 궁금한 것이 한두 가지가 아니다. 상관(correlation)은 이와 같이 양적 데이터인 두 집단이 **순서쌍** (x_i, y_i)으로 나타날 때 두 집단의 관계를 설명하는 말로 3장의 공분산(covariance)에서 출발한다. **공분산**은 두 데이터 집단 x_i와 y_i에서 평균 $\bar{x}$와 $\bar{y}$을 각각 뺀 후 이들의 곱에 대한 기댓값으로 $s_{xy} = E[(x - \bar{x})(y - \bar{y})]$로[4] 정의되고 이를 데이터 요소나 각 집단의 평균으로 표현하여 다시 쓰면 다음과 같다.

---

[4] 3장에선 $E[(X - \bar{X})(Y - \bar{Y})]$와 같이 확률 변수 X와 Y로 표시했는데 여기선 소문자로 나타내었다. 본문에서 설명했듯이 첨자가 없는 x와 y는 데이터 집단 전체를, 그리고 첨자가 있는 x_i와 y_i는 ($i = 1$부터 n)이 생략된 표현으로 데이터 집단이 n개까지 여럿 있다는 것을 강조한다. 첨자 i가 붙어서 i번째 요소를 지칭하기도 하는 경우가 더러 있지만 직접 언급된 곳이 아니면 그런 뜻은 없다.

$$s_{xy} = \frac{\sum_i (x_i - \overline{x})(y_i - \overline{y})}{n-1} = \frac{\sum_i x_i y_i - \left(\sum_i x_i \sum_i y_i\right)/n}{n-1} = \frac{\sum_i x_i y_i - n\overline{x}\,\overline{y}}{n-1}$$

위 식의 분자는 이런 뜻을 갖는다. 즉, x_i가 평균 $\overline{x}$보다 큰 값일 때 y_i도 평균 $\overline{y}$보다 커서 두 변수가 함께 같은 방향으로 커질 땐 두 편차의 곱은 양수가 되어 $s_{xy} > 0$이 되고, 또 x_i가 작을 때 y_i 역시 작을 때도 두 편차의 곱은 양수이므로 결과는 마찬가지다. 두 데이터 집단의 순서쌍이 같은 방향으로 커지거나 작아지는 경우는 s_{xy}의 값을 통해 짐작할 수 있다는 말이다. 반대로, x_i가 클 때 y_i가 평균보다 작거나 x_i가 평균보다 작을 때 y_i가 클 땐 $s_{xy} < 0$이 되어 순서쌍의 각 데이터 값의 변화가 서로 다른 방향으로 일어난다는 것을 예측할 수 있다. 다시 말하면, 공분산 s_{xy}은 두 데이터 집단의 선형 관계, 즉 비례 관계인지 반비례 관계인지 판단할 수 있는 정보를 제공한다. 비록 선형성의 강도를 말해 주진 못하더라도[5] 한 데이터 집단의 변화로 다른 데이터 집단의 값이 어느 방향으로 변하는지 알 수 있다는 측면에서 아주 중요하다.

하지만 위 식은 차원이 있는 값이다. 두 데이터 집단의 각 차원을 곱한 차원이라 각 집단이 서로 다른 차원을 가질 땐 물리적인 뜻을 짐작하기가 쉽지 않다. 그래서 차원을 무차원으로 바꾸고, 또 위의 공분산을 통해 선형성의 강도까지 판단할 수 있도록 하기 위해 다음과 같은 양을 정의하여 사용하는데 이를 **상관 계수**(correlation coefficient) r이라[6] 한다.

$$r = \frac{s_{xy}}{s_x s_y} = \frac{n\sum_i x_i y_i - \sum_i x_i \sum_i y_i}{\sqrt{n\sum_i x_i^2 - \left(\sum_i x_i\right)^2}\sqrt{n\sum_i y_i^2 - \left(\sum_i y_i\right)^2}} \tag{7.1}$$

여기서 s_x와 s_y는 두 데이터 집단 (x_i, y_i) 각각의 표준 편차이다. 식 (7.1)은 공분산을 각 데이터 집단이 가지는 표준 편차의 곱, 즉 분산 차원으로 나누어 표준화를 한 식으로 -1에서 1 사이의 값이다. 이때 -1은 완전한 음(perfect negative)의 관계를 나타내고 1은 완전한 양(perfect positive)의 관계를 나타낸다. 그리고 $0 < r < 1$은 양의 관계인데

---

[5] 공분산은 차원이 포함되어 있어 값의 크기에 대한 기준을 잡을 수 없다. 이를 테면, 길이 차원인 경우 미터로 관찰한 것과 밀리미터, 인치 따위로 관찰한 것은 공분산의 계산은 길이 차원으로 할 수 있지만 계산된 값이 단위마다 다 달라 비례 혹은 반비례의 강도를 값으로 판단할 수 있는 방법이 없다.

[6] 상관 계수 r의 공식 이름은 영국의 통계학자 K. Pearson의 이름을 따서 피어슨의 적률 상관 계수(Pearson product moment correlation coefficient)라고도 한다.

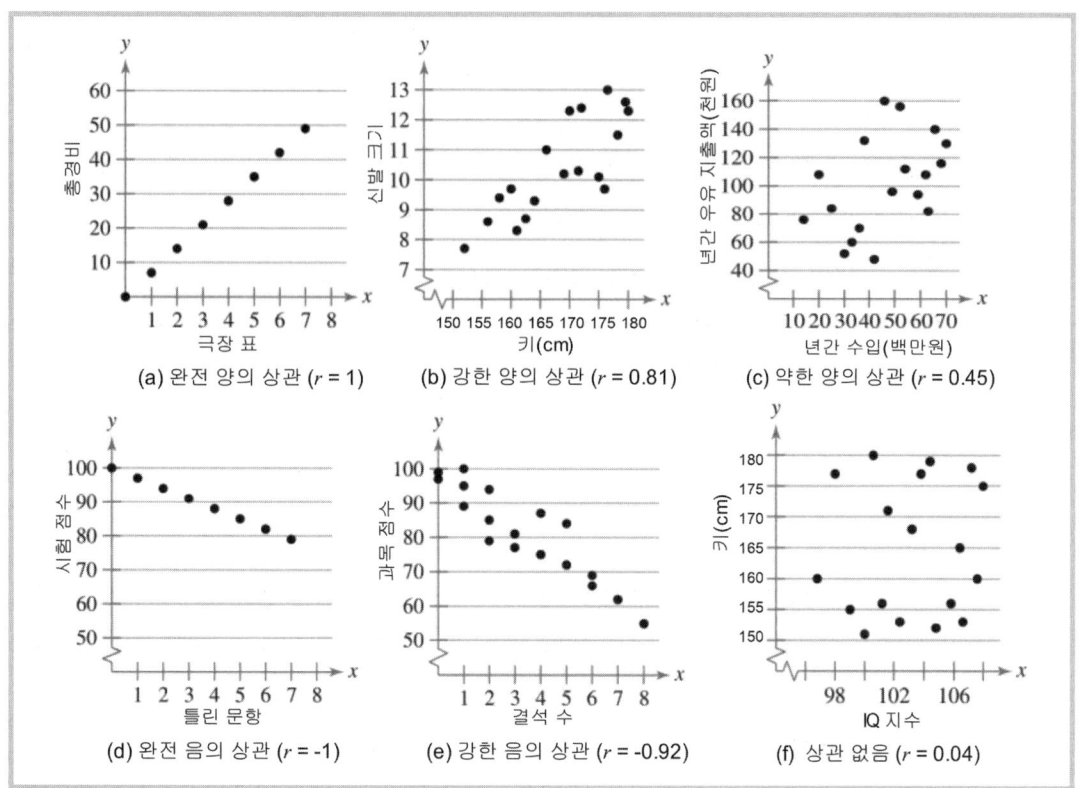

그림 7.1 산포도를 이용한 상관 관계의 몇몇 예

크기에 비례하여 약하고 강한(weak and strong) 관계를, $-1 < r < 0$은 음의 관계인데 크기에 비례하여 강하고 약한 관계를 뜻하는데 그림 7.1에 몇몇 경우의 예를 보였다.

식 (7.1)의 계산은 복잡해 보인다. 물론 요즘의 통계 관련 소프트웨어의 도움을 받으면 금방 구할 수 있지만 앞으로 다룰 선형 회귀부터 다음 장의 분산 분석까지 분산과 관련한 이해의 폭을 넓힌다는 뜻에서도 손으로 계산하는 방법을 익힐 필요가 있다. 특히, 분산의 계산에 반드시 포함되는 **제곱합**(sum of square) SS는 여러 분야에 항상 일의적으로 적용되고 뜻도 같기 때문에 기호와 함께 꼭 알아 두어야 한다. 이를 테면, SS_{xx}는 두 데이터 집단 (x_i, y_i)에서 하나의 데이터 x에 대하여 평균을 뺀 $x_i - \overline{x}$의 제곱합으로

$$SS_{xx} = \sum_i (x_i - \overline{x})^2 = \sum_i (x_i - \overline{x}) x_i = \sum_i x_i^2 - \left(\sum_i x_i \right)^2 \Big/ n$$

이고 SS_{yy}는 데이터 y에 대하여 같은 방법으로 계산할 수 있다. SS_{xy}는 두 데이터 집단에 대한 제곱합이므로

$$SS_{xy} = \sum_i (x_i - \bar{x})(y_i - \bar{y}) = \sum_i (x_i - \bar{x})y_i = \sum_i x_i(y_i - \bar{y}) = \sum_i x_i y_i - \left(\sum_i x_i\right)\left(\sum_i y_i\right) \bigg/ n$$

와 같다. 위 두 식의 원래 정의하는 항의 다음에 나오는 항은 합 기호 및 데이터의 1차 모멘트는 0이라는 성질을 이용한 표현이다. 즉, $\sum(x_i - \bar{x})^2 = \sum\left[(x_i - \bar{x})x_i - (x_i - \bar{x})\bar{x}\right]$ 에서 두 번째 항은 $\sum(x_i - \bar{x})\bar{x} = \bar{x}\sum(x_i - \bar{x}) = 0$이므로 $\sum(x_i - \bar{x})x_i$이다. 여기서 합 기호의 첨자는 생략하여 간단하게 적었다. 데이터 집단에 대한 평균을 미리 알고 있거나 쉽게 계산할 수 있는 경우에 사용하면 도움이 되는 표현이 되겠다. 따라서 제곱합을 이용하여 식 (7.1)을 다시 쓰면

$$r = \frac{SS_{xy}}{\sqrt{SS_{xx}SS_{yy}}} \tag{7.2}$$

와 같다.

표 7.1은 나이와 혈압이 짝으로 제시된 데이터 집단이다. 상관 계수를 위에서 밝힌 제곱합을 이용하여 직접 계산해 보기로 한다. 우선, 산포도(scatter plot)를 그려 두 데이터 집단 (나이, 혈압) $= (x_i, y_i)$의 상관 관계를 대략 짐작한다. 두 데이터 집단의 상관 관계가 양인지 음인지, 강한지 약한지, 혹은 아예 상관 관계가 없는지 먼저 알아보는 것이 선형 회귀를 위한 필수 조건이다. 그림 7.2(a)는 나이와 혈압의 관계를 보여 주는 산포도이고 (b)는 상관 계수를 구하기 위해 제곱합의 각 성분을 도수분포표로 나타낸 것이다. 산포도에서 짐작할 수 있듯이 나이와 혈압의 관계는 아주 강한 양의 선형 관계가 예상된다. 다음, 위에서 설명한 제곱합을 그림 7.2(b)에서 찾아 상관 계수 r을 구한다. 즉,

$$r = \frac{SS_{xy}}{\sqrt{SS_{xx}SS_{yy}}} = \frac{\sum xy - \dfrac{\sum x \sum y}{n}}{\sqrt{\left(\sum x^2 - \dfrac{(\sum x)^2}{n}\right)\left(\sum y^2 - \dfrac{(\sum y)^2}{n}\right)}} = 0.9084$$

이다. $r \approx 0.91$은 두 데이터 집단의 선형 관계가 아주 강하다는 뜻인데 산포도에서 짐작한

표 7.1 나이(년)에 따른 혈압(mmHg) 데이터 집합

나이(년) :	16	25	39	45	49	64	70	29	57	22
혈압(mmHg) :	109	122	143	132	199	185	199	130	175	118

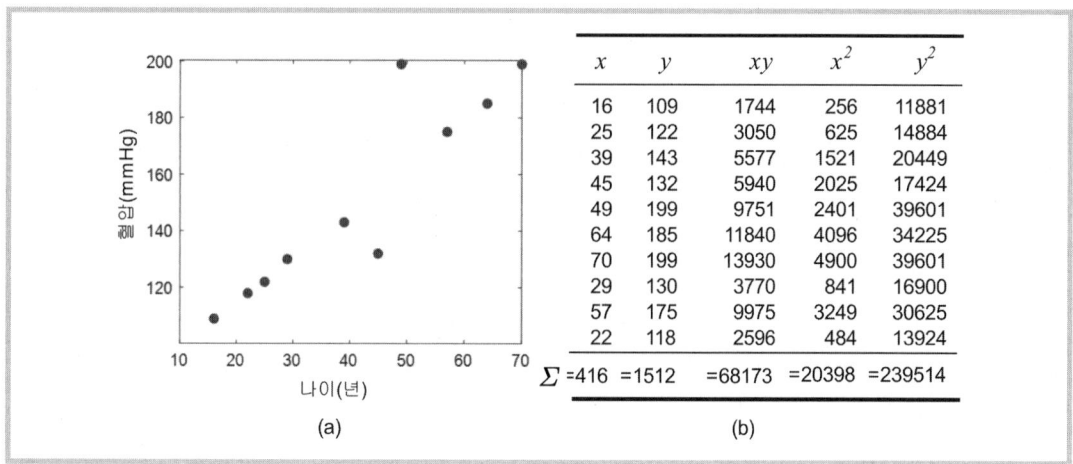

x	y	xy	x^2	y^2
16	109	1744	256	11881
25	122	3050	625	14884
39	143	5577	1521	20449
45	132	5940	2025	17424
49	199	9751	2401	39601
64	185	11840	4096	34225
70	199	13930	4900	39601
29	130	3770	841	16900
57	175	9975	3249	30625
22	118	2596	484	13924
$\sum$ =416	=1512	=68173	=20398	=239514

(a)　　　　　　　　　　(b)

그림 7.2 표 7.1에 대한 산포도와 제곱합을 위한 도수분포표

대로 나이를 먹을수록 혈압도 따라 높아진다고 볼 수 있다. 따라서 표 7.1의 두 데이터 집단은 선형 회귀선 $y_i = b_0 + b_1 x_i$을 통해 임의의 나이에 대한 혈압을 근사적으로 예측할 수 있게 된다.

다음 소절의 선형 회귀로 넘어가기 전에 앞에서 찾은 상관 계수에 대한 검정을 해보도록 한다. 상관 계수 r은 표본에 대한 통계량이다. 앞 장에서 여러 번 말했듯이 표본의 통계량은 표본마다 다 다르다. 임의의 표본에 대한 r이 모집단에 대한 상관 계수 ρ가 된다는 보장이 없다. 그래서 귀무 가설 H_0를 $\rho = 0$, 즉 모집단의 상관 계수는 선형 관계가 없다는 가설로 두고 검정 통계량 r에 대한 표준 검정 통계량 $t = r/\sigma_r$이 기각 영역에 속하나 그렇지 않나 따져서 판단한다. 여기서 σ_r은 r의 표본 분포에 대한 표준 오차로 t와 함께 각각

$$\sigma_r = \sqrt{\frac{1-r^2}{n-2}} \text{ 와 } t = \frac{r}{\sigma_r} = r\sqrt{\frac{n-2}{1-r^2}}$$

이고, 이때 $n-2$는 t 검정의 자유도이다. 그림 7.3은 모집단이 양의 상관 계수를 갖는다는 충분한 증거가 있는지 확인하기 위해 흔히 이루어지는 우측 t 검정에 대한 검정 절차를 그림으로 나타낸 모습이다.

모집단의 상관 계수 ρ에 대한 가설 검정은 6장에서 살폈듯이 양쪽을 포함하여 왼쪽과 오른쪽 검정 모두 수행할 수 있다. 일반적인 경우는 $\rho = 0$을 H_0로 두면, 즉 H_1이 $\rho \neq 0$인 양쪽 검정이 되겠지만 산포도를 통해 양의 상관 관계를 확인했다면 H_1이 $\rho > 0$인 우측

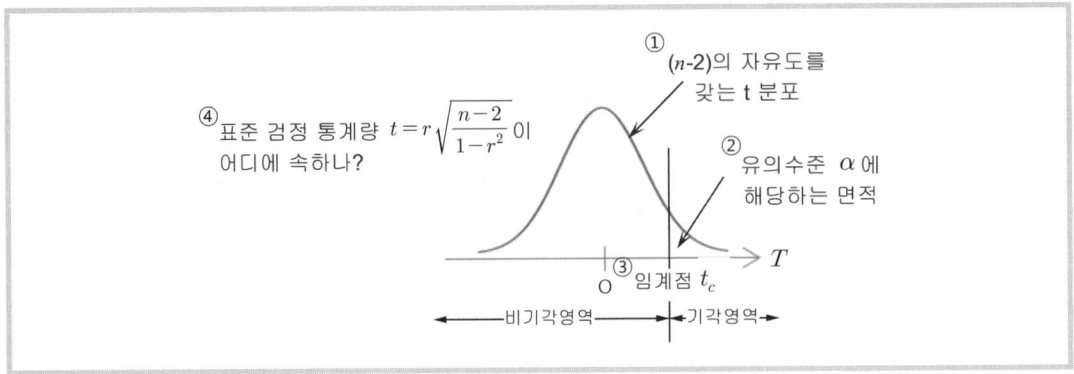

그림 7.3 상관 계수 r의 모집단 ρ에 대한 우측 t 검정 절차

검정으로, 그리고 음의 상관 관계이면 H_1을 $\rho < 0$로 두고 좌측 검정으로 실시하기도 한다. 따라서 그림 7.3의 우측 검정에서 설정된 가설은 다음과 같다.

$$\begin{cases} H_0 : \rho \le 0 \ (\text{모집단 } \rho \text{는 양의 상관 관계를 갖지 않는다}) \\ H_1 : \rho > 0 \ (\text{모집단 } \rho \text{는 양의 상관 관계를 갖는다}) \end{cases}$$

여기서 H_0는 두 통계 데이터 집단의 관계가 산포도를 통해 양의 상관을 확인했기 때문에 부등호를 뗀 $\rho = 0$도 가능하다.

표 7.1의 통계 데이터에서 확인한 $r \approx 0.91$이 모집단의 ρ도 충분히 그럴 만한 증거가 있는지 검정하면 이렇다. 먼저, 유의수준 α를 선정한다. 여기선 $\alpha = 0.01$로 둔다. 다음, $n-2$의 t 분포를 선택한다. 여기서 $n = 10$이다. 다음, 우측 검정이므로 t 분포의 오른쪽 끝에 α만큼의 면적을 잡아 기각 및 비기각 영역을 나누는 임계점 t_c를 구한다. 즉, 확률표를 참고하거나 컴퓨터의 도움을 받으면 $t_c = 2.8965$이다. 다음, 표준 검정 통계량을 구한다. 즉,

$$t = r\sqrt{\frac{n-2}{1-r^2}} = (0.91)\sqrt{\frac{10-2}{1-0.91^2}} = 6.2080$$

이므로 t는 기각 영역 (t_c, ∞)에 속한다. 끝으로, H_0를 기각한다. 즉, ρ는 양의 상관 관계를 가질 충분한 증거가 있다. 표본의 $r \approx 0.91$은 우연히 일어날 수 있는 사건이 아니기 때문에 충분히 유의할 만하다는 말이다. p값을 써서 검정할 수도 있는데 위에서 구한 표준 검정 통계량 t의 값과 이보다 더 극단적인 쪽의 면적(확률)을 구해 α와 견주어 통계학적으로 판정을 한다. 즉, p값 $\le \alpha$이면 H_0를 기각한다.

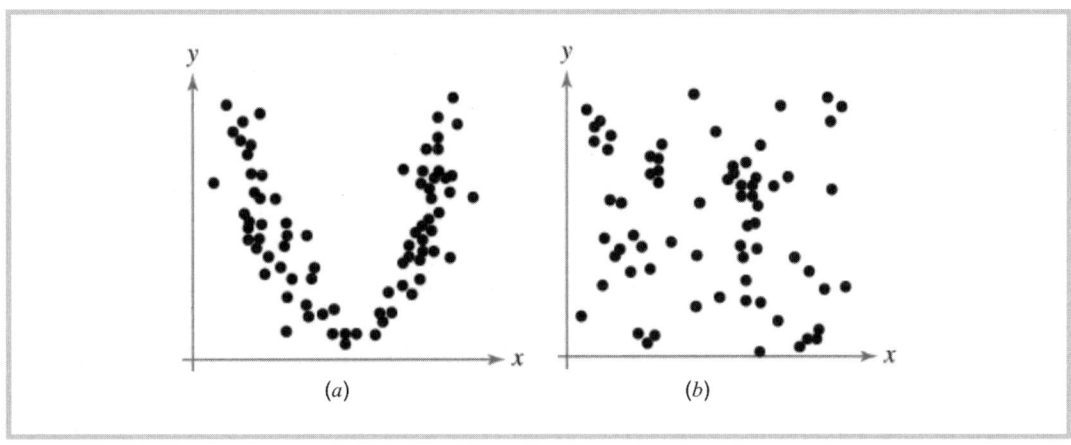

두 통계 데이터에 대한 산포도

예제 7.1a 그림 7.4의 두 통계 데이터 (x_i, y_i)에 대한 상관 관계를 말해 보자.

풀이 본문에서 다루는 상관 계수 r은 선형 관계, 즉 x와 y 사이의 직선 관계만을 확인해 주는 계수이다. (a)인 경우는 상관 관계가 음이면서 양이 되는 관계처럼 보인다. 하지만 r은 이런 관계를 말해 주지 못한다. 직선의 관계뿐이므로 이 경우는 직선의 기울기가 0인 수평선이다. 즉, $r = 0$이다. 산포도를 보면 분명한 관계를 가지고 있는데 $r = 0$인 것은 선형 관계가 아니라 비선형 관계를 뜻한다. 음의 기울기에서 양의 기울기로, 혹은 그 역으로 변하는 지점을 변곡(inflection)이라 한다. 1개의 변곡은 포물선을 암시하고 2개의 변곡은 3차식을 말해 준다. 따라서 산포도에서 분명한 변곡의 관계가 있으면 변곡의 개수에 맞추어 $y_i = b_0 + b_1 x_i + b_2 x_i^2 + \cdots$와 같이 x_i의 거듭제곱 항을 첨가해 가면서 선형 회귀를 할 수 있다. (b)의 경우는 선형의 관계는 없다. 따라서 이 경우도 $r = 0$이다. 변곡도 없으므로 비선형 관계라고 보기도 어렵다. 하지만 임의의 관계는 있다. 관계가 없다고 말하면 잘못이다. 선형 관계가 없다는 표현은 맞지만 아무 관계도 없다고 하면 안 된다. 그림 7.1(f)의 IQ 지수와 키나 체중과 같이 이럴 경우에 서로 견줄 수 있는 데이터 집단은 많다.

예제 7.1b 다음은 무작위로 8명의 운전자를 뽑아 운전 경력(년)과 자동차 보험 월 납부금(천원)을 조사한 표이다.

| 운전 경력(년) : | 5 | 2 | 12 | 9 | 15 | 6 | 25 | 16 |
| 월 보험금(천원) : | 64 | 87 | 50 | 71 | 44 | 56 | 42 | 60 |

가. 산포도를 그려 어떤 상관 관계가 있는지 개략적으로 확인하자
나. 상관 계수 r을 제곱합을 이용하여 구해 보자.
다. 유의수준 $\alpha = 0.05$에서 모집단 ρ의 유의성(significance)을 검정해 보자.

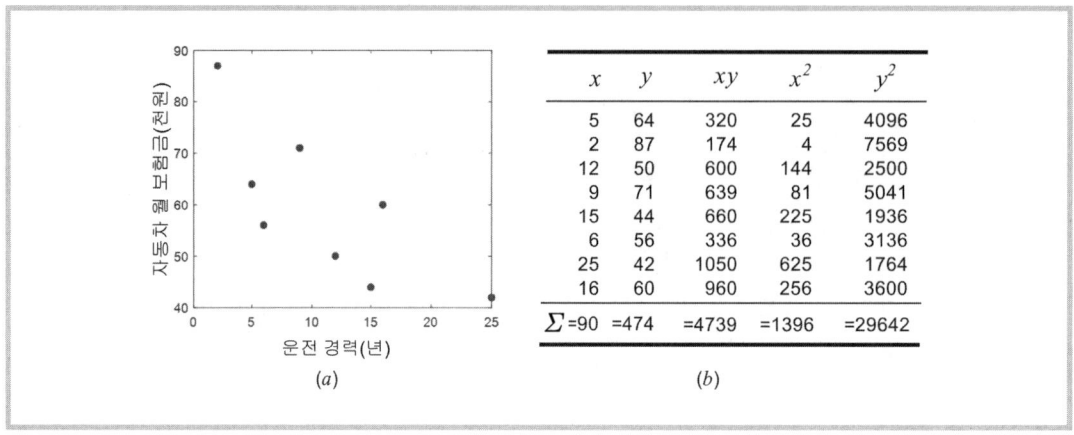

x	y	xy	x^2	y^2
5	64	320	25	4096
2	87	174	4	7569
12	50	600	144	2500
9	71	639	81	5041
15	44	660	225	1936
6	56	336	36	3136
25	42	1050	625	1764
16	60	960	256	3600
$\sum$ =90	=474	=4739	=1396	=29642

(a)   (b)

그림 7.5 예제 1.7b의 순서쌍에 대한 산포도와 도수분포표

[풀이] 그림 7.5(a)는 운전 경력과 월 보험금에 대한 산포도이다. 그렇게 강하진 않지만 음의 상관 관계, 즉 $r < 0$을 확인할 수 있다. 제곱합을 이용한 상관 계수의 공식인 식 (7.2)를 이용하기 위해 그림 7.5(b)와 같이 (운전 경력, 월 보험금) = (x_i, y_i)에 대한 도수분포표를 작성한다. 도수분포표를 이용해 각 제곱합을 구하면 $SS_{xy} = -593.5$와 $SS_{xx} = 383.5$, $SS_{yy} = 1557.5$이고 상관 계수는 $r = -0.7679$이다.

다음, 상관 계수 r에 대한 모집단 ρ의 유의성을 따져 본다. 산포도에서 짐작하고 r을 통해 음의 상관 관계를 확인했으므로 가설을

$$\begin{cases} H_0 : \rho \geq 0 \ (\text{모집단 } \rho \text{는 음수가 아니다}) \\ H_1 : \rho < 0 \ (\text{모집단 } \rho \text{는 음수이다}) \end{cases}$$

와 같이 설정한다. 왼쪽 검정이므로 $\alpha = 0.05$에 해당하는 면적을 t 분포 곡선의 왼쪽 끝부분에 잡고 $df = n - 2 = 6$을 이용해 기각 및 비기각 영역의 임계값 t_c를 구한다. 즉, $t_c = -1.9432$이다. 끝으로, 표준 검정 통계량을 계산해 어느 영역에 속하는지 판단하여 검정한다. 즉, 표준 검정 통계량 t는

$$t = r\sqrt{\frac{n-2}{1-r^2}} = (-0.77)\sqrt{\frac{8-2}{1-0.77^2}} = -2.9561$$

이므로 H_0를 기각한다. 즉, 모집단 ρ가 음수라는 충분한 증거를 통계학적으로 확인할 수 있다. 선형 회귀를 통해 운전 경력과 월 보험금의 관계를 기울기가 음수인 직선으로 찾아 예측의 목적을 수행할 수 있다는 말이다.

예제 7.1c 다음 표는 12명의 축구 선수에 대한 몸무게와 10m 최고 속력으로 뛴 시간을 나타낸다. 다음 질문에 답해 보자.

몸무게(kg) :	175	180	155	210	150	190	185	160	190	180	160	170
시간(초) :	1.80	1.77	2.05	1.42	2.04	1.61	1.70	1.91	1.60	1.63	1.98	1.90

가. 순서쌍을 (몸무게, 시간) $= (x_i, y_i)$로 두고 예제 7.1b의 질문을 반복 하자

나. 순서쌍의 순서를 바꾸어 (몸무게, 시간) $= (y_i, x_i)$일 때 상관 계수를 계산한 후 각 변수의 구실이 바뀌면 어떤 효과가 생기는지 알아보자.

[풀이] 두 통계 데이터 집단 (x_i, y_i)이 강한 상관 관계를 가진다고 확인될 땐 이것이 직접적인 인과 관계를, 즉 x가 원인이고 y가 결과인지 따져 볼 필요가 있다. 역인과 관계, 즉 y 때문에 x가 일어나는지, x와 y의 관계를 규정 짓는 제3의 다른 변수가 있는지, 아니면 그냥 우연의 일치인지도 생각해 봐야 한다.

두 통계 데이터 집단 (x_i, y_i)에서 x_i를 **독립 변수**(independent variable), 그리고 y_i를 **종속 변수**(dependent variable)라 한다. 각 문제 영역에 따라 x_i는 **예측 변수**(predictor)나 **설명 변수** (explanatory variable)가 되기도 하고 y_i는 **반응 변수**(response variable)나 **결과 변수**(resultant) 가 되기도 한다. 따라서 (x_i, y_i)가 (y_i, x_i)로 서로 위치가 바뀌면 각각의 구실이 원래와 달라졌는지 그렇지 않은지 살펴보는 것도 상관 관계나 이어지는 선형 회귀을 학습하는데 도움이 되지 않을까 싶다.

그림 7.6은 데이터 집단의 순서를 바꾼 각각의 산포도와 상관 계수를 계산한 것이다. 강한 음의 상관 관계를 보이는데 두 경우가 똑같다. 즉, x_i와 y_i의 구실을 바꾸었지만 r엔 전혀 영향을 미치지 않았다. 두 경우에 대한 r의 계산과 검정은 직접 해보길 바란다.

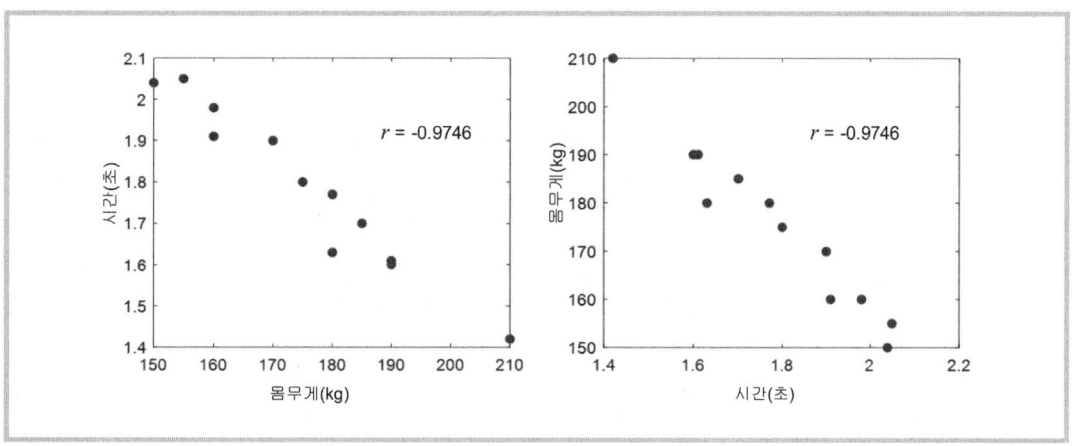

그림 7.6 두 통계 데이터의 순서를 바꾸어 그린 산포도와 각각의 상관 계수

7.3   선형 회귀

두 통계 데이터 집단에 대한 상관 계수가 뜻하는 바를 비롯하여 계산 방법까지 알았으므로 이젠 선형 회귀를 실시할 차례이다. 선형 회귀는 직선의 방정식을[7] 데이터 집단 (x_i, y_i)에 맞추는 작업이다. 즉, 직선 방정식을

$$y_i = b_0 + b_1 x_i$$

와 같이 두고 계수 b_0와 b_1을 찾는 작업인데, 이때 계수 b_0와 b_1을[8] **회귀 계수**(regression coefficients)라 한다. 고등 수학에서 다룬 것은 두 점을 연결하는 직선을 찾는 것이지만[9] 선형 회귀에선 통계 데이터의 모든 점을 사용하는 문제이기에 간단한 일이 아니다.

상관 계수가 $r = -1$나 $r = 1$이 아닌 이상 데이터 집단의 모든 점 (x_i, y_i)를 지나는 직선은 존재하지 않는다. 그림 7.7은 두 통계 데이터 집단 (x_i, y_i)를 통계학적으로 잇는 직선

$$\hat{y}_i = b_0 + b_1 x_i$$

의 모습을 보여 주고 있다. 여기서 $\hat{y}_i$는 y_i이 실제로 관측된 값인 것과 달리 회귀 모델을 완성하여 얻은 값으로 y_i를 추정하거나 예측하는 값이고, 이때 y_i와 $\hat{y}_i$의 차를 오차(residual) e_i라 한다. 즉,

$$e_i = y_i - \hat{y}_i \tag{7.3}$$

이다.[10]

그림 7.7의 선형 회귀선 $\hat{y}_i$는 산포도에 찍힌 여러 데이터 점 (x_i, y_i)에 맞는 여러 직선 중에서 최적으로 맞는 선이다. 최적이란 무언가 부족한 것이 있지만 그 부족이 제일 적은

---

[7] 두 통계 데이터 (x_i, y_i)에 맞추는 틀을 모델이라고 하는데 모델이 직선의 방정식인 경우를 단순 선형 회귀(simple linear regression)라 한다. (x_i, y_i)의 산포도에 변곡이 있을 땐 곡선 방정식을 써야 하는데 이 경우는 다항 선형 회귀(polynomial linear regression)이다. 참고로, 통계 데이터가 $(x_{i1}, x_{i2}, \cdots, y_i)$와 같이 독립 변수가 여럿일 땐 다중 선형 회귀(multiple linear regression)가 된다.

[8] 대수학의 용어를 빌리면 b_0는 y-절편(y-intercept)이라 하고 b_1은 기울기(slope)라 한다.

[9] 두 점 (x_1, y_1)와 (x_2, y_2)를 연결하는 직선은 $y - y_1 = m(x - x_1)$이다. 여기서 m은 직선의 기울기로 $m = (y_2 - y_1)/(x_2 - x_1)$이다.

[10] 오차(residual)를 잔차라고 번역하는 곳도 많은데 영어의 뜻은 그럴 듯하지만 왠지 일제의 잔재인 것처럼 어감이 안 좋다. 그리고 내용으로 볼 때도 오차가 우리말로 더 맞는 듯싶다.

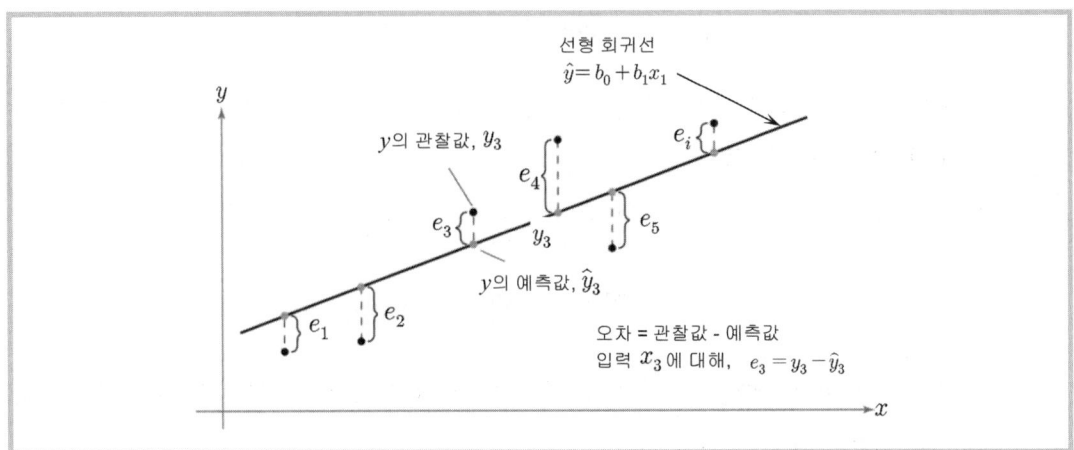

그림 7.7 선형 회귀선과 (무작위) 오차

상태를 말한다. 부족이 없는 상태는 모든 점 (x_i, y_i)를 연결하는 선이 되겠지만 이는 직선으로 이루어 내긴 불가능하다. 부족을 식 (7.3)의 오차로 두고 각 점 (x_i, y_i)에서 생기는 오차의 합이 가장 적도록 하는 것이 합리적인데 여기에 문제가 있다. 그림 7.7에 나타나듯이 (x_i, y_i)는 선형 회귀선의 위와 아래로 나타나 오차 $e_i = y_i - \hat{y}_i$는 양과 음의 값이 되어 합하면 서로 상쇄되는 일이 발생한다. 만약 두 점이 있을 때 두 점을 연결하는 선은 오차가 없는 선이다. 하지만 두 점의 가운데를 지나는 선 역시 두 점에서 생기는 오차가 양과 음으로 상쇄되기 때문에 오차가 없는 선이 된다. 최적의 관점에서 보면 오류가 발생하는 셈이다. 이런 상쇄를 피하기 위해 오차의 절댓값을 합하는 것도 그렇다. 네 개의 점에서 두 개의 점을 지나는 직선 2개가 서로 교차한다고 할 때 한 직선에서 생기는 오차의 절댓값 합은 두 직선의 사이를 관통하는 모든 직선에서도 같기 때문에 이 역시 최적의 관점에서 보면 잘못이다. 따라서 선형 회귀에서 최적의 기준은 식 (7.3)의 오차를 제곱하여 합한, 이른바 **오차의 제곱합** SSE(error sum of square)가 제격이다. 즉

$$SSE = \sum_i e_i^2 = \sum_i (y_i - \hat{y}_i)^2 \tag{7.4}$$

이고 이런 기준을 최적의 기준으로 잡는 것을 **최소자승법**(least square method)이라 한다.

식 (7.4)의 최소자승법을 적용하는 과정은 이렇다. 우선, 식 (7.4)에 실제 관측값 y_i에 대한 예측값 $\hat{y}_i$를 대입한다. 즉,

$$SSE = \sum_i (y_i - b_0 - b_1 x_i)^2$$

이다. 다음, 위 식을 최소로 하는 회귀 계수 b_0와 b_1은 위 식의 각 회귀 계수에 대한 미분이 0이 되는 곳이다. 즉,

$$\frac{\partial SSE}{\partial b_0} = -2 \sum_i (y_i - b_0 - b_1 x_i)$$

$$\frac{\partial SSE}{\partial b_1} = -2 \sum_i \left[(y_i - b_0 - b_1 x_i) x_i \right]$$

이 0이 되어야 한다. 따라서 위 두 식을 0으로 놓고 미지수 b_0와 b_1의 항에 대한 이원 1차 연립 방정식으로 정리하면

$$n \ b_0 + \left(\sum_i x_i \right) b_1 = \sum_i y_i$$

$$\left(\sum_i x_i \right) b_0 + \left(\sum_i x_i^2 \right) b_1 = \sum_i x_i y_i$$

와 같다. 정리하는 과정에서 합 기호의 성질인 $\sum b_0 = n b_0$을 이용했다. 여기서 n은 합의 횟수, 즉 데이터 집단의 개수이다. 끝으로, 위의 연립 방정식을 b_0와 b_1에 대해 풀면

$$b_1 = \frac{n \sum x_i y_i - \sum x_i \sum y_i}{n \sum x_i^2 - \left(\sum x_i \right)^2} \text{와} \ \ b_0 = \bar{y} - b_1 \bar{x} \tag{7.5}$$

와 같이 각각 구할 수 있다.[11] 이때 $\bar{x}$와 $\bar{y}$는 각 데이터 집단의 평균이다. 여기서 주목할 것은 b_0의 식을 통해 선형 회귀식인 $\hat{y}_i = b_0 + b_1 x_i$에서 x_i가 평균 $\bar{x}$일 때 y_i 역시 평균 $\bar{y}$가 되고, 또 b_1의 식은 좀 복잡하게 보이지면 앞 소절에서 설명한 제곱합의 개념을 적용하면

$$b_1 = \frac{n \sum x_i y_i - \sum x_i \sum y_i}{n \sum x_i^2 - \left(\sum x_i \right)^2} = \frac{SS_{xy}}{SS_{xx}} \tag{7.6}$$

이 된다는 것이다. 즉, 선형 회귀식의 기울기 b_1은 독립 변수인 x_i의 분산에 대한 두 데이터 집단 (x_i, y_i)이 갖는 공분산의 비이다. 선형 회귀는 데이터 집단의 분산, 즉 변동이 결정한다는 뜻이다. 독립 변수가 종속 변수와 관계를 지으면서 종속 변수의 변동을 얼마나 대처할

[11] 합의 기호를 나타낼 때 첨자를 생략했다. 첨자 i를 표시하는 것이 맞지만 식이 복잡할 땐 입력 오류가 흔히 나타날 수 있고, 또 첨자를 구분하여 입력할 환경이 아니면 누구나 알 수 있기 때문에 생략한 것이다. 따라서 앞으로도 꼭 구분하여 나타내어야 할 경우가 아니면 생략하기로 한다.

표 7.2 학습 시간과 취득 점수 데이터

학습 시간 :	0	2	4	5	5	5	6	7	8
취득 점수 :	40	51	64	69	73	75	93	90	95

수 있느냐, 혹은 종속 변수의 변동을 통계학적으로 얼마만큼 설명해 낼 수 있느냐 하는 문제가 될 텐데 이는 내용의 전개를 매끄럽게 하기 위해 방금 찾은 선형 회귀식의 실전 예를 먼저 살펴본 후에 다루기로 한다.

선형 회귀식을 찾는 한 예로 표 7.2의 두 통계 데이터 집단을 생각해 보자. 표 7.2는 통계학 수업을 듣는 학생 중에서 임의로 9명을 선택하여 학습 시간과 해당 과목의 취득 점수를 물어 수집한 데이터이다. 선형 회귀를 위해 우선 상관 계수부터 확인한다. 위에서 살폈듯이 상관 계수든 회귀 계수든 데이터의 제곱합의 함수였다. 따라서 표 7.2에 대한 도수분포표를 작성하는 것이 도움이 되는데 그림 7.8(b)와 같다. 그림 7.8(a)는 표 7.2의 산포도로 학습 시간과 취득 학점은 아주 강한 양의 상관 관계를 짐작할 수 있고 실제로 구한 상관 계수도 $r = 0.9685$이었다.

회귀 계수는 이렇다. 먼저, 각 데이터 집단의 평균을 구한다. 즉,

$$\bar{x} = \frac{\sum x_i}{n} = \frac{42}{9} = 4.667 와 \quad \bar{y} = \frac{\sum y_i}{n} = \frac{650}{9} = 72.222$$

이다. 다음, 공분산과 독립 변수 x_i에 대한 변동을 제곱합의 개념을 써서 구한다. 즉,

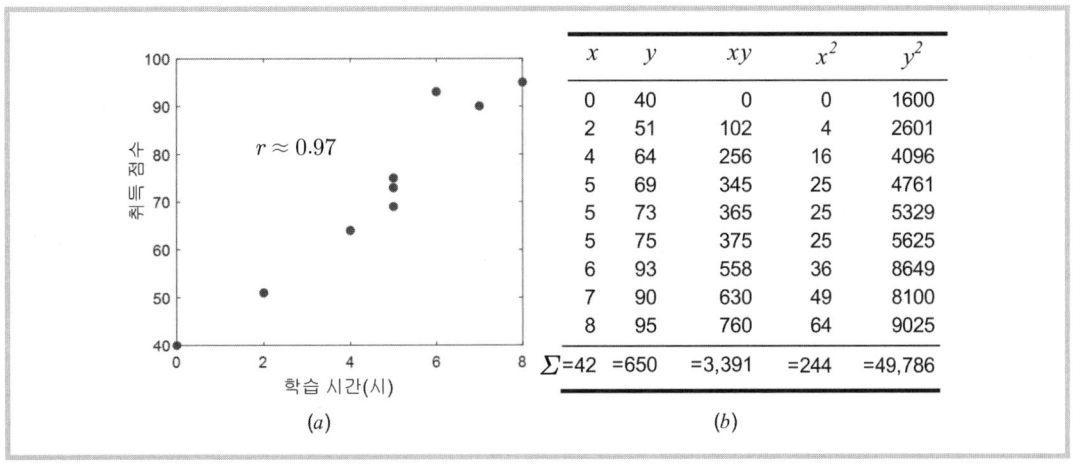

그림 7.8 표 7.2에 대한 산포도와 도수분포표

$$SS_{xy} = \sum x_i y_i - \frac{\left(\sum x_i\right)\left(\sum y_i\right)}{n} = 3391 - \frac{(42)(650)}{9} = 357.667$$

$$SS_{xx} = \sum x_i^2 - \frac{\left(\sum x_i\right)^2}{n} = 244 - \frac{42^2}{9} = 48$$

이다. 따라서 회귀 계수 b_1과 b_0는 각각

$$b_1 = \frac{SS_{xy}}{SS_{xx}} = \frac{357.667}{48} = 7.451 \text{와}\quad b_0 = \bar{y} - b_1 \bar{x} = 72.222 - 7.451(4.667) = 37.448$$

와 같다. 즉, 표 7.2의 데이터 집단을 예측할 수 있는 선형 회귀식은 $\hat{y} = 37.448 + 7.451x$ 로 그림 7.9와 같다.

그림 7.9는 두 통계 데이터의 짝인 (x_i, y_i)와 각 짝의 정보를 이용하여 최소자승법으로 구한 선형 회귀선을 같은 평면에 나타낸 그림이다. 선형 회귀선이 $(\bar{x}, \bar{y})$을 지나는 것으로 보아 데이터의 추세나 경향을 대표한다고 볼 수 있다. 그리고 데이터 짝에서 실제로 나타나는 관측값과 회귀선을 통해 구한 예측값이 다른 것도 보여 준다. 이를 테면, 7번째 데이터인 $(x_7, y_7) = (6, 93)$이 회귀선을 통해 예측했을 땐 $(x_7, \hat{y}_7) = (6, 37.448 + 7.451(6))$ $= (6, 82.154)$로 오차 $e_7 = 93 - 82.154 = 10.846$이 발생한다. 예상한 일이지만, $\hat{y}_i$로 표시되는 예측값은 실제 관측값인 y_i와 다르다. 선형 회귀선은 이런 오차를 항상 포함하지만 다른 선과 견주어 오차의 합이 최소가 될 뿐이다.

선형 회귀선이 꼭 필요한 까닭은 실제 데이터 (x_i, y_i)에 존재하지 않는 데이터도 찾을 수 있다는 것이다. 즉, **예측**(prediction)은 그런 것이다. 비록 오차가 있지만 데이터에

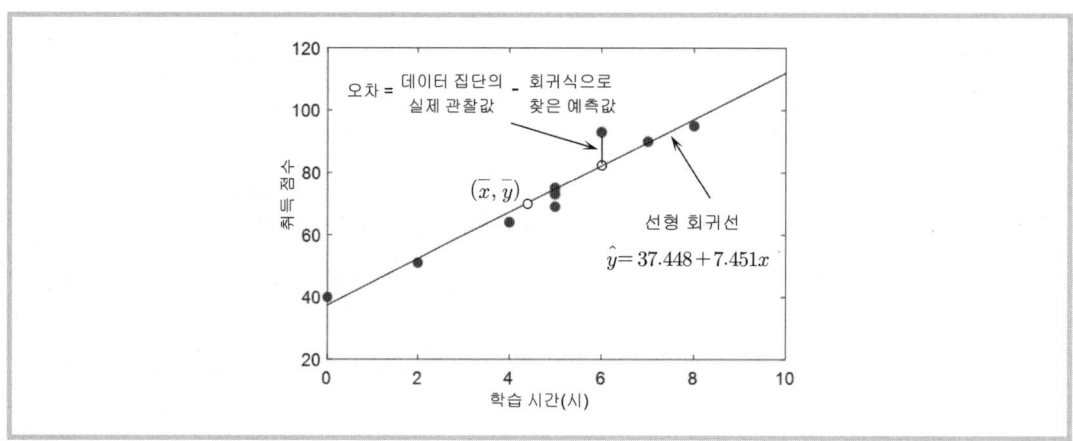

그림 7.9 표 7.2의 통계 데이터에 대한 산포도와 선형 회귀선

포함되지 않는 정보를 찾아 내는 능력은 예측을 통해 이루어질 수밖에 없다. 그림 7.9에서 학습 시간이 3시간일 때 취득 점수는 선형 회귀식 $\hat{y} = 37.448 + 7.451x$을 통해 약 60점을, 그리고 7.2시간이면 약 91점 따위로 예측할 수 있다. 다만, 학습 시간이 13시간이면 취득 점수는 약 134점인데 이치에 맞지 않는 점수이다. 예측은 반드시 선형 회귀를 실시할 때 사용한 데이터 범위 안에서만 이루어져야[12] 한다는 것을 보여 준다.

예제 7.2a 다음 데이터는 한 종합 병원에 등록된 정식 간호사의 근무 연수와 연봉을 나타낸다. 두 통계 데이터의 상관 계수를 찾고 선형 회귀선을 통해 근무 연수 5.6, 15.2, 그리고 27에 대한 연봉을 예측해 보자.

근무 연수(년):	0.5	2.0	4.0	5.0	7.0	9.0	10.0	12.5	13.0	16.0	18.0	20.0	22.0	25.0
연봉(백만원):	40.2	42.9	45.1	46.7	50.2	53.6	54.0	58.4	61.8	63.9	67.5	64.3	60.1	59.9

풀이 상관 계수이든 선형 회귀선이든 각 데이터에 대한 제곱합을 알아야 한다. 본문의 예처럼 도수분포표를 작성하는 것이 가장 좋은 방법인데 여기선 도수분포표를 작성하지 않고 데이터를 직접 사용하여 구해 보도록 한다. 우선, SS_{xy}와 SS_{xx}를 구한다. 즉, $n=14$와 $\sum x_i y_i = 9770.1$, $\sum x_i = 164$, $\sum y_i = 768.6$, $\sum x_i^2 = 2689.5$, 그리고 $\sum y_i^2 = 43184$이므로

$$SS_{xy} = \sum x_i y_i - \left(\sum x_i\right)\left(\sum y_i\right)/n = 9770.1 - \frac{(164)(768.6)}{14} = 766.5$$

$$SS_{xx} = \sum x_i^2 - \left(\sum x_i\right)^2/n = 2689.5 - \frac{164^2}{14} = 768.36$$

$$SS_{yy} = \sum y_i^2 - \left(\sum y_i\right)^2/n = 43184 - 768.6^2/14 = 987.56$$

이다. 따라서

$$r = \frac{SS_{xy}}{\sqrt{SS_{xx}SS_{yy}}} = \frac{\sum xy - \dfrac{\sum x \sum y}{n}}{\sqrt{\left(\sum x^2 - \dfrac{\left(\sum x\right)^2}{n}\right)\left(\sum y^2 - \dfrac{\left(\sum y\right)^2}{n}\right)}} = 0.8798$$

와 같아 강한 양의 상관 관계를 짐작할 수 있다. 다음, 양의 선형 관계를 확인했으므로 선형 회귀식을 찾는다. 즉,

$$b_1 = \frac{SS_{xy}}{SS_{xx}} = \frac{766.5}{768.36} = 0.9976 \text{와} \quad b_0 = \frac{\sum y_i}{n} - b_1 \frac{\sum x_i}{n} = \frac{768.6}{14} - 0.9976\frac{164}{14} = 43.2138$$

이고 그림 7.10과 같다. 선형 회귀식 $\hat{y} = 43.2138 + 0.9976x$이 연수가 적은 쪽보다 많은 쪽에서 예측

---

[12] 선형 회귀선을 통해 데이터 범위 안에서 이루어지는 예측을 **내삽**(interpolation)이라 하고 데이터 범위 밖에서 이루어질 땐 **외삽**(extrapolation)이라는 말로 구분하기도 한다.

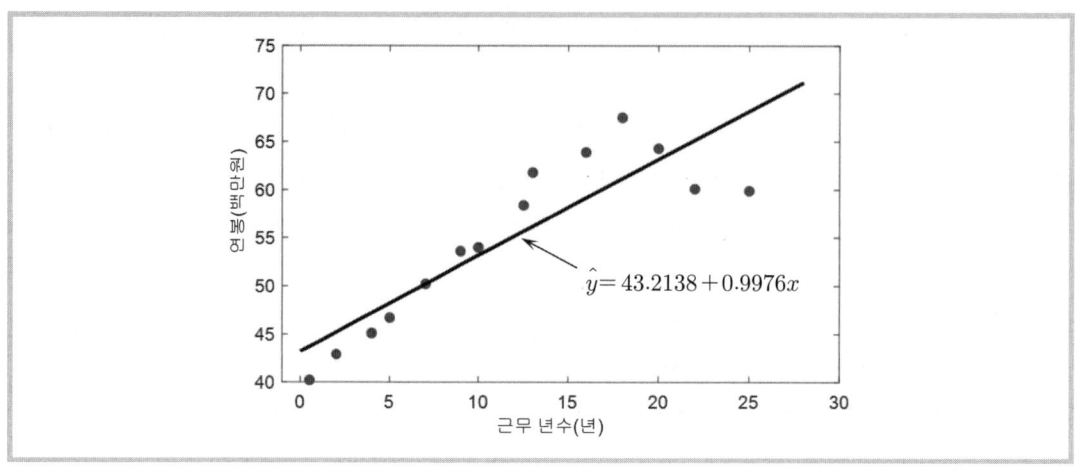

그림 7.10 예제 7.2a의 산포도와 선형 회귀선

값의 오차가 큰 것으로 보인다. 그리고 회귀식을 통한 각 연수에서 연봉의 예측값은 각각 48.8, 58.4, 그리고 70.1(백만원)이다. 하지만 $x = 27$에서 예측한 값인 70.1은 사용한 x 데이터의 최솟값인 0.5와 최댓값인 25를 벗어나므로 통계학적으로 올바른 예측이라고 할 수 없을 것이다.

예제 7.2b (오차 그래프) **오차 그래프**(residual plot)는 두 통계 데이터 집단의 선형 회귀 모델이 좋은 모델로 기능하는지 판단할 때 하나의 지표로 쓸 수 있도록 $(x_i, y_i - \hat{y}_i)$에 대한 산포도를 그린 것이다. 오차 그래프가 어떤 패턴을 보이면 두 데이터 집단을 선형으로 표현하는 모델은 해당 회귀 모델로 좋지 못하다. **패턴(pattern)**은 추세와 경향과 같이 어떤 규칙을 갖는다는 말이므로 오차가 그런 패턴을 갖는 것은 잘못된 모델의 일반적인 특징이다. 오차는 피할 수 없지만 있더라도 무작위이어야 한다. 오차 그래프와 관련하여 한 가지 더. 오차 그래프에서 한 점 혹은 그 이상이 그 외의 점과 이웃하거나 추종하지 못하고 벗어날 때 해당 데이터 요소는 **이상수**(outlier)일 가능성이 높다.

예제 7.2c 다음은 오차 그래프의 예로 제시하기 위해 임의로 수집한 데이터 집단이다. 두 집단 각각에 대해 1) 선형 회귀선을 찾고 2) 오차 그래프를 그리고, 또 3) 오차 그래프에서 어떤 패턴이 있다면 x 및 y 사이의 관계와 견주어 설명해 보기로 하자.

$x:$	8	4	15	7	6	3	12	10	5
$y:$	18	11	29	18	14	8	25	20	12

$x:$	38	34	40	46	43	48	60	55	52
$y:$	24	22	27	32	30	31	27	26	28

풀이 위의 데이터는 한 그래프에 그려 서로 견줄 수 있도록 x 스케일이 작은 쪽과 큰 쪽으로 일부러 나누어 놓았다. 먼저, 두 데이터 집단의 각각에 대해 상관 계수를 구하여 선형 회귀선을 찾을 수 있는지 확인한다. 여러 제곱합의 계산이 손에 익을 때까지 도수분포표를 작성하는 것을 잊어선 안

된다. 여기선 도수분포표를 작성하여 계산했지만 지면의 절약을 위하여 나타내진 않았다. x 스케일이 작은 쪽의 데이터는 $r_{작은} \approx 0.99$이고 큰 쪽은 $r_{큰} \approx 0.36$이다. 작은 쪽은 아주 강한 상관 관계이지만 큰 쪽은 아주 약한 관계이다. 회귀 계수는 이렇다. 작은 쪽의 경우는 $b_0 = 3.912$와 $b_1 \approx 1.711$이고 큰 쪽은 $c_0 \approx 21.024$와 $c_1 \approx 0.139$인데 그림 7.11에 각 데이터 집단의 산포도와 함께 나타나 있다. 상관 계수로 짐작했듯이 스케일이 작은 쪽의 경우는 오차가 크지 않은 반면에 큰 쪽은 아주 큰 것을 확인할 수 있다.

이제, 오차 그래프를 그려 회귀 모델이 각 데이터 집단을 잘 반영하고 있는지 확인한다. 즉, x에 대한 $y - \hat{y}$의 산포도를 그려 오차에 어떤 패턴이 있는지 살피는데 그림 7.12와 같다. 그림 7.12를 보면 스케일이 작은 쪽의 데이터 집단은 오차가 들쑥날쑥 무작위로 발생했지만 큰 쪽은 증가하다가

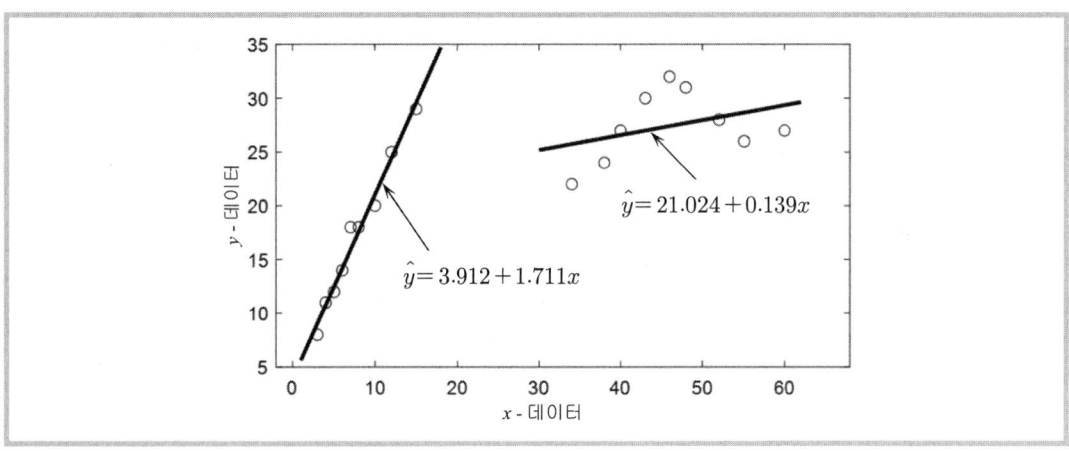

그림 7.11 예제 7.2c의 데이터 집단에 대한 산포도와 회귀선

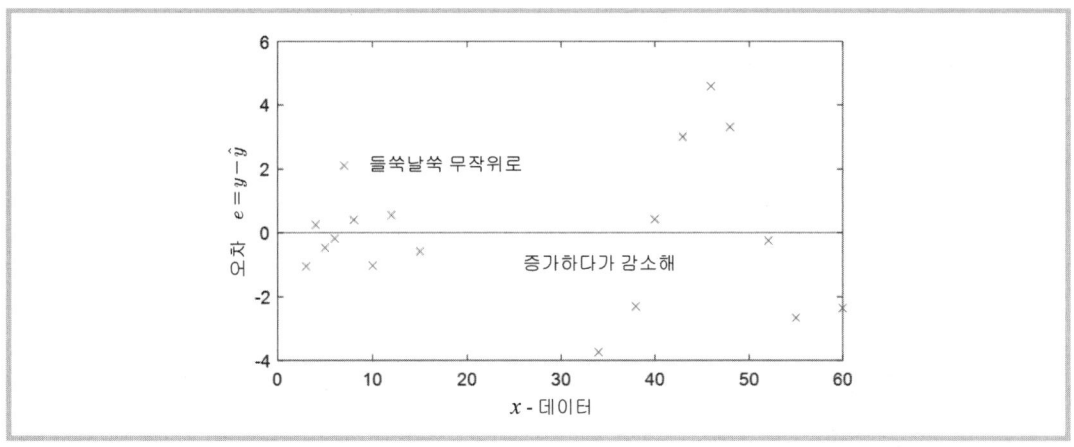

그림 7.12 예제 7.2c의 데이터 집단에 대한 오차 그래프

감소하는 일정한 패턴을 보여 주고 있다. 패턴은 데이터 고유의 특징인 것도 있지만 직선의 모델론이를 제대로 반영하지 못한다는 뜻이다. 데이터의 특성에 맞춰 곡선의 모델이 되면 어쩌면 대처할 수 있을지 모르겠다.

지금까지 두 통계 데이터 집단의 상관 계수와 회귀 계수를 찾았다. 상관 계수는 선형 회귀의 가능성을 판단할 수 있게 해주었고 회귀 계수는 두 데이터 집단의 관계를 직선으로 추세나 경향을 드러나게 했다. 1개의 데이터 집단 y_i를 해석해 왔던 1장의 기술 통계학과 견주면 2개가 짝이 되는 데이터 집단 (x_i, y_i)인 경우는 통계학적 모델에 상관 및 회귀 계수의 정보가 새로 추가되기 때문에 단독 집단보다 모델의 성능이 더 향상될 수 있는 여건이 마련된 셈이다. 상관 계수든 회귀 계수든 모두 데이터 집단의 제곱합을 통해 계산된다는 것도 알았다. 데이터 집단의 제곱합(sum of square)은 변동을[13] 뜻한다. 상관 및 회귀 계수가 제곱합으로 계산될 수 있다는 것은 데이터 집단이 가진 변동으로 설명할 수 있다는 뜻이다.

그림 7.13은 두 통계 데이터 집단에 맞춰진 선형 회귀선과 관련한 변동을 보여 주고 있다. 데이터 x_i와 상관하지 않고 y_i만 있을 때 임의의 값을 예측하고자 한다면 아마 $\hat{y}_i = \bar{y}$를 택했을 것이다. 데이터 집단을 대표하는 값이 평균이기 때문이다. 따라서 회귀선을 사용하지 않을 때의 변동, 즉 최대 오차는 $y_i - \bar{y}$이 되는데 이의 제곱합이 **전체 변동**(total variation)이 된다.

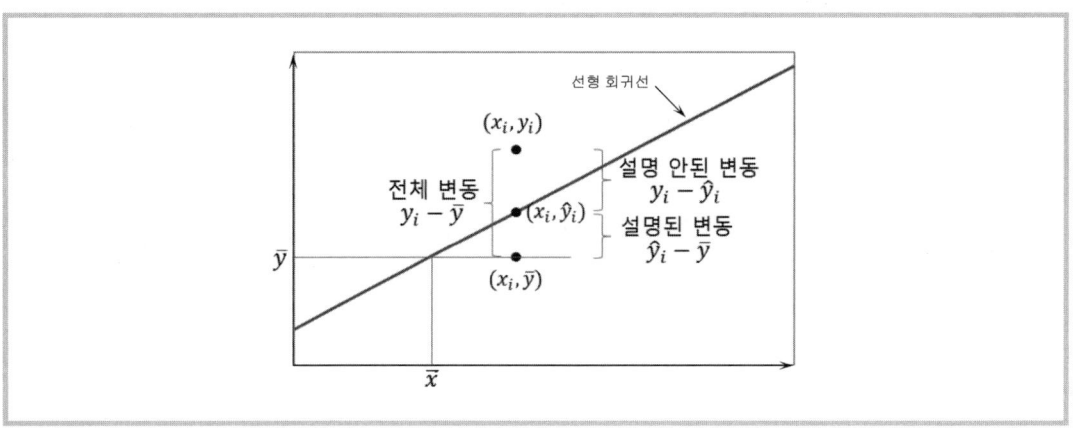

그림 7.13 두 데이터 집단에 맞춰진 선형 회귀선의 여러 변동

---

[13] 데이터 집단의 변동(variation)을 개별 데이터로 골고루 나눈 것이 **분산**(variance)이다.

선형 회귀선은 최소자승법으로 구축된 선이다. 오차가 있지만 오차를 최대한 줄인 선이다. 그래서 오차 $y_i - \hat{y}_i$는 선형 회귀선으로도 어쩔 수 없는[14], 혹은 설명할 수 없는 오차이고 이의 제곱합이 이른바 **설명이 안 되는 변동**(unexplained variation)이다. 하지만 회귀선은 항상 기울기가 0인 수평선이 아닌 선이기에 그냥 평균으로 평가하는 것보다 나은 예측을 보장한다. 회귀선을 통해 예측 성능이 향상된다는 뜻인데 새로 추가된 x_i의 정보가 전체 변동의 일부분인 $\bar{y}$에서 $\hat{y}_i$까지는 대처할 수 있는, 혹은 설명할 수 있는 오차로 보았고 이의 제곱합이 그림 7.13의 **설명된 변동**(explained variation)이 된다. 즉, 그림 7.13을 요약하면

전체 변동 = 무작위 때문에 설명이 안된 변동 + 회귀선을 통해 설명된 변동

$$\sum_i (y_i - \bar{y})^2 = \sum_i (y_i - \hat{y}_i)^2 + \sum_i (\hat{y}_i - \bar{y})^2$$

와 같다. 이때 회귀선의 x와 y의 관계로 설명할 수 없는 변동은 샘플링 오차의 무작위성이 가장 큰 원인이나 **우연의 일치**(coincidence)나 **잠복 변수**[15] 따위도 될 수 있다. 위 관계식을 통계학적 용어로 다시 표현하면 다음과 같다.

$$SST = SSE + SSR \tag{7.7}$$

즉, 전체 제곱합(total sum of square) SST은 y_i에서 $\bar{y}$를 뺀 변동인 SS_{yy}인데 회귀 오차인 e_i의 제곱합인 식 (7.2)의 SSE와 위에서 설명한 회귀선을 통해 설명되는 변동인 $\hat{y}_i - \bar{y}$의 제곱합인 SSR의[16] 합과 같다.

식 (7.7)의 관계에서 SST에 대한 회귀선이 설명하는 변동 SSR의 비를 결정 계수 (coefficient of determination)라 한다. **결정 계수**는 말 그대로 종속 변수 y의 변동 중에서 독립 변수 x와 y의 관계로 설명될 수 있는 변동의 비로 항상 0과 1 사이의 값이다. 즉,

$$결정\ 계수 = \frac{SSR}{SST} = \frac{SST - SSE}{SST} = \frac{b_1 SS_{xy}}{SS_{yy}} = \frac{\frac{SS_{xy}}{SS_{xx}} SS_{xy}}{SS_{yy}} = \frac{SS_{xy}^2}{SS_{xx} SS_{yy}} = r^2 \tag{7.8}$$

로 앞에서 익힌 상관 계수 r의 제곱 r^2와 같다. 결정 계수 r^2이 0.79이라는 것은 y의 변동 중에서 x와 y의 관계로 설명될 수 있는 변동이 전체의 79%라는 뜻이다. 물론 나머지

---

[14] 오차(residual)는 본질적으로 무작위로 나타난다. 회귀 모델이 잘 설정되었다 하더라도 어쩔 수 없다.

[15] 잠복 변수(lurking variable)는 통계 모델에 포함되진 않았지만 모델에 포함된 변수에 직접 영향을 주는 변수이다.

[16] SSR은 regression sum of square의 약자로 SST와 SSE와 함께 분산 해석의 가장 중요한 개념이다.

21%는 x와 y의 관계로 설명될 수 없고 다른 요인, 즉 샘플링 오차를 비롯하여 우연의 일치나 잠복 변수 따위가 설명하는 부분이다. 식 (7.8)의 유도에서 $SST - SSE$ 부분은 이렇다.

$$SSE = \sum_i (y_i - b_0 - b_1 x_i)^2 = \sum_i (y_i - \overline{y} + b_1 \overline{x} - b_1 x_i)^2 = \sum_i \left[(y_i - \overline{y}) - b_1 (x_i - \overline{x}) \right]^2$$
$$= \sum_i (y_i - \overline{y})^2 - 2b_1 \sum_i (x_i - \overline{x})(y_i - \overline{y}) + b_1^2 \sum_i (x_i - \overline{x})^2 = SS_{yy} - 2b_1 SS_{xy} + b_1^2 SS_{xx}$$

이므로 식 (7.6)의 제곱합으로 표현된 b_1을 다시 대입하면

$$SST - SSE = SS_{yy} - \left(SS_{yy} - 2\frac{SS_{xy}}{SS_{xx}} SS_{xy} + \left(\frac{SS_{xy}}{SS_{xx}} \right)^2 SS_{xx} \right) = b_1 SS_{xy}$$

이 되어 식 (7.8)을 증명할 수 있다.

예제 7.3 다음은 대형 할인 창고에서 만난 주부 10명을 상대로 월수입과 월식료품비를 조사한 데이터이다. 상관 계수를 비롯하여 회귀 계수와 결정 계수를 구하고 관련하여 통계학적 개념이나 용어가 있으면 함께 설명해 보자.

월수입(십만원) :	51	79	34	57	29	45	63	27	38	41
식료품비(십만원) :	12	22	11	14	7	13	15	7	10	13

풀이 우선, 산포도를 그려 상관 계수가 유의할 만한지 살핀다. 그림 7.14은 산포도와 함께 산포도의 여러 점들을 이은 직선도 함께 보였다. 산포도에 찍힌 점들만 보면 월수입이 증가할수록 식료품비도 많이 지출되는 것으로 보여 아주 강한 상관 관계인 것을 짐작할 수 있고 실제로 계산해 보면 $r \approx 0.95$ 이다.

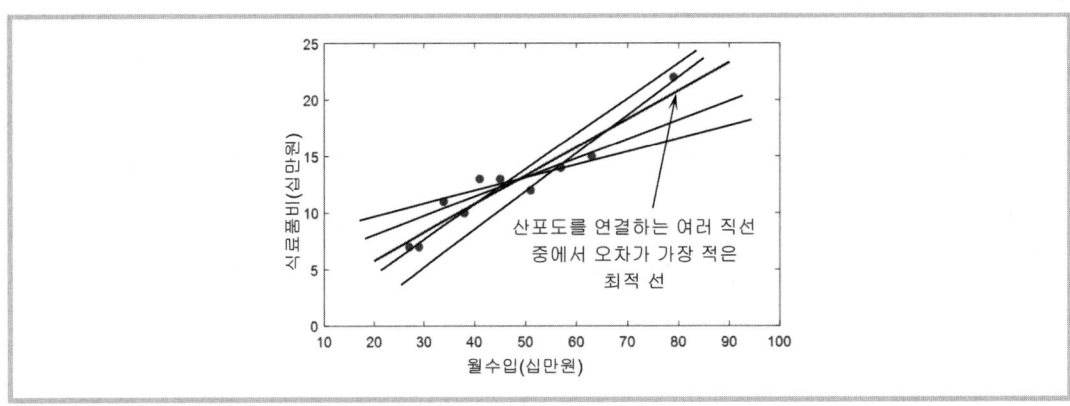

그림 7.14 예제 7.3의 산포도와 여러 직선들

그림 7.14의 여러 직선들은 산포도의 점들을 임의로 연결하는 선이다. 회귀선은 데이터 점의 추세나 경향을 보이는 것이면 어떤 것이라도 좋지만 오차 관점에서 가장 적은 오차가 되는 것이 바로 최소자 승법으로 실시한 선형 회귀선이다. 즉, 오차의 제곱합인 SSE가 가장 적은 회귀선은

$$\hat{y} = 0.7653 + 0.2507x$$

로 $b_0 = 0.7653$이고 $b_1 = 0.2507$이다. 결정 계수는 전체 변동에 대해 위에서 찾은 회귀선이 설명할 수 있는 변동이 차지하는 몫이다. 물론 본문에서 밝혔듯이 상관 계수의 제곱인 r^2으로 계산할 수도 있어 $r^2 \approx 0.899$와 같다. 다시 말하면, 식료품비 y에 포함된 전체 변동 SST의 약 90% 정도는 월수입인 x가 y와 관계를 지어 설명할 수 있고 나머지 약 10% 정도는 어쩔 수 없는 무작위 때문에 설명할 수 없다는 뜻이다. 더 간단하게 말하면, 선형 회귀선을 통하지 않고 y의 평균 $\bar{y}$로 예측하는 것보다 회귀를 통한 예측값 $\hat{y}$를 사용하면 y에 포함된 변동이 90%나 줄어든다는 말이다. 그림 7.15는 y, 즉 식료품비 변수에 포함된 전체 변동인 $SST = SS_{yy} = 168.40$의 분포를 보여 준다.

한편, SSE는 오차 $y - \hat{y}$의 제곱합으로 앞에서 구한 선형 회귀선의 결과를 이용하여 계산하면 $SSE = 17.10$이다. 즉, 결정 계수의 뜻대로 선형 회귀를 통해 전체 변동에서 설명할 수 있는, 혹은 줄일 수 있는 변동의 몫은

$$\frac{SSR}{SST} = \frac{SST - SSE}{SST} = \frac{168.40 - 17.10}{168.40} \approx 0.899 = r^2$$

인데 이는 앞에서 상관 계수의 제곱으로 구한 것과 같다.

선형 회귀의 목적 중 하나는 예측이라고 했다. 문제는 예측값 $\hat{y}_i$가 실제 관측값 y_i와 항상 다른데 이것이 바로 예측할 때 예측 구간(prediction interval)이 필요한 까닭이다.

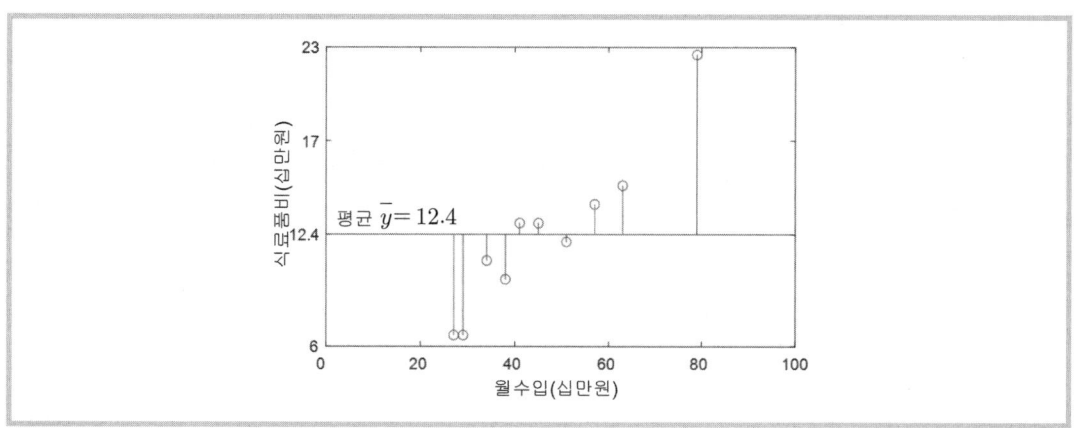

그림 7.15 식료품비에 포함된 전체 변동의 분포

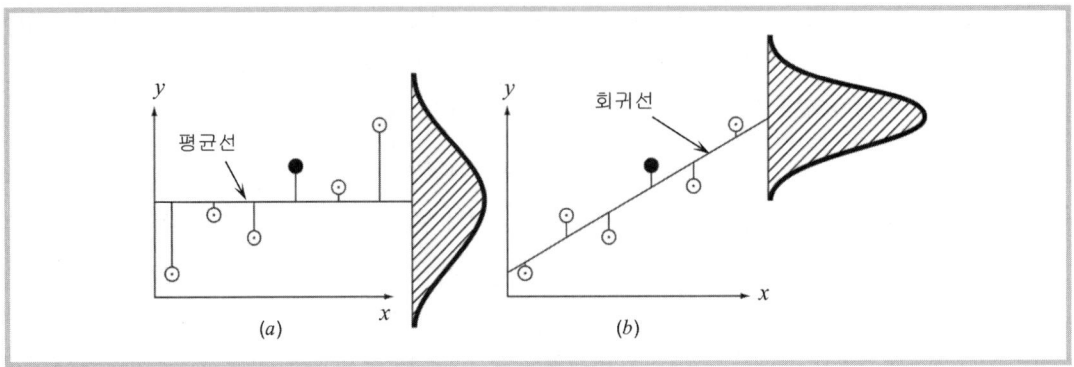

그림 7.16 선형 회귀를 실시할 때와 그렇지 않을 때의 표본 분포

예측 구간은 5장의 모수 추정에서 진행한 것과 같이 점 예측 $\hat{y}$에 신뢰수준 c에 따른 오차 한계(margin of error) E를 더하고 빼서 모집단의 실제 y를 포함하도록 하는 구간이다. 즉,

$$\hat{y} - E < y < \hat{y} + E \ \text{또는} \ y = (\hat{y} - E, \hat{y} + E)$$

와 같이 정하는데, 이때 오차 한계는 신뢰수준 c와 예측값 $\hat{y}$에 대한 y의 관찰값의 표본 분포를 알아야 한다. 그리고 표본 분포는 표본 분포의 표준 편차, 즉 표준 오차 s_e가 결정한다. 그림 7.16은 표본 데이터 집단의 분포를 보여 주는데 (a)는 회귀선을 이용하지 않을 때 평균선을 중심으로, 그리고 (b)는 회귀선을 이용할 때 회귀선을 중심으로 오차가 퍼져 있는 분포의 모습이다.

그림 7.16(b)에 대한 표준 오차는 오차에 대한 제곱합 SSE를 자유도 $df = n - 2$로 나누어 제곱근을 수행한 것이다. 즉,

$$s_e = \sqrt{\frac{SSE}{n-2}} = \sqrt{\frac{SS_{yy} - b_1 SS_{xy}}{n-2}} \tag{7.9}$$

이다. 여기서 등식의 두 번째 항은 앞의 결정 계수를 나타낸 식인 식 (7.8)을 증명하는 과정에서 밝힌 결과인 $SSE = SS_{yy} - b_1 SS_{xy}$을 이용했다. 이때 오차 한계를 요약하면

$$E = t_c s_e \sqrt{1 + \frac{1}{n} + \frac{(x_0 - \overline{x})^2}{SS_{xx}}} \tag{7.10}$$

와 같다. 여기서 x_0는 예측하고자 하는 독립 변수 x의 값이고 t_c는 신뢰수준 c에 해당하는 분포의 기각 및 비기각 영역을 결정하는 임계값이다.

예측 구간의 예로 앞의 예제 7.3에서 보인 통계 데이터 집단을 이용해 월소득이 $x_0 = 30$ 일 때 95% 신뢰수준으로 식료품비의 예측 구간을 찾아보자. 우선, $n = 10$로 $df = n - 2 = 8$이다. 다음, 선형 회귀식은 $\hat{y} = 0.7653 + 0.2507x$로 $x = 30$에서 점 예측값은

$$\hat{y} = 0.7653 + 0.2507(30) = 8.2863$$

이다. 다음, 신뢰수준 95%에 해당하는 t 분포의 임계값을 찾는다. 확률표를 참조하거나 컴퓨터의 도움을 받아 구하면 $t_c = 2.306$이다. 그리고 오차 한계 E를 구성하는 각 항을 차례로 계산하면

$$SSE = 17.10, \quad \bar{x} = 46.40, \quad \text{그리고} \quad SS_{xx} = 2406.4$$

이므로 E는

$$E = (2.306)\sqrt{\frac{17.10}{10-2}}\sqrt{1 + \frac{1}{10} + \frac{(30-46.40)^2}{2406.4}} = 3.7113$$

와 같다. 끝으로, $x_0 = 30$에서 예측 구간을 계산한다. 즉,

$$\hat{y} - E = 8.2863 - 3.7113 = 4.5750 < y < \hat{y} + E = 11.9976$$

이다. 95% 신뢰수준으로 월소득이 300만 원인 가구가 식료품비로 지출하는 구간은 약 46만 원부터 약 120만 원 사이로 예측된다.

예제 7.4a 다음 표는 최근 한 지역 소재의 기업 10개에서 남자 및 여자 사원의 연봉에 대한 중간값을 조사한 데이터이다. 선형 회귀선이 $\hat{y} = -6.0991 + 0.922x$일 때 결정 계수 r^2과 표준 오차 s_e를 구하고 무슨 뜻인지 생각해 보자.

남자 사원의 중간값(백만원) :	41	48	42	43	55	48	37	43	39	40
여자 사원의 중간값(백만원) :	30	40	33	31	44	38	28	35	30	32

풀이 모수 추정 및 가설 검정과 같은 기본적인 추론 통계학을 벗어나면 대부분 분산을 통해 고급 추론 통계학을 하게 된다. 본문에서도 말했지만 제곱합에 익숙하지 않고는 따라가기가 어렵다. SST, SSE, SS_{xx}, SS_{yy}, 그리고 SS_{xy} 따위는 눈감고도 할 수 있어야 하겠다. 이 문제도 그런 문제이다. 결정 계수 r^2은 SST와 SSE로 계산할 수 있지만 상관 계수 r의 제곱이나 SS_{xx}, SS_{yy}, 그리고 SS_{xy}로 도 구할 수 있고, 또 표준 오차 s_e는 SSE가 중요하지만 계산은 SS_{yy}와 SS_{xy}, 그리고 회귀 계수 b_1을 사용하는 것이 편하다. 먼저, r^2은

$$r^2 = \left(\frac{SS_{xy}}{\sqrt{SS_{xx} SS_{yy}}} \right)^2 = \frac{236.4^2}{256.4 \times 234.9} = 0.9279$$

이다. 즉, 독립 변수 x인 남자 사원의 연봉에 대한 정보로 종속 변수 y인 여자 사원의 연봉에 대한 변동의 약 93%를 설명할 수 있고 나머지 약 7% 정도는 SSE와 관련을 갖는다. 다음, s_e는

$$s_e = \sqrt{\frac{SSE}{n-2}} = \sqrt{\frac{SS_{yy} - b_1 SS_{xy}}{n-2}} = \sqrt{\frac{234.9 - 0.922\,(236.4)}{10-2}} = 1.4551$$

이다. 표본마다 오차가 다 다를 것인데 이런 오차에 대한 표본 분포가 얼마나 퍼져 있는지, 혹은 임의의 x에 대해 y의 값이 얼마나 변동하는지 그림 7.16(b)와 같이 보여 주는 것이 s_e이다. 즉, 특정한 남자 사원의 연봉과 관계를 맺는 여자 사원의 연봉에 대한 추정 오차가 약 1,455,100(원) 정도라는 뜻이다.

예제 7.4b 예제 7.4a의 데이터를 써서 변동의 관계식 $SST = SSE + SSR$에 대해 숫자로, 그리고 그래프로 아는 대로 설명하고 95%의 신뢰수준으로 예측 구간도 찾아보자.

풀이 전체 변동 SST는 회귀 정보를 이용하지 않았을 때의 변동으로 실제 관측값과 이의 평균의 차에 대한 제곱합이다. 즉, $y - \bar{y}$에 대한 것이다. 평균은 기울기가 0인 값이다. 선형 회귀선은 통계 데이터 집단 (x_i, y_i) 사이의 상관 계수가 유의한 경우는 항상 양 혹은 음의 기울기를 갖는다. 선형 회귀선을 통한 예측은 평균을 이용하는 것과 견주어 변동이 훨씬 줄어들 것인데 샘플링 오차를 비롯하여 설명할 수 없는 여러 까닭으로 오차는 여전히 있고 이 오차의 변동이 바로 SSE이다. 즉, $y - \hat{y}$에 대한 것이다. 이때 SST와 SSE의 차가 선형 회귀를 실시하여 얻을 수 있는 효과인 SSR이다. y의 전체 변동에서 선형 회귀를 통해 제거시킨 변동이 되겠다. 그림 7.17은 선형 회귀와 관련한 세 개의 변동에 대한 값을 그래프로 나타내 서로 견주기 쉽게 하였다. $SST = SSE + SSR$인 것도 확인할

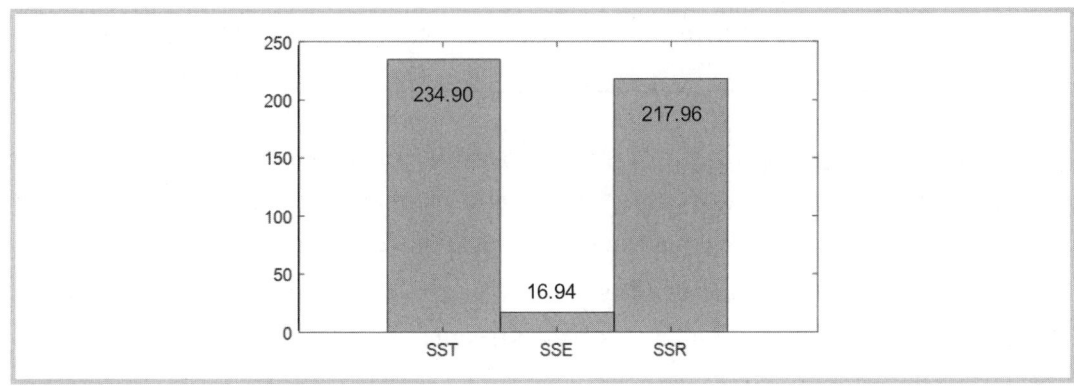

그림 7.17 SST와 SSE, SSR의 크기 비교

수 있는데 선형 회귀선이 $\hat{y} = -6.0991 + 0.922x$이므로

$$SST = \sum_i (y_i - \overline{y})^2 \text{과} \quad SSE = \sum_i (y_i - \hat{y})^2, \text{ 그리고 } \quad SSR = \sum_i (\hat{y} - \overline{y})^2$$

을 이용하여 그렸다. 변동의 분포를 그림 7.15와 같이 줄기(stem) 그래프로 그려도 이해하는 데 도움이 될 것이다.

예측 구간은 이렇게 찾는다. 우선, 독립 변수 x에서 예측할 곳, 즉 남자 사원의 연봉 중간값 x_0를 정하고 이 값을 예측한 $\hat{y}_0$를 찾는다. 즉,

$$\hat{y}_0 = -6.0991 + 0.922(50) = 40$$

이다. 다음, $n = 10$과 $df = 8$, 그리고 SSE를 이용해 s_e를 구하는데 앞 예제에서 1.4551이고, 또 95% 신뢰수준에서 임계값은 $t_c = 2.306$이었다. 그리고 $\overline{x} = 43.6$와 $SS_{xx} = 256.4$이므로 오차 한계는

$$E = (2.306)(1.4551)\sqrt{1 + \frac{1}{10} + \frac{(50 - 43.6)^2}{256.4}} = 3.7661$$

이다. 따라서 남자 연봉 중간값 50에 대한 여자 연봉 중간값에 대한 예측 구간은 36.2348에서 43.7670이다. 그림 7.18은 통계 데이터 집단의 산포도와 선형 회귀선, 그리고 95% 신뢰수준에서 예측한 구간의 상하한을 보여 준다. 그림 7.18의 예측 구간은 남자 연봉의 최솟값에서 최댓값까지 적당한 간격으로 데이터를 잡아 위의 방법을 적용하여 신뢰 구간을 구해 그래프로 나타낸 것이다.

선형 회귀의 마지막은 회귀 계수 b가 통계학적으로 유의할 만한지 확인하는 일이다. 표본의 데이터로 찾은 회귀 계수가 모집단의 회귀 계수인 B와 잘 맞을 것인지 판단하는데

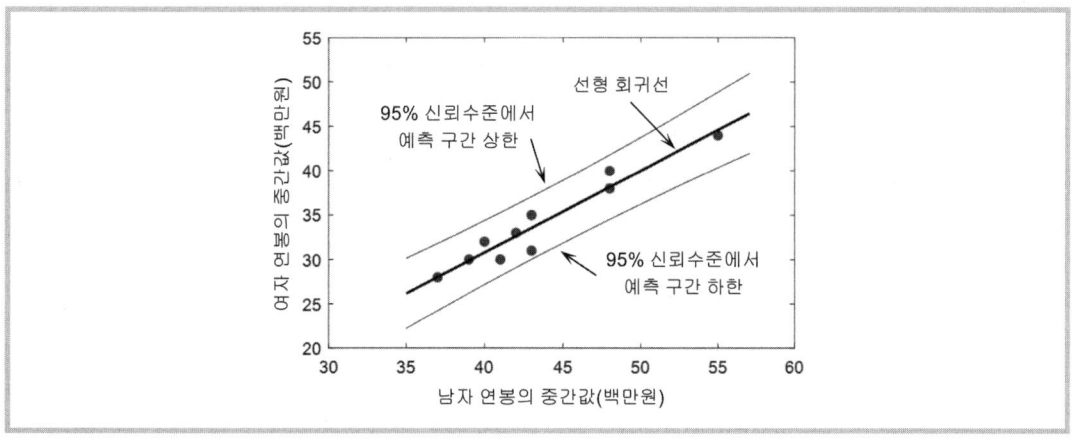

그림 7.18 선형 회귀선과 95% 신뢰 예측 구간

y-절편 B_0보다 기울기인 B_1으로 제대로 수렴하는지 검정하는 일이 특히, 필요하다. 회귀 계수 b는 모집단의 B에 대한 점 추정일 뿐이다. 모집단에서 수집한 표본마다 구한 b는 다 다르기 때문에 b의 기댓값이 B인 확률 변수로 보고 표본 분포의 중심에서 퍼져 있는 정보를 따져 b의 유의성을 판단해야 한다.

회귀 계수의 기울기인 b_1의 표본 분포에 대한 평균과 표준 편차, 즉 표준 오차는 각각 $\mu_b = B_1$와 $\sigma_b = \sigma_\epsilon / \sqrt{SS_{xx}}$인데 모집단의 오차에 대한 표준 편차 σ_ϵ를 보통 모르기 때문에 선형 회귀에서 정의되는 표준 오차 s_e를 대신 사용하면서 정규 분포가 아닌 t 분포를 이용한다. 즉, 기울기 b_1의 표본 분포에 대한 표준 오차는

$$s_b = \frac{s_e}{\sqrt{SS_{xx}}} \tag{7.11}$$

이다. 물론 모집단의 σ_ϵ를 아는 경우엔 원 식을 그대로 하여 정규 분포를 사용한다. 신뢰수준 c에서 회귀 계수의 기울기 b_1에 대한 신뢰 구간은

$$b_1 - t_c s_b < B_1 < b_1 + t_c s_b \text{ 또는 } B_1 = (b_1 - t_c s_b, b_1 + t_c s_b) \tag{7.12}$$

이다. 여기서 t_c는 자유도가 $df = n - 2$에서 신뢰수준 c에 해당하는 t 분포의 임계값이다. 회귀 계수의 기울기 b_1에 대한 유의성 검정은 기울기가 0이 되어 x로 y를 예측할 수 없다는 가설을 기각할 수 있는지 따지는 과정이다. 이때 b_1에 대한 표준 검정 통계량은

$$t = \frac{b_1 - B_1}{s_b} \tag{7.13}$$

이 된다. 여기서 B_1은 귀무 가설 H_0에서 참이라고 가정한 부분, 즉 등호로 연결된 값이다.

예제 7.5a 회귀 계수의 기울기 b_1에 대한 95% 신뢰 구간과 1%의 유의수준에서 유의성을 검정해 보자. 필요한 데이터는 앞의 예제 7.4a의 통계 데이터를 사용한다.

풀이 우선, 회귀 계수의 기울기인 b_1의 신뢰 구간을 찾는데 필요한 정보를 모은다. 즉,

$$c = 0.95 \text{와 } n = 10, \ df = 8, \ b_1 = 0.922, \ SS_{xx} = 256.4, \text{ 그리고 } s_e = 1.4551$$

이다. 다음, $c = 0.95$와 $df = 8$에 대한 t 분포의 임계값은 $t_c = 2.306$이고 b_1의 표본 분포에 대한 표준 오차는

$$s_b = \frac{s_e}{\sqrt{SS_{xx}}} = \frac{1.4551}{\sqrt{256.4}} = 0.0909$$

이다. 따라서 b_1에 대응하는 모집단의 회귀 곡선 기울기 B_1은

$$b_1 - t_c s_b < B_1 < b_1 + t_c s_b \rightarrow 0.7124 < B_1 < 1.1316$$

와 같다.

　b_1의 검정을 위한 가설은 이렇다. 기각하고자 하는 가설 H_0는 회귀선의 기울기가 0이므로 전혀 제 구실을 못한다. H_1은 통계 데이터 집단이 양의 상관 관계이면 $B_1 > 0$로, 그리고 음의 상관 관계이면 $B_1 < 0$이다. 따라서 이 문제의 가설은

$$\begin{cases} H_0 : B_1 \le 0 \ \ (\text{회귀식의 기울기는 0이거나 음수이다}) \\ H_1 : B_1 > 0 \ \ (\text{회귀식의 기울기는 양이다}) \end{cases}$$

와 같다. 여기서 H_0가 $B_1 \le 0$인 것은 두 가설은 반드시 보완 관계여야 한다는 조건을 만족시키기 위해서이다. 하지만 B_1이 음이 되지 않을 분명한 상황에선 $B_1 = 0$와 같이 설정해도 문제는 없다. 먼저, 기각 및 비기각 영역을 구분한다. $\alpha = 0.01$와 $df = 8$이고 우측 검정이므로 α가 온전히 t 분포의 우측 끝단을 차지하도록 임계값 t_c를 정한다. 즉, $t_c = 2.8965$이다. 다음, 표준 검정 통계량을 계산하여 기각 및 비기각 영역 중 어디에 속하는지 따져 검정을 결정한다. 즉,

$$t = \frac{0.922 - 0}{0.0909} = 10.143$$

로 그림 7.19와 같이 기각 영역에 속한다. 여기서 분자의 0은 H_0에서 참이라고 가정된 등호 부분이다. 따라서 H_0를 기각하고 H_1을 채택한다. 다시 말하면, 앞 예에서 구한 선형 회귀선의 기울기는 0이 되지 않는, 혹은 양수라는 증거를 통계학적으로 충분히 찾을 수 있어 회귀선으로서 제 구실을 잘 수행할 수 있다고 해석한다. 남자 사원의 중간값 x가 여자 사원의 중간값 y를 양의 기울기로 결정하는데 x가 증가하면 y도 증가하고 x가 감소하면 y도 감소한다.

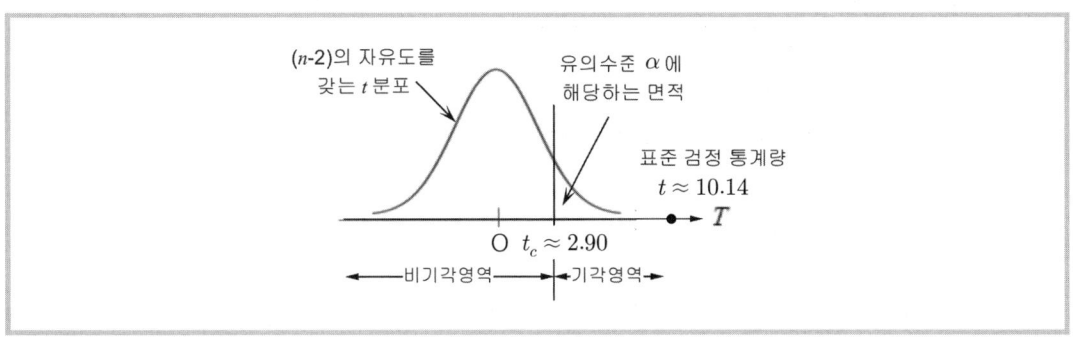

그림 7.19　선형 회귀선의 기울기 검정에 대한 기각 및 비기각 영역

예제 7.5b (상관 및 선형 회귀의 종합 문제) 다음 데이터 집단은 최근 대학 졸업자 7명을 선택하여 졸업 학점 x에 대응하는 예상 초봉(백만원) y를 물어 얻은 자료이다. 7장에서 배운 내용을 복습한다는 차원에서 직접 계산하고 필요하면 그림으로 나타내는 작업도 해 보자.

$x:$	2.90	3.81	3.20	2.42	3.94	2.05	2.25
$y:$	48	53	50	37	65	32	37

풀이 항상 하는 말이지만 짝으로 제공되는 데이터 집단과 관련한 통계 분석은 제곱합의 계산이 우선이다. 컴퓨터의 도움을 받는다 하더라도 제곱합을 위한 도수분포표의 작성은 꼭 필요한데 표 7.3과 같다. 먼저, 상관 및 회귀 계수를 비롯하여 결정 계수에 포함되는 여러 변동 따위를 계산할 때 쓸 수 있는 관련 제곱합을 표 7.3을 참고하여 구한다. 즉,

$$SS_{xy} = \sum_i x_i y_i - \frac{\sum_i x_i \sum_i y_i}{n} = 995.62 - \frac{20.57(322)}{7} = 49.40$$

$$SS_{xx} = \sum_i x_i^2 - \frac{\left(\sum_i x_i\right)^2}{n} = 63.81 - \frac{20.57^2}{7} = 3.36$$

$$SS_{yy} = \sum_i y_i^2 - \frac{\left(\sum_i y_i\right)^2}{n} = 15600 - \frac{322^2}{7} = 788$$

와 같다. 다음, 회귀 계수 b_1과 b_0를 찾는다. 즉,

$$b_1 = \frac{SS_{xy}}{SS_{xx}} = \frac{49.40}{3.36} = 14.682 \text{와} \quad b_0 = \bar{y} - b_1 \bar{x} = 46 - 14.682(2.94) = 2.8562$$

이다. 따라서 선형 회귀선은 $\hat{y} = 2.8562 + 14.682x$이 된다. 회귀선의 b_0는 y-절편으로 $x = 0$일 때 $\hat{y}$의 값으로 학점이 0.0일 때 졸업생이 예상하는 초봉이 되겠다. 하지만 이 진술은 중요하지 않다.

표 7.3 졸업 학점과 예상 초봉의 도수분포표

졸업 학점 x	예상 초봉 (백만원) y	xy	x^2	y^2	
2.90	48	139.20	8.41	2304	
3.81	53	201.93	14.52	2809	
3.20	50	160.00	10.24	2500	
2.42	37	89.54	5.86	1369	$\bar{x} = 2.94$
3.94	65	256.10	15.52	4225	$\bar{y} = 46$
2.05	32	65.60	4.20	1024	
2.25	37	83.25	5.06	1369	
합계= 20.57	322	995.62	63.81	15,600	

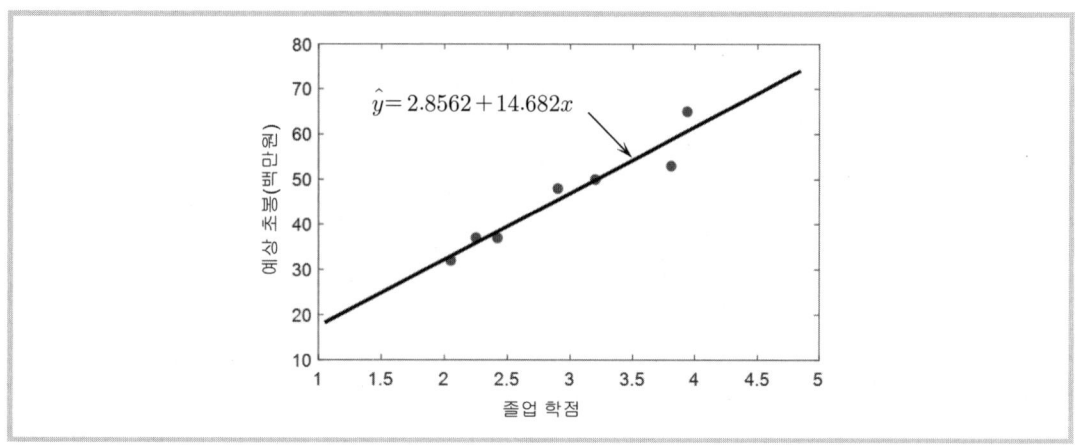

그림 7.20 졸업 학점과 예상 초봉에 대한 산포도와 선형 회귀선

졸업 학점이 0.0이면 졸업을 할 수 없을 뿐더러 표본의 최솟값도 2.05로 예측 범위를 벗어나기 때문이다. 회귀선의 기울기 b_1은 x가 1 단위 변할 때 $\hat{y}$이 변하는 양이다. 그래서 졸업 학점이 1점 올라갈 때 졸업생이 기대하는 초봉은 14,682,000원 올라간다. 그림 7.20은 데이터 집단 (x_i, y_i)의 산포도와 선형 회귀선을 함께 그려 놓은 그림이다.

이제, 결정 계수를 구한다. 결정 계수는 상관 계수의 제곱이다. 즉,

$$r = \frac{SS_{xy}}{\sqrt{SS_{xx}SS_{yy}}} = \frac{49.40}{\sqrt{(3.36)(788)}} = 0.9594 \approx 0.96$$

$$r^2 = 0.92 = \frac{b_1 SS_{xy}}{SS_{yy}} = \frac{14.682(49.40)}{788}$$

이다. 상관 계수 $r \approx 0.96$는 그림 7.20에 보인 것처럼 졸업 학점과 예상 초임이 아주 강한 상관 관계로 엮어 있는 것을 말해 준다. 결정 계수 $r^2 = 0.92$는 선형 회귀의 통계학적 기법을 쓰지 않고 그냥 예측했을 때의 변동 중에서 92%는 회귀를 통해 삭감할 수 있다는 뜻이다. 나머지 8%는 표본을 수집할 때 발생하는 샘플링 오차 등이 원인이기 때문에 어쩔 수 없다.

상관 계수 r에 대한 가설 검정은 이렇다. r은 표본 데이터 집단 사이의 직선 관계를 뜻하므로 모집단 ρ가 그것을 반영하여 $\rho = 0$, 즉 직선의 기울기가 0이 되어 서로의 상관성을 인정할 수 없다는 가설을 기각할 수 있느냐 그렇지 않으냐 하는 문제를 따져야 하므로 가설의 설정을 다음과 같이 한다. 즉,

$$\begin{cases} H_0 : \rho = 0 \text{ (모집단의 상관 계수 } \rho \text{는 0이다)} \\ H_1 : \rho \neq 0 \text{ (모집단의 상관 계수 } \rho \text{는 0이 아니다)} \end{cases}$$

이다. 여기선 $n < 30$이므로 모집단의 분포를 정규 분포로 가정하고 표본 데이터에 대한 t 분포를 이용한다. 즉, $\alpha = 0.01$로 두고, 또 H_1에 따라 양쪽 검정이므로 $\alpha/2 = 0.005$만큼의 면적이 t 분포의

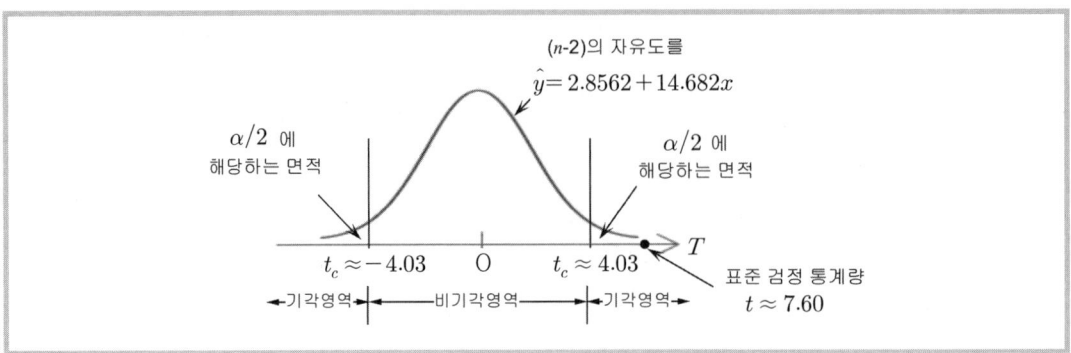

그림 7.21 상관 계수에 대한 양쪽 검정 ($\alpha = 0.01$)

양쪽에 자리하도록 하는 임계값을 찾아 기각 및 비기각 영역으로 구분한 후에 표준 검정 통계량인

$$t = r\sqrt{\frac{n-2}{1-r^2}} = 0.9594\sqrt{\frac{7-2}{1-0.9594^2}} = 7.6043 \approx 7.60$$

이 어느 영역에 속하는지 따져 검정의 결과를 판단한다. 이때 기각 및 비기각 영역을 구분하는 임계값 t_c는 확률표를 참조하면 $t_c = 4.0321 \approx 4.03$인데 t가 그림 7.21과 같이 기각 영역에 포함되므로 H_0를 기각할 수밖에 없다. 다시 말하면, ρ가 0이 되지 않을 충분한 증거를 주어진 표본 데이터로부터 찾을 수 있다는 말이다. 그림 7.21에서 $n = 7$이다.

다음, $x = 3.0$에서 예상 초봉을 예측한다. 즉,

$$\hat{y} = 2.8562 + 14.682(3.0) = 46.902$$

이다. 졸업 학점이 3.0인 학생들은 초봉을 46,902,000원으로 기대하는 것 같다. 여기서 선형 회귀의 예측 구간도 함께 조사해 보도록 한다. 선형 회귀에 대한 통계 데이터의 표준 오차는

$$s_e = \sqrt{\frac{SSE}{n-2}} = \sqrt{\frac{SS_{yy} - b_1 SS_{xy}}{n-2}} = \sqrt{\frac{788 - 14.682(49.40)}{7-2}} = 3.5414$$

와 같고, 이때 $c = 0.9$의 신뢰수준과 $df = n-2 = 5$에 해당하는 임계값 t_c는 확률표를 참조하면 $t_c = 2.015$이므로 오차 한계 E는

$$E = t_c s_e \sqrt{1 + \frac{1}{n} + \frac{(x_0 - \overline{x})^2}{SS_{xx}}} = 2.015(3.5414)\sqrt{1 + \frac{1}{7} + \frac{(3.0 - 2.94)^2}{3.36}} = 7.6325$$

이다. 따라서 졸업 학점 $x_0 = 3.0$에서 졸업생이 예상하는 초봉의 모집단 예측 구간은

$$y_{3.0} = (\hat{y}_{3.0} - E, \hat{y}_{3.0} + E) = (46.902 - 7.6325, 46.902 + 7.6325) \approx (39.270, 54.535)$$

로 약 39,270,000원에서 54,535,000원 사이로 추정된다. 그림 7.22은 졸업 학점의 전 구간에서

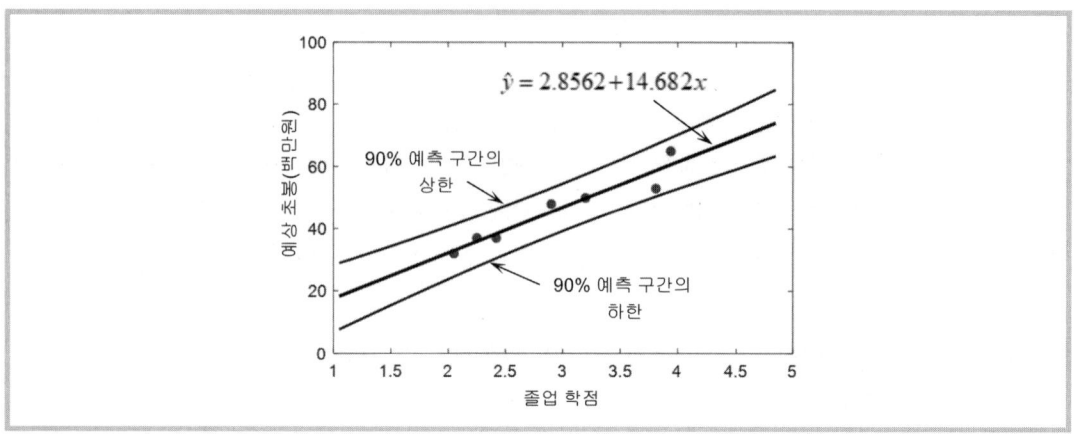

그림 7.22 선형 회귀선과 90% 예측 구간

예측한 그래프이다.

다음, 회귀선의 기울기 b_1이 $c=0.9$에서 신뢰 구간은 어떻게 되는지 확인한다. 앞에서 선형 회귀의 오차에 대한 표준 오차 $s_e=3.5414$로 구했으므로 기울기 b_1의 표본 분포에 대한 표준 오차는

$$s_b = \frac{s_e}{\sqrt{SS_{xx}}} = \frac{3.5414}{\sqrt{3.36}} = 1.932$$

이고, 또 신뢰수준 $c=0.9$의 면적이 t 분포의 가운데를 차지할 때 나머지와 경계를 이루는 점, 즉 임계값 t_c는 앞에서 $t_c=2.015$로 확인했기 때문에 오차 한계는

$$E = t_c s_b = (2.015)(1.932) = 3.8931$$

이다. 따라서 모집단의 회귀 기울기 B_1의 추정 구간은 $b_1 - E < B_1 < b_1 + E$인데

$$10.7888 < B_1 < 18.5750$$

와 같이 계산할 수 있다. 즉, 졸업 학점 1점의 추가로 예상 초봉은 10,788,800원에서 18,575,000원 사이의 값으로 올라간다고 예측할 수 있다.

끝으로, 회귀선의 기울기 b_1이 통계 데이터의 분포를 잘 추종하도록 선정되었는지 $\alpha=0.01$에서 검정해 보도록 한다. 설정된 가설은

$$\begin{cases} H_0 : B_1 = 0 \quad \text{(모집단의 } B_1 \text{은 0이거나 양수가 아니다)} \\ H_1 : B_1 > 0 \quad \text{(모집단의 } B_1 \text{은 양수이다)} \end{cases}$$

인데 본문에서 언급했듯이 귀무 가설은 $B_1 \le 0$이어도 괜찮다. 모집단의 오차에 대한 표준 편차 σ_ϵ를 모르기 때문에 선형 회귀에서 계산되는 표본의 표준 오차인 s_e를 대신 사용하여 평가한 s_b를 써서 t 분포로 검정한다. 이때 t 분포의 표준 검정 통계량은

$$t = \frac{b_1 - B_1}{s_b} = \frac{14.682 - 0}{1.932} \approx 7.60$$

이다. 이 값은 우측 검정을 위해 자유도가 5인 t 분포의 오른쪽 끝에 $\alpha = 0.01$만큼의 면적을 구분하여 기각 영역으로 정하는 값 $t_c = 3.3649$보다 오른쪽에 있기 때문에, 즉 기각 영역에 속하기 때문에 H_0를 기각할 수 있다. 본 예제에서 찾은 선형 회귀식의 기울기 b_1은 우연히 구해진 값이 아니라 1%의 유의수준에서도 표본 데이터의 합당한 인과 관계를 통해 얻어진 값이라는 말이다.

예제 7.5c 본문에선 최소자승(least square)법을 써서 회귀 계수 b_0와 b_1을 식 (7.5)와 같이 찾았다. 5.3절의 최대가능도(maximum likelihood)법을 이용할 순 없는지 살펴보자.

풀이 그림 7.23은 모집단의 회귀 모델 $y_i = B_0 + B_1 x_i + \epsilon_i$에서 아는 것과 모르는 것을 (그래서 표본 집단의 정보로 추정하거나 예측해야 하는 것을) 간략히 요약한 그림이다. 여기서 ϵ_i는 평균이 0이고 분산이 σ^2이면서 서로 독립인 잡음(noise)이다.

그림 7.23은 표본 데이터 집단의 x_i를 이용하여 회귀 계수 b_0와 b_1을 결정함으로써 모집단 파라미터인 B_0와 B_1 뿐만 아니라 $\hat{y}_i = b_0 + b_1 x_i$을 통한 y_i, 그리고 $e_i = y_i - \hat{y}_i$을 통한 ϵ_i까지 추정하거나 예측할 수 있는 모습을 보여 준다. 물론 모집단 잡음 ϵ_i의 분산인 σ^2도 표본 데이터 집단의 SSE를 자유도 $df = n - 2$로[17] 나누어 식 (7.9)와 같은 표준 오차의 이름으로 추정했었다. SSE, 즉 $y - \hat{y}$의 제곱합을 최소화하는 최소자승법을 통해 선형 회귀선과 관련한 모집단의 파라미터를 모두 추정하거

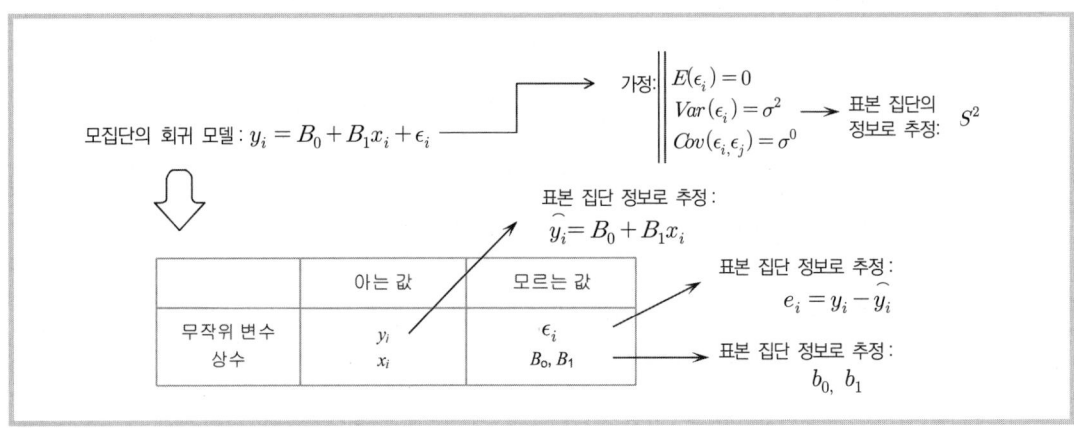

그림 7.23 선형 회귀에서 확인해야 하는 모집단 파라미터들

---

[17] 자유도는 활용할 수 있는 데이터의 개수이다. 회귀선의 오차 $y - \hat{y}$에 대한 자유도는 식에 포함된 b_0와 b_1 2개를 표본 데이터로 구했기 때문에 전체 데이터 개수에서 2를 뺀 값이 된다. 마치 표본의 분산을 계산할 때 편차 $x - \bar{x}$을 제곱하여 자유도로 나눌 때 1개의 $\bar{x}$에 대한 자유도 감소를 반영하여 $n - 1$로 나눈 것과 같은 개념이다.

나 예측한 셈이다. 최대가능도법은 표본을 통해 알 수 있는 모든 정보 x와 y를 이용하여 가능도 함수 $L(\theta \mid x, y)$을 최대로 만드는 θ를 구하는 방법이다. 여기서 θ는 모집단 분포에서 구하고자 하는 파라미터이다.

최대가능도법을 사용하기 위해선 가능도 함수를 먼저 찾아야 한다. 표본 데이터 집단의 분포에 맞는 모집단 분포의 파라미터를 결정해야 하므로 모집단 y_i의 분포 형태를 정한다. 즉, $y_i = B_0 + B_1 x_i + \epsilon_i$에서 그림 7.23을 참조하면 B_0와 B_1, x_i는 추정하거나 관측하여 아는 값이므로 y_i의 분포는 잡음 ϵ_i가 결정하는데 잡음은 $N(0, \sigma^2)$을 따른다고 가정되어 있다. 그래서 y_i의 분포도 $N(\bar{y}, \sigma^2)$을 따른다고 볼 수 있는데, 이때 이의 확률 밀도 함수는

$$f(y_i \mid \bar{y}, \sigma^2) = \frac{1}{\sigma\sqrt{2\pi}} \exp\left[-\frac{(y_i - \bar{y})^2}{2\sigma^2}\right]$$

와 같다. 여기서 $\bar{y} = b_0 + b_1 \bar{x}$이다. 같은 모집단에서 n개의 데이터를 무작위로 수집하는 경우 각 데이터는 서로 달라서 iid, 즉 서로 독립이면서 같은 분포를 가지므로 이의 결합 분포 함수는 곱으로 다음과 같이 나타낼 수 있다.

$$f(y \mid \bar{y}, \sigma^2) = \prod_{i=1}^{n} f(y_i \mid \bar{y}, \sigma^2) = \prod_{i=1}^{n} \frac{1}{\sigma\sqrt{2\pi}} \exp\left[-\frac{(y_i - \bar{y})^2}{2\sigma^2}\right]$$

여기서 $f(y \mid \bar{y}, \sigma^2) = f(y_1, y_2, \cdots, y_n \mid \bar{y}, \sigma^2)$을 뜻한다. 위 식은 $\bar{y}$와 σ^2을 알 때 y_i와 관련한 확률 문제를 푸는데 사용하는 분포 함수이다. 지금까지 해왔던 정규 분포나 t 분포, χ^2 분포를 이용하여 푼 문제가 모두 이런 확률 분포 함수를 알기 때문에 컴퓨터의 도움을 받든 확률표를 이용하든 하여 값을 찾았다.

가능도(likelihood) 문제는 이와 같은 확률 문제와 반대이다. 분포는 알아도 분포의 파라미터를 모르기 때문에 표본의 데이터에 가장 잘 맞는 해당 파라미터를 찾는 문제가 바로 가능도 문제이다. 위 식에 대한 가능도 함수는 다음과 같다.

$$L(b_0, b_1, s^2 \mid x, y) = \prod_{i=1}^{n} \frac{1}{s\sqrt{2\pi}} \exp\left[-\frac{(y_i - b_0 - b_1 x_i)^2}{2s^2}\right]$$

혹은, 동등하게

$$L(b_0, b_1, s^2 \mid x, y) = \left(\frac{1}{2\pi s^2}\right)^{n/2} \exp\left[-\frac{1}{2s^2}\sum_{i=1}^{n}(y_i - b_0 - b_1 x_i)^2\right]$$

이 된다. 위 식을 간단하게 하기 위해 로그를 취하면

$$\ln L(b_0, b_1, s^2 \mid x, y) = -\frac{n}{2}\ln(2\pi s^2) - \frac{1}{2s^2}\sum_{i=1}^{n}(y_i - b_0 - b_1 x_i)^2$$

이고, 이때 구하고자 하는 파라미터 b_0와 b_1, 그리고 s^2에 대해 각각 미분하여 0으로 두면

$$\frac{\partial}{\partial b_0} L = -\frac{1}{2s^2}(-2)\sum_{i=1}^{n}(y_i - b_0 - b_1 x_i) = 0$$

$$\frac{\partial}{\partial b_1} L = -\frac{1}{2s^2}(-2)\sum_{i=1}^{n}(y_i - b_0 - b_1 x_i)x_i = 0$$

$$\frac{\partial}{\partial s^2} L = -\frac{n}{2}\frac{2\pi}{2\pi s^2} - (-2)\left(\frac{1}{2s^2}\right)^2 \sum_{i=1}^{n}(y_i - b_0 - b_1 x_i)^2 = 0$$

로 각 식을 차례로 풀어 b_0와 b_1, 그리고 s^2을 각각 구하면

$$b_0 = \frac{\sum_{i=1}^{n} y_i}{n} - b_1 \frac{\sum_{i=1}^{n} x_i}{n} = \bar{y} - b_1 \bar{x} \tag{예7.1}$$

$$b_1 = \frac{\sum_{i=1}^{n} x_i y_i - \bar{y}\sum_{i=1}^{n} x_i}{\sum_{i=1}^{n} x_i^2 - \bar{x}\sum_{i=1}^{n} x_i} = \frac{\sum_{i=1}^{n} x_i y_i - \frac{\sum_{i=1}^{n} x_i \sum_{i=1}^{n} y_i}{n}}{\sum_{i=1}^{n} x_i^2 - \frac{\left(\sum_{i=1}^{n} x_i\right)^2}{n}} = \frac{\sum_{i=1}^{n}(x_i - \bar{x})(y_i - \bar{y})}{\sum_{i=1}^{n}(x_i - \bar{x})^2} = \frac{SS_{xy}}{SS_{xx}} \tag{예7.2}$$

$$s^2 = \frac{\sum_{i=1}^{n}(y_i - b_0 - b_1 x_i)^2}{n} = \frac{\sum_{i=1}^{n} e_i}{n} = \frac{SSE}{n} \tag{예7.3}$$

와 같다. 최대가능도 함수를 이용해도 최소자승법으로 구한 회귀 계수 b_0 및 b_1과 같은 값으로 계산된 것을 확인할 수 있다. 한 가지 주목할 것은 모집단의 잡음 ϵ에 대한 분산 σ^2은 본문에서 회귀의 표준 오차로 확인한 식 (7.9)가

$$s_e^2 = \frac{SSE}{n-2} \tag{예7.4}$$

인 것과 달리 식 (예7.3)은 n으로 나누어져 추정되었다. 즉, 식 (예7.4)보다 작은 값을 유도한 만큼 식 (예7.3)은 식 (예7.4)와 견주어 **편향 추정값**(biased estimate)이 된다. 마치 기술 통계학에서 표본의 분산을 $n-1$로 나누지 않고 n으로 나누면 편향이 일어나듯이 말이다.

7.4 선형 회귀의 공학 응용 (곡선 맞추기)

지금까지 순서쌍으로 수집된 두 통계 데이터 집단 (x_i, y_i)의 선형 회귀와 관련한 문제를 통계학적인 접근으로 풀었다. 각 데이터 집단의 퍼진 정보나 두 데이터 집단이 결합되어 나타나는 퍼진 정보를 이용하여 제곱합의 개념을 써서 상관 및 결정 계수를 구하고 회귀

07 상관과 선형 회귀

계수도 구했다. 물론 회귀 계수인 경우는 오차의 제곱합을 최소로 하는 일을 최소자승
(least square)이라는 기법으로 사용했지만 합 기호를 통한 각 데이터 요소를 일일이 합하
는 방식은 변하지 않았다.

이 소절에선 합 기호를 써서 각 데이터를 합하는 대신에 데이터 집단을 한꺼번에 다룰
수 있는 **벡터**와 **행렬**을 소개하고 이를 통해 선형 회귀를 해보고자 한다. 공학에서는 이런
방식을 통한 선형 회귀를 대체로 **곡선 맞추기**(curve fitting)이라[18] 한다. 벡터와 행렬은
선형 대수학의 핵심 내용으로 주로 연립 대수 및 미분 방정식의 해를 찾는데 목적을 두고
있다. 특히, 연립 대수 방정식은 구하고자 하는 계수만 선형이면 데이터의 형태가 비선형
이더라도 바로 해결할 수 있기 때문에 앞 장의 선형 회귀(linear regression) 뿐만 아니라
다항 회귀(polynomial regression)나[19] 다중 회귀(multiple regression)까지[20] 가능하
여 아주 유용하고 실용적이다. 벡터와 행렬을 소개하는 측면에서 다음의 2원 1차 연립
방적식을 생각해 보자.

$$\begin{cases} 3x_1 + 2x_2 = 18 \\ -x_1 + 2x_2 = 2 \end{cases}$$

위 식의 풀이는 고등 교육을 받았으면 누구나 풀 수 있을 것이다. 이른바 변수 소거법을
사용하면 $x_1 = 4$와 $x_2 = 3$인 것을 확인할 수 있다. 위 식을 벡터-행렬 식 $Ax = b$로 나타
낼 때 행렬 A와 벡터 x와 b는[21] 다음과 같다.[22]

$$A = \begin{pmatrix} 3 & 2 \\ -1 & 2 \end{pmatrix} \text{와} \quad x = \begin{bmatrix} x_1 \\ x_2 \end{bmatrix}, \quad b = \begin{pmatrix} 18 \\ 2 \end{pmatrix}$$

여기서 A는 시스템의 (계수) 행렬로 연립 방정식의 내부 특징을 결정하고, x는 상태
벡터로 연립 방정식의 해를 저장하고, 그리고 b는 입력 벡터로 연립 방정식의 외부에서
자극으로 들어오는 신호와 관계하는 계수이다. 이때 위 연립 방정식의 해 x는 $A^{-1}b$

---

[18] 곡선 맞추기는 데이터 집단의 추세나 경향을 찾는 선형 회귀 뿐만 아니라 각 데이터 요소를 하나씩 연결하는 내삽
(interpolation)도 포함한다.

[19] 회귀 방정식이 $\hat{y} = b_0 + b_1 x + b_2 x^2 + \cdots + b_n x^n$와 같이 선형 회귀식에 같은 독립 변수를 사용하여 $b_k x^k (k = 2 \cdots n)$처럼 필요한
만큼 항이 첨가되는 회귀이다.

[20] 회귀 방정식이 $\hat{y} = b_0 + b_1 x_1 + b_2 x_2 + \cdots + b_n x_n$와 같이 선형 회귀식에 다른 독립 변수가 필요한 만큼 첨가되는 회귀이다.
여기서 $x_j (j = 1 \cdots n)$는 각 독립 변수이고 n은 사용되는 독립 변수의 개수이다.

[21] 보통 행렬은 A와 같이 대문자로 진하게, 그리고 벡터는 x와 b처럼 소문자로 진하게 표시된다.

[22] 방정식의 개수가 m이고 미지수의 개수가 n이면 A는 크기가 $m \times n$ 행렬이 되고, x는 $n \times 1$ 벡터, 그리고 b는 $m \times 1$
벡터가 된다.

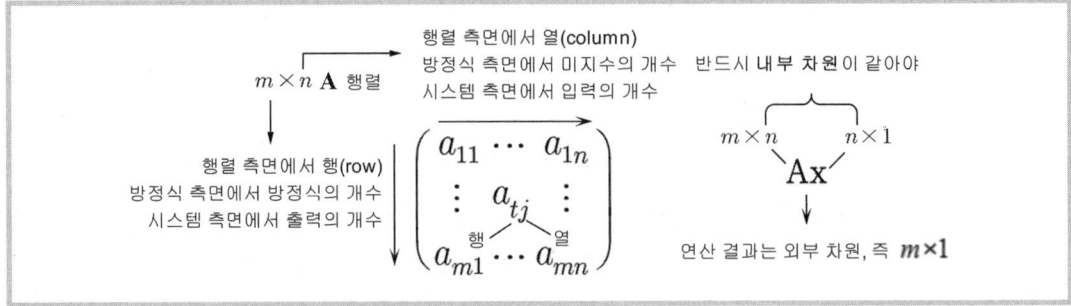

그림 7.24 $m \times n$ 행렬의 뜻과 벡터-행렬 곱의 기본 특징

$= (4\ 3)^T$나 $A \backslash b = (4\ 3)^T$와 같이 스칼라 식인 경우에 답을 찾는 방식을 그대로 준용할 수 있어 방정식의 개수가 많아지거나 구해야 할 해가 많아질수록 그 효과가 더욱 빛난다. 행렬이나 벡터에 적용되는 이와 같은 -1이나 $\backslash$, 혹은 T 따위는 덧셈, 뺄셈, 곱셈, 그리고 나눗셈과 함께 기본이 되는 연산이다. 이 책은 선형 대수학을 다루는 것이 아니어서 길게 설명할 순 없지만 선형 회귀를 위해서 꼭 알아야 할 것은 그림 7.24에 나타낸 것처럼 $m \times n$ 행렬에서 m과 n이 뜻하는 바와 Ax와 같이 두 벡터나 행렬이 곱해질 땐 반드시 안쪽 차원이 같아야 한다는 것이다.

선형 회귀를 위한 행렬의 지식은 두 통계 데이터 집단에서 벡터-행렬 식의 구축과 역행렬 혹은 나눗셈을 써서 계수를 구하는 과정의 이해이다. 벡터-행렬 식에선 역행렬의 존재 조건이 있다. 그림 7.24에서 행렬 A의 크기가 $m = n$, 즉 정방 행렬(square matrix)이 역행렬의 필요 조건이다.[23] 하지만 선형 회귀에선 데이터의 개수, 즉 방정식의 개수가 미지수, 즉 찾아야 할 회귀 계수보다 훨씬 많아서 세로로 길게 늘어선 직각 행렬(rectangular matrix)이 될 수밖에 없다. 행렬의 크기로 견주면 $m > n$인데 **이른바 방정식이 많은 시스템**(over-determined system)이다. 방정식이 많은 시스템은 대체로 해가 없는데 그림 7.25는 위의 연립 방정식에 $2x_1 - x_2 = 1$을 추가하여 방정식은 3개인데 미지수가 2개인 경우의 그래프이다. 물론 방정식이 많은 시스템은 운이 좋으면 해가 하나 존재할 수도 있고, 또 어떨 때는 무수히 많은 해가 존재하는 경우도 있다.

그림 7.25는 한 점에서 만나지 않고 세 점에서 만나기 때문에 세 방정식을 다 만족시키는 해는 존재하지 않는다는 것을 보여 준다. 선형 회귀에선 방정식이 많은 시스템이 대부

---

[23] 필요 충분 조건이 되기 위해선 정방 행렬이면서 $|A|$, 즉 행렬 A의 행렬식(determinant)이 0이 되어선 안 된다. 통계의 주성분 분석 분야는 공분산 행렬의 고유값 문제를 다루어야 하기 때문에 행렬식의 학습이 필요하겠지만 선형 회귀에선 그렇지 않다. 따라서 이 장에서 행렬식의 언급은 되도록 줄이기로 한다.

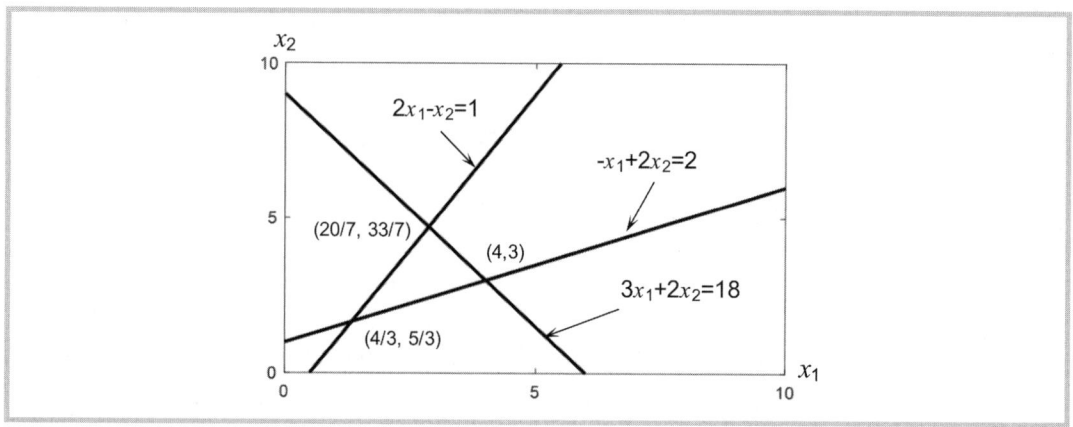

그림 7.25 방정식이 미지수보다 많은 연립 방정식의 그래프

분 발생한다고 했는데 해가 없으면 회귀 계수를 구할 수 없으니 낭패다. 이 경우에 선형 회귀에선 최소자승을 이용하였는데 여기선 선형 대수학의 관점에서 간단히 살펴보고자 한다. 크기가 $m \times n$인 행렬 A에 대해 벡터-행렬 식 $A\mathbf{x} = \mathbf{b}$가 해를 가지지 않는 까닭은 벡터 b가 행렬 A의 열 공간(column space)에 놓이지 않기 때문인데 그림 7.26은 이처럼 해를 가지지 않는 경우의 수직 벡터 n의 정의를 보여 준다.

그림 7.26에서 벡터 n은 행렬 A의 열 공간에 놓인 임의의 벡터 $A\hat{\mathbf{x}}$에서[24] 벡터 b까지

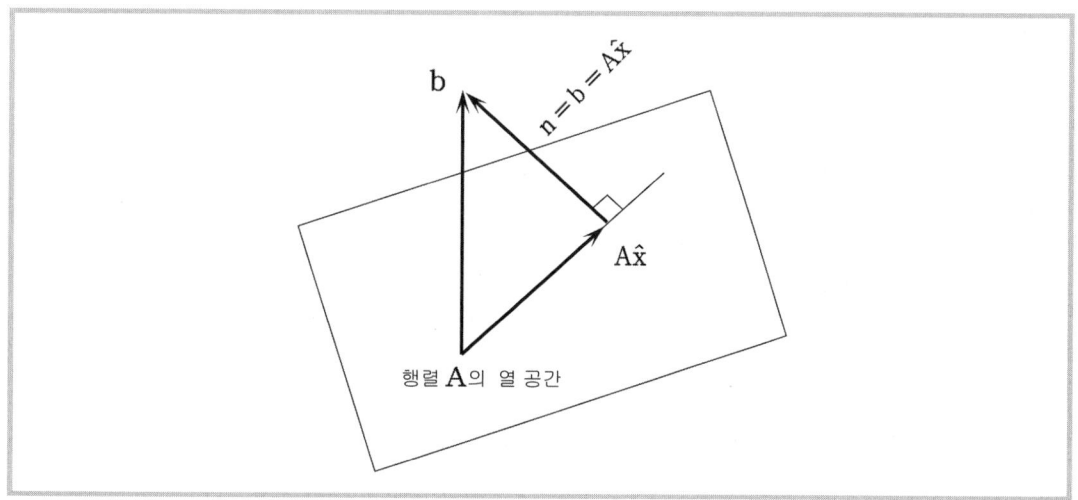

그림 7.26 행렬 A의 열 공간에서 수직 벡터 n의 정의

---

[24] 벡터 $\hat{\mathbf{x}}$는 행렬 A의 열 공간에 놓인 벡터 중에서 벡터 b와 수직인, 혹은 가장 짧은 길이를 갖는 벡터이다.

수선으로 이어지는 벡터로 A의 열 공간에서 b와 가장 가까운 벡터이다. 따라서 그림 7.26에서 확인할 수 있듯이 A의 열 공간과 수직 벡터 n은 서로 직교하므로

$$A^T n = A^T(b - A\hat{x}) = 0$$

이 성립되고 이를 $\hat{x}$에 대해 풀면

$$\hat{x} = (A^T A)^{-1} A^T b \tag{7.14}$$

와 같다.[25] 즉, $Ax = b$는 해 x가 존재하지 않지만 $A\hat{x} = b$는 $A\hat{x}$의 열 공간에서 내린 수선의 길이가 가장 짧은 벡터 b에 대한 해 $\hat{x}$가 존재한다. 다시 말하면, 그림 7.26의 수직 벡터 n을 오차로 생각하면 오차를 가장 적게 만드는 최소자승법의 개념과 같다. 예를 들어, 두 통계 데이터 집단이 $x = [1\ 2\ 3]^T$이고 $y = [1\ 1\ 2]^T$일 때 $\hat{y} = b_0 + b_1 x$와 같은 선형 회귀선의 벡터-행렬 식인 $A(x)c = y$을[26] 구축하면 방정식이 많은 시스템이 되어 해가 없으므로 $A(x)\hat{c} = y$의 해 $\hat{c}$를 찾아 $\hat{y} = A\hat{c}$와 같이 추정하는데 그림 7.27과 같다.

이제 두 통계 데이터 집단 (x_i, y_i)로 벡터-행렬 식 $A(x)c = y$를 구축하는 방법에 대해 알아보기로 한다. 여기서 $c = [c_0, c_1, \cdots]^T$는 $k \times 1$인 벡터로 선형 회귀식을 구성하는 계

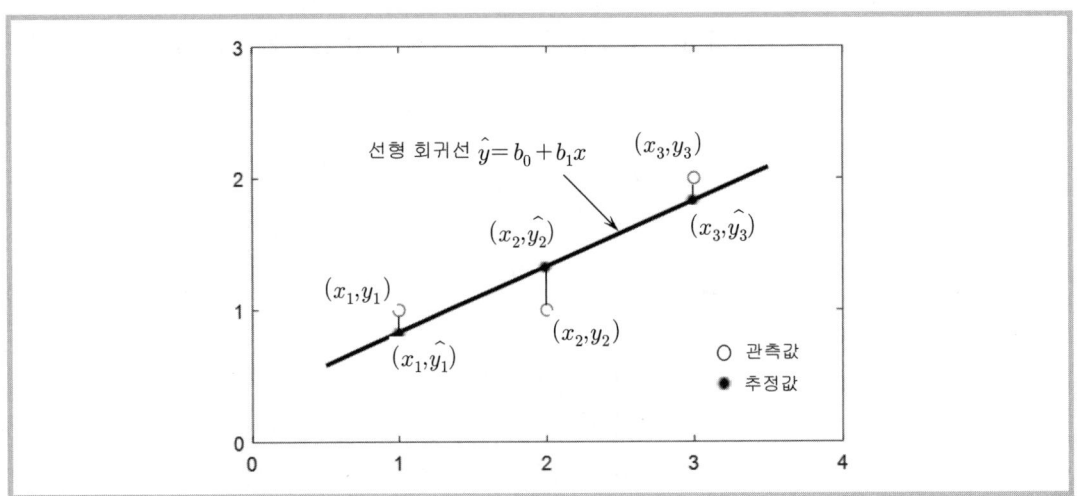

그림 7.27 벡터-행렬 식 $Ax = b$에서 식 (7.14)의 이용 방법

---

[25] 식 (7.14)의 해가 존재하려면 $A^T A$의 역행렬이 존재해야 한다. 즉, $|A^T A| = 0$이 되어서는 안 된다.

[26] 선형 대수의 연립 방정식은 보통 $Ax = b$인데 통계 데이터 집단 (x_i, y_i)인 경우는 실제 관측값을 그대로 써서 $A(x)c = y$와 같이 나타낸다. 이때 $A(x)$는 행렬 A는 데이터 x로 구축된다는 뜻인데 (x_i, y_i)로 행렬 $A(x)$를 만드는 방법은 이어서 설명한다.

수의 개수 k가 크기를 결정한다. 즉, 선형 회귀의 회귀식의 차수가 k이고 상수항까지 포함하면 $(k+1) \times 1$인 계수 벡터가 된다. 따라서 m개의 관측값 (x_i, y_i)을 가지고 k개의 계수를 갖는 선형 회귀식 $A(x)c = y$은

$$c_0 + c_1 x_1 + c_2 x_1 + \cdots + c_{k-1} x_1 = y_1$$
$$c_0 + c_1 x_2 + c_2 x_2 + \cdots + c_{k-1} x_2 = y_2$$
$$\vdots$$
$$c_0 + c_1 x_m + c_2 x_m + \cdots + c_{k-1} x_m = y_m$$

와 같다. 모든 관측값이 선형 회귀식을 만족해야 하므로 관측값 1개에 식이 1개 구축되는 셈이다. 하지만 위의 k원 1차 (방정식이 많은) 연립 방정식은 각각 $c_0 + (c_1 + c_2 + \cdots + c_{k-1}) x_i = y_i$의 형태가 되므로 $c^r = c_1 + c_2 + \cdots + c_{k-1}$로 두면 계수가 c_0와 c^r 2개인 2원 1차 연립 방정식으로 축약된다. 따라서 실제 관측값 (x_i, y_i)으로 선형 회귀를 할 경우엔 상수항을 포함하여 1차 회귀선까지만 가능할 뿐이다. 만약 회귀 계수를 여러 개 포함하려고 하면 데이터 집단 x_i를 $f_i(x_i)$와 같이 임의의 함수를 써서 변화를 주어야 하는데 벡터-행렬 식으로 작성하면 다음과 같다.

$$\begin{pmatrix} 1 & f_1(x_1) & f_2(x_1) & \cdots & f_{k-1}(x_1) \\ 1 & f_1(x_2) & f_2(x_2) & \cdots & f_{k-1}(x_2) \\ & & \vdots & & \\ 1 & f_1(x_m) & f_2(x_m) & \cdots & f_{k-1}(x_m) \end{pmatrix} \begin{pmatrix} c_0 \\ c_1 \\ \vdots \\ c_{k-1} \end{pmatrix} = \begin{pmatrix} y_1 \\ y_2 \\ \vdots \\ y_m \end{pmatrix} \qquad (7.15)$$

식 (7.15)의 $A(x)$에서 $f_1(x_i) = x_i$와 $f_2(x_i) = x_i^2$, $f_3(x_i) = x_i^3$ 따위와 같이 순차적으로 x_i의 거듭제곱일 때를 **방데르몽드 행렬**(Vandermonde matrix)이라[27] 한다. 즉, $A(x)$가 방데르몽드 행렬이면 식 (7.15)는 다항 회귀식의 벡터-행렬 방정식이 된다. 특히, $A(x)$가 정방 행렬, 즉 관측값의 개수와 찾을 계수의 개수가 같을 때는 회귀가 아니라 **보간** (interpolation)이 되는데 그림 7.28과 같다. 그림 7.28에서 선형 회귀선은 3개의 관측값과 2개의 계수로 이루어진 3×2 방데르몽드 행렬을 풀었고 다항 보간선은 3개의 관측값으로 3개의 계수를 찾기 위해 3×3 방데르몽드 행렬을 푼 결과이다.

선형 회귀를 벡터-행렬 방정식으로 실시할 때 얻을 수 있는 장점은 $\hat{y} = b_0 + b_1 x$와

---

[27] 크기가 $m \times m$인 방데르몽드 행렬 V의 행렬식 $|V|$는 x_i의 이웃한 두 값의 차를 곱한 것, 즉 $\prod_{1 \le i < m} (x_{i+1} - x_i)$와 같기 때문에 $(x_{i+1} - x_i)$이 0이 아니면 항상 역행렬이 존재한다.

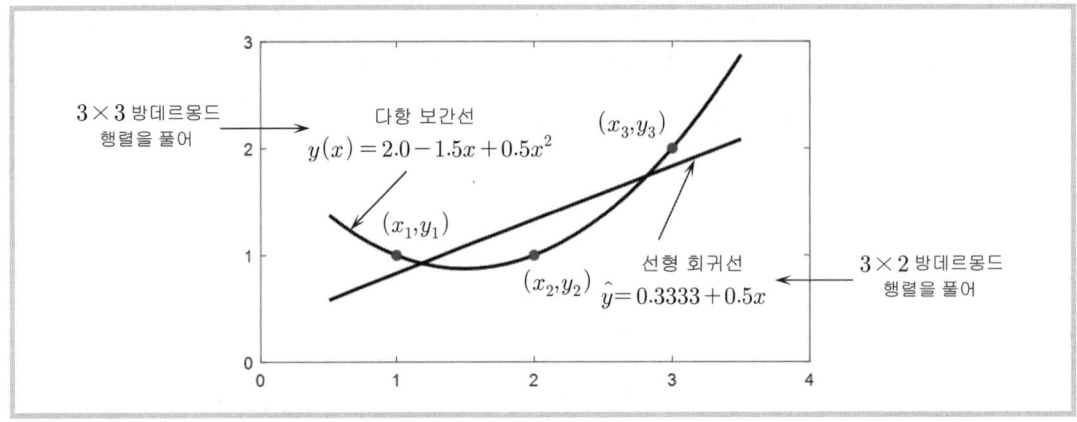

그림 7.28 행렬 A(x)의 이용에 따른 선형 회귀선과 다항 보간선

같은 형식을 비롯하여 $\hat{y} = b_0 + b_1 f(x)$와 같이 데이터 집단 x_i의 함수를 사용할 수 있다는 것이다. 이른바 비선형 회귀인 셈이다. 이를 테면, 두 통계 데이터 (x_i, y_i)가

x 데이터 :	0	0.3	0.8	1.1	1.6	2.3
y 데이터 :	0.82	0.72	0.63	0.60	0.55	0.50

일 때 $f(x) = x$인 선형 회귀와 $f(x) = \exp(-x)$인 비선형 회귀는 방데르몽드 행렬 $A(x)$를 식 (7.15)와 같이 각각 구축하여 식 (7.14)로 직접 풀면 그림 7.29와 같은 결과를 얻을 수 있다.

지금까지 두 통계 데이터 집단 (x_i, y_i)에서 x_i와 y_i의 비선형 관계를 방데르몽드 행렬

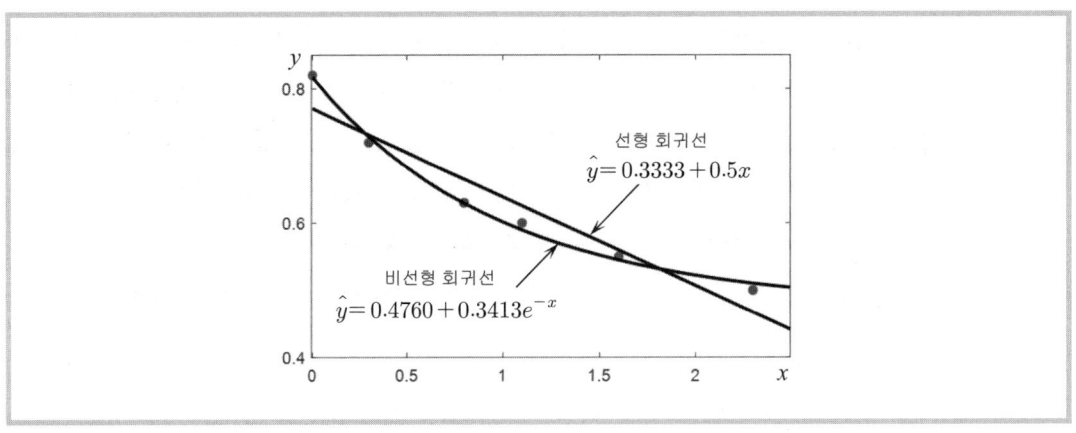

그림 7.29 행렬 A(x)를 이용한 선형 및 비선형 회귀

$A(\mathbf{x})$을 이용하여 선형 회귀식 및 다항 보간식(비선형 회귀식)을 찾았다. 사실 이것으로도 충분하다. 하지만 선형 회귀의 이해를 더 깊이 한다는 측면에서 이런 것도 생각해 볼 수 있다. 산포도를 찍어 x_i와 y_i의 비선형 관계, 즉 공학의 여러 현상에서 흔히 나타나는 지수 곡선이나 멱(power) 곡선, 혹은 포화가 걸린 성장률(saturation-growth-rate) 곡선 따위를 확인했다면 이와 같은 본질적 비선형 관계를 **선형화**(linearization)를 통해 선형 회귀 방정식을 적용할 수 있도록 하는 것이다. 예를 들어, x_i와 y_i의 관계가 그림 7.30(a)와 같이 지수 관계이면 양변을 $\ln$를 취하여 선형화를 한다. (앞으론 식 (7.15)의 회귀 계수 벡터 $\mathbf{c}$를 통계학의 공통 기호인 $\mathbf{b}$로 통일하기로 한다. 지금까진 선형 대수학의 익숙한 벡터-행렬 식인 $A\mathbf{x}=\mathbf{b}$에서 유도한 식 (7.14)와 구별하기 위해 $\mathbf{c}$를 잠시 차용했을 뿐이다) 즉,

$$y_i = b_0 e^{b_1 x_i} \;\rightarrow\; \ln y_i = \ln b_0 + b_i x_i \;\rightarrow\; \ln y = y\text{절편} + \text{기울기} \times x_i$$

와 같아서 그림 7.30(b)와 같이 $(x_i, \ln y_i)$에 대한 선형 회귀를 실시하여 y-절편인 $\ln b_0$와 기울기인 b_1을 구하는 것이다. 즉, 선형 회귀의 결과가 $(c_0, c_1) = (\ln b_0, b_1)$이면 (x_i, y_i)에서 사용될 계수는 $b_0 = e^{c_0}$와 $b_1 = c_1$이 된다.

지수 관계는 b_1에 따라 증가와 감소의 특성을 나타낼 수 있어 인구 성장이나 반감기 곡선 따위를 모델링할 수 있다. 이 관계 말고도 멱(power)이나 포화-성장(saturation-growth) 관계도 있다. 멱 방정식은 맞추기 모델을 확실히 알 수 없는 실험 데이터와 연결지을 때 흔히 사용되고, 또 포화-성장 방정식은 성장에 어떤 구속 조건이 붙어 이른바 포화 상태가 시스템의 특징인 경우에 자주 적용된다. 멱 및 포화-성장 방정식은 각각

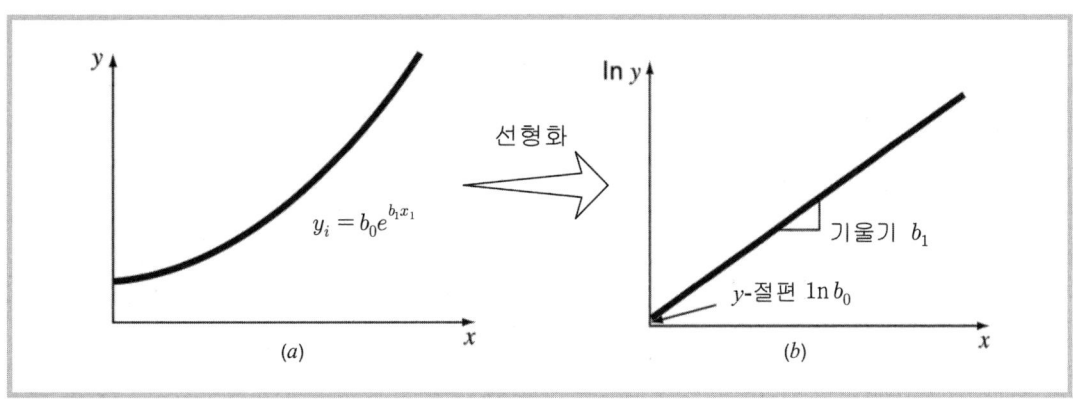

그림 7.30 두 통계 데이터 집단 (x_i, y_i)의 지수 관계와 이의 선형화

다음과 같다.

$$y_i = b_0 x_i^{b_1} \rightarrow \log y_i = \log b_0 + b_1 \log x_i \rightarrow \log y_i = y절편 + 기울기 \times \log x_i$$

$$y_i = b_0 \frac{x_i}{b_1 + x_i} \rightarrow \frac{1}{y_i} = \frac{1}{b_0} + \frac{b_1}{b_0} \frac{1}{x_i} \rightarrow \frac{1}{y_i} = y절편 + 기울기 \times \frac{1}{x_i}$$

위 식을 적용할 땐 원래 데이터 (x_i, y_i)에서 각각 $(\log x_i, \log y_i)$와 $(1/x_i, 1/y_i)$로 데이터 변환이 먼저 이루어져야 하는데 이와 관련한 문제는 이어지는 예제를 통해서 살펴보기로 한다.

예제 7.6a 다음은 낚시꾼의 수와 잡은 고기의 수를 보여 주는 데이터 집단이다. 산포도를 그린 후 직선의 선형 회귀와 곡선의 다항 회귀를 수행하여 결과를 견주어 보자.

낚시꾼의 수 :	4	5	9	10	12	14	18	22
잡은 고기의 수 :	7	8	9	12	15	20	26	35

풀이 데이터의 관측값은 $n = 8$이다. 계수(미지수)를 8개로 하는 행렬 $A(x)$을 구축하면 회귀가 아니라 보간이라고 본문에서 설명한 바 있다. 회귀는 방정식의 차수가 낮아 데이터의 최적 근사값을 찾아가고 보간은 방정식의 차수가 높아 데이터의 실제값을 정확하게 찾아간다. 여기선 계수를 2개로 하는 직선의 선형 회귀와 데이터 x_i의 거듭제곱 항을 첨가하여 다항 회귀로 곡선을 찾아서 서로 견주어 보도록 한다. 우선, 선형 회귀선 $\hat{y} = b_0 + b_1 x$을 수행하기 위한 $A(x)$를 다음과 같이 구축한다

$$A(x) = \begin{pmatrix} 1 & 1 & 1 & 1 & 1 & 1 & 1 & 1 \\ 4 & 5 & 9 & 10 & 12 & 14 & 18 & 22 \end{pmatrix}^T$$

여기서 $()^T$은 행렬의 열과 행의 자리를 바꾸는 전치(transpose) 연산자이다. 따라서 식 (7.14)의 식을 이용하면 (편의를 위해 $A(x)$를 A로 표기한다)

$$b = (A^T A)^{-1} A^T y = \begin{pmatrix} -1.9105 \\ 1.5669 \end{pmatrix}$$

와 같고, 이때 $b_0 = -1.9105$와 $b_1 = 1.5669$이다. 다음, 다항 회귀선 $\hat{y} = b_0 + b_1 x + b_2 x^2$을 찾기 위한 $A(x)$를 구축하면 다음과 같다.

$$A(x) = \begin{pmatrix} 1 & 1 & 1 & 1 & 1 & 1 & 1 & 1 \\ 4 & 5 & 9 & 10 & 12 & 14 & 18 & 22 \\ 4^2 & 5^2 & 9^2 & 10^2 & 12^2 & 14^2 & 18^2 & 22^2 \end{pmatrix}^T$$

따라서

$$b = (A^T A)^{-1} A^T y = \begin{pmatrix} 5.2060 \\ 0.1539 \\ 0.0554 \end{pmatrix}$$

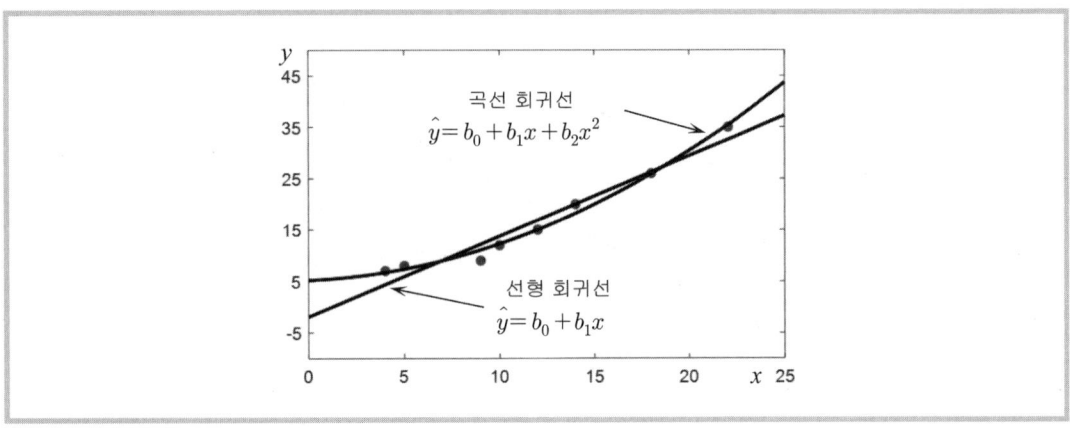

그림 7.31 예제 7.6a의 직선 및 곡선 회귀선

로 $b_0 = 5.2060$와 $b_1 = 0.1539$, $b_2 = 0.0554$이 된다. 그림 7.31은 데이터의 산포도와 직선 및 곡선 회귀선을 함께 그린 그림이다. 직선보다 곡선이 훨씬 더 데이터를 잘 추종하는 것을 확인할 수 있다.

예제 7.6b 다음은 터널 속으로 바람을 불어 넣고 터널 속의 물체가 받는 힘을 측정하여 만든 데이터 집단이다. 1) 벡터-행렬 식을 이용하여 선형 회귀선을 찾고 2) 데이터 집단 (x_i, y_i)가 서로 지수 관계, 즉 $y_i = b_0 e^{b_1 x_i}$로 근사할 수 있을 때 선형 회귀를 사용할 수 있는 방법을 생각해 보자.

속도(m/s) :	5	10	15	20	25	30	35	40
작용력(N) :	13	37	195	270	310	600	420	740

[풀이] 먼저, 선형 회귀식 $\hat{y} = b_0 + b_1 x$을 위한 방데르몽드 행렬 $\mathrm{A}(\mathbf{x})$를 구축한다. 데이터 개수는 $n = 8$이고 계수의 개수는 $n(b) = 2$이므로 $\mathrm{A}(\mathbf{x})$의 크기는 8×2이다. 즉,

$$\mathrm{A}(\mathbf{x}) = \begin{pmatrix} 1 & 1 & 1 & 1 & 1 & 1 & 1 & 1 \\ 5 & 10 & 15 & 20 & 25 & 30 & 35 & 40 \end{pmatrix}^{\mathrm{T}}$$

이다. 따라서 최소자승을 적용한 해 $\hat{\mathbf{x}}$는 식 (7.14)에 따라 $\hat{\mathbf{x}} = \mathbf{b} = (\mathrm{A}^{\mathrm{T}}\mathrm{A})^{-1}\mathrm{A}^{\mathrm{T}}\mathbf{y}$이다. 벡터-행렬의 계산을 직접 수행하면 $\mathbf{b} = [-119.3214 \quad 19.6643]^{\mathrm{T}}$로 그림 7.32와 같다. 다음, 데이터 집단 (x_i, y_i)이 비선형 지수 함수 관계로 근사할 수 있는지 살펴본다. 그림 7.32의 산포도를 보면 선형 회귀식도 괜찮은 것 같다. 비록 x_i의 값이 큰 쪽에서 오차가 있긴 하지만 그렇게 크지 않아 지수 관계는 성립할 것 같지 않은데 그래도 지수 비선형 식을 구성해 보면

$$y_i = b_0 e^{b_1 x_i}$$

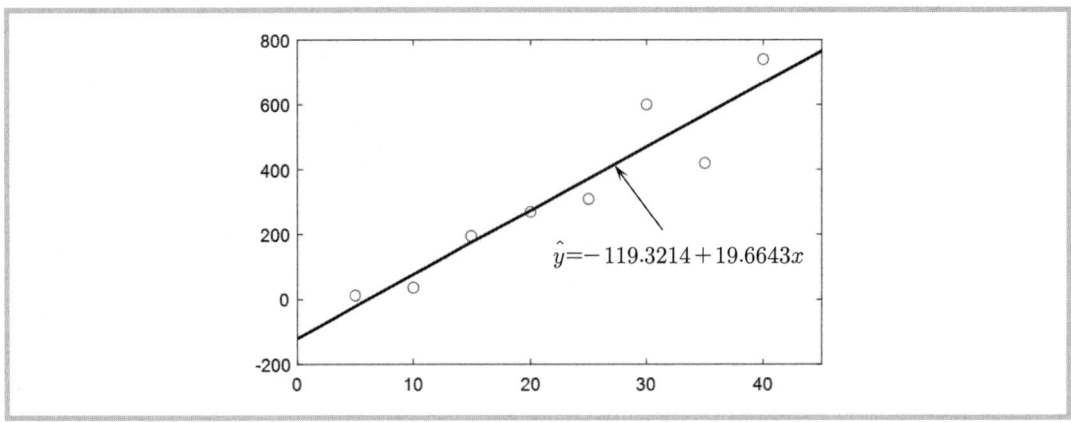

그림 7.32 예제 7.6b의 $\mathrm{A(x)}$를 이용한 선형 회귀식

와 같이 두고 선형화를 시도한다. 즉,

$$\ln y_i = \ln b_0 + b_1 x_i = c_0 + c_1 x_i$$

이다. 두 통계 데이터 집단 (x_i, y_i)이 $(x_i, \ln y_i)$로 변환되어야 하는 것을 말해 주는데 이 경우의 $\mathrm{A(x)}$는 위의 경우와 같고 y_i만 $ly_i = \ln y_i$로 변환될 뿐이다. 따라서 위와 같은 방법으로 계수 벡터 c를 찾으면 c$=(\mathrm{A^T A})^{-1}\mathrm{A} ly$로 $c_0 = 2.8741$와 $c_1 = 0.1046$이다. 즉, 기울기는 $b_1 = c_1$이고 y-절편은 $\ln b_0 = c_0$로 $b_0 = e^{c_0}$이다. 그림 7.33은 비선형 지수 관계와 앞에서 시도한 선형 회귀선을 서로 견주는 그림인데 $x_i \geq 15$에선 오차가 점점 증가하는 것을 확인할 수 있다. 원래 데이터 집단 (x_i, y_i)을 지수 관계로 연결하는 것은 무리가 있는 것으로 보인다.

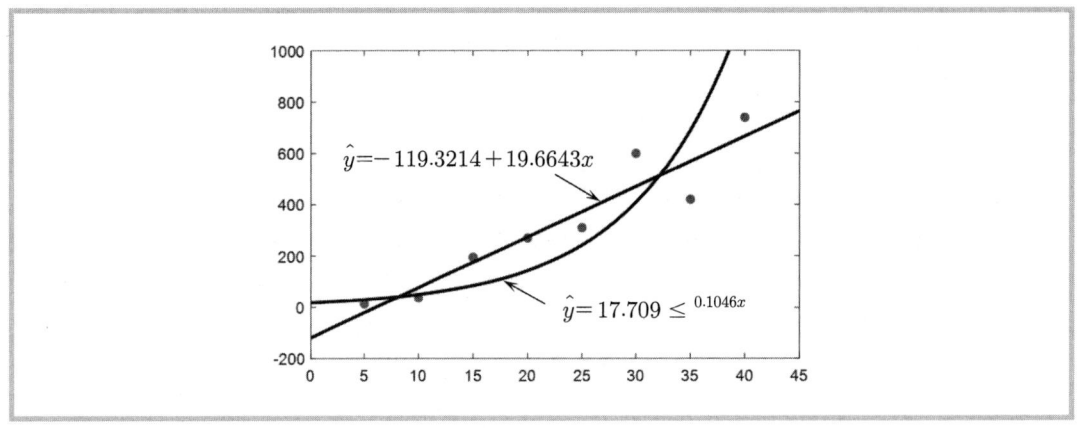

그림 7.33 $\mathrm{A(x)}$를 이용한 선형 회귀식 및 비선형 지수 함수

예제 7.6c 앞의 예제에서 사용한 데이터를 이용해 멱 방정식 $y_i = b_0 x_i^{b_1}$의 관계로 근사하고자 한다. 단계를 밟아 가면서 차례대로 진행해 보자.

풀이 멱 관계이므로 자연 로그가 아닌 상용 로그를 취한다. 즉,

$$\log y_i = \log b_0 + b_1 \log x_i = c_0 + c_1 \log x_i$$

이므로 원래 데이터 집단 (x_i, y_i)을 $(\log x_i, \log y_i)$와 같이 x_i와 y_i 모두 그림 7.34(b)와 같이 상용 로그의 값으로 바꾸어야 하는 것이 필요하다. 다음, 변환된 통계 데이터 집단 $(\log x_i, \log y_i)$에 대한 $\mathrm{A(x)}$를 구성한다. 즉,

$$\mathrm{A(x)} = \begin{pmatrix} 1 & 1 & 1 & 1 & 1 & 1 & 1 & 1 \\ \log 5 & \log 10 & \log 15 & \log 20 & \log 25 & \log 30 & \log 35 & \log 40 \end{pmatrix}^{\mathrm{T}}$$

와 같다. 그러면 계수 벡터 c는 식 (7.14)에 따라 다음과 같다.

$$\mathbf{c} = (\mathrm{A}^{\mathrm{T}} \mathrm{A})^{-1} \mathrm{A}^{\mathrm{T}} \log \mathbf{y} = [-0.2311 \ 1.9627]^{\mathrm{T}}$$

즉, $c_0 = -0.2311$이고 $c_1 = 1.9627$이다. 원래 데이터 (x_i, y_i)의 계수가 $b_0 = 10^{c_0} = 0.5874$와 $b_1 = c_1 = 1.9627$라는 뜻이다. 그림 7.35(a)는 변환된 데이터 $(\log x_i, \log y_i)$를 상용 로그 스케일로 직선의 관계를, 그리고 (b)는 원래 데이터 (x_i, y_i)의 비선형 관계식 $\hat{y} = 0.5874 x^{1.9627}$을 앞의 선형 관계식 $\hat{y} \approx -119.332 + 19.66x$와 견주면서 보여 주고 있다.

그림 7.35(b)에서 확인할 수 있듯이 **멱 관계의 접합**은 앞의 지수 관계와 견주면 데이터를 더 부드럽게 이어주면서 x_i의 값이 큰 쪽에서도 오차가 훨씬 적은 것을 알 수 있다.

예제 7.6d 아래 데이터는 박테리아 성장률 k가 다음과 같은 산소 농도 c의 함수로 나타낼 수 있는지 알기 위해 실험한 결과이다.

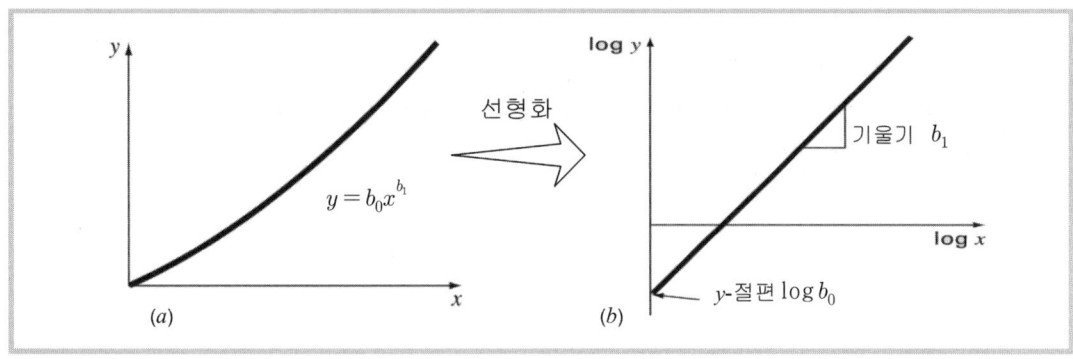

그림 7.34 두 통계 데이터 집단 (x_i, y_i)의 멱(power) 관계와 이의 선형화

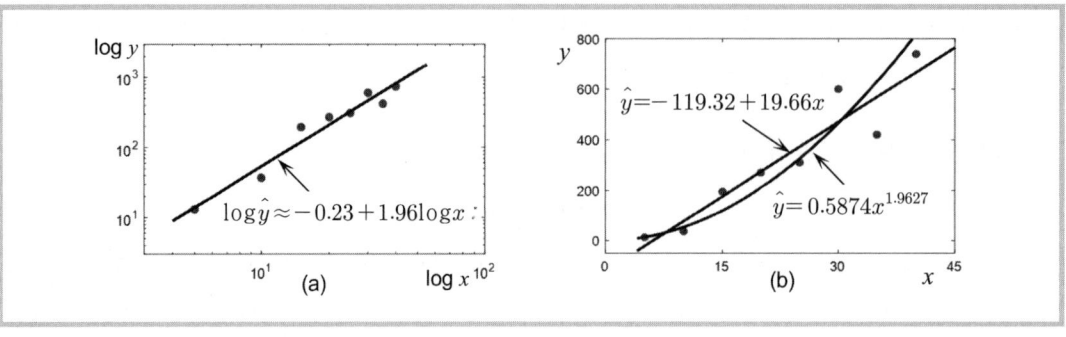

그림 7.35 데이터 $(\log x_i, \log y_i)$의 선형 관계와 (x_i, y_i)의 비선형 멱 관계

$$k = \frac{k_{sat}c^2}{c_s + c^2}$$

여기서 k_{sat}와 c_s는 포화의 최대 기준과 포화 시상수를 나타내는 파라미터이다. 위 식을 데이터에 적합시키는 곡선 맞추기를 실행해 보고, 또 $c = 2$에서 성장률을 예측해 보자.

산소 농도(c) :	0.5	0.8	1.5	2.5	4.0
성장률(k) :	1.1	2.5	5.3	7.6	8.9

[풀이] 포화(saturation)는 성장 혹은 감소를 지속하다가 시간이나 환경의 조건 때문에 멈추거나 정체하는 현상을 말한다. 인구 성장률를 비롯하여 박테리아와 같은 개체의 성장율이 이런 패턴인데 위 식과 같이 정의되는 것이 보통이다. 선형 회귀로는 전혀 불가능하다. 하지만 이 경우도 앞의 두 예와 같이 데이터 집단 (c_i^2, k_i)의 변환을 통해 쉽게 달성할 수 있는데 등식의 양변을 역수로 취하여 $(1/c_i^2, 1/k_i)$와 같이 변환한다. 즉,

$$\frac{1}{k_i} = \frac{1}{k_{sat}} + \frac{c_s}{k_{sat}}\frac{1}{c_i^2} = c_0 + c_1\frac{1}{c_i^2}$$

이다. 위 식은 변환된 데이터의 독립 변수 $1/c_i^2$와 종속 변수 $1/k_i$의 선형 관계, 즉 y-절편이 $c_0 = 1/k_{sat}$이고 기울기가 $c_1 = c_s/k_{sat}$로 그림 7.36에 선형화 모습을 보인 것과 같다.

이제, 변환된 데이터 $(1/c_i^2, 1/k_i)$에 대한 벡터-행렬을 이용한 선형 회귀를 위해 A(**x**)을 구축한다. 즉,

$$A(\mathbf{x}) = \begin{pmatrix} 1 & 1 & 1 & 1 & 1 \\ 1/0.5^2 & 1/0.8^2 & 1/1.5^2 & 1/2.5^2 & 1/4.0^2 \end{pmatrix}^{\mathrm{T}}$$

이고, 이때 $(1/c_i^2, 1/k_i)$에 대한 회귀 계수 c를 구하면 다음과 같다.

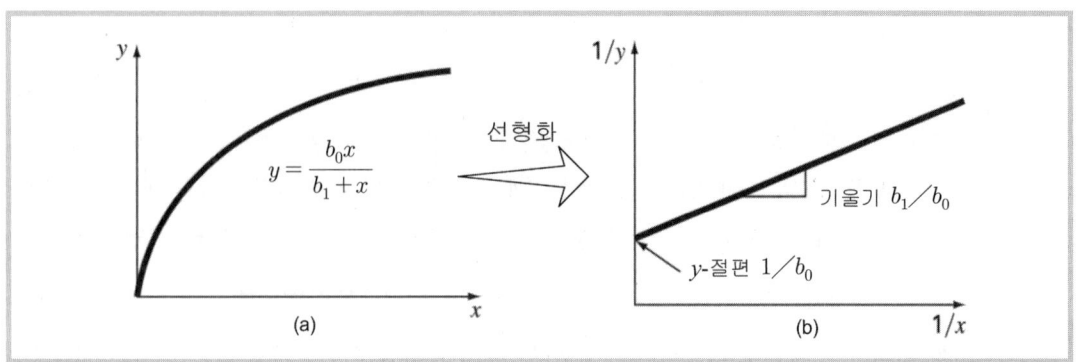

그림 7.36 두 통계 데이터 집단 (x_i, y_i)의 포화-성장 관계를 선형화하기

$$c = [0.0967 \ 0.2020]^T$$

즉, $k_{sat} = 1/c_0 = 1/0.0967 = 10.3449$와 $c_s = c_1 k_{sat} = 0.2020(10.3449) = 2.0897$로 그림 7.37에 나타낸 것과 같다. 그림 7.37에서 확인할 수 있듯이 **포화-성장 비선형 회귀**가 직선의 선형 회귀와 견주어 데이터의 적합 능력이 월등하다는 것을 알 수 있다.

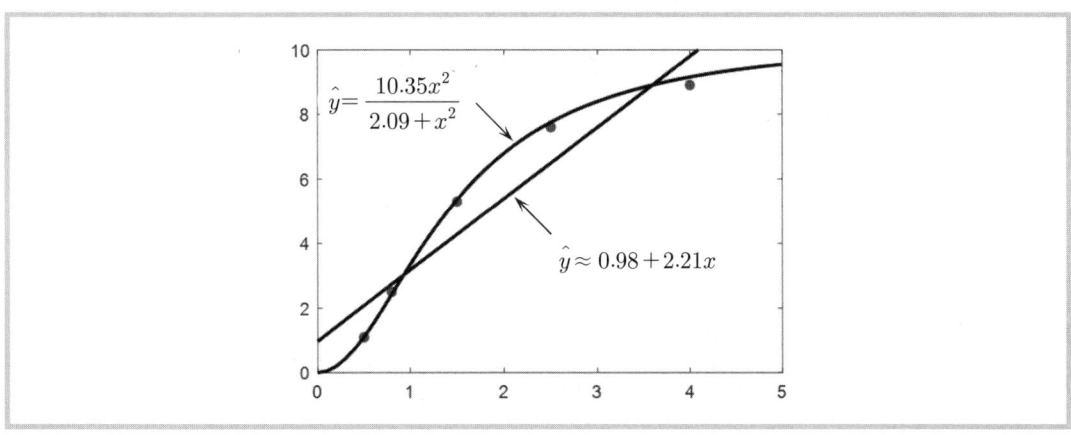

그림 7.37 직선의 선형 회귀와 포화-성장 비선형 회귀

7.5 MATLAB과 함께

통계학의 선형 회귀에서 선형성(linearity)은 수학의 그것과 달리 변수와 상관없이 계수가 선형인 것을 뜻한다. 이를 테면, 독립(혹은 예측) 변수 x와 회귀 계수 b에 대한 종속(혹은

반응) 변수 y의 회귀식은 $y = b_0 + \sum b_i f_i(x_i)$와 같이 b는 어떤 함수 관계도 가질 수 없지만 x는 일반적인 비선형 함수 관계를 가질 수 있다. 즉, b는 계수 그대로 머물어야 하지만 $f(x)$는 x부터 $\log x$, e^x, $\cos x$ 따위와 같이 어떤 연산이라도 적용할 수 있다는 말이다. 그리고 회귀식의 회귀 계수는 해당하는 예측 변수의 한 단위 변화가 다른 변수를 고정된 상태로 둘 때 반응 변수의 평균 $\bar{y}$에 미치는 영향이다. 예를 들어, 만약 회귀 모델이 $\hat{y} = 1.5 - 2.2x_1 + x_2$이면 계수 -2.2는 다른 변수는 변하지 않은 채 x_1이 한 단위 증가할 때 $\bar{y}$가 2.2 단위로 감소한다는 말이다. 하지만 다항 회귀식에선 이런 해석을 할 수가 없다. 왜냐하면 회귀식이 $\hat{y} = 1.3 + 2.5x_1 + 1.9x_1^2$일 때 x_1을 고정한 채 x_1^2을 변화시킬 수 없기 때문이다.

MATLAB의 선형 회귀 함수 fitlm는[28] 아주 강력하다. 본문의 선형 회귀뿐만 아니라 다항 및 다중 회귀까지 가능하며, 나아가 이상수에 대한 데이터의 전처리(preprocess)도 자동 실행할 수 있고 요인(factor) 변수도 회귀식에 반영할 수 있다. fitlm은 출력으로 회귀 모델의 객체를 반환한다. 앞 장에서도 몇 번 언급했지만 프로그램 언어의 세계에서 객체는 필요한 데이터와 데이터를 가공할 수 있는 연산자를[29] 모두 담고 있는 혼합체이다. 하나의 객체를 통해 회귀 계수를 얻는 것은 당연하고 계수의 검정과 관련한 정보를 비롯하여 회귀와 관련한 후처리(postprocess), 즉 제곱합부터 계수의 신뢰 구간, 오차와 진단 그래프, 분산 분석까지 모든 것을 다 할 수 있다. 하지만 여기선 본문과 관련한 내용만 다룰 것인데 fitlm의 기본적인 사용법은 이렇다.

```
fitlm(X, y, MODELSPEC)
```

여기서 X는 예측 변수에 대한 데이터 집단으로 m개의 관측값을 n개의 변수에 대해 이루어졌다면 $m \times n$ 행렬이고 y는 반응 변수로 $m \times 1$ 벡터이다. MODELSPEC은 회귀 모델로 생략하면 본문에서 해왔던 선형 회귀식 $\hat{y} = b_0 + b_1 x$을 실행하지만 회귀의 진짜 맛은 여기에 있다. 즉, 다항 회귀이든 다중 회귀이든 회귀 모델을 구성하는 대로 선형 회귀의 모든 것을 한 문장으로 진행할 수 있기 때문이다. MODELSPEC은 몇 가지 방법으로 작성할 수 있는데 첫째, 간단한 이름을 다음과 같이 사용한다.

---

[28] 회귀 함수 fitlm은 fit to linear model을 줄인 말이다.
[29] 객체에 포함된 데이터는 특성값(property), 그리고 연산자는 메소드(method)가 객체 지향 언어의 용어이다.

'constant'	% y-절편, 즉 b_0만
'linear'	% 기울기까지, 즉 $b_0 + b_1 x$
'interactions'	% 예측 변수들의 곱까지 $b_0 + b_1 x_1 + b_2 x_2 + \cdots + b_{12} x_1 x_2 + \cdots$
'purequadratic'	% 예측 변수들의 제곱까지 $b_0 + b_1 x_1 + \cdots + b_{11} x_1^2 + \cdots$
'quadratic'	% 앞의 모든 항들을 다 포함
'polyijk'	% ijk 차수의 다항식까지

마지막의 'polyijk'는 poly231 따위로 적어서 각 항의 선형 및 곱을 포함하여 첫 번째 예측 변수는 2차의 항까지, 두 번째 변수는 3차의 항까지, 그리고 세 번째 변수는 1차의 항까지만 포함하도록 하여

$$\hat{y} = b_0 + b_1 x_1 + b_2 x_2 + b_3 x_3 + b_4 x_1 x_2 + b_5 x_1 x_3 + b_6 x_2 x_3 + b_7 x_1 x_2 x_3 + b_8 x_1^2 + b_9 x_2^2 + b_{10} x_3^2$$

와 같은 회귀식을 생성한다. 둘째, $p \times (q+1)$의 항 지정 행렬 T_{pq}을 사용한다. 여기서 p는 회귀 항의 수이고 q는 예측 변수의 수이며 1은 반응 변수 y를 지칭한다. 예를 들어, 다음과 같은 행렬을

[0 0 0 0]	% 첫 번째 항은 b_0
[0 1 0 0]	% 두 번째 항은 $x_1^0 + x_2^1 + x_3^0$
[1 0 1 0]	% 세 번째 항은 $x_1 x_3$
[0 2 0 0]	% 네번째 항은 x_2^2
[0 1 2 0]	% 다섯번째 항은 $x_2 x_3^2$

작성할 수 있고, 이때 맨 마지막 열은 y를 뜻한다. 마지막으로 셋째, 회귀식의 항을 보통의 식과 같이 그대로 MATLAB의 문자열이나 스트링으로 '$y \sim terms$'의 형식으로 적는다. 이때 사용할 수 있는 연산자와 이의 뜻은 이렇다.

+	% 연산자 다음의 변수를 포함
−	% 연산자 다음의 변수를 배제
:	% 연산자 앞뒤의 항을 곱하기
*	% 연산자 앞뒤의 항을 곱하고 각 항의 아래 차수 항을 포함
^	% 해당 항의 승수와 승수 아래 차수 항 모두 모함
( )	% 그룹으로 묶기

예를 들어, '$y \sim x_1 + x_2$'는 $\hat{y} = b_0 + b_1 x_1 + b_2 x_2$를, '$y \sim x_1 + x_2^2 + x_1 : x_2$'는 $\hat{y} = b_0 + b_1 x_1 + b_2 x_1 x_2 + b_3 x_2 + b_4 x_2^2$를, '$y \sim x_1 * x_2 + x_3$'는 $\hat{y} = b_0 + b_1 x_1 + b_2 x_2 + b_3 x_1 x_2 + b_4 x_3$

를, 그리고 '$y \sim x_1 * x_2 - x_1 : x_2 - 1$'는 $\hat{y} = x_1 + x_2$와 같다. 여기서 -1은 상수항인 b_0를 제거하라는 것을 뜻한다.

예제 7.5b를 예로 하여 fitlm의 사용법을 간단히 알아보기로 한다. 선형 1차 회귀를 실시하기 때문에 위의 MODELSPEC을 작성할 필요는 없지만 여기선 사용 예를 연습한다는 측면에서 만들어 보기로 한다. 우선, 회귀 모델은 $\hat{y} = b_0 + b_1 x$이다. 따라서 MODELSPEC은 각각

```
MODELSPEC = 'linear';              % 등록된 간단한 이름으로
MODELSPEC = [ 0 0; 1 0];           % 항 지정 행렬로
MODELSPEC = 'y ~ x1';              % 수학 식의 형식으로
```

와 같이 작성한 후에 선형 회귀를 실시한다. 즉,

```
x = [2.90 3.81 3.20 2.42 3.94 2.05 2.25];   % x 데이터
y = [48 53 50 37 65 32 37];                 % y 데이터
mdl = fitlm(x, y, MODELSPEC);               % 선형 회귀 실행
```

이다. 위 프로그램의 결과로 받은 mdl은 선형 회귀의 모든 것이 담겨 있는 객체이다. 무슨 정보가 들어 있는지, 혹은 무슨 명령을 사용할 수 있는지 알고자 한다면 MATLAB 명령창에 다음과 같이 각각 입력하여 확인할 수 있다. 즉,

```
properties(mdl)          % 객체에 포함된 정보, 즉 특성값을 알고자 할 때
methods(mdl)             % 객체에 사용할 수 있는 연산, 즉 메소드를 알고자 할 때
```

이고, 이때 객체 mdl에 포함된 특성값은 점(point)을 사용하여 mdl.pName으로, 그리고 메소드는 mdl.mName(args)나 mName(mdl, args)와 같이 참조하거나 실행할 수 있다. 여기서 pName은 특성값의 이름이고 mName은 메소드의 이름, args는 메소드의 인수이다. 따라서 회귀 계수는

```
mdl.Coefficients
ans =
    2×4 table
```

	Estimate	SE	tStat	pValue
(Intercept)	2.8562	5.8294	0.48996	0.6449
x1	14.682	1.9307	7.6043	0.00062479

와 같이 확인할 수 있다. 여기서 Estimate는 데이터 집단 (x_i, y_i)로 추정한 회귀 계수이고, SE는 각 회귀 계수에 대한 표준 오차, tStat와 pValue는 각 회귀 계수에 대한 검정 통계량과 p값을 나타낸다. 회귀 계수를 다른 곳에 쓸 목적으로 빼내려고 한다면 MATLAB의 표 요소 참조(table contents indexing) 연산자인 중괄호 { 와 }을[30] 사용한다. 즉, b = mdl.Coefficients{:,1}와 같이 계수 벡터를 구하거나, 혹은 b1 = mdl.Coefficients{:,1}(2)와 같이 계수의 개별 요소를 얻을 수 있다. 회귀와 관련한 그림은 mdl의 메소드를 써서

```
plot(mdl)                      % 데이터의 산포도와 회귀선, 또는 mdl.plot
plotResiduals(mdl, 'fitted')   % 회귀의 오차 그래프, 또는 mdl.plotResiduals('fitted')
```

와 같이 작성할 수 있고 이의 결과는 실습 7.1과 같다. 실습 7.1의 회귀선인 경우엔 95% 신뢰수준으로 구한 신뢰 구간도 함께 그려져 있는 것을 볼 수 있다.

선형 회귀의 결정 계수를 직접 구하면

```
mdl.Rsquared
ans =       Ordinary: 0.9204
            Adjusted: 0.9045
```

와 같은데 수정된 r^2도 함께 나타나 있다. 수정된 r^2은 표본의 개수나 예측 변수의 개수가

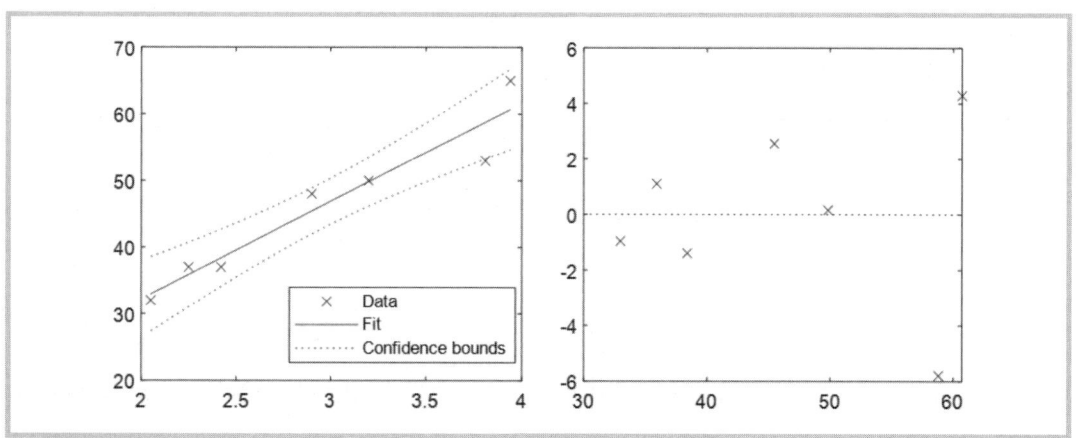

실습 7.1 객체 mdl의 메소드를 이용한 회귀 관련 그래프

---

[30] 표(table) 데이터를 보통과 같이 괄호 (와)을 써서 참조하면 결과가 표로 나온다. 즉, 괄호는 표 참조(table indexing) 연산자인 셈이다. 표의 요소를 참조하려면 본문과 같이 { 와 }을 사용한다.

많아질 때 r^2도 커지는 문제점을 해소한 결정 계수이다.[31] 변동의 제곱합인 SST와 SSR을 이용하여 간접으로 구하면

```
mdl.SSR/mdl.SST
ans =    0.9204
```

와 같아 전체 변동 중에서 회귀를 통해 회귀를 하지 않을 때와 견주어 92% 정도 줄인다는 것을 직감할 수 있다. $\alpha = 0.1$에서 임의의 x값에 대한 평가는

```
[P, PCI] = predict(mdl, 3.0, Alpha = 0.1)     % α = 0.1에서 x₀ = 3.0
P =      46.9019                              % x₀ = 3.0에서 평균 μ_y|x=3.0
PCI =    44.1940    49.6098                    % μ_y|x=3.0의 신뢰 구간
```

이다. 여기서 한 가지 주의할 것은 구간인데 본문에서 구한 $(39.270, 54.535)$는 말 그대로 회귀선에 대한 예측 구간(prediction interval)이고 위의 경우는 평균 $\mu_{y|x}$에 대한 **신뢰 구간**(confidence interval)이다. 신뢰 구간을 구할 때는 본문의 식 (7.10)에서 1을 뺀

$$E = t_c s_e \sqrt{\frac{1}{n} + \frac{(x_0 - \overline{x})^2}{SS_{xx}}}$$

을 사용하면 되는데 독자가 스스로 계산 결과를 확인해 보면 좋겠다.

　MATLAB은 통계학 전용의 fitlm 말고도 공학의 곡선 맞추기를 위한 polyfit도 제공한다. 함수의 이름에서 알 수 있듯이 polyfit은 데이터 집단 (x_i, y_i)를 다음과 같은 다항식에 맞추는 함수이다.

$$p(x) = p_1 x^n + p_2 x^{n-1} + \cdots + p_n x + p_{n+1}$$

여기서 차수가 n인 다항식의 MATLAB 표현은 $[p_1\ p_2\ \cdots\ p_{n+1}]$와 같이 계수를 내림차순으로 나타내는 것이 특징이다. 그래서

```
p = polyfit(x, y, n)
```

는 데이터 집단 (x_i, y_i)를 다항식의 차수 n에 맞추게 되는데 반환되는 계수 p는 위에서 언급한 것과 같이 내림차순이 되겠다. n차 다항식을 평가하는 함수는 polyval인데

---

[31] 수정된 r^2는 표본과 예측 변수의 개수가 각각 n과 p일 때 $1 - \frac{(n-1)}{(n-p)}(1-r^2)$이다.

```
y = polyval(p, x)
```

와 같이 사용한다. 여기서 p는 내림차순으로 표현된 다항식의 계수 벡터이고 x는 다항식의
독립 변수의 값이다. 따라서 다항식 $y = x^3 + 2x^2 + 3x + 10$을 $x = 2$에서[32] 평가하려면

```
p = [1 2 3 10];                  % 다항식의 계수 벡터 (내림차순)
y = polyval(p, 2)
y =    32
```

와 같이 하면 된다. 두 함수 polyfit와 polyval를 사용한 선형 회귀의 실습은 다음과 같다.

```
x = 1:50;                        % x 데이터
y = -0.2*x + 1.5*randn(1, 50);   % y 데이터
p = polyfit(x, y, 1)             % 1차 회귀 함수, 즉 y = b₁x + b₂
yhat = polyval(p, x);            % x를 평가한 값, 즉 ŷ
plot(x, y, 'o', x, yhat, '-')
legend('observed data', '1st order fit')
```

여기서 계수 벡터는 $y = b_1 x + b_2$, 평가한 값은 $\hat{y}$이다.

그리고 위 프로그램의 결과는 실습 7.2와 같다.

polyfit과 polyval을 이용한 다항 회귀의 예로 통계청의 KOSIS 자료를 이용해 보기로
하는데 2014년부터 한국의 인구 추계에 대한 데이터이다. 즉,

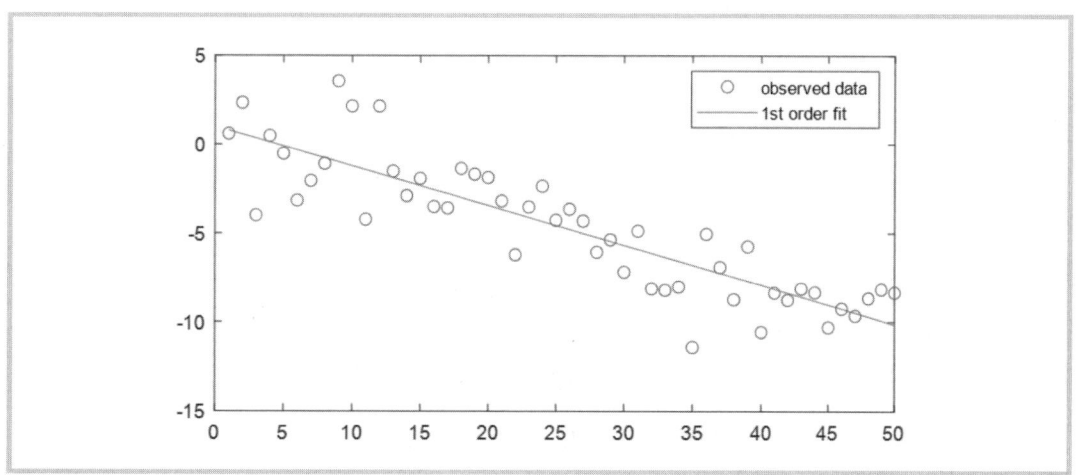

실습 7.2 polyfit과 polyval을 이용한 선형 회귀

---

[32] 참고로 다항식의 x값이 행렬이면 polyvalm(p, A)를 사용한다. 여기서 A는 평가하고자 하는 행렬이다.

```
x = 2014:2023;                                          % 연도
y = [5070 5100 5122 5134 5157 5178 5182 5170 5161 5153];   % 인구 추계(만명)
p = polyfit(x, y, 1);                                    % 1차 선형 회귀
yhat = polyval( p, x);
plot(x, y, 'o', x, yhat, '-k', LineWidth = 1.5)
```

인데 실습 7.3의 왼쪽과 같이 1차 회귀론 제대로 맞추지 못하는데 이는 데이터가 증가하다가 감소하는 변곡점이 있기 때문이다. 따라서 2차 선형 회귀를 실시한다. 즉,

```
p2 = polyfit(x, y, 2);                 % 2차 선형 회귀, 즉 $y = b_1 x^2 + b_2 x + b_3$
xVal = 2014:0.2:2023;                  % 연도 데이터를 좀 더 세밀히
yhat2 = polyval(p2, xVal);
plot(x, y, 'o', x, yhat, '-k', LineWidth = 1.5)
hold on
plot(xVal, yhat2, 'k-', LineWidth = 1.5)
hold off
```

와 같고 이 결과는 실습 7.3의 오른쪽 그림과 같다. 위 프로그램에서 연도 데이터를 좀 더 세밀히 조정한 까닭은 실습 7.3의 오른쪽 그림과 같이 부드러운 곡선을 얻기 위해서이다.

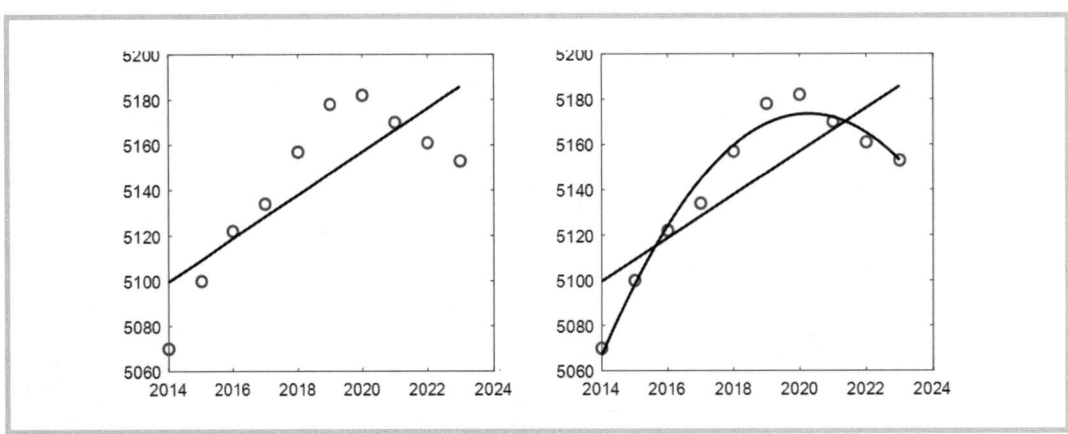

실습 7.3 polyfit과 polyval을 이용한 인구 추계에 대한 1차 및 2차 선형 회귀

08

카이제곱 및 F 분포의 활용

08 카이제곱 및 F분포의 활용

8.1 서론

이 장에선 카이제곱(χ^2) 및 F 분포의 소개와 활용하는 법을 간단히 소개한다. 표본의 정보를 이용해 모집단의 모수를 추정하거나 검정하는 일을 앞 장에서 쭉 해왔다. 이때 모집단의 분산을 아는 경우엔 표준 정규 분포(z 분포)를 사용했고 그렇지 않을 땐 표본의 정보를 직접 이용할 수 있는 t 분포를 적용했다. 회계 계수의 구간 추정과 검정엔 t 분포를 주로 이용했으며 모집단의 모수 중에서 표준 편차와 분산인 경우는 χ^2 분포도 잠시 사용한 적이 있다.

χ^2 및 F 분포는 서로 닮았고 관계가 깊다. 분포가 오른쪽으로 퍼진 것부터[1] 검정 통계량의 값이 음수가 될 수 없다거나 분포의 전체 면적이 1이라거나 파라미터가 자유도인 것까지 그렇고, 또 F 분포는 χ^2 분포를 따르는 두 확률 변수의 비로 정의되어 두 분포 모두 분산과 관련된 일을 담당하는 것도 비슷하다. 그림 8.1은 χ^2과 F 분포가 자유도(df)에 따라 변하는 모습을 보여 준다.

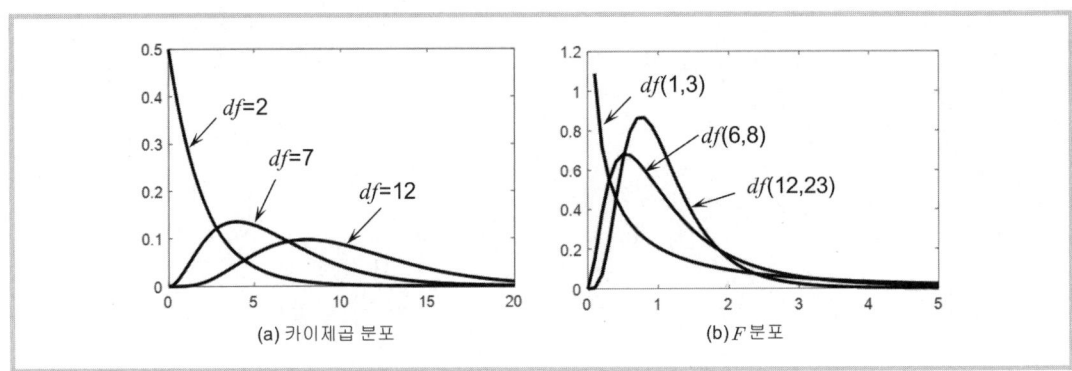

그림 8.1 자유도에 따른 카이제곱 및 F분포

---

[1] χ^2 분포는 파라미터인 자유도가 클 때 대칭의 모습을 보인다.

χ^2 및 F 분포의 활용은 주로 데이터 표, 즉 도수분포표, 일원 및 이원분류표, 제곱합 요약표, 그리고 분산 분석 결과표 따위와 함께 사용된다. 사실 이 장의 제목도 처음엔 통계 관련 데이터 표 작성 및 이해로 하였지만 앞 장의 여러 제목과 순서도 연결도 어색하여 포기하였다. 실험 계획과 분산 분석(ANOVA)이라는 제목도 생각했지만 지식의 한계를 느꼈고, 그래서 통계 데이터 표와 깊은 관계를 두고 있는 분포의 이름을 제목으로 달아 양쪽을 조금씩 다루면 어떨까 싶었다.

이 장에선 χ^2 분포의 주요 활용 분야인 **적합도**(goodness-of-fit)와 **독립성**(independence) 및 **동질성**(homogeneity) 검정을 살펴본다. 지금까지 모집단의 모수, 즉 평균, 비율, 표준 편차와 분산에 대한 통계적 가설 검정을 했다면 이제부턴 표본의 정보로 모집단의 기대되는 분포 형상이 맞는지 틀리는지, 이원분류표에 나타난 두 변수는 서로 독립인지 그렇지 않은지, 혹은 표본이 모집단의 분포에 맞게 수집되었는지 그렇지 않은지 따져본다. 또한, F 분포를 다루는 자리에선 일원 및 이원분류표와 관련한 제곱합을 요약한다거나 분산 분석의 소개와 함께 결과로 제시되는 요약표 따위를 간략히 설명해 보고자 한다. 이 장은 주로 표를 많이 다루기 때문에 손으로 작업해도 되겠지만 엑셀이나 통계 관련 소프트웨어를 사용하면 예쁜 표와 함께 기본적인 기술 통계값도 바로 계산해 주기 때문에 몹시 편하다. 검정 단계에서 확률표를 참조할 때도 컴퓨터의 도움을 받으면 확률표에 없는 검정 통계량을 쉽게 확인할 수 있어 통계 실무에 대한 연습으로 생각해도 좋지 않을까 한다.

8.2 ▌ 카이제곱 분포의 적합도 검정

적합도 검정(goodness-of-fit test)은 모집단의 특성으로 기대되는 각 범주의 도수 분포가 표본에서 관측되는 도수 분포와 맞는지 그렇지 않은지 따지는 검사이다. 2장과 3장에서 이항 분포를 학습한 적 있다. 확률 실험의 결과, 즉 관심 사건이 오직 2개인 경우로 성공과 실패로 구분하여 확률 문제를 풀었다. 적합도는 모집단이 **다항 분포**(multinomial distribution)의 특성을 갖는 경우에 표본의 도수 분포도 이와 같은 다항 분포의 특성을 갖출 때를 일컫는 말이다. 이를 테면, 주사위를 1000번 던져 눈의 수가 1번은 157번, 2번은 171번, 3번은 169번, 4번은 174번, 5번은 170번, 그리고 6번은 159번일 때 모집단, 즉 주사위의 분포에 맞는 결과인지 따진다는 말이다. 공정한 주사위의 각 눈의 확률은

1/6이니 각 눈의 수가 $1000/6 \approx 167$번 나와야 하는데 위 실험으로 얻은 표본은 우연히 일어날 수 있는 일인지, 아니면 어떤 인과 관계로, 즉 주사위가 잘못 제작되어 일어나는 일인지 적합도 검정을 통해 통계학적으로 판단한다.

다항 분포는 주사위와 같이 실험의 결과가 2개를 초과하는 경우의 분포이고, 이때 각 결과는 범주(categories)로 구별되는 것이 보통이다. 다항 분포의 파라미터는 각 범주에 할당되는 확률로 이른바 **기대 도수**(expected frequency)를 결정한다. 그래서 적합도 검정은 이런 기대 도수를 표본에서 얻은 **관측 도수**(observed frequency)와 서로 견주어 통계학적을 같은지 다른지 검정하는데 가설의 설정은 다음과 같다.

$$\begin{cases} H_0 : \text{기대 분포에서 범주1의 확률은 } p_1 \text{이고,} \\ \qquad \text{범주2의 확률은 } p_2, \cdots, \text{범주 } k \text{의 확률은 } p_k \text{이다.} \\ H_1 : \text{기대 분포의 각 범주에 할당된 확률은 모두가 같지는 않다} \end{cases}$$

여기서 k는 범주의 개수이다.

적합도 검정은 기대 및 관측 도수로 수행된다. 도수는 셈하여 알 수 있는 값이므로 관측 도수는 표본에서 바로 구할 수 있다. 하지만 기대 도수는 보통 확률로 표시되는 경우가 많은데 이럴 땐 표본의 개수 n에 기대 분포에 담긴 각 확률 p_i를 곱하여 기대 도수 np_i를 계산한다. 모집단에 대한 누군가의 주장(claim)을 검정할 때도 확률로 표시된 경우는 마찬가지이다. 표 8.1은 국민의 쓰레기 분리 수거 실태를 정부 관계자가 주장한 내용을 참고하여 기대 및 관측 도수를 나타낸 것이다. 여기서 관측 도수는 실제 300명의 국민을 상대로 설문 조사하여 얻은 도수이다. 표 8.1에서 쓰레기 분리 수거 실태에 대한 각 범주의 기대 도수는 표본의 개수 300개에 정부 관계자가 주장한 비율을 곱하여 계산한 것이다.

적합도 검정은 각 범주의 관측 및 기대 도수인 O와 E의 차 $O-E$가[2] 핵심이다. 관측

표 8.1 쓰레기 분리 수거 실태에 대한 정부 주장 및 표본 조사표

쓰레기 분리 수거 실태	항상 해	자주 해	보통	가끔 해	절대 안 해
정부 관계자의 주장	16%	38%	26%	14%	6%
관측 도수(O)	55	121	74	37	13
기대 도수(E)	48	114	78	42	18

[2] 관측 및 기대 도수의 차 $O-E$이 음수가 되는 것을 방지하기 위해 분산의 경우와 같이 제곱을 취한다. 카이제곱 분포와 다음에 다룰 F 분포가 분산과 관련을 가지는 분포인 까닭이다.

도수가 기대 도수와 아주 가까우면 차는 아주 작아서 표본의 검정 통계량의 값이 0에 가까워지지만 그 반대가 되면 0에서 아주 멀어진다. 0에 가까우면 H_0를 기각할 증거가 부족한 것이고 반대가 되면 기각할 증가가 충분한 셈이다. 따라서 적합도 검정은 검정 통계량 χ^2의 값이 0 이상에서 0과 가까우냐, 그렇지 않고 0과 유의할 만한 수준까지 떨어져 있느냐 하는 것으로 검정하기 때문에 항상 우측 검정이 된다. 적합도 검정의 검정 통계량은 다음과 같다.

$$\chi^2 = \sum_{i=1}^{n} \frac{(O_i - E_i)^2}{E_i} \tag{8.1}$$

여기서 k는 범주의 개수이고, 이때 χ^2 분포의 자유도는 $k-1$이다.

표 8.1을 예로 하여 쓰레기 분리 수거 실태와 관련하여 정부 관계자의 주장이 타당한지 유의수준 $\alpha = 0.05$로 가정하고 검정해 보기로 하자. 우선, 가설을 세우면 다음과 같다.

$\begin{cases} H_0 : \text{분리 수거와 관련하여 정부가 기대하는 분포의 확률은 맞다 (주장)} \\ H_1 : \text{분리 수거와 관련하여 정부가 기대하는 분포의 확률은 맞지 않다} \end{cases}$

다음, 유의수준 $\alpha = 0.05$에 대한 기각 영역을 정한다. 적합도 검정은 항상 우측 검정이기 때문에 $\alpha = 0.05$만큼의 면적을 온전히 χ^2 분포의 오른쪽 끝에 놓이게 하는 임계값을 찾는다. 확률표를 참조하거나 컴퓨터의 도움을 받으면 임계값은 $\chi_c^2 \approx 9.49$이고, 또 식 (8.1)의 검정 통계량을 구하면 $\chi^2 \approx 3.64$로 그림 8.2와 같다.

그림 8.2에서 확인할 수 있듯이 검정 통계량 χ^2이 비기각 영역에 속하므로 H_0를 기각할

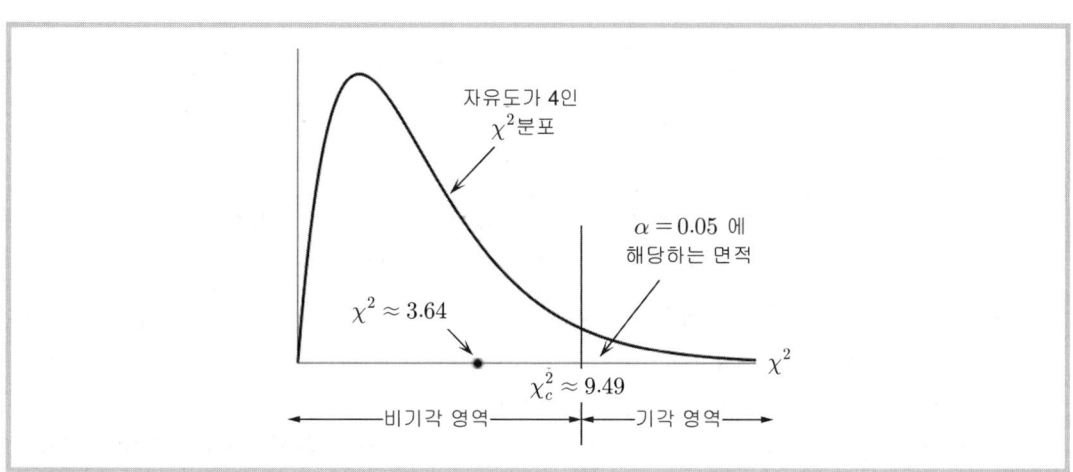

그림 8.2 표 8.1의 카이제곱 분포에서 기각 및 비기각 영역

수 없다. 즉, 쓰레기 분리 수거에 대하여 정부가 발표한 각 범주의 확률을 기각할 만한 충분한 증거를 찾을 수 없다. 참고로, 적합도 검정은 표본의 개수가 충분히 커서 각 범주의 기대 도수가 5 이상이 되도록 해야 하는데 그래도 기대 도수가 5에 미치지 못하면 몇 개의 범주를 묶어서 행하는 방법도 있다.

예제 8.1a 다음은 한 도시의 10년 전 나이 분포의 비율과 크기가 400개인 현재의 표본에 대한 나이 분포의 도수를 보여 주고 있다. $\alpha = 0.05$에서 적합도 검정을 해 보자.

나이	0.9	10~19	20~29	30~39	40~49	50~59	60~69	70+
10년 전 분포	15%	21%	8%	14%	15%	12%	10%	5%
현재 분포	74	87	30	59	54	40	42	14

풀이 도시의 10년 전 나이 분포와 견주어 현재의 나이 분포가 얼마나 차이가 나는지 검정하는 것이 목적이다. 따라서 이 검정의 가설은 다음과 같다.

$$\begin{cases} H_0 : \text{나이 분포의 기대분포는 위 표와 같다} \\ H_1 : \text{나이 분포의 기대분포는 위 표와 다르다 (주장)} \end{cases}$$

다음, 10년 전 나이 분포의 적합도를 검정하기 위해 위 표를 가공한 도수분포표를 작성하는데 다음과 같다.

범주 나이 구간	기대 확률 %	관측 도수 O	기대 도수 E	$O\text{-}E$	$(O\text{-}E)^2$	$(O\text{-}E)^2/E$
0-9	15	74	0.15(400) = 60	14	196	3.267
10-19	21	87	0.21(400) = 84	3	9	0.107
20-29	8	30	0.08(400) = 32	-2	4	0.125
30-39	14	59	0.14(400) = 56	3	9	0.161
40-49	15	54	0.15(400) = 60	-6	36	0.600
50-59	12	40	0.12(400) = 48	-8	64	1.333
60-69	10	42	0.10(400) = 40	2	4	0.100
70+	5	14	0.05(400) = 20	-6	36	1.800
		합계 = 400				합계= 7.493

위 표에서 확인할 수 있듯이 기대 도수의 요소가 모두 5보다 크기 때문에 적합도 검정의 필요 조건은 만족한다. 끝으로, 적합도 검정을 실시한다. 본문에선 기각 및 비기각 영역을 이용하는 방법으로 해봤으니 여기선 검정 통계량 χ^2의 p값을 이용해 본다. 위 표의 맨 오른쪽 아래에 있는 합계가 χ^2이므로 이 값이 이 값을 포함하여 오른쪽의 더 극단적인 방향으로 나타날 확률을 구하면 자유도가 $df = k-1 = 7$에서 p값 ≈ 0.379이다. 따라서 p값 $> \alpha = 0.05$이므로 H_0를 기각하지 못한다. 다시 말하

면, 도시의 10년 전 나이 분포가 현재의 나이 분포와 같지 않다는 증거를 채택할 만한 통계학적 증거를 찾을 수 없다.

예제 8.1b 본문에서 언급한 주사위 문제를 떠올려 보자. 공정하게 만들어졌을 것이라고 생각했던 주사위 놀이에서 1000번을 던져 각 눈의 수를 관찰한 결과가 아래의 표와 같았다.

주사위 눈	1	2	3	4	5	6
나온 수	141	188	178	153	179	158

잘못 만들어진 주사위로 판단하고 모집단의 균등 분포에 대한 적합도 검정을 $\alpha = 0.1$에서 해 보기로 하자.

풀이 이 검정은 모집단의 균등 분포에 대한 것이다. 적합도 검정은 일반적으로 다항 분포를 검정하지만 균등 분포도 다항 실험의 모든 결과가 나올 확률이 같은 경우이니 문제될 것은 없다. 이항 분포도 다항 분포의 한 가지이고, 또 이항 분포는 정규 분포로 근사될 수 있으니 적합도 검정은 때때로 모집단의 **정규성**(normality) **검사**를 위해 실시하는 경우도 흔하다. 이제, 본 예제의 주사위 문제로 돌아가 직접 검정을 수행하는데 가설의 설정은 다음과 같다.

$$\begin{cases} H_0 : \text{주사위는 공정하게 만들어져 각 눈이 나올 확률은 같다} \\ H_1 : \text{주사위는 공정하게 만들어지지 않았다 (주장)} \end{cases}$$

공정한 주사위라는 것을 반박하는 검정이므로 주장을 H_1에 실었다. 다음 표는 검정 통계량을 계산하기 위해 필요한 데이터를 정리한 것이다.

범주	1	2	3	4	5	6	합계
관측 도수(O)	141	188	178	153	179	158	1000
기대 확률(%)	1/6	1/6	1/6	1/6	1/6	1/6	1
기대 도수(E)	167	167	167	167	167	167	
$(O-E)^1/E$	3.953	2.731	0.771	1.121	0.913	4.451	9.938

표에서 확인할 수 있듯이 적합도를 위한 검정 통계량은 $\chi^2 = 9.938$로 이 값에 대한 p값은 그림 8.3과 같다. 따라서 p값$= 0.077 < \alpha = 0.1$이므로 H_0를 기각한다. 즉, 예상했던 대로 주사위는 공정하지 않았다는 증거를 $\alpha = 0.1$에서 통계학적으로 충분히 확인할 수 있다. 다만, 유의수준이 $\alpha = 0.05$로 줄어 들면 H_0를 기각할 수 없다. α가 줄어든다는 것은 검정을 더 엄격하게 한다는 뜻이므로 검정 오류를 용납하지 않을 상황이면 본 예제의 주사위가 공정하지 않았다고 힘주어 말할 것은 못된다는 말이다.

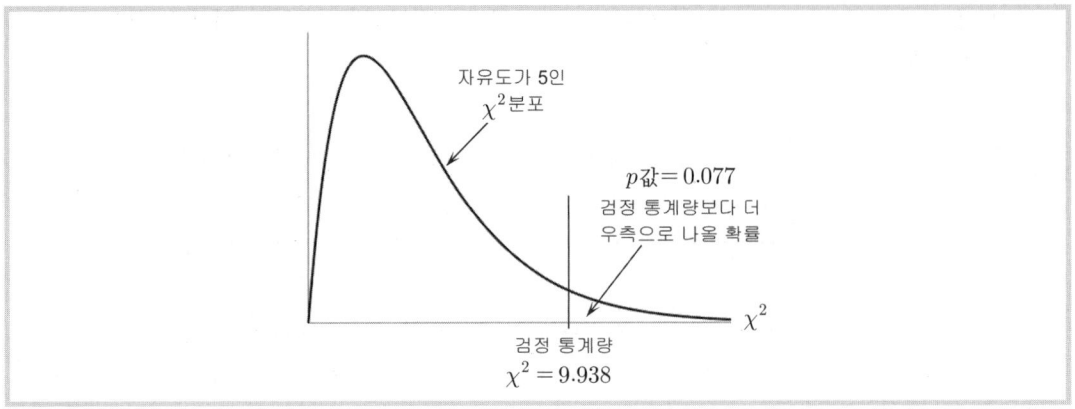

자유도가 5인
χ^2분포

p값 = 0.077
검정 통계량보다 더
우측으로 나올 확률

χ^2

검정 통계량
$\chi^2 = 9.938$

그림 8.3 그림 8.3 예제 8.1b의 검정 통계량에 대한 p값

예제 8.1c 한 은행은 구내 설치된 ATM 기계를 이용하는 시민들의 수가 요일별로 일정한지 알고 싶어 한다. 관리자는 한 주 동안 조사를 하여 다음의 결과를 얻었다. 요일별로 ATM을 이용하는 시민의 수가 다르다는 것을 $\alpha = 0.01$에서 검정해 보자.

요일	월요일	화요일	수요일	목요일	금요일
사용자수	258	199	203	282	264

풀이 이 예제는 컴퓨터의 도움을 받아 검정해 보는데 MATLAB을 사용한다. 한 개의 변수, 즉 요일 변수가 다섯 개의 범주를 가지고 있고 각 범주에 대한 관측 도수 O가 제시되어 있다. 기대 도수 E는 요일별로 ATM 사용이 일정한지 조사하는 것이므로 모집단의 균등 분포가 적합한지 따진다. 따라서 E의 모든 요소는 표본 개수에 0.2를 곱한 값이 된다. MATLAB의 chi2gof 함수의 입력은 서로 구별되는 범주 5개를 갖는 변수 X와 관측 도수 O, 그리고 기대 도수 E인데 다음과 같다. 즉,

```
X = 1:5;
O = [258 199 203 282 264];
E = ones(1,5)*sum(O)*0.2;
[h, p] = chi2gof(X, 'Frequency', O, 'Expected', E, 'Alpha', 0.01)
```

이다. 여기서 h는 가설 검정의 결과로 0은 H_0를 기각하지 못하고 1은 기각하는 결과이고 p는 적합도 검정 통계량의 p값으로 계산 결과는

```
h = 1
p = 9.3436e-05
```

와 같다. 즉, H_0을 기각하고 H_1을 채택하는 결과이다. 검정 통계량의 p값도 유의수준 α보다 훨씬

작기 때문에 H_0를 통계학적으로 기각하는 것은 당연하다. 은행에 설치된 ATM의 이용 비율이 요일별로 똑같다는 가설을 뒷받침할 증거를 찾을 수 없다는 말이다.

8.3 카이제곱 분포의 독립성 검정

확률 변수의 독립성은 앞의 여러 장에서 언급했듯이 한 확률 변수가 (혹은 한 사건/실험이) 다른 확률 변수의 (혹은 다른 사건/실험의) 결과에 영향을 미치지 않을 때를 일컫는다. 주사위 던지는 실험과 동전 던지는 실험의 결과는 서로 영향을 미치지 않아 두 실험이 서로 독립이라고 금방 판단되는 경우도 있지만 커피 음용과 심장 마비의 위험 사이에 어떤 영향이 있는진 쉽게 짐작할 수 없다. 앞에서 적합도를 검정할 땐 한 변수나 한 사건, 한 실험의 결과가 모집단의 분포에 맞는지 따지면서 도수분포표를[3] 이용했었다. 통계 데이터 표의 가장 기본적인 형태이다. **독립성**(independence) **검정**은 최소한 두 변수나 두 사건, 두 실험의 결과를 견주는 일이므로 4장에서 다루었던 두 변수에 대한 표, 즉 **이원 분류표**(two-way classification table)를[4] 사용한다.

크기가 $r \times c$인 이원분류표는 범주형 두 변수에 대한 도수를 관측하여 행이 r이고 열이 c인 행렬에 기록한 것이다. 이를 테면, 요즘 학교의 교권 침해 현상을 조사할 목적으로 한 학교에서 임의로 300명을 수집해 교사의 체벌권 강화에 대해 물어 다음과 같이 요약하였다.

- 조사 학생수: 300명
- 찬성 학생수: 180명
- 반대 학생수: 102명
- 유보 학생수: 18명
- 찬성 학생 중 남학생 수: 93명
- 찬성 학생 중 여학생 수: 87명
- 반대 학생 중 남학생 수: 70명
- 반대 학생 중 여학생 수: 32명
- 유보 학생 중 남학생 수: 12명
- 유보 학생 중 여학생 수: 6명

위의 요약을 좀 더 쉽게 파악할 수 있도록 찬성과 반대로, 또 남학생과 여학생을 구분하여 표로 만들면 표 8.2와 같다.

---

[3] 도수분포표의 변수가 범주형이 아닐 땐 일원(one-way) 분류표를 구성한다. 일원 분류표의 변수는 범주형 변수가 여러 범주를 포함하듯이 여러 수준으로 구별되는데 수준(level)은 해당 변수가 처한 상황을 뜻한다. 학생의 성적이 가르치는 선생이나 교수법에 따라 달라질 때 성적 변수는 선생이나 교수법 A의 성적과 선생이나 교수법 B의 성적 따위로 분류되듯이.
[4] 이원 분할표(two-way contingency table)라고도 한다.

표 8.2 교사의 체벌권에 대한 학생들의 반응 요약

	찬성(F)	반대(A)	유보(N)
남자(M)	93	70	12
여자(W)	87	32	6

표 8.2를 위의 서술식 요약과 견주면 읽기 쉬울 뿐만 아니라 각 변수의 도수 분포와 전체에서 차지하는 비율 따위의 계산도 편하다. 새로운 정보를 표 주위에 나타내기도 좋은데 이것이 이원분류표의 작성이 필요한 까닭이다.

표 8.2의 이원분류표는 크기가 2×3이다. 행은 성별 변수이고 열은 의견 변수로, 이때 $(1, 2)$는 첫 번째 행과 두 번째 열이 만나는 요소(cell)로 남자이면서 반대하는 학생의 수이다. 따라서 표의 (r, c) 요소에 나타난 숫자는 각 요소에 대한 관측 도수 $O_{r,c}$로 앞에서 확률을 설명할 때 언급한 결합 도수(joint frequency)와 같다. 표 8.2와 같이 통계 데이터가 이원분류표로 작성되면 새로운 정보, 즉 열과 행의 합을 표의 아래와 오른쪽에 표시하는 이른바 주변 도수(marginal frequency)가 되는데 표 8.3과 같다.

이원분류표에서 독립성 검정을 위한 (혹은 이원분류표의 두 변수가 서로 독립이라고 가정하면) 각 요소의 기대 도수 $E_{r,c}$는 행 r의 합과 열 c의 합의 곱을 표본의 크기로 나눈 값이다. 즉,

표 8.3 주변 도수가 함께 적힌 이원분류표

	찬성(F)	반대(A)	유보(N)	행합
남자(M)	93	70	12	175
여자(W)	87	32	6	125
열합	180	102	18	300

표 8.4 독립성 검정을 위한 관측 및 기대 도수

	찬성(F)	반대(A)	유보(N)	행합
남자(M)	93 (105.0)	70 (59.5)	12 (10.5)	175
여자(W)	87 (75.0)	32 (42.5)	6 (7.5)	125
열합	180	102	18	300

$$E_{r,c} = \frac{(\text{행 } r \text{의 합})(\text{열 } c \text{의 합})}{\text{표본 크기}} \tag{8.2}$$

이다. 이를 테면, $E_{1,1} = (175)(180)/300 = 105$와 $E_{2,1} = (125)(180)/300 = 75$, $E_{1,3} = (175)(18)/300 = 10.5$ 따위인 셈이고 표로 정리하여 관측 도수와 함께 표시하면 표 8.4와 같다. 여기서 괄호 속의 숫자는 기대 도수이다.

두 변수의 독립성 검정은 기대 도수를 두 변수가 서로 독립인 것을 가정한 상태로 식 (8.2)와 같이 계산했기 때문에 두 변수가 서로 독립이라는 가설을 H_0로 두고 실시한다. 즉,

$$\begin{cases} H_0 : \text{두 변수는 서로 독립이다} \\ H_1 : \text{두 변수는 서로 독립이 아니다} \end{cases}$$

와 같다. 따라서 관측 및 기대 도수인 O와 E의 차가 작으면 식 (8.1)의 검정 통계량이 0에 가까워지기 때문에 H_0를 기각할 수 없는 상태가 된다. 즉, 두 변수는 서로 독립이라고 통계학적으로 판단할 수 있다. 독립성 검정을 위한 χ^2 분포의 자유도는 $df = (r-1)(c-1)$ 이다. 즉, 표 8.2의 교사 체벌권에 대한 학생의 조사 자료인 경우는 크기가 2×3이므로 df는 열과 행에서 1씩 빼서 곱한 $df = 2$가 된다.

독립성 검정의 한 예로 표 8.2의 자료에 대해 직접 실시해 보면 이렇다. 우선, χ^2 분포로 독립성 검정을 할 수 있는 환경인지 먼저 따져야 하는데 표 8.4의 각 요소가 5보다 커 필요 조건을 충족한다. 다음, 유의수준을 $\alpha = 0.01$로 정한 후 표 8.4와 같이 관측 및 기대 도수를 확인하고 가설을 다음과 같이 정하다.

$$\begin{cases} H_0 : \text{성별과 의견 변수는 서로 독립이다} \\ H_1 : \text{성별과 의견 변수는 서로 독립이 아니다 (주장)} \end{cases}$$

여기선 성별에 따라 찬반의 의견이 갈린다고 보고 주장을 H_1에 담았다. 다음, 검정 방법을 기각 및 비기각 영역을 이용할지 p값을 이용할지 정하는데 여기선 두 방법을 다 써보기로 한다. 표 8.5는 검정 통계량 계산을 위해 준비한 도수분포표이다.

표 8.5에서 확인할 수 있듯이 검정 통계량은 $\chi^2 = 8.2528$이다. 자유도가 $df = 2$에서 이 값의 p값은 확률표를 참조하거나 컴퓨터의 도움을 받으면 p값 $= 0.0161$이다. 따라서 p값 $> \alpha = 0.01$이므로 H_0를 기각할 수 없다. 한편, 기각 영역을 정하기 위해 $\alpha = 0.01$의 확률(면적)을 χ^2 분포의 우측 끝 부분에 놓이게 하는 임계값을 구하면 $\chi_c^2 = 9.2103$이다. 즉, 기각 영역은 (χ_c^2, ∞)인데 앞에서 구한 $\chi^2 = 8.2528$은 기각 영역에 포함되지 않으므

표 8.5 표 8.2의 검정 통계량 계산을 위한 도수분포표

O	E	O - E	(O - E)²	(O - E)²/E
93	105.0	-12	144.00	1.3714
70	59.5	10.5	120.25	1.8529
12	10.5	1.5	2.25	0.2143
87	75.0	12.0	144.00	1.9200
32	42.5	-10.5	110.25	2.5941
6	7.5	-1.5	2.25	0.3000
300			합계=	8.2528

로 H_0를 기각하지 못한다. 두 방법이 모두 같은 결과를 이끄는데 표 8.2를 구성하는 성별 및 의견 변수가 서로 종속이라는 주장을 입증할 만한 충분한 증거를 통계학적으로 찾을 수 없다는 뜻이다.

예제 8.2a 다음 이원분류표는 옛날 흡연자였고 지금은 비흡연자인 표본을 수집하여 흡연 당시에 몇 번이나 끊으려고 했는지 물어서 나온 결과이다. $\alpha = 0.05$에서 성별과 금연 시도 횟수 사이에 어떤 관계가 있다고 생각할 수 있는지 검정해 보자.

금연 횟수	1	2~3	4+
남성	271	257	149
여성	146	139	80

풀이 우선, 가설을 설정하면 다음과 같다.

$$\begin{cases} H_0 : \text{성별과 금연 횟수는 아무 관계가 없다} \\ H_1 : \text{성별과 금연 횟수는 어떤 관계가 있다} \end{cases}$$

다음, 관측 도수와 함께 기대 도수를 알아야 한다. 기대 도수를 식 (8.2)에 따라 계산하여, 즉 첫 번째 행과 첫 번째 열인 경우는

$$E_{\text{남성},1} = \frac{(271+257+149)(271+146)}{1042} \approx 270.93$$

와 같이 계산하는데 모두 계산하여 표로 제시하면 다음과 같다.

금연 횟수	1	2~3	4+
남성	(270.93)	(257.29)	(148.78)
여성	(146.07)	(138.71)	(80.22)

위 표에서 괄호는 본문에서 관찰 및 기대 도수를 함께 적을 때 괄호를 사용했던 것을 본떠서 기대

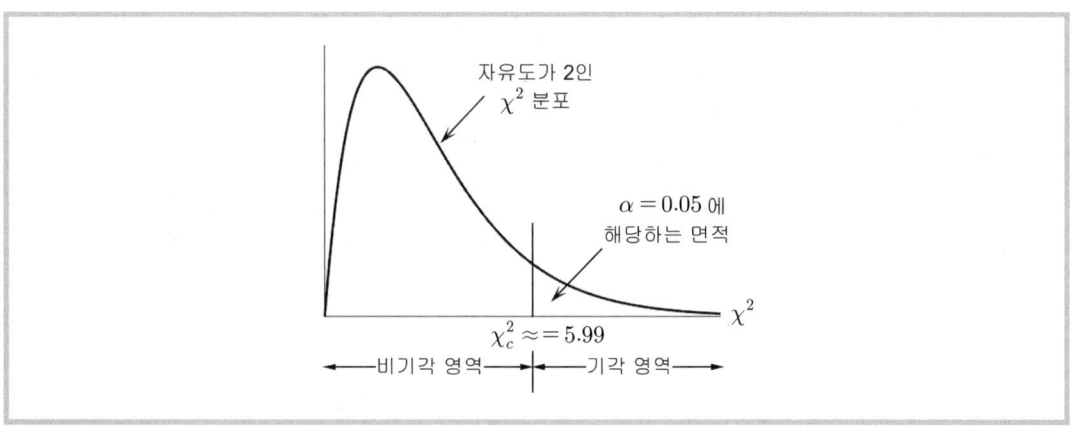

그림 8.4 예제 8.2a의 기각 및 비기각 영역

도수인 것을 뜻한다. 다음, α를 써서 기각 영역을 정한다. 즉, $\alpha = 0.05$ 만큼의 확률이 χ^2 분포의 오른쪽 끝자락에 놓일 때의 임계값을 찾는데 $df = (r-1)(c-1) = 2$에서 확률표를 참조하거나 컴퓨터의 도움을 받으면 그림 8.4와 같다.

끝으로, 검정 통계량을 구하여 그림 8.4의 기각 영역에 속하는지 살펴서 검정을 판단한다. 검정 통계량 χ^2의 계산은 다음과 같다.

$$\chi^2 = \sum \frac{(O-E)^2}{E}$$
$$= \frac{(271-270.93)^2}{270.93} + \frac{(257-257.29)^2}{257.29} + \frac{(149-148.78)^2}{148.78}$$
$$+ \frac{(146-146.07)^2}{146.07} + \frac{(139-138.71)^2}{138.71} + \frac{(80-80.22)^2}{80.22} = 0.0019$$

검정 통계량의 값이 너무 작다. 그림 8.4의 기각 및 비기각 영역을 살피기 전에 이미 두 도수의 차 $O-E$가 거의 없다는 것을 확인하는 셈이다. 두 변수가 서로 독립인 조건에서 기대 도수를 계산했으므로 $O \approx E$인 것은 서로 독립인 것을 말해 주기 때문이다.

예제 8.2b 다음은 한 지역의 헬스 클럽 수강생 300명을 대상으로 일주일 동안 운동하는 날의 수를 조사한 표이다. 성별에 따라 운동하는 날의 수가 차이가 있는지, 즉 서로 종속인지 유의수준 $\alpha = 0.05$에서 검정해 보자.

	0~1	2~3	4~5	6~7	합
남성	52	58	26	6	142
여성	39	71	37	11	158
합	91	129	63	17	300

풀이 두 변수, 즉 성별과 운동하는 날의 수가 위 표의 숫자로 독립인지, 아니면 성별에 따라 운동하는 날의 수가 차이가 나는지 알 수 없다. 독립성 검정이 필요한 까닭이 되겠다. 이 예제에선 손으로 계산하지 않고 컴퓨터를 활용해 보기로 한다. 물론 위 표와 같이 이미 정리된 데이터를 원시 데이터, 즉 표본에서 설문을 통해 수집할 때의 데이터로 변환하는 일이 필요하지만 그런 수고는 컴퓨터 활용 측면에서 가치가 있겠다 싶다. 우선, 원시 데이터를 만든다. 성별(sex) 변수를 남성 142명과 여성 158명으로 구성한 후 각 성별에 운동하는 날의 수를 차례로 배분한다. 즉,

```
m = "Men"; w = "Women"; d01 = "0-1"; d23 = "2-3"; d45 = "4-5"; d67 = "6-7";
sex = [repmat(m, 142, 1); repmat(w, 158, 1)];
days = [repmat(d01,52, 1); repmat(d23, 58, 1); repmat(d45, 26, 1); ...
        repmat(d67, 6, 1); repmat(d01, 39, 1); repmat(d23, 71, 1); ...
        repmat(d45, 37, 1); repmat(d67, 11, 1)];
```

와 같다. 변수 sex와 days는 모두 300×1의 벡터이다. 다음, crosstab 함수를 써서 두 변수의 독립성을 검정한다. 입력은 앞에서 만든 두 원시 데이터이고 출력은 선택적으로 위 표와 같은 교차표 (cross table)와[5] χ^2의 검정 통계량, 검정 통계량의 p값, 그리고 위 표의 각 범주가 되는데 다음과 같다.

```
[tbl, chi2_statistic, p, labels] = crosstab(sex, days)
```

그리고 결과는 다음과 같다.

```
tbl = 52  58   26    6
      39  71   37   11
chi2_statistic = 5.7214
p = 0.1260
labels = 'Men'      '0-1'
         'Women'    '2-3'
         empty      '4-5'
         empty      '6-7'
```

즉, χ^2 검정 통계량은 5.7214이고 이의 p값은 0.1260으로 계산되었다. 따라서 p값 $> \alpha = 0.05$이므로 H_0를 기각할 수 없다. 성별에 따라 운동하는 날의 수가 어떤 관계를 갖는다는 주장을 통계학적으로 뒷받침할 충분한 증거를 찾을 수 없다는 뜻이다. 진취적인 독자이면 위 표의 자료에 대해 본문에서 한 것처럼 손으로 직접 작업하여 확인해 보는 것도 좋을 것이다.

---

[5] 대부분의 컴퓨터에선 분류(classification)나 분할(contingency)보다는 교차(cross)를 더 선호한다.

8.4 카이제곱 분포의 동질성 검정

분포의 동질성(homogeneity)은 여러 분포의 모집단에 속한 각 범주가 차지하는 비율이 같다는 것을 말한다. 이를 테면, 표본의 개수 n 중에서 A 지역에서 n_A와 B 지역에서 n_B를 정해 놓고 수집하였을 때 A 지역의 각 범주의 비율, 즉 정치적 지지 성향이나 소득 수준의 비율 분포 따위가 B 지역의 그것과 같은지 다른지 따질 때 **동질성 검정**을 실시한다. 앞의 독립성 검정에서 이원분류표의 행과 열의 합이 표본의 정보로 결정되었다면 동질성 검정에선 둘 중의 하나는 표본을 수집할 때 이미 결정된다는 것이 차이이면 차이이다.

두 지역의 소득 수준의 비를 조사하는 경우를 생각해 보자. A 지역과 B 지역의 인구비가 5:3인 것을 고려하여 A 지역에서 250명을, 그리고 B 지역에선 150명을 수집하여 다음의 표 8.6과 같은 결과를 얻었다. 표 8.6의 중요한 특징은 행의 합이 이미 고정되었다는 것이다. 지역별로 인구 분포비에 따라 미리 정하여 표본을 수집했고, 이것이 앞의 독립성을 검정할 때와 다른 점이다. 물론 열의 합, 즉 각 지역의 소득 수준 분포는 수집된 표본에서 얻은 값이다. 동질성 검정은 두 변수에 대한 표본의 수가 정해져 있는 것을 빼고는 독립성 검정과 모두 같다. 그래서 가설의 설정도 H_0가 두 변수(혹은 집단)의 각 수준에 대한 비율이 같다고 둔다. 즉,

$$\begin{cases} H_0 : \text{두 집단의 각 수준이 차지하는 비율은 같다} \\ H_1 : \text{두 집단의 각 수준이 차지하는 비율은 같지 않다} \end{cases}$$

이다. 따라서 표 8.6의 표본에 대해 동질성 검사를 수행하면 이렇다. 먼저, 관측 도수(O)를 확인한다. 동질성 검사는 각 집단의 표본 개수가 미리 정해졌느냐 하는 것이 생명이기 때문이다. 다음, 기대 도수(E)를 계산한다. 즉, 식 (8.2)의 방식대로 $E_{r,c}$는 r 행 및 c 열의 합의 곱으로

$$E_{1,1} = \frac{(250)(104)}{400} = 65, \ E_{1,2} = \frac{(250)(120)}{400} = 75, \ E_{1,3} = \frac{(250)(176)}{400} = 110$$

표 8.6 지역별 소득 수준

	고소득	중간 소득	저소득	행합(고정)
A 지역	70	80	100	250
B 지역	34	40	76	150
합	104	120	176	400

$$E_{2,1} = \frac{(150)(104)}{400} = 39, \quad E_{2,2} = \frac{(150)(120)}{400} = 45, \quad E_{2,3} = \frac{(150)(176)}{400} = 66$$

와 같이 계산한다. 이때 위의 결과를 독립성 검정의 경우에서 표 8.4와 같이 이원분류표에 관측 도수와 함께 표시해 두면 자료의 정리 측면에서도 큰 도움이 되지만 여기선 생략한다. 다음, 가설을 세운다. 즉, 검정의 목적에 맞게 주장을 H_0나 H_1에 두는데

$$\begin{cases} H_0 : \text{두 지역의 소득 수준에 대한 모비율은 같다} \\ H_1 : \text{두 지역의 소득 수준에 대한 모비율은 같지 않다 (주장)} \end{cases}$$

와 같다. 여기선 검정의 목적을 소득 수준이 다르다고 알려진 두 지역이 정말 그런지 확인하고자 검정을 실시한다고 가정하여 H_1에 주장을 담았다. 다음, 유의수준 α를 정해 기각 영역을 표시하거나 검정 통계량을 구해 α값과 서로 견준다. 이때 표 8.6의 표본에 대한 χ^2 분포의 자유도는 $df = (r-1)(c-1) = 2$이다. $\alpha = 0.05$로 두고 확률표나 컴퓨터의 도움을 받으면 기각 및 비기각 영역을 나누는 임계값은 $\chi_c^2 \approx 7.378$로 기각 영역이 (χ_c^2, ∞)인 것을 말해 준다. 동질성 검정을 위한 표 8.6의 표본에 대한 검정 통계량은 식 (8.1)에 따라

$$\chi^2 = \sum \frac{(O-E)^2}{E} = 4.3388$$

이므로 기각 영역에 속하지 않는다는 것을 알 수 있다. 검정 통계량의 p값, 즉 위에서 구한 χ^2보다 우측으로 더 극단적인 값을 가질 확률도 0.1142이므로 p값 $> \alpha = 0.05$이 되어 H_0를 기각할 수 없다는 결론에 이른다. 앞의 기각 영역을 이용할 때와 같은 판단인 셈이다. 끝으로, 가설 검정의 결과에 대해 주장을 중심으로 해석을 한다. 즉, 두 지역의 소득 수준에 대한 모비율이 다르다는 주장을 지지할 만한 통계학적 증거를 충분히 찾지 못했다고 해석한다.

예제 8.3a 다음 이원분류표는 4개의 모집단의 개수를 정해 놓고 수집한 표본에서 조사한 내용이다.

	모집단 1	모집단 2	모집단 3	모집단 4
행 1	24	81	60	121
행 2	47	64	91	72
행 3	20	37	105	93

1) 동질성 검정을 위한 H_0와 H_1을 설정하고, 2) 기대 도수를 계산하고 3) $\alpha = 0.025$에서 기각 및 비기각 영역을 χ^2 분포에 표시하고, 4) 검정 통계량 χ^2을 찾고, 그리고 5) H_0를 기각할 수 있는지 판단해 보자.

[풀이] 동질성 검정은 비교할 집단의 표본 개수가 미리 정해지는 것이 독립성 검정과 유일한 차이다. 따라서 제시된 이원분류표는 각 모집단의 개수를 정했다고 했으므로 동질성 검정의 필요 조건을 충족한다. 우선, 가설을 설정한다. H_0를 기각할 목적으로 검정을 하기 때문에 H_0가 주장이 된다. 즉,

$$\begin{cases} H_0 : \text{4개 모집단에 대한 각 열의 비율은 같다 (주장)} \\ H_1 : \text{4개 모집단에 대한 각 열의 비율은 같지 않다} \end{cases}$$

이다. 다음, 기대 도수(E)를 계산한다. 기대 도수를 계산하는 방법에 이미 H_0가 참이라는 가정이 내포되어 있다는 것을 잊어선 안 된다. 기대 도수를 식 (8.2)의 방식으로 계산하여 정리하면 다음의 표와 같다.

	모집단 1	모집단 2	모집단 3	모집단 4	행합
행 1	24 (31.62)	81 (63.95)	60 (89.95)	121 (100.49)	286
행 2	46 (30.18)	64 (61.04)	91 (85.86)	72 (95.92)	273
행 3	20 (28.19)	37 (57.01)	105 (80.20)	93 (89.59)	255
열합	90	182	256	286	814

위 표에서 괄호 속의 숫자가 각 행과 열의 기대 도수이다. 다음, $\alpha = 0.025$에 대한 기각 및 비기각 영역을 결정하여 χ^2 분포에 표시한다. 이 예의 자유도는 $df = (r-1)(c-1) = 6$이므로 기각 및 비기각 영역을 구분하는 임계값은 확률표를 참조하거나 컴퓨터의 도움을 받으면 $\chi_c^2 = 14.4494$이고 그림

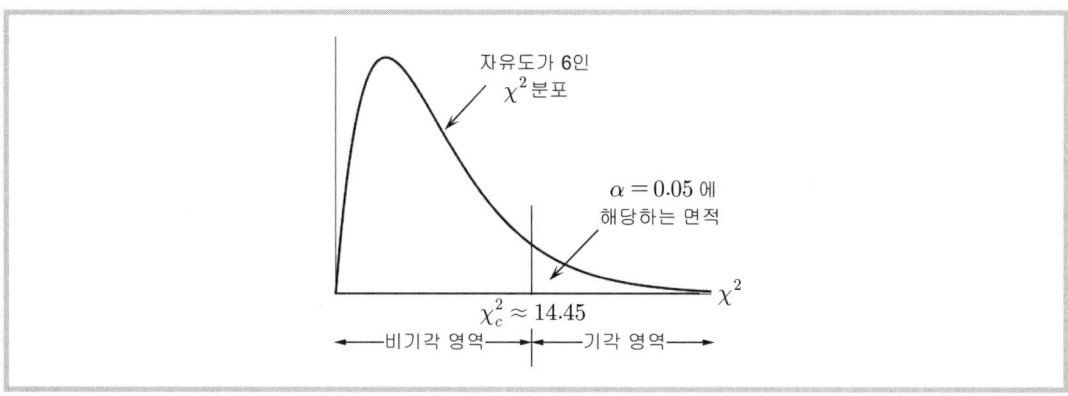

그림 8.5 예제 8.3a에 대한 기각 및 비기각 영역

8.5와 같다. 다음, 동질성 검정을 위한 검정 통계량 χ^2를 찾는다. χ^2이 기각 영역에 속하면 H_0를 기각할 수 있는데 이를 식 (8.1)에 따라 계산하면 다음과 같다.

$$\chi^2 = \sum \frac{(O-E)^2}{E}$$
$$= \frac{(24-31.62)^2}{31.62} + \frac{(81-63.95)^2}{63.95} + \cdots + \frac{(105-80.20)^2}{80.25} + \frac{(93-89.59)^2}{89.59}$$
$$= 52.451$$

끝으로, 동질성 검정의 결론을 내리고 주장에 초점을 맞춰 해석한다. 즉, 검정 통계량 χ^2이 기각 영역에 포함되므로 H_0를 기각한다. 다시 말하면, 4개의 모집단에 속한 3개의 수준에 대한 모비율이 같다는 주장을 통계학적으로 기각할 만한 증거를 충분히 찾을 수 있다.

예제 8.3b 본문에서 소개한 지역별 소득 수준을 조사한 표에 대해 컴퓨터 프로그램을 써서 확인해 보자.

풀이 우선, 본문의 이원분류표를 다시 나타내면 다음과 같다.

	고소득	중간 소득	저소득	행합(고정)
A 지역	70	80	100	250
B 지역	34	40	76	150
합	104	120	176	400

위 표에서 확인할 수 있듯이 각 지역별로 표본 수가 이미 고정되어 있기 때문에 동질성 검사의 필요 조건을 만족한다. 다음, MATLAB 함수 crosstab의 입력 변수를 생성한다. 즉, 지역과 소득 수준 변수를 범주 데이터의 형태로 길이가 400개로 똑같이 하여 다음과 같이 정의한다.

```
A = "A"; B = "B"
H = "High"; M = "Medium"; L = "Low";
Area = [repmat(A, 250, 1); repmat(B, 150, 1);
Level = [repmat(H, 70, 1); repmat(M, 80, 1); repmat(L, 100, 1); ...
        repmat(H, 34, 1); repmat(M, 40, 1); repmat(L, 76, 1)];
```

MATLAB 함수 crosstab을 실행하여 결과를 확인한다. 즉,

```
[table, chi2_statistic, p, label] = crosstab(Area, Level)
```

이고 실행 결과는

```
table = 70  80  100
        34  40   76
```

```
chi2_statistic = 4.3388
p = 0.1142
label = 'A'        'High'
        'B'        'Medium'
        Empty      'Low'
```

로 본문에서 손으로 푼 것과 결과가 같다.

　손으로 풀어 이론을 이해하고 각 구성의 구실에 대한 개념을 잡았다면 데이터 수가 많고 손 작업으로 일일이 표로 만드는 수고를 아끼기 위해서라도 컴퓨터의 도움이 절실하다. 특히, 카이제곱 분포가 사용되는 곳은 분산, 즉 데이터의 제곱합과 관련되어 있어서 손으로 계산할 때 오류가 많이 발생하는 것을 고려해 보면 더욱 그렇다. 카이제곱 분포는 앞 장에서 다룬 분산이나 표준 편차의 추정이나 검정을 비롯하여 이 장에서 다루어 온 적합도, 독립성, 그리고 동질성 검정까지 모두 데이터의 제곱합을 취급한다. 앞 장에선 이론을 설명할 때 컴퓨터를 이용하여 해를 찾지 않고 확률표를 참조한 것과 달리 이 장에서 예제에 컴퓨터 실습을 포함시킨 까닭이기도 한다. 통계는 컴퓨터의 도움이 필수이다. 혹시 컴퓨터와 친숙하지 않다면 통계 공부와 관련하여 이번 기회에 생각을 고쳤으면 어떨까 싶다.

8.5　F 분포의 활용 (분산 분석)

　F 분포도 앞의 카이제곱 분포와 같이 분산과 관련을 맺는다. 분산은 원시 데이터에서 기준이 되는 값을 뺀 편차의 제곱을 기본 요소로 하기에 제곱합(sum of square)이라는 말로도 쓰고 이를 자유도로 나누면 제곱합의 평균이[6] 되어 여러 응용 분야에서 중요한 판단의 기준이 된다. 통계 데이터 집단이 분산을 가지는 것은 당연하다. 분산이 없는 데이터 집단은 그냥 1개의 데이터가 쭉 나열된 것과 같기 때문에 평균도 존재 까닭을 잃는다. 보통 데이터 집단의 중요한 정보는 평균이라고 하는데 이것도 분산이 있기 때문에 가능한 표현이다. 통계가 분산의 미학, 혹은 분산은 통계의 꽃이라고 하는 것도 바로 이 때문이 아닌가 싶다. 분산(variance)은 통계 관련 분야에서 쓰는 공식 용어이지만 사회에선 변동(variation)이나 흩트림(dispersion), 퍼짐(spread) 따위의 말로 대신하기도 한다.

---

[6] 어떤 양 A의 제곱합 평균을 MSA(mean square of A)이라 하다. A는 보통 오차(error)를 말하는 경우가 많은데 이땐 MSE가 되겠다.

F 분포는 카이제곱 분포의 비라고 앞에서 언급했다. 카이제곱 분포는 정규 분포를 따르는 확률 변수의 제곱이 나타내는 분포라고 했다. 따라서 F 분포는 기본적으로 모집단의 분포가 정규 분포이거나 정규 분포로 근사할 수 있다는 가정이 밑에 깔려 있다. F 분포가 여러 데이터 집단에 대한 분산의 비일 때 두 개의 분산이 필요한데 하나는 각 데이터 집단의 요소가 해당 집단에서 발생하는 변동의[7] 합이고 다른 하나는 각 데이터 집단의 평균이 전체 데이터 집단의 평균에 대한 변동의 합이다. 이때 전자를 **집단내 변동**(variation within groups), 그리고 후자를 **집단간 변동**(variation between groups)이라고 하고 이 둘을 합친 것을 전체 변동(total variation)이라고 한다.

F 분포는 이와 같은 여러 변동의 관계 속에서 중요한 통계학적 정보를 제공해 주는 도구이다. 대표적으로 여러 데이터 집단의 평균을 조사하여 서로 같은지 다른지 판단해 준다. 평균이 다르다는 것은 데이터 집단의 분포 중심이 다르므로 양적으로 견주는 것이면 차이가 있는 분포로, 또는 어떤 조치가 이루어진 데이터 집단이면 해당 조치의 효과가 있는 것으로 해석할 수 있다. 여러 데이터 집단의 각 평균을 비교하여 차이가 있는지 검정하는 일을 **분산 분석**(analysis of variance)이라 하고 간단히 **ANOVA**라고 쓴다. 여러 수준을 가진 1개의 변수에 대한 분산 분석이면 1변수(one-way) ANOVA라 하고 2개의 변수이면 2변수(two-way) ANOVA라 한다. 변수가 3개든, 나아가 n개이든 ANOVA 앞에 해당하는 개수에 맞는 방식을[8] 붙이면 된다.

ANOVA는 분산 분석의 결과표를 해석하기에 앞서 데이터 집단의 표현을 먼저 이해해야 한다. 컴퓨터를 사용할 요량이면 입력 데이터의 구조부터 생성까지 어떻게 해야 하고, 또 손으로 계산할 요량이면 ANOVA 표, 즉 앞에서 살펴보았던 분류표나 분할표, 혹은 교차표를 어떻게 작성해야 효과적인 정보를 다 담을 수 있고 관리도 체계적인지 늘 고민해야 한다. 데이터의 구조와 함께 정보의 표현도 데이터가 범주형이면[9] 이의 도수를, 그리고 숫자형이면 숫자와 함께 평균이 정보로 표현되도록 하는 것도 중요하다. 아무튼 데이터는 원시 데이터부터 잘 조직되어 유용한 정보가 표현된 표까지 자유자재로 다룰 수 있어야 한다. 특히, 컴퓨터의 도움을 받기 위해선 원시 데이터가 필요하다. 책에 나와 있는 표를

---

[7] F 분포는 분산의 비이지만 분산이 변동, 즉 제곱합으로 표시된 양을 자유도로 나눈 것이므로 분산과 변동을 같은 개념으로 쓴다. 특정한 값이 필요하지 않고 서로 견주는 경우이면 분산과 변동은 전혀 다르지 않기 때문이다.

[8] 1변수나 2변수 ANOVA는 생소할 것이다. 다른 책이나 강의에선 일원배치나 이원배치 ANOVA라고 글로 쓰고 말로도 그렇게 한다. 호불호가 있겠지만 여기선 본문의 방식을 따르기로 한다. 배치라는 말은 꼭 종이에 표로만 작성하는 느낌이 들었다. 요즘은 자료의 컴퓨터 입력이 중요하다. 변수의 구조를 어떻게 종이나 컴퓨터로 표현해야 효과적인지 따질 때이다.

[9] ANOVA에서 범주형 변수(데이터)를 요인(factor)이라 하고 요인의 여러 상태 중 하나를 수준(level)이라 한다.

컴퓨터의 입력 변수로 사용하기 위해선 원시 데이터로 다시 작성할 수 있어야 한다는 말이다. 물론 통계 관련 전용 소프트웨어는 책에 표시된 표를 그대로 입력할 수 있는진 모르겠지만 통계뿐만 아니라 공학의 일반 내용에 대한 알고리즘 작성까지 컴퓨터로 학습할 요량이면 데이터의 자유로운 변환은 꼭 필요하다.

이 소절에선 F 분포를 활용한 분산 분석을 다룬다. 이 장의 서론과 앞의 카이제곱 분포에서 언급이 있었듯이 분산, 즉 데이터의 제곱합은 계산도 복잡하고 변수나 수준이 여럿일 땐 이들의 상호 작용에 따른 분산도 파악해야 하므로 결코 만만치 않다. 특히, F 분포는 여러 데이터 집단이나 관련 표에서 한 개의 분포가 아닌 두 개의 분포를 사용하기 때문에 더욱 그렇다. 가장 간단한 F 분포의 확률표 찾는 방법부터 시작하여 깊은 내용은 다루진 못하겠지만 개념과 원리만큼은 아는 범위 안에서 하나씩 살펴볼 요량이다.

F 분포의 값은 2개의 표본에 대한 분산, 즉 카이제곱 분포의 비이다. 두 개의 모집단에서 수집한 각 표본의 분산을 s_1^2와 s_2^2라 할 때[10] 두 모집단이 정규 분포이고 각각의 분산 σ_1^2와 σ_2^2이 같다면 항상 분산이 큰 것, 즉 $s_1^2 \geq s_2^2$에서 s_1^2을 분자로 둔

$$F = \frac{s_1^2}{s_2^2} \tag{8.3}$$

은 F 분포를 따른다. F 분포의 모습은 앞의 8.1절에서 살폈듯이 비대칭 분포이며 F의 값은 항상 1보다 큰 수이어서 F 분포를 사용한 검정은 대개 우측 검정이 된다.[11] 그리고 F 분포의 자유도는 위 식의 정의와 같이 분자와 분모의 각 분포에 대한 자유도 2개가 필요하다. 즉,

$$df = (df_N, df_D)$$

이다. 여기서 df_N은 분자의 분산 분포에 대한 자유도이고 df_D는 분모의 자유도이다. F 분포의 확률표는 유의수준 α의 값에 한 장의 시트를 배당하여 위의 두 자유도를 맨 위와 왼쪽에 배치하고 가운데의 F 값을 찾도록 해 놓았고, 이때 α는 0.005, 0.01, 0.025, 0.5, 0.1의 5가지로 분류되어 있다. α의 한 가지 값에 시트 한 장씩이니 F 분포에 대한 확률표는 총 5장이 준비되어 있는 셈이다.

---

[10] 각 표본의 크기 n_1 및 n_2는 무작위로, 그리고 서로 독립적으로 수집된 것으로 본다.

[11] 한쪽 검정일 땐 반드시 우측 검정이고 양쪽 검정을 해야 할 형편이더라도 $\alpha/2$에 대한 우측 임계값을 사용한다.

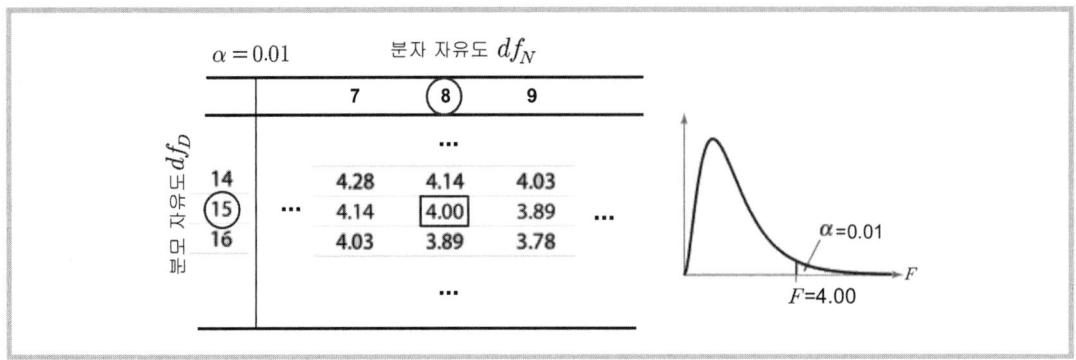

그림 8.6 F 분포의 확률표와 F 분포 곡선의 값

예를 들어, $\alpha = 0.01$에서 자유도가 $df_N = 8$이고 $df_D = 15$인 F 값을 찾으려고 하면 그림 8.6과 같다. 그림 8.6에서 원으로 표시된 위와 왼쪽의 자유도에서 선을 그어 교차하는 곳의 값 4.00이 해당 지점에서 우측으로 면적이 $\alpha = 0.01$인 F 분포의 F 값이다.

F 분포의 첫 번째 사용 분야는 식 (8.3)의 정의를 그대로 살려 두 표본의 분산이 같은지 다른지 검정하는 일이다. 이른바 **2-표본 F 검정**인 셈이다. 2-표본 t 검정이 평균을 견준다면 2-표본 F 검정은 분산을 견주는 것만 빼면 과정이나 절차가 똑같다.

예제 8.4a 한 식당의 지배인은 관리 시스템을 대폭 바꾸어 손님이 주문한 음식을 기다리는 시간에 대한 분산을 줄이기로 마음먹었다. 10명의 손님에게 물었더니 분산이 400이었기 때문이다. 관리 시스템을 바꾼 현재 21명의 손님을 상대로 분산이 256인 것을 파악했다. $\alpha = 0.1$에서 관리 시스템을 새로 고친 것이 효과가 있는지 검정해 보자. 여기서 두 모집단은 정규 분포로 가정한다.

풀이 식 (8.3)을 적용하기 위해선 먼저 어떤 분산이 큰 지를 알아야 한다. 즉, $400 > 256$이기 때문에 $s_1^2 = 400$과 $n_1 = 10$이고 $s_2^2 = 256$과 $n_2 = 21$로 첨자가 1인 것이 옛날 관리 시스템의 정보이다. 지배인 측면에서 보면 새 관리 시스템을 채택한 것이 좋았다는 증거를 찾을 목적이므로

$$\begin{cases} H_0 : \sigma_1^2 \leq \sigma_2^2 \\ H_1 : \sigma_1^2 > \sigma_1^2 \quad \text{(주장)} \end{cases}$$

와 같이 가설을 설정하여 새 관리 시스템의 분산 σ_2^2이 옛날 관리 시스템의 분산 σ_1^2보다 나아졌다는, 즉 줄어들었다는 가설을 H_1에 둔다. 다음, $\alpha = 0.1$에 대한 기각 영역을 정한다. 우측 검정이므로 자유도가 $n_1 - 1 = 9$와 $n_2 - 1 = 20$인 F 분포의 오른쪽 끝에 α만큼의 면적이 자리하도록 임계값 F_c를 찾는데 확률표를 참조하거나 컴퓨터의 도움을 받으면 $F_c \approx 1.96$이다. 즉, 기각 영역은 (F_c, ∞)

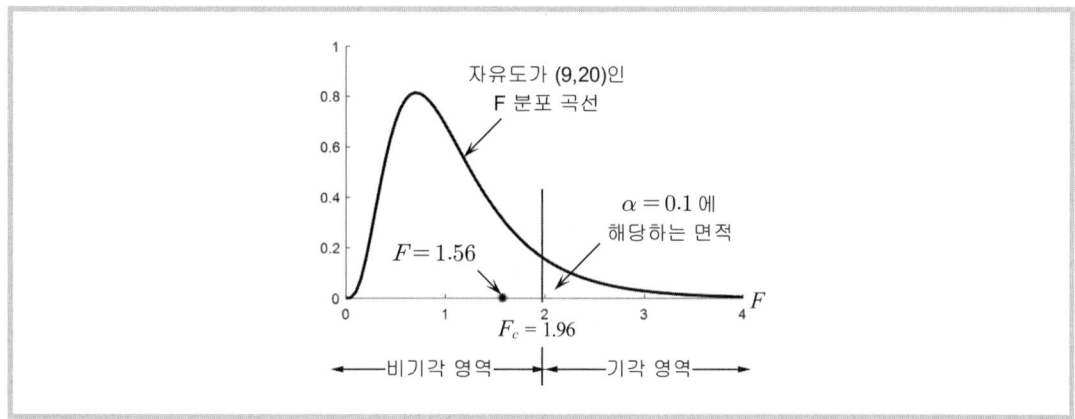

그림 8.7 예제 8.4a의 2-표본 F 검정에 대한 기각 및 비기각 영역

이다. 끝으로, 식 (8.3)의 검정 통계량을 구해 기각 영역에 속하는지 조사하여 검정을 판단한다. 즉,

$$F = \frac{s_1^2}{s_2^2} = \frac{400}{256} \approx 1.56$$

이므로 검정 통계량은 그림 8.7과 같이 비기각 영역에 속하기 때문에 H_0를 기각할 수 없다. 새로운 관리 시스템의 분산이 더 작을 것이라는 지배인의 믿음을 증명할 통계학적인 증거를 찾을 수 없다는 말이다.

예제 8.4b 주식을 구매하려고 후보 주식으로 2개를 선택했다. 주식 투자의 위험은 주식의 종가에 대한 표준 편차가 관련 있다는 정보를 얻어 각 주식의 종가에 대한 표본을 조사하였다. A 주식은 표본 개수가 27개에서 표준 편차가 3.5였고 B 주식은 23개의 표본에서 표준 편차가 5.7로 나왔다. $\alpha = 0.05$에서 두 주식 중 어느 것이 더 위험한 투자인지 결정해 보자. 여기서 주식의 모집단은 정규 분포로 가정한다.

풀이 2-표본 F 분포는 분산이나 표준 편차가 큰 것이 분자에 놓여야 한다. 왜냐하면 F의 값이 항상 1보다 크거나 같아야 하기 때문이다. 따라서 $5.7^2 > 3.5^2$이므로 표준 편차 5.7이 식 (8.3)의 s_1, 즉 B 주식이 된다. 가설의 설정은 이렇다. 더 위험한 주식 투자는 어느 쪽인지 알기 위한 검정이므로 두 주식의 모집단 분산이 같지 않다는 가설을 H_1에 둔다. 즉,

$$\begin{cases} H_0 : \sigma_1^2 = \sigma_2^2 \\ H_1 : \sigma_1^2 \neq \sigma_2^2 \ \ (주장) \end{cases}$$

이다. 다음, 이 검정은 H_1의 형식에서 양쪽 검정이다. 하지만 F값은 항상 1보다 크므로 양쪽 검정이 더라도 오른쪽 영역만을 사용한다. 물론 이때도 양쪽 검정인 것은 틀림없으므로 오른쪽에 대한 유의 수준, 즉 $\alpha/2$가 기준이 된다. 따라서 $\alpha = 0.05$에서 자유도가 (분자, 분모) = (22, 26)인 F 분포의

기각 영역은 임계값 $F_c \approx 2.24$이 비기각 영역과 경계를 짓는다. 끝으로, F의 검정 통계량을 구해 검정을 판단한다. 즉,

$$F = \frac{s_1^2}{s_2^2} = \frac{5.7^2}{3.5^2} \approx 2.65$$

이 기각 영역 (F_c, ∞)에 포함되므로 H_0를 기각한다. 다시 말하면, 두 주식 중 어느 하나는 다른 것과 견주어 더 위험한 투자라는 주장을 $\alpha = 0.05$의 유의수준에서 통계학적으로 입증할 만한 충분한 증거를 찾을 수 있다.

F 분포의 다음 사용 분야는 ANOVA이다. **1변수 ANOVA는**[12] 모집단의 개수가 3개 이상인 경우의 귀무 가설 H_0, 즉 모집단의 평균은 모두 같다는 가설을 검정하는 기법 혹은 이런 과정을 진행하는 절차를 일컫는다. 모집단의 개수가 2개인 경우는 6.4절에서 t 검정을 통해 살핀 바 있지만 3개 이상인 경우는[13] ANOVA 이외의 방법으로 모집단의 평균에 대한 진술, 즉 평균의 차이가 나는지 효과가 있는지 따위를 검정할 방법이 없으므로 ANOVA의 가치는 분명하다. 여기서 모집단의 개수가 3개 이상이라는 뜻은 1개의 변수나 요인이 3개 이상의 수준을 갖는다는 것인데 중요한 것은 변수나 요인이 1개라는 것이다. ANOVA의 가설은 항상 다음과 같다.

$$\begin{cases} H_0 : \mu_1 = \mu_2 = \cdots = \mu_k \text{ (모든 모집단의 평균은 같다)} \\ H_1 : (\text{적어도 하나의 모집단 평균은 나머지와 같지 않다}) \end{cases}$$

여기서 주의할 것은 H_1이 $\mu_1 \neq \mu_2 \neq \cdots \neq \mu_k$와 같지 않다는 것이다. 모집단의 모든 평균이 다른 것이 아니라 이 중 적어도 하나는 나머지와 다르다는 것이 H_1이다. 물론 어떤 모집단의 평균이 다른지, 혹은 몇 개의 모집단 평균이 다른지 알지 못한다. 무엇이 몇 개나 다른지 판단하는 것은 여러 사후 검정(post-hoc test)을 통해 이루어지는데 이 책의 범위를 벗어나기 때문에 여기선 다루지 않는다.

일원 분류표는 1변수 ANOVA를 위한 데이터 표현으로 표 8.7이 한 예이다. 종이에 세로로 짧게, 그리고 가로로 길게 표시하기 위해 표 8.7의 형식을 반대로 하는 경우도

---

[12] 앞으로 1변수 ANOVA는 2변수와 구별해야 할 상황이 아니면 그냥 ANOVA로 적는다.

[13] 모집단의 개수가 2개일 때도 ANOVA를 적용할 수 있지만 이럴 때는 보통 t 검정을 사용한다. 물론 각 검정이 요구하는 필요 조건이 있기도 하지만 t 검정은 모집단이 2개일 때 ANOVA의 특화된 방법이고, 또 검정 통계량의 계산도 편하기 때문이다.

표 8.7 일원 분류표의 자료 구조

	변수나 요인의 수준				
	1	2	......	k	
각 수준의 관측값	y_{11}	y_{12}	......	y_{1k}	
	y_{21}	y_{22}	......	y_{2k}	
	$\vdots$	$\vdots$		$\vdots$	
	y_{n1}	y_{n2}	......	y_{nk}	
합	$T_{\cdot 1}$	$T_{\cdot 2}$		$T_{\cdot k}$	$T_{\cdot \cdot}$
평균	$\overline{y}_{\cdot 1}$	$\overline{y}_{\cdot 2}$		$\overline{y}_{\cdot k}$	$\overline{y}_{\cdot \cdot}$

있고, 또 합이나 평균을 $T_{\cdot k}$나 $\overline{y}_{\cdot k}$이 아니라 $T_{k \cdot}$ 나 $\overline{y}_{k \cdot}$와 같이 **ALL을 뜻하는 점**을 바깥에 두려고 행렬의 일반적인 표시를 반대로[14] 하는 경우도 있다.

표 8.7의 관측값 y_{ij}는 변수나 요인의 수준 j의 i번째 관측값을 뜻하는데 이를 통계학적 모델식으로 표시하면 다음과 같다.

$$y_{ij} = \mu_j + \epsilon_{ij}$$

혹은 동등하게

$$y_{ij} = \mu + \alpha_j + \epsilon_{ij} \tag{8.4}$$

이다. 여기서 μ_j는 j번째 수준의 평균이고 ϵ_{ij}는 j번째 수준의 i번째 관측값에 따라붙는 오차로 분포는 $\epsilon_{ij} \sim N(0, \sigma^2)$을 따른다고 가정한다. 그리고 μ는 모든 수준에 포함된 모든 관측값의 평균, 즉 **총평균**(total mean)이고 α_j는 j번째 수준의 **주효과**(main effect)이다. 1변수 ANOVA의 검정 통계량 F도 앞의 식 (8.3)과 같이 두 분산의 비이다. 하지만 모집단의 수가 3개 이상이기 때문에 분자와 분모의 분산을 선택하기가 쉽지 않은데 선택의 기준은 식 (8.4)와 관련하여 앞 장에서 줄곧 살폈던 변동(variation), 즉 제곱합이다. 식 (8.4)는 표본의 샘플링 오차를 비롯한 설명할 수 없는 효과와 수준의 첨가로 발생하는 수준의 주효과까지[15] 모든 효과가 다 포함된 식이다. 이때 데이터 집단 y_{ij}가 샘플링 오차도 주효과도 모두 무시하는 상태이면 식 (8.4)의 오른쪽과 왼쪽의 차, 즉 오차는 가장 크게 나타날

---

[14] 데이터 y의 3행 2열, 즉 2번째 수준의 3번째 관측값을 y_{32}이 아니라 y_{23}로 나타낸다.

[15] 분산 분석의 전문 용어로 **처리 효과**(treatment effect)라고도 한다.

것인데 이를 **총오차**(total error)라 한다. 그리고 이와 같은 총오차의 제곱합은 **총변동**(total variation)으로

$$SST = \sum_{j=1}^{k}\sum_{i=1}^{n}(y_{ij} - \bar{y}_{..})^2$$

와 같다. 여기서 $\bar{y}_{..} = \mu$로 점 첨자 형식으로 총평균을 나타내었다. 위 식에 포함된 편차를 다시 쓰면

$$(y_{ij} - \bar{y}_{..}) = (\bar{y}_{.j} - \bar{y}_{..}) + (y_{ij} - \bar{y}_{.j})$$

와 같고 등식의 양변을 제곱합으로 하면

$$
\begin{aligned}
SST &= \sum_{j=1}^{k}\sum_{i=1}^{n}\left[(\bar{y}_{.j} - \bar{y}_{..})^2 + 2(\bar{y}_{.j} - \bar{y}_{..})(y_{ij} - \bar{y}_{.j}) + (y_{ij} - \bar{y}_{.j})^2\right] \qquad (8.5)\\
&= n\sum_{j=1}^{k}(\bar{y}_{.j} - \bar{y}_{..})^2 + 2\sum_{j=1}^{k}(\bar{y}_{.j} - \bar{y}_{..})\sum_{i=1}^{n}(y_{ij} - \bar{y}_{.j}) + \sum_{j=1}^{k}\sum_{i=1}^{n}(y_{ij} - \bar{y}_{.j})^2\\
&= \sum_{j=1}^{k}n_j(\bar{y}_{.j} - \bar{y}_{..})^2 + \sum_{j=1}^{k}\sum_{i=1}^{n}(y_{ij} - \bar{y}_{.j})^2\\
&= SSR + SSE
\end{aligned}
$$

와 같다. 여기서 n_j는 j번째 수준의[16] 표본 크기이다. 그리고 식 (8.5)를 유도하는 과정에서 j를 반복 변수로 하여 $(\bar{y}_{.j} - \bar{y}_{..})$를 합하는 항은 0이 되는 사실을 적용했다.

식 (8.5)는 총변동 SST는 집단 (혹은 처리) 효과에 따른 변동 SSR와 각 집단의 데이터를 수집하면서 생기는 샘플링 오차에 따른 변동 SSE로 분해될 수 있는 것을 보여 준다. 왜 이런 용어가 붙었고 무엇을 뜻하는지 설명하기 위해 그림 8.8을 소개한다. SSR은 전체 데이터 y_{ij}에 j의 집단이 첨가되면서 발생하는 변동의 합이다. 그림 8.8(a)에서 확인할 수 있듯이 각 집단의 평균 $\bar{y}_{.j}$이 전체 데이터의 평균 $\bar{y}_{..}$에서 떨어진 정보로 계산되는데 집단의 개수 k가 달라지면 제곱합의 각 항 $(\bar{y}_{.j} - \bar{y}_{..})^2$이 보태지는 수가 달라져 발생하는 변동이다. SSR이라는 용어는 그림 8.8(b)의 선형 회귀선에서 보듯이 회귀선이 첨가되면서 발생했던 설명할 수 있는 변동을 본뜬 것이다. 다른 책에선 변수나 요인의 수준을 A나 B, … 따위로 붙인다 하여 SSA나 SSB, … 따위로 쓰는 경우도 있다. SSE는 y_{ij}에서 j가 고정되고 i가 변하면서 발생하는 변동의 합으로 각 집단 $y_{.j}$이 해당 집단의 평균

---

[16] 변수나 요인의 j번째 수준은 개수를 n_j만큼 가진 데이터 집단(group)이다. 그리고 수준은 변수나 요인의 상태를 뜻하고 상태가 바뀌면 새로운 데이터 집단이 생성되는 것이므로 여러 수준, 즉 데이터 집단의 첨가로 나타나는 영향을 처리 효과(treatment effect)라고 한다. 결국 데이터의 집단 효과나 처리 효과는 같은 말이다.

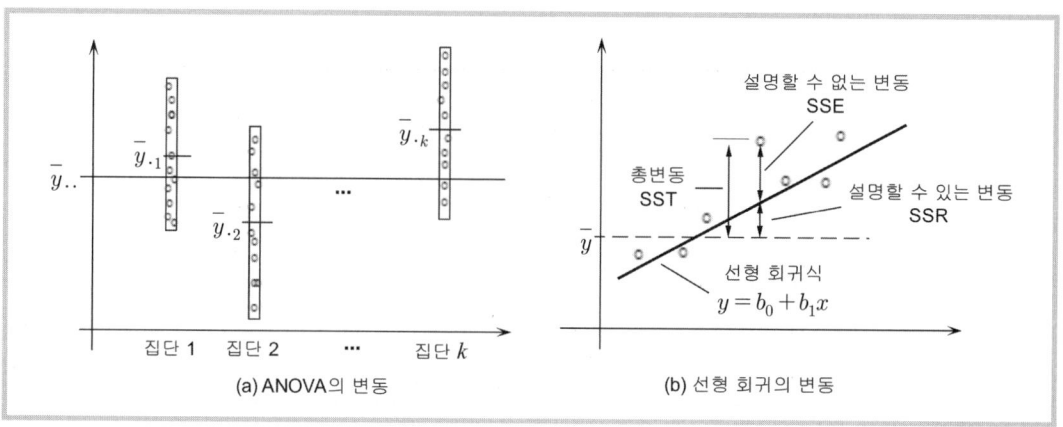

그림 8.8 ANOVA의 변동과 선형 회귀의 변동

$\overline{y}_{\cdot j}$에서 떨어진 정보로 계산된다. SSE는 그림 8.8(b)의 설명할 수 없는 변동과 대응하는 말로 각 집단마다 발생하는 샘플링 오차나 잠복 변수, 우연의 일치 따위가 주요 원인이다.

　ANOVA에선 위의 일반적인 용어를 각 변동의 뜻을 살려 달리 부르기도 하는데 이렇다. SSR은 집단이 첨가될 때마다 새로운 변동이 발생하므로 집단간 변동(variation between groups)이라 하여 SSB로, 그리고 SSE는 개별 집단 안에서 일어나는 변동으로 집단내 변동(variation within groups)을 뜻하여 SSW로 나타낸다. 그리고 F 분포의 F값은 분산의 비이므로 이 제곱합들을 각 자유도로 나누어 **제곱평균**(mean of square)으로 사용하는데

$$F=\frac{\dfrac{SSB}{df_N}}{\dfrac{SSW}{df_D}}=\frac{\dfrac{SSB}{k-1}}{\dfrac{SSW}{n-k}}=\frac{MSB}{MSW} \tag{8.6}$$

와 같다. 여기서 k는 집단의 개수이고 n은 각 집단의 데이터 개수 n_j의 합이다.

　사실 분산과 관련한 분포의 자유도는 편차의 제곱 개수에서 편차와 관련한 선형 제약 조건의 개수를 뺀 것과 같다. 즉, SSB는 각 집단이 전체 평균에서 떨어진 편차가 집단의 개수 k만큼 있고 편차는 제약조건이 $\overline{y}_{\cdot j}-\overline{y}_{\cdot\cdot}$로 1개가 있으니 $k-1$이 자유도가 되고, 또 SSE는 각 집단의 데이터가 해당 집단의 평균에서 떨어진 편차가 데이터 개수 n_j만큼 있고 편차는 역시 제약조건이 1개이므로 n_j-1인데 이런 집단이 k개 있으니 전체 자유도는 $n-k$가[17] 된다.

표 8.8 진통제 3개에 대한 일원 분류표

	진통제 1	진통제 2	진통제 3	
관측값 y_{tj}	12 15 17 12	14 17 20 15	16 14 21 15 19	
개수 n_j	$n_1 = 4$	$n_2 = 4$	$n_3 = 5$	$n = 13$
평균 $\bar{y}_j$	$\bar{y}_1 = 14$	$\bar{y}_2 = 16.5$	$\bar{y}_3 = 17$	$\bar{y}_{..} \approx 15.92$
분산 s_j^2	$s_1^2 = 6$	$s_2^2 = 7$	$s_3^2 = 8.5$	

긴 이론적 얘기는 그만하고 간단한 수치 예를 통해 1변수 ANOVA의 개념을 다지기로 해 보자. 표 8.8은 한 제약 회사에서 개발한 세 가지 해열 진통제의 평균 해열 시간(분)을 측정하기 위해 두통을 느끼는 환자 중에서 임의로 선정하여 수집한 것이다. 제약 회사가 개발한 세 가지 진통제 중에서 하나라도 해열 시간이 나머지와 견주어 다른 것이 있는지 궁금하여 $\alpha = 0.05$에서 검정을 한다. 물론 해열 시간의 모집단은 정규 분포이고 각 모집단의 분산은 같다고 가정한다. 먼저, 가설을 설정한다. 하나라도 다른 것이 있길 바라는 마음이 검정의 목적이다. 따라서 주장을 H_1에 실어

$$\begin{cases} H_0 : \text{진통제 3개의 평균 해열 시간은 같다} \\ H_1 : \text{적어도 하나는 평균 해열 시간이 다르다 (주장)} \end{cases}$$

와 같이 정한다. 다음, 주어진 데이터에서 관련 정보를 모아 각 변동을 구한다. 식 (8.5)에 따라 SSR과 (혹은 집단간 변동을 뜻하는 SSB와) SSE를 계산하면 각각

$$SSR = \sum_{j=1}^{3} n_j (\bar{y}_j - \bar{y}_{..})^2 = 4(14 - 15.92)^2 + 4(16.5 - 15.92)^2 + 5(17 - 15.92)^2 = 21.9232$$

$$\begin{aligned} SSE &= \sum_{j=1}^{k} \sum_{i=1}^{n_k} (y_{ij} - \bar{y}_{.j})^2 = (12-14)^2 + (15-14)^2 + (17-14)^2 + (12-14)^2 \\ &\quad + (14-16.5)^2 + (17-16.5)^2 + (20-16.5)^2 + (15-16.5)^2 \\ &\quad + (16-17)^2 + (14-17)^2 + (21-17)^2 + (15-17)^2 + (19-17)^2 \\ &= 73 \end{aligned}$$

와 같다. SSR에서 원 식의 $\bar{y}_{.j}$을 $\bar{y}_j$로 표시했다. 첨자가 하나인 것은 집단의 j번째를 표시한다고 보기 때문이고, 또 표 8.8에는 각 집단의 분산을 s_j^2와 같이 한 개의 첨자로

---

[17] SSE의 전체 자유도는 $(n_1 - 1) + (n_2 - 1) + \cdots + (n_k - 1)$이므로 $n - k$이다. 여기서 n은 각 집단의 데이터 개수 n_j의 합이다.

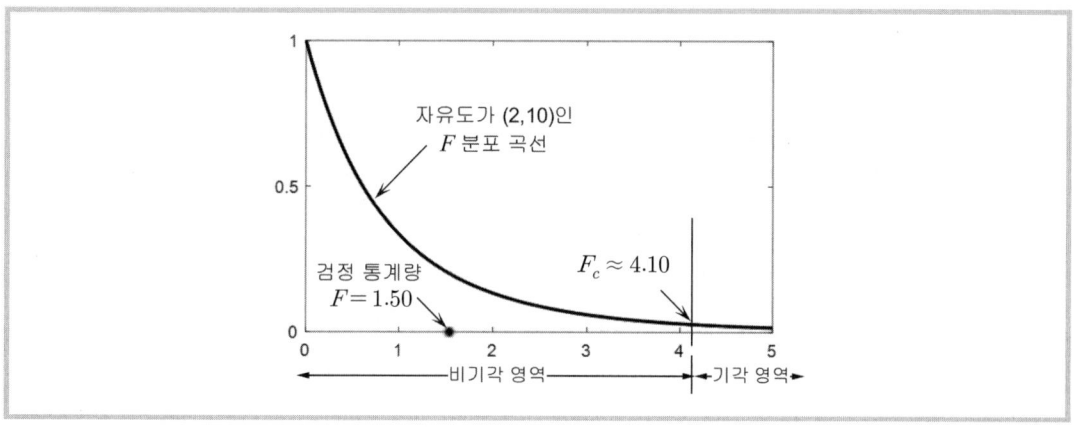

그림 8.9 표 8.8의 F분포에 대한 기각 및 비기각 영역

요약해 두었는데 SSE 계산에 이런 표현을 적용하면 훨씬 편하기 때문이다. 즉,

$$SSE = \sum_{j=1}^{k}\sum_{i=1}^{n_k}(y_{ij}-\bar{y}_{.j})^2 = \sum_{j=1}^{k}(n_j-1)\frac{\sum_{i=1}^{n_k}(y_{ij}-\bar{y}_{.j})^2}{(n_j-1)} = \sum_{j=1}^{k}(n_j-1)s_j^2$$
$$= (4-1)(6)+(4-1)(7)+(5-1)(8.5) = 73$$

로 계산의 복잡도뿐만 아니라 계산 과정도 확 줄었다. 다음, F분포의 검정 통계량인 F값을 구한다. 앞에서 구한 두 제곱합의 자유도는 각각 $df_N = k-1 = 2$와 $df_D = = n-k = 10$이므로 두 제곱평균의 비는

$$F = \frac{MSB}{MSW} = \frac{SSR/df_N}{SSE/df_D} = \frac{21.92/2}{73/10} \approx 1.50$$

이다.

 끝으로, F분포의 검정 통계량에 대한 p값을 구하여 H_0의 기각 조건 p값 $\leq \alpha$을 확인하든가, 아니면 유의수준 α에 대한 기각 영역을 표시하여 검정 통계량의 값이 여기에 속하는지 따져 검정을 판단한다. 첫 번째 방법은 이렇다. $\alpha = 0.05$에서 $F \approx 1.50$보다 더 극단적인 값을 가질 확률인 p값[18] 0.2693으로 α보다 크기 때문에 H_0를 기각하지 못한다. 두 번째 방법을 적용하기 위한 기각 영역은 $\alpha = 0.05$에 해당하는 F분포의 오른쪽 끝의 면적과 대응하는 값 F_c를 확률표나 컴퓨터의 도움을 받아 찾는데 그림 8.9와

---

[18] F분포의 p값, 즉 분포의 면적은 (혹은 확률은) 확률표로 구할 수 없다. 확률표는 지정된 α에 대해 여러 자유도에 따라 적혀 있기 때문에 검정 통계량 값만 알 수 있다.

같다. 즉, $F_c \approx 4.10$로 기각 영역은 (F_c, ∞)이다. 그림 8.9에서 확인할 수 있듯이 검정 통계량 $F \approx 1.50$이 비기각 영역에 속하므로 H_0를 기각하지 못한다. 즉, 진통제의 해열 시간이 다를 것이라는 바람을 입증할 만한 통계학적 증거를 찾을 수 없다.

표 8.9는 1변수 ANOVA의 결과를 요약한 표이다. 위에서 ANOVA를 진행하는 과정에서 계산했던 제곱합부터 자유도, 제곱평균, F 검정 통계량, 그리고 검정 통계량의 p값을 보기 좋게 정리하여 내놓는데 보통 **분산 분석표**라고도 한다. 표 8.9는 ANOVA를 처음 시작하고 활성화된 지역의 언어로 기본 형식도 함께 적어 놓았는데 우리 말의 표현이 무엇이 되었든 원래 언어가 나타내고자 하는 뜻을 제대로 익혔으면 좋겠다. 특히, Between과 Within이 무얼 말하는지 다시 한번 더 생각해 보았으면 한다. Between은 집단의 외부와 관련이 있다. 집단의 개수에서 집단의 성격이나 물리적 이름까지 어떤 말로도 바꿀 수 있지만 기본 뜻은 변하지 않는다. Within은 집단의 내부와 관련을 맺는다. 어떤 말로 표현되었든 수집된 표본은 항상 오차가 발생한다는 것을 잊어선 안 된다. 그리고 두 경우의 제곱합 비율을 보고 선형 회귀의 결정 계수를 떠올릴 수 있다면 통계학을 이해하는데 큰 보탬이 될 것으로 믿는다.

ANOVA을 직접 수행할 수 있는 것도 중요하지만 분산 분석표를 보고 무얼 뜻하는지 판단할 수 있는 능력은 꼭 갖추어야 한다. 컴퓨터가 있는 환경이면 더욱 그렇다. ANOVA를 손으로 실행하는 일보다 컴퓨터의 도움을 받는 경우가 훨씬 많기 때문이다. 한 집단의 데이터 관측 수가 교재나 이론 서적에 있는 것처럼 10개 안팎이 아니라 50개 100개씩 포함되는 경우가 아주 흔하다. 손으로 할 수 있더라도 어리석은 짓이다. 깊이 있는 내용은 아니지만 기초는 다졌다고 생각한다. ANOVA를 포함하여 확률 및 통계의 기초 지식을

표 8.9 표 8.8의 분산 분석표

Source of Variation	SS	df	MS	F	p
Between	SSL	$k - 1$	MSB	F-statistic	p-value
Within	SSE	$n - k$	MSW		
Total	SST	$n - 1$			
변동 원인	제곱합	자유도	제곱평균	검정 통계량 F	p 값
집단 (진통제)	21.923	2	10.962	0.269	1.5
오차	73	10	7.3		
총합	94.923	13			

살핀 만큼 이 분야에 관심 있는 사람이면 이젠 컴퓨터와 함께 좀 더 깊이 있는 지식을 쌓을 때라고 본다.

예제 8.5a 체험 농장의 관리인은 4종류의 블루베리 묘목을 심어 건강하게 자란 열매를 선별하여 수확량(kg)으로 다음의 표로 만들었다. 관리인은 적어도 어느 하나는 평균 수확량이 다를 것으로 기대하고 있다.

수지블루	5.13	5.36	5.20	5.15	4.96	5.14	5.54	5.22
듀크	5.31	4.89	5.09	5.57	5.36	4.71	5.13	5.30
조지아돈	5.20	4.92	5.44	5.20	5.17	5.24	5.08	5.13
휴론	5.08	5.30	5.43	4.99	4.89	5.30	5.35	5.26

가. H_0와 H_1을 설정해 보자.

나. F값의 분자 및 분모 자유도를 살펴보자.

다. 제곱합인 SSR, SSE, 그리고 SST를 계산해 보자.

라. $\alpha = 0.01$에서 기각 및 비기각 영역을 F 분포 곡선에 표시해 보자.

마. 집단간(between groups) 및 집단내(within groups) 제곱평균인 MSB와 MSW을 계산해 보자.

바. F의 검정 통계량을 계산해 보자.

사. 분산 분석표, 즉 ANOVA 표를 작성해 보자.

아. 가)의 가설을 검정하고 해석해 보자.

풀이 ANOVA는 분산의 이름이 붙었지만 검정 대상은 평균이다. 변수나 요인의 각 수준이 같은지 다른지 따지는 검정이다. 따라서 각 가설은 다음과 같다.

$$\begin{cases} H_0 : \text{블루베리 4종류 모목에서 수확한 량은 모두 같다 } (\mu_1 = \mu_2 = \mu_3 = \mu_4) \\ H_1 : \text{수확량은 적어도 하나는 같지 않다 (주장)} \end{cases}$$

다음, 집단의 개수는 $k = 4$이고 각 집단의 관측값 개수는 $n_1 = n_2 = n_3 = n_4 = 8$와 $n = 32$이므로 분자 및 분모 자유도는 각각 $df_N = k - 1 = 3$과 $df_D = n - k = 28$이다. 다음, 제곱합의 계산을 위해 각 집단의 평균과 전체 평균을 구하면 $\bar{y}_1 = 5.21$과 $\bar{y}_2 = 5.17$, $\bar{y}_3 = 5.17$, $\bar{y}_4 = 5.20$, 그리고 $\bar{y}_{..} = 5.19$이다. 그리고 각 집단의 분산은 $s_1^2 = 0.030$과 $s_2^2 = 0.076$, $s_3^2 = 0.022$, 그리고 $s_4^2 = 0.036$이다. 따라서

$$\begin{aligned} SSR &= 8(5.21 - 5.19)^2 + 8(5.17 - 5.19)^2 + 8(5.17 - 5.19)^2 + 8(5.20 - 5.19)^2 \\ &= 0.0104 \end{aligned}$$

$$\begin{aligned} SSE &= (8-1)(0.030) + (8-1)(0.076) + (8-1)(0.022) + (8-1)(0.036) \\ &= 1.148 \end{aligned}$$

$$SST = SSR + SSE = 0.0104 + 1.148 = 1.1584$$

이다. 다음, $\alpha = 0.01$에서 기각 및 비기각 영역을 가르는 임계값 F_c를 찾는다. 확률표를 참조하거나 컴퓨터의 도움을 받으면 $F_c = 4.5681$로 그림 8.10과 같다.

다음, 앞의 제곱합을 이용해 제곱평균을 구한 후 F 분포의 검정 통계량을 구한다. 즉,

$$MSB = \frac{SSR}{df_N} = \frac{0.0104}{3} = 0.0035$$

$$MSW = \frac{SSE}{df_D} = \frac{1.148}{28} = 0.0410$$

로 검정 통계량은

$$F = \frac{MSB}{MSW} = \frac{0.0035}{0.0410} = 0.0854$$

이다. 따라서 ANOVA 표는 다음과 같다.

변동 원인	제곱합	자유도	제곱평균	검정 통계량 F	p 값
집단 (블루베리)	0.0104	3	0.0035	0.0854	0.9675
오차	1.148	28	0.0410		
총합	1.1584	31			

위 표에서 p값은 컴퓨터의 도움을 받아 구한 값이다.

끝으로, 앞에서 구한 F값이나 위 표의 p값을 써서 검정을 판정한다. F값이 비기각 영역에 속하므로, 또 검정 통계량의 p값이 0.9675로 α보다 크므로 H_0를 기각하지 못한다. 체험 농장 관리인의 바람대로 4종류의 블루베리 묘목에서 거둔 수확량이 다를 것이라는 주장은 통계학적으로 받아들일 수 있는 증거가 없다는 말이다.

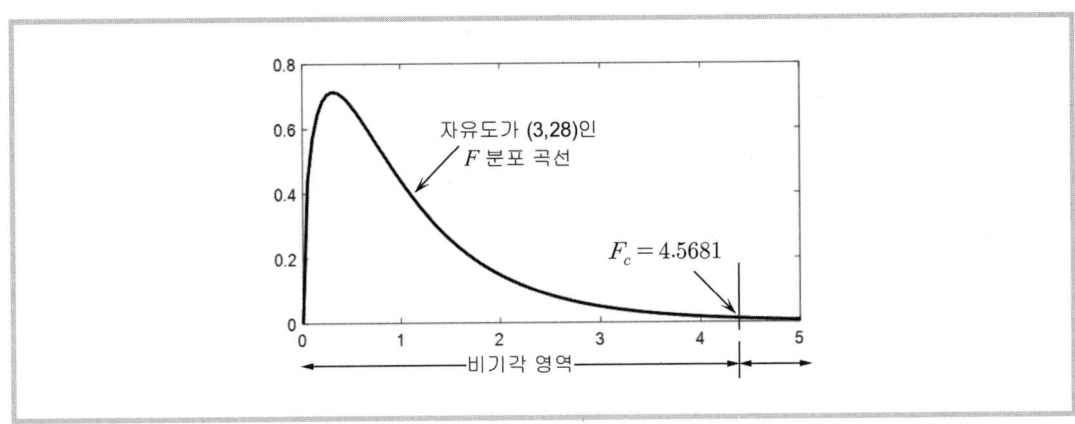

그림 8.10 예제 8.5a의 기각 및 비기각 영역

예제 8.5b 다음의 ANOVA 표는 서로 독립인 3개의 모집단에서 얻은 정보를 근거로 작성한 것이다. 빠진 부분을 완성해 보자.

변동 원인	제곱합	자유도	제곱평균	검정 통계량 F	p 값
집단		2	19.2813		
오차	89.3677				
총합		12			

풀이 우선, 집단의 자유도가 2이므로 집단의 개수는 $k=3$이다. 그리고 집단의 제곱평균은 제곱합을 자유도로 나눈 값이므로 집단의 제곱합은

$$SSR = MSB \times df_N = 19.2813 \times 2 = 38.5626$$

와 같다. 다음, 오차의 자유도는 전체 자유도가 12이므로 $df_D = 10$이다. 따라서 오차의 제곱평균은

$$MSE = \frac{SSE}{df_D} = \frac{89.3677}{10} \approx 8.9368$$

이고, 이때 검정 통계량 F는

$$F = \frac{MSB}{MSE} = \frac{19.2813}{8.9368} = 2.1575$$

로 컴퓨터의 도움을 받아 이의 p값까지 구하면 다음과 같다.

$$p값 = P(F > 2.1575) = 0.1664$$

따라서 이 예제의 ANOVA 결과는 유의수준 α가 0.1664보다 큰 경우이면 H_0를 기각하고 그렇지 않으면 채택하게 된다. 여기서 H_0는 집단 3개의 평균이 모두 같다는 가설이다.

예제 8.5c 한 은행 지점의 관리자는 창구 업무의 효율성을 높이려고 임의 시간 동안 직원이 응대하는 고객의 수를 수차례 조사하여 표 8.10과 같이 요약하였다. 5%의 유의수준에서 각 창구 직원이 응대하는 평균 고객 수가 같다는 귀무 가설 H_0를 검정해 보자.

표 8.10 예제 8.5c를 위한 고객 응대 조사표

직원 A	직원 B	직원 C	직원 D
19	14	11	24
21	16	14	19
26	14	21	21
24	13	13	26
18	17	16	20
	13	18	

[풀이] 이 문제는 비롯 데이터 수가 적긴 하지만 컴퓨터의 활용 측면에서 MATLAB을 써서 풀어 본다. ANOVA를 위한 데이터, 즉 집단의 데이터는 대부분 열 벡터로 생성된다. 하지만 이 예제의 경우는 각 열의 행 개수가 달라 4개의 집단을 행렬로 구성할 수 없다. 이른바 **데이터의 관측 수가 다른 ANOVA**(unbalanced ANOVA)가 되는 셈이다. 이럴 때는 관측 수가 다른 집단의 끝에 NaN를[19] 붙여 행의 개수를 똑같이 만들어 준다. 즉,

```
A = [19  21  26  24  18  NaN]';
B = [14  16  14  13  17  13]';
C = [11  14  21  13  16  18]';
D = [24  19  21  26  20  NaN]';
X = [A  B  C  D];
```

와 같다. 여기서 행렬 X는 6×4의 크기로 표 8.10의 일원 분류표를 뜻한다. 1변수 ANOVA에 대한 MATLAB 함수는 anova1이다. 즉,

```
[p, tbl, stats] = anova1(X)
```

와 같다. 여기서 p는 검정 통계량의 p값이고, tbl은 분산 분석표, 그리고 stats는 일원 분류표 X에 대한 여러 통계량이다. MATLAB이 출력하는 것을 요약하면 다음과 같다.

```
p = 4.9761e-04
tbl = 'Source'      'SS'       'df'     'MS'        'F'        'Prob>F'
      Groups     255.6182      3      85.2061     9.6947     4.9761e-04
      Error      158.2000     18       8.7889
      Total      413.8182     21

stats = gnames: 4×1 cell
                   n: [5  6  6  5]
              source: 'anova1'
               means: [21.6000  14.5000  15.5000  22]
                  df: 18
                   s: 2.9646
```

MATLAB은 명령창에 위의 변수를 출력으로 내놓는 것 말고도 그림 8.11과 같은 ANOVA 표와 X의 각 집단에 대한 상자 그림을 그림창에 자동으로 띄워 함께 보여 준다. 그림 8.11은 F의 검정 통계량인 9.69에 대한 p값을 $\alpha = 0.05$보다 작은 0.0005로 제시하고 있기 때문에 H_0를 기각할 수

---

[19] NaN은 IEEE에서 정의한 문자 기호이다. Not a Number를 뜻하는 말로 무한소나 무한대의 연산 때문에 결과가 수학적으로 정의되지 않을 때도 프로그램이 계속 작동할 수 있도록 해준다.

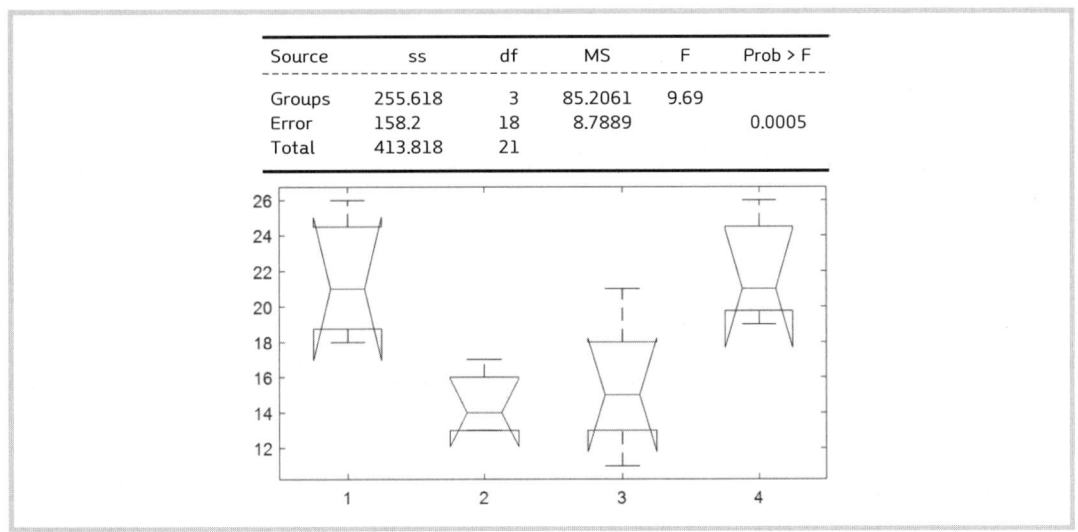

그림 8.11 예제 8.5c에 대한 MATLAB 결과

있다. 즉, 창구 직원의 평균 고객 응대 수가 같다는 주장을 뒷받침할 만한 통계학적 증거를 찾을 수 없다.

예제 8.5d 다음 표는 한 자동차 판매 대리점에서 남성 4명과 여성 4명의 영업 사원이 한 달 동안 판 자동차를 종류와 성별로 구분하여 조사한 이원분류표이다. ANOVA와 관련하여 생각해 보자.

		자동차 종류		
		승용차	트럭	승합/SUV
성별	남성	6, 5, 4, 5	2, 2, 1, 3	4, 3, 4, 2
	여성	5, 7, 8, 7	1, 0, 1, 2	4, 2, 0, 1

풀이 예제의 이원분류표는 2변수 ANOVA를 위한 표이다. 2변수 ANOVA는 이 책에서 다룰 내용의 범위를 벗어나기 때문에 본문에서 언급하지 않았는데 여기서 간략히 언급하면 이렇다. 우선, 2변수 ANOVA는 독립 변수나 요인이 2개이다. 물론 각 독립 변수는 여러 개의 수준을 갖는데 표에 제시된 성별 변수는 남성과 여성의 2개 수준으로, 그리고 종류 변수는 승용차와 트럭, 승합/SUV의 3개 수준으로 구성되어 있다. 이때 한 개의 독립 변수가 종속 변수에 끼치는 영향을 주효과(main effect)라 하고 두 개의 독립 변수가 동시에 종속 변수에 끼치는 영향을 **상호 작용**(interaction effect)이라[20] 한다.

---

[20] 다른 책에선 교호 작용이라 번역하는데 뜻도 어렵고 어감도 안 좋다.

따라서 2변수 ANOVA는 3개의 H_0을 갖는데 다음과 같다. 우선, 각 독립 변수의 주효과에 대해 각각

$$\begin{cases} H_0 : \text{성별 변수는 판매 대수(종속 변수)에 영향을 주지 않는다} \\ H_1 : \text{성별 변수는 판매 대수(종속 변수)에 영향을 준다} \end{cases}$$

$$\begin{cases} H_0 : \text{자동차 종류 변수는 판매 대수에 영향을 주지 않는다} \\ H_1 : \text{자동차 종류 변수는 판매 대수에 영향을 준다} \end{cases}$$

와 같이 2개의 가설이 필요하다. 다음, 두 독립 변수의 상호 작용에 대한 1개의 가설로

$$\begin{cases} H_0 : \text{성별과 종류 변수가 판매 대수(종속 변수)에 끼치는 상호 작용은 없다} \\ H_1 : \text{성별과 종류 변수가 판매 대수(종속 변수)에 끼치는 상호 작용은 있다} \end{cases}$$

이다.

2변수 ANOVA에 대한 자세한 설명을 하지 않았지만 여기선 컴퓨터의 도움을 받아 실행하고 그 결과를 간단히 해석해 본다. 먼저, MATLAB의 anova2 함수를 위한 데이터를 생성한다. 2변수 ANOVA의 데이터 구조는 1변수와 같은 구조인데 세로 변수, 즉 이 예제의 경우엔 성별 변수의 반복 수를 입력 정보로 준다. 다시 말하면,

```
X = [6  2  4
     5  2  3
     4  1  4
     5  3  2
     5  1  4
     7  0  2
     8  1  0
     7  2  1];
```

와 같이 주어진 표의 데이터를 그대로 8×3의 크기로 생성한 후 ANOVA를 실행할 때 반복 횟수를 입력하여 성별의 2 수준, 즉 남성과 여성의 데이터를 다음과 같이 구분해 준다.

```
[p, tbl, stats] = anova2(X,2)
```

여기서 p는 세 가지 가설에 대한 p값, tbl은 ANOVA 표, 그리고 stats는 ANOVA의 사후 검정을 위해 필요한 데이터를 구조체로 반환한다. 그림 8.12는 MATLAB이 생성한 2변수 ANOVA 결과표이다.

그림 8.12의 Source 열에 있는 Columns는 자동차 종류 변수를, 그리고 Rows는 성별 변수를, 그리고 Interaction은 두 독립 변수의 상호 작용에 대한 정보를 뜻한다. 따라서 그림 8.12의 마지막 열에 각 변동의 p값이 순서대로 0, 0.5885, 그리고 0.0193으로 나왔기 때문에 두 번째 행, 즉 성별은 자동차 판매 대수에 영향을 줄만큼 크게 유의할 만하지는 않고 자동차 종류나 두 변수의

Source	ss	df	MS	F	Prob 〉 F
Columns	84.083	2	42.0417	34.01	0
Rows	0.375	1	0.375	0.3	0.5885
Interaction	12.25	2	6.125	4.96	0.0193
Error	22.25	18	1.2361		
Total	118.958	23			

그림 8.12 예제 8.5d의 2변수 ANOVA 결과표

상호 작용은 H_0를 기각할 만한 통계학적 증거가 있기 때문에 자동차 판매 대수에 영향을 준다고 판단한다.

09

몬테카를로 시뮬레이션

09 몬테카를로 시뮬레이션

9.1 서론

몬테카를로(Monte Carlo) **시뮬레이션**은 (혹은 방법은) 불확실한 시스템의 출력 분포를 추정하는 수치 기법 중 하나이다. 불확실한 시스템(uncertain system)은 시스템의 입력이나 상태가 일정하지 않고 시간이나 환경에 따라 임의로 변하는 시스템으로 처음부터 시스템의 모델이 잘못 구성되었거나 예기치 않은 입력이 갑자기 들어오거나, 혹은 시스템의 파라미터가 변동하는 것이 중요한 까닭이다. 기존에도 강인성이나 신뢰도를 기준으로 이런 불확실한 시스템을 취급하기도 했지만 결과는 늘 확정적인 평가(deterministic evaluation)였는데 몬테카를로 방법은 **확률의 무작위성과 통계의 큰수의 법칙을**[1] 핵심으로 하여 언제나 확률론적 평가(stochastic evaluation)를 결과로 내놓는다.

몬테카를로는 모나코의 휴양지이면서 도박 도시이다. 1949년 폴란드 수학자인 Stanislaw Ulam이 병원에 입원해 있으면서 무료함을 달래기 위해 카드 놀이를 하다가 번뜩 떠오르는 생각이 있어 맨하튼 프로젝트의 동료인 John von Neumann과 공유하면서 몬테카를로 시뮬레이션이 처음 탄생되었다.[2] 몬테카를로 시뮬레이션은 아직 체계적인 이론 정립이나 접근 방법이 뚜렷하게 정리되어 있지 않다. 하지만 방법이 쉽고 컴퓨터만 있으면 시행해 볼 수 있기 때문에 지금은 여러 분야에서 분야의 특징에 맞게 시행 순서나 주의점 따위를 정하여 광범위하게 사용되고 있다. 특히, 시스템의 모델링이 어렵거나 동적 거동이 아주 복잡하거나, 혹은 수많은 변수가 포함된 경우의 첫 번째 시도로 몬테카를로 시뮬레이션을 떠올릴 만큼 모든 분야의 누구라도 생각할 수 있는 기법이 되었다.

---

[1] 확률의 무작위성(randomness)은 어떤 사건이 일어날 확률이 무작위로 일어나기 때문에 몇 번을 반복하든 이런 성질을 유지한다는 뜻이고 통계의 큰수의 법칙(law of large numbers)은 시행을 많이 하면 할수록 시행의 결과가 이론적인 혹은 실제적인 값으로 접근할 때 쓰는 말이다. 따라서 무작위성과 큰수의 법칙을 특징으로 삼는 몬테카를로 시뮬레이션은 변수의 값을 주어진 범위 안에서 무작위로 선택하며 시행 횟수도 되도록 많이 하는 것이 생명이다.

[2] S. Ulam, "The Monte Carlo Method", J. of the American Statistical Association, Vol. 44, No. 247, pp. 335-341, 1949.

물리 시스템의 원자 운동도, 주식 시장의 주가 예측도, 사회 시스템의 도로망이나 전력망의 모델링과 COVID-19와 같은 전염병의 감염 경로도, 공학 시스템의 불확실성 제어나 신뢰도를 보장하는 생산 계획도, 그리고 국가나 금융 기관의 위험-관리 평가 따위도 몬테카를로 시뮬레이션을 적용해 볼 수 있다.

이 장에선 앞 장에서 줄곧 다루었던 확률 및 통계와 관련하여 몬테카를로 시뮬레이션을 살펴보고자 한다. 몬테카를로 시뮬레이션을 위한 시스템의 표현, 입력 변수 및 시스템 파라미터의 샘플링 방법, 성능 함수의 정의, 시스템 출력의 기술통계학적 정리, 그리고 신뢰도(reliability)와 고장 확률(failure probability)로 몬테카를로 시뮬레이션의 시행 횟수에 따른 효율 따위를 알아보도록 한다. 비록 깊이 있는 설명은 못되겠지만 자신의 분야에서 혼자서 시도해 볼 수 있는 내용은 될 듯하므로 풀리지 않거나 재미있는 문제가 있으면 한번 해 보면 좋다고 생각한다. 특히, 몇몇 분야에서 어렵지 않게 적용할 수 있는 몇 가지 예도 함께 포함했으니 몬테카를로 시뮬레이션의 절차를 이해하는 데 도움이 될 것이다.

9.2 몬테카를로 시뮬레이션을 위한 시스템 표현과 절차

몬테카를로 시뮬레이션도 앞 장에서 자주 언급되었던 확률 실험의 한 방법이다. 컴퓨터에서 변수의 무작위 샘플링과 이의 횟수가 물리적인 실험과 견줄 수도 없을 만큼 많다는 것이 차이면 차이다. 그림 9.1은 몬테카를로 시뮬레이션을 위한 시스템의 일반적인 표현이다.

그림 9.1에서 해석 모델 $Y = g(\boldsymbol{X})$는 벡터 $\boldsymbol{X} = [X_1, X_2, \cdots, X_n]$의 함수로 동적 시스템이 아닌 경우이면 보통 **성능 함수**(performance function)가 된다. 입력과 파라미터는 일반적으로 다른 기호로 표시되지만 두 변수가 모두 확률 분포나 관련 데이터베이스, 혹은 주관적인 판단에 따라 시뮬레이션의 각 단계마다 변하는 값이라는 측면에서 같은 기호

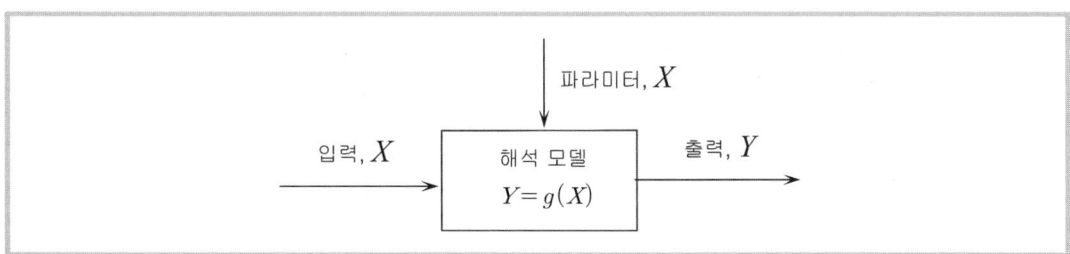

그림 9.1 몬테카를로 시뮬레이션을 위한 시스템 표현

X를 사용했고 가지 수가 많으면 이 역시 벡터이다. 따라서 입력 및 파라미터 X_j와[3] 출력 Y는 스칼라이지만 시뮬레이션의 시행 횟수만큼 행 방향으로 축적되는 데이터 집단이 된다. 그림 9.1의 시스템에 대한 몬테카를로 시뮬레이션의 절차를 요약하면 다음과 같다.

가. 종속 변수 Y에 영향을 주는 독립 변수인 입력 및 파라미터 X를 확인한다.

나. 독립 변수 X의 각 확률 분포를 지정한다. 역사적인 자료와 같은 데이터베이스나 개인의 주관적인 판단, 경험 따위를 가중하여 정할 수도 있지만 대개는 각 변수마다 상황에 맞는 확률 분포를 가정한다.

다. 시뮬레이션의 반복 횟수를 1로 놓고 다음을 수행한다. (다음 소절의 주제)

    1. 균등 분포에서 0과 1 사이의 값, 즉 확률을 추출한다.

    2. 각 변수의 확률 변수에서 1)의 확률에 해당하는 값을 계산한다.

    3. 모든 입력 및 파라미터 X에 대한 값이 설정되면 시뮬레이션을 실행한다.

라. 다) 과정을 시뮬레이션의 지정된 횟수까지 반복한다.

마. 성능 함수 혹은 출력 Y에 대한 다음과 같은 작업을 실시한다.

    1. Y의 기술통계학적 정보를 계산한다.

    2. 필요하면 Y의 확률 밀도 및 누적 함수도 찾는다.

    3. 1-2)의 결과로 시뮬레이션의 성공과 실패를 결정한다.

바. 마)에서 실패로 판정되면 해석 모델과 확률 분포를 재점검하여 처음부터 반복한다.

성능 함수 $Y = g(X)$는 입력이나 파라미터의 대수 방정식, 즉 동적 방적식과 달리 미분이 없는 식인데 보통 사칙 연산과 함께 하는 산술식이다. 이를 테면, $Y = X_1 + X_2 + X_3$나 $Y = X_2 - X_1$, $Y = X_1^2 + X_2$ 따위가 $Y > 0$나 $Y < 0$, $Y = 0$ 따위로 성공과 실패의 판단 기준을 제시한다. 여기서 성공(success)은 N번의 시뮬레이션에서 성능 함수의 조건을 만족하는 횟수이고 실패(failure)는 만족하지 못하는 횟수가 된다.

9.3   몬테카를로 시뮬레이션을 위한 샘플링

몬테카를로 시뮬레이션의 핵심은 각 독립 변수의 확률 분포에서 해당하는 값을 샘플링하는 일이다. 물론 과거의 축적된 데이터베이스나 개인의 주관적 판단에 따라 값을 선택하는 일도 마찬가지이다. 몬테카를로 시뮬레이션은 어떤 값의 집합이 준비되었든 어떤 확률

---

[3] 앞 장의 ANOVA 방식을 따르면 $X_{.j}$이 되는데 여기선 행렬로 구성할 환경이 아니므로 점 첨자를 생략했다. 만약 입력이나 파라미터를 뭉쳐 행렬로 표시한다면 X_{ij}는 j번째 변수의 i번째 시뮬레이션 결과라는 뜻이 된다.

분포가 마련되었든 값의 선택은 무작위이어야 한다. 어떤 값이든 선택되는 확률은 모두 같아야 한다는 말이다. 하지만 해당하는 분포에서 값을 직접 선택하는 경우를 종종 보았다. 이를 테면, 변수 X_1을 정규 분포로 가정할 때 이의 정규 분포에서 바로 샘플링하여 사용하는데 분포의 가운데 값이 선택될 확률이 다른 값과 견주어 높다는 측면에서 몬테카를로 시뮬레이션의 기본 조건을 위반한 것이 된다. 컴퓨터가 널리 퍼져 있고 관련 소프트웨어도 쉽게 사용할 수 있어 기본 사항을 잊고 그럴 수도 있다고 보지만 대수롭지 않게 생각한 탓이 아닌가 싶다. 손으로 작업하지 않고 컴퓨터가 하는 일이니 번거로운 일도 아니다. 몬테카를로 시뮬레이션의 생명이 무작위성이라는 것을 잊지만 않는다면 이런 실수는 절대 일어날 리가 없다.

　몬테카를로 시뮬레이션을 위한 분포의 샘플링은 값이 아니라 확률을 샘플링한다. 0에서 1 사이의 확률 p_j을 균등하게 뽑아 변수 X_j의 분포 누적함수 $F_{X_j}(x_j)$를 거꾸로 적용하여, 즉 해당 분포의 역누적 함수를 이용하여

$$x_j = F_{X_j}^{-1}(p_j)$$

와 같이 찾는데 그림 9.2와 같다. 그림 9.2의 과정이 복잡하게 보일 수 있지만 요즘의 컴퓨터 소프트웨어 대부분은 모든 분포의 PDF뿐만 아니라 CDF와 ICDF(역누적분포)를 탑재하고 있기 때문에

```
p = RAND(n)
x = ICDF(DIST, p, parameters)
```

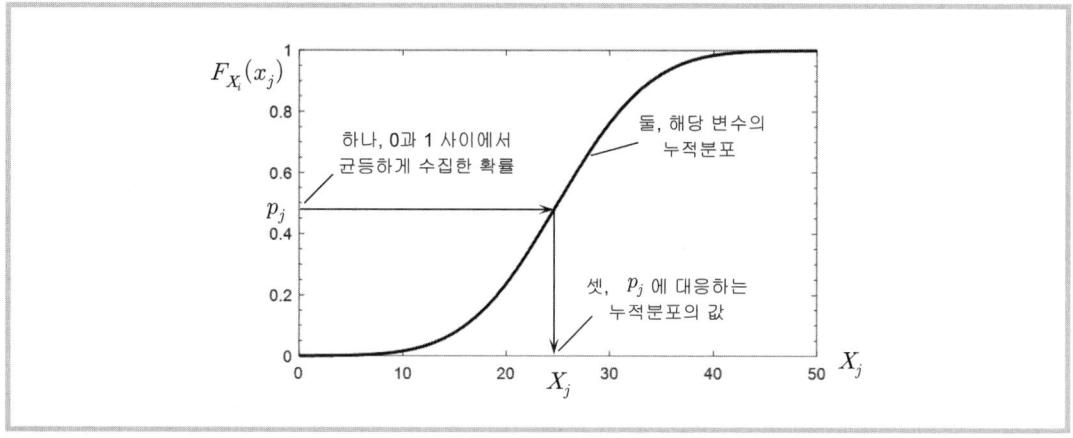

그림 9.2 임의 분포의 역누적 함수를 이용하는 법

와 같은 명령으로 해당 분포의 값을 쉽게 찾을 수 있다. 여기서 RAND는[4] 각 소프트웨어에서 0과 1 사이의 값(확률) n개를 균등하게, 또 무작위로 반환하는 함수이고 ICDF는 앞에서 찾은 확률 p의 해당하는 분포에 대응하는 값을 반환하는 함수인데 소프트웨어마다 정의된 분포의 이름은 DIST에, 그리고 파라미터는 parameters 자리에 넣으면 된다. 그림 9.3은 임의 변수 X_1이 정규 분포 $N(\mu = 50, \sigma = 10)$를 따를 때 분포에서 $N = 500$개를 직접 수집하는 경우와 역누적 함수를 통해 수집하는 경우의 성능 함수 $Y = X_1$의 히스토그램을 그려 비교한 것이다.

그림 9.3에서 확인할 수 있듯이 샘플링의 두 방법은 결과에서 큰 차이는 없지만 성능 함수의 평균과 분포의 형상이 약간 다른 것을 볼 수 있다. 분포가 대칭이어서 그림 9.2의 y축으로 기울어져 올라가는 부분이 다른 부분보다 길어 이 부분의 역누적 함수의 값이 많이 수집되므로 분포에서 직접 샘플링하는 효과와 비슷하기 때문으로 여겨진다. 몬테카를로 시뮬레이션은 변수 수도 많고, 또 변수의 분포도 여러 형태로 가정할 수 있기 때문에 이처럼 1개 변수에서 약간의 차이도 $Y = g(\boldsymbol{X})$와 같이 변수가 서로 섞이고 분포도 각각 다르면 성능 함수의 통계학적 특성이 크게 다를 수도 있기 때문에 샘플링 방법을 소홀히

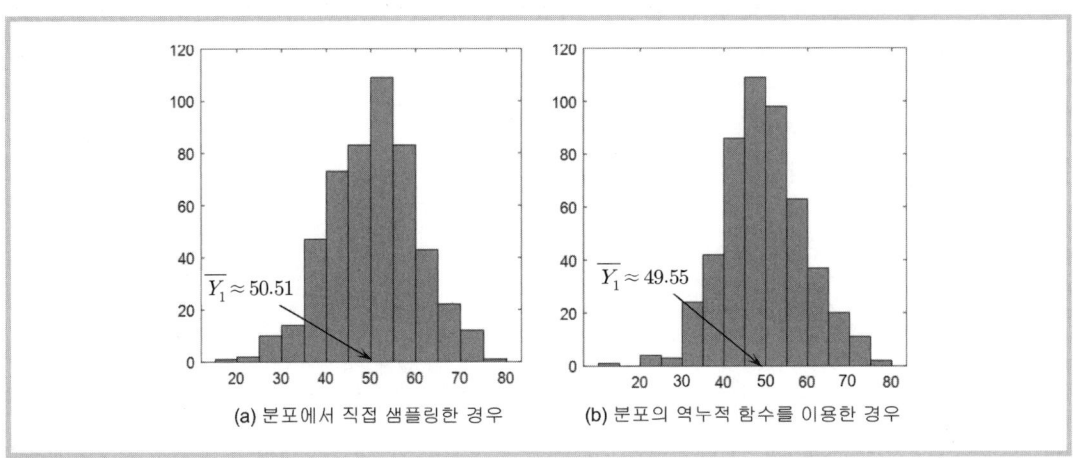

(a) 분포에서 직접 샘플링한 경우   (b) 분포의 역누적 함수를 이용한 경우

그림 9.3 몬테카를로 시뮬레이션의 샘플링 방법 비교

---

[4] 모든 컴퓨터의 기본적인 (균등 분포의) 무작위 수 반환 함수이다. 컴퓨터는 항상 바로 앞에 생성된 값을 기준으로 무작위 수를 반환하고 첫 번째 무작위 수의 앞은 사용자가 지정할 수 있는데 시드(seed)가 된다. 따라서 무작위 수를 다음에도 똑같은 값으로 사용할 요량이면 항상 시드를 지정하는 버릇을 들이는 것이 좋다. 좋아하는 수나 생년월일 따위로 쉽게 잊지 않도록 하여 무작위 수가 개입된 시뮬레이션이라 할지라도 같은 결과(데이터)를 다시 생성할 수 있고, 또 그렇게 해야만 하는 경우도 더러 있다.

생각해서는 안 된다.[5]

9.4 몬테카를로 시뮬레이션의 통계학적 해석

몬테카를로 시뮬레이션의 성능 함수 $Y = g(X)$는 시뮬레이션의 결과를 수집한 데이터 집단이다. 따라서 Y의 통계학적 해석은 기술통계학에서 정의되는 대부분의 통계량이 관심 대상이다. 그림 9.3과 같은 히스토그램을 그려 평균과 분산을 먼저 짐작하고 이의 수치 계산을 통해 분포의 중심 경향과 퍼짐 정보를 반드시 파악해야 하는데 여기선 이미 앞 장에서 관련 통계량의 계산을 설명했기 때문에 생략하기로 한다. 더군다나 Y는 몬테카를로 시뮬레이션의 성능 함수이기 때문에 이의 실패 확률과 신뢰도까지 계산할 필요가 있다. 즉, **실패 확률**(probability of failure) P_f는

$$P_f = P[g(\mathrm{X}) \le 0]$$

와 같이 $Y \le 0$일 확률로 정의된다. 위의 확률 계산은 무척 복잡하다. 확률 변수의 함수 $g(X)$에 대한 결합 PDF를 찾아 이를 $g(X) \le 0$의 조건에서 적분하여 계산해야 한다. 여기선 적분의 계산을 쉽게 하기 위해 3장에서 정의한 바 있는 **임시 변수**(dummy variable) 혹은 **지시자**(indicator)를 다음과 같이 소개한다.

$$I(x) = \begin{cases} 1 & (g(X) \le 0인\ 경우) \\ 0 & (그렇지\ 않은\ 경우) \end{cases}$$

따라서 P_f는

$$P_f = \int_{-\infty}^{\infty} I(x) f_X(x) dx \tag{9.1}$$
$$= \frac{1}{N} \sum_{i=1}^{N} I(x_i) = \frac{N_f}{N}$$

와 같다. 식 (9.1)을 유도하는데 확률 변수 $I(x)$의 기댓값에 대한 정의를 적용했고, 이때

---

[5] MATLAB의 실전 경험으로 보면 이렇다. 시뮬레이션 횟수가 엄청 크지 않을 땐 분포에서 직접 샘플링하여 구한 Y의 통계학적 해석이 이론적 해석, 즉 분포의 합과 차 따위를 통해 미리 계산한 값과 더 잘 들어 맞는다. 역누적함수를 써서 구한 Y는 그렇지 않지만 말이다. 몬테카를로 시뮬레이션의 본질이 수많은 반복이라고 생각하면 이해하지 못할 바는 아니지만 아쉽다. 아마 요즘의 컴퓨터 알고리즘은 질이 높아서 분포에서 바로 샘플링하더라도 분포 특성에 맞게 표본을 수집할 수 있지만 옛날 질이 높지 않을 때 사용했던 역누적함수의 이용은 균등 분포에서 1차로 샘플링하는 단계가 더 추가되기 때문에 컴퓨터의 연산 횟수가 증가하여 오히려 수치 오차가 발생하지 않나 싶다.

N은 시뮬레이션 횟수이고 N_f는 Y에서 조건 $g(\boldsymbol{X}) \leq 0$을 만족하는 데이터의 개수이다. 한편, 성능 함수 $Y = g(\boldsymbol{X})$의 **신뢰도**(reliability) R은 $Y > 0$와 같이 실패가 되지 않을 확률로 정의된다. 즉,

$$R = P[g(\boldsymbol{X}) > 0] \qquad\qquad (9.2)$$
$$= 1 - P_f = \frac{N - N_f}{N}$$

와 같다. 그리고 Y의 CDF는 식 (9.1)의 유도에서 사용한 임시 변수를 사용하면

$$F_Y(y) = P[g(\boldsymbol{X}) \leq y] \qquad\qquad (9.3)$$
$$= \frac{1}{N} \sum_{i=1}^{N} J(y_i)$$

이고 Y의 PDF는 식 (9.3)의 수치 미분으로 얻을 수 있다. 여기서

$$J(x) = \begin{cases} 1 & (g(\boldsymbol{X}) \leq y \text{인 경우}) \\ 0 & (\text{그렇지 않은 경우}) \end{cases}$$

이다.

식 (9.1)에서 (9.3)까지 좀더 확실히 이해하기 위해서 다음과 같은 수치 예를 생각해 보자. 구조물의 허용 응력 X_1이 평균이 120MPa이고 표준 편차가 20MPa인 정규 분포를 따를 때 구조물에 작용하는 하중으로 발생하는 최대 응력 X_2도 평균이 100MPa이고 표준 편차가 10MPa인 정규 분포를 따르는 경우를 가정하여 위의 과정을 진행해 보자. 우선, 성능 함수를 $Y = g(\boldsymbol{X}) \ X_1 = -X_2$로 둔다. 최대 응력이 허용 응력보다 크거나 같으면 구조물의 파손을 경험하게 되므로 $g(\boldsymbol{X}) \leq 0$이 실패 확률의 조건이 될 수 있기 때문이다. 다음, 몬테카를로 시뮬레이션의 횟수를 $N = 100$로 했을 때 성능 함수 Y와 관련한 히스토그램은 그림 9.4와 같다.

그림 9.4엔 Y의 기본 통계량을 포함해 실패 확률과 신뢰도도 함께 나타나 있다. Y의 평균은 21.32이고 표준 편차는 22.57로 나왔고, 또 실패 확률은 0.17이고 신뢰도는 0.83이다. 실패 확률이 $P_f = 0.17$인 것은 구조물이 주어진 환경에서 최대 응력이 허용 응력을 넘어서는 경우가 17%가 된다는 말이다. 이론적으로 검정해 보면,

$$E[g(\boldsymbol{X})] = E(X_1 - X_2) = E(X_1) - E(X_2) = 120 - 100 = 20$$
$$Var[g(\boldsymbol{X})] = Var(X_1 - X_2) = Var(X_1) + Var(X_2) = 20^2 + 10^2$$

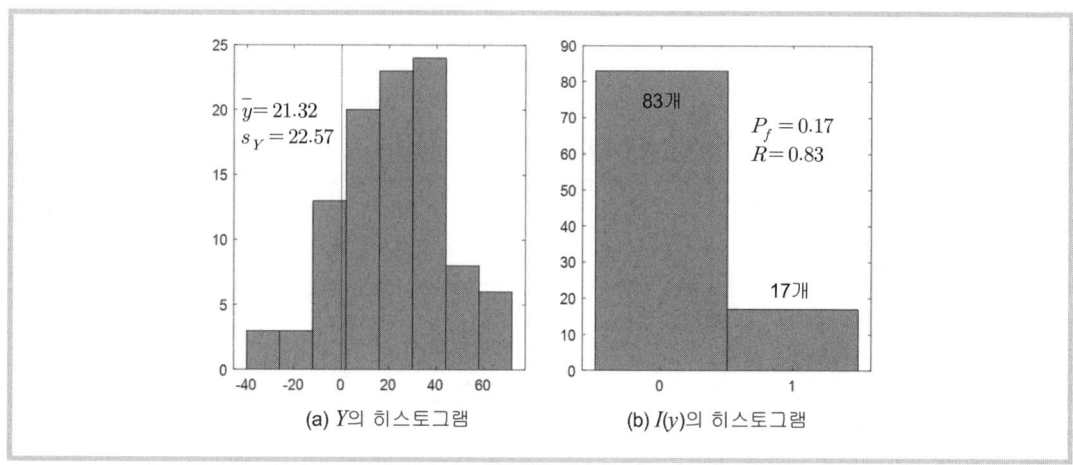

(a) Y의 히스토그램   (b) $I(y)$의 히스토그램

그림 9.4 성능 함수 $g(\mathrm{X}) = \mathrm{X}_1 - \mathrm{X}_2$와 관련한 히스토그램

이고, 또 실패 확률은 Y의 누적함수 $F_Y(y)$에서 $y < 0$인 경우의 확률이므로 위의 평균과 표준 편차를 갖는 정규 분포에서 $y = 0$의 표준 점수는

$$z_{y=0} = \frac{0-20}{\sqrt{20^2 + 10^2}} = -0.8944$$

이므로 확률표를 찾든가 컴퓨터의 도움을 받아 $z_{y=0} = -0.8944$ 이하의 확률, 즉 실패 확률은

$$P_f = 0.1855$$

이 된다. 이 값은 시뮬레이션을 통해 얻은 0.17과 차이가 있는데 이는 평균과 표준 편차와 같이 시뮬레이션 횟수가 $N = 100$으로 작기 때문으로 판단된다. 그림 9.5는 횟수가 $N = 100$인 시뮬레이션에서 얻은 표본 X_1과 X_2를 평면에 그려서 구조물의 안전하고 안전하지 않은 영역을 도해적으로 보여 준다.

그림 9.5를 보면 몬테카를로 시뮬레이션에서 표본 X_1과 X_2의 짝이 경계선 $g(\boldsymbol{X}) = 0$을[6] 중심으로 안전하지 않는 영역으로 얼마만큼 떨어져 분포하는지 눈으로 확인할 수 있다. 표 9.1은 시뮬레이션의 횟수에 따라 P_f가 앞에서 이론적으로 구한 실패 확률로 접근하는 모습을 보여 준다.

---

[6] 최적화나 시뮬레이션의 전문 용어로 **한계 상태**(limit state)라 한다. 한계 상태를 기준으로 한쪽은 안전한 영역이고 다른 한쪽은 안전하지 않은 영역이 된다.

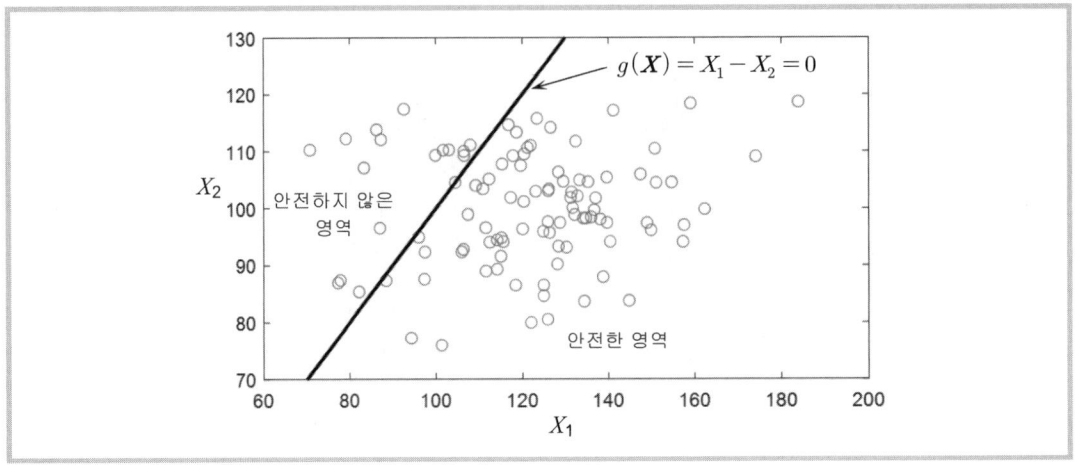

그림 9.5 성능 함수 $g(X) = X_1 - X_2$을 위한 시뮬레이션 표본 X_1과 X_2

지금까지 몬테카를로 시뮬레이션에 대해 짧고 깊지 않게 설명하였지만 개념과 진행 절차, 그리고 결과에서 검토할 내용 따위를 살펴보았다. 본문의 끝 부분에선 공학 예를 제시하여 이해를 높이고자 노력도 했다. 물론 많이 부족할 것이다. 이 책은 확률과 통계의 기초에 관한 것으로 몬테카를로 시뮬레이션을 빼도 상관이 없었다. 평소에 관심이 있었고, 또 몇 가지 자료도 모인 터라 정리 노트로 꾸리고자 했던 것이 그대로 삽입된 셈이다. 몬테카를로 시뮬레이션이 독립된 과목으로 정착된 것도 아니고, 그리고 어느 분야가 독점할 주제도 아니어서 굳이 다루고자 한다면 통계 관련 과목이 포함하는 것이 좋을 듯하여 마지막의 짧은 장으로 남겨 두기로 했다.

몬테카를로 시뮬레이션에 대한 몇몇 예제를 풀어 보기로 한다. 본문의 내용이 깊이가 없어 좋은 예제를 선별하진 못했지만 간단하더라도 스스로 문제를 고안하여 몬테카를로 시뮬레이션을 시도해 볼 수 있는 수준까지 도달하려면 연습이 꼭 필요할 것인데 이 예제들이 그 연습 문제가 되었으면 한다.

표 9.1 시뮬레이션 횟수에 따른 실패 확률의 이론 확률(0.1855)로 접근

N	100	1000	10000	100000	1000000
N_f	17	176	1802	18650	185525
P_f	0.1700	0.1760	0.1816	0.1850	0.1855
Err(%)	8.3558	5.1213	2.1024	0.2534	0.0135

예제 9.1 그림 9.6은 3개의 공정을 순서대로 갖춘 시스템을 보여 주고 있다. 각 공정에서 머무는 시간(분) X_i는 정규 분포를 따른다고 가정한다. 이때 $\mu_1 = 10$, $\mu_2 = 10$, $\mu_3 = 15$, $\sigma_1 = 1$, $\sigma_2 = 1.5$, 그리고 $\sigma_3 = 1.5$이다. 이 시스템을 거치는 제품이 40분을 초과할 확률을 예측해 보자.

풀이 시스템을 구성하는 각 공정의 파라미터 X_1, X_2, 그리고 X_3가 확률 변수이고 이들의 합이 시스템의 성능 함수 $Y = X_1 + X_2 + X_3$로 정의되므로 $P(Y > 40)$을 구하는 문제이다. 우선, 이론적인 해석을 먼저 해보자. 성능 함수 Y의 평균과 표준 편차는

$$E(Y) = E(X_1 + X_2 + X_3) = E(X_1) + E(X_2) + E(X_3) = 35$$
$$Var(Y) = Var(X_1 + X_2 + X_3) = Var(X_1) + Var(X_2) + Var(X_3) = 1^2 + 1.5^2 + 1.5^2 = 5.5$$
$$SD(Y) = \sqrt{Var(Y)} \approx 2.35$$

이다. 그리고 실패 확률 P_f, 즉 $P(Y > 40)$는

$$P(Y > 40) = P\left(\frac{Y - \mu_Y}{\sigma_Y} > \frac{40 - 35}{2.35} \right) = P(Z > 2.1277) = 0.0167$$

와 같이 표준화를 하여 확률표를 찾거나 컴퓨터를 이용하여 구한다. 다시 말하면, 세 개의 공정을 거치면서 머무르는 시간이 40분을 초과할 확률은 이론적으론 1.67%이다. 다음, 몬테카를로 시뮬레이션을 실시하여 Y의 통계학적 해석의 결과가 이론적인 결과와 맞는지 확인한다. 그림 9.7은 시뮬레이션 횟수가 $N = 100$일 때 성능 함수 Y에 대한 히스토그램과 기술통계학적 결과를 보여 준다.

그림 9.7은 정적 통계량이라고 할 수 있는 평균은 $N = 100$에서도 이론값과 거의 같은 반면 동적 통계량으로 볼 수 있는 표준 편차와 실패 확률은 상대적인 차이가 큰 것을 보여 준다. 히스토그램의 형상도 시뮬레이션 횟수가 적어 이론으로 가정되는 정규 분포의 모습, 즉 종모양의 대칭이 되지 못하고 있다. 일반적인 경우는 표본의 개수가 30개 이상이면 중심극한정리(central limit theorem)에 따라 원시 분포의 종류에 관계 없이 정규 분포를 띄지만 몬테카를로 시뮬레이션의 경우는 큰수의 법칙(law of large numbers)이 우선하기 때문에 $N = 100$은 여전히 부족한 횟수가 된다. 마치 동전

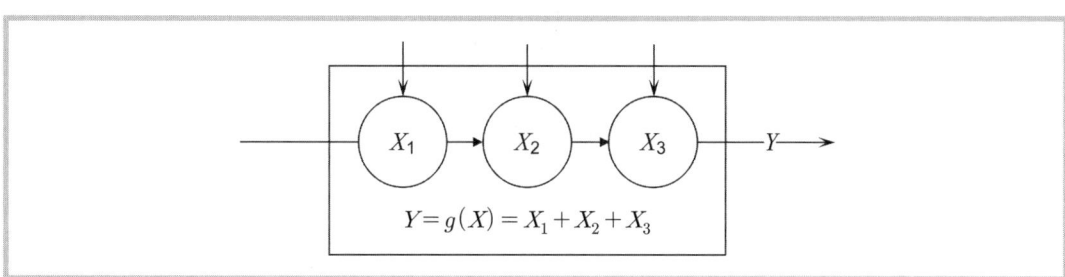

그림 9.6 3개의 공정을 갖는 시스템

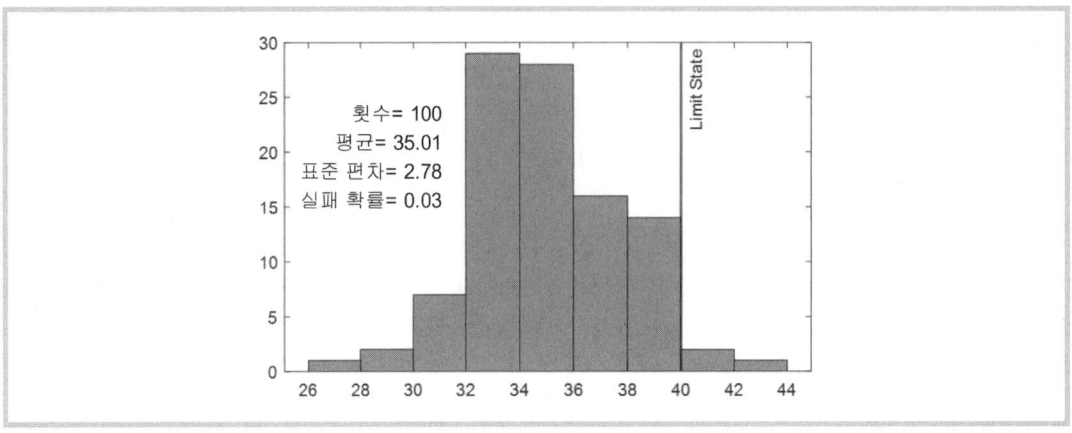

그림 9.7 $N = 100$에서 예제 9.1a의 성능 함수에 대한 기술통계학적 결과

을 던지는 실험에서 앞면의 결과가 이론 확률인 0.5로 수렴하기 위한 실험의 횟수가 적어도 1000번이나 10000번이 되어야 하듯이 말이다.

그림 9.8은 $N = 10000$에서 분석한 성능 함수 Y에 대한 히스토그램과 기술통계학적 결과를 보여준다. 그림 9.8은 분포의 형상에서 그림 9.7과 견줄 수 있는데 큰수의 법칙이 실현되어 중심극한정리가 입증되었다고 볼 수 있다. 표준 편차가 확 줄어 이론값으로 수렴하고, 특히 실패 확률은 이론값인 0.0167과 견주어 $N = 100$에서 상대 오차가[7] 거의 80%이던 것이 10% 정도로 줄었다. 실패 확률은 그림 9.8에 표시된 $Y = 40$으로 정해진 한계 상태를 넘어서는 도수의 시뮬레이션 횟수 N에 대한 비율이다. 이론적으론 $Y > 40$이 되는 표본이 167개이어야 하는데 그림 9.8의 경우는 150개 정도이

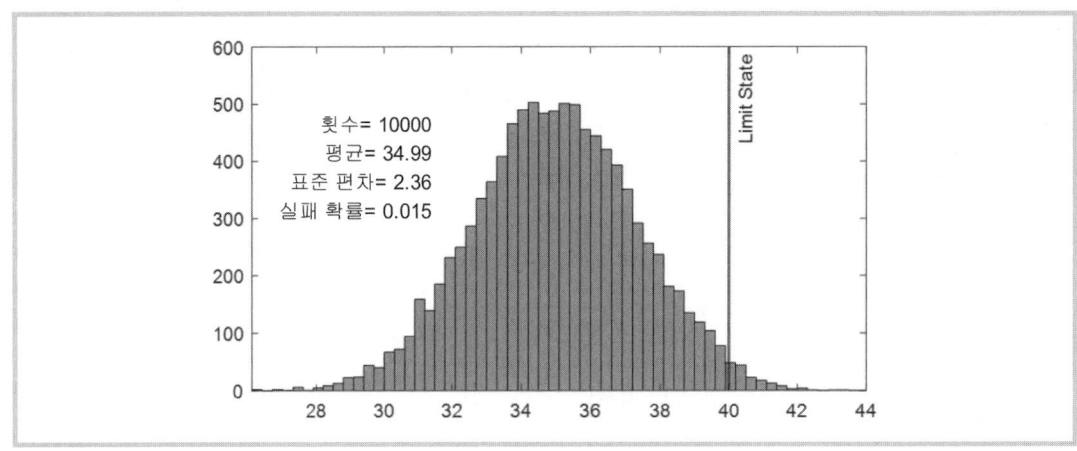

그림 9.8 $N = 10000$에서 예제 9.1a의 성능 함수에 대한 기술통계학적 결과

---

[7] 상대 오차는 이론값과 추정값의 차가 이론값과 견주어 차지하는 비율이다.

다. 이 개수가 적다고 좋은 것이 아니다. 그림 9.7의 $N=100$에서 한계 상태를 벗어나는 도수가 이론적으론 1.6개 정도가 되어야 하는데 3개가 나왔으니 상대 오차가 플러스이지만 여기선 마이너스이다. 이는 $N=10000$이더라도 실패 확률은 여전히 수렴 중이라는 뜻이므로 아직 완전히 수렴했다고 보기 어렵다. 아마 $N=10^5$나 $N=10^6$이 되어야 수렴했다고 볼 수 있지 않을까 싶다.

예제 9.2와 풀이

몬테카를로 시뮬레이션의 생명은 무작위성과 무한 반복이다. 여기서 무한 반복을 끝없이 반복하는 것으로 이해해도 되지만 시뮬레이션의 횟수가 많으면 많을수록 결과의 정확도가 높다고 이해하는 것이 더 낫다. 몬테카를로 시뮬레이션을 적용하기 딱 좋은 경우가 있다. 이른바 무한 소수인 원주율 π를 찾는 일이다.

확률은 관심 있는 사건이 발생하는 비율이다. 사건은 물리적이든 개념적이든, 혹은 구체적이든 추상적이든 무엇이든 될 수 있다. 관심 있는 사건은 전체의 일부분으로 관심 없는 사건과 항상 보수 관계를 가진다. 따라서 확률은 전체와 관심 있는 사건, 그리고 관심 없는 사건 중에서 반드시 두 개를 알아야 수학적으로 계산할 수 있고, 이때 계산을 위한 값은 셈을 하거나 측정하여 얻는다. 관심 있고, 또 관심 없는 사건의 경계는 몬테카를로 시뮬레이션 용어로 한계 상태가 맡는다. 한계 상태(limit state)는 몬테카를로 시뮬레이션의 성능 함수인 $Y=g(X)$의 특정한 상태가 결정하는데 대체로 관심 있는 사건을 중심으로 정해진다. π는 원과 관련이 있다. 원의 반지름과 (혹은 지름과) 원둘레의 비이니 원을 빼놓고는 π가 정의되지 않는다. 따라서 원 안과 밖의 경계를 $Y=g(X)$로 규정하고 한계 상태의 조건을 주어 원 안이 관심 사건이 되도록 한다.

이제, 남은 것은 확률의 계산을 위해 전체와 사건의 값 중에서 2개를 반드시 알아야 한다. 즉,

$$확률 = \frac{관심 사건}{전체} = \frac{전체 - 관심없는 사건}{전체} = \frac{관심 사건}{관심 사건 + 관심없는 사건}$$

와 같은 확률 식에서 둘은 알아야 식이 완성되는 것이다. 확률을 아는 경우엔 전체나 사건 중 하나는 알아야 셋을 다 알 수 있다. 관심 사건인 원(면적)은 값을 모르니 (값을 알면 π를 구할 필요가 없기 때문에) 관심 없는 사건인 원의 바깥을 알아야 한다. 즉,

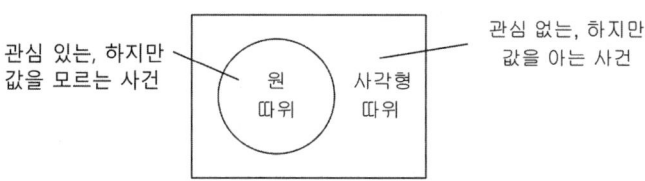

와 같이 원을 감싸면서 값을 아는 사각형 따위가 되면

$$확률(P) = \frac{관심 사건}{전체} = \frac{원}{사각형} = \frac{\pi r^2}{a \times b} \qquad\qquad (예9.1)$$

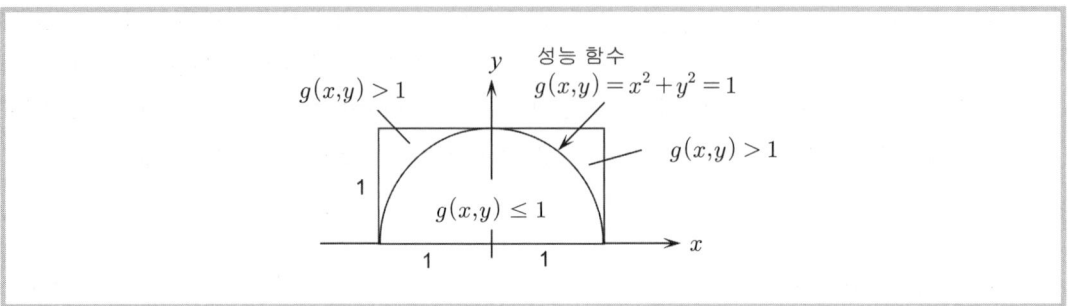

그림 9.9 원주율 π를 위한 몬테카를로 시뮬레이션 모델

에서

$$\pi = \frac{a \times b}{r^2} P$$

로 π를 구할 수 있다. 여기서 a와 b는 사각형의 가로와 세로 길이이고 r은 원의 반지름이다. 만약 사각형이 정사각형이 되어 원을 완전히 감싸면, 즉 $a = b = 2r$이면 $a \times b = 4r^2$이므로 $\pi = 4P$가 된다.

　몬테카를로 시뮬레이션을 이용해 미지의 값을 구하고자 하는 경우는 모두 이 개념을 원용한다. 복잡한 곡선으로 둘러 쌓인 면적을 구하는 것도 여기에 해당한다. 여러 말은 차차 하기로 하고 π를 구하는 문제를 수행해 보면 이렇다. 우선, 몬테카를로 시뮬레이션을 위한 대상 시스템을 정한다. 즉, 성능 함수 $Y = g(\boldsymbol{X})$를 적용할 수 있는 기준 틀을 만든다. 원과 관련하여 완전 원이든 반원이든, 혹은 1/4원이든 상관없다. 그리고 원을 감싸는 사각형도 원과 만나든 그렇지 않든 상관없다. 가로와 세로의 길이만 알 수 있으면 된다. 여기선 몬테카를로 시뮬레이션의 활용 면에서 몇 가지 단계를 거치는 방법을 사용하기 위해 반원을 선택하는데 그림 9.9와 같다. 반지름이 1인 윗쪽 반원이 성능 함수 $g(x,y) = 1$로 설정되어 있고 원의 안쪽 $g(x,y) \leq 1$이 안전 지역, 그리고 바깥쪽 $g(x,y) > 1$이 안전하지 않은 지역이다.

　다음, 그림 9.9의 모델에 대한 이론적 해석을 실시하여 π값을 정한다. 즉, 확률 P는 사각형 면적에 대한 원의 면적이 차지하는 비율이므로

$$\pi = 4 \frac{\text{원 면적}}{\text{사각형 면적}} = 4 \frac{\text{원 면적의 표본 수}}{\text{전체 표본 수(시뮬레이션 횟수)}} \qquad (\text{예}9.2)$$

이다. 원 면적의 표본 수, 즉 그림 9.9의 안전 지역인 $g(x,y) \leq 1$을 만족하는 표본의 수가 전체 표본의 수에서 차지하는 비율의 4배가 π가 되는 셈이다. 다음, 그림 9.9를 모델로 하여 몬테카를로 시뮬레이션을 실시한다. 주의할 것은 각 축의 표본을 위한 샘플링은 반드시 균등 분포이어야 한다. x값은 -1에서 1 사이, 그리고 y값은 0에서 1 사이의 모든 값을 같은 확률로 수집할 수 있도록 해야 한다는 말이다. 즉, MATLAB 코드로

```
x = 2*rand - 1;
y = rand;
```

이고, 또 안전 지역으로 배치되는 표본의 수는

```
if x^2 + y^2 <= 1
    Nsafe = Nsafe + 1;
end
```

와 같이 계산한다. 따라서 이 과정을 시뮬레이션 횟수 N만큼 시행하고 난 후의 π는 위 식을 적용하여 4*Nsafe/N이 되는데 N을 바꾸어 가면서 계산해 보면 아래 표와 같다.

N	100	500	1000	2000	5000
π	3.24	3.162	3.156	3.148	3.143

시뮬레이션을 할 때마다 변동이 있지만 횟수가 증가할수록 π의 실제값으로 수렴하는 것을 확인할 수 있다. 예제 9.1처럼 한 시스템에 대한 몬테카를로 시뮬레이션의 경우는 출력 Y의 통계학적 해석을 해야 하므로 몇 가지 작업할 내용이 있었지만 이 예제와 같이 특정한 값을 구하는 경우엔 조사해 봐야 할 통계량이 별로 없다. 하지만 그림 9.9의 성능 함수로 한계 상태를 그려 표본의 분포를 안정 지역과 안정하지 않은 지역으로 구별하여 따져 보는 것은 해 볼 만하다. Y의 데이터는

```
N = 2000;
Y = zeros(N, 1);
```

와 같이 변수 Y에 미리 메모리를 할당한 후에[8] 반복 루프 안에서

```
for i = 1:N
Y(i) = x^2 + y^2;
end
```

을 실행하여 얻는데 그림 9.10과 같다. 그림 9.10에서 주목해야 할 것은 한계 상태를 중심으로 두 구간의 도수 비이다. 물론 대강 살펴보면 되는데 식 (예9.2)에서 몬테카를로 시뮬레이션이 π를 정확하게 예측했을 때의 $g(x,y) \leq 1$와 $g(x,y) > 1$의 비는 약 1:0.27 정도이다. 그림 9.10의 히스토그램을 눈으로 확인하면서 이와 같은 숫자 정보도

```
sum(Y<=1)/sum(Y>1)
```

로 금방 살펴볼 수 있다.

---

[8] 반복할 때마다 변수의 값이 변하는 경우는 컴퓨터 메모리나 작업의 효율을 위해 변수의 메모리를 미리 할당하는 일이 필요한데 이를 전문 용어로 메모리의 예비 할당(preallocation)이라 한다.

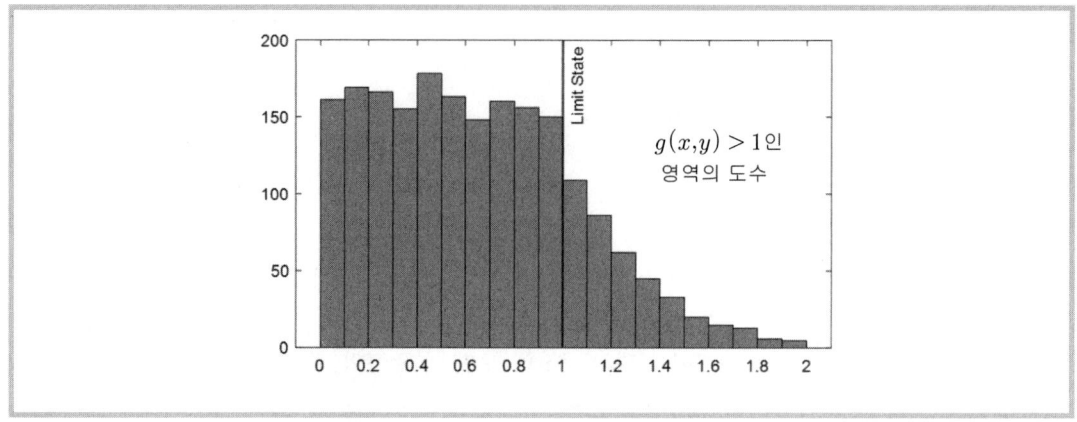

그림 9.10 $N = 2000$에서 구한 Y의 히스토그램

끝으로, 몬테카를로 시뮬레이션을 하면서 x와 y 축의 표본에 대한 애니메이션을 해 보고 싶다면 이렇게 하면 된다. 즉, 위의 반복 루프로 들어가기 전에

```
rectangle('Position', [-1 0 2 1]);
axis equal
axis manual
hold on
w = 0:pi/100:pi;
plot(cos(w), sin(w), 'k', 'LineWidth', 1.5)
```

와 같이 사각형과 원을 그려 놓은 후에 루프 안에서

```
if Y(i) <= 1
    plot(x,y,'.r')
else
    plot(x,y,'.b')
end
drawnow                % 또는 pause(0.01)
```

와 같이 원 안에서는 빨간색 점으로, 그리고 원 밖에선 파란색 점으로 찍어 볼 수 있다. 여기서 마지막 명령인 drawnow는 MATLAB이 그래픽을 만들거나 갱신할 때 화면을 업데이트 해주는 명령으로 이 명령이 없으면 표본을 너무 빨리 찍어서 눈으로 찍히는 것을 확인하기 어렵다. 명령 pause(0.01)을 써서 표본을 찍을 때마다 0.01초씩 멈추게 할 수도 있다. 위 명령의 결과는 그림 9.11과 같다.

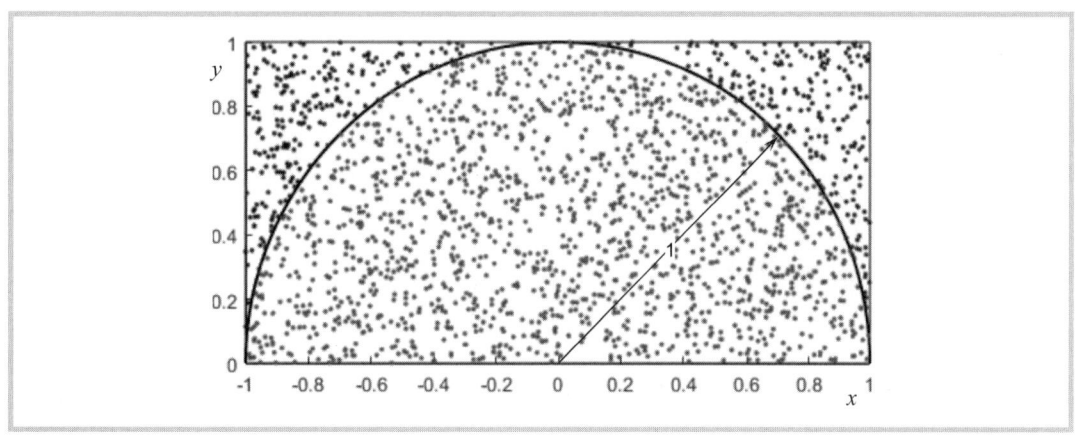

그림 9.11 몬테카를로 시뮬레이션을 하면서 실시한 애니메이션 결과

예제 9.3   한 회사가 신제품을 시장에 내놓으면서 이익 창출이 어떻게 될지 추정하고 싶어 한다. 신제품을 생산하면서 든 비용(천원)은 년간 관리 및 광고비로 Z, 제품당 인건비로 X, 그리고 제품당 재료비로 Y가 들었다. 신제품 판매 가격을 P라 하고 년간 시장 수요량을 D라 할 때 1년 동안의 이익 분포를 추정해 보자.

풀이   제품의 판매로 발생하는 이익은 제품 판매가에 제품과 관련한 비용을 뺀 금액이다. 1년간 이익은 제품 가격에 제품당 인건비와 재료비를 뺀 금액에서 년간 예측 수요량을 곱한 후 다시 년간 집행한 관리 및 광고비를 빼서 결정한다. 즉,

년간 이익 = (판매가 – 인건비 – 재료비) × 수요량 – 연간 관리 및 광고비

이다. 보통의 경우라면 이른바 **시나리오 분석**(scenario analysis)이라 하여 정상적인(normal case) 경우와 최선(best case)의 경우, 그리고 최악(worst case)의 경우로 나누어 진행한다. 3가지로 나누었지만 각 경우의 계산은 확정적인 값을 사용하기 때문에 여러 가능성을 고려하지 못하는 단점이 있었다.

몬테카를로 시뮬레이션은 위의 3가지 시나리오를 횟수 N만큼의 시나리오로 확대하여 분석하는데 관련 데이터 및 정보는 다음과 같다 즉, 판매가(천원)는 299이고 연간 판매 및 광고비(천원)는 700,000, 그리고 제품 단위당 인건비 X와 재료비 Y, 수요량 D는 각각 그림 9.12와 같은 확률 분포를 갖는다고 가정한다.

그림 9.12에 나타나듯이 이번 예제엔 이산 및 연속 분포가 섞여 있고, 또 연속 분포엔 균등과 정규 분포가 함께 포함되어 있다. 제품당 인건비 X는 4만 3천에서 1천 원씩 4만 7천 원까지 다항 분포를, 제품당 재료비 Y는 8만 원에서 10만 원까지 균등 분포를, 그리고 제품 연간 수요량 D는 평균이 15,000개이고 표준 편차가 3,800개인 정규 분포를 따른다.

몬테카를로 시뮬레이션을 위한 모델은 그림 9.13과 같다. 제품 판매가와 연간 판매 및 광고비는 상수로 자리잡았고 제품당 인건비와 재료비, 그리고 연간 수요량은 확률 변수로 취급되었다. 그림

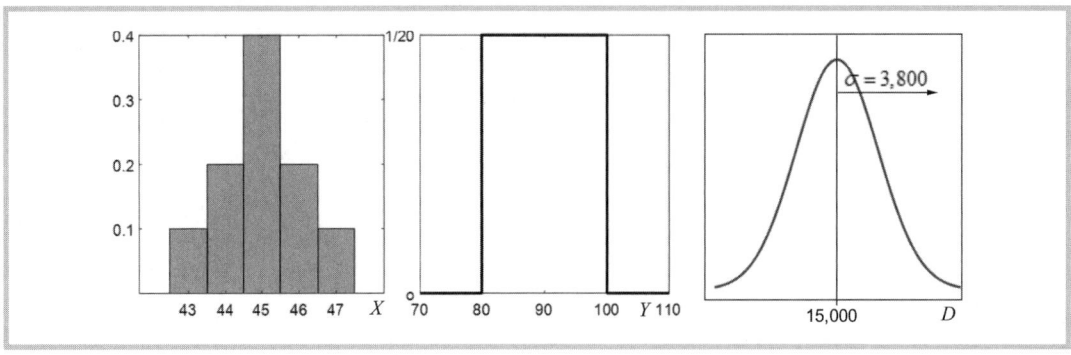

그림 9.12 인건비와 재료비, 그리고 수요량에 대한 확률 분포

9.13에서 확률 변수 Y와 D는 잘 알려진 분포라 대부분의 컴퓨터에 함수로 구현되어 있지만 X는 간단한 분포이긴 하지만 자동화를 위해선 몇 단계의 손작업이 필요하다. 기본적으론 그림 9.14와 같이 X 분포의 CDF를 찾아 축의 확률을 0과 1 사이의 균등 분포에서 무작위로 수집해 ICDF로 사용하는 것이다. MATLAB인 경우는 다섯 가지 결과에 대한 확률을 이용하여 다항 분포로 만들어 쓸 수 있는데 이렇다. 즉,

```
p = [0.1  0.2  0.4  0.2  0.1];          % X 분포에서 각 값이 나올 확률
X_dist = makedist('Multinominal', p);
```

와 같다. 여기서 함수 makedist는 모집단의 파라미터를 입력 받아 해당 분포의 PDF와 CDF, 그리고 ICDF를 모두 갖춘 객체를 반환하는 함수이다. 따라서 $N = 1000$의 몬테카를로 시뮬레이션을 위한 확률 변수 X와 Y, 그리고 D의 샘플링과 이를 이용한 연간 이익 Profit의 성능 함수를 구하는 코드는 다음과 같다.

```
N = 1000;                               % 시행 횟수
Profit = zeros(N, 1);                   % 성능 함수가 저장될 곳
for i = 1:N
x = rand; y = rand; d = rand;
X = values(icdf(X_dist, x));⁹
```

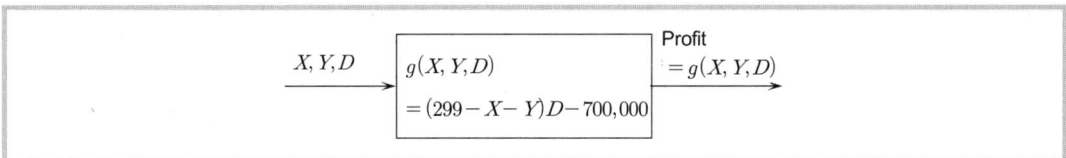

그림 9.13 예제 9.3을 위한 몬테카를로 시뮬레이션 모델

---

⁹ 함수 values는 임의로 작성한 것이다. 객체 X_dist는 다항 분포로서 ICDF의 결과를 항상 1에서 5까지 숫자로 반환하기 때문에 각 숫자를 43에서 47까지 변환해 주는 함수가 필요한데 values가 그 구실을 담당하도록 했고 if나 switch 문을 쓰면 간단하게 작성할 수 있다.

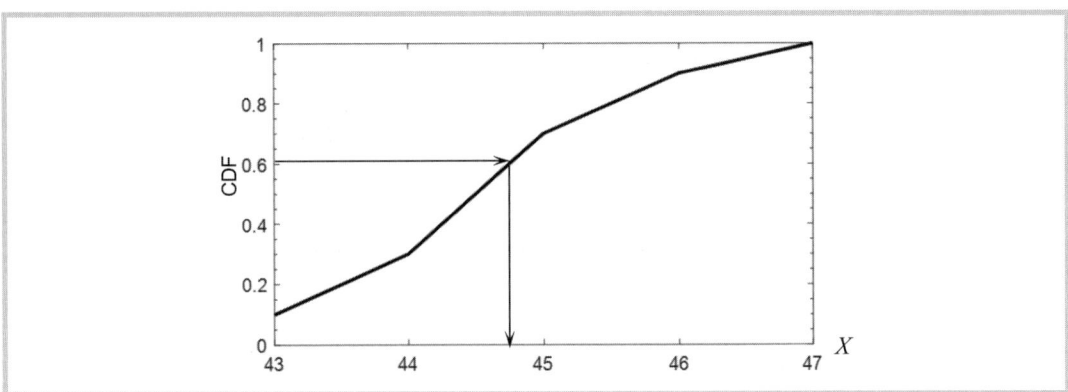

그림 9.14 제품당 인건비 X의 누적 확률 분포

```
Y = unifinv(y, 80, 100);
D = norminv(d, 15000, 3800);
Profit(i) = (299 - X - Y)*D - 700000;
end
```

여기서 주의할 것은 0과 1 사이의 값을 하나만 수집하여 확률 변수 X, Y, 그리고 D의 값을 찾는데 이용하면 안 되고 각 확률 변수에 대한 0과 1 사이의 값을 따로따로 수집하여 작업해야 한다는 것이다. 0과 1 사이의 값을 무작위로 구했다 하더라도 서로 다른 확률 변수에 똑같이 적용하면 각 분포의 같은 위치에 해당하는 값이 반환되기 때문에 샘플링의 무작위성이 성립되지 않는다.

그림 9.15는 $N = 1000$로 실시한 몬테카를로 시뮬레이션의 성능 함수인 Profit에 대한 히스토그램 이고 표 9.2는 전통적인 방식에 따라 세 가지 시나리오, 즉 정상적인 경우는 각 분포의 가운데 값, 최선인 경우는 각 비용은 가장 작고 수요량은 평균에서 표준 편차의 2배인 값, 그리고 최악의 경우는 각 비용은 가장 크고 수요량은 평균에서 표준 편차의 2배보다 작은 값으로 각각 추정한

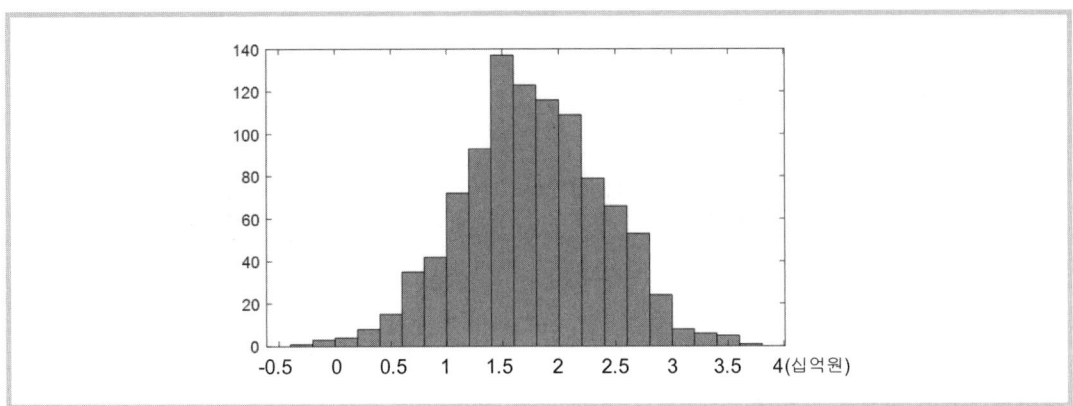

그림 9.15 $N = 1000$에서 연간 수익 Profit의 히스토그램

표 9.2 시나리오 방식에 따른 연간 수익의 추정

시나리오	X	Y	D	Y(천원)
정상	45	90	15,000	1,760,000
최선	43	80	22,600	3,277,600
최악	47	100	7,400	424,800

결과이다.

그림 9.15는 표 9.2에 제시된 확정적인 값과 견주어 연간 수익의 달성률에 대한 확률까지 알수 있다는 것이 큰 장점이다. 상품을 팔아 적자가 될 확률부터 최선의 경우는 얼마의 확률로 달성할수 있는지 따위는 경영자한테 좋은 정보가 아닐 수 없다. 몬테카를로 시뮬레이션은 한정된 시나리오를 무한대로 확장한 셈이므로 모든 가능성을 고려한 것과 같다.

예제 9.4와 풀이

몬테카를로 시뮬레이션으로 임의의 수학 함수에 대한 적분을 수행해 보자. 앞의 예제 9.2에서 언급했듯이 몬테카를로 시뮬레이션은 다음과 같은 확률의 정의를 컴퓨터로 구현하는 행위이다.

$$P(E) = \lim_{N \to \infty} \frac{n(E)}{N}$$

여기서 $n(E)$는 관심 사건 E가 나온 횟수이고 N은 시행 횟수이다. 이 식은 샘플 공간의 각 요소가 똑같은 기회로 뽑지지 않을 때 구하는 확률의 공식으로 2장에서 살펴본 바 있다.

위 식은 확률의 성격과 상관없이 적용되는 식이다. 무차원인 셈의 개수에서 1차원인 선, 2차원인 면, 그리고 3차원인 공간 따위를 가리지 않는다. 관심 사건이 무엇이 되었던 이의 차원을 담고 있는 차원의 전체로 정규화하여 0과 1 사이의 값으로 내놓는 것이 확률이기 때문이다. 예제 9.2에서 원주율 π를 구할 땐 원과 원을 포함하는 사각형의 관계로 확률을 따졌는데 2차원의 원이 관심 사건이고 사각형이 전체 차원, 즉 표본 공간인 셈이다.

몬테카를로 시뮬레이션은 차원과 상관없이 관심 사건의 확률 $P(E)$를 추정할 수 있다. 위 식에 나타났듯이 시뮬레이션 횟수 N이 크면 클수록 $P(E)$의 정확도는 더 높아지고, 이때 관심 사건 E는

$$E = P(E) \times S$$

와 같이 구할 수 있다. 여기서 S는 관심 사건을 포함하는 표본 공간이다. 따라서 표본 공간 S를 알 수 있는 값으로 설정하면 어떤 차원에서도 관심 사건 E를 구할 수 있다.

수학 함수의 적분 문제는 적분하고자 하는 영역이 관심 사건이고 이 영역을 둘러싸고 있는 영역이 표본 공간이 된다. 그림 9.16은 함수 $g(x) = (x-1)^2$를 0에서 3까지 적분하기 위해 관심 사건(영역) E와 표본 공간 S를 그려 놓은 그림이다. 그림 9.16의 함수는 그림으로 쉽게 그리고 설명도 알기 쉽게 하기 위해 선택된 것으로 표본 공간이 $S = 3 \times 4 = 12$인 경우이다.

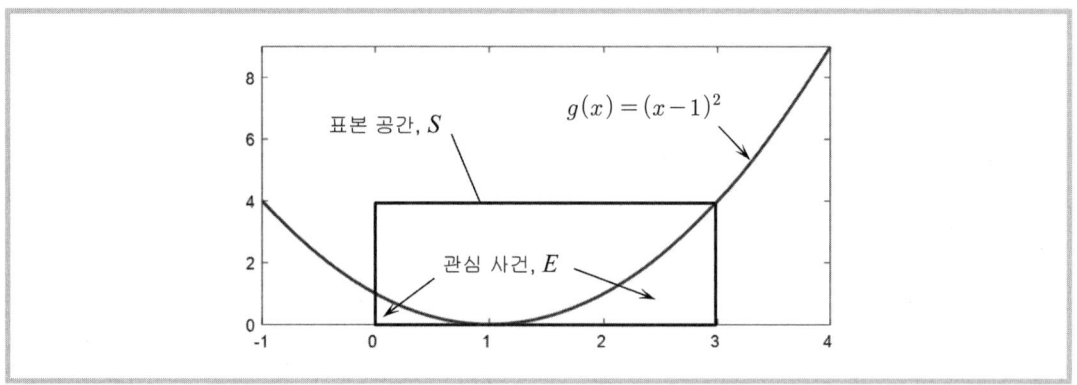

그림 9.16 함수 $g(x) = (x-1)^2$에 대한 관심 사건(영역) E와 표본 공간 S

몬테카를로 시뮬레이션은 함수가 복잡하면 할수록 진정한 가치가 드러나는데 표본 공간 S와 표본 공간과 관심 사건을 구분 짓는 성능 함수 $Y = g(x)$만 잘 설정이 된다면 함수의 적분뿐만 아니라 어떤 형상의 면적이나 체적도 계산할 수 있다. N번을 실시하여 관심 사건의 면적을 구하는 MATLAB 코드는 이렇다.

```
g = @(x) (x-1).^2;              % 성능 함수
height = max(g(0), g(3));
S = 3*height;                   % 표본 공간
Y_cnt = 0;
for i = 1:N
    x = 3*rand;
    y = height*rand
    Y = y < (x-1)^2;            % 관심 사건에 대한 성능 함수 데이터
    if  Y == 1
        Y_cnt = Y_cnt + 1;
    end
end
E = S*Y_cnt/N;
E_exact = integral(g, 0, 3);
sprintf('The exact is %f, and the estimated is %f.', E_exact, E)
```

그리고 그림 9.17과 같이 찍히는 점을 눈으로 확인하고자 한다면 앞에서 π를 계산할 때와 마찬가지로 위의 프로그램에서 if 문에 plot(x,y,'r.')을, else 문을 새로 열고 plot(x,y,'b.')을, 그리고 end 문 다음에 drawnow 함수를 첨가한다. 그림 9.17은 $N = 1000$을 실시하여 얻은 그림으로 성능 함수 $g(x)$로 구별되는 관심 사건의 면적은 3.021로 나왔다. 실제 수치 적분을 통해 구한 값인 3.000과 견주면 $N = 1000$인데도 아주 가깝게 나왔다.

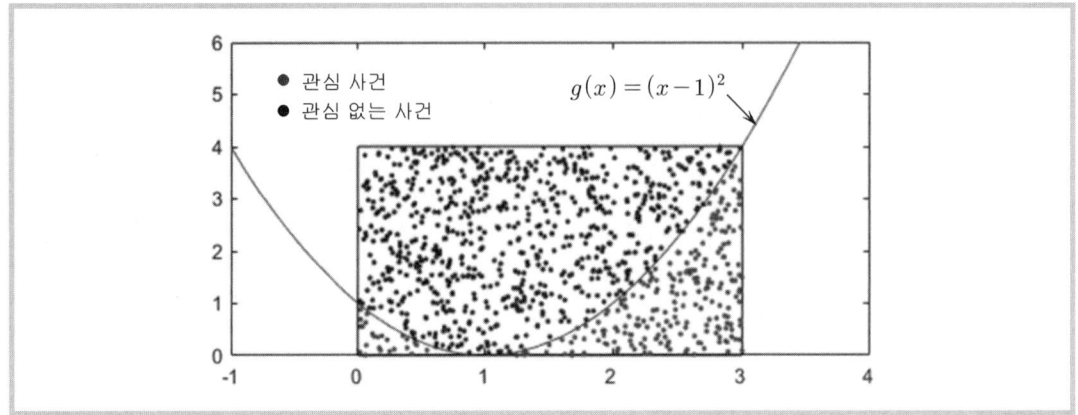

그림 9.17 몬테카를로 시뮬레이션으로 수학 함수를 적분하는 예

예제 9.5 **공차 분석**(tolerance analysis)은 제품의 제조(및 조립) 과정에서 중요한 구실을 담당한다. 공차는 환경에 따라 다르지만 보통 중간 끼워 맞춤으로 조립할 수 있을 정도가 되어야 한다. 공차가 부족하면 조립이 어렵고 너무 충분하면 조립된 제품을 사용하면서 쉽게 헐거워져 제 기능을 못하기 때문이다. 길이가 L인 틀에 블록을 조립하여 채우는 그림 9.18의 경우에 대하여 보통의 끼워 맞춤이 될 수 있는 L을 몬테카를로 시뮬레이션을 통해 추정해 보자. 그림에서 치수의 표시는 평균 길이와 공차이다.

풀이 현장에서 공차를 분석하는 일반적인 방법엔 최악(WC: worst case)의 방법과 RSS(root sum of square) 방법이 있다. WC는 L의 공차를 각 블록의 공차를 단순 합산하여 계산하는 방식으로 실제 불량률을 예측할 목적보다는 L의 최댓값을 보수적으로 간단히 짐작하고자 할 때 사용한다. 즉,

$$L = L_A + L_B = (2 \pm 1) + (3 \pm 1.2) = 5 \pm 2.2$$

이다. 따라서 WC 방식으로 L의 최댓값을 추정하면 7.2이 된다. RSS 방법은 공차의 제곱합을 제곱근 하여 구하는 방식이다. 즉,

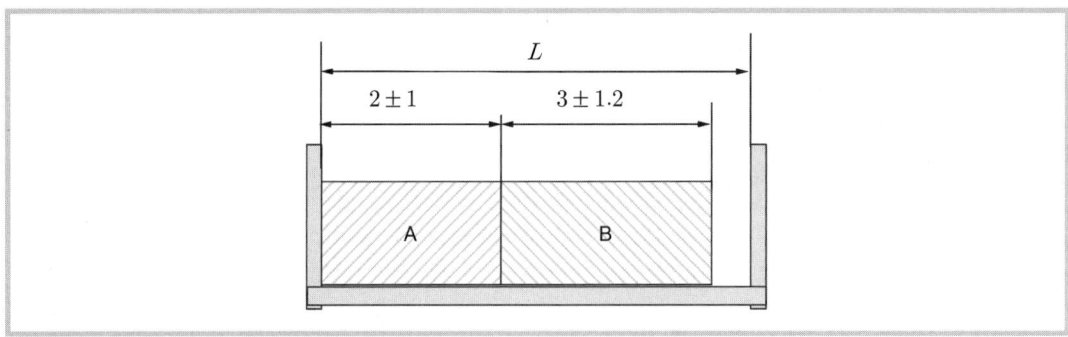

그림 9.18 예제 9.5를 위한 블록 조립의 개념도

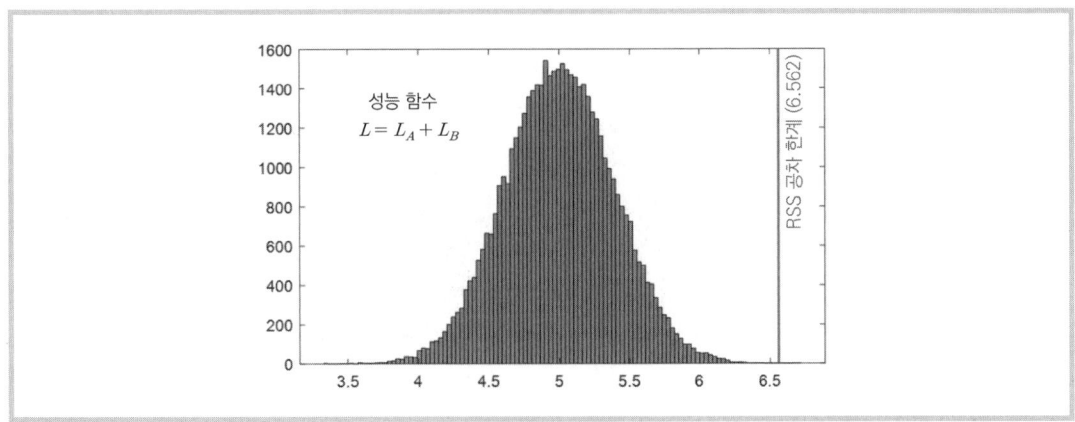

그림 9.19 $N = 50000$에서 성능 함수 $g(L_A, L_B)$의 히스토그램

$$L = L_A + L_B = (2+3) \pm \sqrt{1^2 + 1.2^2} = 5 \pm 1.562$$

와 같으므로 L의 최댓값을 6.562로 추정할 수 있다.

  몬테카를로 시뮬레이션은 변하는 값의 분포가 필요하다. 공차 분석에서 공차는 보통 정규 분포로 근사할 수 있는데 이의 표준 편차는 4σ 법칙에 따라 공차의 1/4이 되도록 한다. 즉, 길이가 평균 길이에서 표준 편차의 4배가 넘을 때는 맞춤 방식이 불량하다는 뜻이다. 따라서 L_A는 평균이 2이고 표준 편차가 0.25, 그리고 L_B는 평균이 3이고 표준 편차가 0.3인 정규 분포로 가정할 수 있다. 그림 9.19는 $N = 50000$에서 성능 함수 $g(L_A, L_B) = L_A + L_B$의 히스토그램인데 한계 상태로 RSS의 최대 공차도 함께 표시해 놓았다.

  그림 9.19에서 RSS 공차 한계인 6.562를 넘어선 횟수는 2번이었다. 즉, 불량률은 2/50,000 = 0.004%, 혹은 현장에서 자주 쓰는 단위로 바꾸면 40ppm이다.[10] 이론적으로 따지면 평균이 5이고 표준 편차가 1.562/4 = 0.3905인 정규 분포에서 4σ를 넘어설 확률은 0.003167%이다. 즉, 약 32ppm으로 백만 개당 32개의 불량률이 나오는 확률인데 시뮬레이션에선 40ppm이니 차이가 있는 셈이다. 아마 N을 10배 정도 더 올리면 비슷해지지 않을까 싶다.

  만약 억지 끼워 맞춤(interference fit)이 발생하지 않도록 설계하기 위해 $L = 6.5 \pm 1.5$로 정했다고 했을 땐 몬테카를로 시뮬레이션으로 불량률을 어떻게 확인할 수 있는지 생각해 보자. 그림 9.20은 $N = 50000$에서 $L_A + L_B$와 L의 히스토그램이다. 이때 L은 평균이 6.5이고 표준 편차가 4σ의 법칙에 따라 1.5/4 = 0.375인 정규 분포로 시뮬레이션했다.

  그림 9.20에서 확인할 수 있듯이 블록의 길이 합에 대한 히스토그램과 블록을 담고 있는 틀의 히스토그램이 서로의 위쪽 끝과 아래쪽 끝에서 만나는 것을 볼 수 있다. 즉, 두 블록의 길이 합이

---

[10] 단위 ppm은 parts of million의 약자로 백만개당 개수를 뜻한다.

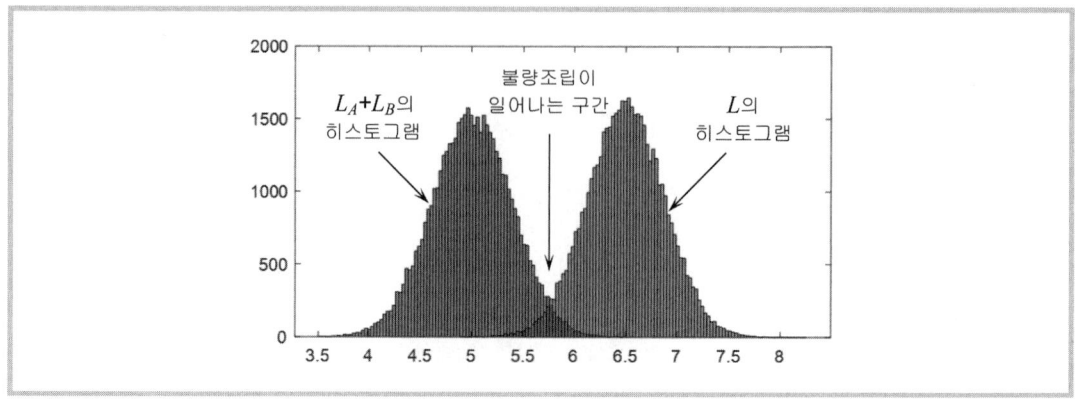

그림 9.20 $N = 50000$에서 L과 $L_A + L_B$의 히스토그램

틀의 길이보다 길어 끼워 맞춤이 어렵거나 억지 끼워 맞춤을 해야 하는 구간이 발생한다. 이 구간에서 발생하는 불량률을 알아보기 위해 $L - (L_A + L_B)$의 히스토그램을 그려 0보다 작은 구간의 비율을 계산하는데 그림 9.21과 같다.

그림 9.21에서 한계 상태의 왼쪽, 즉 틀의 길이가 두 블록의 합보다 작은 구간에서 발생한 도수는 147로 0.294%, 혹은 2940ppm의 불량률을 확인할 수 있었다. N이 50000보다 크면 불량률도 이론 불량률, 즉 평균이 6.5이고 표준 편차가 0.375인 정규 분포에서 6.5 - 4×0.375보다 작을 확률로 (약 0.1587%로) 근접하겠지만 더 중요한 것은 공차 해석에서 몬테카를로 시뮬레이션이 하는 일이다. 전통적인 RSS 방법을 컴퓨터로 재확인할 수 있고, 또 수많은 시나리오의 결과를 확률로 판단할 수 있는 정보를 제공하므로 그 중요성은 아무리 강조해도 지나치지 않다. 몬테카를로 시뮬레이션이 가장 적합한 분야 중의 하나가 바로 공차 해석이 아닌가 싶다.

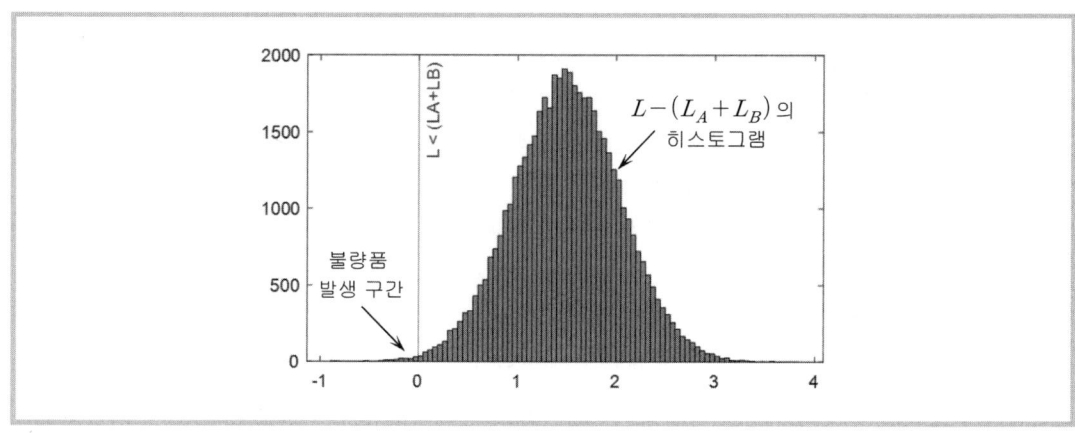

그림 9.21 $N = 50000$에서 $L - (L_A + L_B)$의 히스토그램

예제 9.6과 풀이

1장에서도 언급했듯이 공학의 대부분 과목이 통계와 접목하여 연구하는 분위기가 하나의 추세로 자리잡았다. 특히, **안전율**(factor of safety)은 어느 분야나 중요한 설계 요소인데 사람의 생명과 직접적인 관계를 맺기 때문이다. 안전율 S는 실제로 사용하는 강도에 대한 제품이나 재료가 견딜 수 있는 최대 강도의 비로 공학에선 1 이상의 값을 갖는 것이 보통이다. 재료 역학을 예로 들면, 구조물이 버틸 수 있는 최대 강도가 구조물에 실제로 작용하는 강도의 몇 배인지 따지는 것이 안전율이 되는데

$$S = \frac{구조물의\ 실제\ 강도\ (혹은 재료 강도)}{구조물의\ 사용\ 강도\ (혹은 요구 강도)}$$

와 같이 정의된다. 그래서 S가 1에 가까우면 재료의 손실은[11] 없으나 구조물의 파손이나 붕괴의 위험이 있고 너무 크면 재료가 낭비되거나 기능의 효율이 떨어질 수 있다.

현장에서 안전율이 중요한 까닭은 안전율을[12] 통해 구조물을 구성하는 각 부재의 허용 응력(allowable stress)이[13] 결정되기 때문이다. 즉,

$$허용\ 응력 = \frac{부재에\ 작용할\ 수\ 있는\ 최대\ 응력}{안전율}$$

이다. 이를 테면, 단면적이 $32mm^2$인 어떤 부재가 견딜 수 있는 최대 응력이 $25kg/mm^2$일 때 안전율이 $S = 1.71$이면 허용 응력은 $25/1.72 \approx 14.62kg/mm^2$이고 안전 하중은 약 $468kg$이 된다. 안전율에 따라 설계 하중이 달라지는 셈이니 이의 중요성을 말할 필요가 없다.

문제는 안전율을 결정하는 재료의 강도가 일정하지 않다는 것이다. 재료를 처음 제조할 때부터 성분 배합이 틀리거나 사용하면서 닳거나 부식/균열 따위를 관리하지 못했거나, 혹은 부재의 사용 환경과 작용하는 하중이 늘 변동하는 것까지 재료나 하중의 강도가 분포를 갖는다는 것이 문제이다. 아니, 처음부터 재료나 재료에 작용하는 하중은 본질적으로 확률 변수인데 그렇지 않게 취급했다는 것이 문제이다.

재료가 견디는 최고 강도인 항복 강도(yield strength) s_y와 재료 내부에 작용할 수 있는 최대 응력(maximum stress) σ_m은 모두 확률 밀도 함수가 $\mu_y > \mu_m$의 관계를 유지하며 그림 9.22와 같은 분포 특성을 갖는다고 생각해 보자. 여기서 μ_y는 s_y의 평균이고 μ_m은 σ_m의 평균이다. 정규 분포는 자연 현상이나 인위적이지 않은 경우의 데이터 집단이면 으레 가정할 수 있는 분포이므로 잘못된 설정은 아닐 것이다. 그리고 각 분포의 퍼짐 정보인 분산이나 표준 편차는 과거부터 축적된

---

[11] 재료는 재료 자체의 강도도 중요하지만 구조물에 사용될 재료의 길이나 단면적 따위를 어떻게 정하느냐 하는 일이 재료의 강도를 결정하고 이것이 구조물 설계의 목적이다.

[12] 안전율 S를 **안전여유**(margin of safety)라고 정의하는 곳도 있는데 단어가 암시하듯이 재료 강도와 사용 강도의 차가 사용 강도에 대해 차지하는 비율로 $S-1$이 된다. 항공기 설계 따위에선 흔히 안전여유가 0.65 등으로 표시하는데 이는 사용 강도가 실제 재료 강도와 견주어 아직 65%의 여유가 있다는 뜻이다.

[13] 부재의 허용 응력은 재료 내부의 강도이다. 재료 내부에 이런 응력을 발생시키는 재료 외부의 힘은 허용 하중(allowable load)이 되는데 허용 응력에 부재의 단면적을 곱하여 탄생하고 보통 안전 하중(safety load)이라고도 한다.

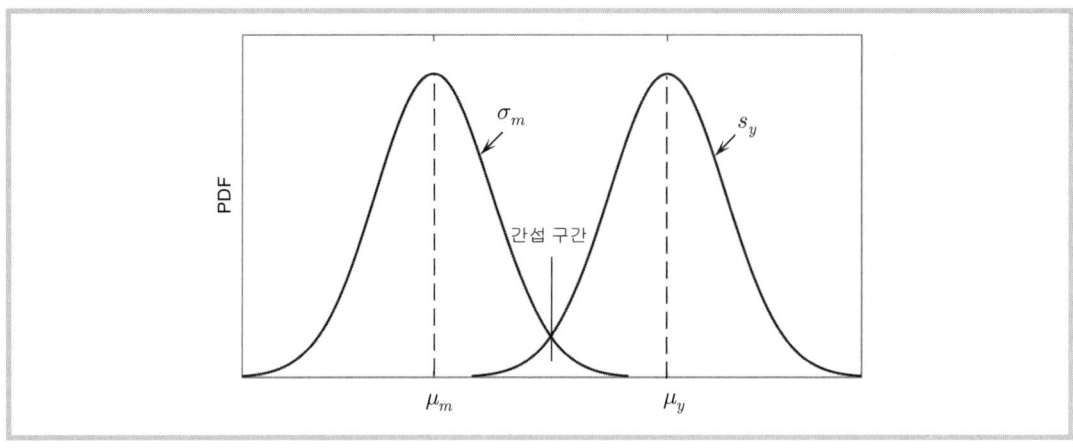

그림 9.22 안전율 결정을 위한 재료의 항복 강도 s_y와 최대 응력 σ_m

재료 정보나 현장에서 겪어 온 경험, 혹은 해당 재료의 직접적인 실험 등을 통해 짐작할 수 있겠지만 무엇보다도 그림 9.22와 같이 $\mu_y > \mu_m$인 것과 함께 두 분포 사이엔 서로 간섭하는 구간이 면적의 차이는 있겠지만 발생한다는 것이 중요하다.

그림 9.22에서 두 분포의 간섭(interference)은 재료 강도가 확정적인 값을 가질 때 사용했던 안전율, 즉 $S = s_y/\sigma_m$을 대체하는 지표로 확률 문제에선 신뢰도라는 용어를 사용한다. **신뢰도** (reliability) R은 장치나 구조물의 각 부재가 요구되는 기능을 파손 없이 만족스럽게 수행하게 될 확률이다. 물론 두 재료의 강도가 간섭 구간이 없이 멀리 떨어져 있을 수도 있지만 이는 안전율이 아주 큰 경우에 해당되어 안전하면서 효율과 효과를 제고하려는 설계의 기본 취지에 맞지 않는다. 그림 9.23은 그림 9.22의 간섭 구간을 따져 보기 위해 정규 분포인 두 재료 강도의 차에 대한 분포를 그린 것이다.

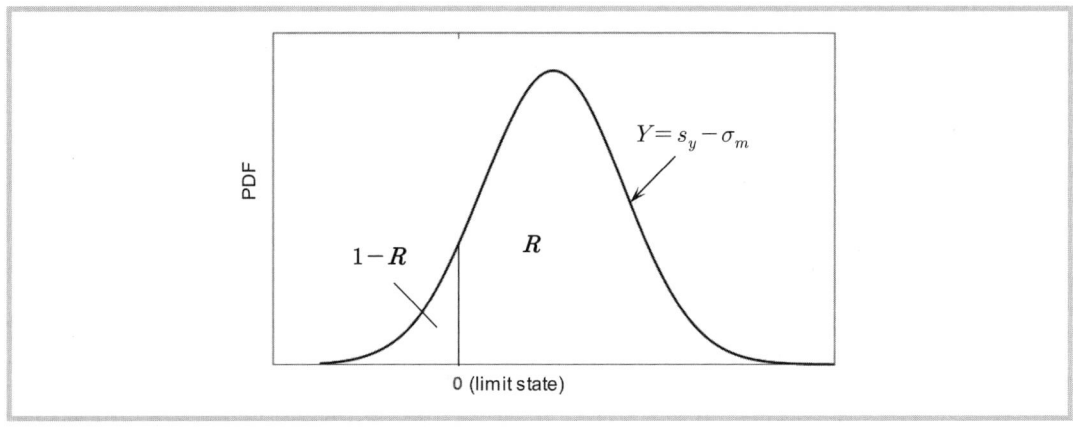

그림 9.23 안전율을 위한 성능 함수와 한계 상태

그림 9.23에서 0은 성능 함수 Y에 대한 한계 상태(limit state), 즉 9.4절과 그림 9.5에 설명되어 있듯이 $Y > 0$의 영역과 그렇지 않는 영역을 구분 짓는 곳으로 기계나 구조물이 항상 안전한 상태로 작동하게 될 확률인 R과 그렇지 못할 확률 $1 - R$을 서로 구분하여 확인시켜 준다. 여기서 신뢰도 R은 재료 강도 s_y가 사용 강도의 최댓값인 σ_m보다 커서 항상 $Y > 0$을 만족시키는 확률이다. 즉,

$$R = P(s_y > \sigma_m) = P(Y > 0)$$

이고, 이때 $1 - R$은 **실패 확률**(probability of failure)이[14] 된다. 한편, 그림 9.23의 성능 함수 $Y = s_y - \sigma_m$의 분포는 $s_y \sim N(\mu_y, \nu_y)$와 $\sigma_m \sim N(\mu_m, \nu_m)$일 때 확률 변수의 함수에 대한 기댓값의 공식에 따라

$$E(Y) = E(s_y - \sigma_m) = E(s_y) - E(\sigma_m) = \mu_y - \mu_m$$

$$Var(Y) = Var(s_y - \sigma_m) = Var(s_y) + Var(\sigma_m) = \nu_y^2 + \nu_m^2$$

이므로 한계 상태의 표준 점수(standard score)를[15] 찾으면

$$z = \frac{y - E(Y)}{\sqrt{Var(Y)}} = \frac{0 - (\mu_y - \mu_m)}{\sqrt{\nu_y^2 + \nu_m^2}} = -\frac{(\mu_y - \mu_m)}{\sqrt{\nu_y^2 + \nu_m^2}}$$

와 같다. 따라서 그림 9.23에서 실패 확률은

$$1 - R = P(Y \leq 0) = \Phi(z)$$

이 된다. 여기서 $\Phi(\cdot)$는 표준 정규 분포의 누적 함수(cumulative function)이다. 참고로, 재료의 두 강도가 μ_y 및 μ_m와 같이 확정 변수일 때의 안전율은

$$S = \frac{\mu_y}{\mu_m}$$

인데 반해 그림 9.22와 같이 확률 변수일 땐 어떻게 되는지 확인하고자 한다면 이렇다.

먼저, 위의 표준 점수 식을 양변 제곱한다. 즉,

$$z^2(\nu_y^2 + \nu_m^2) = (\mu_y - \mu_m)^2$$

이다. 다음, 확률 변수 s_y와 σ_m의 각 변동 계수(coefficient of variation)를 다음과 같이 정의한다. 즉,

$$CV_y = \frac{\nu_y}{s_y} \text{와} \quad CV_m = \frac{\nu_m}{\mu_m}$$

---

[14] 성능 함수 Y의 평가는 항상 임의의 상수 α에 대해 $Y > \alpha$인 경우와 $Y \leq \alpha$인 경우로 나누어 이루어지는데 이항 분포의 특징을 갖는다 하여 성공(success)과 실패(failure)로 분류한다. 여기에 기계나 장비의 확률적인 거동과 관련하여 해석이 이루어질 땐 성공은 신뢰도로, 그리고 실패는 실패 확률로 통용되기도 한다.

[15] 성능 함수 Y의 한계 상태인 $y = 0$을 평균이 0이고 표준 편차가 1인 분포로 변환한 값이다.

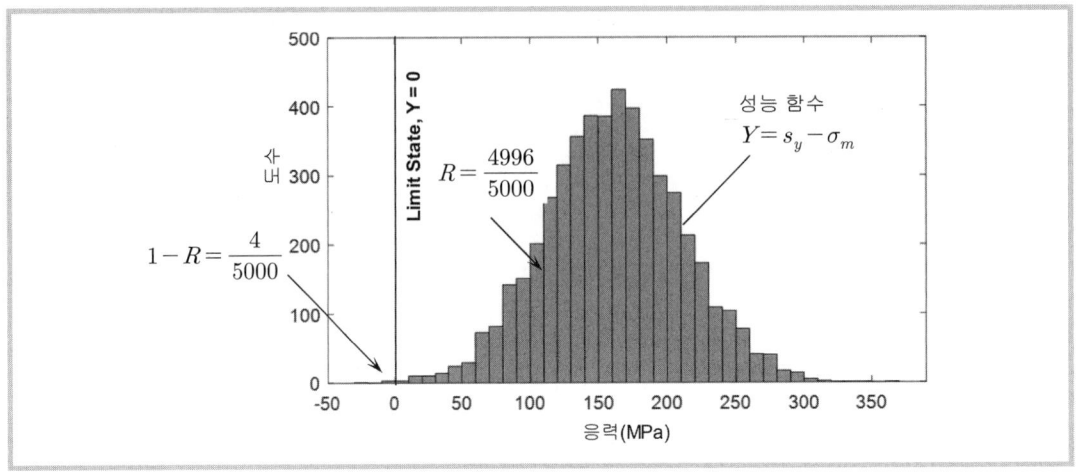

그림 9.24 성능 함수 $Y = s_y - \sigma_m$에 대한 몬테카를로 시뮬레이션 ($N = 5000$)

와 같다. 다음, 제곱한 표준 점수 식의 양변을 μ_m^2으로 나누어 안전율의 항이 포함되도록 한다. 즉,

$$z^2\left(S^2\frac{\nu_y^2}{\mu_y^2} + \frac{\nu_m^2}{\mu_m^2}\right) = S^2 - 2S + 1$$

이다. 끝으로, 위 식에 변동 계수를 대입한 후 S에 대해 다음과 같이 푼다.

$$S = \frac{\pm z\sqrt{CV_m^2\,CV_y^2 z^2 + CV_m^2 + CV_y^2} \mp 1}{CV_y^2 z^2 - 1}$$

안전율의 식이 복잡한 모습을 띠었는데 어쩔 수 없다.

위에서 구한 안전율을 적용하는 간단한 예로, 항복 강도가 $s_y \sim N(540.55, 40.68)\,\mathrm{MPa}$인 원형의 강철 봉에 축력 $P \sim N(222.41, 18.24)\,\mathrm{kN}$가 작용할 때 신뢰도가 0.999, 즉 $z = -3.09$을 위한 안전율 S를 결정하고 강철 봉의 직경도 구하는 문제를 생각해 보자. 먼저, 부재에 작용할 최대 강도 σ_m은

$$\sigma_m = \frac{4P}{\pi d^2} = \frac{s_y}{S}$$

이므로 S를 먼저 결정해야 한다. 여기서 d는 강철 봉의 지름이다. 주어진 정보에서

$$CV_y = \frac{40.68}{540.55} = 0.0753\text{와} \quad CV_m = CV_P = \frac{18.24}{222.41} = 0.082$$

을 알 수 있는데 최대 응력의 변동 계수는 지름이 확정 변수이므로 외부 하중의 변동 계수와 같다고 보았다. 따라서 위의 안전율 식을 적용하면

$$S = \frac{(-3.09)\sqrt{0.082^2(0.0753)^2(-3.09)^2+0.082^2+0.0753^2}-1}{0.0753^2(-3.09)^2-1} = 1.4262$$

와 같고, 이때 강철 봉의 지름은

$$d = \sqrt{\frac{4P \times S}{\pi \times s_y}} = \sqrt{\frac{4(222410)(1.4262)}{\pi(540.55)10^6}} = 0.0273\,\text{m}$$

이 된다. 그림 9.24는 위에서 구한 최대 응력을 써서 성능 함수 $Y = s_y - \sigma_m$을 구축한 후 $N=5000$의 시행 횟수로 몬테카를로 시뮬레이션을 실시한 결과이다. 그림에서 확인할 수 있듯이 성능 함수가 $Y > 0$이 되는 도수의 개수가 4996로 문제에서 제시된 신뢰도 0.999를 만족한다. 실패 확률인 $1 - R$ 의 도수는 5000번 시행 중에 고작 4개였다.

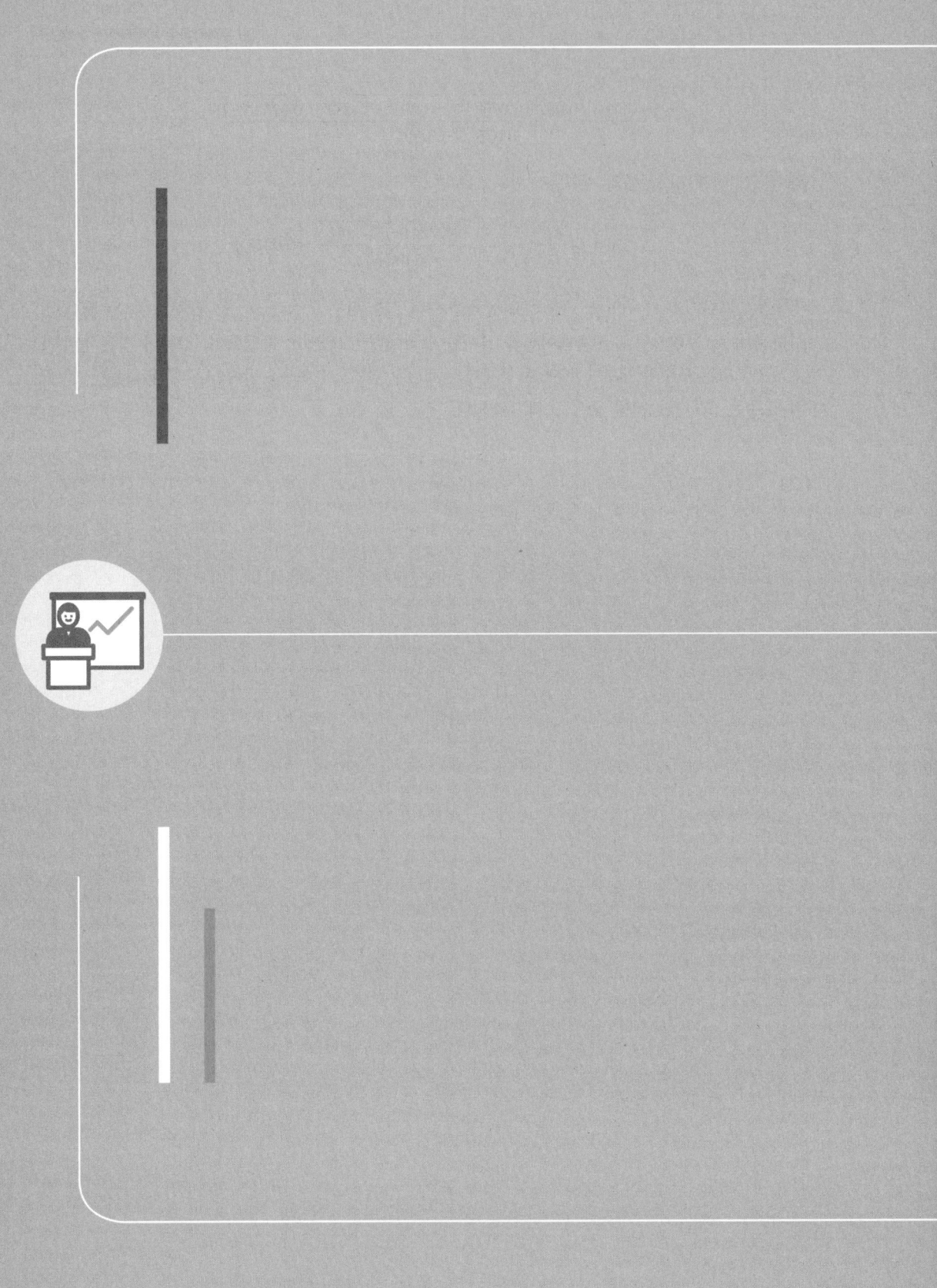

10
연습문제

제1장 통계와 데이터

1.1 회원이 300여 명인 조직에서 대표를 뽑는 선거가 임박했다. 전수 조사와 표본 조사를 구분하고 두 조사의 장단점을 간략히 언급하라.

1.2 다음의 각 진술을 그림 1.1과 같이 모집단은 사각형으로, 그리고 표본은 원으로 표시한 후 나타난 정보가 모수인지 통계량인지 판단해 보라.

> • 한 대학의 학생 180명을 조사하여 21%가 방학에 국외로 여행할 계획인 것을 알아냄
> • 16세대가 거주하는 한 빌라의 78%는 빌라 근처의 쓰레기 소각장 건립을 반대함
> • 공과 대학의 75%가 교과 과정에 확률 및 통계학을 포함하여 운영한다고 조사됨
> • 컴퓨터 사용자의 12%는 스팸 메일을 받더라도 신경 쓰지 않는다고 한 기관이 밝힘
> • 부모 500명 중 56%는 자녀가 대학 졸업때까지 여전히 경제적 부담을 진다고 나타남

1.3 통계 데이터는 통계가 목적인 데이터 집단이다. 통계의 목적은 데이터 집단을 정리하고 요약하는 것은 당연하고 결국 모수에 대한 나름의 결론을 내야 한다. 문제 1.2에서 표본의 통계량인 경우 모수에 대한 추론을 이끌어 보라.

1.4 데이터를 분류하는 기준에 측정 수준이라는 것이 있다. 이를 설명하고 각 수준에 맞는 데이터 예를 하나씩 말해 보라.

1.5 데이터를 분류하는 기준에 절대 영점이라는 것이 있다. 이를 설명하고 절대 영점이 있는 데이터와 없는 데이터를 하나씩 말해 보라.

1.6 다음 데이터를 수치(구간과 비율) 및 범주(명목과 순서) 데이터로 구분하라.
  가. 유명 음식점에서 기다리는 시간
  나. 축구 선수의 등 번호
  다. 올해 상반기 톱5 소설
  라. 한 대학의 남학생과 여학생의 도수

마. 0에서 10까지 정의된 고통 지수(pain level)

바. 작년에 공연된 뮤지컬의 입장권 가격

1.7 모집단을 대표할 수 있는 표본을 설명하고 이를 얻을 수 있는 방법과 대표할 수 없는 표본이 되는 경우를 아는 대로 설명하라.

1.8 다음은 30 이하의 수를 임의로 뽑은 데이터이다. 도수 분포표를 본문에서 언급한 순서에 따라 작성해 보라. 단, 계급의 수는 6개로 한다.

05 04 02 05 01 06 06 08 10 07 08 07 09 12 15 12 11
14 19 17 18 16 16 18 19 20 23 21 22 25 21 28 26 30

1.9 문제 1.8의 도수 분포표에 열을 첨가해 가면서 상대 도수와 누적 도수를 포함시킨 후에 도수 다각형과 누적 도수 그래프, 즉 오지브를 그려 보라.

1.10 줄기-잎 그래프의 특징을 말하고 문제 1.8의 원시 데이터에 대한 줄기-잎 그래프를 그려 그 특징을 확인해 보라.

1.11 다음은 주 40시간 근무 형태를 유지하는 모범 회사에서 40시간을 초과 근무하는 30명의 데이터이다. 데이터가 실수인 점을 고려하여 도수 분포표를 작성해 보라. 계급의 수는 임의로 정하되 분포 형태가 잘 드러나도록 5에서 7개 사이로 한다.

40.5 41.3 41.5 42.0 42.2 42.4 42.6 43.3 43.7 45.0 45.0 45.2 45.8 46.2 47.2
47.5 47.8 48.2 48.8 49.2 49.9 50.1 50.6 50.8 51.5 52.3 52.3 52.7 53.4 53.9

1.12 문제 1.9와 1.10을 문제 1.11에 적용해 보라.

1.13 다음 그래프는 길에서 만난 20세에서 30세 사이의 성인에 대한 키 누적 분포 곡선을 그린 것이다.

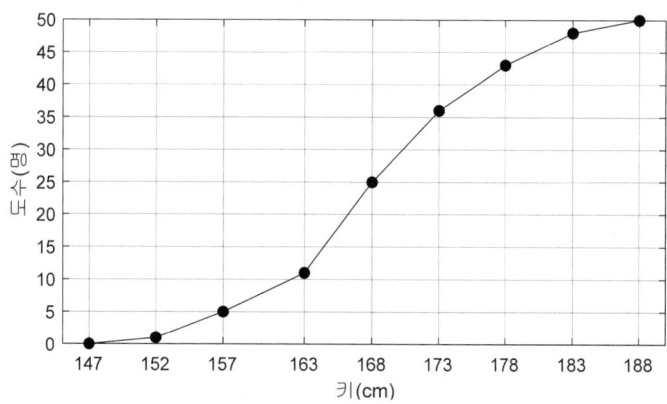

가. 키가 183(cm)인 누적 도수를 말하고 무얼 뜻하는지 설명해 보라.

나. 누적 도수가 25일 때의 키는 얼마인지 살펴보라.

다. 키가 163(cm)에서 178(cm)까지 성인의 수는 몇 명인지 살펴보라.

라. 키가 174(cm) 이상인 성인은 몇 명인지 살펴보라.

마. 위의 누적 도수 그래프를 보고 도수 분포표나 히스토그램을 개략적으로 그려 보라.

1.14 다음은 직업 군인 28명에 대한 근무 연수를 조사한 데이터이다. 원시 데이터에서 직접 평균과 분산(혹은 표준 편차)를 정의에 따라 구한 값과 계급이 6개인 도수 분포표로 구성한 그룹 데이터에서 정의에 따라 구한 값을 서로 견주어 보라.

$$12 \quad 07 \quad 09 \quad 08 \quad 10 \quad 08 \quad 12 \quad 10 \quad 09 \quad 10 \quad 06 \quad 08 \quad 13 \quad 12$$
$$11 \quad 07 \quad 14 \quad 09 \quad 12 \quad 09 \quad 08 \quad 10 \quad 09 \quad 11 \quad 13 \quad 08 \quad 07 \quad 11$$

1.15 데이터 집단 x_i의 제곱합(sum of square)은 모집단이든 표본이든 집단의 퍼짐 정보를 제공하는 기초이다. 다음을 증명해 보라.

$$\sum_{i=1}^{n}(x_i - \overline{x})^2 = \sum_{i=1}^{n} x_i^2 - n\overline{x}^2 = \sum_{i=1}^{n} x_i^2 - \frac{\left(\sum_{i=1}^{n} x_i\right)^2}{n}$$

여기서 n은 집단의 데이터 개수이고 $\overline{x}$는 집단의 평균이다.

1.16 다음은 22명의 표본에 대한 포화지방의 하루 섭취량(gram)이다. 도수 분포표를 작성하되 계급은 5개로 한다. 문제 1.15에서 증명한 제곱합의 정의를 이용하여 문제 1.14도 반복해 보라.

$$38 \quad 32 \quad 34 \quad 39 \quad 40 \quad 54 \quad 32 \quad 17 \quad 29 \quad 35 \quad 30$$
$$57 \quad 40 \quad 25 \quad 36 \quad 33 \quad 24 \quad 42 \quad 16 \quad 31 \quad 23 \quad 19$$

1.17 가중 평균은 공학에서 아주 중요한 정보로 도수 분포표에서 그룹 데이터의 평균이기도 하다. 가중 평균은 가중값이 절대적인 값인지 0과 1 사이의 상대적인 값인지에 따라 계산 방법이 다른데 다음의 데이터, 즉 계급 – 점수나 도수 – (가중 비율)로 표시된 데이터에 대한 가중 평균을 두 가지 방법으로 각각 구해 보라.

가. 숙제-88-5%, 퀴즈-78-35%, 과제물-98-20%, 발표-90-15%, 그리고 시험-90-25%

나. 29 to 33 – 12, 34 to 38 – 10, 39 to 43 – 3, 44 to 48 – 6, 그리고 49 to 53 – 2

1.18 다음 데이터 집단은 학기 초 교내 서점에서 책을 구입한 20명의 학생들이 결제하기 위해 기다린 시간(분)이다. 상자-수염 그래프를 그리고 이상수나 분포의 형태에 대해 대략 말해 보라.

$$5 \quad 14 \quad 8 \quad 23 \quad 21 \quad 16 \quad 25 \quad 30 \quad 3 \quad 31$$
$$19 \quad 17 \quad 31 \quad 22 \quad 34 \quad 6 \quad 5 \quad 10 \quad 14 \quad 17$$

1.19 다음 데이터 집단은 국내 기업의 대주주 30명에 대한 나이 분포이다.

$$42 \quad 58 \quad 65 \quad 46 \quad 57 \quad 41 \quad 56 \quad 53 \quad 61 \quad 55 \quad 56 \quad 50 \quad 66 \quad 56 \quad 50$$
$$60 \quad 46 \quad 40 \quad 50 \quad 43 \quad 54 \quad 41 \quad 48 \quad 45 \quad 28 \quad 35 \quad 38 \quad 43 \quad 42 \quad 44$$

가. 46살 이상이 되는 나이는 몇 백분위인지 찾아보라.

나. 58살 이하가 되는 나이는 몇 백분위인지 찾아보라.

다. 75번째 백분위는 몇 살인지 살펴보라.

라. 상하위 10% 백분위를 가르는 나이는 몇 살인지 살펴보라.

1.20 데이터 집단의 분포를 결정하는 두 정보는 평균과 분산(혹은 표준 편차)이다. 데이터가 어디에 집중되고 각 데이터가 얼마만큼 퍼졌는지 알려 주기 때문이다. 데이터 집단이 여럿일 때 집단을 서로 견주는 일도 통계의 중요한 기능인데 어떤 지표를 쓸 수 있는지, 또 각 지표의 특징은 무엇인지 살펴보라. (힌트 : 평균과 함께 표준 편차, 변동 계수, 표준 점수 따위를 생각해 본다.)

1.21 한적한 날 고속도로를 달리는 승용차의 표본을 조사해 보니 평균 속도는 113km/h이고 표준 편차는 6km/h 이었다. 다음의 질문에 답해 보라.

가. 25대 자동차가 단속 경찰의 속도 측정기를 지나갔다. 107km/h에서 119km/h 사이로 달린 자동차는 몇 대 있었을까? 문제의 표본은 종모양의 대칭 분포라고 가정한다.

나. 표본의 모습을 가정할 수 없을 때 가)의 자동차에서 101km/h와 124km/h 사이로 달린 자동차는 몇 대 있었을까?

다. 표본이 정규 분포일 때 105, 133, 119, 92, 그리고 135km/h의 속도는 정상적인 속도인지 그렇지 않은지 나름의 근거를 대면서 판단할 수 있겠는가?

1.22 정규 분포를 띠는 데이터 집단에 대해 다음의 질문에 답해 보라.

가. 평균이 78이고 분산이 16인 집단에서 전체 데이터의 95%를 가르는 상한 및 하한 경계를 짐작해 본다.

나. 가)의 분포에서 85와 55에 대한 표준 점수를 구해 본다.

다. 가)의 분포를 평균이 50이고 분산이 9인 데이터 집단의 분포로 바꿀 때 나)의 두 요소는 어떻게 되는지 살펴본다.

제2장 확률

2.1 학문으로 확률을 다루고 확률을 언급해야 할 환경에선 항상 실험의 용어가 함께 한다. 확률과 실험을 간략히 설명해 보라.

2.2 실험의 샘플 공간과 사건 공간(혹은 집합)을 서로 견주면서 설명해 보라.

2.3 확률의 평가는 일률적으로 이루어질 수 없다. 확률 실험의 성격에 따라 이론 확률과 경험 확률, 그리고 주관 확률로 구분되는데 이 차이를 분명히 말해 보라.

2.4 확률은 증명 없이 만족해야 하는 두 가지 공리(axiom)가 있다. 샘플 공간의 단순 사건에 대한 확률의 합 법칙(additive rule)을 중심으로 설명해 보라.

2.5 확률은 셈(counting)의 문제이다. 특히, 이론 확률은 샘플 공간의 요소 개수와 사건 집합의 요소 개수의 비율이기 때문에 더욱 그렇다. 실험의 샘플 공간에 대한 경우의 수를 결정하는 곱 법칙(multiplicative rule)을 설명해 보라.

2.6 다음의 진술에 대한 경우의 수를 구해 보라.

가. 1학년 3명, 2학년 4명, 3학년 5명, 그리고 4학년 2명으로 구성된 대학기획위원회에서 각 학년에서 1명씩 뽑아 소위원회를 만들려고 한다.

나. 7자리의 주민번호 뒷자리에서 앞의 3자리는 영문자로, 그리고 뒤의 4자리는 아라비아 숫자로 구성하려고 한다.

다. 함수의 정의구역은 n개, 그리고 치역은 0과 1 두 개일 때 일대일 대응의 개수를 구하려고 한다.

라. 9명의 야구팀에 대한 배팅 순서를 정하려고 한다.

2.7 회원이 40명인 모임에서 회장과 총무를 뽑으려고 한다. 1) 회원 중 한 사람은 회장만 고집할 때, 2) 회원 중 두 사람은 아주 절친이라 항상 함께 하려고 할 때, 그리고 3) 회원 중 두 사람은 너무 앙숙이라 절대 함께 할 수 없다고 할 때의 선출 방법의 수를 살펴보라.

2.8 숫자 0, 1, 3, 5, 6, 그리고 8을 오직 한 번씩만 사용하여 4자리의 홀수를 만드는 방법의 수를 고민해 보라. (힌트 : 4자리 홀수의 전체 구성을 쉽게 풀 수 있도록 중복 없고 빠짐없이 분류한다.)

2.9 농구 선수 10명을 1) A팀과 B팀으로 5명씩 나누는 방법의 수와 2) 그냥 5명씩 나누는 방법의 수를 생각해 보라. (힌트 : 팀에 명칭을 붙이는 것은 순서를 고려하는 것과 같다.)

2.10 영어 단어 INFINITY를 서로 구분되게 나열하는 방법의 수를 구해 보고, 또 문자 T를 앞세워 나열하는 방법은 몇 가지인지 알아보라.

2.11 순열과 조합은 뽑는 순서를 고려하느냐 그렇지 않으냐 하는 것이 중요한 차이인데 주어진 문제의 성격이 이와 같은 두 가지의 셈하는 방법을 결정한다. 하지만 어떤 방법이 쉽게 접근할 수 있느냐 하는 것만 빼면 두 방법 모두 확률 문제를 풀 수 있는 것도 사실이다. 자신한테 익숙한 방법이면 좋다는 뜻인데 다음의 경우에 대한 확률을 두 방법 모두를 써서 풀어 보라.

가. 흰 공 6개와 검은 공 5개가 들어 있는 바구니에서 임의로 3개를 꺼낼 때 흰 공 1개와 검은 공 2개가 나올 확률을 찾아본다.

나. 부부 10쌍인 20명에서 5명을 임의로 선발한다. 5명 모두 부부가 아닐 확률을 찾아본다.

다. 남자 6명과 여자 9명으로 구성된 집단에서 5명을 선발하여 위원회를 구성하려고 한다. 남자 3명과 여자 2명이 위원회에 참여할 확률을 찾아본다.

2.12 포커 게임을 한다. 5장씩 나누어 가질 때 1) 스트레이트(straight)와 2) 플러쉬(flush), 그리고 풀하우스(full house)가 나올 확률을 각각 구해 보라.

2.13 샘플 공간 $S = \{x \mid x$는 0에서 15까지의 정수$\}$에 대해 사건 A는 홀수, B는 10 이하의 짝수, 그리고 C는 3의 배수이다. 다음의 질문에 답해 보라.

가. 벤다이어그램을 그린다.

나. S의 모든 요소가 뽑힐 기회가 같다고 가정할 때 확률 $P(A \cup C)$, $P[(AB^c) \cup C^c]$, $P(B^c C^c)$, 그리고 $P[(A^c \cup B^c)(A^c C)]$을 구한다.

2.14 여름 휴가에 읽을 책으로 역사와 문학 책을 골랐다. 역사 책은 0.5이고 문학 책은 0.4, 그리고 두 책을 다 고를 확률은 0.3이라고 할 때 한 책도 고르지 않을 확률을 알아보라.

2.15 하나의 동전을 두 번 던지는 실험을 한다. 1) 앞면이 먼저 나오고 2) 앞면이 적어도 하나는 나오는 조건에서 앞면이 두번 다 나올 확률을 구해 보자.

2.16 철수는 수강 과목을 아직 정하지 못했지만 불어에서 A 받을 확률은 1/2, 그리고 화학에서 A 받을 확률은 2/3로 추정했다. 동전 던지기로 과목을 정할 때 철수가 화학을 수강하여 A를 받을 확률은 어떨지 평가해 보라.

2.17 주사위 2개를 굴리는 실험에서 사건 E와 F, 그리고 G를 아래와 같이 정의할 때 1) E와 F, 2) E와 G, 3) F와 G, 4) E와 F^c, 5) E와 G^c, 그리고 E와 FG 사이의 독립성을 조사해 보라.

$$E \sim \text{주사위의 합이 7이다.}$$
$$F \sim \text{첫 번째 주사위는 4이다.}$$
$$G \sim \text{두 번째 주사위는 3이다.}$$

2.18 세 장의 카드 중에서 한 장은 양면 모두 검은색이고 다른 한 장은 양면 모두 파란색, 그리고 나머지 한 장은 한 면은 검은색이고 다른 한 면은 파란색이 칠해져 있다. 임의로 뽑은 한 장의 한 면이 검은색일 때 이 카드의 다른 면도 검은색일 확률을 알아보라.

2.19 1000명을 대상으로 온라인 쇼핑에 대한 경험을 조사한 표가 다음과 같을 때 아래의 각 질문에 대해 답해 보라.

	경험 있어(A)	경험 없어(B)
남자(M)	220	290
여자(F)	370	120

가. 조사 대상자 1000명 중에서 1명을 무작위로 뽑을 때 1) $P(B)$와 2) $P(M)$, 3) $P(A \mid F)$, 4) $P(M \mid B)$, 그리고 5) $P(FB)$을 찾는다.

　　나. 사건 M과 F, 그리고 A와 M은 서로 배타적인지 알아본다.

　　다. 사건 F와 A는 서로 독립인지 알아본다.

2.20 총 50명에서 19명은 여자이고 28명은 대학 졸업자, 그리고 남자이면서 비 대학 졸업자는 13명일 때 1) 이원분류표를 완성하고, 또 50명 중에서 1명을 무작위로 뽑을 때 2) 여자이면서 대학 졸업자의 확률과 3) P(대학 졸업자 | 남자), 그리고 P(여자 | 비대학 졸업자)을 각각 구해 보라.

2.21 한 시골 도시에 서로 독립적을 운영되는 소방차가 두 대 있다. 소방차가 필요할 때 가용할 수 있는 확률이 0.94일 때 다음의 질문에 답해 보라.

　　가. 필요할 때 두 대의 소방차 모두 가용하지 못할 확률을 찾아본다.

　　나. 필요할 때 소방차를 가용할 수 있는 확률을 찾아본다.

　　다. 필요할 때 오직 한 대의 소방차만 가용할 수 있는 확률을 찾아본다.

2.22 다음 회로도의 각 스위치가 닫혀 있을 확률은 $p_i (i = 1,2,3,4)$이다. 각 스위치의 작동이 독립적일 때 A에서 B 사이의 전류가 흐를 확률을 구해 보라.

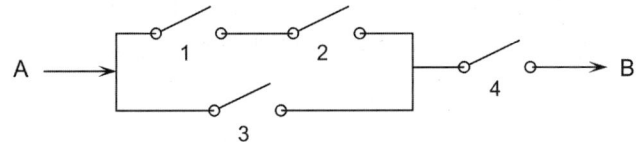

2.23 객관식 문제는 답을 모를 땐 추측하여 답을 작성한다. 임의의 객관식 문제에 대해 답을 알고 있을 확률은 p이고 추측할 확률은 $1-p$이다. 만약 추측한 문제가 맞을 확률이 $1/n$일 때 답을 맞힌 문제에서 답을 알고 있었을 확률을 알아보라. 여기서 n은 문제에 나타난 보기의 개수이다.

2.24 유방암 환자의 94%는 기존 검사법에서 양성으로 판명되고, 또 유방암에 걸려 있지 않은 여성의 6%도 이 검사법을 사용하면 양성으로 판명된다고 한다. 정기 검진을 받은 한 여성이 이 검사법으로 유방암 진단을 받았다면 실제로 유방암에 걸렸을 확률을 조사해 보라. 단, 이번 정기 검진에서 여성의 2.3%가 유방암 진단을 받았다고 가정한다.

2.25 사건 A가 발생할 확률은 64%이고 A가 발생하지 않을 때 사건 B가 일어날 확률은 13%이다. 두 사건 중에서 최소한 하나의 사건이 발생할 확률을 구해 보라.

제3장　확률 변수와 기댓값

3.1 확률 변수를 이해한 후 반드시 자기 말로 정의해 보라. 특히, 공학도가 이를 꼭 이해해야 하는 까닭을 말해 보라.

3.2 다음 진술에 포함된 변수가 이산인지 연속인지 판단해 보고 그 까닭을 말해 보라.

가. x는 피 검사를 위해 뽑은 피의 양이다.

나. x는 사회관계망을 통해 전달받은 메시지의 수이다.

다. 출근하는 데 걸린 시간을 x로 둔다.

라. 작년에 우리 나라를 강타한 크고 작은 태풍의 피해를 y라 한다.

마. 오전 동안 전화 상담원이 받은 전화의 수는 x이고 통화한 시간은 y이다.

바. 올해 상반기에 발생한 산불의 횟수는 x이고 피해 면적은 y이다.

사. 2022년의 총 가구수는 x이고 가구당 벌어들인 연 수입은 y이다.

아. 원통 부품의 월 총 제작 수는 x이고 원통의 지름에 대한 오차는 y이다.

3.3 확률 변수는 해당 변수의 확률 분포가 결정되어야 확률 변수로서 제 기능을 수행할 수 있다. 확률 분포를 결정하는 방식이나 절차에 대해서 아는 대로 설명해 보라.

3.4 확률 변수 X가 정의되었다고 하자. 이산이든 연속이든 X가 반드시 만족해야 하는 두 개의 조건이 있는데 무엇인지 말해 보라.

3.5 다음 (지면 절약을 위해 가로로 표시한) 도수분포표는 초등학생 1000명의 방과 후 활동을 조사한 표이다. 학생의 방과 후 활동 수를 X라 할 때 아래의 각 질문에 답해 보라.

방과 후 활동 수	0	1	2	3	4	5	6
학생 수	69	152	186	213	178	118	84

가. 확률 변수 X에 대한 각 확률을 찾아 확률 분포를 완성해 보라.

나. 확률 변수 X에 대한 히스토그램을 그려 보라.

다. $P(X \le 2)$와 $P(X > 4)$, $P(1 \le X < 4)$을 구해 보라.

라. 확률 변수 X에 대한 평균과 분산, 표준 편차를 구해 보라.

3.6 공정하게 만들어진 동전을 n번 던지는 실험을 한다. 이때 확률 변수 X를

$$X \sim \text{앞면의 수} - \text{뒷면의 수}$$

와 같이 정의할 때 다음의 질문에 답해 보라.

가. 확률 변수 X가 가질 수 있는 값을 말해 보라.

나. $n = 4$에서 $X = 3$는 무엇을 뜻하는지 말해 보라.

다. 동전의 던진 횟수가 $n = 3$일 때 확률 변수 X의 확률 분포를 결정해 보라.

3.7 번호가 1부터 12까지 붙은 구슬 12개를 주머니에서 임의로 3개 꺼낸다. 3개의 번호 중에서 번호가 가장 높은 것을 확률 변수 Y로 할 때 다음의 질문에 답하라.

가. 확률 변수 Y의 값을 적어 보라.

　나. 확률 변수 Y의 확률 질량 함수를 찾아보라.

　다. $P(Y=7)$와 $P(Y \leq 5)$, 그리고 $P(Y > 10)$을 구해 보라.

3.8 다음은 확률 변수 X에 대한 확률 분포 함수이다. 이산 변수일 땐 질량 함수가 되고 연속 변수이면 밀도 함수가 될 것이다. 분포 함수에 포함된 상수 c를 결정해 보라. 단, 연속 분포인 경우에 지정된 구간 밖에선 분포 함수가 0이다.

　가. $f(x) = c(x^3 - 5), \ x = 0,1,2,3$

　나. $f(x) = c(x^2 - 1), \ -1 \leq x \leq 3$

　다. $f(x) = ce^{-2x}, \ 0 < x < \infty$

　라. $f(x) = c\binom{3}{x}\binom{2}{2-x}, \ x = 0,1,2$

3.9 다음은 어떤 제품의 수명(일) X에 대한 확률 분포 함수이다. 임의로 수집한 5개 제품 중에서 2개가 40일 이내에 정확히 수명을 다할 확률을 구해 보라. 단, 5개 제품에서 i번째 제품이 수명을 다할 사건 E_i는 각각 독립이라고 가정한다.

$$f(x) = \begin{cases} \dfrac{10}{x^2}, & x > 10 \\ 0, & \text{otherwise} \end{cases}$$

3.10 다음은 확률 변수 X에 대한 누적 분포 함수이다. 아래의 각 질문에 답하라.

$$F(x) = \begin{cases} 0, & x < 0 \\ 0.2, & 0 \leq x < 1 \\ 0.3, & 1 \leq x < 3 \\ 0.6, & 3 \leq x < 4 \\ 0.8, & 4 \leq x < 5 \\ 1, & 5 \leq x \end{cases}$$

　가. 확률 변수 X의 질량 함수를 구해 보라.

　나. $P(X < 4)$와 $P(1.5 \leq X < 4.5)$, 그리고 $P(X \leq 1 \text{ 또는 } X > 5)$을 구해 보라.

　다. 평균과 분산, 표준 편차를 각각 구해 보라.

3.11 서울의 한 호텔은 주말의 예약 취소율이 18%라고 밝혔다. 주말에 예약한 손님 10명 중에서 실제로 호텔을 이용하는 손님의 수를 확률 변수 X라고 할 때 이의 확률 분포 함수를 찾고, 또 $P(X \geq 7)$을 구해 보라.

3.12 확률 변수 X가 이항 분포, 즉 $X \sim B(n,p)$을 따를 때 이의 평균과 분산을 구해 보라. 여기서 n은 시행 횟수이고 p는 한 번 시행할 때 성공할 확률이다. 참고로, 이항 분포를 갖는 X는 다음과 같이 실험 결과가 꼭 2개만 있는 Bernoulli 변수 Y가 시행 횟수 n만큼 보태진 것과 같다.

$$Y = \begin{cases} 0 \ (\text{임의의 사건이 일어나지 않거나 실패하는 경우}) \\ 1 \ (\text{임의의 사건이 일어나거나 성공하는 경우}) \end{cases}$$

3.13 은색 동전을 던질 때 앞면이 나오는 확률은 0.4이고 금색 동전을 던질 땐 0.6의 확률로 앞면이 나온다. 두 동전 중에서 임의로 1개를 골라 10번을 던질 때 다음의 질문에 답하라.

　가. 10번 중에서 앞면이 정확하게 7번 나올 확률을 구해 보라.

　나. 첫 번째가 앞면이라고 했을 때 10번 중에서 정확하게 7번 앞면이 나올 (조건부) 확률을 구해 보라.

3.14 현장의 한 기계에서 생산되는 부품의 불량률이 0.1이다. 10개의 부품을 조사할 때 불량품이 많아야 1개 나올 확률을 1) 이항 분포로, 또 2) Poisson 분포를 써서 구한 후에 서로 견주어 보라.

3.15 한 법률 사무소에서 타자원 2명을 고용했다. 첫 번째 고용인은 한 문서에서 오타가 나오는 평균 수가 3.2이고 두 번째 고용인은 4.5이다. 임의의 문서에 대해 두 고용인이 무작위로 선택되어 작업할 때 오타가 하나도 없을 (근사) 확률을 구해 보라.

3.16 포커 게임에서 풀하우스가 나올 확률은 약 0.0014이다. 500번의 게임에서 적어도 2번 이상의 풀하우스가 나올 확률을 구해 보라.

3.17 문제 3.9의 확률 분포 함수에 대해 다음의 질문에 답해 보라.

　가. $P(X > 18)$을 찾아보라.

　나. 확률 변수 X의 누적 분포 함수를 찾아보라.

　다. 6개 제품에서 적어도 3개가 최소한 15일 이상 계속 사용할 수 있을 확률을 찾아보라.

3.18 버스 정류장에 오후 1시에 도착했다. 버스가 1시에서 1시 30분 사이에 균등하게 도착한다고 할 때 다음의 질문에 답해 보라.

　가. 버스를 10분 이상 기다릴 확률을 구해 보라.

　나. 버스가 1시 10분 현재 아직 도착하지 않았다고 할 때 10분 더 기다릴 확률을 구해 보라.

3.19 확률 변수 X가 평균이 12이고 분산이 4인 정규 분포를 따른다고 할 때 다음의 질문에 답해 보라.

　가. $P(X > 9)$와 $P(11 < X < 14)$을 구해 보라.

　나. $P(X > c) = 0.1$을 만족하는 c를 찾아보라.

　다. 분포의 면적비를 3:7로 나누는 $X = c$의 값을 찾아보라.

3.20 확률 변수 X와 Y의 결합 확률 분포가 다음과 같을 때 1) $P(X > 1, Y < 2)$와 2) $P(Y < X)$, 그리고 3) $P(X < c)$을 구해 보라.

$$f(x, y) = \begin{cases} \dfrac{3}{2} e^{-x} e^{-2y} & 0 < x < \infty, 0 < y < \infty \\ 0 & \text{otherwise} \end{cases}$$

3.21 두 사람이 한 장소에서 만나기로 했다. 두 사람의 도착 시간은 서로 독립이고 균등 분포를 따른다고 가정한다. 만약 두 사람이 오후 2시부터 3시 사이에 도착할 때 먼저 도착한 사람이 10분 이상 기다릴 확률을 예측해 보라. (힌트 : 두 사람이 오후 2시 이후부터 도착하는 시간을 확률 변수 X와 Y로 각각 두면 두 변수는

모두 균등 분포 $U(0,60)$을 따른다.)

3.22 확률 변수 X와 Y의 결합 분포 함수가 다음과 같을 때 조건부 확률 $P(X \mid Y)$에 대한 분포 함수를 찾아보라.

$$f(x,y) = \begin{cases} \dfrac{12}{12}x(x+y-3) & 0<x<1, \, 0<y<1 \\ 0 & \text{otherwise} \end{cases}$$

3.23 주사위를 n개 굴릴 때 나오는 눈의 합에 대한 기댓값을 구해 보라. (힌트 : i번째 주사위에서 나오는 눈을 X_i라 두면 n개 주사위의 눈의 합 X는 모든 X_i의 합과 같다.)

3.24 학생 150명을 각각 40, 35, 28, 그리고 47명으로 나누어 태운 버스 4대가 경기장에 도착한다. 학생 한 명을 임의로 선택하여 그 학생이 탄 버스가 태우고 온 학생의 수를 X라 하고, 또 4명의 운전 기사 중에서 임의로 한 명을 선택하여 그 기사가 운전한 버스에 타고 온 학생의 수를 Y라 할 때 다음의 질문에 답해 보라.

가. X와 Y의 기댓값 중에서 어떤 것이 더 클지 근거를 대며 말해 보라.

나. 실제로 $E(X)$와 $E(Y)$을 구해 보라.

3.25 확률 변수 X와 Y의 결합 분포 함수가 다음과 같을 때 (지정된 구간 이외는 0) 아래의 질문에 답해 보라.

$$f(x,y) = \frac{6}{19}\left(x^2 + \frac{xy}{2}\right) \quad 0<x<2, \, 0<y<1$$

가. 결합 분포 함수의 요건을 만족하는지 검사해 보라.

나. X의 분포 함수 $g(x)$를 구해 보라.

다. Y의 분포 함수 $h(y)$를 구해 보라.

라. $P(X<Y)$와 $P(X>1 \mid Y<1/2)$을 구해 보라.

바. $E(X)$와 $E(Y)$을 구해 보라.

3.26 확률 변수 X와 Y의 결합 분포 함수가 다음과 같을 때 (지정된 구간 이외는 0) 아래의 질문에 답해 보라.

$$f(x,y) = 12xy(1-y), \quad 0<x<1, \, 0<y<1$$

가. 확률 변수 X와 Y는 서로 독립인지 확인해 보라.

나. $E(X)$와 $E(Y)$를 찾아보라.

다. $Var(X)$와 $Var(Y)$를 찾아보라.

3.27 어느 중견 식당의 주당 총매출(만원)은 평균이 2555이고 표준 편차가 27인 정규 분포를 형성한다. 1) 앞으로 2주 동안에 총매출이 500을 넘길 확률과 2) 다음 3주 동안에 230을 적어도 2번 이상 달성할 확률을 각각 구해 보라.

3.28 한 조사 단체에서 남성의 27.5%와 여성의 31.4%는 아침 식사를 하지 않고 출근한다고 답했다. 직장인 중에서 무작위로 남성 200명과 여성 200명을 뽑았을 때 1) 총 400명 중에서 적어도 120명 이상이

아침 식사를 하지 않고 출근할 확률과 2) 아침 식사를 하지 않은 여성의 수가 아침 식사를 하지 않은 남성의 수 이상이 될 확률을 각각 구해 보라.

3.29 두 사람 A와 B가 무작위로, 그리고 서로 독립적으로 구슬 10개에서 3개를 뽑는다. 1) 두 사람이 같은 구슬을 뽑는 사건의 기댓값과 2) 두 사람이 모두 뽑지 않아 구슬이 남아 있는 사건의 기댓값, 그리고 3) 두 사람이 서로 다른 구슬을 뽑는 사건의 기댓값을 각각 구해 보라.

3.30 확률 변수 X에 대해 $E(X) = 2$와 $Var(X) = 5$일 때 $E[(x+X)^2]$와 $Var(3X-2)$을 구해 보라.

3.31 부부 10쌍이 원탁 테이블에 무작위로 앉는다. 서로 붙어 앉을 부부의 수에 대한 기댓값과 분산을 구해 보라. (힌트 : 임시 변수 X_i를 이용한다. 여기서 X_i는 i번째 부부가 서로 붙어 앉으면 1이고 그렇지 않으면 0이다.)

3.32 주사위를 2번 던진다. 확률 변수 X는 주사위 눈의 합이고 Y는 눈의 차일 때 두 변수의 공분산인 $Cov(X, Y)$을 구해 보라.

3.33 확률 변수 X와 Y의 결합 확률 분포가 다음과 같을 때 (지정된 구간 외에는 0) 아래의 질문에 답해 보라.

$$f(x,y) = \frac{e^{-x}}{x}, \quad 0 \le x < \infty, 0 \le y \le x$$

가. 공분산 $Cov(X, Y)$을 찾아보라.
나. $E(Y^2 \mid X = x)$을 구해 보라.

제4장 표본 분포

4.1 표본 분포는 표본의 통계량에 대한 분포를 뜻한다. 분포의 개념을 1) 표본의 크기가 n인 표본과 2) n개의 표본을 예로 하여 표본 분포를 따로 설명해 보라.

4.2 확률 변수 X에 대해 아래의 왼쪽은 Markov 부등식으로 알려진 식이다. 이를 이용하여 오른쪽의 Chebyshev 부등식을 증명해 보라.

$$P(X \ge a) \le \frac{E(X)}{a} \text{와 } P[\mid X - \mu \mid \ge k] \le \frac{\sigma^2}{k^2}$$

여기서 $a > 0$와 $k > 0$, $\mu = E(X)$, $\sigma^2 = Var(X)$이다.

4.3 중심극한정리를 아는 대로 설명해 보라.

4.4 확률 변수 X_i는 서로 독립이며 각각 $U(0,1)$을 따른다고 가정할 때 다음을 계산해 보라.

$$P\left[3 \leq \sum_{i=1}^{12} X_i \leq 7\right]$$

4.5 한 강사가 40개의 시험 문제를 채점해야 한다. 각 시험 문제를 채점하는 시간은 각각 독립이고 한 문제에 대한 채점 시간은 보통 평균이 15분이고 표준 편차가 3분 정도이다. 강사가 350분 동안 계속 채점을 하면서 최소한 20개 이상의 문제를 채점할 확률을 구해 보라.

4.6 한 강사는 학생이 시험을 쳐서 받는 점수가 과거 경험에 비추어 평균이 78인 확률 변수로 판단하고 있다. 다음의 질문에 답해 보라. (힌트 : 문제 4.2의 두 식을 이용한다.)

가. 점수 분포의 분산이 25일 때 학생이 받는 점수가 88점 이상일 확률의 위쪽 경계를 구해 보라.

나. 학생의 점수가 70에서 90 사이에 있을 확률을 구해 보라.

다. 인원이 n인 학급의 평균 점수가 78점에서 5점 차이로 있을 확률이 최소한 0.9를 보장하려고 할 때 n을 추정해 보라.

4.7 주사위를 눈의 합이 180을 넘을 때까지 계속 굴린다. 적어도 50번을 굴려야 달성할 수 있을 확률을 근사적으로 구해 보라.

4.8 최근에 건축된 다리는 구조적인 손상 없이 견딜 수 있는 하중 W(단위는 임의 단위인 unit)가 평균이 3800이고 표준 편차가 35인 정규 분포를 따른다고 예상되었다. 다리 위를 달리는 자동차의 무게 C가 $C \sim N(4, 0.4)$이라고 가정할 때 다리의 구조적 손상이 나타날 확률이 0.2를 막 넘으려는 조건이면 몇 대의 자동차가 동시에 다리 위에 있을 수 있는지 계산해 보라.

4.9 부품 A는 어떤 전자 장비의 동작에 중요한 요소여서 고장 나는 순간 즉시 교체되어야 한다. 이 제품의 평균 수명(시간)이 120이고 표준 편차가 30일 때 전자 제품을 2500시간 연속으로 사용할 확률이 0.98 이상이 되기 위해선 제품의 재고를 얼마나 확보해 두어야 하는지 평가해 보라.

4.10 한 강사가 출제한 문제를 학생이 풀어 취득하는 점수는 평균이 76이고 표준 편차가 12이다. 이 강사가 두 문제를 출제하여 학생 수가 30인 학급 A와 50인 학급 B에 각각 하나씩 제시하였다. 다음의 질문에 답해 보라.

가. 학급 A의 평균 점수가 80을 넘을 확률을 추정해 보라.

나. 학급 B에 대해 가)를 반복해 보라.

다. 학급 B의 평균 점수가 학급 A의 그것과 견주어 3이 더 많을 확률을 계산해 보라.

라. 학급 A의 평균 점수가 학급 B의 그것과 견주어 3이 더 많을 확률을 계산해 보라.

4.11 지역의 한 병원은 특정한 날에 자원 봉사 의사가 2명, 3명, 혹은 4명이 근무한다. 몇 명이 근무하는지 상관없이 병원을 찾는 환자의 수는 늘 평균이 28인 Poisson 분포를 따른다고 할 때 다음의 질문에 답해

보라. 여기서 확률 변수 Y는 어떤 특정한 날에 병원을 방문하는 환자의 수이다.

가. $E(Y)$와 $Var(Y)$를 계산해 보라.

나. 정규 분포로 근사하여 $P(Y > 55)$을 계산해 보라.

4.12 작년 대학 졸업생의 빚(만원)은 정규 분포를 따르고, 이때 평균은 2500이고 표준 편차는 560이다. 다음의 질문에 답해 보라.

가. 졸업생 중에서 무작위로 한 명을 뽑을 때 빚이 1800 이상일 확률을 구해 보라.

나. 크기가 25인 표본을 수집했을 때 평균 빚이 1800 이상일 확률을 구해 보라.

4.13 지방의 한 대학 3학년의 성적 평점은 평균이 2.98이고 표준 편차가 0.27인 정규 분포를 따른다. 이 대학에서 20명의 표본을 무작위를 수집했을 때 표본의 평균이 1) 3.10 이상, 2) 2.85 이하, 그리고 3) 2.95에서 3.15 사이일 확률을 구해 보라.

4.14 공장에서 독립적으로 생산하는 어떤 부품의 불량률은 0.18이다. 1000개의 부품을 수집해 조사할 때 불량품이 150개 이상일 확률을 구해 보라.

4.15 배터리 40개 묶음은 A형과 B형의 배터리가 같은 수로 구성되어 있다. A형 배터리의 지속 시간은 평균이 55이고 표준 편차가 15이며 B형 배터리는 평균이 35이고 표준 편차가 8이다. 배터리 40개 묶음 모두를 소비할 때 1800시간 이상 사용할 확률을 계산해 보라.

4.16 5명의 학생들이 받은 시험 성적은 $A = 72$, $B = 77$, $C = 82$, $D = 83$, 그리고 $E = 94$이다. 이 학생들 중에서 비복원으로 3명을 뽑아 표본을 구성할 때 표본의 평균에 대한 다음의 질문에 답해 보라.

가. 표본 평균 $\bar{x}$에 대한 확률 질량 함수를 도수분포표로 작성해 보라.

나. $\bar{x}$에 대한 표본 분포의 평균 $\mu_{\bar{x}}$와 표준 편차 $\sigma_{\bar{x}}$을 가)의 도수분포표를 이용하여 각각 계산해 보라.

다. 모집단을 구성하는 5개의 점수에 대한 표준 편차는 $\sigma \approx 8.2$이다. 표본의 평균에 대한 표본 본포의 표준 편차, 즉 표준 오차는 $\sigma / \sqrt{n} = 8.2 / \sqrt{3} \approx 4.73$인데 나)에서 구한 값과 견주어 보고 다르다면 왜 그런지 말해 보라.

라. 예제 4.2b의 내용을 참조하여 나)와 다)의 결과가 같아지는 것을 보여라.

4.17 임의의 모집단은 약간 왼쪽으로 늘어진 모습의 분포로 $\mu = 88$이고 $\sigma = 16$이다. $n/N \leq 0.05$일 때 모집단에서 크기가 $n = 50$인 표본의 평균 $\bar{x}$가 1) 82.5보다 작고 2) 92보다 클 확률을 계산해 보라. 여기서 N은 모집단의 개수이다.

4.18 크기가 $N = 1300$인 모집단의 모비율은 0.46이다. 표본의 크기가 1) $n = 85$와 2) $n = 50$일 때 표본 비율 $\hat{p}$의 표준 오차 $\sigma_{\hat{p}}$를 계산하면서 모집단 수정계수가 필요한지 판단해 보라.

4.19 한 TV 방송국에서 대도시의 시장 선거에 대한 출구 조사를 실시한다. 최종 승자는 투표수의 60%를 얻는다고 가정할 때 다음의 질문에 답해 보라.

    가. 투표를 마치고 나오는 유권자 25명을 무작위로 모아 물었을 때 13명 이상이 최종 승자를 투표했을
       확률을 계산해 보라.

    나. 출구 조사가 95% 이상의 예측 정확도를 위해 수집해야 할 표본의 크기를 조사해 보라.

제5장   모수 추정

5.1 모집단과 표본의 기본적인 특징을 서로 견주어 설명하면서 왜 모수 추정이 필요한지 말해 보라.

5.2 추정량(estimator)과 추정값(estimate)은 어떤 차이가 있는지 말하면서 쉬운 예를 한 가지 들어 보라.

5.3 추정의 두 가지 방법으로 MVUE와 MLE를 본문에서 소개한 바 있다. 두 방법을 견주면서 간단히 설명해
    보라.

5.4 신뢰수준에 대해 아는 대로 설명하고 유의수준과 어떤 관계를 갖는지 말해 보라.

5.5 다음은 표준 편차가 2.5인 모집단에서 추출한 통계 데이터인데 아래의 질문에 답해 보라.

$$39 \quad 51 \quad 43 \quad 33 \quad 28 \quad 36 \quad 49 \quad 30 \quad 46 \quad 37 \quad 32 \quad 27 \quad 33 \quad 41 \quad 47 \quad 41$$
$$41 \quad 46 \quad 27 \quad 35 \quad 37 \quad 38 \quad 46 \quad 48 \quad 39 \quad 29 \quad 31 \quad 44 \quad 41 \quad 37 \quad 38 \quad 46$$

    가. 모집단 평균 μ의 점 추정을 찾아보라.

    나. μ에 대한 95%의 신뢰 구간을 정해 보라

    다. 나)에 대한 오차 한계를 계산해 보라.

5.6 한 은행 관리자가 관리 지역의 주택 소유자가 매달 납부하는 대출금의 상환금(천원) 평균을 알고 싶어 한다.
    표본으로 해당 지역에서 110가구를 뽑아 조사해 보니 평균 월 상환금은 435이었다. 상환금 모집단의 표준
    편차가 59일 때 다음의 질문에 답해 보라.

    가. 99% 신뢰수준으로 월 상환금의 구간 추정을 실행해 보라.

    나. 가)의 구간이 너무 넓다고 생각하여 구간을 약간 줄이고자 한다. 모든 가능한 방법을 나열한 후 어떤
       방법이 제일 좋은지 근거를 대보라.

5.7 문제 5.5에서 모집단의 표준 편차를 모르지만 정규 분포로 가정할 수 있는 경우에 대해 답해 보라.

5.8 모집단의 모비율을 합당하게 추정하기 위한 표본의 크기를 정하고자 한다. 95% 신뢰수준에서 사용할 오차
    한계가 0.042일 때 1) 예비 표본을 통해 표본 비율이 $\hat{p} = 0.34$인 경우와 2) 예비 표본을 준비하지 못해
    신중한 방법(conservative method)을 이용해야 하는 경우에 대해 표본의 크기를 각각 찾아보라.

5.9 사형제를 존치할지 폐지할지 전문가 그룹은 어떻게 생각하는지 조사하기 위해 형법을 전공한 교수의 의견을
    물었더니 다음과 같았다. 아래의 질문에 답해 보라.

존치, 존치, 폐지, 존치, 존치, 폐지, 폐지, 존치, 폐지, 존치
존치, 폐지, 존치, 존치, 존치, 폐지, 존치, 존치, 폐지, 존치

가. 모집단 모비율에 대한 점 추정을 실시해 보라.

나. 95%의 신뢰수준에서 사형제 존치에 대한 구간 추정을 실시해 보라.

5.10 확률 변수의 함수에 대한 평균의 점 추정 3개가 다음과 같을 때 아래의 질문에 답해 보라. 여기서 각 확률 변수에 대한 기댓값과 분산은 $E(X_1) = E(X_2) = \mu$, $Var(X_1) = 12$, 그리고 $Var(X_2) = 16$이다.

$$\hat{\mu_1} = \frac{X_1}{2} + X_2, \ \hat{\mu_2} = \frac{X_1}{3} + \frac{3X_2}{4}, \ \hat{\mu_3} = \frac{X_1}{3} + \frac{X_2}{2} + 5$$

가. 각 점 추정에 대한 편향을 계산해 보라

나. 각 점 추정에 대한 분산을 계산해 보라.

다. 각 점 추정에 대한 평균제곱오차를 계산해 보라.

라. 다음의 점 추정에 대한 분산을 최소로 하는 p의 값을 구해 보라.

$$\hat{\mu} = pX_1 + (1-p)X_2$$

5.11 임의의 확률 변수 X가 $X \sim B(12, p)$이고 모집단의 성공률 p에 대한 점 추정이 다음과 같을 때 아래의 질문에 답하라.

$$\hat{p} = \frac{X}{14} \text{와 } \text{MSE}(\hat{p}) = \frac{3p - 2p^2}{49}$$

가. 점 추정의 편향을 구해 보라.

나. 점 추정의 분산을 구해 보라.

다. 점 추정의 평균제곱오차가 위와 같다는 것을 보여라.

라. 다)의 평균제곱오차가 $p \leq 0.52$이면 $X/12$의 평균제곱오차보다 작다는 것을 보여라.

5.12 확률 변수 $X_i(i = 1, 2, \cdots, n)$는 각각 평균이 λ인 독립적인 Poisson 분포, 즉 아래와 같은 확률 함수를 가질 때 MLE 방법을 써서 파라미터 λ를 추정해 보라.

$$f(x_i \mid \lambda) = \frac{e^{-\lambda}\lambda^{x_i}}{x_i!}$$

5.13 확률 변수 $X_i(i = 1, 2, \cdots, n)$는 각각 모수가 λ인 독립적인 지수 분포, 즉 아래와 같은 확률 함수를 가질 때 MLE 방법을 써서 파라미터 λ를 추정해 보라.

$$f(x_i \mid \lambda) = \lambda e^{-\lambda x_i} \ (x_i \geq 0)$$

5.14 최근에 팔린 한 도시의 주택 9채를 무작위로 수집해 조사해 보니 표본의 평균 가격(백만원)은 2350이고 이의 표준 편차는 18.50이었다. 95%의 신뢰수준으로 해당 도시의 주택 가격 모집단에 대한 구간 추정을

실시해 보라.

5.15 유전자 재조합 성분이 포함된 식품은 상표에 반드시 표시해야 하는지 그렇지 않아도 되는지 알아보기로 한다. 99% 신뢰수준으로 구간 추정을 하고, 또 모집단의 2% 범위 안에서 정확도를 보장받으려고 할 때 다음의 질문에 답해 보라.

　　가. 표본에 대한 예비 조사가 어려운 경우일 때 표본 크기의 최솟값을 찾아보라.

　　나. 예비 조사를 통해 유전자 변형 식품은 반드시 상표에 그런 사실을 표시해야 한다는 여론이 86%인 것을 아는 경우에 대한 표본 크기의 최솟값을 찾아보라.

5.16 다음의 표는 비행기 여행의 안전성에 대한 몇몇 나라의 조사표이다. 다음 질문에 각각 답해 보라.

국가	응답자(성인) 수	안전하다는 응답자의 비율
한국	859	74%
미국	1044	69%
프랑스	1097	62%
영국	841	72%

　　가. 각 나라의 안정성 여론을 95%의 신뢰수준으로 구간 추정해 보라.

　　나. 가)의 결과를 보고 모든 나라의 여론이 같다고 볼 수 있는지 근거를 대며 말해 보라.

5.17 다음은 한 공작기계에서 제작한 볼트의 지름(cm)에 대한 통계 데이터이다. 볼트 지름으로 구성된 모집단을 정규 분포로 가정할 수 있을 때 1) 모집단의 분산과 2) 표준 편차를 95%의 신뢰수준에서 각각 추정해 보라.

　　　11.37　11.24　10.25　10.97　10.17　9.55　9.70　9.52　10.77
　　　10.01　10.49　11.54　10.05　9.50　9.80　9.69　11.30　9.98

5.18 은행 창구에 대기하고 있는 손님 중에서 22명을 무작위로 수집하여 조사했더니 기다린 시간의 표준 편차가 3.6분이었다. 기다린 시간을 정규 분포로 가정할 수 있을 때 98% 신뢰수준에서 모집단의 분산과 표준 편차를 각각 추정해 보라.

제6장　가설 검정

6.1 유의수준에 대해 아는 대로 설명하고 신뢰수준과 어떤 관계를 갖는지 말해 보라.

6.2 가설 검정에서 귀무 가설을 기각하지 못한다는 결론은 귀무 가설이 참이라는 뜻인가, 아니면 이를 어떻게 해석하고 받아들여야 하는가?

6.3 가설 검정의 결론은 항상 두 가지만 있다. 왜 그런지 말하고, 또 주장이 귀무 가설이나 대립 가설 중에서 어떤 가설에 실려 있느냐 하는 것에 따라 결론에 대한 해석이 달라져야 한다. 아는 대로 설명해 보라.

6.4 다음의 가설 검정에 대해 모집단 모수의 수 직선에 각 가설을 그림으로 나타내고 검정의 형식을 말해 보라.

$$\text{가.} \begin{cases} H_0 : \mu \le 7.5 \\ H_1 : \mu > 7.5 \end{cases} \qquad \text{나.} \begin{cases} H_0 : p = 0.38 \\ H_1 : p \ne 0.38 \end{cases} \qquad \text{다.} \begin{cases} H_0 : \sigma^2 \ge 53 \\ H_1 : \sigma^2 < 53 \end{cases}$$

6.5 다음 진술을 읽고 주장을 정한 다음에 귀무 및 대립 가설을 표시해 보라.

    가. 최근의 조사에 따르면 대학생의 42%가 신용 카드를 소지하고 있다.

    나. 놀이 공원의 관계자는 평일에 공원을 찾는 관광객이 최소한 12,000명은 된다고 주장한다.

    다. 비포장 4륜차(ATV)의 기본 가격(천원)에 대한 표준 편차는 580이다.

    라. 생산 라인의 담당 주임은 백만개의 부품 생산에서 불량품의 개수가 3개를 넘지 않는다고 주장한다.

6.6 다음은 가설 검정의 주장이다. 주장에 대해 가설 검정을 실시할 때 나타날 수 있는 제1형 및 제2형 오류를 설명해 보라.

    가. 바이러스에 감염된 컴퓨터를 치료하는 비용은 10만 원을 넘지 않는다.

    나. 정원용 호스의 물 분사율은 평균적으로 분당 약 60리터이다.

    다. 블루투스 스피커의 배터리는 연속 사용 시간이 최소한 32시간이다.

    라. 폐암으로 사망하는 사람의 84%는 담배 때문이다.

6.7 p값을 써서 다음의 진술을 검정해 보라.

    가. 화재 감응기 제조 회사는 자사의 스프링클러는 적어도 75℃가 되면 작동한다고 주장한다. 32개의 제품을 수집하여 작동 온도를 조사해 보니 73.8℃였다. 모집단의 표준 편차가 2.1℃일 때 $\alpha = 0.05$에서 검정한다.

    나. 아래 표본 데이터는 흡연자가 완전히 담배를 끊는 데 걸리는 시간(년)이다. 평균 15년이 걸린다는 주장에 대해 $\alpha = 0.05$에서 통계학적으로 검정한다. 모집단의 표준 편차는 5.8년이다.

    12.7 13.2 22.6 13.0 10.7 18.1 14.7 7.0 17.3 7.5 21.8 12.3 19.8 13.8 16.0
    18.5 13.1 20.7 15.5 9.8 11.9 16.9 7.0 19.3 13.2 14.6 20.9 15.4 13.3 11.6

    다. 중고차 판매상은 3년 정도 사용하였지만 상태가 좋은 SUV의 평균 가격(만원)은 2000이라고 주장했다. 이를 믿지 못하여 22개의 표본을 수집하여 조사해 보니 평균은 2140이고 표준 편차는 220이었다. $\alpha = 0.05$에서 판매상의 주장을 기각할 수 있는지 검정한다.

    라. 한 해양 학자는 북대서양에 서식하는 고래의 평균 잠수 깊이가 115미터라고 주장한다. 34군데 잠수 깊이를 표본으로 모아 조사해 보니 평균 119.5미터이고 표준 편차는 23.8미터였다. $\alpha = 0.1$에서 해양 학자의 주장을 기각할 수 있는지 검정한다.

6.8 기각 영역을 써서 문제 6.7을 다시 풀어 보라.

6.9 다음의 주장과 표본의 정보, 그리고 α를 가지고 가설 검정을 실시해 보라.

가. 주장: $p \neq 0.15$, 표본: $n = 500$, $\hat{p} = 0.12$, 검정: $\alpha = 0.05$

나. 주장: $p \leq 0.45$, 표본: $n = 100$, $\hat{p} = 0.52$, 검정: $\alpha = 0.02$

6.10 다음의 진술을 $\alpha = 0.05$와 $\alpha = 0.01$에 대해 각각 검정해 보라.

가. 통계청은 성인의 흡연율이 점점 떨어져 현재 32%라고 주장했다. 150명의 성인에게 물었더니 21.4%가 담배를 피운다고 답했다.

나. 질병청은 18세 이하 청소년의 5%는 천식이 있다고 발표했다. 200명의 청소년을 대상으로 조사해 보니 8.6%가 천식을 가지고 있었다.

다. 동물 단체는 가구의 32%가 고양이를 키운다고 주장했다. 200가구를 조사해 보니 72가구가 고양이를 기른다고 말했다.

6.11 모비율의 검정은 $np \geq 5$와 $n(1-p) \geq 5$, 혹은 $np(1-p) \geq 10$이면 이항 분포를 정규 분포로 근사할 수 있기 때문에 보통 z 분포, 즉

$$z = \frac{\hat{p} - p}{\sqrt{p(1-p)/n}}$$

을 이용한다. 하지만 이항 분포의 성공률 $\hat{p}$보다 성공 횟수 x를 알 때 다음과 같은 공식을 사용하면 훨씬 더 쉽게 적용할 수 있다. $\hat{p} = x/n$인 것을 써서 간단히 증명해 보라.

$$z = \frac{x - np}{\sqrt{np(1-p)}}$$

6.12 다음의 진술에 대한 표준 검정 통계량 χ^2을 찾아 검정을 수행해 보라. 해당 모집단은 정규 분포로 가정한다.

가. 한 병원의 대변인은 응급 환자가 대기하는 시간의 표준 편차는 0.5분을 넘지 않는다고 말했다. 25개의 대기하는 시간을 무작위로 수집하여 조사해 보니 표준 편차가 0.7분이었다. $\alpha = 0.05$에서 주장을 기각할 수 있는지 검정한다.

나. 다음 데이터는 가석방 담당 공무원 10명의 연봉(만원)이다. $\alpha = 0.1$에서 모집단 연봉의 표준 편차가 4280이라는 주장을 허물 수 있는지 검정한다.

5056, 5608, 4728, 5582, 5243, 5183, 4865, 5465, 4918, 4378

다. 지방의 한 여행사는 해당 지역의 중급 호텔 숙박비에 대한 표준 편차가 27,000원이라고 밝혔다. 21개 호텔을 조사해 보니 표준 편차는 19,000원이었다. $\alpha = 0.01$에서 여행사의 주장을 반박할 수 있는지 기각 영역과 p값을 써서 각각 검정한다.

6.13 다음의 두 모집단 평균의 차에 대한 주장을 주어진 α에서 검정해 보라.

가. 주장: $\mu_1 = \mu_2$, 표본: $\overline{x}_1 = 16$, $\overline{x}_2 = 14$, $n_1 = 29$, $n_2 = 28$,

모집단: $\sigma_1 = 3.4$, $\sigma_2 = 1.5$, 유의수준: $\alpha = 0.1$

나. 주장: $\mu_1 < \mu_2$, 표본: $\overline{x}_1 = 2435$, $\overline{x}_2 = 2432$, $n_1 = 35$, $n_2 = 90$,

    모집단: $\sigma_1 = 75$, $\sigma_2 = 105$, 유의수준: $\alpha = 0.05$

다. 주장: $\mu_1 = \mu_2$ $(\sigma_1^2 = \sigma_2^2)$, 표본 1: $\overline{x}_1 = 33.7$, $s_1 = 3.5$, $n_1 = 12$,

    표본 2: $\overline{x}_2 = 35.5$, $s_2 = 2.2$, $n_2 = 17$, 유의수준: $\alpha = 0.01$

라. 주장: $\mu_1 > \mu_2$ $(\sigma_1^2 \neq \sigma_2^2)$, 표본 1: $\overline{x}_1 = 52$, $s_1 = 4.8$, $n_1 = 32$,

    표본 2: $\overline{x}_2 = 50$, $s_2 = 1.2$, $n_2 = 40$, 유의수준: $\alpha = 0.02$

6.14 두 타이어의 제동거리를 견주기 위해 각 타이어 35개를 조사하였다. 타이어 A의 평균 제동거리는 12.81미터, 그리고 타이어 B는 13.72미터였다. $\alpha = 0.1$에서 두 타이어의 제동거리가 다르다는 주장을 지지할 수 있는지 검정해 보라. 타이어 A 모집단의 표준 편차는 1.43미터이고 타이어 B는 1.31미터라고 가정한다.

6.15 강철 제조법을 새로 개발한 한 공학 연구소가 두 방법으로 제조한 강철의 표본을 수집해 인장 강도(N/mm²)를 조사한 내용은 다음의 데이터와 같았다. $\alpha = 0.05$에서 새로운 방법으로 제조한 강철의 강도가 더 크다고 주장할 수 있는지 검정한다. 강철의 두 모집단에 대한 분산은 다르다고 가정한다.

새로운 제조법: 387, 398, 421, 394, 407, 411, 389, 402, 422, 416, 402, 408, 400, 386, 411, 405
기존의 제조법: 363, 351, 385, 379, 413, 384, 400, 378, 419, 379, 384, 388, 372, 383

6.16 대응 표본(paired samples)의 각 모집단에 대한 평균의 차를 t 검정하기 위한 조건을 말해 보고, 또 본문에서 표시한 $\overline{d}$와 s_d이 뜻하는 바를 아는 대로 설명해 보라.

6.17 다음은 두 대응 모집단에 대한 주장과 표본의 정보이다. 주어진 α에 대해 검정해 보라.

가. 주장: $\mu_d < 0$, 표본: $\overline{d} = 1.5$, $s_d = 3.2$, $n = 14$, 유의수준: $\alpha = 0.05$

나. 주장: $\mu_d \geq 0$, 표본: $\overline{d} = -2.3$, $s_d = 1.2$, $n = 15$, 유의수준: $\alpha = 0.01$

다. 주장: $\mu_d = 0$, 표본: $\overline{d} = 3.2$, $s_d = 8.45$, $n = 8$, 유의수준: $\alpha = 0.02$

6.18 한 과학자는 폐렴이 체중을 줄이는 원인이라고 주장하면서 폐렴에 감염되기 전의 쥐 데이터(그램)와 감염 조치 후 2일 지난 때의 데이터를 아래와 같이 정리했다. $\alpha = 0.05$에서 과학자의 주장을 지지할 수 있는지 검정해 보라.

쥐	1	2	3	4	5	6
감염 전 무게	19.3	20.5	20.4	21.8	23.5	23.7
감염 후 무게	18.1	19.5	19.8	20.4	22.3	23.1

6.19 승용차를 타는 사람 140명과 트럭을 타는 사람 190명을 수집해 조사했더니 승용차의 승객 85%와 트럭의 승객 73%가 안전벨트를 매었다. $\alpha = 0.1$에서 승용차와 트럭의 승객이 안전벨트를 매는 비율이 같다는 주장을 반박할 수 있는지 검정해 보라.

6.20 다음은 핵 발전소를 새로 건립하는 일의 찬성 비율을 각 나라별로 조사한 표이다. 아래 질문에 각각 답하라.

국가	조사인원	찬성비율(%)	국가	조사인원	찬성비율(%)
미국	1002	46	한국	1006	49
영국	1056	44	프랑스	1102	42

가. 미국과 영국의 각 국민 모집단에 대한 찬성 비율이 같다는 주장을 찬성할 수 있는지 $\alpha = 0.05$에서 검정한다.

나. 프랑스 모집단의 찬성 비율이 한국 모집단의 찬성 비율보다 작다는 주장을 지지할 수 있는지 $\alpha = 0.01$에서 검정한다.

다. 영국과 프랑스 모집단의 찬성 비율은 다르다는 주장을 지지할 수 있는지 $\alpha = 0.05$에서 검정한다.

제7장 상관과 선형 회귀

7.1 다음 진술 중에서 설명 변수(독립 변수)와 반응 변수(종속 변수)를 구별해 보라.

가. 영양사는 체중이 같으면서 함께 다이어트를 하고 있는 사람들이 하루에 소비하는 물의 양으로 각 개인의 체중 감량을 예측한다.

나. 보험 회사는 계리사(actuary)를 고용하여 안전 운행의 시간으로 해당 운전사의 사고 수를 예측한다.

다. 강사는 학생의 수업 이해도와 학생의 예복습 시간으로 학생의 성적을 예측한다.

7.2 다음 표는 한 작은 대학의 동창회에서 졸업 년수와 기부금 사이의 관계를 알아보기 위해 모은 자료이다. 산포도를 그리고 서로의 상관을 말한 후 상관 계수 r을 직접 구하여 확인해 보라.

졸업 년수, x	2	9	5	14	1	25	29
기부금(백만), y	10.5	8.9	14.7	6.8	9.2	4.8	3.1

7.3 다음은 신생아에서 6세 어린이까지 습득한 어휘 수에 대한 표본 자료이다. 아래 질문에 답해 보라.

나이(년), x: 1, 3, 2, 5, 3, 2, 4, 4, 5, 6, 6
어휘 수, y: 3, 1100, 440, 2000, 1200, 500, 1500, 1530, 2100, 2500, 2580

가. 산포도를 그리고 상관 계수 r을 구해 보라.

나. 6세 어린이의 어휘 수 900개인 데이터를 새로 첨가할 때 상관 계수에 어떤 영향을 주는지 말해 보라.

다. $\alpha = 0.05$에서 x와 y의 선형 관계가 유의할 만한지 검정해 보라.

7.4 다음은 새로운 지식에 대한 학습 시간 x와 취득 점수 y를 나타내는 표본 자료이다. 아래 질문에 답해 보라.

학습 시간: 0, 2, 4, 5, 5, 6, 6, 7, 8

취득 점수: 40, 51, 63, 69, 73, 76, 93, 90, 95

가. 산포도를 그리고 상관 계수 r을 구해 보라.

나. 선형 회귀 방정식을 찾아보라.

다. $x = 3$과 $x = 5.4$, 그리고 $x = 9.2$에서 취득 점수를 예측해 보라.

7.5 선형 회귀에서 영향점(influential point)은 회귀선의 결정에 크게 영향을 주는 점으로 정의된다. 이상수 (outliers)는 이런 영향점이 될 수도, 또 그렇지 않을 수도 있는데 영향점인 것을 확인하려면 보통 두 개의 회귀선을 찾아 서로 견주어 본다. 즉, 표본의 모든 데이터를 포함하였을 때의 회귀선과 영향점이라고 판단되는 데이터를 뺀 후의 회귀선이 되겠다. 두 회귀선의 기울기나 y절편이 크게 변하면 제외된 데이터를 영향점으로 볼 수 있다. 다음 두 그룹의 통계 데이터에 대한 1) 산포도를 그려 이상수의 가능성을 따져 본 후에 2) 영향점인지를 직접 조사해 보라.

가. x: 5, 6, 9, 10, 14, 17, 19, 38   나. x: 1, 3, 6, 8, 12, 15
    y: 32, 33, 28, 26, 25, 23, 24, 8   y: 3, 7, 10, 9, 15, 4

7.6 문제 7.4의 통계 데이터에 대해 1) 결정 계수 r^2을 찾고, 2) r^2를 통해 설명되는 변동과 그렇지 않는 변동을 분석하고, 그리고 3) 추정의 표준 오차 s_e를 구하고 어떤 뜻인지 설명해 보라.

7.7 다음은 미국 에너지 정보청(EIA)에서 발표한 2022년부터 2028년까지 미국의 에너지 수입량(quads)과 수출량(quads)을 예측한 보고서이다. 다음의 질문에 답하라. 여기서 quads는 100조 BTU를 뜻한다.

수입량, x	21.82	22.76	22.08	21.82	21.43	21.59	21.40
수출량, y	27.85	29.13	31.05	31.63	32.76	33.56	34.12

가. 선형 회귀선을 찾아보라.

나. SST와 SSE, 그리고 SSR을 계산해 보라.

나. 결정 계수 r^2을 계산한 후 이를 통해 얻을 수 있는 정보를 아는 대로 말해 보라.

다. 모집단 모수의 추정을 위한 표준 오차를 계산해 보라.

7.8 통계학 담당 교수는 학생의 학기말 시험 성적이 중간 시험과 결석 수와 어떤 관계가 있는지 알고 싶어 다음의 표를 만들었다. 아래의 질문에 답해 보라.

학생	1	2	3	4	5	6	7	8	9	10
기말 점수, y	81	90	86	76	51	75	44	81	94	93
중간 점수, x_1	75	80	91	80	62	90	60	82	88	96
결석 수, x_2	1	0	2	3	6	4	7	2	0	1

가. 컴퓨터 소프트웨어의 관련 기능을 써서 다중 회귀선을 찾아보라.

나. 방데르몽드 행렬을 구축하여 다중 회귀선을 찾아보라.

다. $x_1 = 86$, 74, 81과 $x_2 = 1$, 3, 2에서 기말 점수를 각각 예측해 보라.

7.9 일반적으로 결정 계수 r^2은 종속 변수의 전체 변동에 대한 선형 회귀를 통해 설명할 수 있는 변동의 비로 계산하여 모델의 예측 정확도를 짐작한다. 하지만 r^2은 데이터 개수나 독립 변수의 수가 증가하면 커지는 문제가 있어 다음과 같이 자유도를 고려하여 수정한 값으로 사용하는 경우가 종종 있다. 즉,

$$r^2_{adj} = 1 - \frac{(1-r^2)(n-1)}{n-k-1}$$

와 같다. 여기서 n은 대응하는 데이터의 개수이고 k는 독립 변수의 개수이다. 문제 7.4와 문제 7.8에 대한 수정된 결정 계수 r^2_{adj}을 계산하여 r^2일 때와 서로 견주어 보라.

7.10 다음은 통계청에서 발표한 출생아 수(천명)에 대한 데이터이다. 아래 질문에 답해 보라.

연도	2015	2016	2017	2018	2019	2020	2021	2022(p)
출생아 수(명)	438,420	406,243	357,771	326,822	302,676	272,337	260,562	249,000

가. 산포도를 그리고 상관 계수를 구하여 대응 데이터의 상관성을 말해 보라.

나. 선형 회귀선을 찾아보라.

다. 결정 계수를 구하여 회귀선이 데이터의 변동을 설명할 수 있는 비율을 따져 보라.

라. 수정된 결정 계수를 구하여 다)를 반복해 보라.

마. 방데르몽드 행렬을 써서 곡선 맞추기를 실시해 보라.

바. MATLAB의 polyfit 함수를 써서 곡선 맞추기를 실시해 보라.

사. 수치 정확도를 높이기 위해 연도 데이터를 다음과 같이 선처리(preconditioning)한 후에 마)와 바)를 실시해 보고 어떤 차이가 있는지 확인해 보라.

$$연도 = (연도 - 2000)/20$$

아. 곡선 맞추기의 차수를 증가시켜 가면서 오차가 작은 것을 찾아보라.

7.11 차수가 2인 다항 회귀식 $\hat{y}_i = b_0 + b_1 x_i + b_2 x_i^2$의 최소자승법 해는 식 (7.3)의 오차 식을 각 회귀 계수로 미분하여 얻을 수 있다. 다음의 데이터에 대해 아래의 질문에 답해 보라.

x-데이터: 1, 1.5, 2.0, 2.5, 3.0, 3.5, 4.0, 4.5, 5.0
y-데이터: 18.6, 29.3, 53.9, 71.4, 95.3, 129.5, 155.2, 196.8, 241.2

가. 오차를 $e_i = y_i - \hat{y}_i$로 두고 이의 제곱합을 최소로 하는 회귀 계수 b_0, b_1, 그리고 b_2를 직접 구해 보라.

나. 가)의 결과를 이용하여 다중 회귀식을 찾아보라.

다. 방데르몽드 행렬을 써서 다중 회귀식을 찾아보라.

제8장 **카이제곱 및 F 분포의 활용**

8.1 카이제곱 분포는 정규 분포하는 서로 독립적인 확률 변수 Z_i들의 제곱합이다. 즉,

$$X = Z_1^2 + Z_2^2 + \cdots + Z_n^2$$

일 때 확률 변수 X는 $X \sim \chi^2(n)$로 자유도가 n인 카이제곱 분포를 따른다. 아래의 질문에 답해 보라.

가. 자유도가 $n = 1$, 4, 10인 경우의 카이제곱 분포 곡선을 컴퓨터의 도움을 받아 각각 그려 보라.

나. 공간에 설치된 위치 센서 3개가 있다. 각 센서는 평균이 0이고 표준 편차가 5(cm)인 정규 분포를 따르며 서로 독립적으로 작동한다. 한 지점과 목표 지점 사이의 거리가 10(cm)를 초과할 확률을 근사적으로 구해 보라. (힌트 : 각 센서의 오차를 X_i라고 하면 공간에서 두 지점 사이의 거리 D는 $X_1^2 + X_2^2 + X_3^2$을 만족한다.)

8.2 적합성 검정에서 기대 도수와 관측 도수를 아는 대로 설명해 보라.

8.3 아래의 왼쪽 그림은 한 연구 단체가 발표한 한달에 한 번 이상 영화를 보는 사람들의 나이 분포이다. 정말로 그런지 확인하기 위해 500명을 임의로 수집하여 조사하였더니 아래의 오른쪽 분포표와 같았다. 다음 질문에 답해 보라.

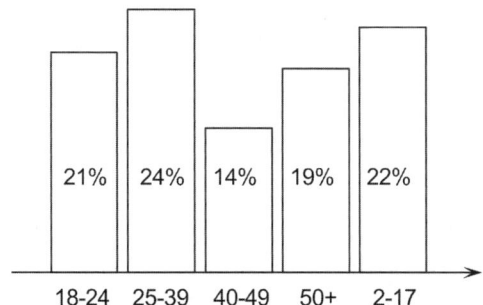

나이	도수
2-17	120
18-24	107
25-39	92
40-49	78
50+	103

가. 적합성 검정을 위한 기대 및 관측 도수를 한 표에 작성해 보라.

나. 적합성 검정을 위한 가설을 세우고 주장을 표시해 보라.

다. 카이제곱 검정 통계량과 이의 p값을 찾아보라.

라. $\alpha = 0.05$에서 기각 영역을 분포 곡선에 표시해 보라.

마. 연구 단체의 주장을 검정해 보라.

8.4 카드에 동, 서, 남, 그리고 북을 적어 놓고 뽑는 실험을 한다. 각 카드의 뽑힐 확률이 같다고 가정하고 1200번을 시행하여 동은 309번, 서는 312번, 남은 290, 그리고 북은 289번이 뽑혔다. 문제 8.3의 과정을 반복해 보라.

8.5 통계청은 높은 자살률에 대한 경각심을 높이는 방안의 하나로 자살은 계절이나 월과 관계없이 균등하게 일어난다고 밝혔다. 최근 매달 일어난 자살 사건 중에서 무작위로 702건을 수집하여 조사하였더니 다음의 표와 같았다. $\alpha = 0.02$로 두고 문제 8.3의 과정을 반복해 보라.

달	도수	달	도수
1월	67	7월	67
2월	44	8월	57
3월	53	9월	54
4월	57	10월	63
5월	71	11월	53
6월	58	12월	58

8.6 카이제곱 분포를 이용한 적합도 검정은 때때로 임의의 확률 변수가 정규 분포인지 검정하는 일도 수행할 수 있다. 우선, 관측 도수의 평균과 표준 편차를 구한 후 각 범주의 z 점수를 계산한다. 다음, z 점수를 이용하여 표준 정규 분포 곡선에서 각 범주에 해당하는 면적을 계산한다. 끝으로, 각 범주의 면적에 표본의 크기를 곱하여 기대 도수를 만들어 적합도 검정을 실시한다. 다음의 표는 대규모 교양 강좌 수강생에 대한 성적 분포이다. $\alpha = 0.05$에서 성적 분포가 정규 분포인지 검정해 보라.

성적 구간	50~60	60~70	70~80	80~90	90~100
도수	27	105	153	97	18

8.7 다음의 진술이 맞는지 틀리는지 말하고 틀리다면 옳게 고쳐 보라.

가. 카이제곱 독립성 검정에서 두 변수가 종속이면 관측 및 기대 도수의 차가 별로 크지 않다.
나. 카이제곱 독립성 검정에서 검정 통계량의 값이 크면 대부분의 경우 귀무 가설을 기각한다.
다. 카이제곱 독립성 검정은 항상 왼쪽 검정이다.
라. 카이제곱 독립성 검정은 적합성 검정과 아주 닮았다.

8.8 다음은 1200명을 대상으로 스마트폰 소유 여부를 조사한 이원분류표이다. 아래 질문에 답해 보라.

	스마트폰 소유	스마트폰 비소유
남자	484	170
여자	364	182

가. 이원분류표의 관측 도수를 이용하여 주변 도수 및 기대 도수를 찾아보라.
나. 카이제곱 검정 통계량을 계산하는 표를 본문의 표 8.5와 같이 작성해 보라.
다. 독립성 검정을 위한 가설을 세워 보라.
라. 성별과 스마트폰 소유 여부가 서로 관련되었는지 $\alpha = 0.05$에서 검정해 보라.

8.9 다음 이원분류표는 거주 지역과 과목 성취도 점수를 조사한 것이다. $\alpha = 0.02$에서 독립성 검정을 수행하는데 1) 가설을 설정하고, 2) 자유도와 임계값, 기각 영역을 확인하고, 3) 컴퓨터를 써서 검정 통계량을 구하고, 4) H_0를 기각할 수 있는지 판단하고, 그리고 5) 검정 결과를 주장, 즉 거주 지역과 성취도 점수는 서로 독립이라는 주장에 대한 해석을 해 보라.

거주지	과목		
	국어	수학	과학
도시	44	45	39
근교	62	67	65

8.10 한 대기업 종사자 중에서 사무직 98명과 현장 노동자 55명을 대상으로 어떤 주제에 대해 물어 아래 표와 같은 결과를 얻었다. 두 그룹의 비율에서 동질성이 확보되는지 5%의 유의수준에서 검정해 보라.

	찬성	반대	잘모름
사무직	46	39	13
현장 노동자	23	27	5

8.11 한 의사는 특별히 제조된 정맥 수액은 영양소가 혈액으로 흡수되는 시간의 분산을 줄인다고 주장한다. 확인하기 위해 다음과 같이 서로 독립된 두 그룹을 조사했다. $\alpha = 0.01$에서 의사의 주장을 지지할 수 있는지 검정해 보라. 모집단은 정규 분포를 따른다고 가정한다.

그룹 1 (보통의 수액): $n = 25,\ s^2 = 180$
그룹 2 (특별 처리를 한 수액): $n = 20,\ s^2 = 56$

가. 두 가설을 설정하고 주장을 반영해 보라.
나. 임계값 F_c를 찾고 기각 영역을 도시해 보라.
다. 검정 통계량 F를 계산해 보라.
라. 검정의 결론을 내리고 주장에 대한 해석으로 검정을 완성해 보라.

8.12 회사 A는 자사의 제품 수명에 대한 분산이 회사 B의 제품과 견주어 작다고 주장한다. 회사 A의 제품 20개와 회사 B의 제품 25개를 수집하여 조사해 보니 분산이 각각 1.8과 3.9로 나왔다. $\alpha = 0.05$에서 회사 A의 주장을 뒷받침할 수 있는지 검정해 보라.

8.13 다음 표는 시중에서 파는 치약의 1g당 가격을 조사한 것이다. 본문의 표 8.9와 같은 1-변수 분산 분석표를 직접 작성해 보라.

제품 A	19.6	20.4	17.1	15.4	20.0	21.3
제품 B	25.0	26.7	24.2	31.3	19.2	
제품 C	14.2	19.2	18.3	25.0		

8.14 다음 데이터는 한 대학의 정문에서 무작위로 만난 학생들의 현재 평점이다. 각 학년의 평점 평균은 차이가 있는지 컴퓨터를 써서 검정해 보기로 한다. 1) 가설을 세우고, 2) 해당 컴퓨터에 ANOVA를 위한 데이터를 입력하고, 3) ANOVA를 실시하여 p값을 찾고, 그리고 4) 검정의 결론을 내려라. 평점의 모집단은 정규 분포로, 또 각 학년의 평점 분산은 같다고 가정한다.

1학년: 2.33, 2.39, 3.30, 2.40, 2.69, 2.35
2학년: 3.25, 2.23, 3.25, 3.29, 2.96, 3.00, 3.14, 3.58, 2.85, 2.99
3학년: 2.79, 2.61, 2.48, 2.84, 2.33, 3.24, 3.48, 3.04, 2.86
4학년: 3.30, 2.36, 3.26, 2.87, 2.77, 2.76, 3.04, 3.32

부록

이 책이 비록 확률과 통계의 기초라 해도 금방 해결되지 않는 수학이 더러 나타났다. 이산 변수의 합 연산과 연속 변수의 적분 연산, 분포 곡선의 수학 함수와 그래프로 그리기, 결합 분포일 땐 벡터의 연산, 대수나 미분 방정식의 풀이, 그리고 단위의 사용과 변환도 때때로 필요했다. 수학은 학문을 촉진하면서도 학문을 이해하는 걸림돌이 되기도 한다. 여기선 본문의 각 장에서 마지막 소절은 MATLAB으로 관련 문제를 풀었던 것처럼 책의 마지막에 부록을 붙여 MATLAB **기호 수학**(symbolic mathematics)을 소개하기로 한다. 기호 수학은 대수 및 미분 방정식의 풀이를 수치가 아닌 기호, 즉 손으로 계산하듯이 문자로 답을 내준다. 컴퓨터지만 근사적인 수치 계산이 아니라 정확한 기호 계산을 수행해 주기 때문에 이 책의 분야가 아니더라도 배워 두면 여러 방면에서 쓸모가 있지 않을까 싶다.

A.1 기호 객체 정의하기

MATLAB의 기본 사용은 **객체**(object)를 중심으로 이루어진다. 객체는 데이터 자체와 데이터를 처리하는 함수나 연산자를 함께 갖춘 것이다. 사용자는 객체를 하나의 변수처럼 다루면 되지만 컴퓨터는 해당 객체에 대한 데이터와 이 데이터를 다루는데 적용할 수 있는 모든 연산을 다 준비해 둔다. 본문에서도 언급했지만 임의의 객체 obj를 사용자가 생성하거나 취득하면 이의 데이터는[1] properties(obj)로, 그리고 이의 함수나 연산자는[2] methods(obj)로 확인할 수 있다. 따라서 기호 수학을 위해선 반드시 기호 객체를 생성해야 하는데 sym이다.[3] 즉,

---

[1] 객체 지향 언어의 용어로 특성값(property)이라 한다.

[2] 객체 지향 언어의 용어로 메소드(method)라 한다.

[3] sym은 symbolic의 앞 세 문자를 땄다. 가변 정밀도 연산(variable-precision arithmetic)을 뜻하는 vpa도 사용할 수 있다.

```
A = sym('rho')나 B = sym(23)
```

와 같이 써서 변수 A엔 문자 rho를, 그리고 변수 B엔 숫자 23을 변수의 값으로 정의한다. 마치 MATLAB의 기본 변수를 정의할 때 명령창에서

```
A = double(123.45), B = int8(54), C = char('university'), 또는 D = datetime(2023,3,22)
```

처럼 작성하여 배밀도 실수 123.45, 8비트 정수 54, 문자열 university, 혹은 날짜 2023년 3월 22일을 정의하여 사용하듯이 말이다. 다만, 배밀도 실수는 MATLAB의 기본 데이터형이기 때문에 객체 생성자(constructor)인 double을 쓰지 않아도 될 뿐이었다.

기호 수학에서 표현되는 식이나 함수는 보통의 경우처럼 상수와 변수로 구성되기 때문에 위의 sym을 사용하여 상수와 변수를 기호로 먼저 정의해야 한다. 하지만 위에서 보았듯이 sym은 sym 하나에 변수나 상수를 오직 하나씩만 생성할 수 있어 여러 변수를 생성할 때엔 불편하다. 그래서 변수 생성의 단축 생성자로 syms을 따로 제공하는데 사용법은 이렇다.

```
syms x y z     % 변수 x, y, 그리고 z를 동시에 정의
```

변수 x와 y, z를 한꺼번에 정의할 수 있으니 편리하다. 다만, syms는 함수가 아니라 명령어처럼 사용되기 때문에 명령행 인수(command arguments)를 콤마가 아니라 스페이스로 구분하여 적는다는 것에 주의해야 한다.

주의 사항 한 가지 더. MATLAB은 미리 객체 우선 순위를 정해 놓고 있어 서로 다른 두 객체끼리 연산을 하면 어떤 객체가 결과로 나와야 하는지 안다. 마치

```
x = 23.45;            % 배밀도 실수
y = int8(53);         % 8비트 정수
x + y  =  76          % 8비트 정수
```

와 같이 배밀도 실수와 8비트 정수의 합은 8비트 정수로 답이 나오듯이 말이다. MATLAB은 sym 객체가 double 객체를 포함한 다른 객체보다 우선 순위가 더 높도록 해 놓았다. 그래서 기호 상수는 상수 혼자 쓸 요량이 아니면 따로 정의하지 말고 그냥 숫자(double 객체) 그대로 기호 변수와 연산시키면 자연스럽게 기호 객체로 녹아들기 때문에 크게 신경 쓸 필요는 없다.

기호 표현식(expression)과 함수는 다음과 같이 정의한다.

```
syms x                          % 기호 변수 x
f = x^2 + x - 2;                % 기호 표현식 f
g(x) = x^2 + x - 2;             % 기호 함수 g(x)
```

여기서 표현식 f와 함수 g(x)는 말 그대로의 뜻 말고는 큰 차이가 없다. 물론 g(x)는 함수이기 때문에 g(2)나 g(1/sqrt(5)) 따위와 같이 독립 변수의 특정한 값에 대한 함수 값을 빨리 알 수 있는 장점이 있지만 미분이나 적분, 식 풀이와 같이 대부분의 기호 연산에선 다 똑같이 취급된다. 함수는 syms을 사용해서 바로 정의할 수도 있다. 즉,

```
syms g(x)                       % 기호 함수 g(x)를 syms에서 바로 정의
g(x) = x^2 + x - 2;             % 변수 x도 함께 정의되므로 함수를 바로 작성할 수 있어
```

와 같다. 특히, 이 방법은 syms가 g를 symfun,[4] 즉 기호 함수로 정의하는 것과 함께 독립 변수인 x도 MATLAB 작업장에 기호 변수로 생성하기 때문에 syms x나 x = sym('x')와 같이 따로 x를 정의할 필요가 없어 아주 편하다.

기호 방정식(equation)은 등호의 양쪽에 표현식이나 함수가 있어 변수가 어떤 특정한 값을 가질 때만 성립한다는 것을 나타내는 식인데 이렇게 정의한다.

```
syms t                          % 기호 변수 t
g(t) = 2*sin(t)*cos(t);         % 기호 함수 g(t), 또는 표현식 f = 2*sin(t)*cos(t)도 가능해
eqn = g(t) == 1;                % 기호 방정식 g(t) = 1
```

여기서 주의할 것은 기호 수학에서 등식은 관계 연산자 '같다'인 ==을 사용한다는 점이다. 그냥 등식을 사용할 때가 흔히 있는데 등식은 오른쪽의 것을 왼쪽에 저장하라는 대입 연산자이다.

기호 객체의 정의에서 마지막은 기호 행렬 및 행렬 함수이다. MATLAB 2021b 버전[5] 이후부터 도입된 것인데 기존의 스칼라 변수를 써서 행렬 연산을 했던 것과 견주면 행렬에 대한 수학적 정의를 그대로 준용하여 이론 전개가 우수할 뿐만 아니라 표현 방법도 단순하면서 깨끗하여 기호 연산을 더 돋보이게 한다. 기존의 방식은 이렇다.

```
syms a b c                      % 기호 스칼라 변수 a, b, c 정의
M = [a b c; c a b; b c a];      % 행렬 M을 스칼라 변수로 구축하여 사용
```

---

[4] MATLAB이 기호 함수를 정의할 때 내부에서 사용하는 클래스(class) 이름이다. 따라서 기호 상수나 변수, 표현식 따위는 sym 객체이지만 기호 함수는 symfun 객체이다.

[5] 기호 행렬 함수는 MATLAB2022a 버전부터 도입되었다.

와 같이 행렬 M을 생성한 후에 이의 행렬식이나 고유값, 혹은 행렬 방정식 등을 구축하면서 필요한 기호 연산을 수행하였다. 이렇게도 할 수 있다.

```
syms x [2 3] 혹은 syms 'x%d%d' [2 3]
x = sym('x' [2 3]) 혹은 x = sym('x%d%d', [2 3])
y = x*x.';
z = sum(y(:,2)); 등등
```

위의 syms나 sym은 해당하는 변수에 x1_1, x1_2, … 따위나 x11, x12, …. 따위와 같이 스칼라 기호 변수에 첨자를 붙여 주어진 행과 열의 수만큼 생성하라는 뜻이다. 하지만 기호 행렬은 변수 자체가 행렬이 되도록 다음과 같이 정의한다.

```
syms x [2 1] matrix          % 2×1의 기호 벡터 변수 x
syms y [3 1] matrix          % 3×1의 기호 벡터 변수 y
syms A [2 3] matrix          % 2×3의 기호 행렬 변수 A
z = x.'*A*y;                 % 행렬 표현식 z
diff(z, y) =                 % 미분과 같은 기호 연산 직접 실행
          y.'*A.'
```

위에서 정의한 x와 y, 그리고 A는 기존의 기호 스칼라 변수와 성격이 달라 필요한 데이터나 적용할 수 있는 함수가 다를 수밖에 없다. 그래서 객체의 이름은 sym이 아닌 symmatrix이다. 기호 행렬 함수의 정의는 이렇다.

```
syms A 3 matrix              % 3×3의 기호 행렬 변수 A
syms f(A) 3 matrix keepargs  % 3×3의 기호 행렬 함수 f(A)
f(A) = A^2 - 3*A + 2*eye(3);
```

여기서 지시자 keepargs는 함수의 인수 A는 MATLAB 작업장에 존재하는 A를 사용하라는 뜻이고 만약 A가 존재하지 않으면 sym 형식의 스칼라 변수로 생성한다. 기호 행렬 함수의 객체는 symfunmatrix이다.

A.2 기호 객체의 범위 지정하기

MATLAB의 기호 변수는 기본적으로 복소수 변수이다. 그래서 $f = \exp(-ax^2)$의 $-\infty$에서 ∞까지 정적분은

```
syms x a                        % 기호 변수 x와 a의 정의
f = exp(-a*x^2);                % 표현식 f = e^{-ax²}
int(f, x, -inf, inf)            % 식 f의 x를 −∞에서 ∞까지 적분
ans =  piecewise(a < 0, Inf, 0 <= real(a) | angle(a) in Dom::Interval([-pi/2], [pi/2])
            & a ~= 0, pi^(1/2)/a^(1/2), real(a) < 0 & ~angle(a) in Dom::Interval([-pi/2], [pi/2])
            & ~a < 0, int(exp(-x^2*a), x, -Inf, Inf
```

와 같이 엄청 복잡한 해로 제시되는데 기호 변수 a를 복소수로 취급하기 때문에 복소수 a의 실수부나 위상에 따라 해가 달라지기 때문이다. 이 뿐만이 아니다. 공학 문제를 풀다 보면 기호 변수를 실수나 유리수, 정수로 한정하여 풀어야 할 때가 흔하다. 음수는 배제하고 양수로 지정하여 풀어야 할 때도 있다. 이와 같이 기호 변수를 수 집합의 조건을 미리 정해 놓고 풀어야 하는 경우가 종종 있는데 assume 혹은 assumeAlso가 담당한다. 어떤 것이 되었든 사용법은 똑같은데 앞의 것은 기존의 조건을 모두 지우고 새로 지정하는 것이고 뒤의 것은 기존의 것에 새로운 조건을 보태는 것만 차이가 있다. 즉,

```
assume(조건)                    % 혹은 assumeAlso(조건)
assume(변수, '수 집합')          % 혹은 assumeAlso(변수, '수 집합')
```

와 같다. 여기서 조건은 x > 0이나 x - y < 0와 같이 기호 변수나 이를 포함하는 표현식에 대한 조건을 뜻하고 '수 집합'은 'real', 'rational', 'positive', 혹은 'integer' 따위의 수 집합에 대한 이름을 표시하는데 표 A.1을 참고하면 좋겠다.

표 A.1에서 눈여겨 볼 부분은 수 집합이 여러 개일 때는 세포체 {와 }로 구성하고, 또 조건이 여러 개일 땐 관계 연산자 and(&), or(|), 혹은 not(~)을 사용한다는 것이다. 그리고 in은 MATLAB의 공식 명령어가 아니고 MATLAB의 기호 연산을 담당하는

표 A.1 assume의 조건 및 수 집합 사용 예

기호 변수 x는 ...	사용법	기호 변수 x는	사용법
실수	assume(x, 'real')	홀수	assume((x-1)/2, 'integer')
유리수	assume(x, 'rational')	짝수	assume(x/2, 'integer')
양의 실수	assume(x, 'positive')	0에서 2π까지	assume(x>0 & x<2*pi)
양의 정수	assume(x, {'positive', 'integer'})	π의 곱수	assume(x/pi, 'integer')
-1보다 작고 1보다 큰	assume(x<-1 | x>1)	정수가 아님	assume(~in(x, 'integer'))
2부터 10까지 정수	assume(in(x, 'integer') & x>2 & x<10)	0이 아님	assume(x~=0)

mupad의 엔진에 내장된 함수인데 assume을 써서 조건이나 수 집합을 지정하기 어려울 때 더러 사용한다. 앞의 $f = \exp(-ax^2)$의 적분에서 a의 범위를 양의 실수로 지정하면

```
assume(a > 0)                        % 기호 변수 a를 양의 실수로 지정
int(f, x, -inf, inf)
ans =   pi^(1/2)/a^(1/2)             % ∫
```

$$\int_{-\infty}^{\infty} e^{-ax^2} dx = \sqrt{\pi/a}$$

와 같이 깨끗한 결과를 얻을 수 있다. 기호 변수 x의 지정된 범위를 확인하려면

```
assumptions(x)
```

와 같이 입력하고 그냥 assumptions만 사용하면 기존에 정의된 모든 기호 변수의 범위를 보여 준다. 기호 변수 x에 지정된 범위를 삭제하려면

```
assume(x, 'clear')나 x = sym('x', 'clear'), 혹은 syms x
```

와 같이 사용한다. 마지막의 syms x는 기호 변수 x를 새로 생성하면서 x에 지정된 기존의 모든 범위를 지운다.

A.3 공학 단위 사용하기

MATLAB은 원래 공학 단위를 사용할 수 없었는데 2018b 버전부터 기호 변수의 사용을 확장하면서 가능하게 되었다. 물론 Mathcad처럼[6] 쉽고 간편하게 쓸 수 있는 것은 아니지만 모든 공학 단위를 비롯하여 단위의 호환이나 불일치 검정, 환산, 나아가 차원 해석까지 수행할 수 있으므로 익숙할수록 쓸 만하지 않을까 한다. MATLAB에서 단위를 사용하기 위해선 먼저 작업장에 단위 모음을 탑재해야 하는데

```
u = symunit                          % MATLAB 단위 모음을 작업장에 탑재
u =   ampere: [A]                    % 전류 차원: 기본 단위 A
      kelvin: [K]                    % 온도 차원: 기본 단위 K
      kilogram: [kg]                 % 질량 차원: 기본 단위 kg
      meter: [m]                     % 길이 차원: 기본 단위 m
```

---

[6] PTC에서 만든 공학 소프트웨어로 펜과 종이에 수식을 적듯이 입력하여 공학 계산을 해주고 단위도 책에 표현된 그대로 나타나는 것이 특징이다.

```
mole: [mol]              % 물질의 양 차원: 기본 단위 mol
second: [s]              % 시간 차원: 기본 단위 s 혹은 sec
candela: [cd]            % 빛의 밝기 차원: 기본 단위 cd
    show all units
```

와 같다. 이제부터 모든 단위는 u.kg나 u.m와 같이 u를 단위 모음의 구조체로 보고 u.단위의 형식으로 사용하고 MATLAB에서 쓸 수 있는 모든 단위는 아래쪽에 링크가 달린 부분인 all units을 누르면 확인할 수 있다. 단위의 간단한 사용 예를 보이면

```
u = symunit;
g = 9.81*u.m/u.s^2;         % 중력 가속도 9.81m/s²
m = 3*u.kg;                 % 질량 3kg
F = m*g                     % 힘(무게)
F = (2943/100)*(([kg]*[m])/[s]^2)
```

와 같다. 이 예에서 확인할 수 있듯이 MATLAB에서 단위가 붙은 수의 계산은 모두 기호 연산으로 수행되므로 결과는 차원이 붙은 수식이 된다. 그래서 약간 귀찮은 일이 되겠지만 수의 계산, 즉 무차원 수식이 필요할 땐 반드시 단위를 분리하여 사용해야 하는데 이렇다.

```
[data, units] = separateUnits(F)    % 수와 단위를 분리
data = 2943/100
units = ([kg]*[m])/[s]^2
```

이때 분리된 수식은 기호 연산의 결과로 분수식이 대부분인데 이를 쉽게 알아 볼 수 있는 값으로 나타낼 때는 double(data)나 vpa(data)를 이용한다. 그리고 MATLAB은 단위 계산을 주어진 단위로 계산하고 그 결과를 유도 단위, 즉 힘 [kg][m]/[s]^2을 N, 압력 [kg]/([m][s]^2)을 Pa 따위로 바꾸어 주지 않는데 단위 변환 혹은 환산이 꼭 필요한 경우가 더러 있다. 즉,

```
F = unitConvert(F, u.N)     %[kg][m]/[s]^2을 [N]으로
F =    (2943/100)*[N]
len = 4.6*u.m;              % 기호 변수 len을 단위와 함께 정의
len = unitConvert(len, u.in)   % [m]을 [in]로
len =    (23000/127)*[in]
```

와 같다. 이와 같은 단위 변환이나 환산은 단위계 전체를 대상으로 할 수도 있는데 unitConvert(expr, '단위계')의 형식으로 사용하며, 이때 expr는 단위가 붙은 표현식이고

'단위계'는 SI 단위계일 땐 'SI'로, 그리고 영미단위계는 'US'이다.[7] 해당 단위계의 유도 단위로 바꾸고자 할 때 unitConvert(expr, '단위계', 'Derived')와 같이 끝에 이를 뜻하는 'Derived'를 붙여 쓴다. 여러 단위를 개별적으로 달리 바꿀 때도 있다. 즉,

```
vel = 5*u.km/u.hr;                  % 시속 km/hr
unitConvert(vel, u.m/u.min)         % [u.m u.min]와 같이 단위의 벡터 형식도 가능
ans =    (250/3)*([m]/[min])        % 분속 m/min
unitConvert(vel, [u.mile u.s])
ans = (3125/3621024)*([mi]/[s])     % 초속 mile/s
```

와 같다. 단위를 사용할 때 주의점 하나. 앞에서 살핀 단위계의 기본 차원 7개 중에서 온도 차원은 다른 차원과 달리 절대적인 양이 아니다. 0℃는 열이나 따뜻함이 하나도 없는 것이 아니라 인간 세상에서 물이 어는점을 그렇게 약속하여 쓰는 단위이다. 0kg이나 0m와 같이 질량이나 길이가 하나도 없다는 표시와 뜻이 다르다. 물리계에서 열이 하나도 없는 상태를 절대 영도(absolute zero)라 한다. 즉, 0°K이므로 온도 차원의 기본 단위는 섭씨나 화씨가 아니라 절대 온도가 된다. 그래서 보통의 온도는 모두 상대 온도가 되는 온도차(temperature difference)를 뜻하는데

```
u = symunit;
T = 23*u.Celsius;                   % 섭씨 온도 23℃
unitConvert(T, u.K)                 % 상대 개념, 즉 온도차로 변환
ans =    23*[K]
```

와 같이 섭씨를 절대 온도로 바꾸어도 온도차는 여전히 23°K인 것이다. 항상 주의해야 한다. 이를 해결하기 위해 MATLAB은 온도의 경우엔 절대 및 상대 개념의 온도를 구분할 수 있도록 해 놓았다. 즉, 어떤 단위의 온도이든지 절대 영도와 견주는 것일 때는

```
unitConvert(T, u.K, 'Temperature', 'absolute')
ans =    (5923/20)*[K]              % 절대 개념, 즉 절대 영도를 기준으로 변환
```

와 같이 절대 개념의 온도가 필요하다고 분명히 표시해 준다. 0℃의 표시는 숫자 0이 곱해지는 순간 단위의 존재가 사라지게 하므로 세포체를 써서 다음과 같이 사용한다.

```
Tc = {0, u.Celsius};                % 섭씨 온도 0℃
```

---

[7] MATLAB에서 사용할 수 있는 단위계를 확인하려면 명령창에 unitSystems을, 그리고 해당 단위계의 기본 단위는 baseUnits (단위계), 유도 단위는 derivedUnits(단위계)를 입력한다.

```
Tf = unitConvert(Tc, u.Fahrenheit, Temperature = 'absolute')
Tf =      32*[Fahrenheit]                    % 화씨 온도 32°F
```

    MATLAB의 단위 사용이 Mathcad와 견주어 불편하고 잔일이 많다고 했는데 단위를 가진 수의 계산만큼은 Mathcad보다 더 낫지 않나 싶다. 왜냐하면, Mathcad는 모든 계산을 기본으로 설정된 단위계로 자동으로 계산을 해주기 때문에 입력된 단위의 결과를 보려면 한번 더 작업을 거쳐야 하지만 MATLAB은 모든 계산을 입력된 단위로 진행한다. 공학 문제는 컴퓨터가 숫자를 자동으로 변환하는 것보다 사용자가 필요할 때 변환하거나 환산하는 것이 잘못을 저지를 확률이 낮다.

    개인 단위계를 직접 만들어 두고 문제에서 주어진 단위로 계산한 후에 최종으로 개인 단위계로 환산하거나 변환하는 것이 신뢰가 높다. MATLAB에서 개인 단위계를 만드는 방법은 이렇다. 우선, 기본 단위를 정의하는데 기존의 단위계가 사용하는 기본 단위에서 필요한 만큼 변경하여 사용할 수 있다. 즉,

```
SIunits = baseUnits('SI');                  % SI 단위계의 기본 단위를 확인
myBase = subs(SIunits, [u.m u.s], [u.km u.hr]);   % 길이와 시간 단위를 변환
newUnitSystem('myUnits', myBase);           % 개인 단위계 myUnits 정의
```

이다. 새로운 단위계의 생성은 newUnitSystem(NAME, 기본단위, <유도단위>)의 형식을 적용한다. 여기서 <와 >로 감싼 것은 선택 사항인데 새로운 단위계의 유도 단위가 필요하면 포함하면 된다. 즉,

```
myDerived = [u.kN u.kJ];         % 뉴턴(N)과 주울(J) 대신에 kN과 kJ을 유도 단위로
newUnitSystem('myUnits', myBase, myDerived);
```

이고 이의 간단한 예는

```
m = 50*u.kg;                                % 질량
a = 22.5*u.m/u.s^2;                         % 가속도
distance = 113*u.m;                         % 거리
F = m*a;                                    % 힘 = 질량×가속도
W = F*distance                             % 일(work) = 힘×거리
ans =    (375/2)*(([kg]*[m]^2)/[s]^2)
rewrite(W, 'myUnits')                        % 개인 단위계의 기본 단위로 변환
ans =    2430*(([kg]*[km]^2)/[h]^2)
rewrite(W, 'myUnits', 'Derived')            % 개인 단위계의 유도 단위로 변환
ans =    (3/16)*[kJ]
```

와 같다. 여기서 rewrite는 앞 소절에서 다룬 기호 표현식을 형식이 다르거나 간단한 표현식으로 바꾸어 주는 함수인데 기호 단위와 함께 쓰면 위의 unitConvert와 비슷한 기능을 수행한다.

A4 기호 변수로 분포 그래프 그리기

기호 객체에 익숙해지면 복잡하거나 수치 함수로 작성하기 어려운 그래프를 기대와 달리 쉽게 그릴 수도 있다. 그래프 그리는 일은 MATLAB의 함수 핸들에 적용하던 fplot을 그대로 쓸 수 있고, 또 수치 영역엔 존재하지 않던 특수 함수가 대부분 기호 영역에 있는 것도 큰 장점이다. 우선, dirac와 heaviside이다. dirac(x)는[8] x = 0일 때 ∞이고 그 외에선 0으로 수학의 이론 전개를 위해 준비된 델타 함수이고, 그리고 heaviside(x)는[9] $x > 0$일 때 1이고 그 외에선 0인 계단 함수이다. 즉,

```
x = sym(-2:2); y = dirac(x); z = heaviside(x);        % 디랙-델타와 계단 함수
[x; y; z]
Ans =   -2     -1     0     1     2
         0      0    inf    0     0
         0      0    1/2    1     1
```

와 같다. dirac(x)의 inf를 1로 바꾸어 실제 사용할 수 있게 만든 함수는 kroneckerDelta(x)이다. 그림 A.1은 위의 세 함수를 그린 것인데 디랙-델타 함수의 inf는 그림으로 나타낼 수 없어 1로 대체하여 그렸다.

그림 A.1을 나타내는 프로그램은 다음과 같다.

```
x = -5:5;                             % 디랙-델타 함수를 위한 수치 변수 x
y = dirac(x); y(y == inf) = 1;        % inf를 1로 대체
syms x                                % 기호 변수 x
tiledlayout(1, 3, TileSpacing = 'tight')   % 1×3 그림 타일 설정
nexttile, stem(x, y, 'k')
nexttile, fplot(heaviside(x), 'k')
```

[8] dirac(x)은 델타 함수, 즉 전 영역에서 적분할 때 반드시 1이 되는 함수로 처음 제안한 물리학자 Dirac의 이름을 따 디랙-델타 함수라 한다.
[9] 처음 제안한 영국의 전기 공학자인 Heaviside의 이름을 따 헤비사이드 계단 함수라 한다.

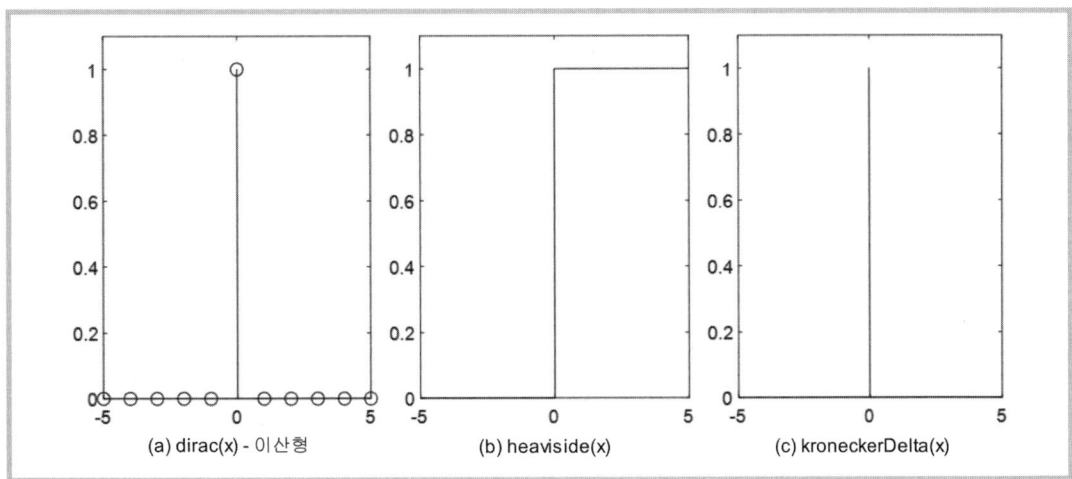

(a) dirac(x) - 이산형   (b) heaviside(x)   (c) kroneckerDelta(x)

그림 A.1 델타 및 계단 함수

```
nexttile, fplot(kroneckerDelta(x), 'k')
```

다음, 함수의 구간별로 조건을 달 수 있는 piecewise이다. piecewise(조건1, 값1, 조건2, 값2, ...)은 조건이 참인 곳에 해당하는 값을 돌려주는 함수로 어떤 조건도 만족하지 않을 때의 값은 위 표현의 맨 마지막에 첨가하면 된다. 이를 테면,

$$f(x) = \begin{cases} \dfrac{1}{x}, & x < -1 \\ \dfrac{\sin(x)}{x}, & x \geq -1 \end{cases}$$

와 같은 함수는

```
syms f(x)                              % 기호 함수 f(x)
f(x) = piecewise(x<-1, 1/x, x>=-1, sin(x)/x);   % 구간별로 함수를 정의
df(x) = diff(f(x), x);                 % f(x)의 미분
subplot(1,2,1), fplot(f(x), 'k')
subplot(1,2,2), fplot(df(x), 'k')
```

처럼 구현하여 그림 A.2를 생성할 수 있다. 본문의 대부분 확률 밀도 함수는 piecewise를 이용하여 그렸다.

끝으로, 사각 및 삼각 펄스 함수는 rectangularPulse와 triangularPulse이다. rectangularPulse(a, b, x)는 a에서 b 사이에 크기가 1일 펄스를, 그리고 triangularPulse(a,

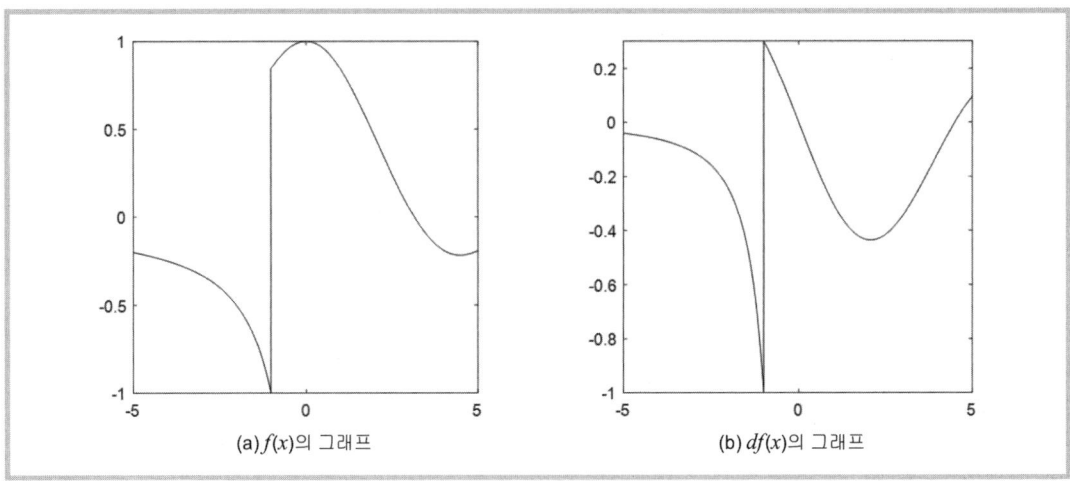

$f(x)$와 $df(x)$의 그래프

b, c, x)는 두 점 a와 c가 밑변이고 두 점 사이의 b를 꼭짓점으로 하는 삼각 펄스를 그려 준다. 확률 밀도 함수 측면에서 보면 사각 펄스는 균등 분포이고 삼각 펄스는 삼각형 분포인데 그림 A.3과 같고, 이의 프로그램 구현은 다음과 같다.

```
syms x                                % 기호 변수 x
f = rectangularPulse(-2, 2, x);       % -2에서 2 사이의 크기가 1인 펄스
g = triangularPulse(-2, 0, 2, x);     % -2, 0, 그리고 2를 꼭짓점으로 하는 삼각 펄스
fplot(f, [-4 4], 'k'), fplot(g, [-4 4], 'k')
```

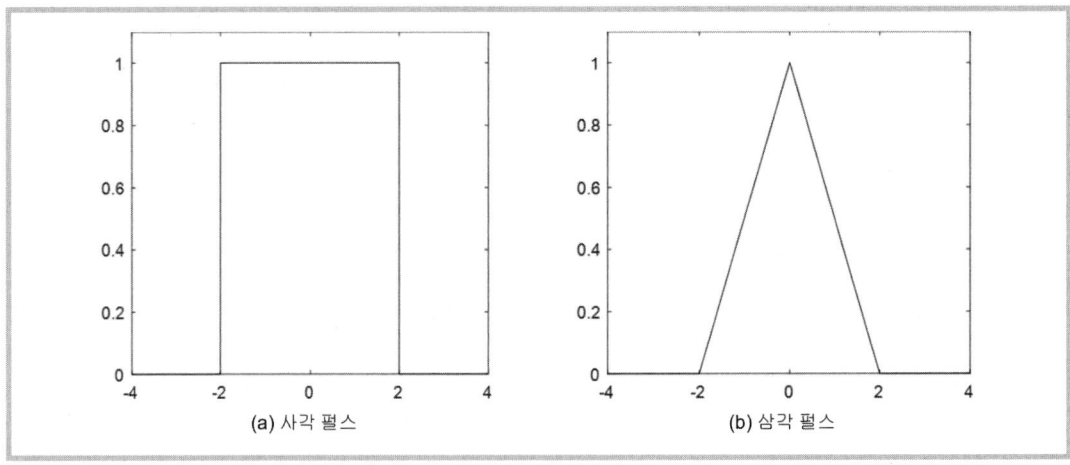

그림 A.3 사각 및 삼각 펄스

A.5   기호 수학 맛보기

기호 수학은 여러 분야에서 유용하게 쓸 수 있는 도구인데 여기선 Chapra의[10] 수치 해석 교재에 수록된 번지 점프의 경우를 참조하여 문제를 풀어 보기로 한다. 질량이 m(kg)인 사람이 줄을 메고 번지 점프를 하든, 아니면 낙하산을 메고 비행기에서 뛰어 내리든 중력과 공기 항력의 차가 운동의 원동력이 된다. 즉, 운동 방정식은 사람이 떨어지는 아래쪽 방향을 양의 방향으로 보면

$$\sum F = m\frac{dv(t)}{dt} = 중력 - 항력$$
$$= mg - c_d v(t)^2$$

와 같다. 여기서 g는 중력 가속도(m/s^2), $v(t)$는 낙하 속도(m/s), 그리고 c_d는 항력 계수 (kg/m)이다. 양변을 m으로 나누어 낙하 속도에 대한 비선형 미분 방정식을 유도하면 다음과 같다.

$$\frac{dv(t)}{dt} = g - \frac{c_v}{m}v(t)^2$$

우선, 위 식을 MATLAB 기호 객체로 다음과 같이 정의한다.

```
syms g m cd v(t)                    % 기호 변수와 함수 정의
eq = diff(v(t), t) == g - cv*v(t)^2/m;   % 운동 방정식 정의
```

다음, 번지 점퍼대에서 뛰어 내리는 순간, 즉 $t = 0$에서 $v(t) = 0$으로 보고 이를 초기 조건으로 하여 미분 방정식을 풀면

```
v(t) = dsolve(eq, v(0) == 0)              % 운동 방정식 풀이
v(t) =      (g^(1/2)*m^(1/2)*tanh((cd^(1/2)*g^(1/2)*t)/m^(1/2)))/cd^(1/2)
pretty(v(t))
```

이다. 위 식의 결과를 보면 금방 알아볼 수 없는데 pretty(v(t))의 결과는 명령창의 텍스트 모드 측면에서 보면 보기가 한결 수월할 것이다. 한번 해 보길 바란다. 참고로, MATLAB의 라이브 편집창(live editor)에서 작업을 하면 아래와 같이 훨씬 더 보기 좋은 결과를 얻는다.

---

[10] Steven C. Chapra, Applied Numerical Methods with MATLAB for Engineering and Scientists, 3rd Edition, McGraw Hill, 2012.

$$\frac{\sqrt{g}\,\sqrt{m}\,\tanh\!\left(\frac{\sqrt{c_d}\,\sqrt{g}\,t}{\sqrt{m}}\right)}{\sqrt{c_d}}$$

끝으로, 각 변수의 값을 대입하여 $t\to\infty$에서 종단 속도를 구하고, 또 $v(t)$를 그려 시간에 따라 어떤 변화를 보이는지 확인해 본다. 즉,

```
% m = 70 kg,  g = 9.81m/s^2,  cd = 40kg/m
velocity = subs(v(t), [m g cd], [70*u.kg 9.81*u.m/u.s^2 40*u.kg/u.m])   % 값 대입
velocity = simplify(velocity)                              % 식의 표현을 간단히 정리
velocity =   ((3*763^(1/2)*tanh(((3*763^(1/2)*t)/35)*(1/[s])))/20)*([m]/[s])
pretty(velocity)
```

와 같다. 결과가 복잡하지만 자세히 뜯어 보면 짐작할 수 있고 pretty(velocity)로 좀 더 쉽게 확인할 수도 있다. 다음은 라이브 편집창의 결과이다.

$$\frac{3\sqrt{763}\,\tanh\!\left(\dfrac{3\sqrt{763}\,t}{35}\,\dfrac{1}{\mathrm{s}}\right)}{20}\,\frac{\mathrm{m}}{\mathrm{s}}$$

따라서 시간이 흐르면서 중력과 항력이 균형을 이루고 결국 가속도가 사라져 일정하게 떨어지는 속도, 즉 종단 속도(terminal velocity)는 $t\to\infty$일 때로

```
tVelocity = limit(velocity, t, inf);          % 극한
tVelocity = vpa(tVelocity, 4)                  % 유효 숫자 4자리의 가변 정밀도 값
tVelocity =    4.143*([m]/[s])
```

이 된다. 그리고 그래프의 생성은

```
syms T                              % 시간 상수 T 정의
velocity = subs(velocity, t, T*u.s)  % 시간 변수 t에 T(sec)를 대입
data_vel = separateUnits(velocity);  % 차원이 없는 수식 획득
fplot(data_vel, [0 2], 'k', LineWidth = 1.2)
yline(4.143, 'k:', 'Terminal Velocity')   % 종단 속도선
xlabel('Time(sec)')
ylabel('Velocity(m/s)')
```

와 같이 작성할 수 있고 결과는 그림 A.4이다.

MATLAB 기호 수학의 두 번째 예는 동전 던지기의 확률 문제이다. 즉, 동전을 n번 던져 앞면이 정확하게 k번 나올 확률을 살펴보기로 한다. 먼저, 동전 던지기에 대한 확률

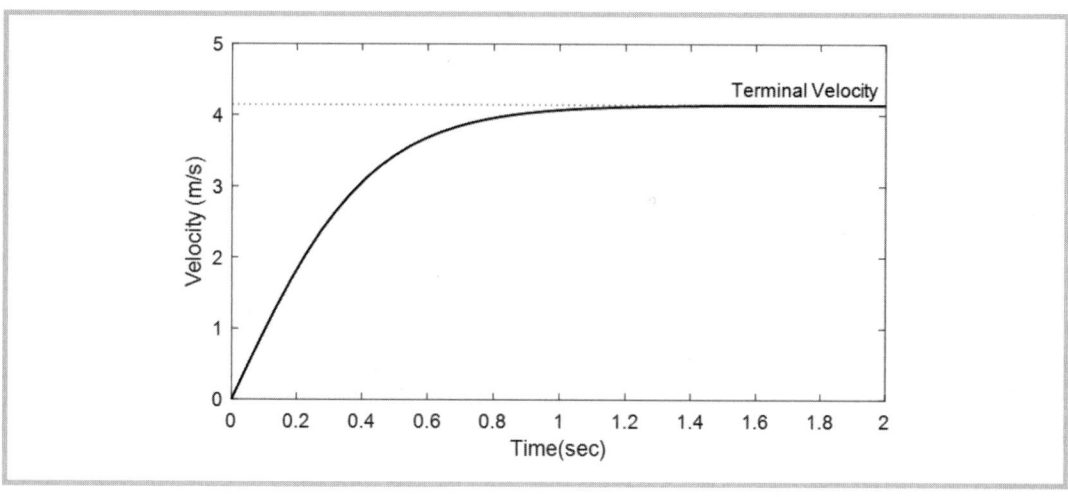

그림 A.4 번지 점프의 속도 그래프와 종단 속도

질량 함수 $P(n, k)$를 정의한다. 동전을 n번 던질 때의 경우의 수는 2^n이므로

```
syms P(n, k)                  % 확률 함수를 기호 함수 P(n, k)로 정의
P(n, k) = nchoosek(n, k)/2^n;  % nchoosek(n, k)는 n개에서 k개를 뽑는 조합
```

이다. $n = 1000$일 때 반이 앞면으로 나올 확률은 즉,

```
n = 1000;                     % 동전 던지지 횟수
half_Head = P(n, n/2);        % 앞면이 반 나올 확률 (기호 상수)
vpa(half_Head, 5)             % 기호 상수를 5자리 가변 정밀도로 확인
ans =   0.025225
```

와 같고, 이때 $P(n, k)$가 확률 질량 함수가 되는지 확인은 다음과 같다.

```
symsum(P(n, k), k, 0, 1000)   % 기호 수학의 합 기호
ans =    1
```

이제, 동전을 n번 던질 때 앞면이 이의 기댓값, 즉 $n/2$번에서 표준 편차의 2배 사이로 나올 확률을 정확하게 계산해 본다. 4장의 표본 분포에서 살펴보았듯이 이항 분포가 정규 분포로 근사될 때 이의 표준 편차 σ는 $\sqrt{pq/n}$인 것을 안다. 여기서 $p = q = n/2$이므로 $\sigma = \sqrt{n/4}$이다. 따라서 앞면이 이항 분포의 중심에서 $\pm 2\sigma$ 사이에 있을 확률은

```
sigma = sqrt(n/4);            % 표준 편차
twoSigma = symsum(P(n, k), k, ceil(n/2 - 2*sigma), floor(n/2 + 2*sigma));
```

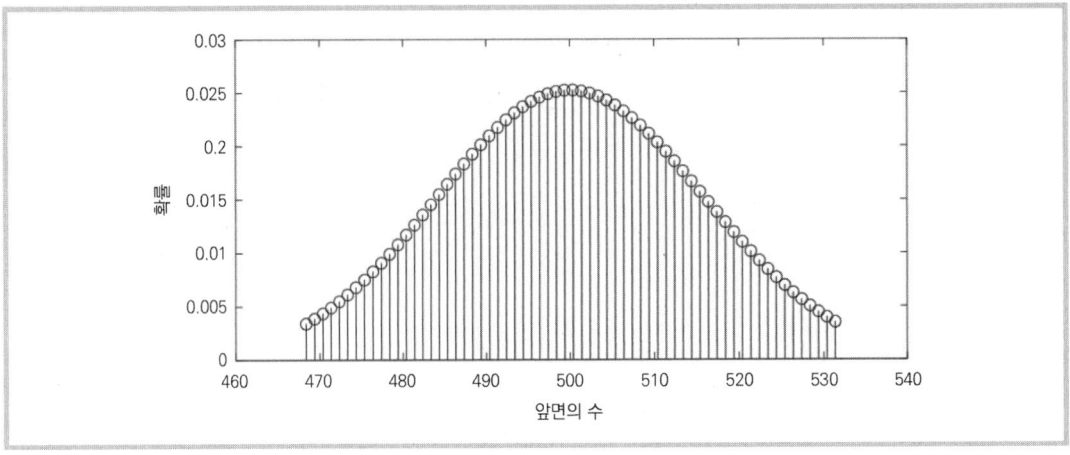

그림 A.5 동전 던지기 분포의 중심에서 ±2σ 사이의 분포

```
vpa(twoSigma, 5)
ans =      0.95371
```

와 같이 약 95.37%이고 해당 영역의 분포는 그림 A.5와 같고 이의 프로그램은

```
k = n/2 + (-2*sigma:2*sigma);
stem(k, P(n, k), 'k')
xlabel('앞면의 수')
ylabel('확률')
```

이다.

정규 확률 그래프

이 책의 전체에 걸쳐 모집단이나 모집단에서 수집된 표본은 대개 정규 분포로 가정하는 경우가 많았다. 4장의 표본 분포에선 $n \geq 30$의 조건을 달아 모집단 분포가 어떤 형태이든지 표본은 정규 분포가 된다고 했다. 물론 중심극한정리는 확률의 큰 뿌리이고, 또한 인위적인 조작 없이 무작위로 수집되는 것은 대부분 정규 분포의 모습을 띤다고 보아 왔기 때문에 당연히 받아들일 수밖에 없다. 하지만 $n < 30$인 경우는 어떤가? 어떤 분포인지 모르는 모집단에서 무작위로 추출한 표본이 정규 분포로 가정한다고 해서 정규 분포의 성질을 그대로 간직하는지 어떻게 판단할 수 있나? 그런 가정에서 모수를 추정하고 가설을 검정하는 일이 온당하다고 보는가?

기술 통계학이 추론 통계학 못지않게 중요한 까닭이 여기에 있다. 데이터를 정리하면서 히스토그램이나 줄기-잎 선도, 혹은 상자 그림을 그리는 것은 데이터 집단이 중심을 기준으로 균형을 잡았는지 그렇지 않은지, 그렇지 않다면 이상수 때문인지 데이터 집단의 고유한 특징인지 따위를 판단하기 위해서이다. 평균과 모드, 그리고 중간값의 상대적인 배치를 확인하여 평균이 중간값과 견주어 심하게 한쪽으로 치우쳤다면 분명 이상수의 존재일 것이므로 데이터 전처리를 통해 매끄럽게 가공하든지 해야 한다. 하지만 이런 일도 데이터 개수가 많을 때나 가능하다. 데이터 개수가 적을 땐 그래프를 그려 본들 데이터 집단의 평가는 어렵기도 하거니와 평가가 된다 하더라도 신뢰할 수가 없다. 데이터 개수에 상관없이 **정규성**(normality)을 평가할 수 있는 유용한 방법이 바로 **정규 확률 그래프**(normal probability plot)이다.

정규 확률 그래프는 데이터 집단의 각 개별 데이터를 수평 축에, 그리고 이의 기대되는 표준 점수를 수직 축에 두고 그린 산포도이다. 여기서 데이터 집단의 기대되는 표준 점수는 표준 정규 분포에서 수집한 표본의 순서 통계량(order statistics)에 대한 기댓값으로 보통 랑키트(rankit)라고 한다. 모집단에서 무작위로 수집된 표본은 모집단을 대표할 수 있어 iid의 원리를 위배하지 않는다고 했다. 따라서 정규 확률 그래프의 산포도가 거의 직선이면 해당하는 데이터는 정규 분포의 모집단에서 수집되었다고 볼 수 있고, 그렇지 않고 비선형 패턴을 보인다면 이상수가 큰 영향을 끼쳤거나 정규 분포인 모집단에서 추출되었다고 볼 수 없다.

정규 확률 그래프를 그리는 방법은 두 가지가 있다. 하나는 빠르게 그려 데이터의 정규성을 확인하는 방법이고,[1] 또 하나는 표준 정규 곡선의 사분수 정보를 이용하는 방법이다. 먼저, 랑키트 법은 이렇다. 정렬된 데이터의 개수만큼 평균이 0이고 분산이 1인 표준 정규 분포에서 표본을 뽑아 정렬한 후에 데이터와 짝을 이루어 산포도를 그린다. 즉,

```
x = [188 175 198 191 185 180 203 ...       % 국가 대표 농구 선수 12명의 키(cm)
     208 206 193 218 196];
n = length(x);
z = normrnd(0, 1, 1, n);                    % 표준 정규 분포에서 랑키트 추출
z = sort(z); x = sort(x);                   % 데이터와 랑키트 정렬
p = polyfit(x, z, 1);                       % 1차 선형 회귀
zhat = polyval(p, x);
plot(x, z, 'o', x, zhat, 'k-', LineWidth = 1.2)
```

와 같다. 원래는 산포도만 그려서 정규성을 확인하지만 여기선 추세선도 함께 그렸다. 선형 회귀를 배웠기에 연습 삼아 그린 것도 있지만 직선의 추세선이 있으면 추세를 벗어난 점을 쉽게 찾을 수 있기 때문이다. 위 프로그램의 결과는 그림 B.1과 같다.

그림 B.1에서 확인할 수 있듯이 데이터가 대체로 직선의 추세선 근처에 있어 정규성을

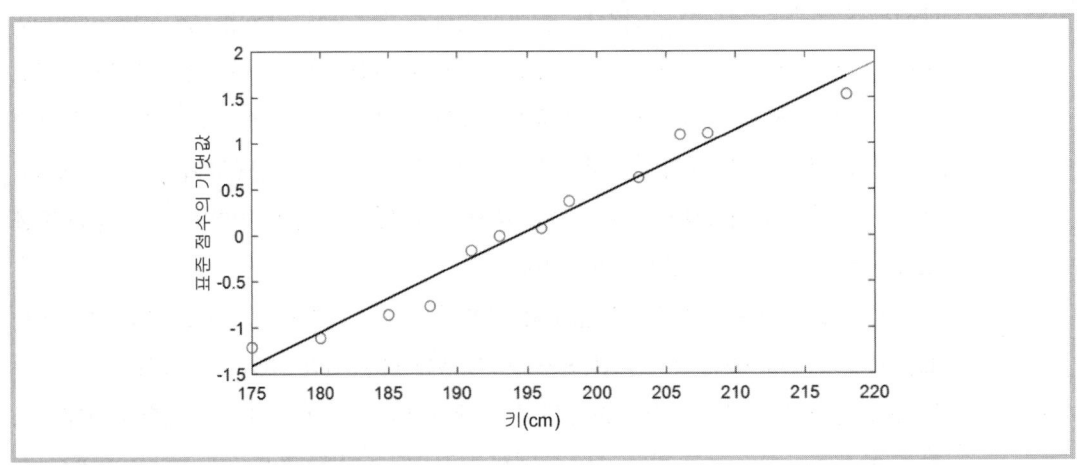

그림 B.1 정규 확률 그래프 (랑키트)

---

[1] 이를 랑키트 법이라 한다.

띠는 것으로 보인다. 다만, 표준 정규 분포에서 임의로 표본을 추출하기 때문에 할 때마다 표본이 달라질 수 있어 신뢰는 떨어진다고 말할 수 있다.

정규 확률 그래프를 그리는 두 번째 방법은 표준 정규 곡선의 사분수 함수를 이용하는 방법으로 보통 공식적인 자리에서 흔히 사용된다. 사분수 함수에서 표준 점수를 뽑아내는 공식은[2] 다음과 같다.

$$z_i = \Phi^{-1}\left(\frac{i-a}{n+1-2a}\right)$$

여기서 i는 정렬된 데이터의 순서를 나타내고 n은 데이터 개수이다. 그리고 a는 데이터 개수에 따른 사분수 함수의 보정 계수로 $n \leq 10$이면 $a = 3/8$이고 $n > 10$이면 $a = 1/2$이다. 사분수 함수를 이용하는 방법에 대한 프로그램은 다음과 같다.

```
F = zeros(1, n);          % 사분수 함수에서 표본을 추출하여 저장할 곳
if n <= 10
    a = 3/8;
else
    a = 1/2;
end
for i = 1:n
    F(i) = (i - a)/(n + 1 - 2*a);      % 표본 추출
```

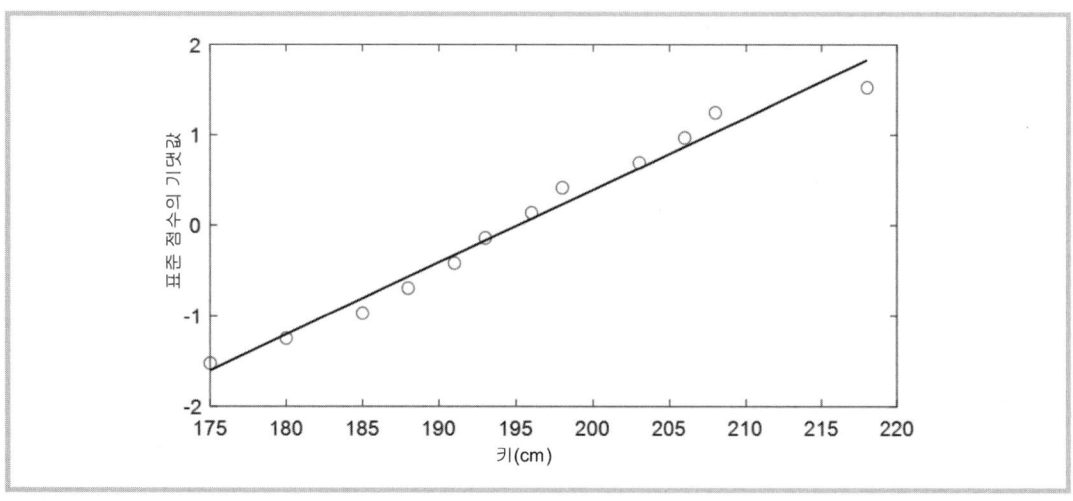

그림 B.2 정규 확률 그래프 (정규 사분수 함수)

---

[2] 위키피디아 사이트(https://en.wikipedia.org/wiki/Normal_probability_plot)를 참조하였다.

```
    end
    z = zscore(F);              % 표본의 표준화
    plot(x, z, 'o')
    lsline                      % 현재 그래프에 1차 회귀선 추가
```

위 프로그램의 결과는 그림 B.2와 같다.

그림 B.2는 그림 B.1과 견주어 데이터가 추세선에 아주 근접하여 정규성을 확신할 수 있다. 랑키트 법은 표준 정규 분포에서 임의로 추출한 표준 점수를 사용하기 때문에 시행할 때마다 다른 결과를 가지는 반면에 정규 분포의 사분수 함수를 사용하면 잘 정의된 공식에 따라 데이터가 추출되기 때문에 표본의 신뢰가 더 높을 것으로 판단된다.

확률표

표 C1. 이항 분포

이 표는 성공률이 p인 확률 실험을 n번 독립적으로 시행할 때 x번 성공하는 확률이다.

| | | | | | | | | | | | p | | | | | | | | | |
n	x	.01	.05	.10	.15	.20	.25	.30	.35	.40	.45	.50	.55	.60	.65	.70	.75	.80	.85	.90	.95
2	0	.980	.902	.810	.723	.640	.563	.490	.423	.360	.303	.250	.203	.160	.123	.090	.063	.040	.023	.010	.002
	1	.020	.095	.180	.255	.320	.375	.420	.455	.480	.495	.500	.495	.480	.455	.420	.375	.320	.255	.180	.095
	2	.000	.002	.010	.023	.040	.063	.090	.123	.160	.203	.250	.303	.360	.423	.490	.563	.640	.723	.810	.902
3	0	.970	.857	.729	.614	.512	.422	.343	.275	.216	.166	.125	.091	.064	.043	.027	.016	.008	.003	.001	.000
	1	.029	.135	.243	.325	.384	.422	.441	.444	.432	.408	.375	.334	.288	.239	.189	.141	.096	.057	.027	.007
	2	.000	.007	.027	.057	.096	.141	.189	.239	.288	.334	.375	.408	.432	.444	.441	.422	.384	.325	.243	.135
	3	.000	.000	.001	.003	.008	.016	.027	.043	.064	.091	.125	.166	.216	.275	.343	.422	.512	.614	.729	.857
4	0	.961	.815	.656	.522	.410	.316	.240	.179	.130	.092	.062	.041	.026	.015	.008	.004	.002	.001	.000	.000
	1	.039	.171	.292	.368	.410	.422	.412	.384	.346	.300	.250	.200	.154	.112	.076	.047	.026	.011	.004	.000
	2	.001	.014	.049	.098	.154	.211	.265	.311	.346	.368	.375	.368	.346	.311	.265	.211	.154	.098	.049	.014
	3	.000	.000	.004	.011	.026	.047	.076	.112	.154	.200	.250	.300	.346	.384	.412	.422	.410	.368	.292	.171
	4	.000	.000	.000	.001	.002	.004	.008	.015	.026	.041	.062	.092	.130	.179	.240	.316	.410	.522	.656	.815
5	0	.951	.774	.590	.444	.328	.237	.168	.116	.078	.050	.031	.019	.010	.005	.002	.001	.000	.000	.000	.000
	1	.048	.204	.328	.392	.410	.396	.360	.312	.259	.206	.156	.113	.077	.049	.028	.015	.006	.002	.000	.000
	2	.001	.021	.073	.138	.205	.264	.309	.336	.346	.337	.312	.276	.230	.181	.132	.088	.051	.024	.008	.001
	3	.000	.001	.008	.024	.051	.088	.132	.181	.230	.276	.312	.337	.346	.336	.309	.264	.205	.138	.073	.021
	4	.000	.000	.000	.002	.006	.015	.028	.049	.077	.113	.156	.206	.259	.312	.360	.396	.410	.392	.328	.204
	5	.000	.000	.000	.000	.000	.001	.002	.005	.010	.019	.031	.050	.078	.116	.168	.237	.328	.444	.590	.774
6	0	.941	.735	.531	.377	.262	.178	.118	.075	.047	.028	.016	.008	.004	.002	.001	.000	.000	.000	.000	.000
	1	.057	.232	.354	.399	.393	.356	.303	.244	.187	.136	.094	.061	.037	.020	.010	.004	.002	.000	.000	.000
	2	.001	.031	.098	.176	.246	.297	.324	.328	.311	.278	.234	.186	.138	.095	.060	.033	.015	.006	.001	.000
	3	.000	.002	.015	.042	.082	.132	.185	.236	.276	.303	.312	.303	.276	.236	.185	.132	.082	.042	.015	.002
	4	.000	.000	.001	.006	.015	.033	.060	.095	.138	.186	.234	.278	.311	.328	.324	.297	.246	.176	.098	.031
	5	.000	.000	.000	.000	.002	.004	.010	.020	.037	.061	.094	.136	.187	.244	.303	.356	.393	.399	.354	.232
	6	.000	.000	.000	.000	.000	.000	.001	.002	.004	.008	.016	.028	.047	.075	.118	.178	.262	.377	.531	.735
7	0	.932	.698	.478	.321	.210	.133	.082	.049	.028	.015	.008	.004	.002	.001	.000	.000	.000	.000	.000	.000
	1	.066	.257	.372	.396	.367	.311	.247	.185	.131	.087	.055	.032	.017	.008	.004	.001	.000	.000	.000	.000
	2	.002	.041	.124	.210	.275	.311	.318	.299	.261	.214	.164	.117	.077	.047	.025	.012	.004	.001	.000	.000
	3	.000	.004	.023	.062	.115	.173	.227	.268	.290	.292	.273	.239	.194	.144	.097	.058	.029	.011	.003	.000
	4	.000	.000	.003	.011	.029	.058	.097	.144	.194	.239	.273	.292	.290	.268	.227	.173	.115	.062	.023	.004
	5	.000	.000	.000	.001	.004	.012	.025	.047	.077	.117	.164	.214	.261	.299	.318	.311	.275	.210	.124	.041
	6	.000	.000	.000	.000	.000	.001	.004	.008	.017	.032	.055	.087	.131	.185	.247	.311	.367	.396	.372	.257
	7	.000	.000	.000	.000	.000	.000	.000	.001	.002	.004	.008	.015	.028	.049	.082	.133	.210	.321	.478	.698
8	0	.923	.663	.430	.272	.168	.100	.058	.032	.017	.008	.004	.002	.001	.000	.000	.000	.000	.000	.000	.000
	1	.075	.279	.383	.385	.336	.267	.198	.137	.090	.055	.031	.016	.008	.003	.001	.000	.000	.000	.000	.000
	2	.003	.051	.149	.238	.294	.311	.296	.259	.209	.157	.109	.070	.041	.022	.010	.004	.001	.000	.000	.000
	3	.000	.005	.033	.084	.147	.208	.254	.279	.279	.257	.219	.172	.124	.081	.047	.023	.009	.003	.000	.000
	4	.000	.000	.005	.018	.046	.087	.136	.188	.232	.263	.273	.263	.232	.188	.136	.087	.046	.018	.005	.000
	5	.000	.000	.000	.003	.009	.023	.047	.081	.124	.172	.219	.257	.279	.279	.254	.208	.147	.084	.033	.005
	6	.000	.000	.000	.000	.001	.004	.010	.022	.041	.070	.109	.157	.209	.259	.296	.311	.294	.238	.149	.051
	7	.000	.000	.000	.000	.000	.000	.001	.003	.008	.016	.031	.055	.090	.137	.198	.267	.336	.385	.383	.279
	8	.000	.000	.000	.000	.000	.000	.000	.000	.001	.002	.004	.008	.017	.032	.058	.100	.168	.272	.430	.663
9	0	.914	.630	.387	.232	.134	.075	.040	.021	.010	.005	.002	.001	.000	.000	.000	.000	.000	.000	.000	.000
	1	.083	.299	.387	.368	.302	.225	.156	.100	.060	.034	.018	.008	.004	.001	.000	.000	.000	.000	.000	.000
	2	.003	.063	.172	.260	.302	.300	.267	.216	.161	.111	.070	.041	.021	.010	.004	.001	.000	.000	.000	.000
	3	.000	.008	.045	.107	.176	.234	.267	.272	.251	.212	.164	.116	.074	.042	.021	.009	.003	.001	.000	.000
	4	.000	.001	.007	.028	.066	.117	.172	.219	.251	.260	.246	.213	.167	.118	.074	.039	.017	.005	.001	.000
	5	.000	.000	.001	.005	.017	.039	.074	.118	.167	.213	.246	.260	.251	.219	.172	.117	.066	.028	.007	.001
	6	.000	.000	.000	.001	.003	.009	.021	.042	.074	.116	.164	.212	.251	.272	.267	.234	.176	.107	.045	.008
	7	.000	.000	.000	.000	.000	.001	.004	.010	.021	.041	.070	.111	.161	.216	.267	.300	.302	.260	.172	.063
	8	.000	.000	.000	.000	.000	.000	.000	.001	.004	.008	.018	.034	.060	.100	.156	.225	.302	.368	.387	.299
	9	.000	.000	.000	.000	.000	.000	.000	.000	.000	.001	.002	.005	.010	.021	.040	.075	.134	.232	.387	.630

표 C1. 이항 분포 (계속)

n	x	.01	.05	.10	.15	.20	.25	.30	.35	.40	.45	.50	.55	.60	.65	.70	.75	.80	.85	.90	.95
																p					
10	0	.904	.599	.349	.197	.107	.056	.028	.014	.006	.003	.001	.000	.000	.000	.000	.000	.000	.000	.000	.000
	1	.091	.315	.387	.347	.268	.188	.121	.072	.040	.021	.010	.004	.002	.000	.000	.000	.000	.000	.000	.000
	2	.004	.075	.194	.276	.302	.282	.233	.176	.121	.076	.044	.023	.011	.004	.001	.000	.000	.000	.000	.000
	3	.000	.010	.057	.130	.201	.250	.267	.252	.215	.166	.117	.075	.042	.021	.009	.003	.001	.000	.000	.000
	4	.000	.001	.011	.040	.088	.146	.200	.238	.251	.238	.205	.160	.111	.069	.037	.016	.006	.001	.000	.000
	5	.000	.000	.001	.008	.026	.058	.103	.154	.201	.234	.246	.234	.201	.154	.103	.058	.026	.008	.001	.000
	6	.000	.000	.000	.001	.006	.016	.037	.069	.111	.160	.205	.238	.251	.238	.200	.146	.088	.040	.011	.001
	7	.000	.000	.000	.000	.001	.003	.009	.021	.042	.075	.117	.166	.215	.252	.267	.250	.201	.130	.057	.010
	8	.000	.000	.000	.000	.000	.000	.001	.004	.011	.023	.044	.076	.121	.176	.233	.282	.302	.276	.194	.075
	9	.000	.000	.000	.000	.000	.000	.000	.000	.002	.004	.010	.021	.040	.072	.121	.188	.268	.347	.387	.315
	10	.000	.000	.000	.000	.000	.000	.000	.000	.000	.000	.001	.003	.006	.014	.028	.056	.107	.197	.349	.599
11	0	.895	.569	.314	.167	.086	.042	.020	.009	.004	.001	.000	.000	.000	.000	.000	.000	.000	.000	.000	.000
	1	.099	.329	.384	.325	.236	.155	.093	.052	.027	.013	.005	.002	.001	.000	.000	.000	.000	.000	.000	.000
	2	.005	.087	.213	.287	.295	.258	.200	.140	.089	.051	.027	.013	.005	.002	.001	.000	.000	.000	.000	.000
	3	.000	.014	.071	.152	.221	.258	.257	.225	.177	.126	.081	.046	.023	.010	.004	.001	.000	.000	.000	.000
	4	.000	.001	.016	.054	.111	.172	.220	.243	.236	.206	.161	.113	.070	.038	.017	.006	.002	.000	.000	.000
	5	.000	.000	.002	.013	.039	.080	.132	.183	.221	.236	.226	.193	.147	.099	.057	.027	.010	.002	.000	.000
	6	.000	.000	.000	.002	.010	.027	.057	.099	.147	.193	.226	.236	.221	.183	.132	.080	.039	.013	.002	.000
	7	.000	.000	.000	.000	.002	.006	.017	.038	.070	.113	.161	.206	.236	.243	.220	.172	.111	.054	.016	.001
	8	.000	.000	.000	.000	.000	.001	.004	.010	.023	.046	.081	.126	.177	.225	.257	.258	.221	.152	.071	.014
	9	.000	.000	.000	.000	.000	.000	.001	.002	.005	.013	.027	.051	.089	.140	.200	.258	.295	.287	.213	.087
	10	.000	.000	.000	.000	.000	.000	.000	.000	.001	.002	.005	.013	.027	.052	.093	.155	.236	.325	.384	.329
	11	.000	.000	.000	.000	.000	.000	.000	.000	.000	.000	.000	.001	.004	.009	.020	.042	.086	.167	.314	.569
12	0	.886	.540	.282	.142	.069	.032	.014	.006	.002	.001	.000	.000	.000	.000	.000	.000	.000	.000	.000	.000
	1	.107	.341	.377	.301	.206	.127	.071	.037	.017	.008	.003	.001	.000	.000	.000	.000	.000	.000	.000	.000
	2	.006	.099	.230	.292	.283	.232	.168	.109	.064	.034	.016	.007	.002	.001	.000	.000	.000	.000	.000	.000
	3	.000	.017	.085	.172	.236	.258	.240	.195	.142	.092	.054	.028	.012	.005	.001	.000	.000	.000	.000	.000
	4	.000	.002	.021	.068	.133	.194	.231	.237	.213	.170	.121	.076	.042	.020	.008	.002	.001	.000	.000	.000
	5	.000	.000	.004	.019	.053	.103	.158	.204	.227	.223	.193	.149	.101	.059	.029	.011	.003	.001	.000	.000
	6	.000	.000	.000	.004	.016	.040	.079	.128	.177	.212	.226	.212	.177	.128	.079	.040	.016	.004	.000	.000
	7	.000	.000	.000	.001	.003	.011	.029	.059	.101	.149	.193	.223	.227	.204	.158	.103	.053	.019	.004	.000
	8	.000	.000	.000	.000	.001	.002	.008	.020	.042	.076	.121	.170	.213	.237	.231	.194	.133	.068	.021	.002
	9	.000	.000	.000	.000	.000	.000	.001	.005	.012	.028	.054	.092	.142	.195	.240	.258	.236	.172	.085	.017
	10	.000	.000	.000	.000	.000	.000	.001	.002	.007	.016	.034	.064	.109	.168	.232	.283	.292	.230	.099	
	11	.000	.000	.000	.000	.000	.000	.000	.000	.000	.001	.003	.008	.017	.037	.071	.127	.206	.301	.377	.341
	12	.000	.000	.000	.000	.000	.000	.000	.000	.000	.000	.000	.001	.002	.006	.014	.032	.069	.142	.282	.540
15	0	.860	.463	.206	.087	.035	.013	.005	.002	.000	.000	.000	.000	.000	.000	.000	.000	.000	.000	.000	.000
	1	.130	.366	.343	.231	.132	.067	.031	.013	.005	.002	.000	.000	.000	.000	.000	.000	.000	.000	.000	.000
	2	.009	.135	.267	.286	.231	.156	.092	.048	.022	.009	.003	.001	.000	.000	.000	.000	.000	.000	.000	.000
	3	.000	.031	.129	.218	.250	.225	.170	.111	.063	.032	.014	.005	.002	.000	.000	.000	.000	.000	.000	.000
	4	.000	.005	.043	.116	.188	.225	.219	.179	.127	.078	.042	.019	.007	.002	.001	.000	.000	.000	.000	.000
	5	.000	.001	.010	.045	.103	.165	.206	.212	.186	.140	.092	.051	.024	.010	.003	.001	.000	.000	.000	.000
	6	.000	.000	.002	.013	.043	.092	.147	.191	.207	.191	.153	.105	.061	.030	.012	.003	.001	.000	.000	.000
	7	.000	.000	.000	.003	.014	.039	.081	.132	.177	.201	.196	.165	.118	.071	.035	.013	.003	.001	.000	.000
	8	.000	.000	.000	.001	.003	.013	.035	.071	.118	.165	.196	.201	.177	.132	.081	.039	.014	.003	.000	.000
	9	.000	.000	.000	.000	.001	.003	.012	.030	.061	.105	.153	.191	.207	.191	.147	.092	.043	.013	.002	.000
	10	.000	.000	.000	.000	.000	.001	.003	.010	.024	.051	.092	.140	.186	.212	.206	.165	.103	.045	.010	.001
	11	.000	.000	.000	.000	.000	.000	.001	.002	.007	.019	.042	.078	.127	.179	.219	.225	.188	.116	.043	.005
	12	.000	.000	.000	.000	.000	.000	.000	.000	.002	.005	.014	.032	.063	.111	.170	.225	.250	.218	.129	.031
	13	.000	.000	.000	.000	.000	.000	.000	.000	.000	.001	.003	.009	.022	.048	.092	.156	.231	.286	.267	.135
	14	.000	.000	.000	.000	.000	.000	.000	.000	.000	.000	.002	.005	.013	.031	.067	.132	.231	.343	.366	
	15	.000	.000	.000	.000	.000	.000	.000	.000	.000	.000	.000	.000	.002	.005	.013	.035	.087	.206	.463	

표 C1. 이항 분포 (계속)

n	x	.01	.05	.10	.15	.20	.25	.30	.35	.40	.45	.50	.55	.60	.65	.70	.75	.80	.85	.90	.95
16	0	.851	.440	.185	.074	.028	.010	.003	.001	.000	.000	.000	.000	.000	.000	.000	.000	.000	.000	.000	.000
	1	.138	.371	.329	.210	.113	.053	.023	.009	.003	.001	.000	.000	.000	.000	.000	.000	.000	.000	.000	.000
	2	.010	.146	.275	.277	.211	.134	.073	.035	.015	.006	.002	.001	.000	.000	.000	.000	.000	.000	.000	.000
	3	.000	.036	.142	.229	.246	.208	.146	.089	.047	.022	.009	.003	.001	.000	.000	.000	.000	.000	.000	.000
	4	.000	.006	.051	.131	.200	.225	.204	.155	.101	.057	.028	.011	.004	.001	.000	.000	.000	.000	.000	.000
	5	.000	.001	.014	.056	.120	.180	.210	.201	.162	.112	.067	.034	.014	.005	.001	.000	.000	.000	.000	.000
	6	.000	.000	.003	.018	.055	.110	.165	.198	.198	.168	.122	.075	.039	.017	.006	.001	.000	.000	.000	.000
	7	.000	.000	.000	.005	.020	.052	.101	.152	.189	.197	.175	.132	.084	.044	.019	.006	.001	.000	.000	.000
	8	.000	.000	.000	.001	.006	.020	.049	.092	.142	.181	.196	.181	.142	.092	.049	.020	.006	.001	.000	.000
	9	.000	.000	.000	.000	.001	.006	.019	.044	.084	.132	.175	.197	.189	.152	.101	.052	.020	.005	.000	.000
	10	.000	.000	.000	.000	.000	.001	.006	.017	.039	.075	.122	.168	.198	.198	.165	.110	.055	.018	.003	.000
	11	.000	.000	.000	.000	.000	.000	.001	.005	.014	.034	.067	.112	.162	.201	.210	.180	.120	.056	.014	.001
	12	.000	.000	.000	.000	.000	.000	.000	.001	.004	.011	.028	.057	.101	.155	.204	.225	.200	.131	.051	.006
	13	.000	.000	.000	.000	.000	.000	.000	.000	.001	.003	.009	.022	.047	.089	.146	.208	.246	.229	.142	.036
	14	.000	.000	.000	.000	.000	.000	.000	.000	.000	.001	.002	.006	.015	.035	.073	.134	.211	.277	.275	.146
	15	.000	.000	.000	.000	.000	.000	.000	.000	.000	.000	.000	.001	.003	.009	.023	.053	.113	.210	.329	.371
	16	.000	.000	.000	.000	.000	.000	.000	.000	.000	.000	.000	.000	.001	.003	.010	.028	.074	.185	.440
20	0	.818	.358	.122	.039	.012	.003	.001	.000	.000	.000	.000	.000	.000	.000	.000	.000	.000	.000	.000	.000
	1	.165	.377	.270	.137	.058	.021	.007	.002	.000	.000	.000	.000	.000	.000	.000	.000	.000	.000	.000	.000
	2	.016	.189	.285	.229	.137	.067	.028	.010	.003	.001	.000	.000	.000	.000	.000	.000	.000	.000	.000	.000
	3	.001	.060	.190	.243	.205	.134	.072	.032	.012	.004	.001	.000	.000	.000	.000	.000	.000	.000	.000	.000
	4	.000	.013	.090	.182	.218	.190	.130	.074	.035	.014	.005	.001	.000	.000	.000	.000	.000	.000	.000	.000
	5	.000	.002	.032	.103	.175	.202	.179	.127	.075	.036	.015	.005	.001	.000	.000	.000	.000	.000	.000	.000
	6	.000	.000	.009	.045	.109	.169	.192	.171	.124	.075	.036	.015	.005	.001	.000	.000	.000	.000	.000	.000
	7	.000	.000	.002	.016	.055	.112	.164	.184	.166	.122	.074	.037	.015	.005	.001	.000	.000	.000	.000	.000
	8	.000	.000	.000	.005	.022	.061	.114	.161	.180	.162	.120	.073	.035	.014	.004	.001	.000	.000	.000	.000
	9	.000	.000	.000	.001	.007	.027	.065	.116	.160	.177	.160	.119	.071	.034	.012	.003	.000	.000	.000	.000
	10	.000	.000	.000	.000	.002	.010	.031	.069	.117	.159	.176	.159	.117	.069	.031	.010	.002	.000	.000	.000
	11	.000	.000	.000	.000	.000	.003	.012	.034	.071	.119	.160	.177	.160	.116	.065	.027	.007	.001	.000	.000
	12	.000	.000	.000	.000	.000	.001	.004	.014	.035	.073	.120	.162	.180	.161	.114	.061	.022	.005	.000	.000
	13	.000	.000	.000	.000	.000	.000	.001	.005	.015	.037	.074	.122	.166	.184	.164	.112	.055	.016	.002	.000
	14	.000	.000	.000	.000	.000	.000	.000	.001	.005	.015	.037	.075	.124	.171	.192	.169	.109	.045	.009	.000
	15	.000	.000	.000	.000	.000	.000	.000	.000	.001	.005	.015	.036	.075	.127	.179	.202	.175	.103	.032	.002
	16	.000	.000	.000	.000	.000	.000	.000	.000	.000	.001	.005	.014	.035	.074	.130	.190	.218	.182	.090	.013
	17	.000	.000	.000	.000	.000	.000	.000	.000	.000	.000	.001	.004	.012	.032	.072	.134	.205	.243	.190	.060
	18	.000	.000	.000	.000	.000	.000	.000	.000	.000	.000	.000	.001	.003	.010	.028	.067	.137	.229	.285	.189
	19	.000	.000	.000	.000	.000	.000	.000	.000	.000	.000	.000	.000	.002	.007	.021	.058	.137	.270	.377
	20	.000	.000	.000	.000	.000	.000	.000	.000	.000	.000	.000	.000	.000	.000	.001	.003	.012	.039	.122	.358

표 C2. 표준 정규 분포

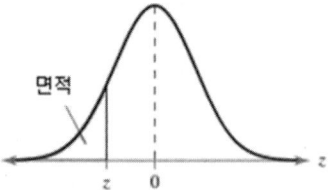

z	.09	.08	.07	.06	.05	.04	.03	.02	.01	.00
−3.4	.0002	.0003	.0003	.0003	.0003	.0003	.0003	.0003	.0003	.0003
−3.3	.0003	.0004	.0004	.0004	.0004	.0004	.0004	.0005	.0005	.0005
−3.2	.0005	.0005	.0005	.0006	.0006	.0006	.0006	.0006	.0007	.0007
−3.1	.0007	.0007	.0008	.0008	.0008	.0008	.0009	.0009	.0009	.0010
−3.0	.0010	.0010	.0011	.0011	.0011	.0012	.0012	.0013	.0013	.0013
−2.9	.0014	.0014	.0015	.0015	.0016	.0016	.0017	.0018	.0018	.0019
−2.8	.0019	.0020	.0021	.0021	.0022	.0023	.0023	.0024	.0025	.0026
−2.7	.0026	.0027	.0028	.0029	.0030	.0031	.0032	.0033	.0034	.0035
−2.6	.0036	.0037	.0038	.0039	.0040	.0041	.0043	.0044	.0045	.0047
−2.5	.0048	.0049	.0051	.0052	.0054	.0055	.0057	.0059	.0060	.0062
−2.4	.0064	.0066	.0068	.0069	.0071	.0073	.0075	.0078	.0080	.0082
−2.3	.0084	.0087	.0089	.0091	.0094	.0096	.0099	.0102	.0104	.0107
−2.2	.0110	.0113	.0116	.0119	.0122	.0125	.0129	.0132	.0136	.0139
−2.1	.0143	.0146	.0150	.0154	.0158	.0162	.0166	.0170	.0174	.0179
−2.0	.0183	.0188	.0192	.0197	.0202	.0207	.0212	.0217	.0222	.0228
−1.9	.0233	.0239	.0244	.0250	.0256	.0262	.0268	.0274	.0281	.0287
−1.8	.0294	.0301	.0307	.0314	.0322	.0329	.0336	.0344	.0351	.0359
−1.7	.0367	.0375	.0384	.0392	.0401	.0409	.0418	.0427	.0436	.0446
−1.6	.0455	.0465	.0475	.0485	.0495	.0505	.0516	.0526	.0537	.0548
−1.5	.0559	.0571	.0582	.0594	.0606	.0618	.0630	.0643	.0655	.0668
−1.4	.0681	.0694	.0708	.0721	.0735	.0749	.0764	.0778	.0793	.0808
−1.3	.0823	.0838	.0853	.0869	.0885	.0901	.0918	.0934	.0951	.0968
−1.2	.0985	.1003	.1020	.1038	.1056	.1075	.1093	.1112	.1131	.1151
−1.1	.1170	.1190	.1210	.1230	.1251	.1271	.1292	.1314	.1335	.1357
−1.0	.1379	.1401	.1423	.1446	.1469	.1492	.1515	.1539	.1562	.1587
−0.9	.1611	.1635	.1660	.1685	.1711	.1736	.1762	.1788	.1814	.1841
−0.8	.1867	.1894	.1922	.1949	.1977	.2005	.2033	.2061	.2090	.2119
−0.7	.2148	.2177	.2206	.2236	.2266	.2296	.2327	.2358	.2389	.2420
−0.6	.2451	.2483	.2514	.2546	.2578	.2611	.2643	.2676	.2709	.2743
−0.5	.2776	.2810	.2843	.2877	.2912	.2946	.2981	.3015	.3050	.3085
−0.4	.3121	.3156	.3192	.3228	.3264	.3300	.3336	.3372	.3409	.3446
−0.3	.3483	.3520	.3557	.3594	.3632	.3669	.3707	.3745	.3783	.3821
−0.2	.3859	.3897	.3936	.3974	.4013	.4052	.4090	.4129	.4168	.4207
−0.1	.4247	.4286	.4325	.4364	.4404	.4443	.4483	.4522	.4562	.4602
−0.0	.4641	.4681	.4721	.4761	.4801	.4840	.4880	.4920	.4960	.5000

표 C2. 표준 정규 분포 (계속)

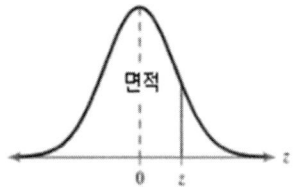

z	.00	.01	.02	.03	.04	.05	.06	.07	.08	.09
0.0	.5000	.5040	.5080	.5120	.5160	.5199	.5239	.5279	.5319	.5359
0.1	.5398	.5438	.5478	.5517	.5557	.5596	.5636	.5675	.5714	.5753
0.2	.5793	.5832	.5871	.5910	.5948	.5987	.6026	.6064	.6103	.6141
0.3	.6179	.6217	.6255	.6293	.6331	.6368	.6406	.6443	.6480	.6517
0.4	.6554	.6591	.6628	.6664	.6700	.6736	.6772	.6808	.6844	.6879
0.5	.6915	.6950	.6985	.7019	.7054	.7088	.7123	.7157	.7190	.7224
0.6	.7257	.7291	.7324	.7357	.7389	.7422	.7454	.7486	.7517	.7549
0.7	.7580	.7611	.7642	.7673	.7704	.7734	.7764	.7794	.7823	.7852
0.8	.7881	.7910	.7939	.7967	.7995	.8023	.8051	.8078	.8106	.8133
0.9	.8159	.8186	.8212	.8238	.8264	.8289	.8315	.8340	.8365	.8389
1.0	.8413	.8438	.8461	.8485	.8508	.8531	.8554	.8577	.8599	.8621
1.1	.8643	.8665	.8686	.8708	.8729	.8749	.8770	.8790	.8810	.8830
1.2	.8849	.8869	.8888	.8907	.8925	.8944	.8962	.8980	.8997	.9015
1.3	.9032	.9049	.9066	.9082	.9099	.9115	.9131	.9147	.9162	.9177
1.4	.9192	.9207	.9222	.9236	.9251	.9265	.9279	.9292	.9306	.9319
1.5	.9332	.9345	.9357	.9370	.9382	.9394	.9406	.9418	.9429	.9441
1.6	.9452	.9463	.9474	.9484	.9495	.9505	.9515	.9525	.9535	.9545
1.7	.9554	.9564	.9573	.9582	.9591	.9599	.9608	.9616	.9625	.9633
1.8	.9641	.9649	.9656	.9664	.9671	.9678	.9686	.9693	.9699	.9706
1.9	.9713	.9719	.9726	.9732	.9738	.9744	.9750	.9756	.9761	.9767
2.0	.9772	.9778	.9783	.9788	.9793	.9798	.9803	.9808	.9812	.9817
2.1	.9821	.9826	.9830	.9834	.9838	.9842	.9846	.9850	.9854	.9857
2.2	.9861	.9864	.9868	.9871	.9875	.9878	.9881	.9884	.9887	.9890
2.3	.9893	.9896	.9898	.9901	.9904	.9906	.9909	.9911	.9913	.9916
2.4	.9918	.9920	.9922	.9925	.9927	.9929	.9931	.9932	.9934	.9936
2.5	.9938	.9940	.9941	.9943	.9945	.9946	.9948	.9949	.9951	.9952
2.6	.9953	.9955	.9956	.9957	.9959	.9960	.9961	.9962	.9963	.9964
2.7	.9965	.9966	.9967	.9968	.9969	.9970	.9971	.9972	.9973	.9974
2.8	.9974	.9975	.9976	.9977	.9977	.9978	.9979	.9979	.9980	.9981
2.9	.9981	.9982	.9982	.9983	.9984	.9984	.9985	.9985	.9986	.9986
3.0	.9987	.9987	.9987	.9988	.9988	.9989	.9989	.9989	.9990	.9990
3.1	.9990	.9991	.9991	.9991	.9992	.9992	.9992	.9992	.9993	.9993
3.2	.9993	.9993	.9994	.9994	.9994	.9994	.9994	.9995	.9995	.9995
3.3	.9995	.9995	.9995	.9996	.9996	.9996	.9996	.9996	.9996	.9997
3.4	.9997	.9997	.9997	.9997	.9997	.9997	.9997	.9997	.9997	.9998

표 C3. $t-$분포

	Level of confidence, c	0.80	0.90	0.95	0.98	0.99
	One tail, α	0.10	0.05	0.025	0.01	0.005
d.f.	Two tails, α	0.20	0.10	0.05	0.02	0.01
1		3.078	6.314	12.706	31.821	63.657
2		1.886	2.920	4.303	6.965	9.925
3		1.638	2.353	3.182	4.541	5.841
4		1.533	2.132	2.776	3.747	4.604
5		1.476	2.015	2.571	3.365	4.032
6		1.440	1.943	2.447	3.143	3.707
7		1.415	1.895	2.365	2.998	3.499
8		1.397	1.860	2.306	2.896	3.355
9		1.383	1.833	2.262	2.821	3.250
10		1.372	1.812	2.228	2.764	3.169
11		1.363	1.796	2.201	2.718	3.106
12		1.356	1.782	2.179	2.681	3.055
13		1.350	1.771	2.160	2.650	3.012
14		1.345	1.761	2.145	2.624	2.977
15		1.341	1.753	2.131	2.602	2.947
16		1.337	1.746	2.120	2.583	2.921
17		1.333	1.740	2.110	2.567	2.898
18		1.330	1.734	2.101	2.552	2.878
19		1.328	1.729	2.093	2.539	2.861
20		1.325	1.725	2.086	2.528	2.845
21		1.323	1.721	2.080	2.518	2.831
22		1.321	1.717	2.074	2.508	2.819
23		1.319	1.714	2.069	2.500	2.807
24		1.318	1.711	2.064	2.492	2.797
25		1.316	1.708	2.060	2.485	2.787
26		1.315	1.706	2.056	2.479	2.779
27		1.314	1.703	2.052	2.473	2.771
28		1.313	1.701	2.048	2.467	2.763
29		1.311	1.699	2.045	2.462	2.756
30		1.310	1.697	2.042	2.457	2.750
31		1.309	1.696	2.040	2.453	2.744
32		1.309	1.694	2.037	2.449	2.738
33		1.308	1.692	2.035	2.445	2.733
34		1.307	1.691	2.032	2.441	2.728
35		1.306	1.690	2.030	2.438	2.724
36		1.306	1.688	2.028	2.434	2.719
37		1.305	1.687	2.026	2.431	2.715
38		1.304	1.686	2.024	2.429	2.712
39		1.304	1.685	2.023	2.426	2.708
40		1.303	1.684	2.021	2.423	2.704
45		1.301	1.679	2.014	2.412	2.690
50		1.299	1.676	2.009	2.403	2.678
60		1.296	1.671	2.000	2.390	2.660
70		1.294	1.667	1.994	2.381	2.648
80		1.292	1.664	1.990	2.374	2.639
90		1.291	1.662	1.987	2.368	2.632
100		1.290	1.660	1.984	2.364	2.626
500		1.283	1.648	1.965	2.334	2.586
1000		1.282	1.646	1.962	2.330	2.581
∞		1.282	1.645	1.960	2.326	2.576

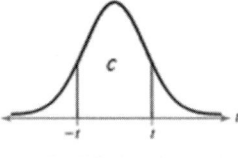

c - 신뢰 구간

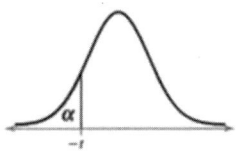

왼쪽 검정

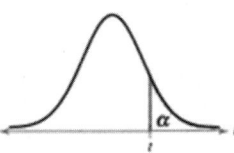

오른쪽 검정

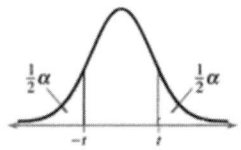

양쪽 검정

부록 C4. 카이제곱 분포

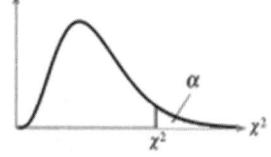

오른쪽 검정

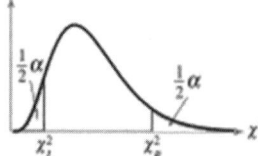

양쪽 검정

Degrees of freedom	α									
	0.995	0.99	0.975	0.95	0.90	0.10	0.05	0.025	0.01	0.005
1	—	—	0.001	0.004	0.016	2.706	3.841	5.024	6.635	7.879
2	0.010	0.020	0.051	0.103	0.211	4.605	5.991	7.378	9.210	10.597
3	0.072	0.115	0.216	0.352	0.584	6.251	7.815	9.348	11.345	12.838
4	0.207	0.297	0.484	0.711	1.064	7.779	9.488	11.143	13.277	14.860
5	0.412	0.554	0.831	1.145	1.610	9.236	11.071	12.833	15.086	16.750
6	0.676	0.872	1.237	1.635	2.204	10.645	12.592	14.449	16.812	18.548
7	0.989	1.239	1.690	2.167	2.833	12.017	14.067	16.013	18.475	20.278
8	1.344	1.646	2.180	2.733	3.490	13.362	15.507	17.535	20.090	21.955
9	1.735	2.088	2.700	3.325	4.168	14.684	16.919	19.023	21.666	23.589
10	2.156	2.558	3.247	3.940	4.865	15.987	18.307	20.483	23.209	25.188
11	2.603	3.053	3.816	4.575	5.578	17.275	19.675	21.920	24.725	26.757
12	3.074	3.571	4.404	5.226	6.304	18.549	21.026	23.337	26.217	28.299
13	3.565	4.107	5.009	5.892	7.042	19.812	22.362	24.736	27.688	29.819
14	4.075	4.660	5.629	6.571	7.790	21.064	23.685	26.119	29.141	31.319
15	4.601	5.229	6.262	7.261	8.547	22.307	24.996	27.488	30.578	32.801
16	5.142	5.812	6.908	7.962	9.312	23.542	26.296	28.845	32.000	34.267
17	5.697	6.408	7.564	8.672	10.085	24.769	27.587	30.191	33.409	35.718
18	6.265	7.015	8.231	9.390	10.865	25.989	28.869	31.526	34.805	37.156
19	6.844	7.633	8.907	10.117	11.651	27.204	30.144	32.852	36.191	38.582
20	7.434	8.260	9.591	10.851	12.443	28.412	31.410	34.170	37.566	39.997
21	8.034	8.897	10.283	11.591	13.240	29.615	32.671	35.479	38.932	41.401
22	8.643	9.542	10.982	12.338	14.042	30.813	33.924	36.781	40.289	42.796
23	9.260	10.196	11.689	13.091	14.848	32.007	35.172	38.076	41.638	44.181
24	9.886	10.856	12.401	13.848	15.659	33.196	36.415	39.364	42.980	45.559
25	10.520	11.524	13.120	14.611	16.473	34.382	37.652	40.646	44.314	46.928
26	11.160	12.198	13.844	15.379	17.292	35.563	38.885	41.923	45.642	48.290
27	11.808	12.879	14.573	16.151	18.114	36.741	40.113	43.194	46.963	49.645
28	12.461	13.565	15.308	16.928	18.939	37.916	41.337	44.461	48.278	50.993
29	13.121	14.257	16.047	17.708	19.768	39.087	42.557	45.722	49.588	52.336
30	13.787	14.954	16.791	18.493	20.599	40.256	43.773	46.979	50.892	53.672
40	20.707	22.164	24.433	26.509	29.051	51.805	55.758	59.342	63.691	66.766
50	27.991	29.707	32.357	34.764	37.689	63.167	67.505	71.420	76.154	79.490
60	35.534	37.485	40.482	43.188	46.459	74.397	79.082	83.298	88.379	91.952
70	43.275	45.442	48.758	51.739	55.329	85.527	90.531	95.023	100.425	104.215
80	51.172	53.540	57.153	60.391	64.278	96.578	101.879	106.629	112.329	116.321
90	59.196	61.754	65.647	69.126	73.291	107.565	113.145	118.136	124.116	128.299
100	67.328	70.065	74.222	77.929	82.358	118.498	124.342	129.561	135.807	140.169

부록 C5. *F*-분포

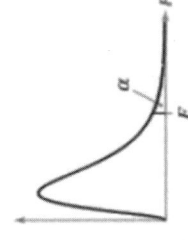

$\alpha = 0.005$

d.f.$_D$; Degrees of freedom, denominator	\multicolumn{19}{c}{d.f.$_N$; Degrees of freedom, numerator}
	1	2	3	4	5	6	7	8	9	10	12	15	20	24	30	40	60	120	∞
1	16211	20000	21615	22500	23056	23437	23715	23925	24091	24224	24426	24630	24836	24940	25044	25148	25253	25359	25465
2	198.5	199.0	199.2	199.2	199.3	199.3	199.4	199.4	199.4	199.4	199.4	199.4	199.4	199.5	199.5	199.5	199.5	199.5	199.5
3	55.55	49.80	47.47	46.19	45.39	44.84	44.43	44.13	43.88	43.69	43.39	43.08	42.78	42.62	42.47	42.31	42.15	41.99	41.83
4	31.33	26.28	24.26	23.15	22.46	21.97	21.62	21.35	21.14	20.97	20.70	20.44	20.17	20.03	19.89	19.75	19.61	19.47	19.32
5	22.78	18.31	16.53	15.56	14.94	14.51	14.20	13.96	13.77	13.62	13.38	13.15	12.90	12.78	12.66	12.53	12.40	12.27	12.14
6	18.63	14.54	12.92	12.03	11.46	11.07	10.79	10.57	10.39	10.25	10.03	9.81	9.59	9.47	9.36	9.24	9.12	9.00	8.88
7	16.24	12.40	10.88	10.05	9.52	9.16	8.89	8.68	8.51	8.38	8.18	7.97	7.75	7.65	7.53	7.42	7.31	7.19	7.08
8	14.69	11.04	9.60	8.81	8.30	7.95	7.69	7.50	7.34	7.21	7.01	6.81	6.61	6.50	6.40	6.29	6.18	6.06	5.95
9	13.61	10.11	8.72	7.96	7.47	7.13	6.88	6.69	6.54	6.42	6.23	6.03	5.83	5.73	5.62	5.52	5.41	5.30	5.19
10	12.83	9.43	8.08	7.34	6.87	6.54	6.30	6.12	5.97	5.85	5.66	5.47	5.27	5.17	5.07	4.97	4.86	4.75	4.64
11	12.23	8.91	7.60	6.88	6.42	6.10	5.86	5.68	5.54	5.42	5.24	5.05	4.86	4.76	4.65	4.55	4.44	4.34	4.23
12	11.75	8.51	7.23	6.52	6.07	5.76	5.52	5.35	5.20	5.09	4.91	4.72	4.53	4.43	4.33	4.23	4.12	4.01	3.90
13	11.37	8.19	6.93	6.23	5.79	5.48	5.25	5.08	4.94	4.82	4.64	4.46	4.27	4.17	4.07	3.97	3.87	3.76	3.65
14	11.06	7.92	6.68	6.00	5.56	5.26	5.03	4.86	4.72	4.60	4.43	4.25	4.06	3.96	3.86	3.76	3.66	3.55	3.44
15	10.80	7.70	6.48	5.80	5.37	5.07	4.85	4.67	4.54	4.42	4.25	4.07	3.88	3.79	3.69	3.58	3.48	3.37	3.26
16	10.58	7.51	6.30	5.64	5.21	4.91	4.69	4.52	4.38	4.27	4.10	3.92	3.73	3.64	3.54	3.44	3.33	3.22	3.11
17	10.38	7.35	6.16	5.50	5.07	4.78	4.56	4.39	4.25	4.14	3.97	3.79	3.61	3.51	3.41	3.31	3.21	3.10	2.98
18	10.22	7.21	6.03	5.37	4.96	4.66	4.44	4.28	4.14	4.03	3.86	3.68	3.50	3.40	3.30	3.20	3.10	2.99	2.87
19	10.07	7.09	5.92	5.27	4.85	4.56	4.34	4.18	4.04	3.93	3.76	3.59	3.40	3.31	3.21	3.11	3.00	2.89	2.78
20	9.94	6.99	5.82	5.17	4.76	4.47	4.26	4.09	3.96	3.85	3.68	3.50	3.32	3.22	3.12	3.02	2.92	2.81	2.69
21	9.83	6.89	5.73	5.09	4.68	4.39	4.18	4.01	3.88	3.77	3.60	3.43	3.24	3.15	3.05	2.95	2.84	2.73	2.61
22	9.73	6.81	5.65	5.02	4.61	4.32	4.11	3.94	3.81	3.70	3.54	3.36	3.18	3.08	2.98	2.88	2.77	2.66	2.55
23	9.63	6.73	5.58	4.95	4.54	4.26	4.05	3.88	3.75	3.64	3.47	3.30	3.12	3.02	2.92	2.82	2.71	2.60	2.48
24	9.55	6.66	5.52	4.89	4.49	4.20	3.99	3.83	3.69	3.59	3.42	3.25	3.06	2.97	2.87	2.77	2.66	2.55	2.43
25	9.48	6.60	5.46	4.84	4.43	4.15	3.94	3.78	3.64	3.54	3.37	3.20	3.01	2.92	2.82	2.72	2.61	2.50	2.38
26	9.41	6.54	5.41	4.79	4.38	4.10	3.89	3.73	3.60	3.49	3.33	3.15	2.97	2.87	2.77	2.67	2.56	2.45	2.33
27	9.34	6.49	5.36	4.74	4.34	4.06	3.85	3.69	3.56	3.45	3.28	3.11	2.93	2.83	2.73	2.63	2.52	2.41	2.29
28	9.28	6.44	5.32	4.70	4.30	4.02	3.81	3.65	3.52	3.41	3.25	3.07	2.89	2.79	2.69	2.59	2.48	2.37	2.25
29	9.23	6.40	5.28	4.66	4.26	3.98	3.77	3.61	3.48	3.38	3.21	3.04	2.86	2.76	2.66	2.56	2.45	2.33	2.24
30	9.18	6.35	5.24	4.62	4.23	3.95	3.74	3.58	3.45	3.34	3.18	3.01	2.82	2.73	2.63	2.52	2.42	2.30	2.18
40	8.83	6.07	4.98	4.37	3.99	3.71	3.51	3.35	3.22	3.12	2.95	2.78	2.60	2.50	2.40	2.30	2.18	2.06	1.93
60	8.49	5.79	4.73	4.14	3.76	3.49	3.29	3.13	3.01	2.90	2.74	2.57	2.39	2.29	2.19	2.08	1.96	1.83	1.69
120	8.18	5.54	4.50	3.92	3.55	3.28	3.09	2.93	2.81	2.71	2.54	2.37	2.19	2.09	1.98	1.87	1.75	1.61	1.43
∞	7.88	5.30	4.28	3.72	3.35	3.09	2.90	2.74	2.62	2.52	2.36	2.19	2.00	1.90	1.79	1.67	1.53	1.36	1.00

부록 C5. *F*-분포 (계속)

$\alpha = 0.01$

d.f.$_N$: Degrees of freedom, numerator

d.f.$_D$; Degrees of freedom, denominator	1	2	3	4	5	6	7	8	9	10	12	15	20	24	30	40	60	120	∞
1	4052	4999.5	5403	5625	5764	5859	5928	5982	6022	6056	6106	6157	6209	6235	6261	6287	6313	6339	6366
2	98.50	99.00	99.17	99.25	99.30	99.33	99.36	99.37	99.39	99.40	99.42	99.43	99.45	99.46	99.47	99.47	99.48	99.49	99.50
3	34.12	30.82	29.46	28.71	28.24	27.91	27.67	27.49	27.35	27.23	27.05	26.87	26.69	26.60	26.50	26.41	26.32	26.22	26.13
4	21.20	18.00	16.69	15.98	15.52	15.21	14.98	14.80	14.66	14.55	14.37	14.20	14.02	13.93	13.84	13.75	13.65	13.56	13.46
5	16.26	13.27	12.06	11.39	10.97	10.67	10.46	10.29	10.16	10.05	9.89	9.72	9.55	9.47	9.38	9.29	9.20	9.11	9.02
6	13.75	10.92	9.78	9.15	8.75	8.47	8.26	8.10	7.98	7.87	7.72	7.56	7.40	7.31	7.23	7.14	7.06	6.97	6.88
7	12.25	9.55	8.45	7.85	7.46	7.19	6.99	6.84	6.72	6.62	6.47	6.31	6.16	6.07	5.99	5.91	5.82	5.74	5.65
8	11.26	8.65	7.59	7.01	6.63	6.37	6.18	6.03	5.91	5.81	5.67	5.52	5.36	5.28	5.20	5.12	5.03	4.95	4.86
9	10.56	8.02	6.99	6.42	6.06	5.80	5.61	5.47	5.35	5.26	5.11	4.96	4.81	4.73	4.65	4.57	4.48	4.40	4.31
10	10.04	7.56	6.55	5.99	5.64	5.39	5.20	5.06	4.94	4.85	4.71	4.56	4.41	4.33	4.25	4.17	4.08	4.00	3.91
11	9.65	7.21	6.22	5.67	5.32	5.07	4.89	4.74	4.63	4.54	4.40	4.25	4.10	4.02	3.94	3.86	3.78	3.69	3.60
12	9.33	6.93	5.95	5.41	5.06	4.82	4.64	4.50	4.39	4.30	4.16	4.01	3.86	3.78	3.70	3.62	3.54	3.45	3.36
13	9.07	6.70	5.74	5.21	4.86	4.62	4.44	4.30	4.19	4.10	3.96	3.82	3.66	3.59	3.51	3.43	3.34	3.25	3.17
14	8.86	6.51	5.56	5.04	4.69	4.46	4.28	4.14	4.03	3.94	3.80	3.66	3.51	3.43	3.35	3.27	3.18	3.09	3.00
15	8.68	6.36	5.42	4.89	4.56	4.32	4.14	4.00	3.89	3.80	3.67	3.52	3.37	3.29	3.21	3.13	3.05	2.96	2.87
16	8.53	6.23	5.29	4.77	4.44	4.20	4.03	3.89	3.78	3.69	3.55	3.41	3.26	3.18	3.10	3.02	2.93	2.84	2.75
17	8.40	6.11	5.18	4.67	4.34	4.10	3.93	3.79	3.68	3.59	3.46	3.31	3.16	3.08	3.00	2.92	2.83	2.75	2.65
18	8.29	6.01	5.09	4.58	4.25	4.01	3.84	3.71	3.60	3.51	3.37	3.23	3.08	3.00	2.92	2.84	2.75	2.66	2.57
19	8.18	5.93	5.01	4.50	4.17	3.94	3.77	3.63	3.52	3.43	3.30	3.15	3.00	2.92	2.84	2.76	2.67	2.58	2.49
20	8.10	5.85	4.94	4.43	4.10	3.87	3.70	3.56	3.46	3.37	3.23	3.09	2.94	2.86	2.78	2.69	2.61	2.52	2.42
21	8.02	5.78	4.87	4.37	4.04	3.81	3.64	3.51	3.40	3.31	3.17	3.03	2.88	2.80	2.72	2.64	2.55	2.46	2.36
22	7.95	5.72	4.82	4.31	3.99	3.76	3.59	3.45	3.35	3.26	3.12	2.98	2.83	2.75	2.67	2.58	2.50	2.40	2.31
23	7.88	5.66	4.76	4.26	3.94	3.71	3.54	3.41	3.30	3.21	3.07	2.93	2.78	2.70	2.62	2.54	2.45	2.35	2.26
24	7.82	5.61	4.72	4.22	3.90	3.67	3.50	3.36	3.26	3.17	3.03	2.89	2.74	2.66	2.58	2.49	2.40	2.31	2.21
25	7.77	5.57	4.68	4.18	3.85	3.63	3.46	3.32	3.22	3.13	2.99	2.85	2.70	2.62	2.54	2.45	2.36	2.27	2.17
26	7.72	5.53	4.64	4.14	3.82	3.59	3.42	3.29	3.18	3.09	2.96	2.81	2.66	2.58	2.50	2.42	2.33	2.23	2.13
27	7.68	5.49	4.60	4.11	3.78	3.56	3.39	3.26	3.15	3.06	2.93	2.78	2.63	2.55	2.47	2.38	2.29	2.20	2.10
28	7.64	5.45	4.57	4.07	3.75	3.53	3.36	3.23	3.12	3.03	2.90	2.75	2.60	2.52	2.44	2.35	2.26	2.17	2.06
29	7.60	5.42	4.54	4.04	3.73	3.50	3.33	3.20	3.09	3.00	2.87	2.73	2.57	2.49	2.41	2.33	2.23	2.14	2.03
30	7.56	5.39	4.51	4.02	3.70	3.47	3.30	3.17	3.07	2.98	2.84	2.70	2.55	2.47	2.39	2.30	2.21	2.11	2.01
40	7.31	5.18	4.31	3.83	3.51	3.29	3.12	2.99	2.89	2.80	2.66	2.52	2.37	2.29	2.20	2.11	2.02	1.92	1.80
60	7.08	4.98	4.13	3.65	3.34	3.12	2.95	2.82	2.72	2.63	2.50	2.35	2.20	2.12	2.03	1.94	1.84	1.73	1.60
120	6.85	4.79	3.95	3.48	3.17	2.96	2.79	2.66	2.56	2.47	2.34	2.19	2.03	1.95	1.86	1.76	1.66	1.53	1.38
∞	6.63	4.61	3.78	3.32	3.02	2.80	2.64	2.51	2.41	2.32	2.18	2.04	1.88	1.79	1.70	1.59	1.47	1.32	1.00

부록 C5. F-분포 (계속)

α = 0.025

d.f._D: Degrees of freedom, denominator	d.f._N: Degrees of freedom, numerator																		
	1	2	3	4	5	6	7	8	9	10	12	15	20	24	30	40	60	120	∞
1	647.8	799.5	864.2	899.6	921.8	937.1	948.2	956.7	963.3	968.6	976.7	984.9	993.1	997.2	1001	1006	1010	1014	1018
2	38.51	39.00	39.17	39.25	39.30	39.33	39.36	39.37	39.39	39.40	39.41	39.43	39.45	39.46	39.46	39.47	39.48	39.49	39.50
3	17.44	16.04	15.44	15.10	14.88	14.73	14.62	14.54	14.47	14.42	14.34	14.25	14.17	14.12	14.08	14.04	13.99	13.95	13.90
4	12.22	10.65	9.98	9.60	9.36	9.20	9.07	8.98	8.90	8.84	8.75	8.66	8.56	8.51	8.46	8.41	8.36	8.31	8.26
5	10.01	8.43	7.76	7.39	7.15	6.98	6.85	6.76	6.68	6.62	6.52	6.43	6.33	6.28	6.23	6.18	6.12	6.07	6.02
6	8.81	7.26	6.60	6.23	5.99	5.82	5.70	5.60	5.52	5.46	5.37	5.27	5.17	5.12	5.07	5.01	4.96	4.90	4.85
7	8.07	6.54	5.89	5.52	5.29	5.12	4.99	4.90	4.82	4.76	4.67	4.57	4.47	4.42	4.36	4.31	4.25	4.20	4.14
8	7.57	6.06	5.42	5.05	4.82	4.65	4.53	4.43	4.36	4.30	4.20	4.10	4.00	3.95	3.89	3.84	3.78	3.73	3.67
9	7.21	5.71	5.08	4.72	4.48	4.32	4.20	4.10	4.03	3.96	3.87	3.77	3.67	3.61	3.56	3.51	3.45	3.39	3.33
10	6.94	5.46	4.83	4.47	4.24	4.07	3.95	3.85	3.78	3.72	3.62	3.52	3.42	3.37	3.31	3.26	3.20	3.14	3.08
11	6.72	5.26	4.63	4.28	4.04	3.88	3.76	3.66	3.59	3.53	3.43	3.33	3.23	3.17	3.12	3.06	3.00	2.94	2.88
12	6.55	5.10	4.47	4.12	3.89	3.73	3.61	3.51	3.44	3.37	3.28	3.18	3.07	3.02	2.96	2.91	2.85	2.79	2.72
13	6.41	4.97	4.35	4.00	3.77	3.60	3.48	3.39	3.31	3.25	3.15	3.05	2.95	2.89	2.84	2.78	2.72	2.66	2.60
14	6.30	4.86	4.24	3.89	3.66	3.50	3.38	3.29	3.21	3.15	3.05	2.95	2.84	2.79	2.73	2.67	2.61	2.55	2.49
15	6.20	4.77	4.15	3.80	3.58	3.41	3.29	3.20	3.12	3.06	2.96	2.86	2.76	2.70	2.64	2.59	2.52	2.46	2.40
16	6.12	4.69	4.08	3.73	3.50	3.34	3.22	3.12	3.05	2.99	2.89	2.79	2.68	2.63	2.57	2.51	2.45	2.38	2.32
17	6.04	4.62	4.01	3.66	3.44	3.28	3.16	3.06	2.98	2.92	2.82	2.72	2.62	2.56	2.50	2.44	2.38	2.32	2.25
18	5.98	4.56	3.95	3.61	3.38	3.22	3.10	3.01	2.93	2.87	2.77	2.67	2.56	2.50	2.44	2.38	2.32	2.26	2.19
19	5.92	4.51	3.90	3.56	3.33	3.17	3.05	2.96	2.88	2.82	2.72	2.62	2.51	2.45	2.39	2.33	2.27	2.20	2.13
20	5.87	4.46	3.86	3.51	3.29	3.13	3.01	2.91	2.84	2.77	2.68	2.57	2.46	2.41	2.35	2.29	2.22	2.16	2.09
21	5.83	4.42	3.82	3.48	3.25	3.09	2.97	2.87	2.80	2.73	2.64	2.53	2.42	2.37	2.31	2.25	2.18	2.11	2.04
22	5.79	4.38	3.78	3.44	3.22	3.05	2.93	2.84	2.76	2.70	2.60	2.50	2.39	2.33	2.27	2.21	2.14	2.08	2.00
23	5.75	4.35	3.75	3.41	3.18	3.02	2.90	2.81	2.73	2.67	2.57	2.47	2.36	2.30	2.24	2.18	2.11	2.04	1.97
24	5.72	4.32	3.72	3.38	3.15	2.99	2.87	2.78	2.70	2.64	2.54	2.44	2.33	2.27	2.21	2.15	2.08	2.01	1.94
25	5.69	4.29	3.69	3.35	3.13	2.97	2.85	2.75	2.68	2.61	2.51	2.41	2.30	2.24	2.18	2.12	2.05	1.98	1.91
26	5.66	4.27	3.67	3.33	3.10	2.94	2.82	2.73	2.65	2.59	2.49	2.39	2.28	2.22	2.16	2.09	2.03	1.95	1.88
27	5.63	4.24	3.65	3.31	3.08	2.92	2.80	2.71	2.63	2.57	2.47	2.36	2.25	2.19	2.13	2.07	2.00	1.93	1.85
28	5.61	4.22	3.63	3.29	3.06	2.90	2.78	2.69	2.61	2.55	2.45	2.34	2.23	2.17	2.11	2.05	1.98	1.91	1.83
29	5.59	4.20	3.61	3.27	3.04	2.88	2.76	2.67	2.59	2.53	2.43	2.32	2.21	2.15	2.09	2.03	1.96	1.89	1.81
30	5.57	4.18	3.59	3.25	3.03	2.87	2.75	2.65	2.57	2.51	2.41	2.31	2.20	2.14	2.07	2.01	1.94	1.87	1.79
40	5.42	4.05	3.46	3.13	2.90	2.74	2.62	2.53	2.45	2.39	2.29	2.18	2.07	2.01	1.94	1.88	1.80	1.72	1.64
60	5.29	3.93	3.34	3.01	2.79	2.63	2.51	2.41	2.33	2.27	2.17	2.06	1.94	1.88	1.82	1.74	1.67	1.58	1.48
120	5.15	3.80	3.23	2.89	2.67	2.52	2.39	2.30	2.22	2.16	2.05	1.94	1.82	1.76	1.69	1.61	1.53	1.43	1.31
∞	5.02	3.69	3.12	2.79	2.57	2.41	2.29	2.19	2.11	2.05	1.94	1.83	1.71	1.64	1.57	1.48	1.39	1.27	1.00

부록 C5. F-분포 (계속)

α = 0.05

d.f.D: Degrees of freedom, denominator	d.f.N: Degrees of freedom, numerator																		
	1	2	3	4	5	6	7	8	9	10	12	15	20	24	30	40	60	120	∞
1	161.4	199.5	215.7	224.6	230.2	234.0	236.8	238.9	240.5	241.9	243.9	245.9	248.0	249.1	250.1	251.1	252.2	253.3	254.3
2	18.51	19.00	19.16	19.25	19.30	19.33	19.35	19.37	19.38	19.40	19.41	19.43	19.45	19.45	19.46	19.47	19.48	19.49	19.50
3	10.13	9.55	9.28	9.12	9.01	8.94	8.89	8.85	8.81	8.79	8.74	8.70	8.66	8.64	8.62	8.59	8.57	8.55	8.53
4	7.71	6.94	6.59	6.39	6.26	6.16	6.09	6.04	6.00	5.96	5.91	5.86	5.80	5.77	5.75	5.72	5.69	5.66	5.63
5	6.61	5.79	5.41	5.19	5.05	4.95	4.88	4.82	4.77	4.74	4.68	4.62	4.56	4.53	4.50	4.46	4.43	4.40	4.36
6	5.99	5.14	4.76	4.53	4.39	4.28	4.21	4.15	4.10	4.06	4.00	3.94	3.87	3.84	3.81	3.77	3.74	3.70	3.67
7	5.59	4.74	4.35	4.12	3.97	3.87	3.79	3.73	3.68	3.64	3.57	3.51	3.44	3.41	3.38	3.34	3.30	3.27	3.23
8	5.32	4.46	4.07	3.84	3.69	3.58	3.50	3.44	3.39	3.35	3.28	3.22	3.15	3.12	3.08	3.04	3.01	2.97	2.93
9	5.12	4.26	3.86	3.63	3.48	3.37	3.29	3.23	3.18	3.14	3.07	3.01	2.94	2.90	2.86	2.83	2.79	2.75	2.71
10	4.96	4.10	3.71	3.48	3.33	3.22	3.14	3.07	3.02	2.98	2.91	2.85	2.77	2.74	2.70	2.66	2.62	2.58	2.54
11	4.84	3.98	3.59	3.36	3.20	3.09	3.01	2.95	2.90	2.85	2.79	2.72	2.65	2.61	2.57	2.53	2.49	2.45	2.40
12	4.75	3.89	3.49	3.26	3.11	3.00	2.91	2.85	2.80	2.75	2.69	2.62	2.54	2.51	2.47	2.43	2.38	2.34	2.30
13	4.67	3.81	3.41	3.18	3.03	2.92	2.83	2.77	2.71	2.67	2.60	2.53	2.46	2.42	2.38	2.34	2.30	2.25	2.21
14	4.60	3.74	3.34	3.11	2.96	2.85	2.76	2.70	2.65	2.60	2.53	2.46	2.39	2.35	2.31	2.27	2.22	2.18	2.13
15	4.54	3.68	3.29	3.06	2.90	2.79	2.71	2.64	2.59	2.54	2.48	2.40	2.33	2.29	2.25	2.20	2.16	2.11	2.07
16	4.49	3.63	3.24	3.01	2.85	2.74	2.66	2.59	2.54	2.49	2.42	2.35	2.28	2.24	2.19	2.15	2.11	2.06	2.01
17	4.45	3.59	3.20	2.96	2.81	2.70	2.61	2.55	2.49	2.45	2.38	2.31	2.23	2.19	2.15	2.10	2.06	2.01	1.96
18	4.41	3.55	3.16	2.93	2.77	2.66	2.58	2.51	2.46	2.41	2.34	2.27	2.19	2.15	2.11	2.06	2.02	1.97	1.92
19	4.38	3.52	3.13	2.90	2.74	2.63	2.54	2.48	2.42	2.38	2.31	2.23	2.16	2.11	2.07	2.03	1.98	1.93	1.88
20	4.35	3.49	3.10	2.87	2.71	2.60	2.51	2.45	2.39	2.35	2.28	2.20	2.12	2.08	2.04	1.99	1.95	1.90	1.84
21	4.32	3.47	3.07	2.84	2.68	2.57	2.49	2.42	2.37	2.32	2.25	2.18	2.10	2.05	2.01	1.96	1.92	1.87	1.81
22	4.30	3.44	3.05	2.82	2.66	2.55	2.46	2.40	2.34	2.30	2.23	2.15	2.07	2.03	1.98	1.94	1.89	1.84	1.78
23	4.28	3.42	3.03	2.80	2.64	2.53	2.44	2.37	2.32	2.27	2.20	2.13	2.05	2.01	1.96	1.91	1.86	1.81	1.76
24	4.26	3.40	3.01	2.78	2.62	2.51	2.42	2.36	2.30	2.25	2.18	2.11	2.03	1.98	1.94	1.89	1.84	1.79	1.73
25	4.24	3.39	2.99	2.76	2.60	2.49	2.40	2.34	2.28	2.24	2.16	2.09	2.01	1.96	1.92	1.87	1.82	1.77	1.71
26	4.23	3.37	2.98	2.74	2.59	2.47	2.39	2.32	2.27	2.22	2.15	2.07	1.99	1.95	1.90	1.85	1.80	1.75	1.69
27	4.21	3.35	2.96	2.73	2.57	2.46	2.37	2.31	2.25	2.20	2.13	2.06	1.97	1.93	1.88	1.84	1.79	1.73	1.67
28	4.20	3.34	2.95	2.71	2.56	2.45	2.36	2.29	2.24	2.19	2.12	2.04	1.96	1.91	1.87	1.82	1.77	1.71	1.65
29	4.18	3.33	2.93	2.70	2.55	2.43	2.35	2.28	2.22	2.18	2.10	2.03	1.94	1.90	1.85	1.81	1.75	1.70	1.64
30	4.17	3.32	2.92	2.69	2.53	2.42	2.33	2.27	2.21	2.16	2.09	2.01	1.93	1.89	1.84	1.79	1.74	1.68	1.62
40	4.08	3.23	2.84	2.61	2.45	2.34	2.25	2.18	2.12	2.08	2.00	1.92	1.84	1.79	1.74	1.69	1.64	1.58	1.51
60	4.00	3.15	2.76	2.53	2.37	2.25	2.17	2.10	2.04	1.99	1.92	1.84	1.75	1.70	1.65	1.59	1.53	1.47	1.39
120	3.92	3.07	2.68	2.45	2.29	2.17	2.09	2.02	1.96	1.91	1.83	1.75	1.66	1.61	1.55	1.50	1.43	1.35	1.25
∞	3.84	3.00	2.60	2.37	2.21	2.10	2.01	1.94	1.88	1.83	1.75	1.67	1.57	1.52	1.46	1.39	1.32	1.22	1.00

부록 C5. F-분포 (계속)

$\alpha = 0.10$

d.f.$_D$: Degrees of freedom, denominator	\multicolumn{19}{c}{d.f.$_N$: Degrees of freedom, numerator}
	1	2	3	4	5	6	7	8	9	10	12	15	20	24	30	40	60	120	∞
1	39.86	49.50	53.59	55.83	57.24	58.20	58.91	59.44	59.86	60.19	60.71	61.22	61.74	62.00	62.26	62.53	62.79	63.06	63.33
2	8.53	9.00	9.16	9.24	9.29	9.33	9.35	9.37	9.38	9.39	9.41	9.42	9.44	9.45	9.46	9.47	9.47	9.48	9.49
3	5.54	5.46	5.39	5.34	5.31	5.28	5.27	5.25	5.24	5.23	5.22	5.20	5.18	5.18	5.17	5.16	5.15	5.14	5.13
4	4.54	4.32	4.19	4.11	4.05	4.01	3.98	3.95	3.94	3.92	3.90	3.87	3.84	3.83	3.82	3.80	3.79	3.78	3.76
5	4.06	3.78	3.62	3.52	3.45	3.40	3.37	3.34	3.32	3.30	3.27	3.24	3.21	3.19	3.17	3.16	3.14	3.12	3.10
6	3.78	3.46	3.29	3.18	3.11	3.05	3.01	2.98	2.96	2.94	2.90	2.87	2.84	2.82	2.80	2.78	2.76	2.74	2.72
7	3.59	3.26	3.07	2.96	2.88	2.83	2.78	2.75	2.72	2.70	2.67	2.63	2.59	2.58	2.56	2.54	2.51	2.49	2.47
8	3.46	3.11	2.92	2.81	2.73	2.67	2.62	2.59	2.56	2.54	2.50	2.46	2.42	2.40	2.38	2.36	2.34	2.32	2.29
9	3.36	3.01	2.81	2.69	2.61	2.55	2.51	2.47	2.44	2.42	2.38	2.34	2.30	2.28	2.25	2.23	2.21	2.18	2.16
10	3.29	2.92	2.73	2.61	2.52	2.46	2.41	2.38	2.35	2.32	2.28	2.24	2.20	2.18	2.16	2.13	2.11	2.08	2.06
11	3.23	2.86	2.66	2.54	2.45	2.39	2.34	2.30	2.27	2.25	2.21	2.17	2.12	2.10	2.08	2.05	2.03	2.00	1.97
12	3.18	2.81	2.61	2.48	2.39	2.33	2.28	2.24	2.21	2.19	2.15	2.10	2.06	2.04	2.01	1.99	1.96	1.93	1.90
13	3.14	2.76	2.56	2.43	2.35	2.28	2.23	2.20	2.16	2.14	2.10	2.05	2.01	1.98	1.96	1.93	1.90	1.88	1.85
14	3.10	2.73	2.52	2.39	2.31	2.24	2.19	2.15	2.12	2.10	2.05	2.01	1.96	1.94	1.91	1.89	1.86	1.83	1.80
15	3.07	2.70	2.49	2.36	2.27	2.21	2.16	2.12	2.09	2.06	2.02	1.97	1.92	1.90	1.87	1.85	1.82	1.79	1.76
16	3.05	2.67	2.46	2.33	2.24	2.18	2.13	2.09	2.06	2.03	1.99	1.94	1.89	1.87	1.84	1.81	1.78	1.75	1.72
17	3.03	2.64	2.44	2.31	2.22	2.15	2.10	2.06	2.03	2.00	1.96	1.91	1.86	1.84	1.81	1.78	1.75	1.72	1.69
18	3.01	2.62	2.42	2.29	2.20	2.13	2.08	2.04	2.00	1.98	1.93	1.89	1.84	1.81	1.78	1.75	1.72	1.69	1.66
19	2.99	2.61	2.40	2.27	2.18	2.11	2.06	2.02	1.98	1.96	1.91	1.86	1.81	1.79	1.76	1.73	1.70	1.67	1.63
20	2.97	2.59	2.38	2.25	2.16	2.09	2.04	2.00	1.96	1.94	1.89	1.84	1.79	1.77	1.74	1.71	1.68	1.64	1.61
21	2.96	2.57	2.36	2.23	2.14	2.08	2.02	1.98	1.95	1.92	1.87	1.83	1.78	1.75	1.72	1.69	1.66	1.62	1.59
22	2.95	2.56	2.35	2.22	2.13	2.06	2.01	1.97	1.93	1.90	1.86	1.81	1.76	1.73	1.70	1.67	1.64	1.60	1.57
23	2.94	2.55	2.34	2.21	2.11	2.05	1.99	1.95	1.92	1.89	1.84	1.80	1.74	1.72	1.69	1.66	1.62	1.59	1.55
24	2.93	2.54	2.33	2.19	2.10	2.04	1.98	1.94	1.91	1.88	1.83	1.78	1.73	1.70	1.67	1.64	1.61	1.57	1.53
25	2.92	2.53	2.32	2.18	2.09	2.02	1.97	1.93	1.89	1.87	1.82	1.77	1.72	1.69	1.66	1.63	1.59	1.56	1.52
26	2.91	2.52	2.31	2.17	2.08	2.01	1.96	1.92	1.88	1.86	1.81	1.76	1.71	1.68	1.65	1.61	1.58	1.54	1.50
27	2.90	2.51	2.30	2.17	2.07	2.00	1.95	1.91	1.87	1.85	1.80	1.75	1.70	1.67	1.64	1.60	1.57	1.53	1.49
28	2.89	2.50	2.29	2.16	2.06	2.00	1.94	1.90	1.87	1.84	1.79	1.74	1.69	1.66	1.63	1.59	1.56	1.52	1.48
29	2.89	2.50	2.28	2.15	2.06	1.99	1.93	1.89	1.86	1.83	1.78	1.73	1.68	1.65	1.62	1.58	1.55	1.51	1.47
30	2.88	2.49	2.28	2.14	2.05	1.98	1.93	1.88	1.85	1.82	1.77	1.72	1.67	1.64	1.61	1.57	1.54	1.50	1.46
40	2.84	2.44	2.23	2.09	2.00	1.93	1.87	1.83	1.79	1.76	1.71	1.66	1.61	1.57	1.54	1.51	1.47	1.42	1.38
60	2.79	2.39	2.18	2.04	1.95	1.87	1.82	1.77	1.74	1.71	1.66	1.60	1.54	1.51	1.48	1.44	1.40	1.35	1.29
120	2.75	2.35	2.13	1.99	1.90	1.82	1.77	1.72	1.68	1.65	1.60	1.55	1.48	1.45	1.41	1.37	1.32	1.26	1.19
∞	2.71	2.30	2.08	1.94	1.85	1.77	1.72	1.67	1.63	1.60	1.55	1.49	1.42	1.38	1.34	1.30	1.24	1.17	1.00

찾아보기